21世纪高等教育土木工程系列教材

建筑抗震设计

第②版

主　编　张延年　张　海　田　利

副主编　王　强　邹　昀　吴秀峰　刘钧玉　王晓磊

参　编　张景玮　成　虎　何　颖　王　岱　庚　佳　徐春一

主　审　李宏男

机械工业出版社

本书按《建筑抗震设计规范（2016 年版）》（GB 50011—2010）编写，主要阐述建筑抗震设计的基本理论与方法。本书共 10 章，主要包括地震与抗震概论、建筑场地与地基基础、地震作用与结构抗震验算、结构弹塑性地震反应分析、地下结构抗震设计、混凝土结构房屋抗震设计、砌体结构房屋抗震设计、钢结构房屋抗震设计、单层厂房抗震设计、隔震与消能减震设计。为便于读者学习和掌握相关知识，每章开篇均给出了学习要点，章末配合设置了典型习题。

本书可作为高等院校土木工程专业抗震类课程的教材或参考书，也可作为工程结构抗震设计与施工人员的参考书。

图书在版编目（CIP）数据

建筑抗震设计/张延年，张海，田利主编 . —2 版 . —北京：机械工业出版社，2023.5

21 世纪高等教育土木工程系列教材

ISBN 978-7-111-72350-9

Ⅰ. ①建… Ⅱ. ①张… ②张… ③田… Ⅲ. ①建筑结构 – 防震设计 – 高等学校 – 教材 Ⅳ. ①TU352. 104

中国国家版本馆 CIP 数据核字（2023）第 175258 号

机械工业出版社（北京市百万庄大街22 号　邮政编码100037）
策划编辑：马军平　　　　　责任编辑：马军平
责任校对：张雨霏　张　薇　封面设计：张　静
责任印制：李　昂
河北鹏盛贤印刷有限公司印刷
2023 年 12 月第 2 版第 1 次印刷
184mm×260mm·26 印张·644 千字
标准书号：ISBN 978-7-111-72350-9
定价：79.80 元

电话服务　　　　　　　　　网络服务
客服电话：010-88361066　　机 工 官 网：www.cmpbook.com
　　　　　010-88379833　　机 工 官 博：weibo.com/cmp1952
　　　　　010-68326294　　金 书 网：www.golden-book.com
封底无防伪标均为盗版　　机工教育服务网：www.cmpedu.com

前 言

地震灾害具有突发性和毁灭性，严重威胁着人类生命、财产的安全。我国处于世界最活跃的两个地震带上，是遭受地震灾害最严重的国家之一。地震中建筑物的大量破坏与倒塌，是造成地震灾害的直接原因。因此，科学地建造房屋，提高其抗震能力是减轻震害的最有效措施。

2022 年，《建筑抗震设计规范（2016 年版）》（GB 50011—2010）进行局部修订，修订后，与《建设工程抗震管理条例》和《建筑与市政工程抗震通用规范》（GB 55002—2021）相协调。此次局部修订是贯彻《建设工程抗震管理条例》、推动工程建设标准化改革的具体举措，为提高建设工程抗震防灾能力、降低地震灾害风险提供基础支撑。

为了配合局部修订规范的颁布执行和适应建筑抗震设计思想与方法的不断发展，在第 1 版的基础上，结合多年在地震工程与工程抗震方面的教学与科研实践，并吸取了工程抗震方面的最新研究成果和大量地震的经验教训，按局部修订规范编写了本书。

本书以学科的基本理论、基本知识为核心内容，反映科研新成果和发展趋势，帮助学生和设计人员获得最新知识，并能在实践中应用。为了便于读者理解和掌握实际技能，每章开篇列出"学习要点"，并分为掌握、理解与了解三个层次。各章末设有习题，帮助读者复习该章内容，加深对所学知识的理解。本书注重知识与技能的结合，适应从知识型向能力型发展的需要，在内容上尽可能结合实际，突出规范的作用。

本书共 10 章，分别介绍了地震与抗震概论、建筑场地与地基基础、地震作用与结构抗震验算、结构弹塑性地震反应分析、地下结构抗震设计、混凝土结构房屋抗震设计、砌体结构房屋抗震设计、钢结构房屋抗震设计、单层厂房抗震设计和隔震与消能减震设计等内容。本书第 1 章由张海、王岱执笔，第 2 章由庚佳、张延年执笔，第 3 章由刘钧玉、张延年执笔，第 4 章由王强执笔，第 5 章由张海、何颖执笔，第 6 章由邹昀、成虎执笔，第 7 章由王晓磊、张延年执笔，第 8 章由吴秀峰、张景玮执笔，第 9 章由张延年、徐春一执笔，第 10 章由田利执笔。全书由张延年统稿。

参与本书相关内容研究的有张林、吴琦、王立龙、杨吴斌、刘兴、李云凯、朱卫东、杨源、李加明、陈臣峰、杨端生、王姝涵等，编者对他们为本书所做的贡献表示感谢！

由于编者水平有限，书中不当之处敬请读者批评指正（zyntiger@163.com）。

编 者

目　录

地震与抗震概论 | 第1章

学习要点：了解地震基本知识和震害，掌握地震波、震级和地震烈度等概念，掌握建筑抗震设防分类标准，领会建筑抗震概念设计思想，深刻理解三水准设防目标和两阶段设计方法。

1.1 地震

1.1.1 引言

5000 多年来，我们脚下这片辽阔深厚的土地上，承载了太多自然灾害的侵袭。最早可以追溯到殷商时期的甲骨卜辞中，就有各种自然灾害的文字记载。勤劳勇敢的华夏先民们，在灾害的荆棘中，一路跋山涉水艰辛而来。因此，系统地搜集、整理、开发、利用古代灾害文献，有助于传承弘扬我国古代优秀的防灾、减灾、救灾思想与实践，有助于探索我国特色的防灾应急文化基因、运行机理。

灾害是由自然因素或人为因素引起的不幸事件或过程，它对人类的生命财产及人类赖以生存和发展的资源与环境造成危害和破坏。联合国减灾组织（United Nation Disaster Reduction Organization，UNDRO，1984）给灾害下的定义是：一次在时间和空间上较为集中的事故，事故发生期间当地的人类群体及其财产遭到严重的威胁并造成巨大的损失，以致家庭结构和社会结构也受到不可忽视的影响。联合国灾害管理培训教材把灾害明确地定义为：自然或人为环境中对人类生命、财产和活动等社会功能的严重破坏，引起广泛的生命、物质或环境损失，这些损失超出了受影响社会靠自身资源进行抵御的能力。

纵观人类的历史可以看出，灾害的发生原因主要有两种：一是自然变异，二是人为影响。而其表现形式也有两种，即自然灾害和人为灾害。

1）自然灾害：以自然变异为主因产生的并表现为自然生态的灾害，如地震、火山、风灾、水灾、火灾、旱灾、雹灾、雪灾、雾灾、泥石流、雷电、陨石等。

2）人为灾害：以人为影响为主因产生的而且表现为人为的灾害，如人为引起的火灾和交通事故。

3）自然人为灾害：由自然变异所引起的但却表现为人为的灾害，如太阳活动峰年发生的传染病大流行。

4）人为自然灾害：由人为影响所产生的但却表现为自然状态的灾害，如过量采伐森林引起的水土流失，过量开采地下水引起的地面沉陷等。

我们这个古老而辽阔的国家，更是一个灾害频发的国度。著名学者邓拓（邓云特）先生在其名著《中国救荒史》中说："我国灾荒之多，世罕其匹，此三千数百余年间，几于无年无灾，从亦无年不荒。"与此同时，我国古代人民在与自然灾害做斗争的漫长世代里，也创造了极其丰富的防灾、减灾、救灾的经验与智慧，形成了富有特色的灾害思想与荒政思想。

在灾害频发的社会背景下，我国古代社会十分重视防灾、减灾、救灾事业，并产生了一系列专门应对灾害的政策、法令、制度与具体的方法、技术，将之统名为"荒政"。荒政乃国兴亡之所系，历代统治者都对荒政问题给予了高度重视。早在周代，我国已经有系统的荒政文字记载。清代汪志伊《荒政辑要》中记载："有预备于未荒之前者，有急救于猝荒之际者，有广救于大荒之时者，有力行于偏荒之地者，有补救于已荒之后者。"已经点明荒政包括灾前、灾中和灾后等几个方面。结合现代应急管理的步骤，可以把荒政划分为灾前防备、灾中应对、灾后恢复三个部分。我国古代社会在和自然灾害做斗争的漫长世代里，也形成了关于自然灾害各种各样的认识和理解。我国古代的灾害思想非常丰富，早期先民用"天降灾荒"的说法，来解释自然界产生的异常祸患，后来又把灾害与人事尤其是人君的德行政治联系在一起，认为上天降下灾害是为了告诫统治者的失政行为，这一"灾异谴告"说影响了漫长的古代社会。与此同时，朴素的唯物主义灾害观自春秋时代也已经兴起，认为自然灾害是天道运行的自然结果，既不是来自上天的惩罚，也不是因为人事的失职。人类在自然灾害面前并非完全被动，如果提前做好预防工作，可以达到"人定胜天"的效果。到了清代，人们已经意识到人类不恰当的社会活动，可能会引发自然灾害。在灾害救治方面，我国古代一直将荒政看作是"仁政"，讲究救灾的预备性、快速性，提倡坚毅勇敢，永不放弃。

我国灾害的总体特点是：灾害发生的频率高、种类多、危害强。就自然灾害而言，我国是世界上自然灾害最严重的国家之一，这是由我国特殊的自然地理环境决定的，并与社会、经济发展状况密切相关。我国大陆东临太平洋，面临世界上最大的台风源，西部为世界上地势最高的青藏高原，陆海大气系统相互作用，关系复杂，天气形势异常多变；地势西高东低，降雨时空分布不均，易形成大范围的洪、涝、旱灾；且位于环太平洋与欧亚大陆两大地震带之间，地壳活动剧烈，是世界上大陆地层最多和地质灾害严重的国家之一；西北是塔克拉玛干等大沙漠，风沙威胁东部大城市；西北部的黄土高原，在泥沙冲刷下，淤塞江河水库，造成一系列直接或潜伏的洪涝灾害。我国有70%以上的大城市、半数以上的人口和75%以上工农业生产值分布在气象灾害、海洋灾害、洪水灾害十分严重的沿海及东部丘陵地区，所以，灾害的损失程度较大。我国还具有多种病、虫、鼠、草害滋生和繁殖的条件，随着近期气候暖化与环境污染加重，生物灾害也相当严重。其他灾害还有大气污染、水污染、城市噪声、光污染、电磁波污染、臭氧层被破坏、核泄漏、易燃易爆物爆炸、雷电灾害、战争危险等。另外，近代大规模的开发活动，更加重了各种灾害的风险度。我国灾害的另一特点是：灾害重点已经从农村转移到城市，这种转移的原因之一是城市化进程。目前越来越多的专家认为，欲研究国家的可持续发展战略，首先要解决的是城市抵御灾害的能力。这是因为城市是人类经济、文化、政治、科技信息的中心。正因为城市具有"人口集中、建筑集中、生产集中、财富集中"的特点，因此一旦遇到自然灾害，势必造成巨大的损失。灾害种类多、发生频次高、分布地域广、灾害损失重、社会影响大是我国自然灾害的基本状况，是我国国情的重要组成部分。

当然，灾害的过程往往是很复杂的，有时候一种灾害可由多种因素引发的，有时一种因素会引发好几种不同的灾害。这时，灾害类型的确定就要根据起主导作用的灾因和其主要表现形式而定。人为灾害的发生可以是一些人有意识、有目的、有计划地制造出来的，如战争中的灾害就常常带有这种性质，又如人为纵火，常造成严重的人员和财产损失。但是大多数人为灾害，是出于轻视，出于无知，出于疏忽，有时出于没有按照预先已经制定的防止灾害的规章制度办事而造成的。许多环境破坏带来的灾害就是出于轻视与无知。很多的煤矿事故，就是由于疏忽和违反防止灾害的规章制度而造成了重大责任事故。频频发生的建筑事故，大多因为当事人违反法律法规而酿成了严重后果。如大气污染、水污染、城市噪声、光污染、电磁波污染、臭氧层被破坏、核泄漏、飞机失事、易燃易爆物爆炸、战争等，都是人类有意或无意造成的。

自然灾害是指大自然对人类社会的异常性破坏活动，常见的几种自然灾害如图 1.1 所示。未影响到人类生存环境时，则不称为灾害。从古至今，我们人类无时无刻不在面临着气候骤变、洪水泛滥、疫病传播、地质变迁、飞蝗迁移等自然灾害的侵袭。例如，在没有人类生存的沙漠中发生大地震但没有影响到人类生存环境的话，这种地震就不成为自然灾害。但是在同样场合下发生火山爆发的话就可能对人类生存环境的气候、农业、交通等造成不良影响，这时火山爆发就成为自然灾害。人类把地震灾害视为最可怕的自然灾害之一，地震是全人类面临的巨大突发性灾害，严重威胁着人类的生存安全和经济发展。进入 21 世纪以来，全球巨大灾害性地震频繁发生，仅 2004 年 12 月 26 日印度尼西亚苏门答腊 9.0 级巨大地震海啸、2005 年 10 月 8 日巴基斯坦 7.8 级特大灾害性地震、2008 年 5 月 12 日汶川 8.0 级特大灾害性地震、2010 年 1 月 13 日海地 7.3 级巨大灾害性地震及 2011 年 3 月 11 日日本 9.0 级巨大地震海啸，就造成 80 万人死亡，经济损失更是难以估算。

a)　　　　　　　　　　　　　　　b)

c)　　　　　　　　　　　　　　　d)

图 1.1　自然灾害

a）滑坡　b）泥石流　c）洪涝　d）地震

20 世纪以来重大灾害造成的死亡人数见表 1.1。由于人类认识的限制，到目前为止，还不能完全掌握地震的发生规律，地震的监测预报仍然十分困难，因此，对于地震灾害主要以预防为主。为减小地震灾害造成的损失，最根本性的措施就是采取合理的抗震设计方法，提高建筑物的抗震能力，防止结构倒塌破坏，并结合地质勘查，合理规划城市布局，避开大的地层断裂带，从而在一定程度上削弱地震的影响。地震直接导致结构破坏和人员伤亡的同时，也可能引发次生灾害，如火灾、海啸、滑坡、疾病等灾害，次生灾害引起的损失往往比地震的直接损失更大，如 2011 年 3 月的日本福岛地震。因此，防止、减少地震造成的破坏和损失对于地震研究者和工程技术人员来说，是一个漫长的过程，也是一项非常艰巨的任务。

表 1.1　20 世纪以来重大灾害及其死亡人数

时间	受灾地区与灾型	死亡人数/万人
1902 年	意大利墨西拿大地震	16
1920 年	海原大地震	27
1923 年	日本关东大地震	27
1931 年	中国中部洪水	370
1970 年	波拉旋风	50
1975 年	板桥大坝溃坝事件	23.1
1976 年	唐山大地震	24
1983 年	印度旋风	30
2004 年	印度洋海啸	29.2
2010 年	海地地震	22.26

地震这一重大地质灾害对灾区的环境系统、生态系统带来巨大的不利影响，引发了一系列生态问题，地震对生态环境系统的综合性、复杂性、长期性影响将逐步显现出来。地震使森林、草地、农田、河流等生态系统严重受损，地震灾害改变了原有的地形，破坏了大量地表植被，诱发了崩塌、滑坡、泥石流、堰塞湖等次生地质灾害，增加了植被恢复的复杂性，加剧了灾区生态环境的脆弱性和敏感性，降低了生态系统在水源涵养、水土保持、生物多样性保护等方面的服务功能。

各种自然灾害和人为灾害的频发，给国家的社会经济发展造成了巨大的损失，严重威胁到人们的生命财产安全，对社会和经济运行造成巨大冲击，严重制约我国社会的可持续发展。尤其是 20 世纪 90 年代以来，工业化和城镇化加速发展，经济活动日益扩张，人口流动加快，过度开发造成环境承载力急剧下降，同时受到全球气候变化的影响，我国的自然灾害风险进一步加大，平均每年造成约 3 亿人次受灾，倒塌房屋 300 多万间，紧急转移安置人口900 多万人次，因灾直接经济损失 2000 多亿元。尤其是灾害高风险区，人口、资产密度迅速提高，使自然灾害的危害程度成倍增长。

随着我国进入全面快速发展的关键时期，人与自然的矛盾日益突出。自然灾害频发，灾害应急管理成为全球关注的焦点。如何以科学的战略和方法全面了解、应对各种突发事件，已成为各国共同面临的问题。建立健全灾害应急管理体系的体制、机制和法制，是灾害应急管理实施的重要保障。从预防的角度来看，自然灾害通常只能通过监测机制来进行预警，很难通过具体措施来制止灾害的发生。例如，以目前的技术，即使发现地震或海啸将要发生，也无法通过某种手段制止其发生。从灾害的成因来说，自然灾害大多是由于自然现象的变化而产生的，很难进行控制；但人为灾害不同，人为灾害大多是人类活动引起的，只要控制人类活动，在很大程度上可以防止人为灾害的发生。对自然变异和事故前兆的监测是减灾的先导性措施，灾害预报预警都必须在监测的基础上进行，灾害监测还可以为防灾减灾措施提供依据。我国目前已建立起比较完整的灾害监测体系，国家每年还发布环境状况和生产安全事故的报告。目前的问题主要是各类灾害的监测信息缺乏共享机制，不利于综合减灾。减灾是全民的事业，政府要在减灾中发挥主导作用，各级领导干部不但要把当地经济搞上去，还要保一方平安，防止灾害对人民生命财产和国家资产的破坏，责任重于泰山。

　　绿水青山就是金山银山，阐述了经济发展和生态环境保护的关系，揭示了保护生态环境就是保护生产力、改善生态环境就是发展生产力的道理，指明了实现发展和保护协同共生的新路径。生态环境问题归根结底是发展方式和生活方式问题。要从根本上解决生态环境问题，必须贯彻绿色发展理念，坚决摒弃损害甚至破坏生态环境的增长模式，加快形成节约资源和保护环境的空间格局、产业结构、生产方式、生活方式，把经济活动、人的行为限制在自然资源和生态环境能够承受的限度内，给自然生态留下休养生息的时间和空间。习近平总书记在主持十九届中共中央政治局第二十九次集体学习时强调"生态环境保护和经济发展是辩证统一、相辅相成的，建设生态文明、推动绿色低碳循环发展，不仅可以满足人民日益增长的优美生态环境需要，而且可以推动实现更高质量、更有效率、更加公平、更可持续、更为安全的发展，走出一条生产发展、生活富裕、生态良好的文明发展道路。"

1.1.2　人类对地震的认识

　　古地震的资料分析表明，地震的历史比人类的历史漫长得多。人类自诞生时起，就一直遭受着地震的严峻考验。学者们普遍认为，诸多辉煌的古文明都因地震而灭绝。在科学不发达的过去，人们对地震发生的原因，常常借助于神灵的力量来解释。地球上大约每年要发生500万次地震，其中人们能够感觉的约5万次，带来破坏的约1000次，造成强烈破坏的有10次左右。在古希腊，人们曾对地震问题做了一些有意义的探讨。亚里士多德认为，地震发生是因为太阳晒到潮湿的土地所产生的水蒸气在逸出时受到阻碍。这种看法与伯阳甫的"阳伏而不能出"的观点颇有相似之处。我国是记录和研究地震现象最早的国家，据《太平御览》记载，墨子曰："三苗欲灭时，地震，泉涌。"公元前780年，我国陕西西周地震，周朝大夫伯阳甫认为地震是由于"阳伏而不能出，阴迫而不能蒸"造成的。这种观点虽说比较含混，但不难看出当时人们已在探讨地震的成因了。由此可见，当时人们已经发现地震与地下水的活动有某种联系。尽管古代学者们对地震有详细记载，但是他们对地震发生的机理并未理解。占主导的想法是把地震与其他自然灾难联系起来，诸如洪水、干旱和瘟疫等，并从超自然的关系中寻求原因，往往认为是天灾人祸，或认为是国家政策失误引起的天怒。

　　公元132年，我国卓越的科学家张衡首创了世界上第一台地震仪——候风地动仪，并于公元138年在洛阳记录到陇西的一次地震。张衡在当时就意识到地震是由一处传到另一处的震动。地震的这种特性，直到19世纪才由英国人重新发现。到了15世纪，中亚细亚学者伊布恩·西纳提出，造山作用是强烈地震的结果和在侵蚀作用影响下产生的。1705年，英国物理学家胡克发表了《地震讲义》，认为地震是地下火作用的结果，由于地震，海洋变成陆地，陆地变成海洋，平原变成山地，山地变成平原。人们已开始把地震作为内动力地质作用，并已经有了火山地震的概念。

人们对地质构造运动和地震的关系的理解是缓慢的。地质学由于严重缺乏物理学原理的解释而闭塞停顿。18世纪在伊萨克·牛顿有关波和力学著述的强烈影响下，一个新的时代开始了。牛顿的《自然哲学中的数学原理》提出了能够统一解释地球上所有的运动，包括地震运动的公式。书中综合阐述了物体运动三定律（加速度定律、惯性定律和作用与反作用定律），这三定律是解决万有引力定律的公式。这本书是几何学与力学的结合，是一种精确地提出问题并加以演示的科学，旨在研究某种力所产生的运动，以及某种运动所需要的力，由运动现象去研究自然力，再由这些力去推演其他的运动现象。他提出的运动定律提供了解释地震波所需要的物理学原理，他论证的重力作用原理为理解造成地球形状的地质作用力提供了基础。18世纪中期，在牛顿力学影响下，科学家和工程师开始发表研究报告，把地震和穿过地球岩石的地震波联系起来。这些研究报告很重视地震的地质效应，包括山崩、地面运动、海平面变化和建筑物毁坏。例如有的希腊人注意到软地基上的建筑物比硬地基上的破坏厉害。有些人开始保存并定期公布地震事件，1840年冯霍夫（Von Hoff）首次发表了全球地震目录。

罗伯特·马莱是地震学奠基者之一。爱尔兰工程师罗伯特·马莱1854年的野外研究为现代地震学奠定了坚实的基础。马莱推动了20世纪中叶开始发展的工程、地质和力学等学科的相互渗透。他的目标是应用物理和工程学原理去探寻地震真正的地质性质以取代迷信。他不仅对这一目标的实现做出了很大贡献，而且在其创新性工作的成果中创造了许多描述地震的基础术语，至今仍在沿用。后人在马莱工作的基础上对野外地震观测不断丰富和完善，最终产生了评价地震灾害的地震烈度表。而人工地震学也已成为地震学一个重要分支，至今在矿产石油勘探中发挥着重要作用。

1892年，英国地震学家米尔恩设计了记录远震的地震仪，使人们可以从世界各个角落来记录和研究同一次地震。由于精密观测仪器的出现，全世界的地震台站迅速发展起来。对地震成因认识的转折点来自对1906年4月18日旧金山地震的研究。因为这个地区没有活火山，所以地质学家对此处地震成因的认识没有与古希腊关于地下爆炸、火山爆发的概念相联系。20世纪20年代，科学家们曾探讨地震活动分布图是否可能指示未来地震的位置。日本是第一个做出这种地震潜在可能性估计的国家。20世纪30年代，美国地震学家里克特又引入"震级"这个描述地震强度大小的物理量，使人们对地震强度的测量有了定量的准绳。在大量的仪器观测资料的基础上，米尔恩绘制了世界上第一张地震分布图，后经古登堡和里克特加以完善。由此人们开始认识到地震是一种全球性现象，而不是彼此孤立的。人们发现，地球上的地震并非杂乱无章的分布，而是主要集中在环太平洋带、地中海－喜马拉雅带、大洋中脊及大陆上某些活动性断裂带上。这一发现为"板块学说"的诞生准备了必要条件。

地震和刮风下雨一样，都是一种自然现象，在来临之前是有前兆的。我们把人的感官能直接觉察到的地震异常现象称为地震的宏观异常。地震宏观异常的表现形式多样且复杂，异常的种类多达数百种，异常的现象多达数千种，大体可分为地下水异常、生物异常、地声异常、地光异常、电磁异常、气象异常等。不过值得注意的是，异常现象可能是由多种原因造成的，不一定都是地震前兆现象。所以，仅凭异常现象判断地震是否来临是不够全面的、不够科学的。随着科技水平进步，人们用更加科学的手段来监测地震。20世纪60年代以来，科学家们建立了越来越完整的全球地震观测网，其观测实践比人们熟悉的一些科学进步毫不逊色，已成为重大科学成就之一。为了研究和监测某一地区的地震活动，可布置一个区域台网，区域台网由几十个至百余个地震台组成，各台相距不等，有的相距数千米，有的相距数十千米，有的甚至有百余千米。各台检测到的地震信号上传到一个台网中心，加以记录处理。地震台网的一个重要用途，就是在地震发生后能很快给出地震烈度的大小、发生地点等一系列信息，这就是所谓的"大震速报"。"大震速报"是政府决策的一个重要依据，如遇到灾难性的大地震，"大震速报"可为各级政府争取时间，在最短的时间内组织社会力量，最大限度地挽救生命，全力以赴地投入抗震救灾，减少损失。1976年河北唐山地震发生后，3h还不知道震中的确切位置在哪里；而2008年5月12日的四川汶川大地震发生后，我国地震台网在10min之内就准确地找到了震中，为党中央、国务院领导部署抗震救灾争取了时间。这充分体现了我国地震监测台网30多年的发展和进步。

人类对于地震的认识经历了数千年的漫长岁月，可以说是由浅入深了，但还远远没有达到完善的程度，关于地震的成因和发震的机制还在进一步深化，关于地震预报尚需继续研究，关于人为控制地震更是有待探索。值得注意的是，自20世纪60年代连续出现了我国新丰江水库、赞比亚卡里巴水库、希腊科斯塔水库及印度科因纳水库的6.1～6.5级地震，与此同时，还发现了深井注水可以引起地震增强的事实。一些研究者把水库地震作为地震成因的大型模拟试验，看作地震信息的"窗口"，希望从中获得发震机制、前兆现象等方面的资料，以便探索地震预报的新途径和研究人为控制灾难性地震的可能性，因而各方面的研究者正对其进行广泛的研究。这是值得注意的研究动向。

1.1.3 地震成因

地震是因地球内部介质局部发生急剧破裂产生震波，从而在一定范围内引起地面震动的现象。它就像海啸、龙卷风、冰冻灾害一样，是地球上经常发生的一种自然灾害。大地震动是地震最直观、最普遍的表现。

地震分为诱发地震和天然地震两大类。在特定的地区因某种地壳外界因素诱发而引起的地震，称为**诱发地震**（induced earthquake）。水库蓄水，石油和天然气、盐卤、地下热（汽）储的开发，废液处理和油田开采中的深井注水，钻井过程中的井漏，矿山抽、排水，固体矿床的开采和地下核爆炸等工程活动都可能诱发地震。按诱发因素可分为水（或其他流体）引起的诱发地震和非水诱发地震两类。前者主要是由于水的参与，改变了应力条件和降低了岩体结构面的摩擦强度而发震。后者是由于工程活动改变了地壳表层的应力分布，在某些应力集中部位发生破坏而引起地震。在各种诱发地震中，水库诱发地震的震例最多，震害最重；其次是抽、注液诱发的地震和采矿诱发的地震。

水库诱发地震早在20世纪30年代就有发现。全世界已知有近百个水库蓄水后诱发了地震，其中我国有十几个。水库诱发地震在时空上与水库水位升降密切相关。一般蓄水后不久即开始出现微震。水库水位急剧上升至以前尚未达到过的新高程时，往往诱发地震。有时水位的骤然下降也会引发震群和较强地震。地震活动高潮或强烈的地震一般出现在水库达到最高水位的最初一两个蓄水周期的高水位季节。随着时间的推移，地震活动逐渐趋于衰减。有些水库地震可延续数十年。水库诱发地震仅局限于水库周围数千米范围内，震中常出现在水库的峡谷或基岩裸露地段，震源深度极浅，从数千米至近地表。水库诱发地震的原因和发震机制还在探讨中。最早认为，水库蓄水后，水体作为一种附加荷载或由于它引起的地壳变形，可能导致原来已处于不稳定临界状态的断裂重新活动而诱发地震。计算和实际观测表明，这种附加荷载和引起的变形量级太小。随着注水诱发地震的现场试验和室内岩石力学研究的深入，人们趋向于认为水库的渗漏和水力扩散（传递）也许是诱发地震的主要原因。这些作用增大了结构面间的孔（裂）隙水压力，减小了有效应力，同时弱化了结构面间的物质，从而大大降低了结构面上的摩擦强度，使岩体失稳而产生地震。

目前已知的水库诱发地震最高震级为6.5级，抽、注液诱发地震为5.5级，采矿和地下核爆炸诱发的地震为5级左右。1962年3月19日，在广东河源新丰江水库坝区发生了迄今我国最大的水库诱发地震，震级为6.1级。诱发地震的震源浅，地震的地面效应比较强烈，极小地震即可有感，并伴有地声。破坏性诱发地震的地面运动特点是振动周期短、振动垂直分量大而持续时间不长。

天然地震主要有构造地震、火山地震和陷落地震等。

构造地震是由地壳（或岩石圈）发生断层而引起的。其成因是地震学科中的一个重大课题。现在比较流行的是普遍认同的板块构造学说。1965年加拿大著名地球物理学家威尔逊首先提出"板块"概念，1968年法国人把全球岩石圈划分成6大板块，即欧亚、太平洋、美洲、印度洋、非洲和南极洲板块，如图1.2a所示。随着研究的深入，全球板块的划分也在不断进行微调，从早期的6大板块，到后来的8大板块、14个小板块。板块犹如一条传送带，在发生于地球内部的热对流的带动下运动。大洋中脊是软流层物质从下往上升的地方，板块在此处发生互相分开的运动；而在俯冲带，造成了一个板块冲到另一个板块底下的一种运动，如图1.2b所示。板块与板块的交界处，是地壳活动比较活跃的地带，也是火山、地震较为集中的地带。地壳（或岩石圈）在构造运动中发生形变，当变形超出岩体的承受能力，岩体就发生断裂（图1.3），在构造运动中长期积累的能量迅速释放，造成岩体振动，从而形成地震，波及范围大，破坏性很大。世界上90%以上的地震、几乎所有的破坏性地震属于构造地震。

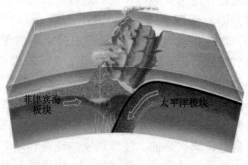

——板块边界 ----未定板块边界 →板块运动方向

a)　　　　　　　　　　　　　　　　b)

图1.2　板块构造

a）板块分布　b）板块运动

火山地震是由火山活动引起的地震。火山在其活动过程中，岩浆冲破围岩引起震动，这类地震可产生在火山喷发的前夕，也可在火山喷发的同时。火山地震为数不多，只占地震总数的7%。其特点是震源常限于火山活动地带，一般是深度不超过10km的浅源地震，震级较大，多属于没有主震的震群型，影响范围小。

陷落地震是由岩层大规模崩塌或陷落引起的地震。这种地震为数很少，只占地震总数的3%左右，一般震级较小，影响范围不大，地震能量主要来自重力作用。陷落地震主要发生在石灰岩或其他易溶岩石地区，由于地下溶洞不断扩大，洞顶崩塌，引起震动。矿洞塌陷或大规模山崩、滑坡等也可导致这类地震发生。

在各类地震中，构造地震分布最广，危害最大，发生次数最多。其他地震发生的概率很小，危害影响也较小。因此，地震工程学主要的研究对象是构造地震。在建筑抗震设防中所指的地震就是**构造地震**，通常简称为**地震**。

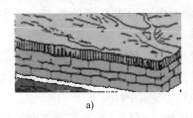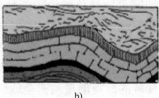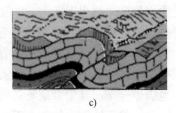

a)   b)   c)

图1.3 岩层的变形与断裂

a) 岩层的原始状态 b) 受力发生弯曲 c) 岩层破裂发生振动

1.1.4 地震分布

从世界范围看，地震主要集中于3大地震带（图1.4），即环太平洋地震带、欧亚地震带和洋中脊地震带。

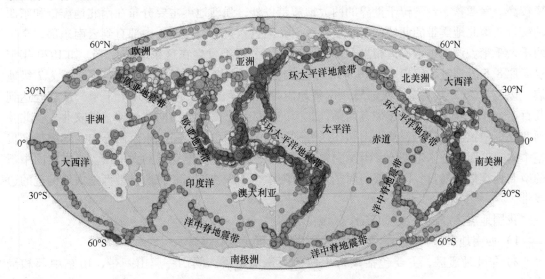

图1.4 世界地震带分布（来源：Encyclopedia Britannica, Inc.）

环太平洋地震带是地球上最主要的地震带，它像一个巨大的环，围绕着太平洋分布，沿北美洲太平洋东岸的美国阿拉斯加向南，经加拿大、美国加利福尼亚州和墨西哥西部地区，到达南美洲的哥伦比亚、秘鲁和智利,然后从智利转向西,穿过太平洋抵达大洋洲东边界附近,在新西兰东部海域折向北,再经斐济、印度尼西亚、菲律宾、我国台湾省、琉球群岛、日本列岛、千岛群岛、堪察加半岛、阿留申群岛,回到美国的阿拉斯加,环绕太平洋一周,也把大陆和海洋分隔开来。约有80%的地震都发生在这里。

欧亚地震带又称地中海–喜马拉雅地震带,横贯欧亚大陆南部、非洲西北部地震带,它是全球第二大地震带。这个带全长2万多公里,跨欧、亚、非三大洲。欧亚地震带主要分布于欧亚大陆,从印度尼西亚开始,经中南半岛西部和我国的云、贵、川、青、藏地区,以及印度、巴基斯坦、尼泊尔、阿富汗、伊朗、土耳其到地中海北岸,一直延伸到大西洋的亚速尔群岛。横贯欧亚两洲及涉及非洲地区。其中一部分从堪察加开始,越过中亚,另一部分则从印度尼西亚开始,越过喜马拉雅山脉,它们在帕米尔会合,然后向西伸入伊朗、土耳其和地中海地区,再出亚速海。欧亚地震带所释放的地震能量约占全球地震总能量的15%,主要是浅源地震和中源地震,缺乏深源地震。

洋中脊地震带是沿着洋中脊轴部分布的地震带。其宽度较窄而延伸很长,震源较浅,震级很少超过6级,具有火山地震性质。在大西洋中脊、印度洋中脊和东太平洋洋隆上都有浅源地震带分布。洋中脊地震带所释放的地震能量约占全球地震总能量的5%。

我国位于欧亚大陆东南部,挟住于西太平洋地震带和地中海–喜马拉雅地震带之间,是一个地震多发国家。我国历史上有关地震的记载,最早见于《今本竹书纪年》,其中一处提到,夏"帝发""七年陟泰山震",陟(音治)作登临解,就是说:夏朝有一个名叫"发"的帝王,在他即位的第七年(约公元前1831年)登临山东泰山时,正好泰山发生了地震。四千余年的地震文献记载表明,除了浙江、江西两省,我国绝大部分地区都发生过震级较大的破坏性地震。我国位于世界上两条大地震带之间,受太平洋板块、印度洋板块和菲律宾海板块的挤压,地震断裂带十分发育,不少地区地震相当活跃,近年来大震不断,而且发震频率较高。除西藏、台湾位于世界的两大地震带以外,强烈地震主要分布在南北地震带和东西地震带。南北地震带的北端位于宁夏贺兰山,经过六盘山,经四川中部直到云南东部,全长两千余千米。该地震带构造相当复杂,全国许多强震都发生在这条地震带上,如1920年宁夏海原8.5级地震、1739年银川8级地震、1973年炉霍7.9级地震、1970年通海7.7级地震,以及1976年松潘7.2级地震。这条地震带的宽度比较大,少则几十千米,最宽处达到几百千米。东西走向的地震带有两条,北面的一条从宁夏贺兰山向东延伸,沿陕北、晋北及河北北部的狼山、阴山、燕山山脉,一直到辽宁的千山山脉;另一条东西方向的地震带横贯整个国土,西起帕米尔高原,沿昆仑山东进,顺沿秦岭,直至安徽的大别山。纵贯我国中部的南北地震带和横贯我国西部的西昆仑山—阿尔金山—祁连山北缘地震带都是大地构造的边界带。

我国地震主要分布在以下五个区域:

1)西南地震区,主要包括西藏、四川西部和云南中西部。

2)华北地震区,主要包括太行山两侧、汾渭河谷、阴山—燕山一带、山东中部和渤海湾。

3)西北地震区,主要包括甘肃河西走廊、青海、宁夏、天山南北麓。

4)台湾地震区,主要包括台湾省及其附近海域。

5)东南沿海地震区,主要包括广东、福建等地。

西南地震区是我国最大的一个地震区，也是地震活动最强烈、大地震频繁发生的地区。据统计，该地区8级以上地震发生过9次，7~7.9级地震发生过78次，均居全国之首。华北地震区的地震强度和频度位居全国第二。据统计，该地区有据可查的8级地震曾发生过5次；7~7.9级地震曾发生过18次。西北地震区和台湾地震区也都曾发生过8级以上地震。东南沿海地震区历史上曾发生过1604年福建泉州8.0级地震和1605年广东琼山7.5级地震。此后的300多年间，无显著破坏性地震发生。

1.1.5　地震基本知识

图1.5所示为相关的地震术语示意。其中，地震开始发生的地方称为**震源**（earthquake focus），指岩层断裂、错动的部位。震源正上方的地面位置称为**震中**（epicenter），震中附近的地区称为**震中区**（epicentral area）。震中至震源的垂直距离为**震源深度**（focal depth）。地面某处到震中的距离称为**震中距**（epicentral distance）。

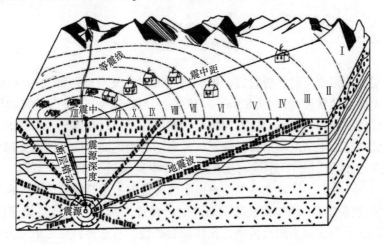

图1.5　地震术语示意

人们最为熟悉的波动是水的波动。当向池塘里扔一块石头时，水面被扰动，以石头入水处为中心有波纹向外扩展。这个波动是水波附近的水的运动造成的，然而水并没有朝着水波传播的方向流动；如果水面浮着一个软木塞，它将上下跳动，但并不会从原来的位置移走。这个扰动由水的简单前后运动连续地传下去，从一个位置把运动传给更前面的位置。这样水波携带的波动能量向池边运移并在岸边激起浪花。地震运动与此相当类似，人们感受到的震动就是由地震波的能量导致的岩石介质震动。地震引起的震动以波的形式从震源向各个方向传播，这就是**地震波**（seismic wave）。在地球内部传播的波称为**体波**（body wave），而沿地球表面传播的波称为**面波**（surface wave）。

体波包括纵波和横波两种（图1.6）。**纵波**（primary wave or longitudinal wave）是由震源向外传播的疏密波，质点的振动方向与波的前进方向一致，使介质不断地压缩和疏松。所以纵波又称为**压缩波**、**疏密波**。纵波的周期较短，振幅较小。**横波**（secondary wave or transverse wave）是由震源向外传播的剪切波，质点的振动方向与波的前进方向垂直，也称**剪切波**。横波的周期较长，振幅较大。

由于地球的层状构造特点，体波通过分层介质时，将会在界面上反复发生反射和折射。

11

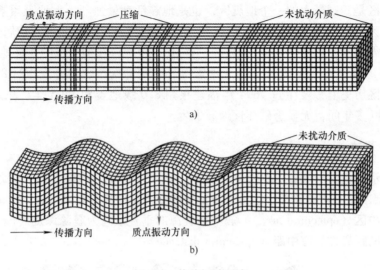

图1.6 体波振动形式

a) 纵波 b) 横波

当体波经过地层界面多次反射、折射后，投射到地面时，又激起两种仅沿地面传播的面波，即瑞雷波和洛夫波。**瑞雷波**（rayleigh wave）传播时（图1.7a），质点在波的传播方向和地表面法向所组成的平面内作与波前进方向相反的椭圆运动，而与该平面垂直的水平方向没有振动，故瑞雷波在地面上呈滚动形式。瑞雷波具有随着距地面深度增加而振幅急剧减小的特性，这可能就是在地震时地下建筑物比地上建筑物受害较轻的一个原因。**洛夫波**（love wave）传播时（图1.7b），质点在地平面内做与波前进方向垂直的运动，即在地面上呈现蛇形运动。洛夫波也随深度的增加而衰减。面波的传播速度约为剪切波传播速度的90%。面波振幅大而周期长，只在地表附近传播，比体波衰减慢，故能传到很远的地方。

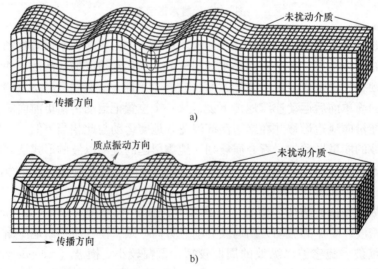

图1.7 面波振动形式

a) 瑞雷波 b) 洛夫波

地震现象表明，纵波使建筑物产生上下颠簸，剪切波使建筑物产生水平方向摇晃，而面波则使建筑物既产生上下颠簸又产生左右摇晃。一般是在剪切波和面波都到达时震动最为激烈。由于面波的能量比体波要大，所以建筑物和地表的破坏以面波为主。

地震按震源的深浅，可分为**浅源地震**（shallow - focus earthquake，震源深度小于 60km）、**中源地震**（intermediate - focus earthquake，震源深度为 60 ~ 300km）和**深源地震**（deep - focus earthquake，震源深度大于 300km）。一般来说，浅源地震造成的危害最大，出现的次数也最多，约占世界地震总数的 85%。当震源深度超过 100km 时，地震释放的能量在传播到地面的过程中大部分被损失掉，故通常不会在地面上造成震害。目前有记录的最深震源达 720km。浅源地震波及范围小，但破坏力大；深源地震波及范围大，但破坏力小。2002 年 6 月 29 日发生于吉林的 7.2 级地震，震源深度为 540km，无破坏。1960 年 2 月 29 日发生于摩洛哥艾加迪尔城的 5.8 级地震，震源深度为 3km，震中破坏极为严重，但破坏仅局限在震中 8km 范围内。

一般把一次强震发生前后一定时间内（几天、几个月或几年）发生的大大小小地震按时间排列起来称为一个**地震序列**（seismic sequence）。根据各个地震序列中大小地震比例关系、能量释放特征等，将地震序列划分为主震型、震群型和孤立型（单发型）三种类型。**主震型**的最大特点是主震震级突出，主震和最大前震、最大余震的震级相差显著，主震释放的能量占全地震序列的 90% 以上。**震群型**没有突出的主震，主要能量是通过多次震级相近的地震释放出来的，震群型的最大特点是没有突出的主震，前震、余震和主震震级较接近，一般相差在 1 级以内。**孤立型**的主要特点是前震和余震少而小，且与主震震级相差极大。

1.2　地震灾害概况

人类把地震灾害视为最可怕的自然灾害之一，地震的发生是不能预先知道的，然而它的突然袭击轻则影响人类的正常生产、生活，重则造成人民生命、财产的巨大损失。一次突发性的大地震往往在短短的几分钟乃至几秒钟可令一座城市变成一片废墟，成片房屋破坏倒塌，交通通信、供水供电等生命线中断，并可能引发火灾、疾病等次生灾害，城市瘫痪，社会长期动荡不安，并造成巨大的经济损失和人员伤亡。惨重的地震灾害，给人类带来了不幸，也为后人抵御地震、考察地震灾害提供了大量的资料。

震害常被划分为直接震害和间接震害。直接震害指地震直接引起的人身伤害与财产损失，财产损失包括各种人工建筑物（如房屋建筑、构筑物、桥梁、隧道、道路、水利工程）及自然环境（如农田、河流、湖泊、地下水等）的破坏；间接震害指非地震灾害和损失，如火灾、水灾（海啸、大湖波浪）、流行疾病和由于劳动力损失与交通中断等引起的一系列经济损失。直接震害分为地基失效和结构振动破坏。

地基失效破坏指由地震引起的地基丧失其承载能力的多种破坏，其中包括极震区中常常发现的断层位错（如断层两侧的水平和竖向相对位移和由此产生的滑坡）和由振动引起的滑坡、不均匀变形和开裂、地基承载力下降或全部丧失；后者仅见于不稳定的地基上。如由断层位错产生的滑坡可以堵河成湖、掩埋村庄、破坏道路和农田；砂土液化引起的冒水喷砂，可以掩盖农田，液化可以导致边坡滑动、坝体破坏、房屋倾倒、桥台和桥墩滑移、倾斜，并可使地上结构下沉或地下结构上浮。结构振动破坏指各种人工建筑物和构筑物由于地基振动而产生的结构地基共同体系的破坏，包括水平和竖向振动引起的各种振动破坏、扭转破坏、脆性或塑性破坏及整体破坏或局部破坏。

把地基失效这种震害和结构振动震害分开强调的主要原因有二：第一，地基失效引起的结构震害，属于静力作用，是由于地基失效产生的相对位移引起的结构破坏，而结构振动破坏是动力作用，是由振动产生的结构物的惯性力引起的，两者破坏原因不同；第二，便于在结构抗震设计中分清原因，以便对症下药采取抗震措施，确保结构物与构筑物的安全。

1.2.1 世界地震灾害

全球范围内历次大地震均造成很大的经济损失和人员伤亡，近100年世界部分地震造成的死亡人数见表1.2。其中，1923年日本关东大地震，仅东京（Tokyo）、横滨（Yokohama）两市的死亡人数达13万人。1985年墨西哥（Mexico）地震造成的直接经济损失在几百亿美元以上；1989年美国洛马普雷塔（Loma Prieta）地震造成的直接经济损失达150亿美元；1994年美国北岭（Northridge）大地震的直接经济损失约为300亿美元；1995年日本神户大地震的直接经济损失高达1000亿美元，死亡人数为6434人，震后恢复重建工作花费了两年时间，耗资近1000亿美元。

表1.2 近100年世界部分地震死亡人数

时间	地点	震级	死亡人数
1923 年 9 月 1 日	日本横滨、东京	8.2	130000
1930 年 7 月 27 日	意大利伊尔皮尼亚	6.5	1400
1939 年 12 月 27 日	土耳其埃尔津詹	8.0	50000
1960 年 5 月 21 日	智利	8.9	10000
1970 年 5 月 31 日	秘鲁钦博特	7.6	60000
1980 年 11 月 23 日	意大利	7.2	2735
1981 年 6 月 11 日	伊朗	6.8	3000
1985 年 9 月 19 日	墨西哥	7.8	35000
1986 年 10 月 10 日	萨尔瓦多	7.5	1500
1987 年 3 月 6 日	厄瓜多尔	7.0	1000
1988 年 12 月 7 日	苏联西部	6.9	25000
1990 年 6 月 21 日	伊朗	7.4	75000
1990 年 7 月 16 日	菲律宾吕宋岛	7.7	1621
1991 年 10 月 19 日	印度北方邦	6.8	2000
1992 年 12 月 12 日	印度尼西亚	7.8	2519
1993 年 9 月 29 日	印度	6.2	9748
1995 年 1 月 17 日	日本神户	7.2	5502
1997 年 5 月 10 日	伊朗北方	7.3	1572
1998 年 5 月 30 日	阿富汗	6.6	4000
1999 年 1 月 25 日	哥伦比亚	7.1	1200
1999 年 8 月 17 日	土耳其	7.8	20000
2001 年 1 月 26 日	印度	7.7	20023
2002 年 3 月 25 日	阿富汗	6.1	1000
2003 年 12 月 26 日	伊朗巴姆	6.6	31000

（续）

时间	地点	震级	死亡人数
2004 年 12 月 26 日	北苏门答腊岛	8.9	227898
2005 年 10 月 8 日	巴基斯坦	7.6	86000
2006 年 5 月 27 日	印尼爪哇岛	6.3	5782
2010 年 1 月 12 日	海地	7.3	222600
2011 年 3 月 11 日	日本	9.0	15854
2015 年 4 月 25 日	尼泊尔	8.1	8219
2018 年 9 月 28 日	印尼中苏拉威西省	7.4	2010
2020 年 6 月 23 日	墨西哥	7.4	10

2011 年 3 月 11 日，日本东北部海域发生强烈地震。此次地震的矩震级达到 9.0 级，为历史第五大地震。震中位于日本宫城县以东太平洋海域，距仙台约 130km，震源深度 20km。地震引发的巨大海啸对日本东北部岩手县、宫城县、福岛县等地造成毁灭性破坏，并引发福岛第一核电站核泄漏，是日本历史上伤亡最惨重、经济损失最严重的灾难事件之一。截至 2012 年 3 月 11 日，日本大震共造成 15854 人死亡，3156 人失踪，共计 34 万灾民流离失所。其中值得注意的是，大部分遇难者是由于大地震引起的海啸溺水致死的。此次地震及引发的海啸给日本造成了巨大的损失，核泄漏事故是此次地震影响最大、最为深远的次生灾害。受 3 月 11 日大地震影响，日本两座核电站的 5 个机组停转，日本政府宣布"核能紧急事态"，并于 12 日首次确认福岛核电站出现泄漏，核电站周边大批居民被疏散。福岛第一核电站 6 个反应堆都是沸水堆，其中有 4 个反应堆相继爆炸，导致大规模核泄漏，碘、铯、锶等放射性核素与烟尘混杂，组成核辐射尘埃进入大气层，随高空风和大气环流向各地飘散，致使核事故等级不断提高，最终提至最高级，居民疏散范围不断扩大。日本核泄漏不仅给日本自己带来难以弥补的灾难，也对全球环境造成重大而深远的影响，日本及其周边国家乃至全世界，都笼罩在核灾难的阴影中。全世界都应该从这场灾难中吸取教训，共同保护好我们赖以生存的家园。

1960 年 5 月 21 日至 6 月 23 日，一个多月的时间内，智利发生了数百次不同震级的地震，震级在 7 级以上的有 10 次，其中 8 级以上的就有 3 次，尤以 5 月 22 日爆发的 9.5 级地震造成的损失最为惨重。这次震级为里氏 9.5 级的地震，是世界地震史上震级最高、最强烈的一次地震，它发生在智利中南部海底，震中烈度达到 12 度。这场超级地震持续了将近 3min 之久，造成了巨大的损失。在地震波的猛烈冲击下，震中的房屋倒塌大半，许多城市被夷为平地。地震引发火山喷发，山体滑坡，以及人类历史上最大的一次海啸，海啸浪涛最高达 25m，以摧枯拉朽之势，席卷了太平洋东岸的智利，所到之处，一片死寂，从首都圣地亚哥到蒙特港，建筑、船舶等或被海水淹没，或被海浪拍碎了卷走，以蒙特港为中心南北 800km 的海岸线被洗劫一空。海啸不仅给智利带来巨大损失，同时冲击了整个太平洋，波及太平洋东西两岸的大部分国家或地区，美国的夏威夷群岛、日本、俄罗斯、中国、菲律宾等都受到不同程度的损失。这次强地震及海啸造成数万人死亡，200 多万人无家可归，伤者不可胜计，造成的损失无可估量。

1.2.2 中国地震灾害

近100年我国部分地震造成的死亡人数见表1.3。据统计，我国20世纪死于地震的人数达55万，占全球地震死亡人数的53%；地震造成死亡的人数占国内所有自然灾害，包括洪水、山火、泥石流、滑坡等总人数的54%；全球发生两次导致20万人死亡的强烈地震也都发生在我国，一次是1920年宁夏海原地震，造成23万多人死亡；一次是1976年河北唐山地震，造成24万多人死亡。

表1.3 近100年我国部分地震死亡人数

时间	地点	震级	死亡人数
1925年3月16日	云南大理	7.0	3600
1927年5月23日	甘肃古浪	8.0	41000
1932年12月26日	甘肃昌马堡	7.6	70000
1933年8月25日	四川叠溪镇	7.5	20000
1935年4月21日	台湾新竹、台中	7.1	3185
1937年8月1日	山东菏泽	7.0	3350
1950年8月15日	西藏察隅	8.6	4000
1966年3月8日	河北隆尧	6.8	8064
1970年1月5日	云南通海	7.7	15621
1974年5月11日	云南大关	7.1	1423
1975年2月4日	辽宁海城	7.3	1328
1976年7月28日	河北唐山	7.8	242000
1999年9月21日	台湾集集	7.6	2378
2008年5月12日	四川汶川	8.0	87148
2010年4月14日	青海玉树	7.1	2968
2013年4月20日	四川雅安	7.0	196
2013年7月22日	甘肃定西	6.6	95
2017年8月8日	四川九寨沟	7.0	25

1920年12月16日夜，宁夏海原地区发生8.5级地震，方圆150km的广大地区均遭波及。自泾州以西至会宁，海原以南至秦州，大半个中国都有震感，极震区的烈度为12度。世界上96个地震台都记录了这次地震，日本东京地震仪还记录了这次地震绕地球两圈的地震波，时称"环球大震"。海原地震不仅是中国、也是世界史上的大地震之一，堪称人类历史上的一次大劫难，死亡人数达20多万。余震一直持续到1923年，时间之长极为罕见。

1966年3月8日，河北省邢台地区发生6.8级强烈地震。邢台大地震是新中国成立以来第一次发生在平原人口稠密地区、持续时间长、破坏严重、伤亡惨重的强烈地震灾害。地下水普遍上升2m多，许多水井向外冒水。低洼的田地和干涸的池塘充满了地下冒出的水，淹没了农田和水利设施。地面裂缝纵横交错，绵延数十米，有的达数公里。有的地面上下错动几十厘米。震区内滏阳河两岸出现严重坍塌，任村滏阳河故道被挤压成一条长48m、宽3m、

16

高 1m 的土梁。地震造成了山石崩塌，仅邢台、石家庄、邯郸、保定 4 个地区，发生山石崩塌 361 处，山崩飞石撞击引起火灾 22 起，烧山 3000 余亩（1 亩 ≈ 666.6m²）。震后次生火灾接连发生，仅 1966 年 3 月中旬至 4 月初，就发生火灾 422 起，烧死 39 人，烧伤 74 人，烧毁防震棚 470 座。震后灾区地形地貌变化显著，出现大量地裂缝、滑坡、崩塌、错动、涌泉、水位变化、地面沉陷等现象，喷水冒沙现象普遍，最大的喷沙孔直径达 2m。邢台大地震波及 60 多个县，受灾面积达 2.3 万 km²，毁坏房屋 500 余万间，其中 260 余万间严重破坏和倒塌，8064 人丧生，3.8 万余人受伤。砸死砸伤大牲畜 1700 多头。仅邢台地区不完全统计，损失就高达 10 亿多元。这个数额在当时的国民经济状况下，已是一个惊人的数字。

1976 年 7 月 28 日，河北唐山发生 7.8 级地震。地震的震中位置位于唐山市区。这是中国历史上一次罕见的城市地震灾害。顷刻之间，一个百万人口的城市化为一片瓦砾，人民生命及财产遭到惨重损失。地震破坏范围超过 3 万 km²，有感范围广达 14 个省、自治区、直辖市，相当于全国面积的 1/3。地震发生在深夜，市区 80% 的人来不及反应，被埋在瓦砾之下。极震区包括京山铁路南北两侧的 47km²。区内所有的建筑物几乎都荡然无存。一条长 8km、宽 30m 的地裂缝带，横切围墙、房屋和道路、水渠。震区及其周围地区，出现大量的裂缝带、喷水冒沙、井喷、重力崩塌、滚石、边坡崩塌、地滑、地基沉陷、岩溶洞陷落及采空区坍塌等。市区被埋压的 60 万人中有 30 万人自救脱险，地震共造成 24.2 万人死亡，16.4 万人受重伤；毁坏公产房屋 1479 万 m²，倒塌民房 530 万间。全市供水、供电、通信、交通等生命线工程全部破坏，所有工矿全部停产，所有医院和医疗设施全部破坏。地震时行驶的 7 列客货车和油罐车脱轨。蓟运河、滦河上的两座大型公路桥梁塌落，切断了唐山与天津和关外的公路交通。市区供水管网和水厂建筑物、构造物、水源井破坏严重。3 座大型水库和两座中型水库的大坝滑塌开裂，防浪墙倒塌。410 座小型水库中的 240 座震坏。6 万眼机井淤沙，井管错断，占总数的 67%。沙压耕地 3.3 万多 hm²，咸水淹地 4.7 万 hm²。毁坏农业机具 5.5 万余台（件）。砸死大牲畜 3.6 万头，猪 44.2 万头。唐山市及附近重灾县环境卫生急剧恶化，肠道传染病患病尤为突出。

1999 年 9 月 21 日 1 时 47 分 12.6 秒，台湾省嘉义至南投一带发生 7.7 级强烈地震。这是台湾省近百年未遇的大地震。这次地震是极浅源地震，震源深度仅为 1km，震中位于日月潭西偏南 12.5km 处，离台北市 150km，震中烈度为 6 度（台湾仍沿用日本地震烈度表）。截至 10 月 13 日：震后共发生 5 级以上余震 1.3 万次；死亡 2333 人，受伤 10000 人；失踪 39 人，埋困 58 人，交通阻绝受困 7 人，救出 4965 人；房屋全倒 9909 栋，半倒 7575 栋。震中附近地表破坏极为严重。震后发现 51 条断层，其中车笼埔断层长 80km，离震中 5km，地面运动加速度有 2 次达 1g 以上，地面竖向位移达 6 ~ 9m，地面横向位移达 10m，震中附近 9 个山头只留下了 2 个。台湾集集大地震造成的直接产业损失达 2304.5 亿元新台币（折合 576.1 亿元人民币），间接营业损失达 615.6 亿元新台币（折合 153.2 亿元人民币）。

2008 年 5 月 12 日，在四川汶川发生 8.0 级地震。破坏地区超过 10 万 km²，极震区烈度达 11 度。地震波及大半个中国及多个亚洲国家。北至北京，东至上海，南至中国香港、泰国、越南，西至巴基斯坦均有震感。汶川地震的震中烈度高达 11 度，以四川省汶川县映秀镇和北川县县城两个中心呈长条状分布，面积约 2419km²。10 度区面积约为 3144km²，呈北东向狭长展布，东北端达四川省青川县，西南端达汶川县。9 度区面积约为 7738km²，呈北东向狭长展布，东北端达到甘肃省陇南市武都区和陕西省宁强县的交界地带，西南端达到汶川县。9度以上地区破坏极其严重，其分布区域紧靠发震断层，沿断层走向呈长条形状。其中，10度和9度区的边界受龙门山前山断裂错动的影响，在绵竹市和什邡市山区向盆地方向突出，在都江堰市区也略有突出。8度区面积约为27786km²，西南端至四川省宝兴县与芦山县，东北端达到陕西省略阳县和宁强县。7度区面积约为84449km²，西南端至四川省天全县，东北端达到甘肃省两当县和陕西省凤县，最东部为陕西省南郑县，最西为四川省小金县，最北为甘肃省天水市麦积区，最南为四川省雅安市雨城区。6度区面积约为314906km²，一直延续到重庆市西部和云南省昭通市北端，其西南端为四川省九龙县、冕宁县和喜得县，东北端为甘肃省镇原县与庆阳市，最东部为陕西省镇安县，最西为四川省道孚县，最北为宁夏回族自治区固原县，最南为四川省雷波县。汶川地震造成87148人死亡，374643人受伤，直接经济损失达8451亿元，是新中国成立以来影响最大的一次地震。经国务院批准，自2009年起，每年5月12日为**全国防灾减灾日**。

1.2.3 中国古建筑抗震

2008年5月12日，在我国四川汶川映秀镇发生了里氏8.0级特大地震，震中最大烈度达11度，影响了包括震中50km范围内的县城和200km范围内的大中城市，造成了大量建筑破坏及不计其数的人员伤亡。现场勘查结果表明：与现代建筑相比，古建筑破坏情况要轻微得多。例如北京的故宫，山西的应县木塔，赵州桥，西安的大、小雁塔，天津蓟县独乐寺的观音阁及辽宁义县奉国寺的佛教建筑群等。这些建筑都是历经千年的高大建筑（高度从20多米到60多米不等），在数次甚至数十次强烈地震中都经受住了考验。大部分古建筑的破坏症状表现为墙体破坏、节点拔榫、瓦件掉落等，而木构架整体完好。新建建筑中（主要指砖土、砖木、砖混、钢混结构），部分建筑完全倒塌，大部分建筑震后破坏严重且难以修复。

太和殿，俗称"金銮殿"（图1.8），位于紫禁城南北主轴线的显要位置，明永乐十八年（1420年）建成，称奉天殿。太和殿面阔11间，进深5间，建筑面积2377.00m²，高26.92m，连同台基通高35.05m，为紫禁城内规模最大的殿宇，其上为重檐庑殿顶，屋脊两端装有高3.40m、重约4300kg的大吻，檐角安放10个走兽，数量之多为现存古建筑中所仅见。太和殿是我国现存古建筑中规模最大，建筑性质、装饰与陈设等级最高的皇家宫殿建筑。在过去600多年里，北京附近共发生过222次地震，其中不乏像1679年北京平谷发生的8.0级地震和1976年发生的7.8级唐山大地震。这两次地震几乎把震中地区夷为平地，但距离震中不远的故宫却毫发无损。故宫能屡次经受地震的考验，优秀的抗震设计功不可没。

1）太和殿平面布置的特点是均匀、对称。这种布局形式可使结构的质心与抵抗水平侧力的抗力刚度中心重合，以避免在水平地震作用下结构产生扭矩等不利内力。

2）太和殿基础包括台基和高台两部分。台基基身除了有防潮隔湿作用，对磉墩也有稳固作用，可保证地震时柱子基础的平稳。经钻探和地质勘查发现太和殿台基至少做过如下三个方面加固处理：①木桩层，即对软弱土层采用木桩加固，通过桩基将持力层选择坚硬的土层上，可避免上部结构在地震作用下产生不均匀下沉问题；②横木层，一般采用圆形横木，制成木筏形式，作为桩承台，地震作用下，水平横木层可产生滑动并增大上部结构运动周期，从而减轻结构破坏；③灰土分层，即将基础下原有松软层挖出，换填无侵蚀性、低压缩

a) b)

图1.8 太和殿

a）太和殿外貌 b）太和殿剖视

性的灰土材料，分层夯实，作为基础。

3）太和殿柱子的抗震构造包括柱底平摆浮搁及柱身侧脚两方面。柱底平摆浮搁，柱根不落入地下，而是浮搁在表面平整的柱顶石上。柱顶石露明不但可以保护柱根的木材不腐朽，而且可将上部的结构和下部基础断开，使柱根不会传递弯矩，只能靠摩擦传递部分的剪力和竖向力，这样就限制了结构中可能出现的最大内力。太和殿柱身侧脚是指其外周柱子底部均向外侧移0.05m，使柱顶向内倾斜。侧脚使得太和殿木构呈轻微内八字状，而且使结构产生的恢复力总是指向结构的平衡位置，方向总是和柱架振动侧移方向相反，使得地震作用下结构整体产生大变形的概率减小，且在构架变形恢复的过程中可耗散部分地震能量。

4）太和殿内梁和柱采用榫卯形式连接，即梁端做成榫头形式，插入柱顶预留的卯口中。榫卯节点的耗能机理在于：榫头与卯口形成一种半刚性连接，这种连接使得榫卯节点在地震作用下有一定的转动能力，且榫头绕卯口转动过程中，与卯口之间存在摩擦滑移作用，进而耗散部分地震能量。榫卯在拔出的运动中使结构构件产生了很大的变形和相对位移，不仅改变了结构的整体性，也调整了结构的内力分配。在地震反复荷载作用下，梁柱榫卯连接处通过摩擦滑移与挤压变形耗能，相当于在节点处安装了阻尼器，减小了结构的地震响应。

5）太和殿为重檐庑殿屋顶，其斗拱做法是明清斗拱的最高形制，上下两檐均用溜金斗拱。太和殿斗拱的水平减震机理可以通过以下两个方面进行说明：一方面坐斗产生倾斜，并带动正心瓜拱产生水平移动，正心万拱和正心枋也因与槽升子相连产生变形位移，并产生挤压和剪切作用，阻止正心瓜拱和坐斗变形；另一方面，坐斗位移时，要带动上面的翘产生位移，而与坐斗正交的翘由于构造上的特殊处理，只与坐斗产生摩擦力，其本身位移很少，因而产生了水平减震效果。太和殿斗拱的竖向隔震机理可以理解为：斗拱构件由于在竖向分层叠加，这些木构件充当了弹簧垫作用，可将上部荷重的动能转化为重力势能，并通过上下层的压缩变形巧妙地将能量耗散掉，从而起到减震作用。

6）太和殿重檐金柱，柱顶以上的木构架可统称梁架部分，由七架梁及随梁、五架梁、三架梁、瓜柱、柁墩等构件组成，上下层梁主要采用瓜柱、柁墩等构件进行连接固定；进深方向，由于梁底与柱顶之间的静摩擦力作用，梁架不会产生滑移；开间方向，各榀梁架通过檩、垫板、枋子相互拉接，保持了稳定。

7）太和殿屋顶质量较大，这虽然增加地震时的惯性力，但它同时可以增强斗栱的竖向减震能力以及柱底的抗滑移能力，保证了结构的整体性及稳定性。而且，由于木结构材料的特殊性，其在承受压力之前，有较大的几何可变性，只有在承受一定的压力之后，榫卯相互挤压紧密，从而使榫头挤压产生塑性变形、摩擦耗能，各构架之间的连接趋于密合，使得构架具备一定的抵抗侧向荷载和侧向变形的能力。因此，大质量、大刚度的屋顶为木构架之间的连接提供足够的摩擦力和阻尼，加强了梁柱结构之间的整体性和稳定性。

8）墙体，太和殿为木构架承重结构，前檐柱子露明，山面及后檐的柱子则被包砌在墙体中。太和殿墙体厚1.45m，采用低强度等级的灰浆及砖石砌筑而成，仅起维护作用。墙体与柱子结合，可提高地震作用下木构架的抗侧移能力；墙的下段比上段厚，可降低水平地震剪力。

我国古代劳动人民虽然没有给我们留下很多的关于木结构建筑抗震的文字内容，但是他们在与自然灾害的长期斗争中积累了丰富的经验，能把"以柔克刚，消能减震"等抗震、减震、隔震机理运用于建筑实践中。这些宝贵的经验，值得我们今天去学习和应用。

赵州桥又名安济桥（图1.9），俗称大石桥，坐落于河北省赵县城南洨河之上，建于隋代开皇至大业年间（公元595—605年），距今已有1400多年的历史，是世界上最古老的石拱桥，由匠师李春监造，全部为石料建成。赵州桥全长64.4m，跨径37.02m，拱顶到两拱脚间连线的高度是7.23m，主拱由28道拱券纵向并列砌筑。拱脚宽9.6m，顶宽9.0m。

图1.9　赵州桥
a）赵州桥外貌　b）小拱上方有护拱石

赵州桥从建成使用到今天的1400余年中，经历了10次水灾，8次战乱和多次地震，在大大小小的地震中，对其产生直接影响的就达6次之多。尤其是1966年3月22日河北宁晋7.2级地震的影响非常之大，这次地震的震中距离赵州桥仅不足40km，地震影响烈度达到7度，但赵州桥仍安然无恙。

赵州桥的基础有多深、地基有多硬，千百年来就是个谜。赵州桥的研究者们，有的认为桥台后面有用以防止拱券后推的巨大石柱；也有的认为有巨大的长桥台后座。一直到1979年5月，由中国社会科学院自然科学史研究组等四个单位组成联合考察组，经国家文物局批准，对赵州桥地基进行了钻探、坑探。勘察结果表明：赵州桥的桥台为低拱脚、浅基础、短桥台；桥台长约5m，宽为9.6m；基础宽度为9.6~10m，长度约为5.5m；基础的埋置深度为 2~2.5m；桥台厚度 1.549m，拱脚下为 5 层平铺条石，灰缝很薄，无裂缝，每层略有出台，石料下层较上层稍厚。现代勘测表明赵州桥的桥址区域地形平坦，地貌单一，地层分布稳定，地基土主要以密实的粉质黏土为主，中间有粉土和砂土夹层，是修建这种特大跨度单孔桥梁的比较理想的场所。根据化验分析，这种土层基本承载力约为 340kPa，并且黏土层压缩性小，地震时不会产生砂土液化，属良好天然地基。稳定的地基基础是这座古老的桥梁能承受多次地震考验的重要原因之一。

赵州桥周围数十千米范围内的地底下，存在多条大小不等、走向不一的活动断层，而赵州桥恰恰落在多条断层缝隙之中，明显避开了那些纵横交错的断层。

在桥梁工程中，技术人员把桥梁的主拱肋和桥面之间的三角地带称为桥肩。敞肩就是把桥肩挖空，而赵州桥是这种桥型的首创，它在中央主拱两侧的桥肩上分别挖开了两两对称的四个小拱，做成"空撞券"，空撞券的建筑形式敞开了肩部，节省了石料，更重要的是减轻了桥身自重，分散了桥身对桥台地基的垂直压力，赵州桥对称的敞肩拱的大拱净跨 3.81m，小拱净跨 2.85m。有关数据表明，赵州桥的敞肩式结构比实肩式结构节约石料 153%，减小质量 500t。桥身自重的减轻，大大减少了对桥台和地基的垂直压力和水平推力，所以赵州桥的桥台才可以造得那么轻巧实用，并且能直接坐落在天然地基之上。经过计算得出的数据表明，赵州桥地基的承载力约是 3700t，赵州桥的质量约 2800t。所以建在这样地基上的赵州桥，能够经历 1400 多年，而地基沉降非常小。赵州桥之所以千年不坠，正是出自李春这种敞肩拱式桥型设计的高度科学性和合理性，这也是赵州桥学派在世界桥梁建筑史上最重要的贡献。

因此，赵州桥之所以有强大的抗震能力，最主要的原因包括：一是桥址没有建在纵横交错的活动断层上；二是地基稳定，地基土以密实粉质黏土为主，中间有粉土和砂土夹层，地震时不会产生砂土液化；三是桥梁结构设计合理、施工严谨，使桥身自重减轻，抗剪能力强，桥体受力均衡，整体稳固。

应县木塔位于山西省应县城西北佛宫寺内（图 1.10），建于辽清宁二年（1056 年），应县木塔处于大同盆地地震带，建成近千年来，经历过多次大地震的考验。据史书记载，在木塔建成约 200 多年时，当地曾发生过 6.5 级大地震，余震连续 7 天，木塔附近的房屋全部倒塌，只有木塔岿然不动。20 世纪初军阀混战的时候，木塔曾被 200 多发炮弹击中，除打断了两根柱子外，并无其他损伤。

应县木塔之所以有如此杰出的抗震能力，在于自身具备诸多的抗震工艺：木塔平面是规则的正八角形，利于抵抗地震波产生的扭曲力；木塔高达 4.4m 的砖石基座坚实、稳定，形成"浮筏"，承载着全塔的质量（约 1300t）；木塔内梁与柱的连接完全通过斗拱完成，各种构件则通过榫卯连接，全塔的主要构件不用一钉一铆，这种连接形式类似于半固接半活铰的状态，能承受较大的弯矩；构架水平分层，在地震波中的垂直冲击波攻击下，可以通过"弹跳"的方式消解巨大的破坏能量；构架的整体性有力地抵抗旋转波，所有的柱子都用顶部的梁枋连接成一个筒形的框架，保证了构架的稳定性；柱子之间砌筑有厚实的墙体，牢牢地"抱"住各柱子，增加了构架的整体性，而且这些墙体能作为剪力墙发挥作用；立柱侧脚、平面逐层缩小，有效地降低了塔的重心，并使整体结构重心向内倾斜，增强了塔的稳定性，这样既使塔身形成美丽的曲线，又能把水平的地震冲击力分解成垂直方向的压力；周边有一圈柱廊，各圈柱廊被水平构件连接成一个刚中带柔的整体；为了加固结构框架，在八边形木塔的四个斜向应面上，自上而下采用了剪刀撑做法。整座木塔表现出结构、技术与艺术形象的高度和谐，表里如一，这是中国古代木结构建筑工艺的一大杰作。

a)   b)

图 1.10　应县木塔

a）应县木塔外貌　b）应县木塔剖视

　　天津蓟县独乐寺观音阁（图 1.11），重修于辽圣宗统和二年（公元 984 年），距今已有1000 多年历史，是世界上现存建筑时间最早的高层楼阁式木结构建筑物。它外观二层，实为三层，中间一层为暗层，高 23m。千余年来，独乐寺经历了 28 次较强地震，其中清康熙到乾隆年间蓟县附近就发生了 3 次强烈地震，史记"蓟县城官廨民舍无一幸存，观音阁独不圮"。1976 年 7 月 28 日唐山大地震，震中离蓟县只有几十公里。在这次大地震中，唐山、丰南、天津、三河、蓟县等地房屋倒塌无数，而观音阁及山门的木柱仅略有摇摆，观音像胸部的铁条被拉断，但整个大木构架安然无恙。观音阁之所以在多次强震中屹立不倒与其设计巧妙不无关系。地基是用黄土和灰沙夯打而成的，既坚固结实，又有一定的弹性。观音阁的整个结构既美观又科学，全阁有立柱两层，外檐柱 18 根，内檐柱 10 根，各层檐柱之间又有梁枋互相连接，构成内外两圈，外圈檐柱构成的外框套着内层檐柱构成的内框，内外两个框架之间又以短横梁相连。这种结构大大增强了观音阁抵御地震带来的水平推力破坏的能力。据专家们测量，进深和阁高尺度之间的比例约为 4∶3。这种比例使得观音阁即使被强烈的地震所摇晃，也不至于失去重心。为容纳庞大的泥塑观音菩萨像，观音阁内部修成了一个空井。为避免空井结构影响高层楼阁的稳定性，在井口安装了斜撑，还把 3 个井口中的一个由四边形改成六角形，这种方圆结合的结构有效地加强了整个建筑的整体性。在地震发生的时候，有人听到观音阁中的梁架咯咯作响，也有人看到观音阁的屋顶来回摆动。专家们震后考察得知，观音阁中用以连接观音泥塑像和柱子之间的大铁索已被拉断。但是，观音菩萨像没有倒，观音阁也没有倒。由此证明，它的抗震能力是多么卓绝！

　　这些抗震古建筑，充分显示出我国古代劳动人民在抗震建筑技术方面已达到了很高的造诣，积累了丰富的经验，颇值得人们借鉴。从结构工程的角度来看，我国的古建筑具有一些非常典型的特点，体现在结构的抗震设计上主要有三点：一是整体性（整体配合），二是

a)　　　　　　　　　　　　b)

图1.11　天津蓟县独乐寺观音阁

a）观音阁外貌　b）观音阁剖视

"以柔克刚"，三是"积柔为刚""刚柔相济"。如果说结构的"整体性"思想主要表现在建筑的平面和立面的设计上，那么"以柔克刚"的思路往往体现在细部构造的处理上，而"积柔为刚""刚柔相济"则是"整体配合"和"以柔克刚"等设计思想融合升华的结果。正是这些思想的有机结合才产生了"四两拨千斤"的效果，我国的古代工匠借助极原始的木石砖瓦等材料建造出许多结构灵巧而抗震性能极高的建筑。

1.2.4　抗震救灾精神

2021年是中国共产党成立100周年。习近平总书记强调，一百年来，中国共产党弘扬伟大建党精神，在长期奋斗中构建起中国共产党人的精神谱系，锤炼出鲜明的政治品格。近日，党中央批准了中央宣传部梳理的第一批纳入中国共产党人精神谱系的伟大精神，其中包括"抗震救灾精神"。

"同自然灾害抗争是人类生存发展的永恒课题。"我国是世界上自然灾害最为严重的国家之一，灾害种类多、分布地域广、发生频次高、造成损失重。在抗震救灾中，中国人民以无所畏惧的英雄气概、团结一致的强大力量、可歌可泣的伟大壮举，铸就了"万众一心、众志成城，不畏艰险、百折不挠，以人为本、尊重科学"的伟大抗震救灾精神。

1. 万众一心、众志成城的团结精神

"万众一心、众志成城"是中华民族和衷共济、团结奋斗精神的生动体现。中国人民是具有伟大团结精神的人民，"兄弟同心，其利断金""岂曰无衣，与子同袍"，是千百年来中华民族同甘共苦、生死与共，同舟共济、守望相助的伟大团结精神的生动写照。在漫长的历史进程中，中华民族从改造自然的实践斗争中深刻认识到，在自然面前，尤其是特大自然灾害面前，多么强大的个体力量都显得微弱渺小。只有每个个体团结起来，才能汇聚和激发出战胜各种艰难险阻的磅礴伟力。因此，"万众一心、众志成城"的伟大团结精神，既是一种宝贵的民族品格，也是一种战天斗地的生存智慧，更是一种凝心聚力的强大力量。它支撑中华民族走过几千年风雨磨难，激励中国人民携手战胜巨大灾难、共建美好家园。在汶川特大地震灾害中，从城市到乡村、从部队到厂矿、从机关到基层、从街道到学校，举国上下患难与共，前后方同心协力，海内外和衷共济……团结勇敢的中国人民在灾难的废墟之上，用人间大爱凝聚起一方有难、八方支援的钢铁力量，谱写了一曲"万众一心、众志成城"的团结之歌（图1.12）。

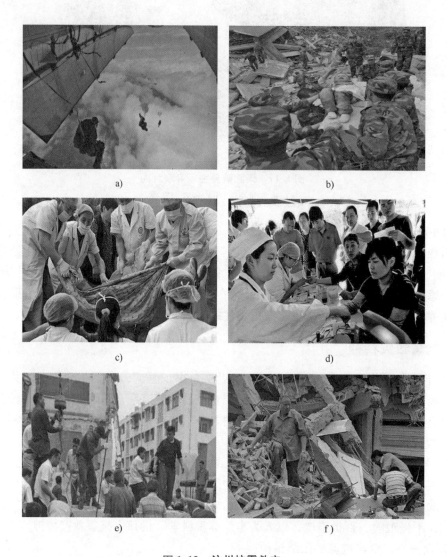

图 1.12 汶川抗震救灾

a）15名勇士高空伞降茂县 b）被救孩子向解放军叔叔"敬礼"

c）医护抢救伤员 d）群众献血 e）群众互救 f）群众自救

　　"万众一心、众志成城"是集体主义价值原则的充分展现。灾难是人心人性的"透视镜"，也是一个国家和民族所遵循价值原则的"试金石"。团结就是力量。灾难来临的生死关头，自私还是互助，逃跑还是逆行，冷漠还是热血，这一道道选择题的答案，归根结底，取决于个体与集体利益孰先孰后、孰轻孰重的价值排序。中国人民在抗震救灾中涌现的无数感人事例，向世界充分展现了社会主义核心价值观中蕴含的集体主义价值原则。将生的希望留给学生的老师，为抢救遇险同胞而敢于牺牲的将士，亲人遇难仍强忍悲痛、坚守救灾一线的党员干部，为灾区捐款捐物、倾力奉献的各界人士……正是有国才有家的群体意识，集体

利益高于个体利益的价值共识，让中国人民将"万众"凝成"一心"，用"众志"铸就
"钢铁长城"。

"万众一心、众志成城"是社会主义集中力量办大事制度优势的有力彰显。灾难是一场
大考，不同的国家会交出截然不同的答卷，是一盘散沙还是全国一盘棋，是孤军奋战还是八
方来援，不同国家制度体系和治理体系的差别，决定了一个国家能否在最短时间内迅速动
员、组织和汇聚各方力量。习近平总书记指出，"我们最大的优势是我国社会主义制度能够
集中力量办大事。这是我们成就事业的重要法宝"。面对特大灾难，在抗震救灾斗争中，集
中力量办大事的制度优势，是中国人民能够团结起来、共抗震灾的关键因素。震灾发生后，
党和国家统筹各方，运筹帷幄；人民军队坚决听党指挥，冒死空降灾区；医护工作者一声令
下，第一时间奔赴灾区；新闻工作者挺进第一现场，党员干部冲在灾情最重第一线，志愿者
天南地北奔赴灾区，社会各界争先恐后捐款捐物、无偿献血；交通、气象、供水、供电、供
气等后方各战线坚守岗位、并肩作战……这些紧张有序、步调一致的行动背后，有着强大的
国家制度支撑。

2. 不畏艰险、百折不挠的民族品格

"不畏艰险、百折不挠"是中华民族勤劳勇敢、自强不息精神基因的体现。中华民族五
千年的历史长河布满荆棘苦难，勤劳勇敢、自强不息的伟大民族精神正是支撑我们历经苦
难、创造辉煌的不竭力量。《周易》有云："天行健，君子以自强不息"，这种自强奋斗精神
经过漫长历史的反复检验和深厚积淀，成为渗透在中华民族血脉之中的文化基因和精神传
统。当困难和挑战来临时，中国人民选择"不怨天，不尤人"，坚信"胜人者有力，自胜者
强"。"生于忧患而死于安乐""多难兴邦"，更是中国人民辩证看待、勇敢对待苦难的生动
写照。正是凭着这种自强不息的精神传承，中国人民面对忧患和灾难不悲观、不气馁，用
"穷且益坚，不坠青云之志""自古男儿当自强"来自励自勉，从而成就了无数战天斗地、
人定胜天的人间奇迹。

"不畏艰险、百折不挠"是中国人民战胜磨难、创造奇迹的强大精神武器。汶川地震对
中国人民生命财产安全的毁坏和伤害超乎想象，灾难以极其惨烈的方式挑战着人们的体力极
限、精神极限和生存极限。在地震的废墟前，中国人民以超人的顽强意志，创造了无数可歌
可泣的生命奇迹。一名被压在废墟里的女孩子在手脚受伤的情况下，一遍遍地哼着乐曲，靠
着顽强的"钢琴梦想"激励自己不要入睡，最终战胜了死神。在地震中，吃蚯蚓、嚼青草、
喝雨水……无数平凡的中国人用他们的坚强和勇敢，谱写了一曲生生不息的伟大生命赞歌。

"不畏艰险、百折不挠"是中国人民勇敢屹立于世界民族之林的重要精神支柱。一个伟
大的民族之所以伟大，在于她拥有一种历经磨难而信念愈坚、饱尝艰辛而斗志更强的强大精
神支柱和伟大民族精神。强震袭来，地动山摇、天崩地裂，天府乐土顿成废墟焦土。同胞罹
难，家庭破碎；房屋倒塌，家园被毁；生态毁坏，生产受损；崩塌、滑坡不断，泥石流、堰
塞湖危若累卵。面对满目疮痍的山河家园，中国人民用大爱托起生的希望，用大勇鼓起重建
家园的信心，用铁一般的肩膀、钢一般的意志筑起战胜灾难、战胜死神的钢铁长城。救灾
难，灾后重建同样难。汶川地震灾区，大多处于交通不便的山区，灾后重建困难重重。但
是，在重建家园的战场上，自强不息、百折不挠的强大精神力量，再次让中国人民创造了奇
迹。短短几年时间，曾经山河破碎的悲伤之地浴火重生，实现了跨越式发展。

3. 以人为本、尊重科学的时代精神

以人为本，就是将人民群众的生命安全放在高于一切的位置，以人民至上、生命至上的人文精神汇聚全民族的力量。抗震救灾是一场与死神较量的生死大营救。在抗震救灾的过程中，我党和时间赛跑、同死神抗争，充分体现了我党全心全意为人民服务的宗旨和初心，也充分彰显了社会主义中国珍爱生命、人民至上的价值准则。汶川灾情发生后，党和国家组织动员各方力量，始终坚持把抢救人的生命摆在第一位，开展了我国历史上救援速度最快、动员范围最广、投入力量最大的抗震救灾斗争，最大限度地挽救受灾群众生命，最大限度地降低灾害造成的损失，84017名群众从废墟中被抢救出来，149万名被困群众得到解救，430多万名伤病员得到及时救治，1万多名重伤员被快速转送全国20个省区市375家医院，1510万名紧急转移安置的受灾群众基本生活得到妥善安排，881万名灾区困难群众得到救助。"汶川不哭，四川加油"的呐喊响彻大江南北，传递着每一个中国人对同胞的牵挂和祝福，体现出中国人民对生命的关怀和尊重。

尊重科学，就是弘扬相信科学、崇尚理性、勇于创新的时代精神，让科学为人类搏击灾难提供力量。在特大灾害面前，人类该如何应对和抗衡自然的"暴虐"？在抗震救灾斗争中，中国人民以科学理性的态度对待灾难，充分运用现代科学技术的力量最大限度降低损失，最快速度实现灾后重建。党和国家科学调度、全面统筹各方力量，人民子弟兵以高超技术克服空中和复杂地形挑战，医护人员以精湛医术全力救治，采取有效措施确保大灾之后无大疫，救援人员充分运用现代救援技术和工具，全力抢修基础设施，及时处理和化解堰塞湖等次生灾害，切实做好余震监测、气象服务、科技支撑等后勤保障，及时准确公布灾情，消除谣言和恐慌。在灾后重建中，注重科学评估规划，组织实施对口支援，确保灾后重建依法有序，高效运行。无论是及时救援还是灾后重建，党领导全国人民充分发挥科技的重要作用，彰显了中国人民始终与时代发展同步伐、不断进取、勇于创新的时代精神。

一个有着14亿人口的大国，必须有一套完善的应急救灾体系。新中国成立以来特别是改革开放以来，我们不断探索，确立了以防为主、防抗救相结合的工作方针，国家综合防灾减灾救灾能力得到全面提升。2018年5月12日，汶川地震十周年国际研讨会暨第四届大陆地震国际研讨会在四川省成都市举行，习近平主席向会议致信强调："中国将坚持以人民为中心的发展理念，坚持以防为主、防灾抗灾救灾相结合，全面提升综合防灾能力，为人民生命财产安全提供坚实保障"。多年来，我国一直不断完善这方面的体制机制，"5·12"汶川特大地震抗震救灾实践，在公共应急、灾难救助、重大安全保障等方面积累了宝贵的经验，促进了新的应急救灾体系的建立和完善。在之后的多次自然灾害中，我们的响应速度越来越快、救援效率越来越高。遇灾不慌、沉着应对，也成为越来越多普通群众的共识。

2018年4月，应急管理部成立，到2019年已初步形成了新时代中国特色应急管理组织体系。截至2020年5月，我国地质灾害气象预报预警已覆盖全国30个省份、1660个县，逐步形成了具有特色的地质灾害防灾减灾体系模式。从灾难中走过来的中国人民，更加懂得自强不息、守望相助，更加敬畏自然与尊重科学。

回望过去，我们历经很多自然灾害，但中国人民从未退缩。正如习近平总书记强调："中华民族历史上经历过很多磨难，但从来没有被压垮过，而是愈挫愈勇，不断在磨难中成长、从磨难中奋起。"大力弘扬抗震救灾精神，克服前进道路上的艰难险阻，就一定能创造出无愧于时代、无愧于历史、无愧于人民的业绩，实现中华民族伟大复兴的中国梦。

1.3 地震破坏作用

强烈地震是一种危害极大的突发性自然灾害。研究地震产生的灾害，是为了防范未来的大震。目前，在科学技术还不能控制地震发生的情况下，调查研究地震灾害的现状，分析地震灾害的规律，总结预防地震灾害和减轻地震灾害的经验，是抗震设防、保证人民生命财产安全的有效途径。地震破坏作用主要有地表破坏、建筑物破坏和次生灾害。

1.3.1 地表破坏

1. 地裂缝与变形

在强烈地震作用下，地面常常产生裂缝与变形（图1.13和图1.14）。根据产生的机理，地裂缝可以分为构造地裂缝和重力地裂缝。构造地裂缝与地质构造有关，是地壳深部断层错动延伸至地面的裂缝。这种裂缝是地震断裂带在地表的反映，与地下断裂带走向一致，规模较大，裂缝带长可达数公里到数十公里，裂缝宽度和错动常达数十厘米，甚至数米。重力地裂缝是在强烈地震作用下，地面剧烈震动而引起的惯性力超过了土的抗剪强度所致。

图1.13 地震产生地裂缝

图1.14 地震产生地面变形

2. 喷砂冒水

在地下水位较高、砂层埋深较浅的平原及沿海地区，地震的强烈震动使地下水压力急剧增高，使饱和的砂土或粉土液化，从地裂缝或土质松软的地方冒出地面，当地表土层为砂层或粉土层时，则带着砂土或粉土一起喷出地表，最终形成喷砂冒水（图1.15）。如果饱和砂土层埋深较浅，地基的承载力就会急剧下降，甚至完全损失，严重的地方可造成房屋下沉、倾斜、开裂甚至倒塌。1976年的唐山地震、1999年的土耳其地震、1999年的台湾集集地震和 2008 年的汶川地震都出现了大量的喷砂冒水现象。

3. 河床变位

断层通过河道，使河床产生高低错移（落差），造成急流与瀑布。落差的大小又与河床的底质有关，一般而言，若河床的底质为卵石层，较具可塑性，地震时能量较易消释，落差就较小，若底质为岩层，较具刚性，落差较大。集集地震中，车笼埔断层通过名间附近的浊水溪河床，使河床产生 1.2m 高差并形成急流（图 1.16）。

图 1.15　地震喷砂冒水　　　　　　图 1.16　河床产生高差

4. 地面下沉

在强烈地震作用下，在大面积回填土、孔隙比较大的黏性土等松软而压缩性高的土层中往往发生震陷，使建筑物破坏（图 1.17）。

5. 滑坡、塌方

强烈地震作用常引起河岸、陡坡滑坡，有时规模很大，造成公路堵塞，岸边建筑物破坏。2008 年 5 月 19 日，汶川地震余震造成理县 317 国道旁边突发山体滑坡，大量沙石滚下（图 1.18）。

图 1.17　地震造成的地面下沉　　　　图 1.18　地震造成的滑坡和塌方

1.3.2　建筑物破坏

建筑物破坏是造成人员伤亡和经济财产损失的直接原因。地震中建筑物破坏主要是由地表破坏和场地震动作用引起的。地表破坏导致的建筑物破坏在性质上属于静力破坏，可以通过场地选择和地基处理加以解决。但更常见的建筑物破坏是由地震地面运动的动力作用所引起的，在性质上属于动力破坏。我国历史地震资料表明，90% 左右的建筑物破坏是地表运动导致的动力破坏作用引起的。因此，对于结构动力破坏机制的分析，是结构抗震研究的重点和结构抗震设计的基础。建筑物的动力破坏主要表现为主体结构强度不足形成的破坏和结构丧失整体性两类破坏形式。

1. 承重结构承载力不足引起的破坏

在地震作用下，结构的内力和变形增大较多，受力方式也常发生改变，导致结构或构件承载力不足（图1.19）或变形较大（图1.20）而破坏。强度破坏主要是因为结构承重构件的抗剪、抗弯、抗压等强度不足。例如，墙体裂缝、钢筋混凝土构件开裂或酥裂等。结构构件发生强度破坏前后，结构物一般进入弹塑性变形阶段。

图1.19 承重结构承载力不足引起的破坏

图1.20 结构变形过大导致倒塌

2. 结构丧失整体性

房屋建筑或其他构筑物一般都是由许多构件组成的，结构构件的共同工作主要是依靠各构件之间的连接及各构件之间的支撑来保证的。在强烈地震作用下会因为延性不足、构件连接不牢、节点连接失效、承重构件失稳、支撑长度不足或支撑失效等引起结构丧失整体性而出现局部或整体结构的倒塌（图1.21）。

图1.21　结构丧失整体性

3. 地基失效引起的破坏

当建筑物地基内含饱和砂层、粉土层时，在强烈地震作用下，孔隙水压力急剧增高，致使地基土发生液化。地基承载力下降，甚至完全丧失，一些建筑物上部结构本身无损坏，但由于地基承载能力的下降或地基土液化发生建筑物倾斜、倒塌而破坏（图1.22）。

图1.22　地基失效引起的建筑物破坏

1.3.3　次生灾害

地震次生灾害一般是指经强烈震动后，以震动的破坏后果为导因而引起的一系列其他灾害。地震次生灾害的种类很多，主要有火灾、毒气污染、细菌污染、放射性污染、滑坡和泥石流、水灾；沿海地区可能遭受海啸的袭击；冬天发生的地震容易引起冻灾；夏天发生的地震，由于人畜尸体来不及处理及环境条件的恶化，可能引起环境污染和瘟疫流行。另外，震时有的人跳楼，公共场所的群众蜂拥外逃可造成称为"盲目避震"的摔、挤、踩等伤亡；大地震后或地震谣传、误传之后，由于恐震心理，还可能出现不分时间、地区"盲目搭建防震棚"灾害；随着生产力的发展，一些新的次生灾害可能出现，如高层建筑玻璃损坏造成的"玻璃雨"灾害；信息储存系统破坏引起的称为"记忆毁坏"灾害等。在城市，尤其是大城市，次生灾害带来的损失有时比地震直接产生的灾害带来的损失还要大。

1923年9月1日11时58分，日本关东发生8.3级地震，地震将煤气管道破坏，煤气四溢，遇火即燃。由于当时日本的许多房屋是木结构的，特别容易着火，且街道窄小，消防车开不进去，再加上自来水系统被震坏，水源断绝，从而引起大火蔓延。大火几乎使日本关东地区变成了人间地狱，东京等地顿时变成一片火海，成千上万的灾民逃到了海滩，纷纷跳进大海，躲避烈火。可是，几小时后，海滩附近油库发生爆炸，10万多吨石油注入海湾。大火引燃了水面的石油，海湾瞬间变成了火海。在海水中避难的人全部被大火烧死。这次地震共死亡和失踪 14.2 万余人，其中约 12 万人是被大火烧死的，火海余生的只有 2000 人；负伤者超过 20 万人。有一些人逃到大火暂时没有殃及的海滩和港口，但地震造成的海啸掀起滔天巨浪，以 750km/h 的速度扑向海港、海湾沿岸，摧毁了所有船舶、港口设施和近岸房屋，卷走、打碎 8000 艘舰船，淹死 5 万多人。东京、横滨、横须贺等大小港口均告瘫痪。

1933 年 8 月 25 日，四川茂县 7.5 级叠溪地震导致滑坡 21000 万 m^2，摧毁城镇、村寨，导致 6800 人死亡；岷江断流，堰塞成湖，溃坝后造成下游 8000 人死亡。1970 年 5 月 31 日秘鲁利马 7.7 级地震，安第斯山高峰瓦斯卡兰北峰冰冠发生惊人的崩塌和滑坡，泥石流（100 万 m^2）从 3700m 高处以 320km/h 的速度飞泻而下，推平了山脚下一些村镇，造成上万人死亡，避暑胜地阿加 2 万人中只有 400 人幸免于难。

2004 年 12 月 26 日，印度尼西亚苏门答腊岛以西约 160km 处发生的 8.7 级地震，是自 1964 年 3 月 27 日以来的第二大地震。地震掀起的巨大海浪在浩瀚的印度洋上以高达 800km/h 的速度飞快推进。目击者们报告看到的景象：海水开始冒泡，并从海岸线退却，然后变成黑色，以高达 15m 的巨浪滚滚而来，狂暴地冲向陆地。此次海啸袭击了印度洋沿岸 10 多个国家的沿海地区，甚至到达了东非沿岸，在亚洲导致了第二次世界大战以来蔓延最广的破坏，是 20 世纪以来死亡人数最多的自然灾害。此次印度洋海啸遇难者总数超过 29.2 万人，经济损失无法估量。又如 1908 年 12 月 28 日凌晨 5 点，意大利墨西拿地震引发海啸，震级 7.5 级。在近海掀浪高达 12m 的巨大海啸中死难 8.2 万人，这是欧洲有史以来死亡人数最多的一次灾难性地震。再如 1960 年 5 月 21—27 日，智利沿海地区发生 20 世纪震级最大的震群型地震，其中最大震级 8.4 级，引起的海啸最大波高为 25m。海啸使智利一座城市中的一半建筑物成为瓦砾，沿岸 100 多座防波堤被冲毁，2000 余艘船只被毁，损失 5.5 亿美元，造成 1 万人丧生。此外，海浪以 600~700km/h 的速度扫过太平洋，使日本沿海 1000 多所住宅被冲走，2 万多亩良田被淹没，15 万人无家可归。

2008 年 5 月 12 日汶川 8 级地震，由于发生在人口相对密集、地质环境比较脆弱的四川西部地区，群山耸立，河流深切，相对高差达 3600~3800m，为高山峡谷区，因地震而引发的滑坡、崩塌、泥石流、堰塞湖等次生地质灾害世界罕见。地震地质灾害呈现范围广、程度深、危害大、持续时间长四大特点，地震引发的滑坡、崩塌、泥石流等次生地质灾害，随处可见，因滑坡堵塞河道而形成的堰塞湖沿河道梯次分布，遍布重灾区汶川、北川、青川、茂县、安县等地，阻塞江河形成较大堰塞湖 35 处，震损水库 2473 座。大量的山体崩滑灾害使山河易色、家园尽毁。北川新县城几乎被滑坡掩埋，北川曲山镇王家岩滑坡，滑坡体规模 1000 万 m^2；北川陈家坝乡茶园梁村樱桃沟滑坡，滑坡体规模 188 万 m^2；北川县曲山镇景家村景家山乱石窨滑坡，滑坡体规模 1000 万 m^2；北川陈家坝乡红岩村滑坡，滑坡体规模 480 万 m^2；北川桂溪乡金鼓六村滑坡直接掩埋了 2 个自然村，滑坡体在将河道堵塞后直接冲击到对面的小山包。青川县青竹江两岸多处整体滑坡，致使其境内的青竹江、红石河被堵；由于两面山体整体滑坡，红光乡东河口村 4 个社及其邻近的关庄镇沙坝社区的 1 个社被全部掩埋到 100m 深处，滑坡纵向长度超过 3000m，横向宽度超过 600m，高 40~80m。都江堰紫坪铺镇黎明村滑坡，滑坡体规模 20 万 m^2。宝兴县陇东镇先锋村滑坡，滑坡体规模达 1.8 亿 m^2；都江堰市向峨乡龙竹村泥石流，泥石流规模 1 亿 m^2。北川县城上游 3.2km 的唐家山，地震造成山体崩塌约 3500 万 m^2，堰塞潮坝高 82~124m，坝轴线长度约 611m，顺河水流方向长 803m，回水 20 余 km 的堰塞湖，将江河完全堵断，堰塞湖上游集雨面积

$3550m^2$，蓄水库容 3.1 亿 m^3，截至 2008 年 6 月 8 日 20 时，唐家山堰塞湖库容 2.4 亿 m^3。

许多事例说明，次生灾害也是重要的地震灾害，特别是人口稠密、经济发达的大城市，现代化程度越高，各种各样的现代化设施错综复杂，次生灾害也越来越严重。所以大中城市和特大城市、地质环境比较脆弱的山区城市和沿海城市，应特别重视对次生灾害的防御。

1.4 地震动

地震动（seismic ground motion）是由地震引起的地表及近地表介质的振动。地震动通常以地面运动加速度、速度或位移时程表示。由于受震源、传播途径及局部场地条件的影响，地震动随时间的变化呈现较强的随机性。因此，对地震动特性的研究主要依赖于强地震动观测记录。利用仪器来观测地震时地面运动的过程及在其作用下工程结构的反应称为强震观测。强震观测的目的和意义在于通过积累不同场地的地震动和工程结构地震反应观测数据，检验和改进目前各种抗震分析和设计方法，编制和修订地震动参数区划图和各类工程结构抗震设计规范，为震后快速评估震害和抗震救灾服务。

1.4.1 地震动记录

候风地动仪是汉代科学家张衡的传世杰作，被认为是世界上最早的地动仪，它比欧洲创造的类似的地震仪早了 1700 多年。第一台真正意义上的地震仪由意大利科学家卢伊吉·帕尔米里于 1855 年发明，它具有复杂的机械系统。第一台精确的地震仪于 1880 年由英国地理学家约翰·米尔恩在日本发明，他也被誉为"地震仪之父"。地震仪的发展在第二次世界大战后，普雷斯·尤因地震仪使研究者能够记录长周期地震波——波在相对较慢的速度下传递很长时间。现代地震仪最重要的发展是应用地震检波器组合，被称为现代地震望远镜。这种组合有些由几百个地震仪组成，都连接到一个单独的中心记录器上。从地震记录的角度讲，20 世纪 80 年代以来最主要的变化是宽频带记录的广泛使用。从地震学发展史的角度说，将数字记录（数字地震学）和数字计算（计算地震学）引入地震学研究，是现代地震学的开始。目前地震研究中使用的地震仪主要有三种，分别为短周期地震仪、长周期地震仪、超长型或宽频带地震仪，每一种都有与它们对应的测量幅度（速度和强度）和周期范围。

地震观测是用地震仪器记录天然地震或人工爆炸所产生的地震波形，并由此确定地震或爆炸事件的基本参数（发震时刻、震中经纬度、震源深度及震级等）。地震观测前有一系列的准备工作，如地震台网的布局、台址的选定、台站房屋的设计和建造、地震仪器的安装和调试等。仪器投入正常运转后，便可记录下传至该台的地震波形（地震图）。对地震图加以分析，识别出不同的震相（波形），测量出它们的到达时刻、振幅和周期，就可以利用地震走时表等定出地震的基本参数。将获得的地震参数编为地震目录，定期以周报、月报或年报的形式出版，成为地震观测的成果，也是地震研究的基本资料。

记录地震动的基本仪器是强震加速度计。强震加速度计并不是进行连续记录，而是由最先到达的地震波触发，其原因在于，即使地震多发地区，可能几个月甚至几年都没有强震，而成百上千个仪器的连续记录将会造成浪费。地震波触发后，仪器记录会持续几分钟，直到地震动减小至无法察觉。显然，仪器也必须定期维护和保养，以便在地震时产生记录。加速度计的基本元件是传感器元件，其最简单的形式是单自由度系统（质量-弹簧-阻尼器系统）。

　　虽然早在公元132年就有了地震仪,但是能够记录到对工程极为重要的地震动过程的仪器,则最早是在20世纪30年代。1933年美国长滩地震记录了第一条强震加速度时程。我国自1966年自主成功研制强震仪以来,强震观测记录极大地推动了我国地震工程学的发展。一般来说,抗震设计关心的是作为输入地震波的强震地面运动加速度时程曲线。图1.23所示为一些具有代表性的地震动加速度记录,可以直观清楚地看到振幅、持续时间及地震动记录总体的变化差异。

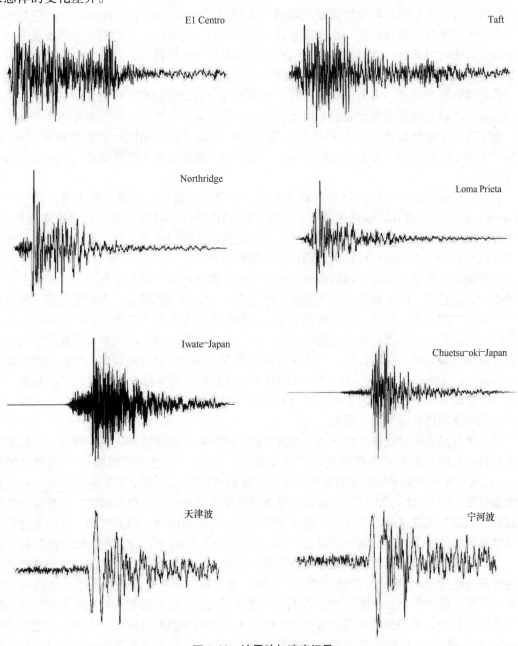

图1.23　地震动加速度记录

1.4.2 地震动的工程特性

一般来说，同一次地震在不同地点记录到的地震波、同一地点在不同地震中记录到的地震波均有较大差异。地震动的峰值（最大振幅）、频谱和持续时间（简称持时），通常称为地震动的三要素，它们对工程抗震有着重要的意义，工程结构的地震破坏也与地震动的三要素密切相关。

抗震设计习惯使用地震动的**加速度峰值**，即 PGA（peak ground acceleration），它是强震记录中最大一个脉冲的振幅值，也是最早被人们接受的一个参数。人们用静力学观点处理结构抗震设计问题时认为，强震时作用于结构的地震力是一种惯性力，其值主要取决于地震动的加速度峰值，所以地震动加速度峰值是地震动的重要特征参数。另外，地面加速度可视为地面震动强弱程度的量。实测与研究表明，地震烈度与地震动加速度峰值之间一般存在某种对应关系，所以我国地震烈度表已采用地震动加速度峰值作为地震烈度的参考物理指标。例如，埃尔森特罗地震加速度记录中的最大值为 $341.7 \mathrm{cm/s^2}$，该地区的地震烈度应为 8 度。地震动加速度峰值无疑与震害有密切关系。一般来说，地震动加速度峰值增大，则地面建筑震害加重。

表示一次地震动中振幅与频率关系的曲线，统称为频谱。在地震工程中通常用傅里叶（Fourier）谱、反应谱和功率谱来表示。地震动的频谱特性对结构地震反应具有重要影响。若地震动以长周期为主，则它将引起长周期柔性建筑物的强烈地震反应；反之，若地震动周期特性以短周期为主，则它对短周期刚性建筑物的危害大。这就是所谓的共振效应。震级、震中距和场地条件对地震动的频谱特性有重要影响，震级越大、震中距越远，地震动记录的长周期分量越显著。硬土地基上的地震动记录包含较丰富的频率成分，而软土地基上的地震动记录卓越周期显著。另外，震源机制对地震动的频谱特性有重要影响，但由于目前在这方面的研究仍不充分，还没有得出比较统一的认识。地震动的周期特性一般可用地震加速度反应谱峰点周期来表示。一般认为，加速度反应谱曲线最高峰点对应的周期为地震动**卓越周期**（predominant period）；有时也将相对较高的几个峰点对应的周期都称为地震动卓越周期。如埃尔森特罗地震加速度反应谱中两个峰点对应的卓越周期分别约为 0.3s 和 0.5s，则埃尔森特罗地震的周期特性属于中等周期。

地震动的强震持时对建筑物的破坏程度有较大的影响。震害实例表明，超过一定强度的地震动持时可能是造成结构严重破坏的重要因素。结构一旦遭到轻微破坏（如裂缝的扩展），低周反复地产生不可恢复的非弹性破坏，直到严重破坏、完全丧失强度，是一种损伤的积累过程。到 20 世纪 70 年代，地震工程学开始把持时作为一个独立参数，与地震动加速度幅值、频谱共同描述地震动特性。地震动特征参数与震害的对比研究表明，在同等地震动加速度峰值的情况下，当强震的持时短，则该地点的地震烈度低，建筑物的地震破坏轻；反之，当强震的持时长，则该地点的地震烈度高，建筑物的地震破坏重。例如，埃尔森特罗地震的强震持时为 30s，则该地的地震烈度为 8 度，地震破坏较严重；而日本松代地震（1966年 4 月 5 日）的地动加速度峰值略高于埃尔森特罗地震，但其强震持时比埃尔森特罗地震短很多，仅有 4s，则该地的地震烈度仅为 5 度，未发现明显的地震破坏。实际上，地震动强震持时对地震反应的影响主要表现在非线性反应阶段。从结构地震破坏的机理上分析，结构从局部破坏（非线性开始）到完全倒塌一般需要一个过程，往往要经历几次、几十次甚至几百次往复振动过程，塑性变形的不可恢复性需要耗散能量，因此这一振动过程中即使结构最大变形反应没有达到静力试验条件下的最大变形，结构也可能因储存能量能力的耗损达到某一限值而发生倒塌破坏，这种破坏称为累积破坏。持时的重要意义同时存在于非线性体系的最大反应和能量耗散累计两种反应之中。

1.5 地震震级和地震烈度

1.5.1 地震震级

地震震级是衡量一次地震释放能量大小的尺度，一次地震只有一个震级，地震震级越高，释放的能量越大。震级的表示方法有很多，目前国际上常用的是**里氏震级**（Richter's magnitude），其定义由里克特（Richter）于1935年给出，即

$$M = 1gA \tag{1.1}$$

式中，M 为里氏地震等级；A 为用标准地震仪（周期为 0.8s，阻尼比为 0.8，放大倍数为 2800）在距震中 100km 处记录的以 μm（$10^{-6}m$）为单位的水平最大地震震动位移振幅。

实际上，地震时距震中 100km 处不一定恰好有地震观测台站，地震观测台站也不一定有上述标准地震仪，这时应将记录的地面位移修正为满足式（1.1）条件的标准位移，才能按式（1.1）确定震级。

地震是由岩层破裂释放能量引起的，一次地震释放的能量称为地震能，用 E 表示。经统计分析，可得震级 M 与地震能 E 之间关系为

$$\lg E = 1.5M + 11.8 \tag{1.2}$$

式中，E 的单位为尔格（erg），$1erg = 10^{-7}J$。

震级与地震能量的对数呈线性关系，表明震级每升高一级，地震释放的能量平均增大约32倍。对于 $M < 2$ 的地震，人们一般感觉不到，称为**微震**；对于 $M = 2 \sim 4$ 的地震，人体有所感觉，称为**有感地震**；而对于 $M > 5$ 的地震，会引起地面工程结构的破坏，称为**破坏性地震**。另外，将 $M > 7$ 的地震习惯称为**强烈地震**或**大地震**，而将 $M > 8$ 的地震称为**特大地震**。

1.5.2 地震烈度

1. 地震烈度与地震烈度表

地震烈度指地震对地表和工程结构影响的强弱程度，是衡量地震引起后果的一种尺度。它具有三个特性，即多指标的综合性、分等级的宏观性和以后果表示原因的间接性。国际上研究地震烈度已有 200 多年历史，国内外许多学者都对烈度下过定义。综合来看，他们定义的地震烈度是以人的感觉、房屋震害程度、器物的反应及地面的变化等宏观现象来描述地震破坏，并以宏观烈度表作为鉴别烈度高低的标准。

我国科学家刘恢先认为，烈度可以从两种不同的角度来定义：一种是反映地震后果的，一种是反映地震作用的。前一种适宜于抗震救灾，烈度应该按地震破坏的轻重分级；后一种适宜于地震灾害预防，烈度应按地震破坏作用的大小分级。总之，它既可以理解为是地震破坏作用大小的一种度量，也可以作为抗震设防的参考标准，又可以作为研究地震的工具。

地震烈度表是按照地震时人的感觉、地震造成的自然环境变化和工程结构的破坏程度列成的表格，可作为判断地震强烈程度的一种宏观依据。目前，我国使用的是 GB/T 17742—2020《中国地震烈度表》见表 1.4。表中的数量词：个别表示 10% 以下；少数为 10% ~ 45%；多数为 40% ~ 70%；大多数为 60% ~ 90%；普遍为 80% 以上。

表1.4 中国地震烈度表（GB/T 17742—2020）

地震烈度	房屋震害			评定指标				仪器测定的地震烈度 I_l	合成地震动的最大值	
	类型	震害程度	平均灾害指数	人的感觉	器物反应	生命线工程震害	其他震害现象		峰值加速度 /(m/s²)	速度 /(m/s)
I	—	—	—	无感	—	—	—	$1.0 \leqslant I_l < 1.5$	1.80×10^{-2} ($<2.57 \times 10^{-2}$)	1.21×10^{-3} ($<1.77 \times 10^{-3}$)
II	—	—	—	室内个别静止中的人有感觉，个别较高楼层中的人有感觉	—	—	—	$1.5 \leqslant I_l < 2.5$	3.69×10^{-2} (2.58×10^{-2} ~ 5.28×10^{-2})	2.59×10^{-3} (1.78×10^{-3} ~ 3.81×10^{-3})
III	—	门、窗轻作响	—	室内少数静止中的人有感觉，少数较高楼层中的人有明显感觉	悬挂物微动	—	—	$2.5 \leqslant I_l < 3.5$	7.57×10^{-2} (5.29×10^{-2} ~ 1.08×10^{-1})	2.59×10^{-3} (3.82×10^{-3} ~ 8.19×10^{-3})
IV	—	门、窗作响	—	室内多数人、室外少数人有感觉，少数人睡梦中惊醒	悬挂物明显摆动，器皿作响	—	—	$3.5 \leqslant I_l < 4.5$	1.55×10^{-1} (1.09×10^{-1} ~ 2.22×10^{-1})	1.20×10^{-2} (8.20×10^{-3} ~ 1.76×10^{-2})
V	—	窗、屋顶、屋架颤动作响，灰土掉落，个别房屋墙体抹灰出现细微裂缝，个别屋顶烟囱掉砖；旧A1类或A2类房屋墙体出现轻微裂缝或原有裂缝扩展，个别屋顶烟囱掉砖、檐瓦掉落	—	室内绝大多数、室外多数人有感觉，多数人睡梦中惊醒，少数人惊逃户外	悬挂物大幅度晃动，少数架上小物品、个别顶部沉重或放置不稳定器物摇动或翻倒，水晃动并从盛满的容器中溢出	—	—	$4.5 \leqslant I_l < 5.5$	3.19×10^{-1} (2.23×10^{-1} ~ 4.56×10^{-1})	2.59×10^{-2} (1.77×10^{-2} ~ 3.80×10^{-2})

（续）

地震烈度	房屋震害 类型	震害程度	平均灾害指数	人的感觉	器物反应	生命线工程震害	其他震害现象	仪器测定的地震烈度 I_I	合成地震动的最大值 峰值加速度 /(m/s²)	速度 /(m/s)
Ⅵ	A1	少数轻微破坏和中等破坏，多数基本完好	0.02~0.17	多数人站立不稳，多数人惊逃户外	少数轻家具和物品移动，少数顶部沉重的器物翻倒	个别梁桥挡块破坏，个别拱桥主拱圈出现裂缝及桥台开裂；个别主变压器跳闸；个别老旧支线管道有破坏，局部水压下降	河岸和软土地出现裂缝，饱和砂层出现喷水冒砂；个别独立砖烟囱轻度裂缝	$5.5 \leqslant I_I < 6.5$	6.53×10^{-1} $(4.57 \times 10^{-1} \sim 9.36 \times 10^{-1})$	5.57×10^{-2} $(3.81 \times 10^{-2} \sim 8.17 \times 10^{-2})$
	A2	少数轻微破坏和中等破坏，大多数基本完好	0.02~0.17							
	B	少数轻微破坏和中等破坏，大多数基本完好	≤0.11							
	C	少数或个别轻微破坏，绝大多数基本完好	≤0.06							
	D	少数或个别轻微破坏，绝大多数基本完好	≤0.04							
Ⅶ	A1	少数中等破坏，多数轻微破坏和基本完好	0.15~0.44	大多数人惊逃户外，骑自行车的人有感觉，行驶中的汽车驾乘人员有感觉	物品从架子上掉落，多数顶部沉重的器物翻倒，少数的器物翻倒，家具倾倒	少数梁桥挡块破坏，个别拱桥主拱圈出现明显变形以及少数桥台和翼墙开裂；个别变压器的套管破坏，个别瓷柱型高压电气设备破坏；少数支线管道破坏，局部停水	河岸出现塌方，饱和砂层常见喷水冒砂，松软土地上地裂缝较多；大多数独立砖烟囱中等破坏	$6.5 \leqslant I_I < 7.5$	1.35×10^{-1} $(9.37 \times 10^{-1} \sim 1.94)$	1.20×10^{-1} $(8.18 \times 10^{-2} \sim 1.76 \times 10^{-1})$
	A2	少数中等破坏，大多数轻微破坏和基本完好	0.11~0.31							
	B	少数中等破坏，大多数轻微破坏和基本完好	0.09~0.27							
	C	少数轻微破坏，绝大多数基本完好	0.05~0.18							
	D	少数或个别轻微破坏，绝大多数基本完好	0.04~0.16							

（续）

地震烈度	房屋震害 类型	房屋震害 震害程度	房屋震害 平均灾害指数	评定指标 人的感觉	评定指标 器物反应	评定指标 生命线工程震害	评定指标 其他震害现象	仪器测定的地震烈度 I_1	合成地震动的最大值 峰值加速度 /(m/s²)	合成地震动的最大值 速度 /(m/s)
VIII	A1	少数毁坏，多数中等破坏和严重破坏	0.42~0.62	多数人摇晃颠簸，行走困难	除重家具外，室内物品大多数倾倒或移位	少数梁桥梁体移位、开裂及多数落挡块破坏、少数拱桥主拱圈开裂严重；少数变压器的套管破坏，个别或少数电气设备瓷柱型高压电气设备破坏；多数支线管道破坏，部分区域停水	干硬土地上出现裂缝，饱和砂土绝大多数喷砂冒水；大多数独立砖烟囱严重破坏	$7.5 \leqslant I_1 < 8.5$	2.79 (1.95~4.01)	2.58×10^{-1} (1.77×10^{-1} ~ 3.78×10^{-1})
VIII	A2	少数严重破坏，多数中等破坏和轻微破坏	0.29~0.46							
VIII	B	少数严重破坏和毁坏，多数中等破坏和轻微破坏	0.25~0.50							
VIII	C	少数破坏，多数轻微破坏和基本完好	0.16~0.35							
VIII	D	少数中等破坏，多数轻微破坏和基本完好	0.14~0.27							
IX	A1	大多数毁坏和严重破坏	0.60~0.90	行动的人摔倒	室内物品大多数倾倒或移位	个别梁桥墩局部压溃或落梁，个别拱桥垮塌或濒于垮塌；多数变压器套管破坏，少数变压器移位，少数高压电气设备破坏；各类供水管道破坏、渗漏广泛发生，大范围停水	干硬土地上多处出现裂缝，可见基岩裂缝、错动，滑坡、塌方常见；独立砖烟囱多数倒塌	$8.5 \leqslant I_1 < 9.5$	5.77 (4.02~8.30)	5.55×10^{-1} (3.79×10^{-1} ~ 8.14×10^{-1})
IX	A2	少数毁坏，多数严重破坏和中等破坏	0.44~0.62							
IX	B	少数毁坏，多数严重破坏和中等破坏	0.48~0.69							
IX	C	多数严重破坏，少数中等破坏和轻微破坏	0.33~0.54							
IX	D	少数严重破坏，多数中等破坏和轻微破坏	0.25~0.48							

（续）

地震烈度	类型	房屋震害		评定指标					合成地震动的最大值	
		震害程度	平均灾害指数	人的感觉	器物反应	生命线工程震害	其他震害现象	仪器测定的地震烈度 I_I	峰值加速度 /(m/s²)	速度 /(m/s)
X	A1	绝大多数毁坏	0.88~1.00	骑自行车的人会摔倒,处于不稳状态的人会掸离原地,有抛起感	—	个别梁桥桥墩压溃或折断,少数落梁,少数拱桥垮塌或濒于垮塌;绝大多数变压器移位,脱轨,套管断裂漏油,多数瓷柱型高压电气设备破坏;供水管网毁坏,全区域停水	山崩和地震断裂出现;大多数独立砖烟囱从根部破坏或倒毁	$9.5 \leq I_I < 10.5$	1.19×10^1 $(8.31 \sim 1.72 \times 10^1)$	1.19 $(8.15 \times 10^{-1} \sim 1.75)$
	A2	大多数毁坏	0.60~0.88							
	B	大多数毁坏	0.67~0.91							
	C	大多数严重破坏和毁坏	0.52~0.84							
	D	大多数严重破坏和毁坏	0.46~0.84							
XI	A1		1.00	—	—	—	地震断裂延续很大;大量山崩滑坡	$8.5 \leq I_I < 9.5$	5.77 $(4.02 \sim 8.30)$	5.55×10^{-1} $(3.79 \times 10^{-1} \sim 8.14 \times 10^{-1})$
	A2		0.86~1.00							
	B	绝大多数毁坏	0.90~1.00							
	C		0.84~1.00							
	D		0.84~1.00							
XII	各类	几乎全部破坏	1.00	—	—	—	地面剧烈变化,山河改观	$8.5 \leq I_I < 9.5$	$>3.55 \times 10^1$	>3.77

注:
1. "—" 表示无内容。
2. 表中给出的合成地震动的最大值为对应的仪器测定的地震烈度中值,加速度和速度数值分别对应本规范附录A中式(A.5)的PGA和式(A.6)的PGV;括号内为变化范围。

2. 地震的宏观调查

对应一次地震，在其波及的地区内，根据地震烈度表可以对该地区内每一个地点评出一个地震烈度。中国科学院工程力学研究所于 1970 年调查通海地震灾害时，发现用地震烈度表评定一个村庄的烈度并保证精度在一度以内是不易的，而即使这样的精度也不能满足研究场地条件对烈度影响的要求。为此，提出了"震害指数"的概念，并在"中国地震烈度表"中得到应用。

用震害指数评价某地区烈度的具体步骤如下：

1）确定各类房屋的破坏等级。根据建筑物的破坏程度（由基本完好到毁坏）分成 5 个破坏等级（见表 1.5）。

表 1.5　房屋破坏等级与震害指数

房屋破坏等级	破坏程度	震害指数范围
a	基本完好	$0 \leqslant d < 0.10$
b	轻微破坏	$0.10 \leqslant d < 0.30$
c	中等破坏	$0.30 \leqslant d < 0.55$
d	严重破坏	$0.55 \leqslant d < 0.85$
e	毁坏	$0.85 \leqslant d < 1.00$

2）计算各类房屋的震害程度。某类房屋的震害程度用震害指数（quake damage index）q_{di} 表示为

$$q_{di} = \frac{\sum_{k=1}^{m} (i \cdot n_i)_k}{N_j} \tag{1.3}$$

$$N_j = \sum_{k=1}^{m} (n_i)_k \tag{1.4}$$

式中，i 为震害等级；n_i 为被统计的某类房屋第 i 等级破坏的栋数；j 为房屋类型；k、m 分别为不同震害等级的序号和数量；N_j 为被统计的该类房屋总数。

式（1.3）的物理意义是该类房屋的平均震害程度。通过算出各类房屋的震害指数，可以对比各类房屋之间抗震性能的优劣。如某类房屋的震害指数 q_{di} 越大，则说明该类房屋抗震性能越差。

3）计算该地区房屋平均震害指数。要确定某地区房屋平均震害情况，就要求出该地区各类房屋（有代表性的房屋结构）的平均震害指数，即

$$q_{dm} = \frac{\sum_{j} q_{dj}}{N} \tag{1.5}$$

式中，$\sum_{j} q_{dj}$ 为各类房屋震害指数之和；N 为不同类别房屋的类别数。

4）用于评定烈度的房屋，包括以下三种类型：A 类为木构架和土、石、砖墙建造的旧式房屋；B 类为未经抗震设防的单层或多层砖砌体房屋；C 类为按照Ⅶ度抗震设防的单层或多层砖砌体房屋。

5）给出平均震害指数与烈度之间的对应关系，即可评定出该地区的地震烈度。

3. 烈度异常区

在地震烈度图中常常看到这样一种现象，即一个烈度区内出现零星分布的"孤岛"，这些"孤岛"中的烈度高于或者低于所在烈度区烈度。高于所在烈度的"孤岛"称为高烈度异常区；低于所在烈度区的"孤岛"称为低烈度异常区。这种烈度异常区现象几乎在每次地震中都会存在。

形成烈度异常区的原因多与地形、地貌、地基土壤特性等场地条件有关，也可能与地震波在特定的地壳界面传播中产生的十分复杂的辐射干涉现象有关。一些烈度异常区还在历史地震中多次重复出现。例如，1976 年唐山地震中，距唐山西北约 50km 的玉田县，就是Ⅶ度区中的Ⅵ度低异常区，该异常区范围较大，东西长约 30km，南北宽约 15km（图 1.24）。据历史地震资料记载，在 1679 年三河—平谷地震时，玉田的烈度也明显低于周围地区。

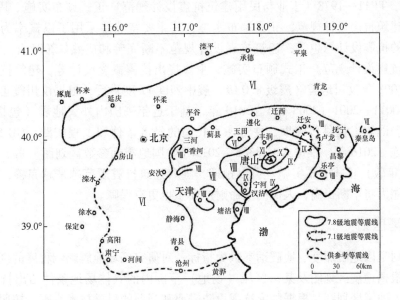

图 1.24 烈度异常区

1.5.3 震级与烈度

地震震级和地震烈度是两个不同的概念。两者既相互联系，又有区别，两者的关系可以用炸弹来比喻，地震震级好比是炸弹的装药量，地震烈度则是炸弹爆炸后离爆炸源不同距离各处的破坏程度。对于一次地震，只有一个地震震级。然而，由于同一次地震对不同地点的影响是不一样的，因此，烈度就会随震中距的变化而有所不同。一般情况是离震中越远，地震烈度越小。震中区的地震烈度最大，称为"震中烈度"，用符号 I_0 表示。对于震源深度为 $15\sim20km$ 的浅源地震，地震震级 M 和震中烈度 I_0 的对应关系，大致见表 1.6。

表 1.6 地震震级 M 和地震震中烈度 I_0 的关系表

地震震级 M	2	3	4	5	6	7	8	>8
震中烈度 I_0	1~2	3	4~5	6~7	7~8	9~10	11	12

1.6 抗震设防

1.6.1 中国抗震规范发展简介

1966 年邢台地震（一次震级 6.8 级，震中烈度 9 度；一次震级 7.2 级，震中烈度 10 度）和 1967 年河间地震（震级 6.3 级）对我国经济发展和人民生命财产造成重创。1974 年，TJ 11—1974《工业与民用建筑抗震设计规范（试行）》正式颁布实施。1976 年唐山地震（震级 7.8 级，震中烈度 11 度）造成了世界近代地震史上少有的灾难，也全面推动了抗震技术的发展。随着人们对海城、唐山地震震害的经验积累和对地震作用机理的研究不断深入，1978 年，TJ 11—1978《工业与民用建筑抗震设计规范》正式颁布实施。1989 年，GBJ 11—1989《建筑抗震设计规范》正式颁布实施，其主要特点是采用了以概率为基础的三水准、两阶段的抗震设计思想等，建筑抗震设计规范不断完善和成熟。2001 年，GB 50011—2001《建筑抗震设计规范》正式颁布实施，主要提出抗震概念设计等，建筑抗震设计规范更加完善。2008 年汶川地震（震级 8.0 级，震中烈度 11 度）后，根据汶川震害经验修订并颁布了 GB 50011—2001（2008 版）。2010 年，基于近年来国内外大地震（包括汶川地震）的经验教训和地震工程科研成果，并考虑了我国的经济条件和工程实践，GB 50011—2010 正式颁布实施。2016 年，根据 GB 18306—2015《中国地震动参数区划图》等，GB 50011—2010（2016 年版）正式颁布实施。可以预期，随着建筑抗震规范越来越完善，我国建设工程抗震防灾能力将不断提高，人民的生命财产安全也更有保障。

1.6.2 地震区划

地震区划是以地震烈度、地震动参数为指标，对研究区域地震影响程度的区域划分。地震小区划是根据地震区划图及某一区域（场地）范围内的具体场地条件给出抗震设防要求的详细分布。地震区划图是根据国家抗震设防需要和当前的科学技术水平，按照长时期内各地可能遭受的地震危险程度对国土进行划分，以图件的形式展示地区间潜在地震危险性的差异。

20 世纪 50 年代，中国科学院地球物理研究所借鉴了苏联的经验，提出了一批城镇的基本烈度。这是我国第一张地震烈度区划图。20 世纪 70 年代使用确定性分析法，编制了第二代中国地震烈度区划图，给出了 100 年内一个地区在平均场地条件下可能发生的地震最大烈度。1990 年使用概率分析法，编制了 50 年基准期超越概率 10% 的地震烈度区划图。作为第三代地震烈度区划图，它奠定了我国抗震设防区划的基本格局，是 GB 50011—1989 抗震设防和地震作用的主要依据，对我国的抗震设计产生了很大的影响。当时的结构工程师对地震动参数中的频谱和波形持续时间对抗震设计的影响的认识尚不充分，在第三代区划图的实施期间，烈度几乎成了地震动参数的代名词。

按宏观震害定义的烈度缺乏一个统一的标准，且具有主观性。烈度增减 1 度，地震作用相应增减 1 倍。当前的趋势是用设计地震动参数替代传统的烈度。2001 年 8 月，我国颁布并实施了第四代地震区划图，即 GB 18306—2001《中国地震动参数区划图》。它保持了第三代地震烈度区划图 50 年基准期超越概率 10% 的地震危险水平，与国际上地震区划危险性水平接轨；同时，吸收了我国近10年来新增加的、大量的地震区划基础资料及其综合研究的最新成果，采用了国际上最先进的编图方法。

GB 18306—2001 是我国第一张直接以地震动参数表述的区划图。它的颁布表示了中国地震区划图已经从古老的、宏观定性的、非物理量的烈度过渡到了可以直接为工程抗震设计规范使用的、可以定量的物理量。而且，它采用了峰值加速度和特征周期两个独立的地震参数。用峰值加速度表示反应谱平台的高低，用特征周期表示平台右边的宽度，克服了中国地震烈度区划图使用期间地震的远近对反应谱的影响无法考虑的不足之处。自 GB 18306—2001 实施以来，在我国一般建设工程抗震设防、各类建设工程规划、社会经济发展和国土利用规划编制等方面发挥了重要作用，取得了良好的社会效益和经济效益。同时，我国也积累了大量地震、地质、地球物理等新资料，在地震构造环境和地震活动特征等方面取得了新的成果，且国内外在地震区划图编制原则与方法方面也取得了重要进展，并逐步得到应用，特别是 2008 年 5 月 12 日中国汶川 8.0 级地震、2011 年 3 月 11 日日本东部海域 9.0 级地震等国内外特大地震灾害事件提供了重要经验教训。因此，GB 18306—2001 进一步修订为现行版本 GB 18306—2015。

1.6.3 抗震设防烈度

抗震设防是对建筑物进行抗震设计并采取一定的抗震构造措施，以达到结构抗震的效果和目的。抗震设防的依据是抗震设防烈度。

国内外的地震经验教训表明，做好新建工程的抗震设防，对原有未经抗震设防工程进行抗震加固等，是减轻地震灾害的最直接、有效的途径。2001 年 3 月 1 日美国西雅图发生 7.0 级强烈地震，由于建（构）筑物和市政设施等具有很强的抗震能力，未发生任何房屋倒塌和人员伤亡，堪称奇迹。在我国新疆伽师地区，严格按《建筑抗震设计规范》设计建造的工程经历了近几年的多次地震均未发生损坏；云南丽江地区经过抗震加固的房屋，经受了 1996 年的 7.0 级地震后仍完好无损。在 2008 年 8.0 级四川汶川地震后，成都市区的各种类型建筑仍完好无损，即使是在 8~9 烈度区的什邡市马祖新村和宏达新村，2006 年和 2007 年建成的 700 多栋砌体结构农村住宅也基本完好无损（图 1.25）。

图 1.25 震后的什邡市落水镇宏达新村

根据地震危险性分析，一般认为，我国地震烈度的概率密度函数符合极值Ⅲ型分布

$$f_{\text{Ⅲ}}(I) = \frac{k(\omega - I)^{k-1}}{(\omega - I_{\text{m}})^k} e^{-\left(\frac{\omega - I}{\omega - I_{\text{m}}}\right)^k} \tag{1.6}$$

式中，地震烈度上限值 $\omega = 12$；I 为地震烈度；I_m 为众值烈度，即地震烈度概率密度曲线上峰值对应的烈度；k 为形状参数。地震烈度概率密度函数曲线如图1.26所示。

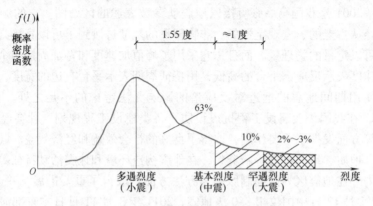

图1.26　地震烈度概率密度函数曲线

《建筑抗震设计规范》用概率方法来预测某地区在未来的一定时间内可能发生的地震大小。根据地震发生的概率频度（50年发生的超越概率）将地震烈度分为"多遇烈度""基本烈度"和"罕遇烈度"三种，分别简称"小震""中震"和"大震"。

基本烈度（又称**中震烈度**或**偶遇烈度**，intensity of basic earthquake）是某个地区今后一定时期内，在一般场地条件下，可能遭遇的最大地震烈度。《建筑抗震设计规范》进一步明确了基本烈度的概念，将其定义为在50年设计基准期内，可能遭遇的超越概率为10%的地震烈度值，相当于474年一遇的烈度值，即"1990中国地震烈度区划图"规定的地震基本烈度或新修订的"《中国地震动参数区划图》"规定的峰值加速度所对应的烈度，也叫中震。《建筑抗震设计规范》取为第二水准烈度。小震应是发生机会较多的地震，因此，可以将小震定义为烈度概率密度函数曲线上的峰值（众值烈度）所对应的地震，或称多遇地震。在50年期限内超越概率为63%的地震烈度为**众值烈度**（又称**小震烈度**、**常遇烈度**或**多遇烈度**，intensity of frequently occurred earthquake），比基本烈度约低1.55度，《建筑抗震设计规范》取为第一水准烈度。大震是罕遇地震，它对应的烈度为在50年期限内超越概率为2%～3%的地震烈度，也就是**罕遇烈度**（又称**大震烈度**，intensity of seldomly occurred earthquake）。当基本烈度6度时为7度强，7度时为8度强，8度时为9度弱，9度时为9度强。

抗震设防烈度（seismic fortification intensity）是按国家批准权限审定作为一个地区抗震设防依据的地震烈度。一般情况下，抗震设防烈度可采用中国地震动参数区划分的地震基本烈度（或与规范设计基本地震加速度值对应的烈度值）。对已编制抗震设防区划（earthquake fortification zoning）的城市，可按批准的抗震设防烈度或设计地震动参数进行抗震设防。

1. 设计基本地震加速度（design basic acceleration of ground motion）

抗震设防烈度和Ⅱ类场地设计基本地震加速度的对应关系见表1.7。设计基本地震加速度值定义为50年设计基准期超越概率10%的地震加速度的设计取值。7度0.10g、8度0.20g和9度0.40g的取值与《中国地震动参数区划图》规定的"地震动峰值加速度"相当，即在0.10g和0.20g之间存在0.15g的区域，0.20g和0.40g之间存在0.30g的区域，用括号内数值表示。这两个区域内建筑的抗震设计要求，除另有具体规定，应分别按抗震设防烈度

7 度和 8 度的要求进行抗震设计。表中还引入了与 6 度相当的设计基本地震加速度 $0.05g$。

表 1.7　抗震设防烈度和 Ⅱ 类场地设计基本地震加速度的对应关系

抗震设防烈度	6	7		8		9
Ⅱ 类场地设计基本地震加速度/g	0.05	0.10	0.15	0.20	0.30	0.40

2. 设计特征周期（design characteristic period of ground motion）

设计特征周期是抗震设计用的地震影响系数曲线中，反映地震震级、震中距和场地类别等因素的下降段起始点对应的周期值，应根据其所在地的设计地震分组和场地类别确定。如对 Ⅱ 类场地，第一组、第二组和第三组的设计特征周期，应分别按 0.35s、0.40s 和 0.45s 采用。设计地震的分组是在《中国地震动反应谱特征周期区划图 B1》基础上略做调整，并考虑震级和震中距的影响后将建筑工程的设计地震分为三组。

我国各县级及县级以上城镇的中心地区（如城关地区）的抗震设防烈度、设计基本地震加速度和所属的设计地震分组，按《建筑抗震设计规范》附录 A 采用。

1.6.4　工程抗震设防

设防原则是抗震设防的总要求和总目的。在确保震后的伤亡人数和经济损失不超过社会可接受水平的前提下，最大限度地减轻灾害损失。对于一般工业与民用建筑，它包括：①防止或减少人员伤亡；②减轻财产损失；③容许工程和设施在遭遇地震时发生有限破坏，便于修复；④确保人员免遭伤亡；⑤工程和设施在遭遇地震时要确保安全，不得向外泄漏有害物质，不得导致严重次生灾害。GB 50011—2010（2016 年版）总则第 1.0.1 条明确阐述了上述原则中第①和第②条的内容。第③~第⑤条既是设防原则，又是设防目标。其中第⑤条针对的是医院建筑、化工建筑和其他生命线工程。

1. 抗震设防分类

建筑工程的抗震设防类别的划分，应符合 GB 50223—2008《建筑工程抗震设防分类标准》的规定，主要是根据建筑使用功能的重要性进行划分。**抗震设防分类**（seismic fortification category for structures）根据建筑遭遇地震破坏后，可能造成人员伤亡、经济损失、社会影响程度及其在抗震救灾中的作用等因素，将建筑划分为四类：

1）特殊设防类，应为使用上有特殊要求的设施，涉及国家公共安全的重大建筑与市政工程，和地震时可能发生严重次生灾害等特别重大灾害后果，需要进行特殊设防的建筑与市政工程，简称甲类。

2）重点设防类，应为地震时使用功能不能中断或需尽快恢复的生命线相关建筑与市政工程，以及地震时可能导致大量人员伤亡等重大灾害后果，需要提高设防标准的建筑与市政工程，简称乙类。

3）标准设防类，应为 1）、2）、4）以外按标准要求进行设防的建筑与市政工程，简称丙类。

4）适度设防类，应为使用上人员稀少且震损不致产生次生灾害，允许在一定条件下适度降低设防要求的建筑与市政工程，简称丁类。

中外抗震规范设防类别的对比见表 1.8。中国规范包含抗震措施和设防烈度 2 种调整方法。与中国规范抗震设防分类类似，欧洲规范将建筑重要性等级分为 4 个类别，建筑等级分类也较为相似。美国规范根据建筑灾后后果，将建筑危险类别分为Ⅰ、Ⅱ、Ⅲ、Ⅳ4类。

表1.8 中外抗震规范设防类别的对比

国家		建筑描述
中国	甲	重大建筑工程和地震时可能发生严重灾害的建筑
	乙	地震时使用功能不能中断或需尽快恢复的建筑
	丙	除甲、乙、丁类以外的一般建筑
	丁	抗震次要建筑
美国	Ⅰ	失效时不危及人们生命安全的建筑，如农舍、临时建筑等
	Ⅱ	除其他等级的一般建筑
	Ⅲ	失效时对人们的生命安全造成潜在威胁的建筑，如学校等
		失效时造成较大经济冲击或影响人们日常生活的建筑，如核电站等
	Ⅳ	地震时作为重要设施或对群众防护很重要的建筑，如医院等
欧洲	Ⅰ	地震时对群众防护很重要的建筑，如医院、消防站、核电站等
	Ⅱ	倒塌后果严重的重要建筑，如学校、会堂、文化机构等
	Ⅲ	除其他等级的一般建筑
	Ⅳ	对公共安全次要的建筑，如农舍等

2. 抗震设防标准

抗震设防标准（seismic fortification criterion）是衡量抗震设防要求高低的尺度，由抗震设防烈度或设计地震动参数及建筑抗震设防类别确定。各抗震设防类别建筑的抗震设防标准，应符合 GB 50223—2008《建筑工程抗震设防分类标准》的要求。涉及的内容包括计算地震作用和采取抗震措施两方面。抗震措施（earthquake protective measure）指除地震作用计算和抗力计算以外的抗震设计内容，包括抗震构造措施。抗震构造措施（details of earthquake protective measure）是根据抗震概念设计原则，为保证工程结构抗震性能而必须采取的细部构造措施，一般不需计算。

各抗震设防类别建筑与市政工程，其抗震设防标准应符合下列规定：

1）标准设防类，应按本地区抗震设防烈度确定其抗震措施和地震作用，达到在遭遇高于当地抗震设防烈度的预估罕遇地震影响时不致倒塌或发生危及生命安全的严重破坏的抗震设防目标。

2）重点设防类，应按本地区抗震设防烈度提高一度的要求加强其抗震措施；但抗震设防烈度为9度时应按比9度更高的要求采取抗震措施；地基基础的抗震措施，应符合有关规定。同时，应按本地区抗震设防烈度确定其地震作用。

3）特殊设防类，应按本地区抗震设防烈度提高一度的要求加强其抗震措施；但抗震设防烈度为9度时应按比9度更高的要求采取抗震措施。同时，应按批准的地震安全性评价的结果且高于本地区抗震设防烈度的要求确定其地震作用。

4）适度设防类，允许比本地区抗震设防烈度的要求适当降低其抗震措施，但抗震设防烈度为6度时不应降低。一般情况下，仍应按本地区抗震设防烈度确定其地震作用。

5）当工程场地为Ⅰ类时，对特殊设防类和重点设防类工程，允许按本地区设防烈度的要求采取抗震构造措施；对标准设防类工程，抗震构造措施允许按本地区设防烈度降低一度，但不得低于 6 度的要求采用。

6）对于城市桥梁，其多遇地震作用尚应根据抗震设防类别的不同乘以相应的重要性系数进行调整。特殊设防类、重点设防类、标准设防类以及适度设防类的城市桥梁，其重要性系数分别不应低于 2.0、1.7、1.3 和 1.0。

3. 抗震设防目标

房屋结构的抗震设防目标，是对建筑结构应具有的抗震安全性的要求，即房屋结构物遭遇不同水准的地震影响时，对结构、构件、使用功能、设备的损坏程度及保证人身安全的总要求。《建筑抗震设计规范》将抗震设防目标称为三水准的要求，简称为"小震不坏，中震可修，大震不倒"。

（1）第一水准要求——小震不坏 当遭受低于本地区抗震设防烈度的多遇地震影响时（重现期 50 年的地震，在使用期间可能至少遭遇一次），一般应不受损坏或不需修理可继续使用，即小震不坏。从结构分析的角度来说，就是要求结构在"小震"作用下仍处于弹性阶段，且结构的侧向变形应控制在合理的限值范围内（要求结构有一定的抗侧刚度），防止非结构构件的损坏。

（2）第二水准要求——中震可修 当遭受相当于本地区抗震设防烈度的地震影响时（重现期 475 年的地震，在使用期间遭遇一次的可能性很小），可能有一定的损坏，经一般修理或不需修理仍可继续使用，即中震可修。从结构分析的角度来说，可以认为结构进入非弹性工作阶段，但非弹性变形或结构损坏必须控制在可修复范围，并要求修复费用不能太高。

（3）第三水准要求——大震不倒 当遭受高于本地区抗震设防烈度预估的罕遇地震影响时（重现期 1641 ~ 2475 年的地震，在使用期间遭遇一次的可能性极小），不致倒塌或发生危及生命的严重破坏，即大震不倒。从结构分析的角度来说，结构已进入很大的非弹性工作阶段，应对结构的损伤有必要的控制，防止产生倒塌。

上述抗震设防水准是目前国际上普遍采用的抗震设防原则，它充分考虑并利用了结构的弹性和弹塑性对抗震能力的贡献。

实际上，建筑物在使用期间，对不同频度和强度的地震应具有不同的抵抗能力。一般小震发生的频度较大，因此要求做到结构不受损坏，这在技术上、经济上是可以做到的；大震发生的概率较小，如果要求结构在遭受大震时不受损坏，这在经济上是不合理的，因此，可以允许结构破坏，罕遇大震时，不应导致建筑物倒塌。

根据上述三水准抗震设防目标的要求，在第一水准（小震）时，结构应处于弹性工作阶段，因此，可以采用线弹性动力理论进行建筑结构地震反应分析，以满足强度要求。在第二和第三水准（中震、大震）时，结构已进入弹塑性工作阶段，主要依靠其变形和吸能能力来抗御地震。在此阶段，应控制建筑结构的层间弹塑性变形，以避免产生不易修复的变形（第二水准要求）或避免倒塌和危及生命的严重破坏（第三水准要求）。因此，应对建筑结构进行变形验算。

在具体进行建筑结构的抗震设计时，为简化计算，《建筑抗震设计规范》提出了两阶段设计方法，即建筑结构在多遇地震作用下应进行抗震承载能力验算及在罕遇地震作用下应进行薄弱部位弹塑性变形验算的抗震设计要求。

第一阶段设计：首先按基本烈度相应的众值烈度的地震参数，用弹性反应谱法求得结构在弹性状态下的地震作用效应，然后与其他荷载效应按一定的组合原则进行组合，对构件截面进行抗震设计或验算，以保证必要的强度；再验算在小震作用下结构的弹性变形。这一阶段设计，用以满足第一水准的抗震设防要求。

第二阶段设计：在罕遇地震作用下，验算结构薄弱部位的弹塑性变形，对特别重要的建筑和地震时易倒塌的结构除进行第一阶段的设计外，还要按第三水准烈度的地震动参数进行薄弱层（部位）的弹塑性变形验算，并采取相应的构造措施，以满足第三水准的设防要求（大震不倒）。

在设计中通过良好的抗震构造措施使第二水准要求得以实现，从而达到"中震可修"的要求。

中外抗震设防水准及设防目标的对比见表1.9。中国规范以GB 18306—2015《中国地震动参数区划图》为依据，按50年超越概率为10%的"基本烈度"（常遇地震烈度或中震，地震重现期475年）作为抗震设防烈度，进行全国地震动区划分，采用"三水准两阶段"的设计方法。"三水准"即"小震不坏、中震可修、大震不倒"的基本抗震设防目标；"两阶段"指50年超越概率为63%"多遇地震烈度"，即小震下的弹性承载力、变形计算和50年超越概率为2%"罕遇地震烈度"（大震，地震重现期2400年）下的弹塑性变形验算。建筑物在遭到多遇地震烈度时，基本处于弹性阶段，一般不会损坏；在罕遇地震作用下，建筑物将产生严重破坏，但不至于倒塌。欧洲规范的设防目标分为"限制破坏要求"和"不倒塌要求"。其中，"限制破坏要求"指结构应设计和建造成在多遇地震下不造成损坏而能继续使用（10年超越概率10%，重现期95年。与我国"小震不坏"相比，"限制破坏要求"设防目标基本相同，但更为严格）。欧洲规范中"不倒塌要求"为结构应设计和建造成能抵御重现期475年（相当于我国的中震）的地震作用，50年的超越概率为10%，无整体或局部倒塌，地震后能继续保持结构的整体性和一定的残余承载力。欧洲规范的"不倒塌要求"与我国"中震可修要求"的抗震设防水准一致，且我国规范的设防目标更为严格。美国规范以50年超越概率为2%（地震重现期2475年的"最大考虑地震"）进行全美地震动区划；以"最大考虑地震"的2/3作为"设计地震"。在全美地区，设计地震的50年超越概率为5%~10%（中东部、西部不同）。美国的抗震设计采用"两水准一阶段"的设计方法，"一阶段"即在"设计地震"作用下的弹塑性承载力和变形验算，允许结构在"设计地震"下进入弹塑性阶段，通过使用构件刚度折减系数和地震反应修改系数对弹塑性地震作用进行折减，并保证结构具有较好的延性。

表1.9 中外抗震设防水准及设防目标的对比

国家及地区		设防水准			设防目标
中国		多遇地震	设防地震	罕遇地震	小震不坏 中震可修 大震不倒
		63%	10%	2%	
美国	IBC 2018	设计地震		最大考虑地震	为设计、构建抵抗地震的建筑物提供最低参考标准
	中东部	5%		2%	
	西部	10%		2%~5%	
欧洲		不倒塌要求		限制破坏要求	不倒塌要求 限制破坏要求
		10%		10%	

1.7 建筑结构抗震性能设计

历次震害表明，变形能力不足是结构倒塌的主要原因。部分建筑物虽未倒塌，但地震仍造成了巨大的经济损失。这说明了地震工程需要发展一种比"小震不坏，中震可修，大震不倒"三水准设防更为完善的抗震设计思想。20世纪90年代以来，人们一直对基于性能的抗震设计方法（下称性能设计）表现出极大的关注，开展了大量的研究，抗震分析和设计基本遵循从静力到动力，从振型分解反应谱法到时程分析法，从线弹性分析到非线性分析，从静力非线性分析到动力非线性分析，从强度设计、延性设计到性能设计，从单一的结构安全评估到综合性的损失评估，从确定性分析到概率分析的发展轨迹。经过大批学者、地质工程师和结构工程师的研究和实践，基于性能的抗震设计方法取得了长足进步。结构性能的含义是多样的，直接性能包括力、位移、能量等物理量，间接性能包括震后修理费用、人员伤亡等经济损失及震前建造费用的投资收益等。我国2010系列规范从增强结构性能的角度，引进了性能设计的概念，制定了有关性能设计的条文。

抗震性能设计的基本思路是："高延性，低弹性承载力"或"低延性，高弹性承载力"。提高结构或构件的抗震承载力和变形能力，都是提高结构抗震性能的有效途径，而仅提高抗震承载力需要以对地震作用的准确预测为基础。限于地震研究的现状，应以提高结构或构件的变形能力并同时提高抗震承载力作为抗震性能化设计的首选。

隔震与消能减震设计，可用于对抗震安全性和使用功能有较高要求或专门要求的建筑。采用隔震或消能减震设计的建筑，当遭遇到本地区的多遇地震影响、设防地震影响和罕遇地震影响时，可按高于基本设防目标进行设计。

现行抗震规范规定，当建筑有使用功能上或其他专门要求时，可按高于一般情况的设防目标"三水准，两阶段设计"进行结构抗震性能设计。这里所说的建筑有使用功能上或其他的专门要求，一般是指下面一些情况：

1）超限高层建筑结构。

2）结构的规则性、结构类型不符合《建筑抗震设计规范》有关规定的建筑。

3）位于高烈度区（8度、9度）的甲、乙类设防标准的特殊工程。

4）处于抗震不利地段的工程。

结构抗震性能设计是以结构抗震性能目标为基准的结构抗震设计。结构抗震性能目标是针对不同的地震地面运动（小震、中震或大震）设定的结构抗震性能水准。结构抗震性能水准则是对结构震后损坏状况及继续使用可能性等抗震性能的界定（如完好、基本完好或轻微破坏等）。

结构抗震性能目标应根据抗震设防类别、设防烈度、场地条件、结构类型和不规则性、附属设施功能要求、投资大小、震后损失和修复难易程度等确定，分为A、B、C、D四级。不同的结构抗震性能目标设定的结构抗震性能水准分为1、2、3、4、5五个水准，见表1.10。

表 1.10　结构抗震性能水准

地震水准	结构抗震性能目标			
	A	B	C	D
多遇地震	1	1	1	1
设防地震	1	2	3	4
罕遇地震	2	3	4	5

结构抗震性能水准预期的震后性能状况见表 1.11。其中，宏观损坏程度的详细释义为：①完好，即所有结构构件均保持弹性状态，在地震作用下必须满足规范规定的承载力和弹性变形的要求，各种承载力设计值（拉、压、弯、剪、压弯、拉弯、稳定等）满足规范对抗震承载力的要求，层间变形满足规范多遇地震下的位移角限值；②基本完好，即结构构件基本保持弹性状态，各种承载力设计值基本满足规范对抗震承载力的要求；③轻度损坏，即结构构件可能出现轻微的塑性变形，但不达到屈服状态；④中度损坏，即结构构件出现明显的塑性变形，但控制在一般加固后可恢复使用的范围内；⑤比较严重损坏，为结构抗震设计的一般情况（一般情况指满足《建筑抗震设计规范》最基本要求的三水准设防目标），结构关键的竖向构件出现明显的塑性变形，部分水平构件可能失效需要更换，经过大修加固后可恢复使用。

表 1.11　结构抗震性能水准预期的震后性能状况

结构抗震性能水准	宏观损坏程度	损坏程度			继续使用的可能性
		普通竖向构件	关键构件	耗能构件	
1	完好无损坏	无损坏	无损坏	无损坏	一般不需修理即可使用
2	基本完好轻微损坏	无损坏	无损坏	轻微损坏	稍加修理即可使用
3	轻度损坏	轻微损坏	轻微损坏	轻度损坏部分中度损坏	一般修理后才可使用
4	中度损坏	部分构件中度损坏	轻度损坏	中度损坏部分比较严重损坏	修复或加固后才可继续使用
5	比较严重损坏	部分构件比较严重损坏	中度损坏	比较严重损坏	需排险大修

注：普通竖向构件是指关键构件之外的构件；关键构件是指该构件的失效可能引起结构的连续破坏或危及生命安全的严重破坏；耗能构件包括框架梁、剪力墙连梁及耗能支撑等。

由表 1.10 可见，A、B、C、D 四级性能目标的结构，在小震作用下均应满足第 1 抗震性能水准，满足弹性设计要求，即"小震不坏"；在中震或大震作用下，四种性能目标所要求的结构抗震性能水准有较大的区别。A 级性能目标是最高等级，中震作用下要求结构达到第 1 抗震性能水准，大震作用下要求结构达到第 2 抗震性能水准，即结构仍处于基本弹性状态；B 级性能目标，要求结构在中震作用下满足第 2 抗震性能水准，大震作用下满足第 3 抗震性能水准，结构仅有轻微损坏；C 级性能目标，要求结构在中震作用下满足第 3 抗震性能水准，大震作用下满足第 4 抗震性能水准，结构中度损坏；D 级性能目标是最低等级，要求结构在中震作用下满足第 4 抗震性能水准，大震作用下满足第 5 抗震性能水准，结构有比较严重的损坏，但不致倒塌或发生危及生命的严重损坏。

需要说明的是，目前条件下，抗震性能设计实行承载力及变形双重控制要求，一般情况下可以承载力控制为主，层间弹塑性变形控制为辅。

如上所述，选用结构抗震性能目标时，需综合考虑抗震设防类别、设防烈度、场地条件、结构类型和不规则性，建造费用，震后损失和修复难易程度等因素。鉴于地震地面运动的不确定性，以及结构在强烈地震下非线性分析方法（计算模型及参数的选用等）存在不少经验因素，缺少从强震记录、设计施工资料到实际震害的验证，对结构抗震性能的判断并不能十分准确，尤其是对于长周期的超高层建筑或特别不规则的结构的判断难度更大。因此，在选用抗震性能目标时，宜偏于安全一些。例如，特别不规则的超限高层建筑或处于不利地段场地的特别不规则的结构，可考虑选用 A 级性能目标；房屋高度或不规则性超过《建筑抗震设计规范》适用范围很多时，可考虑选用 B 级或 C 级性能目标；房屋高度或不规则性超过《建筑抗震设计规范》适用范围较多时，可考虑选用 C 级性能目标；房屋高度或不规则性超过《建筑抗震设计规范》适用范围较少时，可考虑选用 C 级或 D 级性能目标。上面仅仅是从建筑高度超限情况、结构不规则程度和不利地段场地方面举的例子，实际工程情况比较复杂，要综合考虑各种因素后合理选用结构抗震性能目标。

当建筑结构采用抗震性能设计时，应根据其抗震设防类别、设防烈度、场地条件、结构类型和不规则性，建筑使用功能和附属设施功能的要求、投资大小、震后损失和修复难易程度等，对选定的抗震性能目标提出技术和经济可行性综合分析和论证。

建筑结构的抗震性能化设计，应根据实际需要和可能，具有针对性：可分别选定针对整个结构，结构的局部部位或关键部位，结构的关键部件、重要构件、次要构件，以及建筑构件和机电设备支座的性能目标。

建筑结构的抗震性能设计应符合下列要求：

（1）选定地震动水准 对设计使用年限 50 年的结构，可选用《建筑抗震设计规范》的多遇地震、设防地震和罕遇地震的地震作用，其中，设防地震的加速度应按该规范表 3.2.2 的设计基本地震加速度采用，设防地震的地震影响系数最大值：6 度、7 度（$0.10g$），7 度（$0.15g$），8 度（$0.20g$），8 度（$0.30g$），9 度可分别采用 0.12、0.23、0.34、0.45、0.68 和 0.90。对设计使用年限超过 50 年的结构，宜考虑实际需要和可能，经专门研究后对地震作用做适当调整。对处于发震断裂两侧 10km 以内的结构，地震动参数应计入近场影响，5km 以内宜乘以增大系数 1.5，5km 以外宜乘以不小于 1.25 的增大系数。

（2）选定性能目标 对应于不同地震动水准的预期损坏状态或使用功能，应不低于《建筑抗震设计规范》对基本设防目标的规定。

（3）选定性能设计指标 设计应选定分别提高结构或其关键部位的抗震承载力、变形能力或同时提高抗震承载力和变形能力的具体指标，尚应计及不同水准地震作用取值的不确定性并留有余地。设计宜确定在不同地震动水准下结构不同部位的水平和竖向构件承载力的要求（含不发生脆性剪切破坏、形成塑性铰、达到屈服值或保持弹性等）；宜选择在不同地震动水准下结构不同部位的预期弹性或弹塑性变形状态，以及相应的构件延性构造的高、中或低要求。当构件的承载力明显提高时，相应的延性构造可适当降低。

建筑结构的抗震性能化设计的计算应符合下列要求：

1）分析模型应正确、合理地反映地震作用的传递途径和楼盖在不同地震动水准下是否整体或分块处于弹性工作状态。

2）弹性分析可采用线性方法，弹塑性分析可根据性能目标所预期的结构弹塑性状态，分别采用增加阻尼的等效线性化方法以及静力或动力非线性分析方法。

3）结构非线性分析模型相对于弹性分析模型可有所简化，但二者在多遇地震下的线性分析结果应基本一致；应计入重力二阶效应，合理确定弹塑性参数，并依据构件的实际截面、配筋等计算承载力，通过与理想弹性假定计算结果的对比分析，着重发现构件可能破坏的部位及其弹塑性变形程度。

1.8 抗震理论与技术

1.8.1 抗震理论简介

结构抗震理论可分为静力理论、反应谱理论、动力理论、随机振动理论等。常用的抗震分析方法可分为两大类：一类是等效地震作用的静力计算方法，运用反应谱法求得作用于建筑物上的等效地震力，并将其作为静力荷载进行结构反应分析，得到结构的内力和位移；另一类是直接求解地震作用下结构内力和变形的方法，如弹性和弹塑性时程分析方法等。

（1）静力法　地震反应的静力法就是将结构的地震响应按照一定的计算方式换算成地震作用方向的力，以前也将这种地震作用称为地震力。该方法是1900年左右由大森房吉等日本学者最早明确提出的。静力法的基本假设是结构物为理想刚体，其最大加速度就等于地震动的最大地面加速度。这种假设对于低矮的单层和多层砖混结构房屋而言是合理的。但是，高层建筑、大跨度桥梁，高耸构筑物等结构并不能视为完全刚性体，仍然采用静力法进行抗震计算将导致不容许的计算误差。因此，应提出新的计算理论，充分考虑结构的地震响应进行抗震计算。20世纪40年代，比奥特、贝尼奥夫·豪斯纳等在取得了强地震动记录后，提出了反应谱这样一个简化的概念。

（2）反应谱法　地震反应谱建立了结构体系本身的动力特性与地震反应之间的关系，反映了地震动的强度和频谱特性。反应谱的幅值反映了地震动的强度，反应谱的形状反映了地震动的频谱特性。另外，反应谱反映出了一般结构地震反应的某些基本特征，如随着体系阻尼比的减少，反应谱的谱值增大，但增大值是有限的，即使阻尼比为零，也不会出现谱值趋于无穷大的情况。因为地震动是一种极不规则的随机振动，含有多种频率成分，不同频率分量的反应是相互制约的，从而使结构的最大反应不会趋于无穷大。

（3）振型分解反应谱法　振型分解反应谱法是利用单自由度体系的加速度设计反应谱和振型分解原理，求出各阶振型所对应的等效地震作用及相应的内力和变形，然后按照一定的组合原则对各阶振型的地震作用效应进行组合得到多自由度体系地震作用效应的计算方法。振型分解反应谱法的地震作用计算分为两种情况：一种为平动的振型分解反应谱法，即只考虑单方向的地震作用，并且不考虑结构的扭转振型；另一种为扭转耦联的振型分解反应谱法，即不仅考虑两个方向的平动振型，还考虑扭转振型。

（4）底部剪力法　底部剪力法是适用于手算的常用简化方法，其要点是首先根据地震影响系数求出结构底部总的剪力，然后将此剪力按照沿结构竖向倒三角形分布的模式分配到各个楼层。底部剪力法仅考虑了结构的基本自振周期，未考虑高阶振型的影响，因此该方法具有较大的局限性，仅适用于高度不超过 40m，以剪切变形为主且质量和刚度沿高度分布比较均匀的结构，及近似于单质点体系的结构。

（5）弹性及弹塑性时程分析方法　时程分析方法是一种直接动力法，它是将地震动产生的地面加速度直接输入结构的振动方程中，采用逐步积分法进行结构的动力分析，可以得到各个时刻点结构的内力、位移、速度和加速度等反应。时程分析法完整地考虑了地震动的三个要素（强度、频谱、持时），在理论意义上要比振型分解反应谱法完美，但其计算工作量巨大，再加上目前还有很多不确定的因素，如地震波的选取、材料恢复力特性等问题，因此该法在现阶段只能作为振型分解反应谱法的补充。

（6）静力非线性分析（推覆分析）方法　采用推覆分析（pushover analysis）可以避免非线性时程分析法的复杂性和不确定性。通过推覆分析，可以了解整个结构中每个构件的内力和承载力的关系及各构件承载力之间的相互关系，以便检查是否符合强柱弱梁（或强剪弱弯），并找出结构的薄弱部位，还可以得到不同受力阶段的侧移变形，给出底部剪力 – 顶点变形关系曲线和楼层剪力 – 层间变形关系曲线等。后者可作为各楼层的层剪力 – 层间位移骨架线，它是进行层模型弹塑性时程分析所必需的参数。因此，推覆分析被认为是在现阶段切实可行的基于性能抗震设计的分析方法之一。

（7）增量动力非线性分析方法　动力弹塑性时程分析都是采用一个或几个不同地震动记录进行分析，每一次分析都形成一个或几个“单点”的分析过程，大都用来检验结构设计。而基于性能的抗震设计和性能评估的发展必然要求确定结构在不同危险性水平地震作用下的性能。借鉴静力推覆分析中将单一的静力分析扩展到增量静力分析的思想，将单一的动力时程分析扩展到增量的动力时程分析，得到不同水准地震作用下结构的动力响应，这种方法称为增量动力分析法（incremental dynamic analysis，IDA）。

1.8.2　结构抗震技术

我国的建筑历史源远流长，砖石结构、木结构、砖木混合结构是我国古代建筑的主要结构，其巧妙的抗震设计也是这些古建筑屹立千百年的重要保障。随着经济的高速发展，我国陆续建成了包括金茂大厦（地上 88 层，总高度 420m）、上海环球金融中心（地上 101 层，总高度 492m）、上海中心大厦（632m）、天津 117 大厦（596.5m）、天津周大福金融中心（530m）、深圳平安国际金融中心（592.5m）、中国尊（528m）等一批超高层建筑。从多层到高层再到现在的超高层，结构的抗震问题不容忽视。比较常见的抗震技术有结构控制技术、消能减震技术、隔震减震技术等。

1. 结构控制技术

结构控制技术是通过在结构上设置控制系统来降低结构地震响应或风荷载响应的方法。根据是否需要外部能量输入，结构控制技术可分为被动控制、主动控制、半主动控制与混合控制四大体系。

被动控制是一种不需要外界能量输入的结构控制技术，主要包括隔震技术、消能减震技术和调谐减震技术。其中，隔震技术应用较为广泛，效果较好。一般意义上的隔震结构是在结构的某一部位设置隔震装置或隔震层，以延长结构的自振周期。隔震层通常由隔震橡胶支座组成，支座内有较大阻尼，能阻隔输入上部结构的地震能量从而起到隔震减震的作用。例如，2013 年 4 月 20 日的雅安地震中，采用隔震技术修建的芦山县人民医院主楼外观完整且受损较小，而周围其他未采用隔震设计的建筑物则损毁严重，这充分体现了隔震结构的巨大优越性。此外，随着技术发展，逐渐衍生出了滑移隔震、摆动隔震、悬吊隔震等隔震结构。

主动控制机构复杂，需要外加能源，需要能产生与建筑物的地震反应同数量级的控制力，需要电力的保障及快速的控制算法，需要确保能量输入和系统运转的有效性和稳定性。因此，大型建筑结构主动控制的实现仍有待发展。相比较而言，被动控制对外部条件要求较低，它构造简单，无须外部能量输入，通过优化设计能够取得较佳的控制效果，并且可以长期保持有效性，被动控制元件震后易于更换或修复，建筑物能迅速恢复使用。

半主动控制系统的组成与主动控制系统相同，但它是由控制系统发出指令后，通过调整阻尼力来减小结构响应。相比主动控制，半主动控制需要更少的能量即可实现。研究表明，经过合理设计的半主动控制系统，其性能要比被动控制系统更优越。

混合控制体系一般是主动或半主动控制结合隔震等被动控制构成的新型控制模式，由于融合了多种结构控制理念，可以发挥综合优势，取得更为理想的抗震效果。例如，日本三菱重工界碑塔采用主动控制与被动控制相结合的方式控制楼层扭转与层间位移，并取得了较理想的抗震效果。

2009 年建成的广州塔是我国在超高层建筑中成功应用混合控制技术的典范。广州大学、哈尔滨工业大学、广州市设计院和 ARUP 等单位合作，为该塔的风振和地震安全控制研发了新型主动加被动的混合控制系统（HTMD）。采用这种混合控制体系，是经过多方案比较后确定的。如果采用被动控制（免外部能量输入）的调谐质量阻尼器（TMD）体系，技术成熟可靠，造价低，但只能减震 10% ~ 30%，对于桅杆是满足要求的，但对于主体结构达不到减震要求。如果采用主动控制（需外部能量输入）的主动质量阻尼系统（AMD），能减震 30% ~ 60%，但技术成熟性和可靠性较差，造价也高。经过深入分析和试验研究，采用混合控制体系（HTMD），即在被动调谐质量装置（TMD）上再设置一个小质量的主动调谐系统（AMD），技术成熟可靠，减震效果可以满足要求（减震 20% ~ 50%），造价也不高。该体系还巧妙地利用塔顶 2 个消防水箱（各 600t）作为调谐质量，不必额外专门制设钢制质量球，更加经济。广州塔利用塔顶水箱作为调谐质量的混合控制系统 HTMD（TMD + AMD），从形式上看是双层调谐质量在运动：通过小质量块的快速运动产生惯性力来驱动大质量块的运动，从而抑制了主体结构的振动；当主动调谐控制系统失效时，就变为被动调谐质量阻尼器（TMD），因此具有失效仍安全的功能。这就保证了该系统在很不利的条件下都能正常运行，可靠性很高。广州塔建成后，经历了多次大台风的考验，实测有效减震 30% ~ 50%。这也进一步实际验证了 HTMD 应用在高耸结构上的有效性、可靠性和经济性。

2. 消能减震技术

消能减震技术是通过在结构（称为主体结构）中设置的消能装置（称为阻尼器）来耗散地震输入的能量，从而减小主体结构的地震反应，实现抗震设防目标。消能减震结构将结构的承载能力和耗能能力的功能区分开来，地震输入能量主要由专门设置的消能装置耗散，从而减轻主体结构的损伤和破坏程度，是一种积极主动的结构抗震设计理念。结构的自身阻尼会耗散地震输入能量，在结构中设置的消能装置相当于在主体结构中增加了附加阻尼，因此消能装置通常也称为阻尼器。这种技术在 20 世纪 70 年代由美国科学家首先提出，并成功设计了软钢屈服耗能器。此后，世界各国掀起了消能减震技术研究的热潮，研制出了很多新型消能减震装置并投入使用，包括黏滞液体阻尼器和干摩擦耗能器等。实际上，许多能够保留至今的古建筑就是消能减震结构，如我国的木结构中大量采用的"斗拱"就是一种耗能性能十分优越的消能节点。"斗拱"的多道"榫接"在承受很大的节点变形过程中通过反复摩擦消耗大量的地震输入能量，大大减小了结构的地震响应，使得结构免遭严重破坏。最典型的是山西应县木塔，历经近千年，遭遇多次强烈地震，迄今巍然屹立，是我国古建筑史上的奇迹。

美国1972年竣工的纽约世界贸易中心大厦安装约1000个黏弹性阻尼器，西雅图哥伦比亚大厦（77层）、匹兹堡钢铁大厦（64层）等许多工程都采用了该项技术。加劲阻尼装置被用于旧金山一幢2层的钢筋混凝土建筑和运输总站的抗震加固工程中。位于加利福尼亚州的一幢4层饭店为柔弱底层结构，采用流体阻尼器进行抗震加固后，在保持原有风格的基础上，达到了规范要求。

日本在1995年神户地震后采用结构控制技术的建筑开始增多，且都采用了不同的耗能装置或控制技术。如NHK大厦，20层，高92.6m，在X型钢支撑上使用了剪切板阻尼器，以减小振动反应。铅阻尼器已应用于8幢隔震房屋建筑、4幢消能减震建筑及2座桥梁的隔震减震中。截至1997年，日本采用消能减震技术的建筑已超过60余幢，采用钢耗能器的建筑24幢，摩擦耗能器的建筑30幢，黏弹性阻尼器的建筑3幢，黏性阻尼器的建筑7幢，油阻尼器的建筑6幢。

加拿大Pall型摩擦阻尼器已被应用于近20幢新建建筑和抗震加固工程中，在减小结构的振动作用时，还取得了较好的经济效益。新西兰已将铅阻尼器用于4座桥梁和2座建筑物中，惠林顿的一座10层交叉支撑的钢筋混凝土警察所，采用28个铅挤压阻尼器作为基础隔震系统，效果良好。在墨西哥，ADAS装置已用于3幢房屋的加固中，其中一座5层钢筋混凝土结构的医院采用了90个ADAS装置进行了结构加固。意大利、法国等其他欧共体国家也已将该技术用于工程实际中。

我国自20世纪80年代起，一直致力于消能减震技术的研究工作和工程应用实践。目前已自行研发出了一些消能减震装置，并提出了与之适应的新型消能减震结构体系，完成了多项消能装置的力学性能试验和减震结构的模拟振动台试验研究，获得了大量有学术价值的研究成果。摩擦耗能器已用于十余座单层、多层工业厂房结构中，北京饭店和北京火车站使用黏性阻尼器进行加固，以减小结构的振动反应。消能减震技术在我国结构中的应用范围和形式越来越广泛，在各种重要建筑及大跨桥梁中均有较多的应用。目前全球建成的消能减震房屋和桥梁约有20000余座。

3. 隔震减震技术

隔震减震技术是防止地震产生的能量传递至建筑物的方法，通过在基础结构与上部结构之间设置隔震层，将上部结构与水平地震动隔开。隔震层中主要设置有隔震支座与阻尼器。隔震支座有较大的竖向刚度与承载力，水平方向则刚度小、变形能力大；阻尼器用于吸收地震输入能量。随着对建筑安全性要求的提高，建筑行业提出了多种隔震方案。目前，最常见的隔震技术是采用特殊加工的钢质板材及橡胶，通过采取复位性综合预应力弹簧技术、叠层钢板橡胶支座、摩擦摆体系等方案提高建筑物抗震性能。

隔震技术的发展始于20世纪60年代。1966年前后中国学者提出了以砂砾层为摩擦材料的滑移隔震思想，并进行了试验研究和理论分析。20世纪60年代中后期，新西兰、日本、美国等多地震国家对隔震技术开展了深入、系统的理论和试验研究，取得了较好的成果。70 年代，新西兰学者 W. H. Robinson 率先开发出铅芯叠层橡胶支座，大大推动了隔震技术的实用化进程。中国最早的隔震建筑是 1993 年由周福霖院士设计建造的汕头陵海路八层框架结构商住楼及唐家祥教授设计的安阳市粮油综合楼。到 20 世纪末，国内关于橡胶支座隔震结构相关科学与技术问题的研究已经取得了大量成果，基本形成了橡胶支座隔震建筑的成套技术。在中国，减震技术的概念也出现在 20 世纪 60 年代，对减震理论与技术的研究始于 20 世纪 80 年代，并在 90 年代中后期蓬勃发展。2001 年，建筑隔震与消能减震技术写入《建筑抗震设计规范》，并进一步完善。2013 年行业标准《建筑消能减震技术规程》发布，中国的建筑结构减隔震技术发展成熟。减隔震技术组合应用必将成为抗震设计发展的一种趋势。

北京大兴国际机场为国家重点工程，位于永定河北岸。航站楼总建筑面积约为 80 万 m^2，由中央主楼和五条互呈 60°夹角的放射状指廊构成。航站楼建筑抗震设防类别为乙类，属于重点设防类别；航站楼结构复杂，支承结构采用 C 形钢柱和格构式钢柱，结构复杂，且结构纵、横向刚度不对称；航站楼结构超长超大，温度作用和地震作用下的扭转效应显著；航站楼结构平面不规则、结构长度大于 300m；航站楼下部有高铁、地铁和轻轨通道的咽喉区段，高铁需要高速通过，存在结构振动问题。为保证航站楼结构的抗震安全，最后确定北京大兴国际机场航站楼采用隔震技术。隔震层由铅芯橡胶隔震支座、普通橡胶隔震支座、弹性滑板支座和速度型阻尼器组成。由于采用层间隔震，每个柱顶只能布置一个隔震支座，给隔震支座的布置带来一定的限制。隔震支座直径主要为 1200mm，最大直径为 1500mm；当荷载超过 1500mm 直径隔震支座限值时，采用承载力更高的弹性滑板支座。该工程隔震支座共计 1118 个，速度型阻尼器 160 个。

值得一提的是，**抗震建筑材料**在古建筑表现出的卓越的抗震性能令人瞩目。事实上，对于当代建筑抵御 9 度地震的设计目标，很多传统建筑基本都能达到。这表明古建筑对现代建筑抗震设计仍具有重要借鉴意义。在材料上，考虑到现代建筑的特征，和古建筑一样用木材作为主要建材并不现实，因此，应积极寻找密度低、强度与密度比值高，同时又耐腐蚀的材料代替木材并发挥和木材类似的作用；建筑的抗震性能与其自重大致成反比，即建筑整体质量越大，在地震中受损情况越严重。因此，抗震材料通常具备质轻的特点。此外，为提高结构的抗拉伸能力及缓冲能力，材料应具有高强、高韧的特性。常用的具有一定抗震功能的建筑材料有加气混凝土、橡胶、碳纤维等。其中，加气混凝土多用于高层建筑的填充墙和低层建筑的承重墙，是典型的通过大幅减轻建筑自重来增强建筑抗震能力的低密度建材；橡胶是制造隔震层或阻尼器的常用材料，主要通过吸收地震能量起到缓冲减震的作用；近年来兴起的碳纤维则凭借其密度低、强度高、抗拉伸能力强等综合优势被越来越多地应用于建筑加固或混凝土改性。日本建筑师隈研吾曾在办公楼周围使用密布混合碳纤维将办公楼与地面相连，从而对其进行加固并取得了良好的艺术效果。这也是世界上第一座使用碳纤维加固的具有抗震功能的商务办公楼。一些建筑材料可凭借其特殊的性能影响建筑结构设计，而结构的优良力学特征与材料性能的耦合往往会赋予建筑更强的抗震性能。例如，位于日本九州村区的 480 座穹顶泡沫房屋全部由黏合在一起的超轻聚苯乙烯泡沫塑料件构成。由于其自重轻、保温防水性能好且易于加工，该材料被直接制成各种构件经黏合形成壳式结构而无须设计柱和横梁。在 2016 年 4 月的熊本地震（7.0 级）中，该建筑群几乎未遭受任何破坏，充分展现了该材料的巨大优越性。

1.9 抗震概念设计

一般说来，建筑抗震设计包括三个层次的内容与要求：抗震概念设计、抗震计算和抗震构造措施。抗震概念设计在总体上能够把握抗震设计的基本原则；抗震计算为建筑抗震设计提供定量手段；抗震构造措施则可以在保证结构整体性、加强局部薄弱环节等意义上保证抗震计算结果的有效性。抗震设计上述三个层次的内容是一个不可割裂的整体，忽略任何一部分，都会造成抗震设计的失败。

抗震概念设计（conceptual design of earthquake engineering）是基于震害经验建立的抗震基本设计原则和思想，包括工程结构总体布置和细部构造。抗震概念设计强调，从工程设计开始就应把握好能量输入、房屋体形、结构体系、刚度分布、构件延性等主要方面，从根本上消除建筑中的抗震薄弱环节，再辅以必要的抗震计算和抗震构造措施，才能建造具有良好抗震性能和足够抗震可靠度的建筑。

地震是一种随机事件，有着难以把握的复杂性和不确定性，要准确预测建筑物所遭遇地震的特性和参数，目前还很难做到。地震的破坏作用和建筑结构破坏的机理更是十分复杂，用真实建筑物的整体试验来研究地震破坏规律又受到各种条件的限制。因此，建筑物的抗震设计主要以总结历次大地震的实践经验为依据。另外，结构计算模型的假定与实际情况的差异性使得抗震设计很难有效地控制结构在地震作用下的薄弱环节。这使得其计算结果不能全面真实地反映结构的受力、变形情况，不能确保结构安全可靠。在这种条件下，对结构的某一局部做过分精确的计算意义不大，因此，抗震概念设计比抗震计算设计显得更为重要，着眼于建筑总体抗震能力的概念设计，也越来越受到国内外工程界的普遍重视。

"小震不坏、中震可修、大震不倒"是基本的抗震设防目标。所有结构的抗震设计应能满足第一水准（即"小震不坏"）要求。对大多数结构需要通过概念设计和抗震构造措施来满足第二、第三水准（"中震可修、大震不倒"）的设防要求。对强烈地震时易倒塌的结构、有明显薄弱层的不规则结构（如特别不规则结构等）及其他有特殊要求的建筑，则更需要抗震概念设计来进行结构薄弱部位的弹塑性层间变形验算，并采取相应的抗震构造措施，以实现第二、第三水准的设防要求。

建筑抗震设计总体上要把握的基本原则可以概括为：选择有利场地、把握建筑体型、合理选择结构体系、设置多道抗震防线、利用结构延性、确保结构整体性、减少地震能量输入、减轻房屋自重、合理选择材料和重视非结构构件的设计。

1.9.1 选择有利场地

地震中建筑物的破坏，除地震直接引起的结构破坏，还有场地原因导致的破坏，如地震引起的地表错动与地裂、地基土的不均匀沉陷、滑坡、粉土和砂土液化等，因此地震区的建筑宜选择有利地段、避开不利地段并不在危险地段建设。图1.27a为北川中学新校区，由地震导致的山崩掩埋。图1.27b为舟曲泥石流爆发，除降雨量暴增这个诱因，另一主要因素是汶川地震，即地震后汶川地区的地质结构发生了明显改变。

1. 选择对抗震有利场地的要求
建筑场地的地质条件与地形地貌对建筑物震害有明显影响，这已经被大量的震害实例所

a) b)

图 1.27 汶川地震灾害

a) 地震导致的山崩掩埋的北川中学新校区 b) 地震导致的泥石流

证实；另外地基失效造成的建筑物的破坏，单靠工程措施很难达到预防目的，或者所需花费的代价大。因此，应合理地选择建筑场地，以达到减轻建筑物震害的目的。

建筑与市政工程的场地抗震勘察应符合下列规定：

1）应根据工程场址所处地段的地质环境等情况，对地段抗震性能做出有利、一般、不利或危险的评价。

2）应对工程场地的类别进行评价与划分。

3）应对工程场地的地震稳定性能，如液化、震陷、横向扩展、崩塌和滑坡等进行评价，并应给出相应的工程防治措施建议。

4）对条状突出的山嘴、高耸孤立的山丘、非岩石和强风化岩石的陡坡、河岸和边坡边缘等不利地段，尚应提供相对高差、坡角、场址至突出地形边缘的距离等参数的勘测结果。

5）对存在隐伏断裂的不利地段，应查明工程场地覆盖层厚度及其至主断裂带的距离。

6）对需要采用场址人工地震波进行时程分析法补充计算的工程，应根据设计要求提供土层剖面、场地覆盖层厚度及其他有关的动力参数。

在进行建筑与市政工程场地勘察时，应根据工程需要和地震活动情况、工程地质和地震地质等有关资料按表 1.12 对地段进行综合评价。对不利地段，应尽量避开；当无法避开时应采取有效的抗震措施。对危险地段，严禁建造甲、乙、丙类建筑。

表 1.12 有利、一般、不利和危险地段的划分

地段类型	地质、地形、地貌
有利地段	稳定基岩，坚硬土，开阔、平坦、密实、均匀的中硬土等
一般地段	不属于有利、不利和危险的地段
不利地段	软弱土，液化土，条状突出的山嘴，高耸孤立的山丘，陡坡，陡坎，河岸和边坡的边缘，平面分布上成因、岩性、状态明显不均匀的土层（含故河道、疏松的断层破碎带、暗埋的塘浜沟谷和半填半挖地基），高含水量的可塑黄土，地表存在结构性裂缝等
危险地段	地震时可能发生滑坡、崩塌、地陷、地裂、泥石流等及发震断裂带上可能发生地表位错的部位

2. 地基和基础设计的要求

地基和基础设计应符合下列要求：

1）同一结构单元的基础不宜设置在性质截然不同的地基上。

2）同一结构单元不宜部分采用天然地基，部分采用桩基；当采用不同基础类型或基础埋深显著不同时，应估计地震时两部分地基基础的差异沉降，在基础、上部结构的相关部位采取相应措施。

3）地基为软弱黏性土、液化土、新近填土或严重不均匀土时，应估计地震时地基不均匀沉降和其他不利影响，并采取相应的措施，如增设圈梁等。

3. 山区建筑场地和地基基础设计要求

1）山区建筑场地应根据地质、地形条件和工程要求，因地制宜设置符合抗震设防要求的边坡工程，边坡应避免深挖高填，对坡高较大且稳定性差的边坡应采用后仰放坡或分阶放坡。

2）建筑基础与土质。强风化岩质边坡的边缘应留有足够的距离，其值应根据抗震设防烈度的高低确定，并采取措施避免地震时地基基础的破坏。

1.9.2 把握建筑体型

人们对建筑结构的规则性对抗震能力重要性的认识从现代建筑在地震中的表现开始。最为典型的例子来自1972年2月23日南美洲的马那瓜地震，相距不远的两幢高层建筑，一幢为15层高的中央银行大厦，另一幢为18层高的美洲银行大厦，如图1.28a所示，地震烈度8度，中央银行大厦破坏严重，震后拆除；美洲银行大厦轻微损坏，稍加修理便恢复使用，如图1.28b所示。

a)   b)

图1.28 马那瓜地震

a) 震前图片　b) 震后图片

如图1.29所示，美洲银行大厦的结构平面是均匀对称的，基本的抗侧力体系包括4个L形的筒体，对称地由连梁连接起来，这些连梁在地震时遭到剪切破坏，是整个结构能观察到的主要破坏。事实表明：

1）对称的结构布置及相对刚强的联肢墙，有效地限制了侧向位移，并防止了明显的扭

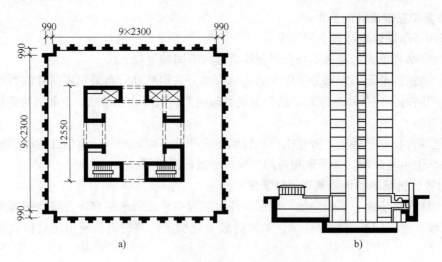

图 1.29　美洲银行大厦的结构平面图及立面图

a）平面图　b）立面图

转效应。

2）避免了长跨度楼板和砌体填充墙的非结构构件的损坏。

3）当连梁剪切破坏后，结构体系的位移虽有明显增加，但由于抗震墙提供了较大的侧向刚度，位移量得到控制。

如图 1.30 所示，中央银行大厦平面不规则，4 个楼梯间偏置塔楼西端，西端有填充墙，并且竖向也不规则，塔楼 4 层楼面以上，北、东、西三面布置了密集的小柱子，共 64 根，支承在 4 层楼板水平处的过渡大梁上，大梁又支承在其下面的 10 根 1m×1.55m 的柱子上

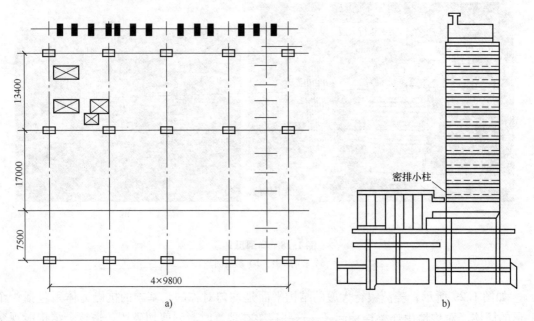

图 1.30　中央银行大厦的裙楼平面图及大厦立面图

a）裙楼平面图　b）立面图

（间距9.4m），上下两部分严重不均匀，不连续。主要破坏形式为：4层与5层之间竖向刚度和承载力突变，周围柱子严重开裂，柱钢筋压屈；横向裂缝贯穿3层以上的所有楼板（有的宽达1cm），直至电梯井东侧；塔楼西立面、其他立面窗下和电梯井处的空心砖填充墙及其他非结构构件均严重破坏或倒塌。

表1.13为1985年墨西哥大地震房屋破坏原因统计。震害分析表明，简单、对称的建筑在地震时表现出较好的抗震性能。结构的简单性可以保证地震力具有明确而直接的传递途径，使计算分析模型更易接近实际的受力状态，分析结果具有更好的可靠性，据此设计的结构抗震性能更有安全保证。地震区的建筑平面以方形、矩形、圆形为好；正六边形、正八边形、椭圆形、扇形次之；三角形虽属简单形状，但由于它沿主轴方向不对称，在地震作用下容易发生较强的扭转振动，对抗震不利。此外，带有较长翼缘的 L 形、T 形、十字形、Y形、U 形和 H 形等平面对结构抗震性能不利。

表1.13 墨西哥地震房屋破坏原因

建筑特征	破坏率（%）
拐角形建筑	42
刚度明显不对称	15
低层柔弱	8
碰撞	15

建筑的立面和竖向剖面宜规则，结构的侧向刚度宜均匀变化，竖向抗侧力构件的截面尺寸和材料强度宜自下而上逐渐减小，避免抗侧力结构的侧向刚度和承载力突变。结构布置不均匀会产生刚度和强度的突变，引起竖向抗侧力构件的应力集中或变形集中，将降低结构抵抗地震的能力，地震时易发生损坏，甚至倒塌。例如，由于建筑的竖向收进，地震时收进处上下部分振动特性不同，收进处的楼板易产生应力突变，使竖向收进的凹角处产生应力集中。图1.31中 a~f 为不利的结构形式，a′~f′ 为推荐的结构形式。

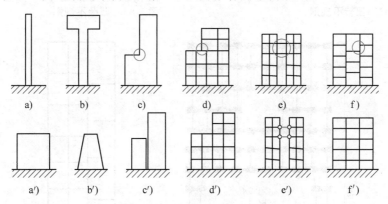

图1.31 不利与推荐的结构形式

《建筑抗震设计规范》规定，建筑设计应依据抗震概念设计的要求明确建筑形体的规则性。"规则"包含了对建筑的平、立面外形尺寸、抗侧力构件布置、质量分布，甚至承载力分布等诸多因素的综合要求，规则的建筑方案体现在平面和立面形状简单，抗侧力体系的刚度和承载力上下变化连续、均匀，平面布置基本对称〔在平面、立面、竖向剖面或抗侧力体系上没有明显的实质性的不连续（突变）〕。不规则的建筑应按规定采取加强措施，特别不规则的建筑方案应进行专门研究和论证，并采取特别的加强措施，不应采用严重不规则的建筑方案。不规则主要有平面不规则和竖向不规则，应按表1.14和表1.15要求划分。对不规则的判别，应把握抗震概念设计的基本要素，结合工程具体情况和工程经验灵活确定，应有针对性地采取行之有效的结构措施消除结构不规则或改善结构的不规则程度，提高结构的抗震性能。

表1.14　平面不规则的主要类型

不规则类型	定义和参考指标
扭转不规则	在具有偶然偏心的规定水平力作用下，楼层两端抗侧力构件弹性水平位移（或层间位移）的最大值与平均值的比值大于1.2，如图1.32所示
凹凸不规则	结构平面凹进的一侧尺寸，大于相应投影方向总尺寸的30%，如图1.33所示
楼板局部不连续	楼板的尺寸和平面刚度急剧变化，例如，有效楼板宽度小于该层楼板典型宽度的50%，或开洞面积大于该层楼面面积的30%，或较大的楼层错层，如图1.34所示

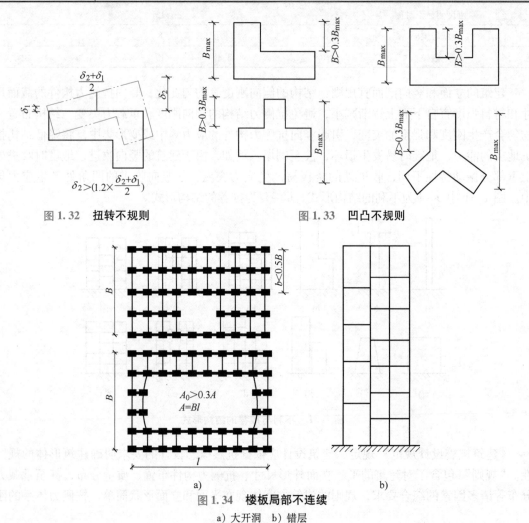

图1.32　扭转不规则　　　　　　　图1.33　凹凸不规则

图1.34　楼板局部不连续

a）大开洞　b）错层

表 1.15 竖向不规则的主要类型

不规则类型	定义和参考指标
侧向刚度不规则	该层的侧向刚度小于相邻上一层的70%，或小于其上相邻三个楼层侧向刚度平均值的80%；除顶层或出屋面小建筑，局部收进的水平向尺寸大于相邻下一层的25%，如图1.35所示
竖向抗侧力构件不连续	竖向抗侧力构件（柱、抗震墙、抗震支撑）的内力由水平转换构件（梁、桁架等）向下传递，如图1.36所示
楼层承载力突变	抗侧力结构的层间抗剪承载力小于相邻上一楼层的80%，如图1.37所示

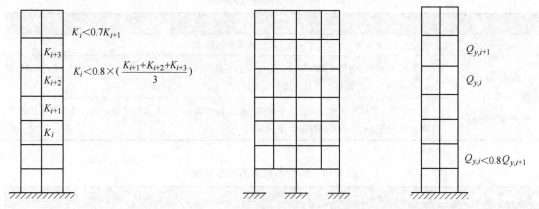

图 1.35 侧向刚度不规则　　图 1.36 竖向抗侧力构件不连续　　图 1.37 楼层承载力突变

一般不规则的结构，可按下列要求进行地震作用计算和内力调整，并对薄弱部位采取有效的抗震构造措施：

（1）平面不规则而竖向规则的建筑结构　应采用空间结构计算模型，并应符合下列要求：

1）扭转不规则时，应计及扭转影响，且在具有偶然偏心的规定水平力作用下，楼层两端抗侧力构件弹性水平位移或层间位移的最大值与平均值的比值不宜大于1.5，当最大层间位移远小于规范限值时，可适当放宽。

2）凹凸不规则或楼板局部不连续时，应采用符合楼板平面内实际刚度变化的计算模型；高烈度或不规则程度较大时，宜计入楼板局部变形的影响。

（2）平面规则而竖向不规则的建筑结构　应采用空间结构计算模型，其薄弱层的地震剪力应乘以1.15的增大系数，其薄弱层应进行弹塑性变形分析，并应符合下列要求：

1）竖向抗侧力构件不连续时，该构件传递给水平转换构件的地震内力应根据烈度的高低和水平转换构件的类型、受力情况、几何尺寸等，乘以1.25~1.5的增大系数。

2）侧向刚度不规则时，相邻层的侧向刚度比应依据其结构类型符合抗震规范的相关规定，如底部框架-抗震墙结构侧向刚比应符合抗震规范对其的专门规定。

3）楼层承载力突变时，薄弱层抗侧力结构的受剪承载力不应小于相邻上一楼层的65%。

（3）平面不规则且竖向也不规则的建筑结构　应同时采取符合上述2条要求的各项抗

建筑抗震设计 第2版

震措施。对于特别不规则的建筑，应经过专门研究后，采取更为有效的加强措施或对薄弱部位采用相应的抗震性能化设计。

按表 1.16 对不规则结构进行判断，对于形体不规则的房屋，要达到国家标准规定的抗震设防目标，在设计、施工、监理等方面都要投入更多的力量，还需要业主有较多的投资，有时显得不切实际。因此，《建筑抗震设计规范》将不规则的建筑分为一般不规则、特别不规则和严重不规则三个级别区别对待，三个级别的判断可参考表 1.16。规范要求对不规则的建筑应按规定采取加强措施；特别不规则的建筑（表 1.17）应进行专门研究和论证，采取特别的加强措施；不应采用严重不规则的建筑。

表 1.16　不规则程度的判断

不规则类型	定　义
一般不规则	超过表 1.14 和表 1.15 中的一项及以上的不规则指标
特别不规则	建筑具有较明显的抗震薄弱部位，将引起的不良后果者有多项（三项及以上）超过表 1.14 和表 1.15 中的不规则指标，或某一项超过规定指标较多
严重不规则	体形复杂，多项不规则指标超过不规则结构上限值或某一项大大超过规定值，具有严重的抗震薄弱环节，将会导致地震破坏的严重后果

表 1.17　特别不规则的项目举例

序号	不规则类型	简要含义
1	扭转偏大	裙房以上有较多楼层考虑偶然偏心的扭转位移比大于 1.4
2	抗扭刚度弱	扭转周期比大于 0.9，混合结构扭转周期比大于 0.85
3	层刚度偏小	本层侧向刚度小于相邻上层的 50%
4	高位转换	框支墙体的转换构件位置：7 度超过 5 层，8 度超过 3 层
5	厚板转换	7~9 度设防的厚板转换结构
6	塔楼偏置	单塔或多塔合质心与大底盘的质心偏心距大于底盘相应边长 20%
7	复杂连接	各部分层数、刚度、布置不同的错层或连体两端塔楼显著不规则的结构
8	多重复杂	同时具有转换层、加强层、错层、连体和多塔类型中的 2 种以上

上海地区某新建运营总部的多层综合楼建筑单体，如图 1.38 所示。⑨轴~⑩轴处 1~3 层架空，立面开洞形成连体结构。⑩轴~⑬轴 1~3 层门厅部分及 5 层门厅部分有局部大开洞，开洞面积较大，属于楼板局部不连续。D 轴~A 轴右下角凸出部分，凸出的尺寸大于相应投影方向总尺寸的 30%，属于凹凸不规则，最大层间位移与平均层间位移比大于 1.2，属于扭转不规则。因此，该建筑总体属于特别不规则建筑。

清华大学经管学院扩建三创中心工程（图 1.39）。结构平面 L 形，两方向边长分别为 134m、116m，未设永久缝，采用钢筋混凝土框架-剪力墙结构体系。地上分为 A、B 座，L 形拐角处设置一根钢管混凝土独柱，用来支承三层钢结构过街楼连接体，连接体最大跨度 38.4m，最大悬挑长度 17.4m。结构存在扭转不规则、凹凸不规则、楼板不连续、尺寸突变、局部不规则、复杂连接等多项不规则，属于特别不规则超限高层建筑。

抗震设计时针对其超限特点提出了合理的抗震性能目标，重点对 L 形连接体及相邻结构

64

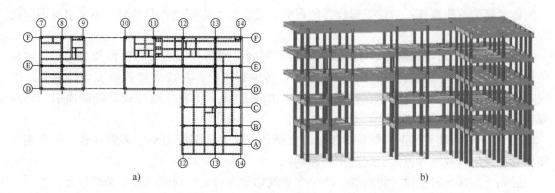

图1.38 综合楼

a）综合楼2层平面布置示意图 b）综合楼右侧结构立面模型

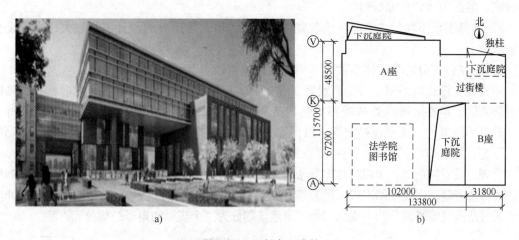

图1.39 三创中心建筑

a）建筑北立面效果图 b）建筑平面示意图

采取了以下主要加强措施：①连接体与主体相连采取刚接，不设永久缝，主体在连接及相关部位设置混凝土型钢柱及钢板剪力墙，抵抗扭转等产生的拉力，同时提高结构抗侧能力和延性；②加强连体楼板，设置水平支撑，提高结构整体性和变形协调能力；③支承独柱顶部采用双向滑动支座，释放柱顶内力和变形，减小上部结构对独柱产生的作用；④对独柱进行防连续倒塌设计，提高结构安全性；⑤长悬挑构件及连接体构件补充竖向地震分析，保证竖向抗震能力。

体型复杂、平立面不规则的建筑结构，应根据不规则程度、地基基础条件和技术经济等因素的比较分析，确定是否设置防震缝，并分别符合下列要求：

1）当不设置防震缝时，应采用符合实际的计算模型，进行较精细的分析，判明其应力集中、变形集中或地震扭转效应等导致的易损部位，采取相应的加强措施。

2）当在适当部位设置防震缝时，宜形成多个较规则的抗侧力结构单元。防震缝应根据抗震设防烈度、结构材料种类、结构类型、结构单元的高度和高差及可能的地震扭转效应的情况，留有足够的宽度，其两侧的上部结构应完全分开。

3）当设置伸缩缝和沉降缝时，其宽度应符合防震缝的要求。

体型复杂的建筑并不一律提倡设置防震缝。是否设置防震缝各有利弊，历来也有不同的观点，总体倾向是：

1）可设缝、可不设缝时，不设缝。设置防震缝可使结构抗震分析模型较为简单，容易估计其地震作用和采取抗震措施，但需考虑扭转地震效应，并按《建筑抗震设计规范》的规定确定缝宽，使防震缝两侧在预期的地震（如中震）下不发生碰撞或减轻碰撞引起的局部损坏。

2）当不设置防震缝时，结构分析模型复杂，连接处局部应力集中需要加强，而且需仔细估算地震扭转效应等可能引起的不利影响。

遇到下列情况时应设置防震缝，将整个建筑划分为若干个规则的独立结构单元。

1）平面形状属于不规则类型，或竖向属于不规则类型。

2）房屋长度超过《混凝土结构设计规范》规定的伸缩缝最大间距，又没有条件采取特殊措施，但必须设置伸缩缝时。

3）地基土质不均匀或上部结构荷载相差较大，房屋各部分的预计沉降过大，必须设置沉降缝时。

4）房屋各部分的结构体系截然不同，质量或侧移刚度大小悬殊时。

防震缝应该在地面以上沿全高设置，缝中不能有填充物。当不作为沉降缝时，基础可以不设防震缝，但在防震缝处基础要加强构造和连接。在建筑中，凡是设缝的，就要分得彻底；凡是不设缝的，就要连接牢固，以保证其整体性，绝对不能将各部分设计的似分不分，似连不连，"藕断丝连"，否则连接处在地震中很容易破坏。

合理地设置防震缝，可以将体型复杂的建筑物划分成"规则"的结构单元。如图1.40a所示，通过防震缝将平面凸凹不规则的L形建筑划分为两个规则的矩形结构单元。如图1.40b所示，通过防震缝将平面凸凹不规则的细腰形建筑划分为三个规则的矩形结构单元。

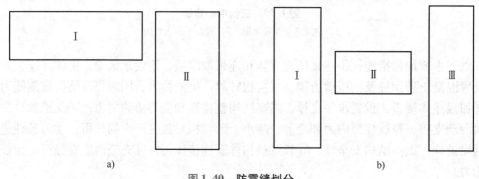

图1.40 防震缝划分

a）L形建筑 b）细腰形建筑

某钢筋混凝土框架结构办公楼，柱距均为8.4m。由于两侧结构层高相差较大且有错层，设计时拟设置防震缝，并在缝两侧设置抗撞墙，如图1.41所示。

1.9.3 合理选择结构体系

建筑的抗震体系应根据工程抗震设防类别、抗震设防烈度、工程空间尺度、场地条件、地基条件、结构材料和施工等因素，经技术、经济和使用条件综合比较确定，并应符合下列规定：

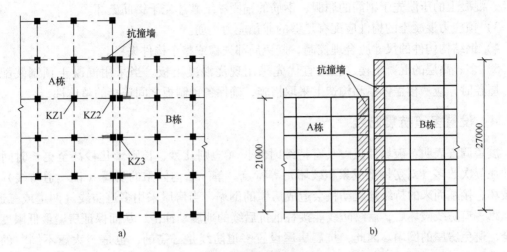

图1.41　框架结构办公楼

a）平面图　b）剖面图

1）应具有清晰、合理的地震作用传递途径。明确地震作用的传力路径是什么，是如何从上部结构传至下部结构及地基基础的，是结构概念设计的重要内容之一。抗震结构体系要求受力明确、传力合理且传力路线不间断，使结构的抗震分析更符合结构在地震时的实际表现，且对提高结构的抗震性能十分有利，是结构选型与结构抗侧力体系布置时应首先考虑的因素之一。

2）应具备必要的刚度、强度和耗能能力。结构的抗震能力需要强度、刚度和变形能力的统一，即抗震结构体系应具备必要的强度和良好变形耗能能力。仅有强度而缺乏足够的延性（如不设置圈梁、构造柱的砌体结构等）时，在强烈地震下很容易破坏；虽有较好的延性而强度不足（如纯框架结构等）时，在强烈地震下必然产生很大的变形、破坏严重甚至倒塌。"耗能能力"指结构能吸收和消耗地震输入的能量而保存下来的能力，也就是良好的延性。

3）应具有避免因部分结构或构件破坏而导致整个结构丧失抗震能力或对重力荷载的承载能力。对可能出现的薄弱部位，应采取措施提高抗震能力。

4）结构构件应具有足够的延性，避免脆性破坏。

5）结构体系应具有足够的牢固性和抗震冗余度。

6）楼、屋面应具有足够的面内刚度和整体性。采用装配整体式楼、屋面时，应采取措施保证楼、屋面的整体性及其与竖向抗侧力构件的连接。

7）基础应具有良好的整体性和抗转动能力，避免地震时基础转动加重建筑震害。

8）构件连接的设计与构造应能保证节点或锚固件的破坏不先于构件或连接件的破坏。

结构构件应符合下列要求：

1）砌体结构应按规定设置钢筋混凝土圈梁和构造柱、芯柱，或采用约束砌体、配筋砌体等。采用约束手段使本身脆性的无筋砌体在发生裂缝后不致崩塌和散落，地震时不致丧失对重力荷载的承载力并具有一定的变形能力。

2）混凝土结构构件应控制截面尺寸和受力钢筋、箍筋的设置，防止剪切破坏先于弯曲破坏，混凝土的压溃先于钢筋的屈服，钢筋的锚固黏结破坏先于钢筋破坏。

3）预应力混凝土的构件应配有足够的非预应力钢筋。

4）钢结构构件的尺寸应合理控制，避免局部失稳或整个构件失稳。

5）多、高层的混凝土楼、屋盖宜优先采用现浇混凝土板。当采用混凝土预制装配式楼、屋盖时，应从楼盖体系和构造上采取措施，确保各预制板之间连接的整体性。

1.9.4　设置多道抗震防线

震害调查表明：破坏性强震具有持续时间长（短则几秒、长则十几秒甚至更长时间）、脉冲往复次数多（对房屋造成累积破坏）等特点。单一结构体系的房屋（仅一道防线）一旦破坏，接踵而来的持续地震动将会造成房屋的倒塌。当房屋采用多道防线（两道或三道）时，第一道防线破坏后，后续防线能接替抵抗后续的地震动冲击，从而保证房屋最低限度的安全，避免房屋的倒塌。因此，抗震房屋设置多道防线是必需的，也是"大震不倒"的基本要求。

限于中长期地震预报水平及地震的不确定性，一个地区在一定年限内发生高于基本烈度的地震，绝不是不可能的。防止在罕遇大震时发生建筑物倒塌，是抗震设计的最低设防标准。多道抗震防线概念的应用，对于实现这一目标是有效的，是能保障人民生命安全的。符合多道抗震防线的结构体系有框架－抗震墙体系、框架－支撑体系、框架－筒体体系、筒中筒体系等。在这些结构体系中，由于抗震墙、支撑、筒体的侧向刚度比框架大得多，在水平地震力的作用下，通过楼板的协同工作，大部分的水平力首先由这些侧向刚度大的抗侧力构件予以承担，而形成第一道防线，框架退居为第二道防线。

一个抗震结构体系，应由若干个延性较好的分体系组成，并由延性较好的结构构件连接起来协同工作。如：

1）框架－抗震墙体系由延性框架和抗震墙两个系统组成。在框架－抗震墙结构中，抗震墙由于其侧向刚度大，成为抗震的第一道防线，框架则是抗震的第二道防线。而在抗震墙很少的框架结构中，由于抗震墙的数量少，不能成为一道防线，该结构体系也就不属于多道防线的结构体系。

2）双肢墙或多肢抗震墙体系由若干个单肢墙分系统组成，大震时连梁先屈服并吸收大量地震能量，既能传递弯矩和剪力，又能对墙肢有一定的约束作用。

3）框架－支撑体系由延性框架和支撑框架两个系统组成。

4）框架－筒体体系由延性框架和筒体两个系统组成。

5）单层厂房的纵向体系中，柱间支撑是第一道防线，柱是第二道防线，并通过柱间支撑的屈服耗能来保证结构的安全。

6）延性框架（符合强柱弱梁要求）中，框架梁属于第一道防线，用梁的变形耗能，其屈服先于框架柱从而使柱处于第二道防线。

抗震结构体系应有最大可能数量的内部、外部赘余度（超静定的次数要多），有意识地建立一系列分布的屈服区（如耗能构件、连梁、偏心支撑、框架结构中的砌体填充墙、双连梁之间设置的砌体填充墙等），以使结构能够吸收和耗散大量的地震能量，一旦破坏也易于修复。

第一道防线的构件选择：地震倒塌的宏观现象表明，一般情况下，倒塌物很少远离原来的平面位置。据此可以认为，地震的往复作用使结构遭到严重破坏，最后倒塌则是结构因破坏而丧失了承受重力荷载的能力。所以房屋倒塌的最直接原因，可以说是承重构件竖向承载能力下降到低于有效重力荷载的水平。按照上述原则处理，充当第一道防线的构件即使有损坏，也不会对整个结构的竖向构件承载能力有太大影响；如果利用轴压比值较大的框架柱充当第一道防线，框架柱在侧力作用下损坏后，竖向承载能力就会大幅度下降，当下降到低于所负担的重力荷载时，就会危及整个结构的安全。因此从总的原则上说，应优先选择不负担或少负担重力荷载的竖向支撑或填充墙，或者选用轴压比值较小的抗震墙、实墙筒体之类的构件，作为第一道抗震防线的抗侧力构件。一般情况下，不宜采用轴压比很大的框架柱兼作第一道防线的抗侧力构件。

多道防线作为抗震概念设计的重要部分应该贯穿建筑抗震设计的始终，在设计中应尽可能增设多道抗震防线，利用赘余杆件的屈服和弹塑性变形来消耗尽可能多的地震输入能量；利用赘余杆件的破坏和退出工作，使结构从一种稳定体系过渡到另一种稳定体系，实现周期的加大，从而减少地震力，如图 1.42 所示。

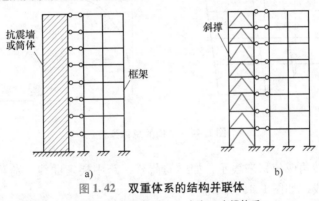

图 1.42 双重体系的结构并联体

a) 框架-抗震墙体系 b) 框架-支撑体系

为进一步增加双重抗侧力体系的抗震防线，可增设若干赘余构件，使这些赘余构件可以先达到破坏。当建筑物受到地震动主脉冲卓越周期的作用时，一方面利用结构中增设的赘余构件的屈服和变形，来耗散输入的地震能量；另一方面利用赘余构件的破坏和退出工作，使整个结构从一种稳定体系过渡到另一种稳定体系，实现结构周期的变化，以避开地震动卓越周期长时间持续作用引起的共振效应，如图 1.43 所示。

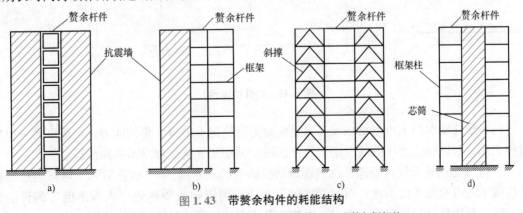

图 1.43 带赘余构件的耗能结构

a) 双肢墙 b) 墙与框架 c) 并列斜支撑 d) 芯筒与框架柱

1.9.5　利用结构延性

延性可以分为结构延性、构件延性和材料延性。

结构的延性可定义为结构在承载力无明显降低的前提下发生非弹性变形的能力，多用位移表示，如框架水平力－顶点位移曲线，层间剪力－层间位移曲线。这里"无明显降低"比较认同的指标是，不低于其极限承载力的85%。结构的延性反映了结构的变形能力，是防止在地震作用下倒塌的关键因素之一。如图1.44所示，荷载为P_y时；当承载力明显下降或结构处于不稳定状态时，认为结构破坏，达到极限位移。结构的总体延性常用顶点位移延性表示，即$\mu = \Delta_u / \Delta_y$，延性的另一表达式，可采用后期变形能力，通常以$\Delta_u - \Delta_y$表示。

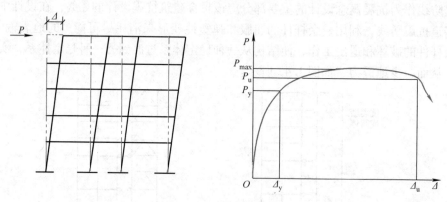

图1.44　结构的总体延性

构件延性可用转角或位移来表示，如梁的荷载－跨中挠度曲线、荷载－支座转角曲线，柱的荷载－侧移曲线，如图1.45所示。

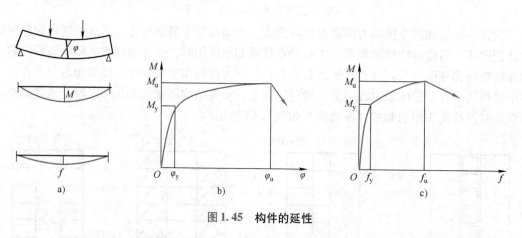

图1.45　构件的延性

材料延性指混凝土或钢材在没有明显应力下降情况下维持变形的能力，可用应力－应变曲线表示，如混凝土受压曲线、钢筋拉伸曲线、钢筋和混凝土黏结滑移曲线等。

现行《建筑抗震设计规范》的抗震设防目标是"三水准"，"小震不坏"可以通过结构的抗震承载力验算予以实现；而在遭遇到罕遇地震的影响时要达到"大震不倒"的设防目标，则主要依靠结构的延性。所以，在概念设计中特别强调结构延性的重要意义。在抗震设计中仅利用结构的弹性性能抵御强烈地震是不明智的，正确的做法是同时利用结构弹塑性阶段的性能。通过利用结构延性，即结构依靠自身的塑性变形耗散地震能量，从而减轻震害的性能。当然，允许结构出现较大的弹塑性变形，将造成结构一定程度的损害。因此，我们应将发生概率较大的小震作用下的变形限制在弹性变形范围内，将发生概率较小的中震作用下的结构变形限制在可修范围内，而将发生概率很小的大震作用下的结构变形限制在不倒的范围内。也就是说，只允许在中震、大震作用下利用结构延性。

在地震作用下，框架上塑性铰可能出现在梁上，也可能出现在柱上，实际工程中塑性铰的位置如图1.46所示，属于混合型的。但是不允许在梁的跨中出现塑性铰（图1.47），因为梁的跨中出现塑性铰将导致局部破坏。

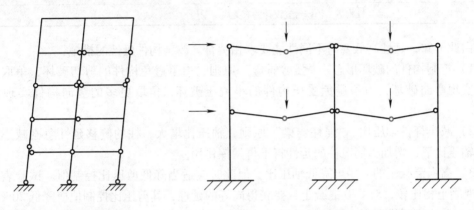

图1.46 塑性铰的位置　　图1.47 不允许在梁的跨中出现塑性铰

提高结构延性的原则：

1）在结构竖向，重点提高可能出现塑性变形集中的相对柔弱楼层的构件延性。

2）在结构平面，着重提高房屋周边转角处、平面突变处及复杂平面各翼相接处的构件延性。

3）对多道抗震防线的抗侧力体系，着重提高第一道防线中构件的延性。

4）在同一构件中，着重提高关键杆件的延性。

5）在同一构件中，着重提高延性的部位应是预期构件首先屈服的部位。

《建筑抗震设计规范》对各类结构采取的抗震措施，基本上是提高各类结构构件的延性水平。这些抗震措施是采用水平向（圈梁）和竖向（构造柱、芯柱）混凝土构件，加强对砌体结构的约束，或采用配筋砌体；使砌体在发生裂缝后不致坍塌和散落，地震时不致丧失对重力荷载的承载能力；避免混凝土结构的脆性破坏（包括混凝土压碎、构件剪切破坏、钢筋同混凝土黏结破坏）先于钢筋的屈服；避免钢结构构件的整体和局部失稳，保证节点焊接部位（焊缝和母材）在地震时不致开裂。

一般而言，在结构抗震设计中，对结构中重要构件的延性要求，高于对结构总体的延性要求；对构件中关键杆件或部位的延性要求，又高于整个构件的延性要求。

要使建筑物在遭遇强烈地震时具有很强的抗倒塌能力，最理想的是使结构中的所有构件及构件中的所有杆件均具有较高的延性，然而，实际工程中很难完全做到这一点。比较经济有效的方法是，有选择地重点提高结构中的重要构件及某些构件中关键杆件或关键部位的延性。

结构构件对应不同性能要求又对应不同延性构造及抗震等级，见表1.18。

表1.18 性能要求对应不同延性构造及抗震等级

性能要求	构造的抗震等级
性能1	基本抗震构造。可按常规设计的有关规定降低二度采用，但不得低于6度且不发生脆性破坏
性能2	低延性构造。可按常规设计的有关规定降低一度采用，当构件的承载力高于多遇地震提高二度的要求时，可按降低二度采用且均不得低于6度，且不发生脆性破坏
性能3	中等延性构造。当构件的承载力属于多遇地震提高一度的要求时，可按常规设计的有关规定降低一度且不低于6度采用，否则仍按常规设计的规定采用
性能4	高延性构造。仍按常规设计的有关规定采用

由此可知，延性高低要与不同性能要求相契合。改善构件延性的措施：

1）控制构件的破坏形态。"强剪弱弯"原则，力争避免构件的剪切破坏，争取更多的构件实现弯曲破坏；力争避免受压构件的小偏压破坏，争取更多的竖向构件实现大偏压破坏。

2）减小杆件轴压比。"强柱弱梁"原则，轴压比增大，柱的侧移延性急剧减小；而且在高轴压比下，增加箍筋对柱的延性将不再发挥作用。

3）高强混凝土的应用可降低轴压比，但此时应适当降低剪压比控制值。试验表明，与C40混凝土相比较，对C70混凝土，要获得同等的延性，其剪压比控制值应降低20%。

4）采用钢纤维混凝土。钢纤维混凝土具有较高的抗拉、抗裂和抗剪强度，良好的抗冲击韧性和抗震延性。

5）减少梁受压区高度。对于钢筋混凝土框架梁，在其受压区配置一定数量的纵向钢筋可减小梁截面的受压区高度，增强梁端的转动能力，从而提高框架梁的延性。

6）提高构件的受剪承载力，避免剪切破坏先于弯曲破坏。进行抗剪计算时，采用增大剪力设计值和增加抗剪箍筋的方法来提高构件的受剪承载力，并且通过控制截面上的剪应力（剪压比），来避免过早发生剪切破坏。

7）加强箍筋，避免混凝土的压溃先于纵筋的屈服。在梁端塑性铰区配置加密的封闭式箍筋可以提高该范围内混凝土的极限压应变，并可防止塑性铰区内的受压纵筋被过早压屈，还可以防止发生剪切破坏，从而保证梁有较大的延性。

8）墙端设边缘构件。边缘构件有暗柱、明柱、翼柱等。

9）加强钢筋锚固，避免钢筋的锚固黏结破坏先于构件破坏。

10）加强节点，避免节点破坏先于构件破坏。

11）对预埋件应避免锚固破坏先于连接件破坏。

采用延性结构的意义：

1）在承受荷载及作用（如地震、爆炸、振动、风等）时，能减小惯性力，吸收更大动能，减轻破坏程度，有利于房屋的修复和继续使用。

2）破坏前有明显预兆，破坏过程缓慢，因而在强烈作用（如强烈地震作用）下，可提供逃生的时机，减少人员伤亡。

3）在意外情况（如爆炸、偶然超载、荷载反向、温度升高或基础沉降引起附加内力等情况）下，有较强的承载和抗结构连续倒塌能力。

4）有利于实现超静定结构的内力重分布。应当看到，尽管延性抗震概念在经济上有很大的优越之处，但这些优势总是以结构出现一定程度的损坏为代价。

1.9.6 确保结构整体性

结构是由许多构件连接组合而成的一个整体，并通过各个构件的协调工作来有效地抵抗地震作用。若结构在地震作用下丧失了整体性，则结构各构件的抗震能力不能充分发挥，这样容易使结构成为机动体而倒塌。因此，结构的整体性是保证结构各个部分在地震作用下协调工作的重要条件，确保结构的整体性是抗震概念设计的重要内容。

为了充分发挥各构件的抗震能力，确保结构的整体性，在设计的过程中应遵循以下原则：

（1）结构应具有连续性　结构的连续性是使结构在地震作用时能够保持整体的重要手段之一。对半预制钢筋混凝土结构，为避免预制楼板搁进墙内后将现浇钢筋混凝土墙体分开，在新旧混凝土接合面形成水平通缝，破坏墙体沿竖向的连续性，应将预制板端部做成槽齿形，将少数肋伸进墙内，砌体结构应按规定设置圈梁和构造柱。

（2）保证构件间的可靠连接　提高建筑物的抗震性能，保证各个构件充分发挥承载力，关键的是加强构件间的连接，使之能满足传递地震力时的强度要求和适应地震时大变形的延性要求。多、高层的混凝土楼、屋盖宜优先采用现浇混凝土板。当采用混凝土预制装配式楼、屋盖时，应从楼盖体系和构造上采取措施，确保各预制板之间连接的整体性。采用装配式楼、屋盖时，应采取措施保证楼、屋盖的整体性及其与抗震墙的可靠连接。采用配筋现浇面层加强时，厚度不应小于50mm。

（3）增强房屋的竖向刚度　在设计时，应使结构沿纵、横方向具有足够的整体竖向刚度，并使房屋基础具有较强的整体性，以抵抗地震时可能发生的地基不均匀沉降及地面裂隙穿过房屋时所造成的危害。邢台、海城、唐山、汶川等地震中，有许多建造在软弱地基上的房屋，由于砂土、粉土液化或软土震陷而发生地基不均匀沉陷，造成房屋严重破坏。然而，建造于软弱地基上的高层建筑，除了采取长桩、沉井等穿透液化土层或软弱土层的情况外，其他地基处理措施很难完全消除地基沉陷对上部结构的影响。对于此种情况，最好设置地下室，采用箱形基础及沿房屋纵、横向设置具有较高截面的通长基础梁，使建筑具备较大的竖向整体刚度，以抵抗地震时可能出现的地基不均匀沉陷。

（4）各构件应可靠连接　一个结构体系是由基本构件组成的，构件之间的连接遭到破坏，各个构件在未能充分发挥其抗震承载力之前，就因平面外失稳而倒塌，或从支承构件上滑脱坠地，结构就丧失了整体性。所以，要提高房屋的抗震性能，保证各个构件充分发挥承载力，首要的是加强构件间的连接，使之能满足传递地震力时的强度要求和适应地震时大变形的延性要求。只要构件间的连接不破坏，整个结构就能始终保持其整体性，充分发挥其空间结构体系的抗震作用。因此《建筑抗震设计规范》规定，结构各构件之间的连接应符合下列要求：

1）构件节点的破坏，不应先于其连接的构件。

2）预埋件的锚固破坏，不应先于连接件。

3）装配式结构构件的连接，应能保证结构的整体性。

4）预应力混凝土构件的预应力钢筋，宜在节点核心区以外锚固。

1.9.7 减少地震能量输入

建筑物遭遇地震时，所受的地震作用的大小随着结构的动力特性、场地条件和地震动参数的不同而变化。震害表明，如果建筑物的自振周期与地震动的卓越周期相等或相近，建筑物的破坏程度就会因共振而加重。错开地震动的卓越周期，可防止共振破坏。如1977年罗马尼亚弗兰恰地震，地震动的卓越周期东西向为1.0s、南北向为1.4s，实际震害中，布加勒斯市自振周期为0.8~1.2s的高层建筑破坏严重，其中有不少建筑倒塌，而该市自振周期为2.0s的25层洲际大旅馆几乎无震害，且墙面装修也未损坏。

减隔震技术对建筑物抗震具有重要意义，利用减隔震技术可改变结构的动力特性，减少地震能量的输入，减小结构地震反应，以达到防震的目的，特别是高烈度地区更应该加强抗震设防，积极采用减隔震技术。为提高高烈度抗震设防区建筑的安全性及抗震性能，2014年住房和城乡建设部印发了《关于房屋建筑工程推广应用减隔震技术的若干意见（暂行）》的通知，对于重点设防类、特殊设防类和位于8度以上（含8度）地震高烈度区的建筑建议采用减隔震技术。随后新疆、陕西、四川、甘肃、云南等省也陆续颁布相关政策，积极推广并使用减隔震技术，使得我国减隔震技术日趋成熟，尤其是隔震技术。同时，随着社会经济发展与生产技术的提高，隔震支座产品的质量大幅提升，我国隔震建筑得到快速发展，目前常见的隔震装置有橡胶隔震支座、滑移隔震、滚动隔震等。

我国隔震技术的应用水平与日本相比仍有差距。在日本，隔震技术的应用主要包括：①隔震技术的单独应用，主要包括铅芯橡胶支座、天然橡胶支座、弹性滑板支座等的单独或组合应用；②在隔震层内设置减震装置与隔震支座混合应用，如日本清水总部大楼；③在隔震层外设置减震装置与隔震支座混合应用，如中之岛音乐厅、东京日本桥大楼。其中，主要以后两种方式，即隔震支座与减震装置的混合应用为主。而我国隔震技术的应用以前两种方式为主，且大多数为隔震技术的单独应用（隔震技术单独应用占比80%，减隔震混合应用占比20%），缺少对减隔震技术的创新应用。

1.9.8 减轻房屋自重

地震时，自重大的建筑比自重小的建筑更容易遭到破坏。一方面，由于水平地震力的大小几乎与建筑的质量成正比；另一方面，因为重力效应在房屋倒塌过程中起着关键性作用，结构的刚重比是影响重力 $P-\Delta$ 效应的主要参数，一般的高层建筑在水平荷载下的重力二阶效应和高层建筑的稳定均可通过结构的刚重比来控制，在大变形状态下，建筑自重越大，$P-\Delta$ 效应越严重，更容易导致建筑物的整体失稳及倒塌。因此应采取措施尽量减轻房屋自重。

减轻房屋自重主要从以下几个方面来考虑：

（1）减小楼板厚度 在高层建筑中，楼盖重量一般占地上部分总重的40%左右，因此减小楼板自重是减轻房屋总重的最佳途径。减小楼板自重，除采用轻混凝土外，实际工程中可以采用密肋楼板、无黏结预应力平板、预制多孔板和现浇多孔楼板来减小楼板的折实厚度以达到减小楼盖自重的目的。

（2）尽量减薄墙体 采用全墙体系、框-墙体系和筒中筒体系的高层建筑中，钢筋混凝土墙体的自重占有较大的比重，而且从结构刚度、地震反应、构件延性等角度来说，钢筋混凝土墙体的厚度都应该适当，不可太厚。

（3）采用高强混凝土　由于高强混凝土的抗压强度很高，将其用于超高层建筑，可以节约钢材，减小构件截面，增加建筑有效使用面积，减轻房屋自重。

（4）采用高强钢材　高强钢材可做功效较高的结构，尤其对高层建筑中跨度大负荷重的部位极为有利，可充分发挥材料作用，采用全钢结构远较钢筋混凝土轻，低合金高强结构钢的强度高，韧性好，焊接性及抗腐蚀性等也好，满足高强建筑的要求。

（5）轻质材料　采用轻集料混凝土、加气混凝土、轻型隔墙、轻型围护墙等，可以减轻房屋的自重。

1.9.9　合理选择材料

从建筑材料的角度分析抗震要求，一方面材料应具有足够的强度，虽然强度高并不等于高抗震，但对于具有脆性材料特征的建筑材料，其抗折、抗拉强度更为重要；另一方面材料应具有优异的耐久性和安全可靠性，可用以抵御不同使用环境下、不同介质对材料产生的各种不利影响，以提高材料使用中的安全性和延长使用寿命。

水泥、混凝土目前作为使用量最大的建筑材料，自1824年诞生至今，在社会经济与文明发展的过程中起到非常重要的作用。但从抗震的角度，水泥混凝土由于属于脆性材料，对于作为结构材料尤其是有高抗震要求的地区建筑的结构材料是不利的。这一问题既可以在混凝土工程中通过结构设计或采用钢筋增强等途径得到解决，也可以通过对水泥混凝土自身的改性进行应对。主要有以下几个方面：

1）严格控制混凝土拌和用水量，主要途径是掺加高效减水剂，从而大幅提高混凝土强度，但混凝土强度越高，对抗震来说越不利，必须采用复合增韧技术。

2）采用聚合物改性，掺加聚合物纤维可有效提高混凝土的早期抗裂能力，混凝土的延性也可得到提高。

3）掺加钢纤维可以显著提高混凝土的机械性能。在框架梁柱节点采用钢纤维混凝土可代替部分箍筋，既改善了节点区的抗震性能，又解决了钢筋过密、施工困难等问题。

4）集料质量也是影响混凝土质量，尤其是混凝土耐久性的重要因素。

5）可以从根本上调整水泥品种，如选用低水化放热、高后期强度，尤其是抗折强度高、抗侵蚀性好的低热硅酸盐水泥，即高贝利特水泥，对于重点工程建设是一种更好的技术途径。

抗震结构对材料和施工质量有时需提出特别要求，此要求也是抗震概念设计中重要的内容，应在设计文件上注明：

1. 对结构材料性能指标的最低要求

（1）砌体结构材料

1）普通砖和多孔砖的强度等级不应低于MU10，其砌筑砂浆强度等级不应低于M5。

2）混凝土小型空心砌块的强度等级不应低于MU7.5，其砌筑砂浆强度等级不应低于Mb7.5。

（2）混凝土结构材料

1）混凝土的强度等级，框支梁、框支柱及抗震等级为一级的框架梁、柱、节点核心区，不应低于 C30；构造柱、芯柱、圈梁及其他构件不应低于 C20。

2）抗震等级为一、二、三级的框架和斜撑构件（含梯段），其纵向受力钢筋采用普通钢筋时，钢筋的抗拉强度实测值与屈服强度实测值的比值不应小于 1.25；钢筋的屈服强度实测值与屈服强度标准值的比值不应大于 1.3，且钢筋在最大拉力下的总伸长率实测值不应小于 9%。

（3）钢结构的钢材

1）钢材的屈服强度实测值与抗拉强度实测值的比值不应大于 0.85。

2）钢材应有明显的屈服台阶，且伸长率应大于 20%。

3）钢材应有良好的焊接性和合格的冲击韧性。

2. 结构材料性能指标的要求

1）普通钢筋宜优先采用延性、韧性和焊接性较好的钢筋；普通钢筋的强度等级，纵向受力钢筋宜选用符合抗震性能指标的 HRB400 级热轧钢筋，也可采用符合抗震性能指标的 HRB500 级热轧钢筋；箍筋宜选用符合抗震性能指标的 HRB400 级、HPB300 级热轧钢筋。钢筋的检验方法应符合 GB 50204—2015《混凝土结构工程施工质量验收规范》的规定。

2）混凝土结构的混凝土强度等级，抗震墙不宜超过 C60，其他构件，9 度时不宜超过 C60，8 度时不宜超过 C70。

3）钢结构的钢材宜采用 Q235 等级 B、C、D 的碳素结构钢及 Q345 等级 B、C、D、E 的低合金高强度结构钢；当有可靠依据时，尚可采用其他钢种和钢号。

3. 施工的特殊要求

1）在施工中，当需要以强度等级较高的钢筋替代原设计中的纵向受力钢筋时，应按照钢筋受拉承载力设计值相等的原则换算，并应满足最小配筋率、抗裂验算等要求。

2）采用焊接连接的钢结构，当接头的焊接拘束度较大、钢板厚不小于 40mm 且承受沿板厚方向的拉力时，受拉试件板厚方向截面收缩率，不应小于 GB/T 50313—2010《厚度方向性能钢板》关于 Z15 级规定的容许值。

3）钢筋混凝土构造柱、芯柱和底部框架 - 抗震墙砖房中砖抗震墙的施工，应先砌墙后浇构造柱、芯柱和框架梁柱。

4）混凝土墙体、框架柱的水平施工缝，应采取措施加强混凝土的结合性能。对于抗震等级一级的墙体和转换层楼板与落地混凝土墙体的交接处，宜验算水平施工缝截面的受剪承载力。

1.9.10 重视非结构构件的设计

非结构构件包括建筑非结构构件和建筑附属机电设备自身及其与结构主体的连接。

建筑非结构构件有室内建筑构件，包括各类隔墙、顶棚、吊柜和贴面等，以及室外建筑构件，包括各类幕墙、女儿墙、出屋面烟囱、建筑标志牌、建筑装饰面、挑檐、雨篷、遮阳板和建筑上的广告牌等。

建筑附属设备包括电梯、永久及临时供电及照明设备（包括配电盘、应急发电机及油箱等）、暖通、空调设备及管道、水箱、灭火系统、煤气设备及管道、有线及无线通信设备（包括控制台、交换机、计算机及服务器等）及天线、保安监视系统、办公自动化设备、容器、货架及储物柜等。

非结构构件对主体结构抗震性能的影响：

1）在地震作用下，建筑中的某些非结构构件（如刚性填充墙）会或多或少地参加工作，从而可能改变整个结构或某些构件的刚度、承载力和传力路线，产生出乎预料的抗震效果，或者造成未曾估计到的局部震害。因此，有必要根据以往历次地震中的震害经验，妥善处理这些非结构构件，以减轻震害，提高建筑的抗震可靠度。

2）在钢筋混凝土框架体系的房屋中，隔墙和围护墙采用实心砖、空心砖、硅酸盐砌块或加气混凝土砌块砌筑时，这些刚性填充墙将在很大程度上改变结构的动力特性，给整个结构的抗震性能带来一些有利的或不利的影响，应在工程设计中考虑利用其有利的一面，防止其不利的一面。

3）在框架体系房屋中，当必须采用砌体填充墙做围护墙体时，应采取有效措施防止窗裙墙对框架柱的嵌固作用。

非结构构件的抗震设防目标，原则上要与主体结构三水准的设防目标相协调，但也有同主体结构不同的性能要求。在多遇地震下，建筑非结构构件不宜有破坏，机电设备应能保持正常运行功能；在设防烈度地震下，建筑非结构构件可以容许比结构构件有较重的破坏（但不应伤人），机电设备应尽量保持运行功能，即使遭到破坏也应能尽快恢复，特别是避免发生次生灾害的破坏；在罕遇地震下，各类非结构构件可能有较重的破坏，但应避免重大次生灾害。

非结构构件设计主要注意以下几点：

1）非结构构件，包括建筑非结构构件和建筑附属机电设备，对其自身及与结构主体的连接，应进行抗震设计，并由相关专业人员分别负责进行。

2）建筑主体结构中，幕墙、围护墙、隔墙、女儿墙、雨篷、商标、广告牌、顶棚支架、大型储物架等建筑非结构构件的安装部位，应采取加强措施，以承受由非结构构件传递的地震作用。附着于楼、屋面结构上的非结构构件，以及楼梯间的非承重墙体，应与主体结构有可靠的连接或锚固，避免地震时倒塌伤人或砸坏重要设备；幕墙、装饰贴面与主体结构应有可靠连接，避免地震时脱落伤人。

3）围护墙、隔墙、女儿墙等非承重墙体的设计与构造应符合下列规定：

① 采用砌体墙时，应设置拉结筋、水平系梁、圈梁、构造柱等与主体结构可靠拉结。

② 墙体及其与主体结构的连接应具有足够变形能力，以适应主体结构不同方向的层间变形需求。

③ 人流出入口和通道处的砌体女儿墙应与主体结构锚固，防震缝处女儿墙的自由端应予以加强。

④ 框架结构的围护墙和隔墙，应考虑其设置对结构抗震的不利影响，避免不合理设置导致主体结构的破坏。

4）建筑装饰构件的设计与构造应符合相关规定。

5）建筑附属机电设备不应设置在可能致使其功能障碍等二次灾害的部位；设防地震下需要连续工作的附属设备，应设置在建筑结构地震反应较小的部位。

6）管道、电缆、通风管和设备的洞口设置，应减少对主要承重结构构件的削弱；洞口边缘应有补强措施。管道和设备与建筑结构的连接，应具有足够的变形能力，以满足相对位移的需求。

7）建筑附属机电设备的基座或支架，以及相关连接件和锚固件应具有足够的刚度和强度，应能将设备承受的地震作用全部传递到建筑结构上。建筑结构中，用以固定建筑附属机电设备预埋件、锚固件的部位，应采取加强措施，以承受附属机电设备传给主体结构的地震作用。安装在建筑上的附属机电设备系统的支座和连接，应符合地震时使用功能的要求，且不应导致相关部件的损坏。

随着社会进步，经济生活的发展，人们对室内生活和工作环境的要求日渐增高，设备性能和质量也日益提高，建筑的非结构构件的造价占总造价的主要部分，抗震设防将不仅仅是保护人的生命安全，更多的还要考虑经济和社会生活，非结构构件的抗震设防目标将更为重要。

1.9.11 抗连续倒塌设计

2001 年 9 月 11 日，美国纽约世界贸易中心大楼遭恐怖分子劫持的飞机撞击后发生连续性倒塌，事故直接造成近 3000 人死亡，对全球的经济和公共安全都造成了极其严重的影响。后 "9·11" 时代的 20 年间，国内外学者聚焦结构抗连续性倒塌性能的研究，提出了很多结构抗连续性倒塌的分析方法及设计建议。

美国将结构连续性倒塌定义为在偶然荷载作用下结构发生局部破坏，这种破坏沿构件传递，并引发连锁反应，最终导致整体结构倒塌，或者造成与初始局部破坏不成比例的结构大范围倒塌。英国建筑规范中对建筑连续性倒塌的要求是 "在偶然事件中，建筑不应发生与初始破坏原因不成比例的倒塌"。我国《建筑结构抗倒塌设计规范》中定义连续性倒塌为 "由初始的局部破坏，从构件到构件扩展，最终导致一部分结构倒塌或整个结构倒塌"。T/CECS 736—2020《民用建筑防爆设计标准》中指出，应防止结构关键构件失效破坏引起周围构件连续破坏而导致结构整体倒塌或大面积坍塌。

由此可见，结构连续性倒塌的特点是破坏的 "连续性"（progressive）和 "不成比例性"（disproportionate）。更为合理的定义是不成比例的连续性倒塌（disproportionately progressive collapse），即结构发生连续性破坏（progressive destruction），造成了不成比例倒塌（disproportionate collapse）。但是，无论如何定义，对于结构在偶然作用下的破坏，构件层次的局部破坏和大变形可以接受，只要结构不发生不成比例倒塌即可。

结构连续倒塌是结构因突发事件或严重超载而造成局部结构破坏失效，继而引起与失效破坏构件相连的构件连续破坏，最终导致相对于初始局部破坏更大范围的倒塌破坏。结构产生局部构件失效后，破坏范围可能沿水平方向和竖直方向发展，其中破坏沿竖向发展影响更为突出。当偶然因素导致局部结构破坏失效时，如果整体结构不能形成有效的多重荷载传递路径，破坏范围就可能沿水平或竖直方向蔓延，最终导致结构发生大范围的倒塌甚至是整体倒塌。

造成结构破坏的偶然作用一般包括地震、风、爆炸、冲击、火灾等。根据承受的作用力和倒塌机理的不同，建筑结构倒塌可以分成以下三类：

1）水平荷载作用下结构倒塌，即在结构水平惯性力（如地震、风等）作用下产生侧移，结构竖向重力在此侧移下产生二阶效应（主要为 $P-\Delta$ 效应），当结构的抗力不足以抵抗该二阶效应时，结构发生整体性倒塌。

2）整体失稳倒塌，即结构主要受竖向荷载（如雪荷载）作用，当结构承受的竖向荷载达到结构整体稳定临界荷载时，结构发生整体性倒塌。

3）连续性倒塌，即结构主要受竖向荷载作用，爆炸、冲击和火灾等造成结构局部范围的破坏，该破坏引起结构其他构件的连续性破坏而倒塌。水平荷载作用下结构的局部破坏往往出现在整个楼层，如果该破坏沿不同楼层扩展并引起倒塌，也可视为连续性倒塌。

然而，火灾引起的结构连续性倒塌与瞬时动力灾害荷载（爆炸、冲击）引起的结构连续性倒塌相比又有所不同：首先，火灾作用区域相对较大，区域内所有受火构件的材料力学性能均发生不同程度的削弱，同时，随着火灾的蔓延，结构初始损伤范围也随之发生变化，与爆炸、撞击等一般仅引起结构局部少数构件的破坏不同；其次，在倒塌发生之前，结构在火灾作用下的受力过程是一个长持时的准静态过程（可能长达几个小时），与爆炸、撞击等瞬时作用也不同；再次，构件的热膨胀对结构体系的受力具有重要影响，而这种温度效应起到关键性作用，爆炸、撞击等瞬时作用产生的温度效应一般可以忽略。

比如，1995 年美国俄克拉荷马城的 9 层联邦大厦（图 1.48）遭受汽车炸弹袭击，近50% 的楼面倒塌，最终造成 168 人死亡，原因主要有两点：

1）该大厦未按抗震、防爆或预防其他任何极罕遇的荷载来进行设计。

2）第三层楼的转换大梁支撑上部中间柱，下部柱距 40ft（12.2m）。爆炸破坏了转换柱，进而引起上部结构倒塌。

1968 年英国纽汉姆的 23 层公寓楼（图 1.49），第 18 层因划火柴引发煤气爆炸，一间房间的爆炸引起建筑物角部沿竖向连续倒塌。

图 1.48 美国俄克拉荷马城 9 层联邦大厦　　图 1.49 英国纽汉姆 23 层公寓楼

以上为缺乏抗连续倒塌设计带来严重后果的相关案例。荷载的偶然性和结构形式的复杂性决定了连续性倒塌模式的多样性，总体上可分为四大类：

（1）内力重分布式（redistribution - type）倒塌 当局部构件失效后（图 1.50a），其承担的荷载沿水平方向传递给周边构件，导致这些构件的依次破坏，其中拉链式（zipper - type）倒塌是框架结构最常见的内力重分布式倒塌模式（图 1.50b）。

（2）冲击式（impact - type）倒塌 由于失去竖向支撑，局部或整层楼板塌落，以冲击形式作用在下层楼板，导致其破坏。主要包括落层式（pancake - type）倒塌和多米诺式

（domino - type）倒塌，前者往往由整个楼层的塌落引起（图1.50c），后者由单个构件的倾覆引起。

（3）失稳式（instability）倒塌 结构关键构件失效后，剩余结构同时发生大范围坍塌，而非相继破坏的现象，如塔架结构的基脚破坏造成整体结构倒塌。

（4）组合式（mixed - type）倒塌 即上述两种或两种以上形式的倒塌（图1.50d）。

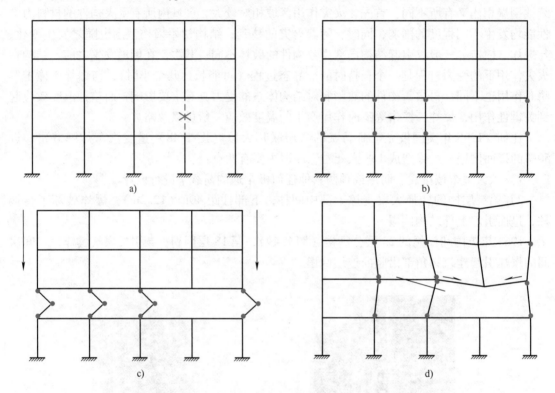

图1.50 框架结构连续性倒塌模式

a）结构局部破坏 b）拉链式倒塌 c）落层式倒塌 d）组合式倒塌

抗连续倒塌的重要性不言而喻，因此相关规范规定：

1）防连续倒塌设计的难度和代价很大，一般结构只需进行防连续倒塌的概念设计。混凝土结构防连续倒塌设计宜符合下列要求：

① 采取减小偶然作用效应的措施。

② 采取使重要构件及关键传力部位避免直接遭受偶然作用的措施。

③ 在结构容易遭受偶然作用影响的区域增加冗余约束，布置备用的传力途径。

④ 增强疏散通道、避难空间等重要结构构件及关键传力部位的承载力和变形性能。

⑤ 配置贯通水平、竖向构件的钢筋，并与周边构件可靠地锚固。

⑥ 设置结构缝，控制可能发生连续倒塌的范围。

2）重要结构的防连续倒塌设计可采用下列方法：

① 局部加强法。提高可能遭受偶然作用而发生局部破坏的重要竖向构件和关键传力部位的安全储备，也可直接考虑偶然作用进行设计。

② 拉结构件法。在结构局部竖向构件失效的条件下，可根据具体情况分别按梁-拉结

模型、悬索-拉结模型和悬臂-拉结模型进行承载力验算，维持结构的整体稳固性。

③ 拆除构件法。按一定规则拆除结构的主要受力构件，验算剩余结构体系的极限承载力，也可采用倒塌全过程分析进行设计。

《混凝土结构设计规范》第3.6.2条条文说明指出：安全等级为一级的重要结构，以及抵御灾害的重要结构，宜进行防连续倒塌的设计。

3）设计参数的取值。当进行偶然作用下结构防连续倒塌的验算时，作用宜考虑结构相应部位倒塌冲击引起的动力系数。在抗力函数的计算中，混凝土强度取强度标准值，普通筋强度取极限强度标准值，预应力筋强度取极限强度标准值并考虑锚具的影响。宜考虑偶然作用下结构倒塌对结构几何参数的影响。必要时应考虑材料性能在动力作用下的强化和脆性，并取相应的强度特征值。

4）抗连续倒塌的设计原则。安全等级为一级的高层建筑结构应满足抗连续倒塌概念设计要求，有特殊要求时，可采用拆除构件方法进行抗连续倒塌设计。

5）概念设计的规定：

① 应采取必要的结构连接措施，增强结构的整体性。

② 主体结构宜采用多跨规则的超静定结构。

③ 结构构件应具有适宜的延性，避免剪切破坏、压溃破坏、锚固破坏、节点先于构件破坏。

④ 结构构件应具有一定的反向承载能力。

⑤ 周边及边跨框架的柱距不宜过大。

⑥ 转换结构应具有整体多重传递重力荷载途径。

⑦ 钢筋混凝土结构梁柱宜刚接，梁板顶、底钢筋在支座处宜按受拉要求连续贯通。

⑧ 钢结构框架梁柱宜刚接。

⑨ 独立基础之间宜采用拉梁连接。

目前，各国规范关于抗连续性倒塌的设计方法和设计理念基本相同，并已经达成如下共识：

1）结构应具有整体性、连续性、延性和冗余度。

2）具备多条传力路径。

3）具有关键作用的构件应具有足够承载力和延性。

以上三点共识对应的设计方法分别为拉结力法、拆除构件法和局部加强法，设计中主要涉及以下5个关键问题：

1）判断是否需要进行抗连续性倒塌设计（建筑分类）。

2）拉结力法中需要确定拉结力的大小和作用位置。

3）拆除构件法中需要确定去除构件的范围和位置、分析方法和流程、荷载施加大小以及动力效应的考虑等。

4）结构和构件破坏准则。

5）概念设计及构造措施。

结构抗连续性倒塌研究的发展趋势：

1）采用更精细的动态-高温材料模型，模拟真实尺寸结构的连续性倒塌反应，是结构抗连续性倒塌计算理论的发展趋势。

2）简化分析方法是灾害相关类研究的发展趋势，改进拆除构件法是灾害无关类研究的发展趋势。

3）基于性能和概率的结构抗连续性倒塌设计方法是结构抵抗偶然荷载作用安全评价与抗倒塌设计的发展趋势。

4）要对结构抗连续性倒塌理论进行验证，发展大型结构抗连续性倒塌试验技术仍十分必要。

21世纪以来，工程结构的连续性倒塌问题在世界范围内引起了广泛关注和重视，已经成为土木工程学科的前沿课题。在诸多专家学者的共同努力下，我国在结构连续性倒塌试验、数值和理论研究及工程实践等方面均进行了卓有成效的研究，深化了对不同类型结构倒塌失效机理、鲁棒性能评价及设计方法的认知，取得了诸多代表性的成果，极大地推动了我国工程结构防连续倒塌设计体系的进步。

当然，在未来的工程结构防连续性倒塌研究中，依然有许多亟待解决的问题，如新材料的断裂损伤机理、新结构的连续性倒塌机制、考虑多种灾害作用的结构防连续倒塌设计方法、结构抗连续性倒塌性能及风险量化评估方法、高效高精度的结构连续性倒塌数值模型研发、整体结构倒塌预测预警技术等多个方面。相信在国内外科研工作者的共同努力下，我国的工程结构防连续性倒塌设计体系将逐渐完善，工程结构综合防灾性能也将进一步提升。

习 题

一、填空题

1. 一个地区的基本烈度是指该地区今后一定时期内，在（　　　）条件下可能遭遇的最大地震烈度。

2. （　　　）是表示地震本身大小的一种度量，其数值是根据地震仪记录到的地震波来确定的。

3. 某类房屋的震害指数越大，说明该类房屋抗震性能越（　　　）。

4. 对于一次地震，在受到影响的区域内，根据地震烈度表对每一地点评定出一个烈度，烈度相同区域的外包线称为（　　　）。

5. 《建筑抗震设计规范》适用于抗震设防烈度为（　　　）度地区的一般建筑抗震设计。抗震设防烈度为10度地区和行业有特殊要求的建筑抗震设计，应按（　　　）规定执行。

6. 按国家批准权限审定作为一个地区（　　　）依据的地震烈度为抗震设防烈度。

7. 对于按《建筑抗震设计规范》设计的建筑，当遭受低于本地区设防烈度的多遇地震影响时，一般不受损坏或（　　　）仍可继续使用。

8. （　　　）类建筑的地震作用，应按本地区的设防烈度计算，但设防烈度为6度时，除《建筑抗震设计规范》有具体规定外，（　　　）进行地震作用计算。

9. 在第一阶段设计中，取（　　　）的地震动参数计算结构的弹性地震作用标准值和相应的地震作用效应。

10. 当建筑场地为Ⅰ类场地时，丙类建筑可按原设防烈度（　　　）采取抗震构造措施，地震作用（　　　）设防烈度计算，但（　　　）时构造措施不应降低。

11. 建筑的平、立面布置宜（　　　），建筑的质量分布和刚度变化宜（　　　），楼层不宜（　　　）。

12. 当设置防震缝时，应将建筑分成（　　　）的抗侧力结构单元。

13. 抗震结构体系宜有（　　　）抗震防线，应避免因部分结构或构件破坏而导致整个体系丧失抗震能力或对（　　　）的承载能力。

14. 抗震结构体系应具有明确的（　　　）和合理的地震作用（　　　）。

15. 预埋件的（　　），不应先于其连接构件。

16. 地震波包括在地球内部传播的体波和只限于在地球表面传播的面波，其中体波包括（　　）和（　　）波，而面波分为（　　）和（　　）波，对建筑物和地表的破坏主要以面波为主。

17. 用（　　　　　）来衡量一个地区地面和各类建筑物遭受一次地震影响的强弱程度，（　　　　）级以上的地震称为破坏性地震。

18. 工程结构的抗震设计一般包括（　　）、（　　）和抗震构造措施三个方面的内容。

19. 震源在地表的投影位置称为（　　），震源到地面的垂直距离称为（　　）。

20. 某地区的抗震设防烈度为8度，则其多遇地震烈度为（　　），罕遇地震烈度为（　　）。

21. 地震波传播速度中（　　）最快，（　　）次之，（　　）最慢。

22. 地震按地震序列可划分为（　　）、（　　）和（　　）。

23. 建筑的设计特征周期应根据其所在地的（　　）和（　　）来确定。

24. 设计地震分组共分（　　）组，用以体现（　　）和（　　）的影响。

25. 地震现象表明，纵波使建筑物产生（　　），剪切波使建筑物产生（　　），而面波使建筑物既产生（　　）又产生（　　）。

26. 抗震设防的依据是（　　）。

27. 抗震设防的一般目标是要做到（　　）、（　　）、（　　）。

28. 一般来说，离震中越近，地震烈度越（　　）；离震中越远，地震烈度越（　　）。

29. 根据建筑使用功能的重要性，按其受地震破坏时产生的后果，将建筑分为（　　）、（　　）、（　　）、（　　）四个抗震设防类别。

30. 地震按其成因可划分为（　　）、（　　）、（　　）和（　　）四种类型。

31. 造成建筑物和地表的破坏主要以（　　）为主。

32. 地震按震源深浅不同可分为（　　）、（　　）、（　　）。

33. 关于构造地震的成因主要有（　　）和（　　）。

34. 根据建筑物使用功能的重要性，建筑抗震设防类别分为四类，分别为（　　）、（　　）、（　　）、（　　）四类。

二、选择题

1. 基本烈度是（　　）。

A. 大体相当于30年超越概率为2%～3%的烈度

B. 大体相当于50年超越概率约为10%的烈度

C. 大体相当于100年超越概率约为10%的烈度

D. 大体相当于100年超越概率约为63%的烈度

2. 位于下列何种地震烈度区划范围内的建筑均应考虑抗震设防？（　　）

A. 5～10度　　　　B. 5～9度　　　　C. 6～10度　　　　D. 6～9度

3. 设防烈度是（　　）。

A. 多遇烈度　　　B. 大震烈度　　　C. 罕遇烈度　　　D. 一般情况下可采用基本烈度

4. 《建筑抗震设计规范》适用于下列（　　）的抗震设计。

Ⅰ. 设防烈度为6～9度　　Ⅱ. 设防烈度为6～8度　　Ⅲ. 一般建筑　　Ⅳ. 行业有特殊要求的建筑

A. Ⅰ、Ⅲ　　　　B. Ⅰ、Ⅲ、Ⅳ　　　C. Ⅱ、Ⅲ　　　　D. Ⅱ、Ⅲ、Ⅳ

5. 下述关于抗震设防目标说法正确的是（　　）。

A. "小震不坏"是指遭遇到基本烈度的地震影响时，房屋不坏

B. "中震可修"是指遭遇到基本烈度的地震影响时，房屋可修

C. "大震不倒"是指遭遇到基本烈度的地震影响时，房屋不倒

D. "大震不倒"是指遭遇到任何地震房屋都不倒塌

6. 抗震设计中，建筑抗震设防类别的划分依据是（　　）。

A. 建设规模

B. 建筑总高度

C. 建筑遇到地震而破坏所产生后果的严重性

D. 建筑是否设置地下室

7. 建筑采取抗震措施的原则是（　　）。

A. 甲类建筑应按本地区设防烈度提高一度采取抗震措施

B. 乙类建筑应按本地区设防烈度采取抗震措施，当设防烈度为9度时可适当提高

C. 丙类建筑应按本地区设防烈度采取抗震措施

D. 丁类建筑可不采取抗震措施

8. 建筑地震作用的计算原则是（　　）。

A. 甲类建筑应按本地区设防烈度提高二度计算地震作用

B. 乙类建筑应按本地区设防烈度提高一度计算地震作用

C. 丙类建筑应按本地区设防烈度计算地震作用，但设防烈度为6度时，除《建筑抗震设计规范》有具体规定外，可不计算地震作用

D. 丁类建筑应按本地区设防烈度降低一度计算地震作用

9. 按照我国现行抗震设计规范的规定，位于（　　）的地区内的建筑物应考虑抗震设防。

A. 抗震设防烈度为5~9度　　　　　　B. 抗震设防烈度为5~8度

C. 抗震设防烈度为5~10度　　　　　 D. 抗震设防烈度为6~9度

10. 按《建筑抗震设计规范》基本抗震设防目标设计的建筑，当遭受本地区设防烈度的地震影响时，建筑物应处于的状态是（　　）。

A. 不受损坏

B. 一般不受损坏或不需修理仍可继续使用

C. 可能损坏，经一般修理或不需修理仍可继续使用

D. 严重损坏，需大修后方可继续使用

11. 某建筑物，其抗震设防烈度为7度，根据《建筑抗震设计规范》，"小震不坏"的设防目标是指（　　）。

A. 当遭遇低于7度的多遇地震影响时，经修理仍可继续使用

B. 当遭遇低于7度的多遇地震影响时，一般不受损坏或不需修理仍可继续使用

C. 当遭受7度的地震影响时，不受损坏或不需修理仍可继续使用

D. 当遭遇低于7度的多遇地震影响时可能损坏，经一般修理仍可继续使用

12. 下列与实际地震烈度有关的因素是（　　）。

A. 建筑物类型　　　　B. 离震中的距离　　　　C. 行政区划　　　　D. 城市大小

13. 某地区设防烈度为7度，乙类建筑抗震设计应按下列（　　）要求进行设计。

A. 地震作用和抗震措施均按8度考虑　　　B. 地震作用和抗震措施均按7度考虑

C. 地震作用按8度确定，抗震措施按7度采用　　D. 地震作用按7度确定，抗震措施按8度采用

14. 震级大的远震与震级小的近震对某地区产生相同的宏观烈度，则对该地区产生的地震影响是（　　）。

A. 震级大的远震对刚性结构产生的震害大　　B. 震级大的远震对柔性结构产生的震害大

C. 震级小的近震对柔性结构产生的震害大　　D. 震级大的远震对柔性结构产生的震害小

15. 地震烈度主要根据下列（　　）的指标来评定。

A. 地震震源释放出的能量的大小

B. 地震时地面运动速度和加速度的大小

C. 地震时大多数房屋的震害程度、人的感觉以及其他现象

D. 地震时震级大小、震源深度、震中距、该地区的土质条件和地形地貌

16. 罕遇烈度50年的超越概率为（　　　）。

A. 23%　　　　　　　B. 20%　　　　　　　C. 10%　　　　　　　D. 5%

17. 震级相差一级，能量就要相差（　　　）倍之多。

A. 2　　　　　　　　B. 10　　　　　　　　C. 32　　　　　　　　D. 100

18. 下列灾害中，不属于地震次生灾害的是（　　　）。

A. 火灾　　　　　　　B. 毒气泄漏　　　　　C. 海啸　　　　　　　D. 噪声

19. （　　　）一般周期短，波速较快，振幅较小，在地面上引起上下颠簸波动。

A. 纵波　　　　　　　B. 横波　　　　　　　C. 瑞利波　　　　　　D. 勒夫波

20. 水平地震作用标准值 F_{ek} 的大小除了与质量、地震烈度、结构自振周期有关，还与下列因素（　　　）有关。

A. 场地特征周期　　　B. 场地平面尺寸　　　C. 荷载分项系数　　　D. 抗震等级

21. 为保证（　　　），需进行结构弹性地震反应分析。

A. 小震不坏　　　　　B. 中震可修　　　　　C. 大震不倒　　　　　D. 强震不倒

22. 纵波是由震源向四周传播的压缩波，这种波的周期（　　　）、振幅（　　　）。

A. 长，小　　　　　　B. 长，大　　　　　　C. 短，小　　　　　　D. 短，大

23. "小震不坏，中震可修，大震不倒"是建筑抗震设计三水准的设防要求。所谓小震，下列叙述正确的是（　　　）。

A. 6 度或 7 度的地震　　　　　　　　　　　B. 50 年设计基准期内，超越概率大于10%的地震

C. 50 年设计基准期内，超越概率约为63%的地震　D. 6 度以下的地震

24. 建筑根据其抗震重要性分为四类。当为乙类建筑、Ⅱ类场地时，下列叙述正确的是（　　　）。

A. 可按本地区的设防烈度提高一度计算地震作用

B. 可按本地区的设防烈度计算地震作用，按提高一度采取抗震措施

C. 按本地区的设防烈度提高一度计算地震作用和采取抗震措施

D. 不必采取提高设防烈度的抗震措施

25. 建筑抗震设计中提到的地震主要指（　　　）。

A. 构造地震　　　　　B. 火山地震　　　　　C. 陷落地震　　　　　D. 诱发地震

26. 下列关于地震波的说法错误的是（　　　）。

A. 地震波只有纵波和横波两种

B. 纵波相对于横波来说，周期较短，振幅较小

C. 横波的传播方向和质点振动方向垂直，纵波的传播方向和质点振动方向一致

D. 建筑物和地表的破坏主要以面波为主

27. 建筑的抗震设防烈度一般采用中国地震动参数区划图确定的地震（　　　）。

A. 基本烈度　　　　　B. 众值烈度　　　　　C. 多遇烈度　　　　　D. 罕遇烈度

28. 对于丙类建筑，下列说法正确的是（　　　）。

A. 地震作用和抗震措施均按本地区的设防烈度采用

B. 地震作用和抗震措施均按本地区的设防烈度提高一度采用

C. 地震作用应符合本地区的抗震设防烈度要求，抗震措施，当设防烈度为6~8度时，应符合本地区的设防烈度提高一度的要求

D. 地震作用应高于本地区的抗震设防烈度要求，抗震措施，当设防烈度为6~8度时，应符合本地区的设防烈度提高一度的要求

29. 抗震设计时，不应采用下列（　　　）方案。

A. 特别不规则的建筑设计   B. 严重不规则的建筑设计

C. 非常不规则的建筑设计   D. 不规则的建筑设计

30. （　　）是度量地震中震源释放能量多少的指标。

A. 烈度   B. 地震震级   C. 基本烈度   D. 抗震设防烈度

31. 下列不属于地震破坏作用表现形式的是（　　）。

A. 地表破坏   B. 人员伤亡   C. 次生灾害   D. 建筑物的破坏

32. 下列结构延性中，在抗震设计时要求最高的是（　　）。

A. 结构总体延性   B. 结构楼层的延性   C. 构件的延性   D. 关键杆件的延性

33. 多遇地震烈度对应的超越概率为（　　）。

A. 10%   B. 2% ~3%   C. 63.2%   D. 50%

三、判别题

1. 在建筑结构抗震设计中仅考虑构造地震下的建筑抗震设防问题。（　　）

2. 震中是指地壳深处岩层发生断裂、错动的地方。（　　）

3. 对一次地震而言，震级只有一个，而地震烈度在不同的地点却是不同的。（　　）

4. 地震波包括体波和面波，而体波又可分为纵波和横波。一般说来，纵波波速最快，横波波速次之，面波波速最慢。（　　）

5. 某类房屋的震害指数越大，说明该类房屋的抗震性能越好。（　　）

6. 众值烈度就是小震烈度。（　　）

7. 抗震设防烈度是国家批准权限审定作为一个地区抗震设防依据的地震烈度。（　　）

8. 在进行建筑抗震设计时，应根据建筑物的重要性不同，采用不同的抗震设防标准。（　　）

9. 丙类建筑应按本地区设防烈度降低一度考虑采取抗震措施。（　　）

10. 抗震设计按两阶段设计法进行设计。其中第一阶段的设计是：按第一水准多遇地震烈度对应的地震作用效应和其他荷载效应的组合，验算结构构件的承载力和结构的弹性变形。（　　）

11. 同一结构单元可部分采取天然地基，部分采用桩基。（　　）

12. 抗震结构体系应具备必要的强度、良好变形能力和耗能能力。（　　）

13. 框架－抗震墙结构体系中，框架是第一道防线，在一定烈度的地震作用下遭受可允许的破坏，刚度降低或部分退出工作，并吸收相当的地震能量，抗震墙部分起到第二道防线的作用。（　　）

14. 构件节点的强度应低于其连接构件的强度。（　　）

15. 在钢筋混凝土结构的施工中，主要受力钢筋可以用强度等级比原设计强度等级高的钢筋代替。（　　）

16. 横波只能在固态物质中传播。（　　）

17. 震源对应于一次地震，震级只有一个，烈度也只有一个。（　　）

18. 横波一般周期较长，振幅较大，引起地面水平方向的运动。（　　）

19. 横波向外传播时，其介质质点的振动方向与波的前进方向相垂直。（　　）

20. 地震现象表明，横波使建筑物产生上下颠簸。（　　）

21. 一般来说，离震中越近，地震影响越大，地震烈度越小。（　　）

22. 纵波的特点是周期较长，振幅较大。（　　）

23. 横波只能在固体内传播。（　　）

24. 震源到震中的垂直距离称为震源距。（　　）

25. 地震基本烈度是指一般场地条件下可能遭遇的超越概率为10%的地震烈度值。（　　）

26. 任何结构都要进行两个阶段的抗震设计。（　　）

27. 众值烈度比基本烈度小1.55度，罕遇烈度比基本烈度大1.55度。（　　）

28. 设防烈度为8度和9度的高层建筑应考虑竖向地震作用。（　　）

29. 抗震结构在设计时，应保证有一定的强度、足够的刚度和良好的延性。（　　）

四、名词解释

震级　地震烈度　基本烈度　设防烈度　多遇烈度　罕遇烈度　地震波　剪切波　抗震概念设计　抗震等级　震源深度　震中距　震源距　极震区　等震线　震源　结构地震作用效应

五、简答题

1. 简述地震震级和地震烈度。
2. 什么是震源、震中和震中距？
3. 简述建筑物在地震作用下的破坏现象。
4. 什么是地震基本烈度和抗震设防烈度？
5. 三个水准烈度是根据什么划分的？
6. 何谓三水准设防要求和两阶段设计？
7. 建筑按重要性分为哪几类？划分的依据是什么？
8. 如何根据建筑的重要性计算地震作用和采取抗震措施？
9. 何谓概念设计？概念设计的基本内容是什么？
10. 对抗震建筑的平、立面布置有何基本要求？
11. 防震缝应按什么原则设置？防震缝的宽度与哪些因素有关？
12. 在确定抗震结构体系时，应考虑哪些因素？
13. 如何理解建立多道抗震防线的思想？
14. 对于抗震建筑的非结构构件应注意哪些问题？
15. 影响地震烈度的主要因素有哪些？
16. 设计地震分组的目的是什么？
17. 地震地面运动的三要素是什么？
18. 地震波的基本概念是什么？
19. 什么是多遇烈度、基本烈度和罕遇烈度？简述多遇烈度和罕遇烈度与基本烈度的关系。
20. 什么是抗震构造措施？
21. 抗震设防烈度和设计基本地震加速度的关系是什么？
22. 简述抗震设防烈度如何取值。
23. 基本烈度达到多少度的地区必须进行抗震设防？
24. 试述纵波和横波的传播特点及对地面运动的影响。
25. 震级和烈度有什么区别和联系？
26. 怎样理解小震、中震与大震？
27. 简述概念设计、抗震计算、构造措施三者之间的关系。
28. 试讨论结构延性与结构抗震的内在联系。
29. 抗震设防的目标是什么？实现此目标的设计方法是什么？

建筑场地与地基基础 第2章

学习要点：理解建筑场地类别的划分标准及影响因素，掌握地基基础抗震验算的原则和天然地基抗震承载力验算的方法，了解地基土液化的概念、判别方法及抗液化措施。

2.1 概述

任何建筑物（构筑物）都建造在地层之上，建筑物的全部荷载均由其下的地层来承担，受建筑物荷载影响的那一部分地层称为**地基**（foundation soils），建筑物在地面以下并将上部荷载传递至地基的结构就是**基础**（foundation）。**场地**（site）是工程群体所在地，其范围相当于厂区、居民小区和自然村或不小于 1.0km^2 的平面面积。在地震作用下，场地下的土层既是地震波传播介质，又是结构物地基。作为传播介质，地震波通过地基传给结构物，引起结构物振动，导致上部结构破坏；作为结构地基，地面振动可以使地基土丧失稳定，发生砂土液化或软土震陷，致使结构倾斜倒塌。历史震害资料表明，建筑物震害除与地震强度、结构类型等有关，还与场地的地质条件有关，因为地震对建筑物的破坏作用是通过场地、地基和基础传给上部结构的。

建筑物的震害按照破坏性质可以分成两大类：一类震害是由振动破坏引起的，即地震作用使结构产生惯性力，在与其他荷载的组合下，结构因承载力不足而破坏，大多数建筑物的震害属于这一类。减少这类灾害的主要途径是合理地进行抗震设计和采用抗震措施，加强结构的抗震能力。另一类建筑的震害是由地基失效引起的，也就是说地震时场地和基础破坏，从而引起建筑物破损并产生其他灾害。这类破坏数量相对较少，有区域性，但修复和加固非常困难，一般通过场地选择和地基处理来减轻这类灾害。

2.2 工程地质条件对震害的影响

2.2.1 局部地形的影响

从我国多次地震灾害的调查来看，局部地形条件对地震时建筑物的破坏有很大影响。位于局部孤立突出的地形，如孤立的小山包或山梁顶部的建筑，其震害一般较平地同类建筑严重，位于非岩质地基的建筑物又较岩质地基的震害严重。如 1920 年宁夏海原 8.5 级地震中，位于渭河谷地的姚庄烈度为 7 度，而相距仅 2km 的牛家山庄，坐落在高出河谷 100m 左右的黄土山嘴上，地基土与姚庄相似，其烈度则达 9 度。1975 年辽宁海城地震后，在市郊盘龙山高差 58m 的两个测点上收到的强余震加速度记录表明，孤立突出地形上的地面加速度较坡脚下平均高出 1.84 倍。1976 年唐山 7.8 级地震中, 迁西县景中山山脚周围七个村庄的烈度普遍为 6 度, 而高出平地 300m 的山顶烈度为 9 度, 所建的庙宇式建筑大多严重破坏和倒塌。

从宏观震害经验和地震反应分析结果可以归纳出高突地形地震反应的总体趋势: 高突地形距离基准面的高度越大, 高处的反应越强烈; 离陡坎和边坡顶部边缘的距离越大, 反应相对减小; 从岩石构成方面看, 在同样地形条件下, 土质结构的反应比岩质结构大; 高突地形顶面越开阔, 远离边缘的中心部位的反应明显减小; 边坡越陡, 其顶部的放大效应相应加大。

为了反应局部高突地形的地震放大作用, 以突出地形的高差 H、坡降角度的正切 H/L 及场址至突出地形边缘的相对距离 L_1/H 为参数, 若取平坦开阔地的放大作用为 1, 而高突地形的放大作用为 λ, 则 λ 可按下式计算

$$\lambda = 1 + \xi\alpha \tag{2.1}$$

式中, λ 为局部突出地形地震影响系数的放大系数; α 为局部突出地形地震影响系数的增大幅度, 按表 2.1 采用; ξ 为附加调整系数, 与建筑场地至突出台地边缘的距离 L_1 和相对高差 H 的比值有关 (当 $L_1/H < 2.5$ 时, ξ = 1.0; 当 $2.5 \leq L_1/H < 5$ 时, ξ = 0.6; 当 $L_1/H \geq 5$ 时, ξ = 0.3。L、L_1 均按突出台地至建筑场地的最低点考虑)。

综上所述, 当需要在条状突出的山嘴、高耸孤立的山丘、非岩石和强风化岩石的陡坡、河岸和边坡边缘等不利地段建造丙类及丙类以上建筑时, 除保证其在地震作用下的稳定性, 尚应估计不利地段对设计地震动参数可能产生的放大作用, 其水平地震影响系数最大值应乘以增大系数, 其值应根据不利地段的具体情况在 1.1 ~ 1.6 范围内采用。

表 2.1　局部突出地形地震影响系数的增大幅度

局部突出台地边缘的侧向平均坡降 H/L	突出地形高度 H/m			
	非岩质地层 H<5 岩质地层 H<20	非岩质地层 5≤H<15 岩质地层 20≤H<40	非岩质地层 15≤H<25 岩质地层 40≤H<60	非岩质地层 H≥25 岩质地层 H≥60
H/L<0.3	0	0.1	0.2	0.3
0.3≤H/L<0.6	0.1	0.2	0.3	0.4
0.6≤H/L<1.0	0.2	0.3	0.4	0.5
H/L≥1.0	0.3	0.4	0.5	0.6

2.2.2　局部地质构造的影响

局部地质构造主要指断裂。断裂是地质构造上的薄弱环节, 分为发震断裂和非发震断裂。与当地的地震活动性有密切关系, 具有潜在地震活动的断裂通常称为发震断裂。地震时, 发震断裂附近地表可能发生新的错动, 使地面建筑物遭受到严重破坏。所以, 当场地内存在发震断裂时, 应对断裂的可能性和对建筑物的影响进行评价。

一般来说, 地震震级越高, 出露于地表的断裂错动与断裂长度就越大; 覆盖层厚度越大, 出露于地表的断裂错动与断裂长度就越小; 断裂的活动性还和地质年代有关, 对一般建筑工程, 只考虑全新世以来活动过的断裂。《建筑抗震设计规范》规定, 当场地内存在发震断裂时, 应对断裂的工程影响进行评价, 并应符合下列要求:

1）对符合下列规定之一的情况，可忽略发震断裂错动对地面建筑的影响：①抗震设防烈度小于8度；②非全新世活动断裂；③抗震设防烈度为8度和9度时，隐伏断裂的土层覆盖厚度分别大于60m和90m。

2）对不符合1）规定的情况，应避开主断裂带。其避让距离不宜小于表2.2对发震断裂最小避让距离的规定。在避让距离的范围内不得建造甲、乙、丙类建筑，确有需要时，在严格控制建筑容积率不应超过的情况下可建造层数不超过三层的丙、丁类建筑，其基础应采用筏基等整体性比较好的形式，且不应跨越断层线。

表2.2　发震断裂最小避让距离 （单位：m）

设防烈度	建筑抗震设防类别			
	甲	乙	丙	丁
8度	专门研究	200	100	—
9度	专门研究	400	200	—

工程上最常遇到的是非发震断裂，这类断裂与当地的地震活动性并没有必然的关系，在地震的作用下一般不会发生新的错动。对于非发震断层，过去比较保守地认为，在强烈的地震影响下在其破碎带上可能会出现较高的烈度；但从震害统计反映的趋势来看，目前可以不考虑非发震断裂对烈度的增减影响。

2.2.3　地下水位的影响

地下水位对建筑物的震害有明显影响，水位越浅，震害越严重。地下水位深度在5m以内时，震害影响最明显。地下水位对震害的影响程度还与地基土的类型有关，软弱土层的影响程度最大，黏性土地基的影响程度次之，坚硬土地基的影响较小。在进行地下水影响分析时，需要结合地基土的情况全面考虑。

2.2.4　不均匀地层的影响

国内外震害经验及理论研究表明，沉积盆地、地下洞室等局部不均匀地层也对地震动有明显的放大效应，这是因为地震波在传播过程中，局部不均匀地层会使地震波发生复杂的散射（衍射）、波型转换及相干作用。沉积盆地对地震动的显著影响具体表现在盆地边缘效应、覆盖层的滤波效应和盆地内部地震波聚焦放大效应，如墨西哥地震中墨西哥城的高烈度异常。地下洞室的衬砌特性则对地表地震动幅值和空间分布规律有显著影响，无衬砌和柔性衬砌会显著增大洞室上方的地震动幅值，如阪神地震中大开地铁车站及隧道上方的震害等。为了满足我国重大基础设施建设的快速发展及"一带一路"沿线国家和地区工程建设的需要，急需面向多场合、多尺度、强非线性等复杂地层地震动响应的科学定量评价。

2.3　场地

2.3.1　场地条件对震害的影响

一般认为对建筑物震害影响的场地条件主要是场地土的刚度和场地覆盖层的厚度。在同一地震和同一震中距时，软弱地基和坚硬地基相比，软弱地基地面的自振周期长，振幅大，振动持续时间长，震害较重。震害调查还表明，在软弱地基上，柔性结构最容易遭到破坏，刚性结构则表现较好，建筑物的破坏一部分是由结构破坏产生的，另一部分则是由地基失效产生的；在坚硬地基上，柔性结构一般表现较好，而刚性结构的表现不一，建筑物的破坏通常是因结构破坏而产生。总体而言，在软弱地基上的建筑物破坏情况要比在坚硬地基上的严重得多。

不同覆盖层厚度上的建筑物，其震害表现明显不同。例如，1967 年委内瑞拉加拉加斯 6.5 级地震中，在冲积层厚度超过 160m 的地方，高层建筑破坏率很高；而建造在基岩和浅冲积层上的高层建筑，大多数无震害。我国 1975 年海城地震和 1976 年唐山地震中也出现过类似现象，即建筑物的震害随覆盖层厚度的增加而加重。这是因为覆盖层厚度可以直接影响地面反应谱的周期及强度，基岩埋深大时，能使地面运动中的长周期分量有所加强。

从震源传来的地震波由很多频率不同的分量组成，在地震波通过覆盖土层传向地表的过程中，与土层固有周期相近的一些频率波群被放大，而另一些频率波群被衰减甚至被完全过滤掉。这样，地震波通过土层后，由于土层的过滤特性与放大作用，地表地振动的卓越周期在很大程度上取决于场地的固有周期。当场地的固有周期与地振动的卓越周期接近时，由于共振作用，场地地振动的幅值将被放到最大，土层的这一周期称为土的卓越周期，或自振周期。若建筑物的固有周期与场地的卓越周期相近，则共振效应使得地震效应明显增强。因此，由于土层的滤波作用、放大作用和共振现象，坚硬场地土上自振周期短的刚性建筑物和软弱场地土上自振周期长的柔性建筑物的震害均会加重。

2.3.2　场地土类型

《建筑抗震设计规范》根据场地土类别和场地覆盖层厚度两个因素，对建筑物场地类别进行了划分。土的类别主要取决于土的刚度。土的刚度可按土的剪切波速划分，即按地面下 20m 深度，且不大于覆盖层厚度范围内土层平均性质分类。场地只有单一性质场地土的情况很少见，一般由各种类别的土层构成，这时应按反应各土层综合刚度的等效剪切波速 v_{se} 来确定土的类型。等效剪切波速是在地面计算深度范围内的各层土中，以剪切波传播时间不变为原则定义的土层平均剪切波速，可按下式确定

$$v_{se} = \frac{d_0}{t} \tag{2.2}$$

$$t = \sum_{i=1}^{n} \frac{d_i}{v_{si}} \tag{2.3}$$

式中，d_0 为计算深度，取覆盖层厚度和 20m 两者的较小值；t 为剪切波在地表与计算深度之间的传播时间；d_i 为计算深度范围内第 i 层土的厚度；n 为计算深度范围内土层的分层数；v_{si} 为计算深度范围内第 i 层土的剪切波速。

《建筑抗震设计规范》规定：对丁类建筑及层数不超过 10 层且高度不超过 30m 的丙类建筑，当无实测剪切波速时，可根据岩土名称和性状，按表 2.3 划分岩土的类型，再利用当地经验在该表所示的剪切波速范围内估计各层岩土的剪切波速。

表2.3　岩土的类型划分和剪切波速范围

岩土的类型	岩土名称和性状	岩土剪切波速 v_s 的范围/(m/s)
岩石	坚硬和较坚硬的稳定岩石	$v_s > 800$
坚硬土或软质岩石	破碎和较破碎的岩石或软和较软的岩石，密实的碎石土	$500 < v_s \leqslant 800$
中硬土	中密、稍密的碎石土，密实、中密的砾、粗、中砂，$f_{ak} > 150$ 的黏土和粉土，坚硬黄土	$250 < v_s \leqslant 500$
中软土	稍密的砾，粗、中砂，除松散外的细、粉砂，$f_{ak} \leqslant 150$ 的黏性土和粉土，$f_{ak} > 130$ 的填土，可塑黄土	$150 < v_s \leqslant 250$
软弱土	淤泥和淤泥质土，松散的砂，新近沉积的黏性土和粉土，$f_{ak} \leqslant 130$ 的填土，流塑黄土	$v_s \leqslant 150$

注：f_{ak} 为荷载试验等方法得到的地基承载力特征值，kPa。

2.3.3　场地覆盖层厚度

场地覆盖层厚度是指从地表到地下基岩面的距离。从地震波传播的观点看，基岩界面是地震波传播途中的一个强烈的折射与反射面，当下层剪切波速比上层剪切波速大得多时，下层可当作基岩。《建筑抗震设计规范》按下列要求确定建筑场地覆盖层厚度：

1）一般情况下，应按地面至剪切波速大于500m/s且其下卧各层岩土的剪切波速均不小于500m/s的土层顶面的距离确定。

2）当地面5m以下存在剪切波速大于其上部各土层剪切波速2.5倍的土层，且该层及其下卧各层岩土的剪切波速均不小于400m/s时，可按地面至该土层顶面的距离确定。

3）剪切波速大于500m/s的孤石、透镜体，应视同周围土层。

4）土层中的火山岩硬夹层，应视为刚体，其厚度应从覆盖土层中扣除。

2.3.4　场地类别

建筑场地类别是场地条件的基本表征，而场地条件对地震的影响已被多次大地震的灾害现象、理论分析结果和强震观测资料所证实。划分场地类别的目的是在地震作用计算中定量考虑场地条件对设计参数的影响，确定不同场地上的设计反应谱，以便采用合理的设计参数和有关的抗震构造措施。《建筑抗震设计规范》根据土层等效剪切波速和场地覆盖层厚度将建筑场地按表2.4划分为四类，其中Ⅰ类分为Ⅰ₀、Ⅰ₁两个亚类。当有可靠的剪切波速和覆盖层厚度且其值处于表中所列场地类别的分界线附近时，应允许按插值法确定地震作用计算所用的设计特征周期。

表2.4　各类建筑场地的覆盖层厚度

等效剪切波速 /(m/s)	场地类别				
	Ⅰ₀	Ⅰ₁	Ⅱ	Ⅲ	Ⅳ
$v_{se} > 800$	0				
$500 < v_{se} \leqslant 800$		0			

（续）

等效剪切波速 /（m/s）	场地类别				
	I$_0$	I$_1$	II	III	IV
$250 < v_{se} \leqslant 500$		<5m	≥5m		
$150 < v_{se} \leqslant 250$		<3m	3~50m	>50m	
$v_{se} \leqslant 150$		<3m	3~15m	15~80m	>80m

【例2.1】　已知某建筑物场地的地质钻探资料（表2.5），试确定建筑物场地的类别。

表2.5　例2.1地质钻探资料

土层底部深度/m	土层厚度/m	岩石名称	土层剪切波速/（m/s）
2.5	2.5	杂填土	220
10.5	8.0	粉土	280
22.0	9.5	中砂	350
34.0	12.0	碎石土	520

【解】：确定场地覆盖层厚度。据地面22m以下土层的剪切波速 $v_s = 520\text{m/s} > 500\text{m/s}$，故覆盖层厚度 $d_{ov} = 22.0\text{m} > 20\text{m}$，计算深度 $d_0 = 20\text{m}$。

（1）计算等效剪切波速　按式（2.2）和式（2.3）有

$$t = \sum_{i=1}^{n} \frac{d_i}{v_{si}} = \left(\frac{2.5}{220} + \frac{8.0}{280} + \frac{9.5}{350} \right)\text{s} = 0.073\text{s}$$

$$v_{se} = \frac{d_0}{t} = \frac{20}{0.073}\text{m/s} = 274.7\text{m/s}$$

（2）确定场地类别

$500\text{m/s} > v_{se} > 250\text{m/s}$，且 $d_{ov} > 5\text{m}$，由表2.4可知，该建筑场地为II类场地。

2.3.5　场地选择

由于建筑场地的地质条件与地形地貌对建筑物的震害有着显著影响，因此从建筑抗震概念设计的角度出发，首先应重视建筑场地的选择。

《建筑抗震设计规范》根据场地上建筑物的震害程度，将建筑场地划分为四种地段，见表2.6。

表2.6　有利、一般、不利和危险地段的划分

地段类别	地质、地形、地貌
有利地段	稳定基岩，坚硬土，开阔、平坦、密实、均匀的中硬土等
一般地段	不属于有利、不利和危险的地段
不利地段	软弱土，液化土，条状突出的山嘴，高耸孤立的山丘，陡坡，陡坎，河岸和边坡的边缘，平面分布上成因、岩性、状态明显不均匀的土层（含故河道、疏松的断层破碎带、暗埋的塘浜沟谷和半填半挖地基），高含水量的可塑黄土，地表存在结构性裂缝等
危险地段	地震时可能发生滑坡、崩塌、地陷、地裂、泥石流等及发震断裂带上可能发生地表位错的部位

简言之，建筑场地的选址原则：应选择对抗震有利的地段；避开不利地段，当无法避开时，应采取适当的抗震措施；不应在危险地段上建造建筑物。

值得指出的是，实际震害如1970年通海地震和2008年汶川地震等的宏观调查表明，非岩质地形对烈度的影响比岩质地形的影响更为明显。如通海和东川的许多岩石地基上很陡的山坡，震害并无明显加重。因此岩石地基的陡坡、陡坎等不属于不利地段。但对于岩石地基而言，高度达数十米的条状突出山脊和高耸孤立山丘，由于鞭梢效应明显，振动有所加大，烈度仍有增高的趋势，如1920年海源地震时牛家庄地震烈度高达Ⅸ度，因此将其列为不利地段。

2.4 地基基础抗震验算

2.4.1 可不进行地基验算的范围

从我国多次强烈地震中遭受破坏的建筑来看，只有少数建筑物是因为地基失效导致上部结构破坏的，这类地基主要是可液化地基、易产生震陷的软弱黏土地基和严重不均匀地基。大量的一般性地基具有良好的抗震性能，极少发现因承载力不足而导致上部结构破坏的震害现象。这可能是由于一般天然地基在静力荷载作用下，具有相当大的安全储备；而且在建筑物自重的长期作用下，地基产生固结，使承载力进一步提高；同时，由于地震作用历时较短，动荷载作用下地基的动承载力也有所提高。因此，尽管地震时地基受到的荷载会有所增加，但上述这些因素使地基遭受到破坏的可能性大为减少。基于这种情况，我国《建筑抗震设计规范》对于量大面广的一般性地基和基础不做抗震验算，而对于容易产生地基基础震害的液化地基、软土地基和严重不均匀地基，则规定了相应的抗震措施，以避免或减轻震害。

《建筑抗震设计规范》规定，下列建筑可不进行天然地基及基础的抗震承载力验算：

1）《建筑抗震设计规范》规定可不进行上部结构抗震验算的建筑。

2）地基主要受力层范围内不存在软弱黏性土层的下列建筑：①一般的单层厂房和单层空旷房屋；②砌体房屋；③不超过8层且高度在24m以下的一般民用框架和框架－抗震墙房屋；④基础荷载与第③条相当的多层框架厂房和多层混凝土抗震墙房屋。

2.4.2 地基土抗震承载力的调整

地震作用是附加于原有静荷载上的一种动力作用，其性质属于不规则的低频（1～5Hz）有限次数（10～40次）的脉冲作用。地震作用下土的动力强度，一般是在一定静应力的基础上，再加上30次左右的循环动荷载，使土样达到一定应变值（常取静载的极限应变值）时的总作用应力。地基土在动荷载作用下的强度随土质条件的不同较静强度有所变化，一般情况下，稳定土的动强度均比其静强度有所提高，其中黏性土的提高幅度大于非黏性土，软弱土地震时土体絮状结构受扰，其动强度略低于静强度。此外，在静荷载的作用下，地基土产生的压缩变形包括弹性变形和残余变形（或称永久变形），其中弹性变形可在短时间内完成，而永久变形则需要较长时间来完成。但由于地震持续时间很短，只能使土层产生弹性变形而来不及发生残余变形，所以，在产生同等地基压应力的情况下，建筑物由地震作用引起的地基变形，要比建筑物由静荷载引起的地基变形小得多；或者说要使地基产生相同的压缩变形，所需的由地震作用引起的压应力要比静荷载压应力大，即一般土的动承载力比其静承载力高。另外，考虑到地震作用的偶然性和短暂性以及工程的经济性，地基土在地震作用下的可靠度可以比静力荷载下有所降低。综合考虑上述两个因素，可以将地基土的静承载力乘调整系数予以提高后，作为地基土抗震承载力。因此，《建筑抗震设计规范》规定，地基土抗震承载力按下式计算

$$f_{aE} = \zeta_a f_a \tag{2.4}$$

式中，f_{aE} 为调整后的地基土抗震承载力；ζ_a 为地基土抗震承载力调整系数，应按表 2.7 采用；f_a 为深宽修正后的地基土静承载力特征值，应按 GB 50007—2011《建筑地基基础设计规范》采用。

软弱土在地震作用下变形较大，因此在进行天然地基抗震承载力计算时，软弱土的抗震承载力不予提高。

表 2.7　地基土抗震承载力调整系数

岩土名称和性状	ζ_a
岩石，密实的碎石土，密实的砾、粗、中砂，$f_{ak} \geqslant 300$ 的黏性土和粉土	1.5
中密、稍密的碎石土，中密和稍密的砾、粗、中砂，密实和中密的细、粉砂，$150 \leqslant f_{ak} < 300$ 的黏性土和粉土，坚硬黄土	1.3
稍密的细、粉砂，$100 \leqslant f_{ak} < 150$ 的黏性土和粉土，可塑黄土	1.1
淤泥，淤泥质土，松散的砂，杂填土，新近堆积黄土及流塑黄土	1.0

2.4.3　天然地基抗震验算

地基基础的抗震验算，一般采用"拟静力法"，即假定地震作用同静力荷载一样恒定地作用在地基基础上。作用于建筑物上的各类荷载与地震作用组合后，认为其在基础底面产生的压力是直线分布的，基础底面平均压力和边缘最大压应力应符合下列各式要求

$$p \leqslant f_{aE} \tag{2.5}$$

$$p_{max} \leqslant 1.2 f_{aE} \tag{2.6}$$

式中，p 为地震作用效应标准组合的基础底面平均压力；p_{max} 为地震作用效应标准组合的基础边缘最大压力。

另外，需要限制地震作用下过大的基础偏心荷载，对于高宽比大于 4 的高层建筑，在地震作用下基础底面不宜出现拉应力；其他建筑，基础底面与地基土之间的零应力区面积不应超过基础底面面积的 15%。根据这一规定，对基础底面为矩形的基础，其受压宽度与基础宽度之比应大于 0.85（图 2.1），即

$$b' \geqslant 0.85b \tag{2.7}$$

式中，b' 为矩形基地底面受压宽度；b 为矩形基地底面宽度。

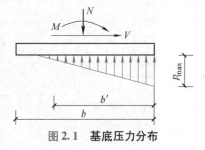

图 2.1　基底压力分布

2.5 地基液化

2.5.1 砂性液化机理及影响液化的因素

在强烈的地震下,饱和砂土或粉土的颗粒结构趋于密实,如果土本身的渗透系数较小,则孔隙水在短时间内排泄不走而受到挤压,孔隙水压力将急剧上升。当孔隙水压力增加到与剪切面上的法向压应力接近或相等时,砂土或粉土受到的有效压应力下降乃至消失,这时砂土颗粒局部或全部处于悬浮状态,土体丧失抗剪强度,形成犹如"液体"的现象,称为场地土的"液化"。

根据土力学原理,饱和砂土的抗剪强度可写成

$$\tau_{\mathrm{f}} = \overline{\sigma}\tan\varphi = (\sigma - u)\tan\varphi \tag{2.8}$$

式中,τ_{f} 为土的抗剪强度;$\overline{\sigma}$ 为作用在剪切面上的有效压应力;σ 为作用在剪切面上的法向压应力;u 为孔隙水压力;φ 为土的内摩擦角。

当 $u = \sigma$,即 $\overline{\sigma} = 0$ 时,$\tau_{\mathrm{f}} = 0$,出现液化。这是因下部土层的水头比上部高,所以水向上涌,把土粒带到地面上来,出现喷水冒砂现象,这是砂土液化的宏观标志。随着水和土粒的不断涌出,孔隙水压力逐渐降低,当降至一定程度时,就会只冒水而不喷土粒。当孔隙水压力进一步消散,冒水最终停止,土粒逐渐沉落并重新堆积排列,压力重新由孔隙水传给土粒承受,砂土和粉土达到一个新的稳定状态,土的液化过程结束。当砂土和粉土液化时,其强度将完全丧失从而导致地基失效。

如图 2.2 所示,砂土液化可引起地面喷水冒砂、地基不均匀沉陷、斜坡失稳、滑移,从而造成建筑物破坏。根据国内外调查,在各种地基失效引起的震害中,80%是因土体液化造成的。如 1964 年美国阿拉斯加地震和 1964 年日本新潟地震,都出现了大量饱和砂土地基液化造成的建筑物不均匀下沉、倾斜甚至倒塌,其中最典型的震害现象是新潟某公寓住宅群的普遍倾斜,最严重的倾角竟达 80°。在我国,1975 年海城地震和 1976 年唐山地震也都发生了大面积的地基液化震害,如唐山地震中,距震中 48km 的芦台地区因地面以下的灰色粉土层液化,致使四万多公顷耕地被喷砂覆盖了将近四分之一,铁路被喷砂淹没,35 处河堤沉陷,基底失稳引起 15 处河堤滑坡,87%的建筑完全倒塌或严重破坏,成为 8 度区中的 9 度高烈度异常区。

图 2.2 砂土液化现象

震害调查表明，影响场地土液化的因素主要有以下几个方面：

（1）土层的地质年代　地质年代的新老表示土层沉积时间的长短。较老的沉积土，经过长时间的固化作用和水化作用，除了密实程度增大外，还往往具有一定的胶结紧密结构。因此，地质年代越古老的土层，其固结度、密实度和结构性就越好，抵抗液化的能力就越强。宏观震害调查表明，国内外历次大地震中，尚未发现地质年代属于第四纪晚更新世（Q_3）及其以前的饱和土层发生液化。

（2）土的组成　就饱和砂土而言，由于细砂、粉砂的渗透性比粗砂、中砂低，所以细砂、粉砂更容易液化；就粉土而言，随着黏粒（粒径小于 0.005mm 的颗粒）含量的增加，土的黏聚力增加，从而增大了抵抗液化的能力，理论分析和实践表明，当粉土中黏粒含量超过某一限值时，粉土就不会液化。此外，颗粒均匀的砂土较颗粒级配良好的砂土容易液化。

（3）土层的相对密度　密实程度较小的松砂，由于其天然空隙一般比较大，故容易液化。1964 年的新潟地震中，相对密度小于 50% 的砂土，普遍发生液化，而相对密度大于 70% 的土层，则没有发生液化。

（4）土层的埋深　砂土层埋深越大，其上有效覆盖层就越大，土的侧限压力也越大，越不容易液化。调查资料表明，土层液化深度很少超过 20m，多数浅于 15m，大多数浅于 10m。

（5）地下水位的深度　地下水位越深，越不容易液化。对于砂土，一般地下水位小于 4m 时易液化，超过此值后一般不会液化；对于粉土，7、8、9 度时，地下水位分别小于 1.5m、2.5m 和 6.0m 时容易液化，超过此深度后几乎不发生液化。

（6）地震烈度和地震持续时间　地震烈度越高，越容易发生液化，液化一般主要发生在烈度 7 度及以上地区，6 度以下的地区很少出现液化现象；地震持续时间越长，越容易发生液化。

2.5.2　液化的判别

当建筑物的地基有饱和砂土或粉土时，应通过勘察试验来确定土层在地震时是否液化，以便采取相应的抗液化措施。由于 6 度区液化对房屋结构造成的震害较轻，一般情况下可不进行判别和处理，但对液化沉陷敏感的乙类建筑可按 7 度的要求进行判别和处理，7~9 度时乙类建筑可按本地区抗震设防烈度的要求来进行判别和处理。

为了减少判别场地土液化的勘查工作量，《建筑抗震设计规范》采用两步判别法来判别可液化土层，即初步判别和标准贯入实验判别。凡经过初步判别定位不液化或不考虑液化影响的场地土，可不进行标准贯入实验判别。

1. 初步判别（preliminary discrimination of liquefaction）

《建筑抗震设计规范》给出了饱和砂土或粉土以地质年代、黏粒含量、上覆盖土层厚度和地下水位为指标的初步判别法。饱和砂土或粉土（不含黄土），当符合下列条件之一时，可初步判别为不液化或可不考虑液化影响。

1）地质年代为第四纪晚更新世（Q_3）及以前时，7、8 度时可判为不液化。

2）粉土的黏粒（粒径小于 0.005mm 的颗粒）含量百分率，7、8 度和 9 度分别不小于 10%、13% 和 16% 时，可判为不液化。其中用于液化判别的黏粒含量采用六偏磷酸钠作分散剂测定，采用其他方法时应按有关规定换算。

3）天然地基上的建筑，当上覆非液化土层厚度和地下水位的深度符合下列条件之一时，可不考虑液化影响：

$$d_u > d_o + d_b - 2 \tag{2.9}$$

$$d_w > d_o + d_b - 3 \tag{2.10}$$

$$d_u + d_w > 1.5d_o + 2d_b - 4.5 \tag{2.11}$$

式中，d_w 为地下水位深度（m），宜按设计基准期内年平均最高水位采用，也可按近期内年最高水位采用；d_u 为上覆盖非液化土层厚度（m），计算时宜将淤泥和淤泥质土层扣除；d_b 为基础埋置深度（m），不超过 2m 时应采用 2m；d_o 为液化土特征深度（m），可按表 2.8 采用。

表 2.8　　液化土特征深度　　（单位：m）

饱和土类别	7 度	8 度	9 度
粉土	6	7	8
砂土	7	8	9

2. 标准贯入试验判别

标准贯入试验（standard penetration test，SPT）属于动力触探的一种，是在现场测定砂或黏性土的地基承载力的一种方法。它利用一定的锤击功能（锤质量为 63.5kg，落距质量为 76cm），将一定规格的对开管式贯入器打入钻孔孔底的土中，根据打入土中的贯入阻抗，判别土层的变化和土的工程性质。

当饱和砂土、粉土的初步判别认为需进一步进行液化判别时，应采用标准贯入试验判别法判别地面下 20m 范围内土的液化；但对《建筑抗震设计规范》中规定可不进行天然地基及基础的抗震承载力验算的各类建筑，可只判别地面下 15m 范围内土的液化。当饱和土标准贯入锤击数（未经杆长修正）小于或等于液化判别标准贯入锤击数临界值（critical blow count in standard penetration test）应判为液化土。当有成熟经验时，尚可采用其他判别方法。标准贯入实验设备如图 2.3 所示，它由标准贯入器、触探杆和质量为 63.5kg 的穿心锤等部分组成。

在地面下 20m 深度范围内，液化判别标准贯入锤击数临界值可按下式计算

$$N_{cr} = N_0 \beta_M \left[\ln(0.6d_s + 1.5) - 0.1d_w \right] \sqrt{3/\rho_c} \tag{2.12}$$

式中，N_{cr} 为判别标准贯入液化锤击数临界值；N_0 为液化判别标准贯入锤击数基准值，应按表 2.9 采用；β_M 为与设计地震分组相关的调整系数，按表 2.10 选用；d_s 为饱和土标准贯入点深度（m）；d_w 为地下水位（m）；ρ_c 为黏粒含量百分率，当小于 3 或为砂土时，应采用 3。

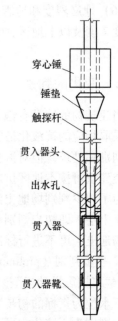

穿心锤

锤垫

触探杆

贯入器头

出水孔

贯入器

贯入器靴

图 2.3　标准贯入实验设备

表2.9　液化判别标准贯入锤击数基准值 N_0

地面加速度/g	0.10	0.15	0.20	0.30	0.40
液化判别标准贯入锤击数基准值	7	10	12	16	19

表2.10　调整系数 β_M

设计地震分组	调整系数 β_M
第一组	0.80
第二组	0.95
第三组	1.05

地基土的液化判别形式复杂，目前国内外仍在研究中，除上述方法外，还有许多其他的判别方法，如静力触探法、剪切波速法、动三轴法、临界孔隙比法、概率判别法等。鉴于砂土液化判别结论对工程的抗震安全性及造价影响较大，用单一的液化判别方法得到的结论往往不够充分，因此多重手段的综合液化判别在工程勘察中显得尤为重要。

2.5.3　液化地基危害程度评价

上述判别是对地基液化的定性判别，不能对液化程度及液化危害做定量评价。同样判定可液化的地基，由于液化程度不同，对结构的破坏程度存在很大差异。因此，在判别地基为可液化或需考虑液化影响后，应进一步做液化危害的分析，对液化危害程度做定量评价。

震害调查表明，液化的危害主要在于土层液化和喷水冒砂引起建筑物的不均匀沉降。土层的沉降量与土的密实程度有关，而标准贯入锤击数 N 可反映土的密实度，N 越小，即（$1-N/N_{cr}$）越大，其沉降量也越大；又由于液化层厚度越厚，埋深越浅，它对建筑物的危害就越大，因此可将（$1-N/N_{cr}$）的值沿土层深度积分，并在积分过程中引入反映层位影响的权函数，其结果就能够反映整个液化土层的危险性。如把积分改为多项式求和，则得到用来衡量液化地基危害程度的液化指数 I_{IE}（liquefaction index）

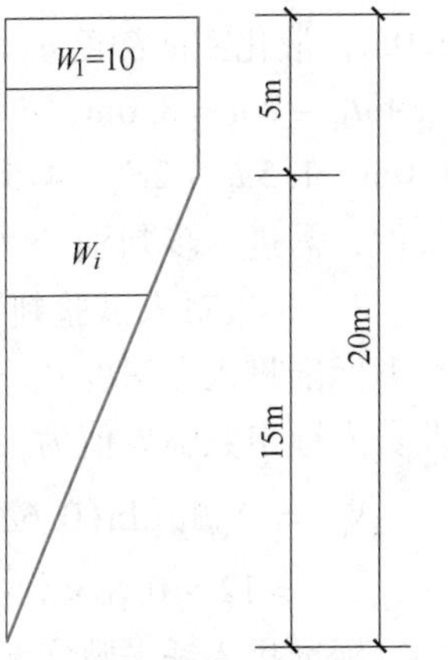

$$I_{IE} = \sum_{i=1}^{n} \left(1 - \frac{N_i}{N_{cri}}\right) d_i W_i \qquad (2.13)$$

图2.4　权函数图形

式中，I_{IE} 为液化指数；n 为在判别深度范围内每个钻孔标准贯入实验试点的总数；N_i、N_{cri} 分别为 i 点贯入锤击数的实测值和临界值，实测值大于临界值时应取临界值的数值；d_i 为 i 点代表的土层厚度（m），可采用与该标准贯入试验点相邻的上、下两标准贯入试验点深度差的一半，但上界不高于地下水位深度，下界不深于液化深度；W_i 为 i 土层单位土层厚度的层位影响权函数值（m^{-1}），当该层中点深度不大于5m时应采用10，等于20m时应采用零值，5～20m时应按线性内插法取值（图2.4）。当只需要判别15m范围以内的液化时，式（2.13）中15m（不包括15m）以下的 N_i 值可视为零。

计算对比表明，液化指数 I_{IE} 与液化危害程度之间存在着明显的对应关系。一般液化指数越大，场地的喷水冒砂情况和建筑物的液化震害就越严重，因此可以根据液化指数 I_{IE} 的大小来区分地基的液化危害程度，即地基的**液化等级**（class of soil lquefaction），其分级结果和相应震害情况见表2.11。

表2.11 液化等级和相应震害情况

液化等级	液化指数 I_{lE}	地面喷水冒砂情况	对建筑物的危害情况
轻微	$0 < I_{lE} \leq 6$	地面无喷水冒砂，或仅在洼地、河边有零星的喷水冒砂点	危害性小，一般没有明显的沉降或不均匀沉降
中等	$6 < I_{lE} \leq 18$	喷水冒砂可能性大，从轻微到严重均有，多数液化等级属中等	危害性较大，可能造成不均匀沉陷和开裂，有时不均匀沉陷可达200mm
严重	$I_{lE} > 18$	一般喷水冒砂都很严重，涌砂量大，地面变形明显，覆盖面广	危害性较大，不均匀沉陷达200~300mm，高重心结构可能产生不允许的倾斜，严重影响使用，修复工作难度增大

【例2.2】 某场地按8度设防，设计基本加速度为0.2g，工程地质年代为第四纪全新世（Q_4），设计地震分组为一组，拟在上面建造一丙类建筑，基础埋深2.0m。钻孔深度15m，地下水、土层顶面标高及各贯入点深度、锤击数实测值如图2.5所示。试判别地基是否液化；若为液化土，求液化指数和液化等级。

【解】：（1）液化判别

1）初步判别。地下水位深度 $d_w = 1.0$m，基础埋置深度 $d_b = 2.0$m，液化特征深度 $d_0 = 8$m，上覆非液化土层厚度为0，则 $d_u = 0 < d_0 + d_b - 2m = 8.0$m，$d_w = 1.0$m $< d_0 + d_b - 3m = 7.0$m，$d_u + d_w = 1.0$m $< 1.5d_0 + 2d_b - 4.5m = 11.5$m，均不满足不液化或不考虑液化条件，需进一步判别。

2）标准贯入试验判别测点。标准贯入锤击数基准值 $N_0 = 10$，测点1标准贯入点深度 $d_{s1} = 1.4$m，黏粒含量百分率 ρ_c 取3，测点1标准贯入锤击数临界值为

图2.5 钻孔柱状图

$$N_{cr} = N_0 \beta_M \left[\ln(0.6d_s + 1.5) - 0.1d_w \right] \sqrt{3/\rho_c}$$
$$= 12 \times 0.8 \times \left[\ln(0.6 \times 1.4 + 1.5) - 0.1 \times 1.0 \right] \times 1 = 7.2$$

标准贯入锤击数实测值 $N_1 = 3 < N_{cr1}$，为液化土，其余各点判别见表2.12。

（2）求液化指数

1）求各标准贯入点代表的土层厚度 d_i 及其中点深度 z_i

$$d_1 = (2.1 - 1.0)m = 1.1m, \quad z_1 = (1.0 + 1.1/2)m = 1.55m$$

$$d_3 = (5.5 - 4.5)m = 1.0m, \quad z_3 = (4.5 + 1.0/2)m = 5.0m$$

$$d_5 = (8.0 - 6.5)m = 1.5m, \quad z_5 = (6.5 + 1.5/2)m = 7.25m$$

2）求 d_i 层中点对应的权函数值 W_i

$$z_1、z_3 \leq 5.0m, W_1 = W_2 = 10m, z_5 = 7.25m, W_3 = (15 - 7.25)m = 7.75m$$

3）求液化指数

$$I_{lE} = \sum_{i=1}^{n} \left(1 - \frac{N_i}{N_{cri}}\right) d_i W_i$$

$$= (1 - 3/7.2) \times 1.1 \times 10 + (1 - 8/13.5) \times 1.0 \times 10 + (1 - 12/15.7) \times 1.5 \times 7.75$$

$$= 13.22$$

（3）判断液化等级

$6 < I_{lE} = 13.22 \leqslant 18$，液化等级为中等。

表 2.12　例 2.2 液化分析

测点	贯入深度 d_{si} /m	实测值 N_i	临界值 N_{cri}	是否液化	液化土层厚度 d_i /m	中点深度 z_i /m	权函数 W_i	i 层液化指数 $\left(1 - \dfrac{N_i}{N_{cri}} d_i W_i\right)$	液化指数 I_{lE}
1	1.4	3	7.2	是	1.1	1.55	10	6.42	
2	4.0	15	12.1	否				0	
3	5.0	8	13.5	是	1.0	5.0	10	4.07	13.22
4	6.0	16	14.7	否				0	
5	7.0	12	15.7	是	1.5	7.25	7.75	2.73	

2.5.4　抗液化措施

当液化砂土层、粉土层较平坦且均匀时，乙类、丙类和丁类宜按表 2.13 选用地基抗液化措施；尚可计入上部结构重力荷载对液化危害的影响，根据估算的液化震陷量适当调整抗液化措施。不宜将未经处理的液化土层作为天然地基持力层。甲类建筑的地基抗液化措施应进行专门研究，但不宜低于乙类的相应要求。

表 2.13　抗液化措施

建筑抗震设防类别	地基的液化等级		
	轻微	中等	严重
乙类	部分消除液化沉陷，或对基础和上部结构处理	全部消除液化沉陷，或部分消除液化沉陷且对基础和上部结构处理	全部消除液化沉陷
丙类	基础和上部结构处理，亦可不采取措施	基础和上部结构处理，或更高要求的措施	全部消除液化沉陷，或部分消除液化沉陷且对基础和上部结构处理
丁类	可不采取措施	可不采取措施	基础和上部结构处理，或其他经济措施

全部消除地基液化沉陷、部分消除地基液化沉陷、进行基础和上部结构处理等措施的具体要求如下：

1. 全部消除地基液化沉陷

1）采用桩基时，桩端伸入液化深度以下稳定土层中的长度（不包括桩尖部分），应按计算确定，且对碎石土、砾砂、粗砂、中砂、坚硬黏性土和密实粉土尚不应小于 0.8m，对其他非岩石土尚不宜小于 1.5m。

2）采用深基础时，基础底面应埋入液化深度以下的稳定土层中，其深度不应小于 0.5m。

3）采用加密法（如振冲、振动加密、挤密碎石桩、强夯等）加固时，应处理至液化深度下界；振冲或挤密碎石桩加固后，桩间土的标准贯入锤击数不宜小于液化判别标准贯入锤击数临界值。

4）采用加密法或换土法处理时，在基础边缘以外的处理宽度，应超过基础底面下处理深度的 1/2 且不小于基础宽度的 1/5。

2. 部分消除液化地基沉陷

1）处理深度应使处理后的地基液化指数减少，其值不宜大于 5；大面积筏基、箱基的中心区域，处理后的液化指数可比上述规定降低 1；独立基础和条形基础，不应小于基础底面下液化土特征深度和基础宽度的较大值。

2）采用振冲或挤密碎石桩加固后，桩间土的标准贯入锤击数不宜小于液化判别标准贯入锤击数临界值。

3）基础边缘以外的处理宽度，应符合上面全部消除地基液化沉陷的第 4）条要求。

4）采取减小液化震陷的其他方法，如增厚上覆非液化土层的厚度和改善周边的排水条件等。

3. 基础和上部结构处理

1）选择合适的基础埋置深度。

2）调整基础底面面积，减少基础偏心。

3）加强基础的整体性和刚度，如采用箱基、筏基或钢筋混凝土交叉条形基础，加设基础圈梁等。

4）减轻荷载，增强上部结构的整体刚度和均匀对称性，合理设置沉降缝，避免采用对不均匀沉降敏感的结构形式等。

5）管道穿过建筑处应预留足够尺寸或采用柔性接头。

在故河道及临近河岸、海岸和边坡等有液化侧向扩展或流滑可能的地段内不宜修建永久性建筑，否则应进行抗滑动验算，采取防土体滑动措施或结构抗裂措施。

地基中软弱黏性土层的震陷判别：饱和粉质黏土震陷的危害性和抗震陷措施应根据沉降和横向变形大小等因素综合研究确定，8 度和 9 度时，当塑性指数小于 15 且符合式（2.14）或式（2.15）的饱和粉质黏土应判为震陷性软土。

$$W_s \geq 0.9 W_L \tag{2.14}$$

$$I_L \geq 0.75 \tag{2.15}$$

式中，W_s 为天然含水量；W_L 为液限含水量，采用液、塑限联合测定法测定；I_L 为液性指数。

2.5.5　地基的抗震加固

地基根据其是否经过人工处理可分为天然地基和人工地基两类，其中人工地基的加固处理方案有很多种，其地基加固的特点和适用性各有不同。

（1）换土垫层法　将基础底面下一定范围内的软弱土层挖除，换填其他无侵蚀性的低压缩性的散体材料，然后分层夯实作为地基的持力层。适用于解决中小型工程的地基问题。

（2）重锤夯实法　地基经过夯打之后，其表面形成一层比较密实的表层硬壳，从而提高地基表层的强度。适用于处理稍湿的各种黏性土、砂土、杂填土以及湿陷性黄土等。

（3）强夯法　又称动力固结法或冲击加密法，是为提高软弱地基的承载力，用重锤自一定高度下落夯击土层使地基迅速固结的方法。适用于处理碎石土、砂土、低饱和度的粉土与黏性土、湿陷性黄土、杂填土和素填土等地基，是一种快速加固地基的有效方法。

（4）振动水冲法　利用在地基中的砂石桩，快速加固易液化砂土和粉土地基的方法。适用于加固易液化的砂土及黏粒含量小于 10% 的粉土地基。

（5）深层挤密法　施工时先往土中打入桩管成孔，向孔中填入砂或其他材料并捣实。适用于需将较大范围内土层挤密加固的情况。

（6）砂井预压法　在建筑物的软土地基上，预先堆放足够的堆石或堆土等重物，对地基预压使土壤固结。适用于深厚的粉土层、黏土层、淤泥质黏土层、淤泥层等软弱地基的加固处理，但不适用于透水性极小的泥炭层。

2.6　桩基抗震设计

2.6.1　非液化土中桩基抗震验算

承受竖向荷载为主的低承台桩基，当地面下无液化土层，且桩承台周围无淤泥、淤泥质土和地基承载力特征值不大于 100kPa 的填土时，下列建筑可不进行桩基抗震承载力验算：

1）砌体房屋和可不进行上部结构抗震验算的建筑。

2）7 度和 8 度时，一般的单层厂房和单层空旷房屋，不超过 8 层且高度在 24m 以下的一般民用框架房屋及基础荷载相当的多层框架厂房和多层混凝土抗震墙房屋。

桩基如果不符合上述条件应进行抗震验算，对于非液化土中的低承台桩基，其抗震验算应符合下列规定：

1）单桩的竖向和水平向抗震承载力特征值均比非抗震计算提高 25%。

2）当承台周围的回填土夯实至干密度不小于现行《建筑地基基础设计规范》对填土的要求时，可由承台正面填土与桩共同承担水平地震作用，但不应计入承台底面与地基土间的摩擦力。

3）当地下室埋深大于 2m 时，桩承担的地震剪力可按下式计算

$$V = V_0 \frac{0.2}{\sqrt[4]{d_f}} \sqrt{H} \tag{2.16}$$

式中，V_0 为上部结构的底部水平剪力（kN）；V 为桩承担的地震剪力（kN），当小于 $0.3V_0$ 时取 $0.3V_0$，当大于 $0.9V_0$ 时取 $0.9V_0$；H 为建筑地上部分的高度（m）；d_f 为基础埋置深度（m）。

关于不计桩基承台与土的摩阻力为抗震水平力组成部分的问题，主要是因为这部分摩阻力不可靠：软弱黏性土有震陷问题，一般黏性土也可能因桩身摩擦力产生的桩间土在附加应力下的压缩使土与承台脱空；欠固结有固结下沉问题；非液化的砂砾则有震密问题等。对于目前大力推广应用的疏桩基础，如果桩的设计承载力按极限荷载取用，则因为此时承台与土不会脱空，且桩、土的竖向荷载分担也比较明确，可不考虑承台与土间的摩阻力。

2.6.2　液化土中桩基抗震验算

采用桩基是消除和减轻地基液化危害的有效措施之一。然而，液化土层中的桩基承载力

计算与常规土层有很大的不同，需要考虑地层液化后对桩支撑作用减少的影响。

对于液化土中的低承台桩基，其抗震验算应符合下列规定：

1）对一般浅基础，不宜计入承台周围土的抗力或刚性地坪对水平地震作用的分担作用，这一点是出于安全考虑，用作安全储备的。

2）当桩承台底面上、下分别有厚度不小于1.5m、1.0m的非液化土层或非软弱土层时，可按下列两种情况进行桩的抗震验算，并按不利情况设计。

① 主震时桩承受全部地震作用，桩承载力按非液化土层中的桩基采用，此时土尚未充分液化，只是刚度下降很多，所以，液化土的桩周摩阻力及桩水平抗力均应乘以表2.14的折减系数。

表2.14　土层液化影响折减系数

实际标贯锤击数/临界标贯锤击数	深度 d_s/m	折减系数
≤0.6	$d_s \leq 10$	0
	$10 < d_s \leq 20$	1/3
>0.6~0.8	$d_s \leq 10$	1/3
	$10 < d_s \leq 20$	2/3
>0.8~1.0	$d_s \leq 10$	2/3
	$10 < d_s \leq 20$	1

② 余震时地震作用按水平地震影响系数最大值的10%采用，桩承载力仍按非抗震设计时提高25%，但由于土层液化使得桩基摩擦力大大减小甚至丧失殆尽，故应扣除液化土层的全部摩阻力及承台下2m深度范围内非液化土的桩周摩阻力。

③ 打入式预制桩及其他挤土桩当平均桩距为2.5~4倍桩径且桩数不少于5×5时，可计入打桩对土的加密作用及桩身对液化土变形限制的有利影响。当打桩后桩间土的标准贯入锤击数值达到不液化的要求时，单桩承载力可不折减，但对桩尖持力层做强度校核时，桩群外侧的应力扩散角应取零。打桩后桩间土的标准贯入锤击数宜由试验确定，也可按下式计算

$$N_1 = N_p + 100\rho(1 - e^{-0.3N_p}) \tag{2.17}$$

式中，N_1 为打桩后的标准贯入锤击数；ρ 为打入式预制桩的面积置换率；N_p 为打桩前的标准贯入锤击数。

另外，处于液化土中的桩基承台周围宜用非液化土填筑夯实，若用粉土或砂土，则应使土层的标准贯入锤击数不小于液化判别标准贯入锤击数临界值。液化土中桩基的配筋范围，应自桩顶至液化深度以下符合全部消除液化沉陷所要求的深度，其纵向钢筋应与桩顶部相同，箍筋应加密。在有液化侧向扩展的地段，处于常时水线100m范围内的桩基除应满足本节中的其他规定，尚应考虑土流动时的侧向作用力，且承受侧向推力的面积应按边桩外缘间的宽度计算。

习题

一、填空题

1. 选择建筑场地时，对（　　），应提出避让要求；当无法避开时，应（　　）。对（　　），严禁建

造（　　）类建筑，不应建造（　　）类建筑。

2.（　　）大体相当于厂区、居民点和自然村区域范围的建筑物所在地，应具有相近的（　　）。

3. 场地覆盖层厚度一般应按地面至剪切波速大于（　　）的土层或坚硬土顶面的距离确定。

4. 对不超过10层且高度不超过30m的丙类建筑及丁类建筑，当无实测剪切波速时，可按（　　）划分土的类型，并根据土的类型评定（　　）。

5. 建筑的场地类别应根据（　　）和场地覆盖层厚度划分为（　　）类。

6. 在式 $f_{aE} = \zeta_a f_a$ 中，f_{aE} 为（　　），ζ_a 为（　　）。

7. 对于饱和土液化判别和地基处理，6度时，一般情况下可不考虑，但对液化沉陷敏感的（　　）可按7度考虑。

8. 影响土液化的主要因素有：地质年代、（　　）、上覆非液化土层厚度和（　　）、土的（　　）及地震烈度等。

9.《建筑抗震设计规范》要求：当初步判别认为需进一步进行液化判别时，应采用（　　）判别法进行判别。

10. 挖除（　　）液化土层属于全部消除液化沉陷措施中的一项。

11. 根据土层剪切波速的范围把土划分为（　　）、（　　）、（　　）、（　　）类。

12. 当建筑物的地基有（　　）的土时，应经过勘察试验预测在地震时是否会出现液化现象。

13. 建筑的设计特征周期应根据其所在地的（　　）和（　　）来确定。

14.《建筑抗震设计规范》按场地上建筑物的震害轻重程度把建筑场地划分为对建筑抗震（　　）、（　　）和（　　）的地段。

15. 饱和砂土液化的判别分为两步，即（　　）和（　　）。

16. 可液化地基的抗震措施有（　　）、（　　）和（　　）。

17. 场地液化的危害程度通过（　　）来反映。

18. 场地的液化等级根据（　　）来划分。

19. 桩基的抗震验算包括（　　）和（　　）两大类。

20. 地基抗液化措施应根据建筑的（　　）和（　　），结合具体情况综合确定。

21. 场地条件对建筑物震害影响的主要因素是：（　　）和（　　）。

22. 震害调查表明，土质越（　　），覆盖层越（　　），建筑物的震害越严重，反之越轻。

23. 存在液化土层的地基液化等级，根据（　　）划分为三级：（　　）、（　　）、（　　）。

24. 场地土对地震波的作用，不同的场地土对地震波有（　　）的放大作用。

25. 从地基变形方面考虑，地震作用下地基土的抗震承载力比地基土的静承载力（　　）。

26. 当建筑物的地基有（　　）的土时，应经过勘察试验预测在地震时是否会出现液化现象。

27. 某一场地土的覆盖层厚度为80m，场地土的等效剪切波速为200m/s，则该场地的场地类别为（　　）。

28. 地震时容易发生场地土液化的土是：（　　）。

29. 场地土越（　　），软土覆盖层的厚度越（　　），场地类别就越（　　），特征周期越（　　），对长周期结构越不利。

30. 土的黏粒含量百分率，7度和8度分别不小于（　　）和（　　）时，可判别为不液化土。

31. 当判定台址地表以下（　　）内有液化土层或软土层时，桥台应穿过液化土层或软土层。

32. 抗震设防烈度为8度时，前第四纪基岩隐伏断裂的土层覆盖层厚度大于（　　）m，可忽略发震断裂错动对地面结构的影响。

二、选择题

1. 划分地段考虑的因素为（　　）。

Ⅰ. 地质　　Ⅱ. 地形　　Ⅲ. 地貌　　Ⅳ. 场地覆盖层厚度　　Ⅴ. 建筑的重要性　　Ⅵ. 基础的类型

A. Ⅰ、Ⅱ、Ⅲ
B. Ⅳ、Ⅴ、Ⅵ
C. Ⅰ、Ⅳ、Ⅴ
D. Ⅱ、Ⅴ、Ⅵ

2. 关于地段的选择，下列说法正确的是（　　　）。

A. 甲、乙类建筑应建造在有利地段上
B. 不应在危险地段建造房屋
C. 丙、丁类建筑可建造在危险地段上
D. 在不利地段上建造房屋时，应采取适当的抗震措施

3. 关于建筑场地，下列说法正确的是（　　　）。

A. 场地土的类型是确定建筑场地类别的条件之一
B. 场地土的类型应根据剪切波速划分
C. 场地土的类型可根据岩土的名称和性状划分
D. 场地覆盖层的厚度一般相当于基础埋深

4. 下列与场地特征周期 T_g 有关的因素是（　　　）。

A. 地震烈度
B. 建筑物等级
C. 场地覆盖层厚度
D. 场地大小

5. 一般情况下，工程场地覆盖层的厚度应按地面至剪切波速大于（　　　）的土层顶面的距离确定。

A. 200m/s
B. 300m/s
C. 400m/s
D. 500m/s

6. 关于地基土的液化，下列说法错误的是（　　　）。

A. 饱和的砂土比饱和的粉土更不容易液化
B. 地震持续时间长，即使烈度低，也可能出现液化
C. 土的相对密度越大，越不容易液化
D. 地下水位越深，越不容易液化

7. 位于软弱场地上，震害较重的建筑物是（　　　）。

A. 木楼盖等柔性建筑
B. 单层框架结构
C. 单层厂房结构
D. 多层剪力墙结构

8. 场地土的划分一般依据土层（　　　）。

A. 密度
B. 地质构造
C. 剪切波速
D. 可塑指标

9. 下列关于场地土对震害的影响表述不正确的是（　　　）。

A. 在同一地震和同一震中距离时，软弱地基与坚硬地基相比，软弱地基地面的自振周期短，振幅小，震害较轻
B. 软弱地基在震动的情况下容易产生不稳定状态和不均匀沉陷，甚至会发生液化、滑动、开裂等严重现象
C. 软弱地基对建筑物有增长周期、改变震型和增大阻尼的作用
D. 高柔建筑在软弱地基上的震害比坚硬地基上的严重

10. 位于坚硬场地上，震害较重的建筑物是（　　　）。

A. 柔性建筑物
B. 刚性建筑物
C. 多高层框架
D. 超高层结构

11. 场地土分为下列四类，最好的是（　　　）。

A. Ⅰ类坚硬场地土
B. Ⅱ类中硬场地土
C. Ⅲ类中软场地土
D. Ⅳ类软弱场地土

12. 某场地的等效剪切波速为210m/s，覆盖层厚度为21m，该场地属于（　　　）。

A. Ⅰ类场地
B. Ⅱ类场地
C. Ⅲ类场地
D. Ⅳ类场地

13. 在抗震设防地区，某建筑场地各土层的厚度 h 及剪切波速 v_s 如下：Ⅰ. 表层土：$h=2m$，$v_s=200m/s$；Ⅱ. 第二层土：$h=10m$，$v_s=120m/s$；Ⅲ. 第三层土：$h=2m$，$v_s=300m/s$；Ⅳ. 第四层土：$h=4m$，$v_s=600m/s$。则该场地应属于（　　　）。

A. Ⅰ类场地
B. Ⅱ类场地
C. Ⅲ类场地
D. Ⅳ类场地

14. 选择建筑场地时，下列（　　　）地段是对建筑抗震危险的地段。

A. 液化土
B. 高耸孤立的山丘
C. 古河道
D. 地震时可能发生地裂的地段

15. 下列建筑中，（　　）可不进行天然地基及基础的抗震承载力验算。

A. 多层框架厂房

B. 《建筑抗震设计规范》规定可不进行上部结构抗震验算的建筑

C. 8 层以下的一般民用框架房屋

D. 一般单层厂房、单层空旷房屋

16. 根据《建筑抗震设计规范》，下列建筑中，（　　）应进行天然地基及基础的抗震承载力验算。

A. 规范规定可不进行上部结构抗震验算的建筑

B. 地基主要受力层范围内不存在软弱黏性土层的一般单层厂房、单层空旷房屋

C. 7 度抗震设防地区的一栋高度为 30m 的钢筋混凝土框架结构

D. 地基主要受力层范围内不存在软弱黏性土层的砌体房屋

17. 地基土抗震承载力一般（　　）地基土静承载力。

A. 高于 　　　　　B. 等于 　　　　　C. 小于 　　　　　D. 不一定高于

18. 天然地基基础抗震验算时，地基土抗震承载力应按（　　）确定。

A. 仍采用地基土静承载力设计值

B. 为地基土静承载力设计值乘以地基土抗震承载力调整系数

C. 采用地基土静承载力设计值，但不考虑基础宽度修正

D. 采用地基土静承载力设计值，但不考虑基础埋置深度修正

19. 下列不属于场地土液化影响因素的是（　　）。

A. 土层的地质年代 　　　　　　　　　B. 土的组成

C. 土层的埋深和地下水位 　　　　　　D. 场地土的类型

20. 下述对液化土的判别的表述中，不正确的是（　　）。

A. 液化判别的对象是饱和砂土和饱和粉土

B. 一般情况下 6 度烈度区可不进行液化判别

C. 6 度烈度区的对液化敏感的乙类建筑可按 7 度的要求进行液化判别

D. 8 度烈度区的对液化敏感的乙类建筑可按 9 度的要求进行液化判别

21. 进行液化初判时，下述说法正确的是（　　）。

A. 晚更新世的土层在 8 度时可判为不液化土

B. 粉土黏粒含量为 12％时可判为不液化土

C. 地下水位以下土层进行液化初判时，不受地下水埋深的影响

D. 当地下水埋深为 0 时，饱和砂土为液化土

22. 某施工场地有很大范围、深厚的饱和软黏土，为加固该地基，以下方法中最合适是（　　）。

A. 换土垫层法 　　　B. 重锤夯实法 　　　C. 深层挤密法 　　　D. 砂井预压法

23. 地质年代越久的土层的固结度、密实度和结构性也就越好，抵抗液化能力就（　　）。

A. 越弱 　　　　　B. 没变化 　　　　　C. 越强 　　　　　D. 不确定

24. 在进行地基和基础设计时下列要求不正确的是（　　）。

A. 同一结构单元的基础不宜设置在性质截然不同的地基上

B. 同一结构单元不宜部分采用天然地基部分采用桩基

C. 同一结构单元宜部分采用天然地基部分采用桩基

D. 地基为软弱黏性土、液化土、新近填土或严重不均匀土时，应估计地震时地基不均匀沉降或其他不利影响，并采取相应的措施。

25. 震害表明，土质越软，覆盖层厚度越厚，建筑震害（　　）。

A. 越轻 　　　　　B. 无变化 　　　　　C. 越严重 　　　　　D. 不确定

26. 地质年代越久的土层的固结度、密实度和结构性也就越好，抵抗液化能力就（　　）。

A. 越弱   B. 没变化

C. 越强   D. 不确定

27. 关于地基土的液化，以下说法错误的是（   ）。

A. 饱和的砂土比饱和的粉土更不容易液化   B. 地震持续时间长，即使烈度低，也可能出现液化

C. 土的相对密度越大，越不容易液化   D. 地下水位越深，越不容易液化

三、判别题

1. 土的类型即场地土的类型。（   ）

2. 建筑场地的类别是按场地土类型和场地覆盖层厚度划分的。（   ）

3. 地基主要受力层范围内不存在软弱黏性土层的砌体房屋可不进行地基及基础的抗震承载力验算。（   ）

4. 地质年代越久的土层，抵抗液化的能力越差。（   ）

5. 土中黏粒含量增加，抵抗液化的能力增强。（   ）

6. 上覆非液化土层厚度越厚，抵抗液化的能力越强，当上覆非液化土层厚度超过一定限值时，可以不考虑土层液化的影响。（   ）

7. 烈度越高的地区，土层越容易液化。（   ）

8. 液化等级是根据液化指数大小来划分的。（   ）

9. 场地特征周期与场地类别和地震分组有关。（   ）

10. 根据液化指数，将液化等级分为三个等级。（   ）

11. 一般来讲，震害随场地覆盖层厚度的增加而减轻。（   ）

12. 设防烈度小于8度时，可不考虑结构物场地范围内发震断裂的影响。（   ）

13. 场地类别根据等效剪切波速和场地覆盖土层厚度划分为四类。（   ）

14. 当饱和粉土中黏粒含量百分率达到一定数值后，可初步判为不液化土。（   ）

15. 为防止地基失效，提高安全度，地基土的抗震承载力应在地基土静承载力的基础上乘以小于1的调整系数。（   ）

16. 震害表明，坚硬地基上，柔性结构一般表现较好，刚性结构有的表现较差。（   ）

17. 地震作用对软土的承载力影响较小，土越软，在地震作用下的变形就越小。（   ）

四、名词解释

场地   剪切波速   液化   特征周期   地基土抗震承载力   场地覆盖层厚度   标准贯入试验

五、简答题

1. 地段分为哪几类？应按什么原则选择地段？

2. 何谓场地？如何确定场地覆盖层厚度？

3. 不同场地对建筑有怎样的影响？

4. 如何划分场地土的类型和建筑场地的类别？

5. 何谓场地的卓越周期与特征周期？

6. 地基抗震验算是验算地基的承载力还是验算地基的变形？是否所有的建筑都应进行地基基础抗震验算？为什么？

7. 为什么地基土抗震承载力设计值一般高于其静承载力设计值？

8. 何谓土的液化？影响场地土液化主要因素有哪些？

9. 抗液化措施的选用与哪些因素有关？试述各抗液化措施的主要内容。

10. 如何进行土层液化判别？液化指数与液化等级之间有何关系？

11. 如何确定建筑场地覆盖层厚度？

12. 饱和砂土液化的判别可分哪两步？

13. 哪些建筑可不进行地基及基础的抗震承载力验算？

14. 场地土的固有周期和地振动的卓越周期有何区别和联系？

15. 多层土的地震效应主要取决于哪些因素？

16. 场地土对地震波的各个分量有什么不同的影响？

17. 松软土地基能采用加宽基础、加强上部结构等措施来处理吗？

六、计算题

1. 表 2.15 为某场地钻孔地质资料，试确定该场地类别。

表 2.15　某场地钻孔地质资料

层底深度/m	土层厚度/m	岩土名称	剪切波速/(m/s)
2.50	2.50	杂填土	200
4.00	1.50	粉土	280
4.90	0.90	中砂	310
6.10	1.20	砾砂	500

2. 表 2.16 为某丙类建筑的场地钻孔资料（无剪切波速数据），试确定该场地类别。

表 2.16　某丙类建筑的场地钻孔资料

层底深度/m	土层厚度/m	岩土名称	地基土静承载力特征值/kPa
2.20	2.20	杂填土	100
8.00	5.80	粉质黏土	140
16.20	8.20	黏土	160
20.70	4.50	中密细砂	
25.00	4.30	基岩	

地震作用与结构抗震验算 | 第 3 章

学习要点：了解地震反应分析理论的发展和特点。熟练掌握振型分解反应谱法、底部剪力法、能量法、顶点位移法、抗震承载力验算和变形验算的基本内容和方法。

3.1　概述

建筑结构抗震设计首先要计算结构的地震作用；然后计算结构、构件的地震作用效应，地震作用效应是地震作用产生的内力和变形，包括弯矩、剪力、轴向力和位移；最后将地震作用效应与其他荷载效应进行组合，验算结构、构件的承载力与变形，以满足"小震不坏、中震可修、大震不倒"的设计要求。

地震引起的结构振动称为结构的地震反应，它包括地震在结构中引起的位移、速度、加速度和内力等。结构地震反应分析属于结构动力学的范畴，与静力分析相比要复杂得多。这不仅是因为结构的地震反应随时间而变化，要求解出在整个地震作用过程中每一瞬间的结构反应，不像静力分析那样只有一个解；更重要的是，地震作用的惯性力是由结构变位引起的，而结构变位本身又受这些惯性力的影响。

根据计算理论不同，地震反应分析理论可分为**静力法、反应谱法（拟静力法）**和**时程分析法（直接动力法）**三大类。

静力法是将地震作用看成是作用在结构上的一个总水平力，并取为建筑物总重量乘以一个地震系数［1924 年日本都市建筑规则首次增设的抗震设计规定中取地震系数为 0.1；1927 年美国《统一建筑规范》（UBC）规定的地震系数为 0.075 ~ 0.1］，采用容许应力法进行结构构件的承载力设计。

反应谱法将结构简化为多自由度体系，多自由度体系的反应可以用振型组合法由多个单自由度体系的反应求得，单自由度体系的最大反应由反应谱确定。反应谱法采用加速度反应谱作为计算建筑结构地震作用的输入（震级、震中距、传播介质、场地等都对反应谱曲线的形状和谱值有影响），按房屋的最大加速度反应值确定惯性力，并以惯性力作为等效静力荷载进行结构分析。反应谱理论是对单质点体系做弹性地震反应分析，得到单质点 m 的最大加速度反应值 S_a，于是可得惯性力

$$F_{Ek} = mS_a = \alpha G \tag{3.1}$$

式中，F_{Ek} 是地震过程中可能出现的最大水平惯性力；G 是质点重力，$G = mg$；α 是地震影响系数，$\alpha = S_a/g$，α 与地面加速度、场地土类别、设计地震分组及结构动力特性有关。

1952 年，加州结构工程师协会（Structural Engineers Association of California，简称 SEAOC）与美国土木工程协会（American Society of Civil Engineers，简称 ASCE）联合发布报

110

告将反应谱理论引入了地震工程领域，之后反应谱理论逐步被各国抗震规范所接受。

20 世纪 60 年代末开始，动力分析法即时程分析法逐步成为结构地震作用和地震反应的计算方法，可以用于弹性结构，也可用于构件进入屈服的弹塑性结构。时程分析法是采用地震加速度时程作为输入，作用在结构底部固定端，通过逐步积分法（弹性结构也可以用振型叠加法）求解动力方程，得到结构随时间变化的动力反应，包括构件内力、变形、层间位移等，还能得到构件的屈服位置，塑性铰的发展过程等。

目前还很难在建筑结构的抗震计算中普遍采用动力分析法，主要原因是：①对于弹性结构，不同构件的最大内力值不在同一时刻出现，弹性时程分析得到的构件内力很难用于承载力计算；②输入不同的地震加速度时程，结构的反应不同；③缺少便于工程应用的弹塑性时程分析程序。因此，目前我国《建筑抗震设计规范》仍主要采用反应谱法进行抗震分析，对于特别不规则建筑、甲类建筑及某些高层建筑，采用时程分析法进行补充计算。

3.2　单自由度弹性体系的地震反应

进行结构地震反应分析时，为了使问题简化，常常把具体的结构体系抽象为质点系。某些工程结构，如等高单层厂房、水塔（图 3.1a、b）和公路高架桥等，因它们的质量大部分都集中于结构的顶部，故在进行结构的动力计算时，可将该结构中参与振动的所有质量全部折算至屋盖处，而将墙、柱视为一个无质量的弹性杆，这样就把结构简化为一个单质点体系。若忽略杆的轴向变形，当体系只做水平单向振动时，就形成了一个单自由度体系。

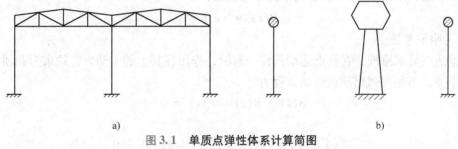

图 3.1　单质点弹性体系计算简图
a）等高单层厂房简化体系　b）水塔简化体系

为了研究单质点弹性体系的地震反应，首先需要建立体系在水平地震作用下的运动方程。由于结构的地震作用比较复杂，故在计算弹性体系的地震反应时，一般不考虑地基转动的影响，而把地基的运动分解为两个相互垂直的水平方向和一个竖直方向的分量，然后分别计算这些分量对结构的影响。

图 3.2 表示地震时单质点弹性体系在地面一个水平运动分量作用下的运动状态。该体系具有集中质量 m，由刚度系数为 k 的弹性直杆支承。其中，$\ddot{x}_0(t)$ 表示地面水平运动加速度，可由实测的地震加速度记录得到；$x(t)$ 表示质点对于地面的相对位移或相对位移反应，是待求的未知量；$\ddot{x}_0(t)+\ddot{x}(t)$ 是质点的绝对加速度。

为了确定当地面加速度按 $\ddot{x}_0(t)$ 变化时单自由度体系的相对位移反应 $x(t)$，取质点 m 为隔离体，则由结构动力学原理可知，作用在质点 m 上的力有三种，即惯性力 F、弹性恢复力 S 和阻尼力 R。

弹性恢复力是使质点从振动位置恢复到平衡位置的一种力，它由支承杆弹性变形引起，其大小与质点离开平衡位置的位移成正比，而方向与位移方向相反，即

$$S(t) = -kx(t) \tag{3.2}$$

式中，k 为弹性直杆的刚度系数，即质点发生单位水平位移时在质点处施加的水平力。

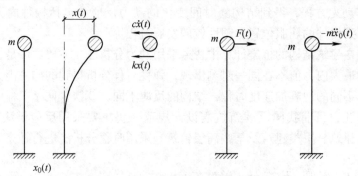

图 3.2　地震作用下单自由度弹性体系的振动

惯性力的大小与质点运动的绝对加速度成正比，而方向相反，即

$$F(t) = -m[\ddot{x}_0(t) + \ddot{x}(t)] \tag{3.3}$$

阻尼力是一种使结构振动逐渐衰减的力，即结构在振动过程中，由于材料的内摩擦、构件连接处的摩擦、地基土的内摩擦及周围介质对振动的阻力等原因，使结构的振动能量受到损耗而导致其振幅逐渐衰减的一种力。在工程计算中通常采用黏滞阻尼理论，假定阻尼力的大小与质点的相对速度 $\dot{x}(t)$ 成正比，而方向相反，即

$$R(t) = -c\dot{x}(t) \tag{3.4}$$

式中，c 为阻尼系数。

根据达朗贝尔原理，在质点运动的任一瞬时，作用在其上的主动力、约束力和惯性力三者互相平衡，于是可列出质点运动方程为

$$S(t) + R(t) + F(t) = 0 \tag{3.5}$$

即

$$-m[\ddot{x}_0(t) + \ddot{x}(t)] - c\dot{x}(t) - kx(t) = 0 \tag{3.6}$$

移项整理后得

$$m\ddot{x}(t) + c\dot{x}(t) + kx(t) = -m\ddot{x}_0(t) \tag{3.7}$$

式（3.7）即在地震作用下单自由度体系的微分方程，如将式（3.7）与单自由度体系在动荷载 $p(t)$ 作用下的强迫振动微分方程

$$m\ddot{x}(t) + c\dot{x}(t) + kx(t) = p(t) \tag{3.8}$$

比较，就会发现：地面运动对质点的作用相当于在质点上加一个动荷载 $-m\ddot{x}_0(t)$ 的强迫振动。

为便于方程求解，将式（3.7）两边除以 m，得

$$\ddot{x}(t) + 2\zeta\omega\dot{x}(t) + \omega^2 x(t) = -\ddot{x}_0(t) \tag{3.9}$$

式中，ω 为结构振动圆频率，$\omega = \sqrt{k/m}$；ζ 为结构的阻尼比，$\zeta = \dfrac{c}{2\omega m} = \dfrac{c}{2\sqrt{km}}$。

式（3.9）是一个二阶常系数非齐次线性微分方程，其通解由两部分组成，一是齐次

解，另一个为特解。前者代表体系的自由振动，后者代表体系在地震作用下的强迫振动。也就是说，单自由度弹性体系的地震反应有下面关系

$$\text{体系地震反应 } x(t) = \text{自由振动反应 } x_1(t) + \text{强迫振动反应 } x_2(t) \tag{3.10}$$

对应式（3.9）的齐次方程为

$$\ddot{x}(t) + 2\zeta\omega\dot{x}(t) + \omega^2 x(t) = 0 \tag{3.11}$$

根据常微分方程理论，其通解为

$$x(t) = e^{-\zeta\omega t}(A\cos\omega' t + B\sin\omega' t) \tag{3.12}$$

式中，$\omega' = \omega\sqrt{1-\zeta^2}$；$A$、$B$ 为常数，其值可由问题的初始条件确定，当阻尼为零即 $\zeta = 0$ 时，式（3.12）变为

$$x(t) = A\cos\omega t + B\sin\omega t \tag{3.13}$$

这是无阻尼单质点体系自由振动的通解，表示质点做简谐振动，这里 $\omega = \sqrt{k/m}$ 为无阻尼自振频率。对比式（3.12）和式（3.13）可知，有阻尼单质点体系的自由振动为按指数函数衰减的等时振动，其振动频率为 $\omega' = \omega\sqrt{1-\zeta^2}$，故 ω' 称为有阻尼的自振频率。

式（3.13）中，常数 A 和 B 可由运动的初始条件确定。设在初始时刻 $t = 0$ 时，初始位移 $x(t) = x(0)$，初始速度 $\dot{x}(t) = \dot{x}(0)$，由此可确定常数 A 和 B 为

$$A = x(0), B = \frac{\dot{x}(0) + \zeta\omega x(0)}{\omega'}$$

将求得的 A、B 代入式（3.12）得

$$x_1(t) = e^{-\zeta\omega t}\left[x(0)\cos\omega' t + \frac{\dot{x}(0) + \zeta\omega x(0)}{\omega'}\sin\omega' t\right] \tag{3.14}$$

上式就是式（3.11）在给定初始条件下的解。

由 $\omega' = \omega\sqrt{1-\zeta^2}$ 和 $\zeta = \frac{c}{2m\omega}$ 可以看出，有阻尼自振频率 ω' 随阻尼系数 c 增大而减小，即阻尼越大，自振频率越慢。当阻尼系数达到某一数值 c_r 时，也就是 $c = c_r = 2m\omega = 2\sqrt{km}$，即 $\zeta = 1$ 时，则 $\omega' = 0$，表示结构不再产生振动，这时的阻尼系数 c_r 称为临界阻尼系数。临界阻尼系数是由结构的质量 m 和刚度 k 决定的，不同的结构有不同的阻尼系数。

$$\zeta = \frac{c}{2m\omega} = \frac{c}{c_r} \tag{3.15}$$

式（3.15）表示结构的阻尼系数 c 与临界阻尼系数 c_r 的比值，所以 ζ 称为临界阻尼比，简称阻尼比。阻尼比 ζ 值可通过结构的振动试验确定。

式（3.9）中的 $\ddot{x}_0(t)$ 为地面水平地震动加速度，在工程设计中一般取实测地震波记录。由于地震动的随机性，对强迫振动反应不可能求得解析表达式，只能借助数值积分的方法求出数值解。

求单自由度弹性体系在水平地震作用下的运动方程的解时，可将 $-\ddot{x}_0(t)$ 看作随时间变化的 $m = 1$ 的"扰力"，并认为它是由无穷多个连续作用的微分脉冲组成，从而可将其化成无数多个连续作用的瞬时荷载，则在 $t = \tau$ 时，其瞬时荷载为 $-\ddot{x}_0(t)$，瞬时冲量为 $-\ddot{x}_0(\tau)d\tau$，如图3.3a中的斜线面积所示。

在瞬时冲量 $-\ddot{x}_0(\tau)d\tau$ 的作用下，可求得时间 τ 作用的微分脉冲产生的位移反应，如图3.3b所示为

$$d(x) = -e^{-\zeta\omega(t-\tau)}\frac{\ddot{x}_0(\tau)}{\omega'}\sin\omega'(t-\tau)d\tau \qquad (3.16)$$

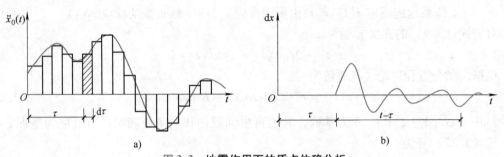

图3.3　地震作用下的质点位移分析

a）地面加速度时程曲线　b）微分脉冲引起的位移反应

体系在整个受荷过程中产生的总位移反应可由所有瞬时冲量引起的微分位移叠加得到。也就是说，通过对上式积分即可得到体系的总位移反应 $x(t)$ 为

$$x(t) = \int_0^t dx(t) = -\frac{1}{\omega'}\int_0^t \ddot{x}_0(\tau)e^{-\zeta\omega(t-\tau)}\sin\omega'(t-\tau)d\tau \qquad (3.17)$$

式（3.17）即杜哈美（Duhamel）积分，它与式（3.14）之和就是微分方程（3.9）的通解。

当体系初始处于静止状态时，即初位移和初速度均为零，则体系自由振动反应 $x_1(t) = 0$。另外，即使初位移和初速度不为零，由式（3.14）给出的自由振动反应也会由于阻尼的存在而迅速衰减，因此在地震反应分析时可不考虑其影响。对一般工程结构，阻尼比 ζ 在 0.01 ~ 0.10 之间，此时 $\omega' \approx \omega$。于是，体系的地震反应为

$$x(t) = -\frac{1}{\omega}\int_0^t \ddot{x}_0(\tau)e^{-\zeta\omega(t-\tau)}\sin\omega(t-\tau)d\tau \qquad (3.18)$$

3.3　单自由度弹性体系的地震作用计算的反应谱法

3.3.1　单自由度弹性体系的水平地震作用

地震作用就是地震时结构质点上受到的惯性力，根据图3.2质点隔离体的平衡条件可以得到

$$F(t) = -m[\ddot{x}_0(t) + \ddot{x}(t)] = kx(t) + c\dot{x}(t) \qquad (3.19)$$

工程中，阻尼力项 $c\dot{x}(t)$ 相对于弹性恢复力项 $kx(t)$ 来说是一个可以略去的微量，所以

$$F(t) = -m[\ddot{x}_0(t) + \ddot{x}(t)] \approx kx(t) \qquad (3.20)$$

由此可知，在地震作用下，质点在任一时刻的相对位移 $x(t)$ 与该时刻的瞬时惯性力 $-m[\ddot{x}_0(t) + \ddot{x}(t)]$ 成正比。因此，可以认为这一相对位移是在惯性力的作用下引起的，虽然惯性力并不是真实作用于质点上的力，但惯性力对结构体系的作用与地震对结构体系的作用效果相当，所以可以认为是一种反映地震影响效果的等效力，利用它的最大值来对结构进行抗震验算，就可以把抗震设计这一动力计算问题转化为相当于静力荷载作用下的静力计算问题了。

由式（3.20）确定的质点的绝对加速度为

$$a(t) = \ddot{x}_0(t) + \ddot{x}(t) = -\frac{k}{m}x(t) = -\omega^2 x(t) \tag{3.21}$$

将地震位移反应 $x(t)$ 的表达式（3.18）代入上式，可得

$$a(t) = \omega \int_0^t \ddot{x}_0(\tau) e^{-\zeta\omega(t-\tau)} \sin\omega(t-\tau) d\tau \tag{3.22}$$

由于地面运动的加速度 $\ddot{x}_0(t)$ 是随时间 t 变化的，在结构抗震设计中，并不需要求出每一时刻的地震作用数值，只需求出水平作用的最大绝对值。设 F 表示结构在地震持续过程中经受的最大地震作用，则由上式得

$$F = m\omega \left| \int_0^t \ddot{x}_0(\tau) e^{-\zeta\omega(t-\tau)} \sin\omega(t-\tau) d\tau \right|_{max} \tag{3.23}$$

或

$$F = mS_a \tag{3.24}$$

这里

$$S_a = \omega \left| \int_0^t \ddot{x}_0(\tau) e^{-\zeta\omega(t-\tau)} \sin\omega(t-\tau) d\tau \right|_{max} \tag{3.25}$$

由此可知，质点的绝对最大加速度 S_a 取决于地震时的地面运动加速度 $\ddot{x}_0(t)$、结构的自振频率 ω（或自振周期 T）及结构的阻尼比 ζ。然而，由于地面水平运动的加速度 $\ddot{x}_0(t)$ 极不规则，无法用简单的解析式来表达，故 S_a 一般都采用数值积分法计算。

3.3.2 地震系数、动力系数

根据式（3.25），若给定地震时地面运动的加速度记录 $\ddot{x}_0(\tau)$ 和体系的阻尼比 ζ，则可计算出质点的最大加速度反应 S_a 与体系自振周期 T 的一条关系曲线，并且对于不同的 ζ 值就可得到不同的 S_a-ζ 曲线，这种在给定的地震震动作用期间，单质点弹性体系的最大位移反应、最大速度反应或最大加速度反应随质点自振周期变化的曲线，就是地震反应谱。

为了便于应用，可在式（3.24）中引入能反映地面运动强弱的地面运动最大加速度 $|\ddot{x}_0(t)|_{max}$，并将其改写成下列形式

$$F = mS_a = mg\left(\frac{|\ddot{x}_0|_{max}}{g}\right)\left(\frac{S_a}{|\ddot{x}_0|_{max}}\right) = k\beta G \tag{3.26}$$

式中，$|\ddot{x}_0(t)|_{max}$ 为地面运动加速度最大绝对值；g 为重力加速度；G 为质点的重力荷载代表值，$G = mg$；k 为地震系数；β 为动力系数。

1. 地震系数

地震系数 k 是地面运动最大加速度与重力加速度之比，即

$$k = \frac{|\ddot{x}_0(t)|_{max}}{g} \tag{3.27}$$

也就是以重力加速度为单位的地震动峰值加速度。因此，k 值只与地震烈度的大小有关。一般地面加速度越大，则地震烈度越高，故地震系数与地震烈度之间存在着一定的对应关系。但必须注意，地震烈度的大小不仅取决于地面最大加速度，还与地震的持续时间和地震波的

频谱特性等有关。

根据统计分析,烈度每增加一度,地震系数 k 值将大致增加一倍。我国《建筑抗震设计规范》规定的对应于各地震基本烈度的 k 值见表 3.1。

表 3.1　地震系数 k 与地震烈度的关系

地震烈度	6 度	7 度	8 度	9 度
地震系数 k	0.05	0.10 (0.15)	0.20 (0.30)	0.40

注:括号中数值对应于设计基本地震加速度为 0.15g 和 0.30g 的地区。

2. 动力系数

动力系数 β 为

$$\beta = \frac{S_a}{|\ddot{x}_0(t)|_{max}} \tag{3.28}$$

它是单质点最大绝对加速度与地面最大加速度的比值,表示动力效应引起的质点最大绝对加速度比地面最大加速度放大了的倍数。因为当 $|\ddot{x}_0(t)|_{max}$ 增大或减小时,S_a 也随着增大或减小,因此 β 值与地震烈度无关,这样就可以利用所有不同烈度的地震记录进行计算和统计。

将 S_a 的表达式 (3.25) 代入式 (3.28) 得

$$\beta = \frac{2\pi}{T} \frac{1}{|\ddot{x}_0|_{max}} \left| \int_0^t \ddot{x}_0(\tau) e^{-\zeta \frac{2\pi}{T}(t-\tau)} \sin \frac{2\pi}{T}(t-\tau) d\tau \right|_{max} = |\beta(t)|_{max} \tag{3.29}$$

$$\beta(t) = \frac{2\pi}{T} \frac{1}{|\ddot{x}_0|_{max}} \int_0^t \ddot{x}_0(\tau) e^{-\zeta \frac{2\pi}{T}(t-\tau)} \sin \frac{2\pi}{T}(t-\tau) d\tau \tag{3.30}$$

由式 (3.29) 可看出,影响 β 的因素主要有:①地面运动加速度 $\ddot{x}_0(t)$ 的特征;②结构自振周期 T;③阻尼比 ζ。

当给定地面加速度记录 $\ddot{x}_0(t)$ 和阻尼比 ζ 时,动力系数 β 仅与结构体系的自振周期 T 有关。对一给定的周期 T,通过式 (3.30) 可计算出在该周期下的一条 $\beta(t)$ 时程曲线,则该曲线中最大峰值点的绝对值就是由式 (3.29) 确定的 β 值。对每一个给定的周期 T_i,都可按上述方法求得与之相应的一个 β_i 值,从而得到 β 与 T 一一对应的函数关系。对于不同的 ζ 值,可得到不同的这种曲线。这类曲线称为动力系数反应谱曲线,或称 β 谱曲线。对于给定的地震记录,$|\ddot{x}_0(t)|_{max}$ 是个定值,所以 β 谱曲线实质上是加速度反应谱曲线。

β 谱曲线实际上反映了地震地面运动的频谱特性,对不同自振周期的结构有不同的地震动力效应。地震动的频谱特性决定了反映谱的形状,分析研究表明,β 谱曲线的形状取决于影响地振动的各种因素,如场地条件、震级及震中距等。图 3.4a 给出不同场地条件下的 β 谱曲线,由图可看出,对于土质松软的场地,β 谱曲线的主要峰点偏于较长的周期,土质坚硬时则偏于较短的周期,同时场地土越松软,并且该松软土层越厚时,在较长周期范围内,β 谱的谱值也就越大。

图 3.4b 即在同等烈度下当震中距不同时的加速度反应谱曲线,由图可知,震中距远时 β 谱曲线的峰点偏于较长的周期,近时则偏于较短的周期。因此,在离地震震中较远的地方,高柔结构因其周期较长所受到的地震破坏,将比在同等烈度下较小或中等地震的震中区受到的破坏更严重,刚性结构的地震破坏情况则相反。

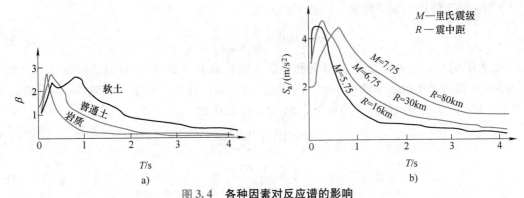

图 3.4　各种因素对反应谱的影响

a）场地条件对 β 谱曲线的影响　b）同等烈度下震中距对加速度反应谱曲线的影响

3.3.3　地震影响系数和抗震设计反应谱

为了简化计算，将上述地震系数 k 和动力系数 β 的乘积用 α 表示，称 α 为地震影响系数

$$\alpha = k\beta = \frac{S_a}{g} \tag{3.31}$$

则式（3.26）可写为

$$F_{Ek} = \alpha G \tag{3.32}$$

所以，地震影响系数 α 就是单质点弹性体系在地震时最大反应加速度（以重力加速度 g 为单位）。另一方面，若将式（3.32）写成 $\alpha = \dfrac{F_{Ek}}{G}$，则可以看出，地震影响系数 α 是作用在质点上水平地震力与结构重力荷载代表值之比。

《建筑抗震设计规范》采用 α 与体系自振周期 T 之间的关系作为设计反应谱，其数值应根据地震烈度、场地类别、设计地震分组及结构自振周期和阻尼比确定。

地震作用与一般静力荷载不同，它不仅取决于地震烈度、设计地震分组和建筑场地的情况，还与建筑结构的动力特性（自振周期、阻尼）有关。

图 3.5 是《建筑抗震设计规范》给出的 α 值计算公式曲线。曲线分四段：

1）直线上升段，周期小于 0.1s 的区段。

2）水平段，0.1s ~ T_g（T_g 为特征周期）的区段，应取最大值 α_{max}。

3）曲线下降段，T_g ~ $5T_g$ 区段，衰减指数应取 0.9。

4）直线下降段，$5T_g$ ~ 6s 的区段，下降斜率调整系数应取 0.02。

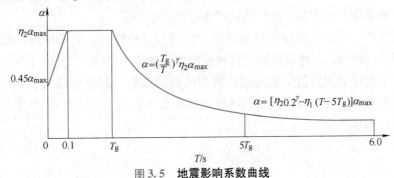

图 3.5　地震影响系数曲线

117

γ 为曲线下降段的衰减指数，应按下式确定

$$\gamma = 0.9 + \frac{0.05 - \zeta}{0.3 + 6\zeta} \qquad (3.33)$$

式中，ζ 为阻尼比，一般情况下，对钢筋混凝土结构取 $\zeta = 0.05$，对钢结构取 $\zeta = 0.02$。η_1 为直线下降段的下降斜率调整系数，按下式（3.34a）计算，小于0时取0；η_2 为阻尼调整系数，按式（3.34b）计算，当小于0.55时，应取0.55。

$$\eta_1 = 0.02 + \frac{0.05 - \zeta}{4 + 32\zeta} \qquad (3.34a)$$

$$\eta_2 = 1 + \frac{0.05 - \zeta}{0.08 + 1.6\zeta} \qquad (3.34b)$$

1. 地震烈度

地震的规律是地震烈度越大，地面的破坏现象越严重。其原因是当地震烈度越大时，地面运动的加速度越大，这时结构的反应加速度也随之增大，地震作用也就越大。从式（3.31）可知，在结构的重力荷载一定的条件下，地震烈度越大，地震系数 k 值越大，则地震影响系数 α 也就越大。表3.2给出了《建筑抗震设计规范》规定的截面抗震验算的水平地震影响系数最大值 α_{max} 与地震烈度之间关系，括号中数值分别用于设计基本地震加速度为 $0.15g$ 和 $0.30g$ 的地区。

表3.2　水平地震影响系数最大值

地震类型	地震烈度			
	6度	7度	8度	9度
多遇地震	0.04	0.08（0.12）	0.16（0.24）	0.32
设防地震	0.12	0.23（0.34）	0.45（0.68）	0.90
罕遇地震	0.28	0.50（0.72）	0.90（1.20）	1.40

2. 建筑场地与设计特征周期

各类建筑场地都有自己的卓越周期，如果地震波中某个分量的振动周期，与场地的卓越周期接近或相等，则地震波中这个分量的振动将被放大而形成类共振现象。如果建筑物的自振周期又和场地的卓越周期相接近，又会引起建筑物与地面的类共振现象，这就形成了双共振现象（地震波与地面共振和地面与建筑物共振）。双共振现象是在建筑物的自振周期与建筑场地的卓越周期接近时，地震波中周期与场地卓越周期接近的行波分量被放大两次的现象。地震时，双共振的存在是引起建筑物严重破坏的重要原因。

在抗震计算中，为了反映建筑场地对地震作用的这种影响，引入场地特征周期这个概念，并用符号 T_g 来表示。《建筑抗震设计规范》将反映地震震级、震中距和场地类别等因素的下降段起始点对应的周期值定义为设计所用的地震影响系数特征周期（T_g），简称特征周期。根据其所在地的设计地震分组和场地类别按表3.3确定。计算8、9度罕遇地震作用时，特征周期应增加0.05s。

表 3.3　特征周期值　　　　　　　　　　　　　（单位：s）

设计地震分组	场地类别				
	I_0	I_1	II	III	IV
第一组	0.20	0.25	0.35	0.45	0.65
第二组	0.25	0.30	0.40	0.55	0.75
第三组	0.30	0.35	0.45	0.65	0.90

在抗震设计时，选择适当的场地或改变结构的类型，使结构的自振周期 T 远离场地的特征周期 T_g，即 $T_g/T \ll 1$，则结构遭遇的地震作用将会大大减小。按这个概念进行抗震设计将有利于提高结构抗震性能。按这个概念选择建筑场地或选择结构的类型，就属于抗震概念设计。

3. 结构自振周期

从物体的振动规律可知，在结构的刚度与自振周期之间，存在着一种固定的关系，即结构的刚度越大，其自振周期越短；反之，结构的刚度越小，其自振周期越长。因此，工程上习惯于用结构的自振周期来反映刚度对地震作用的影响。于是，在计算结构地震作用的公式中，将出现反映结构刚度影响的物理量——结构的自振周期 T。

在一般情况下，当结构的质量一定，在遭受相同的地震时，结构的自振周期越长，则其承受的地震作用将越小。

3.3.4　建筑物的重力荷载代表值

按式（3.32）计算地震作用时，取建筑物的重力荷载代表值 G 来反映质量对地震作用的影响。G 中出现可变荷载组合值是考虑到地震发生时，结构承受永久荷载不会发生变化，而结构承受的可变荷载为满载的可能性极小，因此，以可变荷载的组合值来表示地震时可变荷载可能出现最大值。

计算地震作用时，建筑的重力荷载代表值应取结构和构配件自重标准值和各可变荷载组合值之和。各可变荷载的组合值系数，应按表 3.4 采用。

表 3.4　组合值系数

可变荷载种类		组合值系数
雪荷载		0.5
屋面积灰荷载		0.5
屋面活荷载		不计入
按实际情况计算的楼面活荷载		1.0
按等效均布荷载计算的楼面活荷载	藏书库、档案库	0.8
	其他民用建筑	0.5
起重机悬吊物重力荷载	硬钩起重机	0.3
	软钩起重机	不计入

注：硬钩起重机的吊重较大时，组合值系数应按实际情况采用。

3.3.5 利用反应谱确定地震作用

利用反应谱确定地震作用，基本步骤如下：

1）根据计算简图确定结构的重力荷载代表值 G 和基本自振周期 T。

2）根据结构所在地区的设防烈度、场地条件和设计地震分组，按表3.2和表3.3确定反应谱的最大地震影响系数 α_{max} 和特征周期 T_g。

3）根据结构的自振周期，按图3.5确定地震影响系数 α。

4）按式（3.32）即可计算出地震作用 F 值。

计算出地震作用后，将此作用看作静力施加于结构，即可按一般结构力学的方法计算结构的地震作用效应（内力、位移等），从而根据其效应进行结构设计。

【例3.1】 图3.6a所示单跨单层厂房，设屋盖刚度无穷大，屋盖自重标准值为800kN，屋面雪荷载标准值为210kN，忽略柱自重，柱抗侧移刚度系数 $k_1 = k_2 = 3.1 \times 10^3 kN/m$，结构阻尼比 $\zeta = 0.05$，I_1 类建筑场地，设计地震分组为第二组，设计基本地震加速度为 $0.20g$。求厂房在多遇地震时水平地震作用。

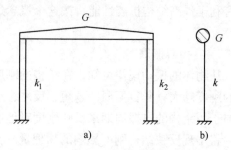

图3.6 例3.1图
a）单层厂房 b）计算简图

【解】：因质量集中于屋盖，所以结构计算时可简化为图3.6b所示的单质点体系。

（1）确定重力荷载代表值 G 和自振周期 T　由表3.4知，雪荷载组合值系数为0.5，所以

$$G = (800 + 210 \times 0.5)kN = 905kN$$

质点集中质量　　　$m = \dfrac{G}{g} = \dfrac{905}{9.8} \times 10^3 kg = 92.35 \times 10^3 kg$

柱抗侧移刚度为两柱抗侧移刚度之和　　　$k = k_1 + k_2 = 6.2 \times 10^3 kN/m$

结构自振周期为

$$T = 2\pi \sqrt{\frac{m}{k}} = 2\pi \sqrt{\frac{92.35 \times 10^3}{6.2 \times 10^6}} s = 0.767s$$

（2）确定地震影响系数最大值 α_{max} 和特征周期 T_g　当设计基本地震加速度为 $0.20g$ 时，抗震设防烈度为8度。

查表3.2得，在多遇地震时，$\alpha_{max} = 0.16$。

查表3.3得，在 I_1 类建筑场地，设计地震分组为第二组时，$T_g = 0.30s$。

（3）计算地震影响系数 α 值　因 $T_g < T < 5T_g$，所以 α 处于曲线下降段，则

$$\alpha = \left(\frac{T_g}{T}\right)^{\gamma} \eta_2 \alpha_{max} = \left(\frac{0.30}{0.767}\right)^{0.9} \times 1.0 \times 0.16 = 0.069$$

（4）计算水平地震作用

$$F = \alpha G = 0.069 \times 905kN = 62.445kN$$

3.4　多自由度弹性体系的水平地震反应

在实际工程中，大多数结构是不能简化成单质点体系的，如多层或高层房屋、多跨不等高单层厂房、烟囱等。对于这些质量比较分散的结构，为了能够比较真实地反映其动力性能，可将其简化成多质点体系，并按多质点体系进行结构的地震反应分析。例如，对于楼盖为刚性的多层房屋，可将其质量集中在每一层楼面处（图3.7a）；对于多跨不等高的单层厂房，可将其质量集中到各个楼盖处（图3.7b）；对于烟囱等结构，则可根据计算要求将其分为若干段，然后将各段折算成质点进行分析（图3.7c）。对于一个多质点体系，当只考虑体系作单向振动时，则有多少个质点就有多少个自由度。

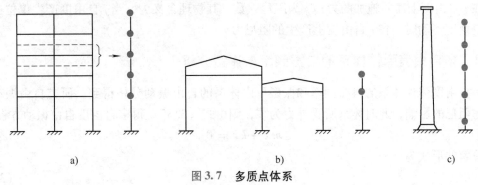

a)　　　　　　　　　　　　b)　　　　　　　　　　　　c)

图3.7　多质点体系

3.4.1　多自由度弹性体系的运动方程

在单向水平地面运动作用下，多自由度弹性体系的水平振动状态如图3.8所示。根据达朗贝尔原理，在任一时刻，作用在质点上的惯性力、阻尼力和弹性恢复力应保持平衡，则其运动方程可以表示为

$$\boldsymbol{m}\ddot{\boldsymbol{x}} + \boldsymbol{c}\dot{\boldsymbol{x}} + \boldsymbol{k}\boldsymbol{x} = -\boldsymbol{m}\boldsymbol{I}\ddot{x}_0(t) \qquad (3.35)$$

式中，$\boldsymbol{m}$ 为质量矩阵；$\boldsymbol{c}$ 为阻尼矩阵；$\boldsymbol{k}$ 为刚度矩阵；$\boldsymbol{I}$ 为单位列矢量；$\ddot{x}_0(t)$ 为地面水平振动加速度；$\ddot{\boldsymbol{x}}$、$\dot{\boldsymbol{x}}$、$\boldsymbol{x}$ 为质点运动的加速度矢量、速度矢量和位移矢量。

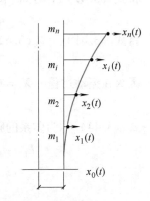

图3.8　多质点体系的水平振动

$$\boldsymbol{x} = \begin{pmatrix} x_1(t) \\ x_2(t) \\ \vdots \\ x_n(t) \end{pmatrix}, \dot{\boldsymbol{x}} = \begin{pmatrix} \dot{x}_1(t) \\ \dot{x}_2(t) \\ \vdots \\ \dot{x}_n(t) \end{pmatrix}, \ddot{\boldsymbol{x}} = \begin{pmatrix} \ddot{x}_1(t) \\ \ddot{x}_2(t) \\ \vdots \\ \ddot{x}_n(t) \end{pmatrix} \qquad (3.36)$$

式中，质量矩阵 $\boldsymbol{m}$、刚度矩阵 $\boldsymbol{k}$ 和阻尼矩阵 $\boldsymbol{c}$ 的表达式分别为

$$\boldsymbol{m} = \begin{pmatrix} m_1 & & & 0 \\ & m_2 & & \\ & & \ddots & \\ 0 & & & m_n \end{pmatrix} \qquad (3.37)$$

$$\boldsymbol{k} = \begin{pmatrix} k_{11} & k_{12} & \cdots & k_{1n} \\ k_{21} & k_{22} & \cdots & k_{2n} \\ \vdots & \vdots & \vdots & \vdots \\ k_{n1} & k_{n2} & \cdots & k_{nn} \end{pmatrix} \tag{3.38}$$

$$\boldsymbol{c} = \begin{pmatrix} c_{11} & c_{12} & \cdots & c_{1n} \\ c_{21} & c_{22} & \cdots & c_{2n} \\ \vdots & \vdots & \vdots & \vdots \\ c_{n1} & c_{n2} & \cdots & c_{nn} \end{pmatrix} \tag{3.39}$$

式中，k_{ij} 为刚度系数，$k_{ij} = k_{ji}$，其物理含义为，当 j 自由度产生单位位移，其余自由度不动时，在 i 自由度上需要施加的力；c_{ij} 为阻尼系数，其物理含义为，当 j 自由度产生单位速度，其余自由度不动时，在 i 自由度上产生的阻尼力。

3.4.2　多自由度弹性体系的自振频率与振型分析

多自由度弹性体系的自振频率和振型可由体系的自由振动分析得到。研究自由振动时，不考虑阻尼的影响，此时体系所受外力为零，则由式（3.35）得多自由度自由振动方程

$$\boldsymbol{m}\ddot{\boldsymbol{x}} + \boldsymbol{k}\boldsymbol{x} = 0 \tag{3.40}$$

设解的形式为

$$\boldsymbol{x} = \boldsymbol{X}\sin(\omega t + \varphi) \tag{3.41}$$

式中，$\boldsymbol{X}$ 为振幅矢量，$\boldsymbol{X} = (X_1 \quad X_2 \quad \cdots \quad X_n)^{\mathrm{T}}$；$\omega$ 为自振频率；φ 为相位角。

将式（3.41）对时间 t 微分二次，得

$$\ddot{\boldsymbol{x}} = -\omega^2 \boldsymbol{X}\sin(\omega t + \varphi) \tag{3.42}$$

将式（3.41）、式（3.42）代入式（3.40），得

$$(\boldsymbol{k} - \omega^2 \boldsymbol{m})\boldsymbol{X} = 0 \tag{3.43}$$

因为在振动过程中 $\boldsymbol{X} \neq 0$，所以式（3.43）的系数行列式必须等于零，即

$$|\boldsymbol{k} - \omega^2 \boldsymbol{m}| = 0 \tag{3.44}$$

式（3.44）称为体系的频率方程或特征方程。式（3.44）可进一步的写为

$$\begin{vmatrix} k_{11} - \omega^2 m_1 & k_{12} & \cdots & k_{1n} \\ k_{21} & k_{22} - \omega^2 m_2 & \cdots & k_{2n} \\ \vdots & \vdots & \vdots & \vdots \\ k_{n1} & k_{n2} & \cdots & k_{nn} - \omega^2 m_n \end{vmatrix} = 0 \tag{3.45}$$

将行列式展开，可得关于 ω^2 的 n 次代数方程，n 为体系自由度数。求解代数方程可得 ω^2 的 n 个根，将其从小到大排列，得体系的 n 个自振圆频率为 $\omega_1, \omega_2, \cdots, \omega_n$。将解得的频率值逐一代入振幅方程式（3.44），便可得到对应于每一个自振频率下各质点的相对振幅比值，由此形成的曲线形式，就是该频率下的主振型。体系的最小频率 ω_1 称为第一频率或基本频率，与 ω_1 对应的振型称为第一振型或基本振型。对应于第二频率 ω_2 的振型称为第二振型。对 n 个自由度体系，有 n 个自振频率，也就有 n 个主振型的存在。

主振型可用振型矢量表示，对应于频率 ω_j 的振型矢量为

$$X_j = \begin{Bmatrix} X_{j1} \\ X_{j2} \\ \vdots \\ X_{jn} \end{Bmatrix} \tag{3.46}$$

由于主振型只取决于各质点振幅之间的相对比值,为了简单起见,常将振型进行标准化处理。在工程领域,最常用的办法是规定体系中某一质点的振幅值在每个振型中均取 1。

【例3.2】 单跨两层框架如图 3.9a 所示,楼面梁的刚度很大,可视为 $EI = \infty$,层质量为 m_1、m_2,层刚度为 k_1、k_2,已知 $m_1 = m_2 = m$,$k_1 = k_2 = k$,试求频率和振型。

【解】:(1)质量矩阵和刚度

$$\boldsymbol{m} = \begin{pmatrix} m_1 & 0 \\ 0 & m_2 \end{pmatrix}$$

(2)刚度矩阵 如设产生单位层间位移时,需要作用的层间剪力分别为 k_1、k_2,由刚度系数的物理含义和各质点上作用力的平衡可得刚度系数矩阵

$$\boldsymbol{k} = \begin{pmatrix} k_1 + k_2 & -k_2 \\ -k_2 & k_2 \end{pmatrix}$$

(3)频率方程

$$\begin{pmatrix} k_1 + k_2 & -k_2 \\ -k_2 & k_2 \end{pmatrix} - \omega^2 \begin{pmatrix} m_1 & 0 \\ 0 & m_2 \end{pmatrix} = 0$$

展开得

$$m_1 m_2 \omega^4 - [m_1 k_2 + m_2(k_1 + k_2)]\omega^2 + k_1 k_2 = 0$$

已知 $m_1 = m_2 = m$,$k_1 = k_2 = k$,代入上式得

$$\omega_1 = 0.618\sqrt{\frac{k}{m}}; \quad \omega_2 = 1.618\sqrt{\frac{k}{m}}$$

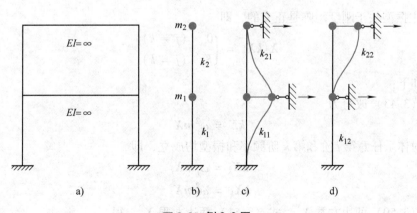

图 3.9 例 3.2 图

(4)振型

$$\left[\begin{pmatrix} k_1 + k_2 & -k_2 \\ -k_2 & k_2 \end{pmatrix} - \omega_1^2 \begin{pmatrix} m_1 & 0 \\ 0 & m_2 \end{pmatrix}\right]\begin{pmatrix} X_{11} \\ X_{12} \end{pmatrix} = 0$$

将 ω_1、$m_1 = m_2 = m$、$k_1 = k_2 = k$ 代入上式得

$$\begin{pmatrix} 1.618 & -1 \\ -1 & 0.618 \end{pmatrix} \begin{pmatrix} X_{11} \\ X_{12} \end{pmatrix} = 0$$

显然它们是线性相关的，解其中任何一个方程，可得第一主振型（图 3.10a）

$$\frac{X_{12}}{X_{11}} = \frac{1.618}{1}$$

同理，将 ω_2 代入得第二主振型（图 3.10b）

$$\frac{X_{22}}{X_{21}} = \frac{-0.618}{1}$$

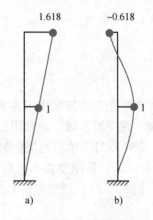

图 3.10　例 3.2 各阶振型图
a）第一主振型　b）第二主振型

3.4.3　频率、振型特点

1. 频率

由频率方程知，频率 ω 只与结构固有参数 m、k 有关，与外荷载无关，因此 ω 称为结构的固有频率。一旦结构形式给定，ω 即可确定，不会因荷载作用形式改变而改变。

2. 振型

由上面分析可知，振型 X_j 只表示在频率 ω_j 下的振动形状。各质点的振型值并非代表其绝对位移值，而只反应各质点振幅之间的相对比值关系。同一振型下，各点的振幅比值不变。因此，各点幅值可按相同比例放大或缩小，而保持振动形状不变。

3. 主振型的正交性

主振型的正交性表现在两个方面：

（1）主振型关于质量矩阵是正交的，即

$$X_j^{\mathrm{T}} m X_k = \begin{cases} 0 & (j \neq k) \\ M_j & (j = k) \end{cases} \tag{3.47}$$

（2）主振型关于刚度矩阵是正交的，即

$$X_j^{\mathrm{T}} k X_k = \begin{cases} 0 & (j \neq k) \\ K_j & (j = k) \end{cases} \tag{3.48}$$

证明如下：

将式（3.43）改写为

$$kX = \omega^2 m X \tag{3.49}$$

上式对体系任意第 j 阶和第 k 阶频率和振型均成立，即

$$kX_j = \omega_j^2 m X_j \tag{3.50}$$

$$kX_k = \omega_k^2 m X_k \tag{3.51}$$

将式（3.50）两边左乘 X_k^{T}，式（3.51）两边左乘 X_j^{T}，得

$$X_k^{\mathrm{T}} k X_j = \omega_j^2 X_k^{\mathrm{T}} m X_j \tag{3.52}$$

$$X_j^{\mathrm{T}} k X_k = \omega_k^2 X_j^{\mathrm{T}} m X_k \tag{3.53}$$

将式（3.52）两边转置，并注意到刚度矩阵和质量矩阵的对称性得

$$X_j^{\mathrm{T}} k X_k = \omega_j^2 X_j^{\mathrm{T}} m X_k \tag{3.54}$$

将式（3.54）与式（3.53）相减得

$$(\omega_j^2 - \omega_k^2)X_j^{\mathrm{T}}mX_k = 0 \tag{3.55}$$

若 $j \neq k$，则 $\omega_j \neq \omega_k$，于是必有如下正交性成立：

$$X_j^{\mathrm{T}}mX_k = 0 \quad (j \neq k) \tag{3.56}$$

将式（3.56）代入式（3.53）得关于刚度矩阵的正交性

$$X_j^{\mathrm{T}}kX_k = 0 \quad (j \neq k) \tag{3.57}$$

算例验证：已知质量矩阵 M 和主振型 X，试验证所求得的各个主振型之间的正交性。

$$M = 180\begin{pmatrix} 1.0 & 0 & 0 \\ 0 & 1.5 & 0 \\ 0 & 0 & 1.5 \end{pmatrix}, \quad X_1 = \begin{pmatrix} 1.000 \\ 0.667 \\ 0.333 \end{pmatrix}$$

$$X_2 = \begin{pmatrix} 1.000 \\ -0.633 \\ -0.664 \end{pmatrix}, \quad X_3 = \begin{pmatrix} 1.000 \\ -3.022 \\ 4.032 \end{pmatrix}$$

解：由式（3-57）得

$$X_1^{\mathrm{T}}MX_2 = \begin{pmatrix} 1.000 \\ 0.667 \\ 0.333 \end{pmatrix}^{\mathrm{T}} \times 180\begin{pmatrix} 1.0 & 0 & 0 \\ 0 & 1.5 & 0 \\ 0 & 0 & 1.5 \end{pmatrix}\begin{pmatrix} 1.000 \\ -0.633 \\ -0.664 \end{pmatrix}$$

$$= 180 \times (1 \times 1 \times 1 - 1.5 \times 0.667 \times 0.633 - 1.5 \times 0.333 \times 664) \approx 0$$

$$X_1^{\mathrm{T}}MX_3 = \begin{pmatrix} 1.000 \\ 0.667 \\ 0.333 \end{pmatrix}^{\mathrm{T}} \times 180\begin{pmatrix} 1.0 & 0 & 0 \\ 0 & 1.5 & 0 \\ 0 & 0 & 1.5 \end{pmatrix}\begin{pmatrix} 1.000 \\ -3.022 \\ 4.032 \end{pmatrix}$$

$$= 180 \times (1 \times 1 \times 1 - 1.5 \times 0.667 \times 3.022 + 1.5 \times 0.333 \times 4.032) \approx 0$$

$$X_2^{\mathrm{T}}MX_3 = \begin{pmatrix} 1.000 \\ -0.633 \\ -0.664 \end{pmatrix}^{\mathrm{T}} \times 180\begin{pmatrix} 1.0 & 0 & 0 \\ 0 & 1.5 & 0 \\ 0 & 0 & 1.5 \end{pmatrix}\begin{pmatrix} 1.000 \\ -3.022 \\ 4.032 \end{pmatrix}$$

$$= 180 \times (1 \times 1 \times 1 + 1.5 \times 0.633 \times 3.022 - 1.5 \times 0.664 \times 4.032) \approx 0$$

上述计算验证了各主振型之间满足正交性。

3.4.4　地震反应分析的振型分解法

振型分解法是求多自由度弹性体系动力响应的一种重要方法。由式（3.35）可知，多自由度弹性体系在水平地震作用下的运动方程为一组相互耦联的微分方程，联立求解有一定困难。振型分解法的思路是：利用振型的正交性，将原来耦联的多自由度微分方程组分解为若干彼此独立的单自由度微分方程，由单自由度体系结果分别得出各个独立方程的解，再将各个独立解进行组合叠加，得出每个自由度总的反应。

一般主振型关于阻尼矩阵不具有正交关系。为了能利用振型分解法，假定阻尼矩阵也满足正交关系，即

$$X_j^{\mathrm{T}}cX_k = \begin{cases} 0 & (j \neq k) \\ C_j & (j = k) \end{cases} \tag{3.58}$$

在分析中，通常采用瑞利（Rayleigh）阻尼矩阵形式，将阻尼矩阵表示为质量矩阵与刚

度矩阵的线性组合，即

$$c = am + bk \tag{3.59}$$

式中，a、b 分别为比例常数。

将式（3.59）代入式（3.58）可得

$$X_j^{\mathrm{T}} c X_k = \begin{cases} 0 & (j \neq k) \\ aM_j + bK_j & (j = k) \end{cases} \tag{3.60}$$

有了上述正交性后，就可推导振型分解法。根据线性代数理论，n 维矢量 x 可表示为 n 个独立矢量的线性组合。引入广义坐标矢量 q

$$q = \begin{pmatrix} q_1(t) \\ q_2(t) \\ \vdots \\ q_n(t) \end{pmatrix} \tag{3.61}$$

将位移矢量 x 用振型的线性组合表示为

$$x = Xq \tag{3.62}$$

式中，X 为振型矩阵，是由 n 个彼此正交的主振型矢量组成的方阵

$$X = (X_1 \quad X_2 \quad \cdots \quad X_n) = \begin{pmatrix} X_{11} & X_{21} & \cdots & X_{n1} \\ X_{12} & X_{22} & \cdots & X_{n2} \\ \vdots & \vdots & \vdots & \vdots \\ X_{1n} & X_{2n} & \cdots & X_{nn} \end{pmatrix} \tag{3.63}$$

矩阵 X 的元素 X_{ji} 中，j 表示振型序号，i 表示自由度序号。x 也可按主振型分解形式写为

$$x = X_1 q_1(t) + X_2 q_2(t) + \cdots + X_n q_n(t) \tag{3.64}$$

将式（3.62）代入式（3.35）得

$$m X \ddot{q} + c X \dot{q} + k X q = - m I \ddot{x}_0(t) \tag{3.65}$$

对上式的每一项均左乘 X_j^{T}，得

$$X_j^{\mathrm{T}} m X \ddot{q} + X_j^{\mathrm{T}} c X \dot{q} + X_j^{\mathrm{T}} k X q = - X_j^{\mathrm{T}} m I \ddot{x}_0(t) \tag{3.66}$$

根据振型的正交性，上式各项展开相乘后，除第 j 项外，其他各项均为零。因此，方程化为如下独立形式

$$M_j \ddot{q}_j(t) + C_j \dot{q}_j(t) + K_j q_j(t) = - \ddot{x}_0(t) \sum_{i=1}^{n} m_i X_{ji} \tag{3.67}$$

或写为

$$\ddot{q}_j(t) + 2\zeta_j \omega_j \dot{q}_j(t) + \omega_j^2 q_j(t) = - \gamma_j \ddot{x}_0(t) \tag{3.68}$$

式中，M_j 为第 j 振型广义质量；K_j 为第 j 振型广义刚度；C_j 为第 j 振型广义阻尼系数；γ_j 为第 j 振型参与系数。

$$M_j = X_j^{\mathrm{T}} m X_k = \sum_{i=1}^{n} m_i X_{ji}^2 \tag{3.69}$$

$$K_j = X_j^{\mathrm{T}} k X_k = \omega_j^2 M_j \tag{3.70}$$

$$C_j = X_j^{\mathrm{T}} c X_k = 2\zeta_j \omega_j M_j \tag{3.71}$$

$$\gamma = \frac{\sum\limits_{i=1}^{n} m_i X_{ji}}{\sum\limits_{i=1}^{n} m_i X_{ji}^2} \tag{3.72}$$

ζ_j 为第 j 振型阻尼比，若取瑞利阻尼，则由式（3.60）和式（3.71）知

$$a\boldsymbol{M}_j + b\boldsymbol{K}_j = 2\zeta_j\omega_j\boldsymbol{M}_j \tag{3.73}$$

于是有

$$\zeta_1 = \frac{1}{2}\left(\frac{a}{\omega_j} + b\omega_j\right) \tag{3.74}$$

式中，系数 a、b 通常由试验根据第一、第二阶振型的频率和阻尼比，按下式确定

$$a = \frac{2\omega_1\omega_2(\zeta_1\omega_2 - \zeta_2\omega_1)}{\omega_2^2 - \omega_1^2} \tag{3.75}$$

$$b = \frac{2(\zeta_2\omega_2 - \zeta_1\omega_1)}{\omega_2^2 - \omega_1^2} \tag{3.76}$$

式（3.68）相当于单自由度体系振动方程。取 $j = 1, 2, \cdots, n$，可得 n 个彼此独立的关于广义坐标 $q_j(t)$ 的运动方程，第 j 个方程的振动频率和阻尼比即原多自由度体系的第 j 阶频率和第 j 阶阻尼比。通过上述步骤，实现了将原来多自由度体系的耦联方程分解为若干彼此独立的单自由度方程的目的。对每一方程进行独立求解，可分别解出 $q_1(t), q_2(t), \cdots, q_n(t)$。

将式（3.68）与单自由度体系在地震作用下的运动方程对比可以发现，两个方程在形式上基本相似，只是式（3.68）的等号右边多了一个系数 γ_j，因此式（3.68）的解可以比照单自由度体系在地震作用下的运动方程的解，从而得到

$$q_j(t) = -\frac{\gamma_j}{\omega_j}\int_0^t \ddot{x}_0(\tau) e^{-\zeta\omega_j(t-\tau)} \sin\omega_j(t-\tau) \mathrm{d}\tau = \gamma_j\Delta_j(t) \tag{3.77}$$

式中

$$\Delta_j(t) = -\frac{1}{\omega_j}\int_0^t \ddot{x}_0(\tau) e^{-\zeta_j\omega_j(t-\tau)} \sin\omega_j(t-\tau) \mathrm{d}\tau \tag{3.78}$$

式（3.78）相当于自振频率为 ω_j、阻尼比为 ζ_j 的单自由度弹性体系在地震作用下的位移反应，这个单自由度体系称为振型 j 相应的振子。

求出广义坐标 $\boldsymbol{q} = (q_1(t) \quad q_2(t) \quad \cdots \quad q_n(t))^{\mathrm{T}}$ 后，即可按式（3.62）或式（3.64）进行组合，求得以原坐标表示的质点位移。其中第 i 质点的位移 $x_i(t)$ 为

$$x_i(t) = X_{1i}q_1(t) + X_{2i}q_2(t) + \cdots + X_{ji}q_j(t) + \cdots + X_{ni}q_n(t) = \sum_{j=1}^{n} q_j(t)X_{ji} = \sum_{j=1}^{n} \gamma_j\Delta_j(t)X_{ji} \tag{3.79}$$

在按振型分解法求解结构地震反应时，通常不需要计算全部振型。理论分析表明，前几阶振型对结构反应贡献最大，高阶振型对反应的贡献很小。对于一般多层房屋，通常考虑前三阶振型即可满足工程精度要求，这样计算可大为简化。

3.5 振型分解反应谱法

振型分解反应谱法是在振型分解法和反应谱法基础上发展起来的一种计算多自由度体系地震作用的方法，该方法的主要思路是：利用振型分解法的概念，将多自由度体系分解成若干个单自由度体系的组合，然后引用单自由度体系的反应谱理论来计算各振型的地震作用。该方法比振型分解法更简便实用，是《建筑抗震设计规范》中给出的计算多自由度体系地震作用的一种基本方法。

3.5.1 多自由度体系的水平地震作用力

由前述知识，单自由度体系的地震作用为

$$F(t) = m\omega^2 x(t) \tag{3.80}$$

根据反应谱理论，单自由度体系的最大水平地震作用为

$$F = \alpha G \tag{3.81}$$

对多自由度体系，第 j 振型第 i 质点的地震作用可写为

$$F_{ji}(t) = m_i \omega_j^2 x_{ji}(t) \tag{3.82}$$

由振型分解法可知

$$x_{ji}(t) = X_{ji} q_j(t) = X_{ji} \gamma_j \Delta_j(t) \tag{3.83}$$

将式（3.83）代入式（3.82），则有

$$F_{ji}(t) = \gamma_j X_{ji} m_i \omega_j^2 \Delta_j(t) \tag{3.84}$$

由式（3.78）知，式（3.84）中的 $\Delta_j(t)$ 为第 j 振型的单自由度振子，因此式（3.84）的后 3 项相当于单自由度体系的公式（3.80）。利用单自由度反应谱的概念，得第 j 振型第 i 质点的水平地震作用标准值为

$$F_{ji}(t) = \gamma_j X_{ji} \alpha_j G_i = \alpha_j \gamma_j X_{ji} G_i \quad (i,j = 1,2,\cdots,n) \tag{3.85}$$

式中，F_{ji} 为 j 振型第 i 质点的水平地震作用标准值；α_j 为与第 j 振型自振周期 T_j 相应的地震影响系数；G_i 为集中于质点 i 的重力荷载代表值；X_{ji} 为 j 振型第 i 质点的水平相对位移；γ_j 为 j 振型的参与系数，按式（3.72）计算，即

$$\gamma_j = \frac{\sum_{i=1}^{n} G_i X_{ji}}{\sum_{i=1}^{n} G_i X_{ji}^2} \tag{3.86}$$

式（3.86）即按振型分解反应谱法计算多自由度体系地震作用的一般表达式，由此可求得各阶振型下各个质点上的最大水平地震作用。

3.5.2 地震作用效应的组合

按上述方法求出相应于各振型 j 各质点 i 的水平地震作用 F_{ji} 后，即可用一般结构力学方法计算相应于各振型时结构的弯矩、剪力、轴向力和变形，这些统称为地震作用效应，用 S_j 表示第 j 振型的作用效应。由于相应于各振型的地震作用 F_{ji} 均为最大值，所以相应各振型的地震作用效应 S_j 也为最大值，但结构振动时，相应于各振型的最大地震作用效应一般不会

同时发生，因此，在求结构总的地震效应时不应是各振型效应 S_j 的简单代数和，由此产生了地震作用效应如何组合的问题，或称振型组合问题。

《建筑抗震设计规范》给出了根据随机振动理论得出的计算结构地震作用效应的"平方和开方"公式（SRSS 法），即

$$S_{\text{Ek}} = \sqrt{\sum S_j^2}\qquad\qquad(3.87)$$

式中，S_{Ek} 为水平地震作用标准值效应；S_j 为 j 振型水平地震作用标准值效应，可只取前 2~3 个振型，当基本自振周期大于 1.5s 或房屋的高宽比大于 5 时，振型个数应适当增加。

【例3.3】　单跨两层框架，条件同例 3.2，设防烈度 8 度，场地条件为 Ⅱ 类（第一组），$G_1 = G_2 = 1200\text{kN}$，$k_1 = k_2 = 12200\text{kN/m}$，阻尼比 $\zeta = 0.05$。试用振型分解反应谱法计算该结构的水平地震作用效应。

【解】：（1）结构的自振频率、周期及振型

$$\omega_1 = 0.618\sqrt{\frac{k}{m}} = 0.618 \times \sqrt{\frac{12200 \times 9.8}{1200}}\text{s}^{-1} = 6.17\text{s}^{-1}$$

$$\omega_2 = 1.618\sqrt{\frac{k}{m}} = 1.618 \times \sqrt{\frac{12200 \times 9.8}{1200}}\text{s}^{-1} = 16.15\text{s}^{-1}$$

$$T_1 = \frac{2\pi}{\omega_1} = \frac{2 \times 3.14}{6.17}\text{s} = 1.018\text{s}$$

$$T_2 = \frac{2\pi}{\omega_2} = \frac{2 \times 3.14}{16.15}\text{s} = 0.389\text{s}$$

$$X_1 = \begin{pmatrix} 1 \\ 1.618 \end{pmatrix}, X_2 = \begin{pmatrix} 1 \\ -0.618 \end{pmatrix}$$

（2）振型参与系数

$$\gamma_1 = \frac{\sum\limits_{i=1}^{2} G_i X_{1i}}{\sum\limits_{i=1}^{2} G_i X_{1i}^2} = 0.73 ; \quad \gamma_2 = \frac{\sum\limits_{i=1}^{2} G_i X_{2i}}{\sum\limits_{i=1}^{2} G_i X_{2i}^2} = 0.28$$

（3）地震影响系数　查表 3.3 得 $T_g = 0.35\text{s}$，$\alpha_{\max} = 0.16$，则

$$\alpha_1 = \left(\frac{T_g}{T_1}\right)^{0.9}\alpha_{\max} = \left(\frac{0.35}{1.018}\right)^{0.9} \times 0.16 = 0.061$$

$$\alpha_2 = 0.145$$

（4）水平地震作用

$$F_{11} = \alpha_1\gamma_1 X_{11} G_1 = 0.053 \times 0.73 \times 1.0 \times 1200\text{kN} = 46.43\text{kN}$$

$$F_{12} = \alpha_1\gamma_1 X_{12} G_2 = 0.053 \times 0.73 \times 1.618 \times 1200\text{kN} = 75.12\text{kN}$$

$$F_{21} = \alpha_2\gamma_2 X_{21} G_1 = 0.127 \times 0.28 \times 1.0 \times 1200\text{kN} = 42.67\text{kN}$$

$$F_{22} = \alpha_2\gamma_2 X_{22} G_2 = 0.127 \times 0.28 \times (-0.618) \times 1200\text{kN} = -26.37\text{kN}$$

（5）层剪力及其组合

$$V_{11} = 121.55\text{kN}, V_{12} = 75.12\text{kN}, V_{21} = 16.30\text{kN}, V_{22} = -26.37\text{kN}$$

$$V_1 = \sqrt{V_{11}^2 + V_{21}^2} = \sqrt{121.55^2 + 16.30^2}\text{kN} = 122.61\text{kN}$$

$$V_2 = \sqrt{V_{12}^2 + V_{22}^2} = \sqrt{75.12^2 + 26.37^2}\,\text{kN} = 79.61\,\text{kN}$$

计算结果如图 3.11 所示。

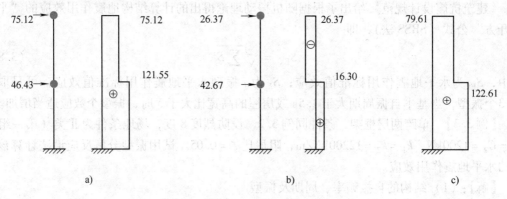

a)   b)   c)

图 3.11 例 3.3 图

a) 第一振型水平地震作用与层剪力 b) 第二振型水平地震作用与层剪力 c) 组合后层剪力

3.6 底部剪力法

按振型分解反应谱法计算水平地震作用，特别是房屋层数较多时，计算过程十分冗繁。为了简化计算，《建筑抗震设计规范》规定，在满足一定条件下，可采用近似计算法，即底部剪力法。理论分析表明，对于质量和刚度沿高度分布比较均匀、高度不超过 40m，并以剪切变形为主（当房屋高宽比不大于 4 时）的结构，振动时具有以下特点：位移反应以基本振型为主；基本振型接近直线。根据其振动特点，体系任意质点的第一振型位移与其高度成正比，即

$$X_{1i} = \eta H_i \tag{3.88}$$

式中，η 为比例常数；H_i 为质点 i 离地面的高度，即计算高度。

将式（3.88）代入式（3.86），得

$$F_i = \alpha_1 \gamma_1 \eta H_i G_i \tag{3.89}$$

结构总水平地震作用标准值（底部剪力）为

$$F_{Ek} = \sum_{i=1}^{n} F_i = \alpha_1 \gamma_1 \eta \sum_{i=1}^{n} G_i H_i \tag{3.90}$$

由式（3.90）得

$$\alpha_1 \gamma_1 \eta = \frac{F_{Ek}}{\sum\limits_{i=1}^{n} G_i H_i} \tag{3.91}$$

将式（3.91）代入式（3.89），得出计算 F_i 的表达式

$$F_i = \frac{G_i H_i}{\sum\limits_{j=1}^{n} G_j H_j} F_{Ek} \tag{3.92}$$

式中，F_{Ek} 为结构总水平地震作用标准值（底部剪力）；F_i 为质点 i 的水平地震作用标准值；

G_i 为集中于质点 i 的重力荷载代表值；H_i 为质点 i 的计算高度。

式（3.92）即按底部剪力法计算质点 i 水平地震作用力的基本公式。由该式可看出，如果已知 F_{Ek} 则可以方便地计算 F_i。我们可以根据底部剪力相等的原则，将多质点体系等效为一个与其基本周期相同的单质点体系，就可以方便地用单自由度体系公式计算底部剪力 F_{Ek} 值，即

$$F_{Ek} = \alpha_1 G_{eq} \tag{3.93}$$

式中，α_1 为相应于结构基本自振周期的水平地震影响系数，按单自由度体系的水平地震影响系数的计算方法计算，对多层砌体房屋、底部框架和多层内框架砖房，易取水平地震影响系数最大值；G_{eq} 为结构等效重力荷载。

$$G_{eq} = \beta \sum_{i=1}^{n} G_i \tag{3.94}$$

式中，β 为等效系数（对单质点体系，取 $\beta = 1$；对多质点体系，经大量计算分析，β 值一般在 $0.8 \sim 0.9$，《建筑抗震设计规范》取 $\beta = 0.85$）。

计算地震作用时，式（3.93）只考虑了第一振型的影响，并假定为直线倒三角形分布。对于自振周期比较长的多层钢筋混凝土房屋、多层内框架砖房，经计算发现，在房屋顶部的地震剪力按底部剪力法计算结果较精确法偏小。为了减小这一误差，《建筑抗震设计规范》采取调整地震作用的办法，使顶层地震剪力有所增加。当结构基本周期 $T > 1.4T_g$ 时，需在结构的顶部附加集中水平地震作用 ΔF_n，并保持结构总底部剪力不变，即

$$F_i = \frac{G_i H_i}{\sum_{j=1}^{n} G_j H_j} F_{Ek}(1 - \delta_n) \quad (i = 1, 2, \cdots, n) \tag{3.95}$$

$$\Delta F_n = \delta_n F_{Ek} \tag{3.96}$$

式中，δ_n 为顶部附加地震作用系数，对于多层钢筋混凝土房屋和钢结构房屋，按表 3.5 采用，对于多层内框架砖房，可取 $\delta_n = 0.2$，其他房屋可取 $\delta_n = 0$；ΔF_n 为顶部附加地震作用。

表 3.5　顶部附加地震作用系数

T_g/s	$T > 1.4T_g$	$T \leqslant 1.4T_g$
$T_g \leqslant 0.35$	$0.08T + 0.07$	
$0.35 < T_g \leqslant 0.55$	$0.08T + 0.01$	0
$T_g > 0.55$	$0.08T - 0.02$	

大量震害表明，突出屋面的屋顶间（电梯机房、水箱间）、女儿墙、烟囱等，它们的震害比下面主体结构严重。这是突出屋面的这些建筑的质量和刚度突然变小，地震反应随之增大的缘故，这种现象称为"鞭梢效应"。因此《建筑抗震设计规范》规定，采用底部剪力法时，对建筑物顶部这些突出部分的地震作用效应，宜乘以增大系数3，此增大部分不应往下传递，但与该突出部分相连的构件应予计入。

【例 3.4】　单跨两层框架，层高 $h_1 = h_2 = 4m$，其余条件同例 3.2，使用底部剪力法计算该结构的水平地震作用。

【解】：（1）基底总剪力

$$F_{Ek} = \alpha_1 G_{eq} = 0.053 \times 0.85 \times 1200 \times 2kN = 108.12kN$$

（2）各质点的水平地震作用　由于 $T = 1.018s > 1.4T_g = 1.4 \times 0.35s = 0.49s$，所以

$$\delta_n = 0.08T + 0.07 = 0.08 \times 1.018 + 0.07 = 0.151$$

$$F_1 = \frac{G_1 H_1}{\sum\limits_{i=1}^{2} G_i H_i} F_{Ek}(1 - \delta_n) = \frac{1200 \times 8}{1200 \times 4 + 1200 \times 8} \times 108.12 \times (1 - 0.151)kN = 61.20kN$$

$$F_2 = 30.60kN$$

$$\Delta F_n = \delta_n F_{Ek} = 0.151 \times 108.12kN = 16.33kN$$

计算结果及其与振型分解反应谱法的比较如图 3.12 所示。

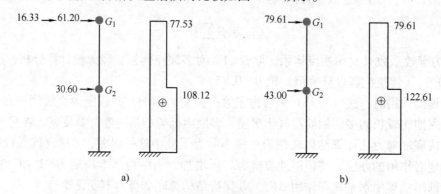

图 3.12　例 3.4 图

a）底部剪力法的水平地震作用及层剪力　b）振型分解反应谱法的水平地震作用及层剪力

3.7　结构基本周期的近似计算

按底部剪力法计算结构地震作用的最大优点是不需进行琐碎的频率和振型分析，但此时仍需知道结构的基本周期。本节介绍两种常用的计算结构基本周期的近似方法：能量法和顶点位移法。

3.7.1　能量法

能量法又称瑞利法，是一种根据能量守恒原理确定结构基本周期的近似方法。

设一 n 质点弹性体系（图 3.13），质点 i 的质量为 m_i，相应的重力荷载为 $G_i = m_i g$，g 为重力加速度。用能量法计算基本周期的准确度取决于假定第一振型与真实振型的近似程度，根据瑞利的建议，沿振动方向施加等于体系荷载的静力作用，由此产生的变形曲线作为体系的第一振型可得到满意的结果。假设各质点的重力荷载 G_i 水平作用于相应质点 m_i 上产

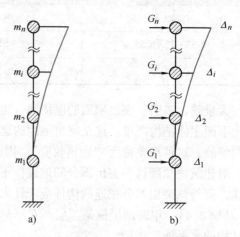

图 3.13　按能量法计算基本周期的计算简图

生的弹性变形曲线为基本振型，图中 Δ_i 为质点 i 的水平位移。于是，在振动过程中，质点 i 的瞬时水平位移为 $x_i(t) = \Delta_i \sin(\omega_i t + \varphi_1)$，其瞬时速度为 $\dot{x}_i(t) = \omega_i \Delta_i \cos(\omega_i t + \varphi_1)$。

当体系在振动过程中各质点位移同时达到最大时，动能为零，而变形位能达到最大值 $U_{\max}$，即

$$U_{\max} = \frac{1}{2}\sum_{i=1}^{n} G_i \Delta_i \tag{3.97}$$

当体系经过静平衡位置时，变形位能为零，体系动能达到最大值 $T_{\max}$，即

$$T_{\max} = \frac{1}{2}\sum_{i=1}^{n} m_i (\omega_1 \Delta_i)^2 = \frac{\omega_1^2}{2g}\sum_{i=1}^{n} G_i \Delta_i^2 \tag{3.98}$$

若忽略阻尼力的影响，则体系没有能量损耗，总能量保持不变。根据能量守恒原理，令 $U_{\max} = T_{\max}$，可得体系基本频率的近似计算公式为

$$\omega_1 = \sqrt{\frac{g\sum_{i=1}^{n} G_i \Delta_i}{\sum_{i=1}^{n} G_i \Delta_i^2}} \tag{3.99}$$

体系的基本周期为

$$T = \frac{2\pi}{\omega_1} = 2\pi\sqrt{\frac{\sum_{i=1}^{n} G_i \Delta_i^2}{g\sum_{i=1}^{n} G_i \Delta_i}} \approx 2\sqrt{\frac{\sum_{i=1}^{n} G_i \Delta_i^2}{\sum_{i=1}^{n} G_i \Delta_i}} \tag{3.100}$$

式中，G_i 为质点 i 的重力荷载；Δ_i 为在各假想水平荷载 G_i 共同作用下，质点 i 处的水平弹性位移。

3.7.2 顶点位移法

顶点位移法是常用的一种求结构体系基本周期的近似方法，其特点是将体系的基本周期用重力荷载水平作用下的顶点位移来表示。

考虑一质量均匀的悬臂直杆（图3.14a），杆单位长度的质量为 $\bar{m}$，相应重力荷载为 $q = \bar{m}g$。

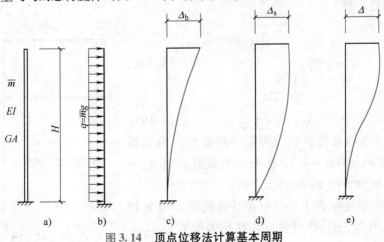

图3.14 顶点位移法计算基本周期

当杆为弯曲型振动时，基本周期为

$$T_{b} = 1.78 \sqrt{\frac{qH^4}{gEI}} \tag{3.101}$$

当杆为剪切型振动时，基本周期为

$$T_{s} = 1.28 \sqrt{\frac{\xi qH^2}{GA}} \tag{3.102}$$

式中，EI 为杆的弯曲刚度；GA 为杆的剪切刚度；ξ 为剪应力分布不均匀系数。

悬臂直杆在均匀重力荷载 q 水平作用下（图 3.14b），弯曲变形时的顶点位移为

$$\Delta_{b} = \frac{qH^4}{8EI} \tag{3.103}$$

剪切变形时的顶点位移为

$$\Delta_{s} = \frac{\xi qH^2}{2GA} \tag{3.104}$$

弯曲振动时用顶点位移表示的基本周期计算公式为

$$T_{b} = 1.6 \sqrt{\Delta_{b}} \tag{3.105}$$

弯剪振动时用顶点位移表示的基本周期计算公式为

$$T = 1.7\sqrt{\Delta} \tag{3.106}$$

剪切振动时用顶点位移表示的基本周期计算公式为

$$T_{s} = 1.8 \sqrt{\Delta_{s}} \tag{3.107}$$

上述各公式中，顶点位移的单位为 m，周期的单位为 s。对于一般多层框架结构，只要求得框架在集中于楼（屋）盖的重力荷载水平作用时的顶点位移，即可求出其基本周期值。

3.7.3 基本周期的修正

在按能量法和顶点位移法求解基本周期时，一般只考虑承重构件（如框架梁柱、抗震墙）的刚度，并未考虑非承重构件（如填充墙）对刚度的影响，这将使理论计算的周期偏长。当用反应谱理论计算地震作用时，会使地震作用偏小而趋于不安全。因此，为使计算结果更接近实际情况，应对理论计算的自振周期给予折减，对式（3.100）和式（3.106）分别乘以折减系数，得

$$T = 2\Psi_{T} \sqrt{\frac{\sum_{i=1}^{n} G_i \Delta_i^2}{\sum_{i=1}^{n} G_i \Delta_i}} \tag{3.108}$$

$$T = 1.7\Psi_{T} \sqrt{\Delta} \tag{3.109}$$

式中，Ψ_{T} 为考虑填充墙影响的周期折减系数（取值如下：框架结构 $\Psi_{T} = 0.6 \sim 0.7$；框架－抗震墙结构 $\Psi_{T} = 0.7 \sim 0.8$；抗震墙结构 $\Psi_{T} = 1.0$）。

【例 3.5】 钢筋混凝土三层框架计算简图如图 3.15 所示，各层高均为 5m，楼层重力荷载代表值 $G_1 = G_2 =$

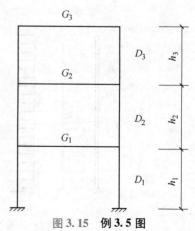

图 3.15 例 3.5 图

1200kN，$G_3 = 800\text{kN}$；楼板刚度无穷大，楼层抗侧移刚度 $D_1 = D_2 = 4.5 \times 10^4 \text{kN/m}$，$D_3 = 4.0 \times 10^4 \text{kN/m}$。分别按能量法和顶点位移法计算结构基本自振周期（取填充墙影响折减系数为0.7）。

【解】：（1）计算各楼层重力荷载水平作用于结构时引起的侧移 计算结果列于表3.6。

（2）按能量法计算基本周期 由式（3.108）得

$$T = 2\Psi_\text{T} \sqrt{\dfrac{\sum\limits_{i=1}^{n} G_i \Delta_i^2}{\sum\limits_{i=1}^{n} G_i \Delta_i}}$$

$$= 2 \times 0.7 \times \sqrt{\dfrac{800 \times 0.1355^2 + 1200 \times 0.1155^2 + 1200 \times 0.0711^2}{800 \times 0.1355 + 1200 \times 0.1155 + 1200 \times 0.0711}}\text{s}$$

$$= 0.466\text{s}$$

表3.6 楼层侧移计算

层数	楼层重力荷载 /kN	楼层剪力 $v_i = \sum\limits_{i}^{n} G_i$ /kN	楼层抗侧移刚度 D_i /(kN/m)	层间侧移 $\delta_i = V_i/D_i$ /m	楼层侧移 $\Delta_i = \sum\limits_{i}^{i} \delta_i$ /m
3	800	800	40000	0.0200	0.1355
2	1200	2000	45000	0.0444	0.1155
1	1200	3200	45000	0.0711	0.0711

（3）按顶点位移法计算基本周期 由式（3.109）得

$$T = 1.7\Psi_\text{T} \sqrt{\Delta} = 1.7 \times 0.7 \times \sqrt{0.1355}\text{s} = 0.438\text{s}$$

3.7.4 基本周期的经验公式

根据实测统计，忽略填充墙布置、质量分布差异等，初步设计时可按下列公式估算。

1）高度低于25m且有较多的填充墙框架办公楼、旅馆的基本周期

$$T = 0.22 + 0.35H/\sqrt[3]{B} \tag{3.110}$$

式中，H 为房屋总高度；B 为所考虑方向房屋总宽度。

2）高度低于50m的钢筋混凝土框架－抗震墙结构的基本周期

$$T = 0.33 + 0.00069H^2/\sqrt[3]{B} \tag{3.111}$$

3）高度低于50m的规则钢筋混凝土抗震墙结构的基本周期

$$T = 0.04 + 0.038H/\sqrt[3]{B} \tag{3.112}$$

4）高度低于35m的化工煤炭工业系统钢筋混凝土框架厂房的基本周期

$$T = 0.29 + 0.0015H^{2.5}/\sqrt[3]{B} \tag{3.113}$$

在实测统计基础上，再忽略房屋宽度和层高的影响等，有下列更粗略的公式：

1）混凝土框架结构

$$T = (0.08 \sim 0.10)N \tag{3.114}$$

式中，N 为结构总层数。

    2）混凝土框架 - 抗震墙或钢筋混凝土框架 - 筒体结构

$$T = (0.06 \sim 0.08)N \tag{3.115}$$

    3）混凝土抗震墙或筒中筒结构

$$T = (0.04 \sim 0.05)N \tag{3.116}$$

    4）钢 - 混凝土混合结构

$$T = (0.06 \sim 0.08)N \tag{3.117}$$

    5）高层钢结构

$$T = (0.08 \sim 0.12)N \tag{3.118}$$

3.8 平动扭转耦联振动时结构的抗震计算

前面讨论的水平地震作用的计算方法适用于结构平面布置规则、质量和刚度分布均匀的结构体系。这时，结构可简化为质点系，即每一楼层简化为一个自由度的质点。当结构布置不能满足均匀、规则、对称的要求时，结构的振动除了平移振动外，还会伴随扭转振动。大量震害调查表明，扭转将产生对结构不利的影响，加重建筑结构的地震震害。因此，《建筑抗震设计规范》规定：不规则的建筑结构，应按下列要求进行水平地震作用计算和内力调整，并应对薄弱部位采取有效的抗震构造措施：

1）平面不规则而竖向规则的建筑结构，应采用空间结构计算模型，并应符合下列要求：

① 扭转不规则时，应计入扭转影响，且楼层竖向构件最大的弹性水平位移或层间位移分别不宜大于楼层两端弹性水平位移和层间位移平均值的1.5倍，当最大层间位移远小于《建筑抗震设计规范》限值时，可适当放宽。

② 凹凸不规则或楼板局部不连续时，应采用符合楼板平面内实际刚度变化的计算模型；高烈度或不规则程度较大时，宜计入楼板局部变形的影响。

③ 平面不对称且凹凸不规则或局部不连续，可根据实际情况分块计算扭转位移比，扭转较大的部位应考虑局部的内力增大系数。

2）平面规则而竖向不规则的建筑结构，应采用空间结构计算模型，刚度小的楼层的地震剪力应乘以不小于1.15的增大系数，其薄弱层应按《建筑抗震设计规范》有关规定进行弹塑性变形分析，并应符合下列要求：

① 竖向抗侧力构件不连续时，该构件传递给水平转换构件的地震内力应根据烈度高低和水平转换构件的类型、受力情况、几何尺寸等，乘以1.25~2.0的增大系数。

② 相邻层的侧向刚度比，应依据其结构类型分别不超过《建筑抗震设计规范》有关章节的规定。

③ 楼层承载力突变时，薄弱层抗侧力结构的受剪承载力不应小于相邻上一楼层的65%。

3）平面不规则且竖向不规则的建筑结构，应根据不规则类型的数量和程度，有针对性地采取不低于上述1）、2）条要求的各项抗震措施。特别不规则时，应经专门研究，采取更有效的加强措施或对薄弱部位采用相应的抗震性能设计方法。

综合分析下来，产生扭转的原因可分为外因和内因两个方面：

（1）外因方面　地振动是一种多维随机运动，地面运动存在着转动分量或地面各点的运动存在相位差，导致即使是对称结构也难免发生扭转。

（2）内因方面　结构自身不对称，结构平面质量中心与刚度中心不重合，存在偏心，导致水平地震下结构的扭转振动。此外，对于多层房屋，即使每层的质心和刚心重合，但各楼层的质心不在同一竖轴上时，同样也会引起整个结构的扭转振动。

对于上述原因的第二条，《建筑抗震设计规范》提出按扭转耦联振型分解法计算地震作用及其效应。假设楼盖平面内刚度为无限大，将质量分别就近集中到各层楼板平面上，则扭转耦联振动时结构的计算简图可简化为图 3.16 所示的串联刚片系，而不是仅考虑平移振动时的串联质点系。每层刚片有三个自由度，即 x、y 两方向的平移和平面内的转角 φ。当结构为 n 层时，则结构共有 $3n$ 个自由度。

在自由振动条件下，任一振型 j 在任意层 i 具有三个振型位移，即两个正交的水平位移 X_{ji}、Y_{ji} 和一个转角位移 φ_{ji}。按扭转耦联振型分解法计算时，j 振型第 i 层的水平地震作用标准值按下列公式确定（图 3.17）。

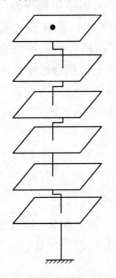

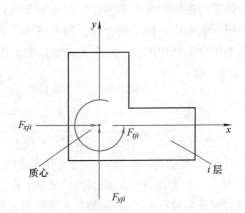

图 3.16　平动扭转耦联振动时的串联刚片模型　　图 3.17　j 振型第 i 层质心处的地震作用

$$\begin{cases} F_{xji} = \alpha_j \gamma_{tj} X_{ji} G_i \\ F_{yji} = \alpha_j \gamma_{tj} Y_{ji} G_i \\ F_{tji} = \alpha_j \gamma_{tj} r_i^2 \varphi_{ji} G_i \end{cases} \qquad (3.119)$$

式中，F_{xji}、F_{yji}、F_{tji} 分别为 j 振型 i 层的 x 方向、y 方向和转角方向地震作用标准值；X_{ji}、Y_{ji} 分别为 j 振型 i 层质心在 x、y 方向的水平相对位移；φ_{ji} 为 j 振型 i 层的相对扭转角；α_j 为与第 j 振型自振周期 T_j 相应的地震影响系数；r_i 为 i 层转动半径，按式（3.120）计算；γ_{tj} 为计入扭转的 j 振型参与系数，按式(3.121)~式(3.123)确定。

$$r_i = \sqrt{J_i / m_i} \qquad (3.120)$$

式中，J_i 为第 i 层绕质心的转动惯量；m_i 为第 i 层的质量。

当仅取 x 方向地震作用时

$$\gamma_{tj} = \gamma_{xj} = \frac{\displaystyle\sum_{i=1}^{n} X_{ji} G_i}{\displaystyle\sum_{i=1}^{n} (X_{ji}^2 + Y_{ji}^2 + \varphi_{ji}^2 r_i^2) G_i} \tag{3.121}$$

当仅取 y 方向地震作用时

$$\gamma_{tj} = \gamma_{yj} = \frac{\displaystyle\sum_{i=1}^{n} Y_{ji} G_i}{\displaystyle\sum_{i=1}^{n} (X_{ji}^2 + Y_{ji}^2 + \varphi_{ji}^2 r_i^2) G_i} \tag{3.122}$$

当取与 x 方向斜交的地震作用时

$$\gamma_{tj} = \gamma_{xj} \cos\theta + \gamma_{yj} \sin\theta \tag{3.123}$$

式中，θ 为地震作用方向与 x 方向的夹角。

按式（3.119）可分别求得对应于每一振型的最大地震作用，这时仍需进行振型组合求结构总的地震反应。与结构单向平移水平地震反应计算相比，考虑平扭耦合效应进行振型组合时，需注意由于平扭耦合体系有 x 向、y 向和扭转三个主振方向，若取 $3r$ 个振型组合则只相当于不考虑平扭耦合影响时只取 r 个振型组合的情况，故平扭耦合体系的组合数比非平扭耦合体系的振型组合数要多，一般应为 3 倍以上。此外，由于平扭耦合影响，一些振型的频率间隔可能很小，振型组合时，需考虑不同振型地震反应间的相关性。为此，可采用完全二次振型组合法（CQC 法），按下式计算地震作用效应

$$S_{Ek} = \sqrt{\sum_{j=1}^{m} \sum_{k=1}^{m} \rho_{jk} S_j S_k} \tag{3.124}$$

$$\rho_{jk} = \frac{8\sqrt{\zeta_j \zeta_k}(\zeta_j + \lambda_T \zeta_k)\lambda_T^{1.5}}{(1 - \lambda_T^2)^2 + 4\zeta_j \zeta_k(1 + \lambda_T^2)\lambda_T + 4(\zeta_j^2 + \zeta_k^2)\lambda_T^2} \tag{3.125}$$

式中，S_{Ek} 为地震作用标准值的扭转效应；m 为所取振型数，一般取前 9～15 个振型；S_j、S_k 分别为 j、k 振型地震作用标准值的效应；ζ_j、ζ_k 分别为 j、k 振型的阻尼比；ρ_{jk} 为 j 振型与 k 振型的耦联系数；λ_T 为 k 振型与 j 振型的自振周期比。

表 3.7 给出了阻尼比 $\zeta = 0.55$ 时 ρ_{jk} 与 λ_T 的数值关系，从表中可看出，ρ_{jk} 随 λ_T 的减小而迅速衰减。当 $\lambda_T > 0.8$ 时，不同振型之间相关性的影响可能较大。这说明，当各振型的频率相近时，有必要考虑耦联系数 ρ_{jk} 的影响。当 $\lambda_T < 0.7$ 时，两个振型间的相关性很小，可忽略不计。如果忽略全部振型的相关性，即只考虑自身振型的相关，则由式（3.124）给出的 CQC 组合式退化为式（3.87）的 SRSS 组合式。

表 3.7　ρ_{jk} 与 λ_T 的数值关系　（$\zeta = 0.55$）

λ_T	0.4	0.5	0.6	0.7	0.8	0.9	0.95	1.0
ρ_{jk}	0.010	0.018	0.035	0.071	0.165	0.472	0.791	1.000

按式（3.119）可分别求出 x 向水平地震动和 y 向水平地震动产生的各阶水平地震作用，再按式（3.124）进行振型组合，分别求得由 x 向水平地震动和 y 向水平地震动产生的某一特定地震作用效应（如楼层位移、构件内力等），分别计为 S_x 和 S_y。由于 S_x 和 S_y 不一定在同一时刻发生，可采用平方和开方的方式估计由双向水平地震产生的作用效应。根据强震观

测记录的统计分析，两个方向水平地震加速度的最大值不相等，二者之比约为 1∶0.85，因此《建筑抗震设计规范》提出按下面两式的较大值确定双向水平地震作用效应

$$S_{Ek} = \sqrt{S_x^2 + (0.85S_y)^2} \tag{3.126}$$

或

$$S_{Ek} = \sqrt{S_y^2 + (0.85S_x)^2} \tag{3.127}$$

式中，S_x、S_y 分别为 x 向、y 向单向水平地震作用按式（3.124）计算的扭转效应。

在进行平动扭转耦联的计算中，需要求出各楼层的转动惯量。对于任意形状的楼盖，取任意坐标轴，质心 C_i 的坐标 x_i、y_i 可用下式求得

$$x_i = \frac{\iint_{A_i} \overline{m_i} x \mathrm{d}x\mathrm{d}y}{\iint_{A_i} \overline{m_i} \mathrm{d}x\mathrm{d}y}, \quad y_i = \frac{\iint_{A_i} \overline{m_i} y \mathrm{d}x\mathrm{d}y}{\iint_{A_i} \overline{m_i} \mathrm{d}x\mathrm{d}y} \tag{3.128}$$

式中，$\overline{m_i}$ 为 i 层任意点处单位面积的质量；A_i 为 i 层楼盖水平面积。

绕任意竖轴 O 的转动惯量为

$$J_{io} = \iint_{A_i} \overline{m_i}(x^2 + y^2)\mathrm{d}x\mathrm{d}y \tag{3.129}$$

绕质心 C_i 的转动惯量为

$$J_i = \iint_{A_i} \overline{m_i}[(x - x_i)^2 + (y - y_i)^2]\mathrm{d}x\mathrm{d}y \tag{3.130}$$

3.9 竖向地震作用计算

地震时，地面运动的竖向分量引起建筑物产生竖向振动。震害调查表明，在高烈度区，竖向地震的影响十分明显。对于高层建筑和高耸结构，由于重力荷载产生的压应力沿高度逐渐减小，可能使结构的上部在竖向地震作用下因上下振动而出现拉应力，加重上部结构的地震震害。对于大跨度结构，竖向地震使结构产生上下振动的惯性力，相当于增加了结构的上下荷载作用。因此《建筑抗震设计规范》规定：8、9 度时的大跨度和长悬臂结构及 9 度时的高层建筑，应计算竖向地震作用。

3.9.1 高层建筑的竖向地震作用计算

要进行竖向地震作用计算，首先应掌握竖向反应谱。根据大量强震记录及其统计分析，竖向地震具有如下特点：

1）竖向与水平地震动力系数 β 谱曲线的变化规律大致相同，反应谱的形状相差不大。

2）竖向地震动加速度峰值大约为水平地震动加速度峰值的 1/2～2/3，此数值实际上决定了两者地震系数 k 之间的比值。

根据上述特点，在竖向地震作用的计算中，可近似采用水平反应谱，而竖向地震影响系数的最大值近似取为水平地震影响系数最大值的 65%。

通过对大量高层建筑的分析，其主要振型规律可概括为：

1）竖向基本振型接近于一条直线，按倒三角形分布。

2）竖向地震反应以基本振型为主。

3）高层建筑竖向基本周期很短，一般为0.1~0.2s。

由上述规律的前两条可知，高层建筑的竖向地震作用计算可采用类似于水平地震作用的底部剪力法，即先确定结构底部总竖向地震作用，然后由总竖向地震作用计算结构各个质点上的地震作用，计算简图如图3.18所示。由上述第3）条规律可知，高层建筑的竖向基本周期处于地震影响系数曲线的水平段，因此竖向地震影响系数可以均取最大值α_{vmax}，不必再计算竖向基本周期。

根据上述分析，高层建筑竖向地震作用计算的基本公式为

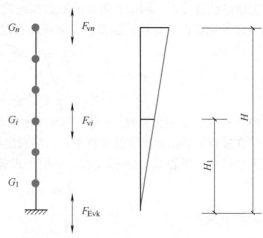

图 3.18 竖向地震作用计算简图

$$F_{Evk} = \alpha_{vmax}G_{eq} \qquad (3.131)$$

$$F_{vi} = \frac{G_iH_i}{\sum\limits_{i=1}^{n} G_iH_i}F_{Evk} \qquad (3.132)$$

式中，F_{Evk}为结构总竖向地震作用标准值；F_{vi}为质点i的竖向地震作用标准值；α_{vmax}为竖向地震影响系数最大值，取水平地震影响系数最大值的65%，即$\alpha_{vmax}=0.65\alpha_{hmax}$；$G_{eq}$为结构等效总重力荷载，按式（3.94）确定，对竖向地震作用计算，取等效系数$\beta=0.75$。

由式（3.132）求出各楼层质点的竖向地震作用后，可进一步确定楼层的竖向地震作用效应，这时可按各构件承受的重力荷载代表值的比例分配，并宜乘以1.5的增大系数。

3.9.2 大跨度结构的竖向地震作用计算

大量分析表明，对平板型网架、大跨度屋盖、长悬臂结构等大跨度结构的各主要构件，竖向地震作用内力与重力荷载的内力比值一般相差不大，因而可认为竖向地震作用的分布与重力荷载的分布相同。《建筑抗震设计规范》规定：对平板型网架屋盖、跨度大于24m的屋架、长悬臂结构和其他大跨度结构，其竖向地震作用标准值的计算可采用静力法，取其重力荷载代表值和竖向地震作用系数的乘积，即$F_{vi}=\xi_vG_i$，式中，F_{vi}为结构或构件的竖向地震作用标准值；G_i为结构或构件的重力荷载代表值；ξ_v为竖向地震作用系数（对于平板型网架和跨度大于24m的屋架，按表3.8采用；对于长悬臂和其他大跨度结构，8度时取$\xi_v=0.10$，当设计基本地震加速度为0.30g时，取$\xi_v=0.15$，9度时取$\xi_v=0.20$）。

表 3.8 竖向地震作用系数 ξ_v

结构类型	烈度	场地类别		
		I	II	III
平板型网架、钢屋架	8	可不计算（0.10）	0.08（0.12）	0.10（0.15）
	9	0.15	0.15	0.20
钢筋混凝土屋架	8	0.10（0.15）	0.13（0.19）	0.13（0.19）
	9	0.20	0.25	0.25

注：括号中数值用于设计基本地震加速度为0.30g的地区。

大跨度空间结构的竖向地震作用，尚可按竖向振型分解反应谱方法计算。其竖向地震影响系数可采用水平地震影响系数的65%，但设计特征周期可按设计第一组采用。

3.9.3 长悬臂结构的竖向地震作用计算

长悬臂构件的竖向地震作用标准值，8度和9度可分别取该结构、构件重力荷载代表值的10%和20%，设计基本地震加速度为 $0.30g$ 时，可取该结构、构件重力荷载代表值的15%。

3.10 结构抗震验算

为了实现"小震不坏，中震可修，大震不倒"的三水准设防目标，《建筑抗震设计规范》提出了两阶段设计方法来完成三个烈度水准的抗震设防要求，即：

第一阶段设计：按多遇地震作用效应和其他荷载效应的基本组合验算构件截面抗震承载力，以及验算结构在多遇地震作用下的弹性变形。

第二阶段设计：验算结构在罕遇地震下的弹塑性变形。

3.10.1 结构抗震计算的一般原则

各类建筑结构的抗震计算，应遵循下列原则：

1）一般情况下，应至少在建筑结构的两个主轴方向分别计算水平地震作用，各方向的水平地震作用应由该方向抗侧力构件承担。

2）有斜交抗侧力构件的结构，当相交角度大于15°时，应分别计算各抗侧力构件方向的水平地震作用。

3）质量和刚度分布明显不对称的结构，应计入双向水平地震作用下的扭转影响；其他情况，应允许采用调整地震作用效应的方法计入扭转影响。

4）8度、9度时的大跨度和长悬臂结构及9度时的高层建筑，应计算竖向地震作用。

5）平面投影尺度很大的空间结构，应视结构形式和支承条件，分别按单点一致、多点、多向或多向多点输入计算地震作用。

6）8度、9度时采用隔震设计的建筑结构，应按有关规定计算竖向地震作用。

各类建筑结构的抗震计算，应采用下列方法：

1）高度不超过40m、以剪切变形为主且质量和刚度沿高度分布比较均匀的结构，以及近似于单质点体系的结构，可采用底部剪力法等简化方法。

2）除第1）条外的建筑结构，宜采用振型分解反应谱法。

3）特别不规则的建筑、甲类建筑和表3.9所列高度范围的高层建筑，应采用时程分析法进行多遇地震下的补充计算，可取多条时程曲线计算结果的平均值与振型分解反应谱法计算结果的较大值。

采用时程分析法时，应按建筑场地类别和设计地震特征周期分组选用不少于二组的实际强震记录和一组人工模拟的加速度时程曲线，其平均地震影响系数曲线应与振型分解反应谱法所采用的地震影响系数曲线在统计意义上相符，其加速度时程的最大值可按表3.10采用。弹性时程分析时，每条时程曲线计算所得结构底部剪力不应小于振型分解反应谱法计算结果的65%，多条时程曲线计算所得结构底部剪力的平均值不应小于振型分解反应谱法计算结果的80%。

表3.9　采用时程分析的房屋高度范围　　　　　　　　（单位：m）

烈度、场地类别	房屋高度范围
8度Ⅰ、Ⅱ类场地和7度	>100
8度Ⅲ、Ⅳ类场地	>80
9度	>60

表3.10　时程分析所用地震加速度时程的最大值　　　　（单位：cm/s²）

地震类型	地震烈度			
	6度	7度	8度	9度
多遇地震	18	35（55）	70（110）	140
设防地震	50	100（150）	200（300）	400
罕遇地震	120	220（310）	400（510）	620

注：括号内数值分别用于设计基本地震加速度为0.15g和0.30g的地区。

4）计算罕遇地震下结构的变形，应采用简化的弹塑性分析方法或弹塑性时程分析法。

5）按多点输入计算地震作用时，应考虑地震行波效应和局部场地效应。6度、7度和Ⅰ、Ⅱ类场地时，应允许采用简化方法，根据结构跨度、长度不同，支承结构和基础抗震验算时，乘以附加地震作用系数1.15～1.30；上部结构抗震验算时，乘以附加地震作用系数1.30～1.50。7度Ⅲ、Ⅳ类场地和8度、9度时，应采用时程分析方法进行抗震验算。

6）为保证结构的基本安全性，抗震验算时，结构任一楼层的水平地震剪力应符合下式的最低要求

$$V_{Eki} > \lambda \sum_{j=i}^{n} G_j \qquad (3.133)$$

式中，V_{Eki}为第i层对应于水平地震作用标准值的楼层剪力；λ为剪力系数，不应小于表3.11规定的楼层最小地震剪力系数值，对竖向不规则结构的薄弱层，尚应乘以1.15的增大系数；G_j为第j层的重力荷载代表值。

表3.11　楼层最小地震剪力系数值λ

结构类别	地震烈度			
	6度	7度	8度	9度
扭转效应明显或基本周期小于3.5s的结构	0.008	0.016（0.024）	0.032（0.048）	0.064
基本周期大于5.0s的结构	0.006	0.012（0.018）	0.024（0.032）	0.040

注：1. 基本周期介于3.5～5.0s的结构，可插入取值。

2. 括号内数值分别用于设计基本地震加速度为0.15g和0.30g的地区。

3.10.2 截面抗震验算

结构的截面抗震验算，应符合下列规定：

1）6度时的建筑（不规则建筑及建造于Ⅳ类场地上较高的高层建筑除外），以及生土房屋和木结构房屋等，应允许不进行截面抗震验算，但应符合有关的抗震措施要求。

2）6度时不规则建筑、建造于Ⅳ类场地上较高的高层建筑，7度和7度以上的建筑结构（生土房屋和木结构房屋等除外），应进行多遇地震作用下的截面抗震验算。

3）采用隔震设计的建筑结构，其抗震验算应符合有关规定。

结构构件的地震作用效应和其他荷载效应的基本组合，应按下式计算

$$S = \gamma_G S_{GE} + \gamma_{Eh} S_{Ehk} + \gamma_{Ev} S_{Evk} + \psi_w \gamma_w S_{wk} \qquad (3.134)$$

式中，S 为结构构件内力组合的设计值，包括组合的弯矩、轴向力和剪力设计值等；γ_G 为重力荷载分项系数，一般情况应采用1.3，当重力荷载效应对构件承载能力有利时，不应大于1.0；γ_{Eh}、γ_{Ev} 分别为水平、竖向地震作用分项系数，按表3.12采用；γ_w 为风荷载分项系数，应采用1.4；S_{GE} 为重力荷载代表值的效应；S_{Ehk} 为水平地震作用标准值的效应；S_{Evk} 为竖向地震作用标准值的效应；S_{wk} 为风荷载标准值的效应；ψ_w 为风荷载组合值系数，一般结构取0.0，风荷载起控制作用的高层建筑应取0.2。

表3.12 地震作用分项系数

地震作用	γ_{Eh}	γ_{Ev}
仅计算水平地震作用	1.4	0.0
仅计算竖向地震作用	0.0	1.4
同时计算水平与竖向地震作用（水平地震为主）	1.3	0.5
同时计算水平与竖向地震作用（竖向地震为主）	0.5	1.3

结构构件的截面抗震验算，应采用下列设计表达式

$$S \leq \frac{R}{\gamma_{RE}} \qquad (3.135)$$

式中，γ_{RE} 为承载力抗震调整系数，按表3.13采用，当仅计算竖向地震作用时，各类结构构件均宜采用1.0；R 为结构构件承载力设计值，按相关设计规范计算。

表3.13 承载力抗震调整系数

材料	结构构件	受力状态	γ_{RE}
钢	柱、梁、支撑、节点板件、螺栓、焊缝柱、支撑	强度稳定	0.75 0.80
砌体	两端均有构造柱、芯柱的抗震墙	受剪	0.9
	其他抗震墙	受剪	1.0
混凝土	梁	受弯	0.75
	轴压比小于0.15的柱	偏压	0.75
	轴压比不小于0.15的柱	偏压	0.80
	抗震墙	偏压	0.85
	各类构件	受剪、偏拉	0.85

注：当仅计算竖向地震作用时，各类结构构件承载力抗震调整系数均应采用1.0。

注意到对于一般结构的非抗震计算，其结构构件承载力设计表达式为 $\gamma_0 S \leqslant R$，与式（3.135）比较，两种表达式存在如下区别：

1）结构构件的内力组合设计值 S 在两种表达式中根据是否考虑抗震而具有不同的组合形式。

2）在抗震设计表达式（3.135）中，未考虑结构重要性系数 γ_0。其主要原因是，在《建筑抗震设计规范》中，通过采用构造措施和不同的计算要求来考虑重要性的不同，不再引进 γ_0。

3）在抗震设计表达式（3.135）中，引进了承载力抗震调整系数 γ_{RE}，主要考虑了如下两个因素：①动力荷载下材料强度比静力荷载下高；②地震是偶然作用，结构的抗震可靠度要求比承受其他荷载的要求低。

3.10.3 多遇地震作用下结构的弹性变形验算

在多遇地震作用下，满足抗震承载力要求的结构一般保持在弹性工作阶段不受损坏，但如果弹性变形过大，将会导致非结构构件或部件（如围护墙、隔墙及各类装修等）出现过重破坏。因此，《建筑抗震设计规范》规定，对表 3.14 所列各类结构应进行多遇地震作用下的抗震变形验算，其楼层内最大的弹性层间位移应符合下列要求

$$\Delta u_e \leqslant [\theta_e] h \tag{3.136}$$

式中，$[\theta_e]$ 为弹性层间位移角限值；h 为计算楼层层高；Δu_e 为多遇地震作用标准值产生的楼层内最大的弹性层间位移。计算时，除以弯曲变形为主的高层建筑外，可不扣除结构整体弯曲变形，应计入扭转变形，各作用分项系数均应采用 1.0；钢筋混凝土结构构件的截面刚度可采用弹性刚度。

表 3.14 弹性层间位移角限值

结构类型	$[\theta_e]$
钢筋混凝土框架	1/550
钢筋混凝土框架 – 抗震墙、板柱 – 抗震墙、框架 – 核心筒	1/800
钢筋混凝土抗震墙、筒中筒	1/1000
钢筋混凝土框支层	1/1000
多、高层钢结构	1/300

3.10.4 罕遇地震作用下结构的弹塑性变形验算

在罕遇地震作用下，地面运动的加速度峰值一般是多遇地震下的 4～6 倍。所以在多遇地震烈度下处于弹性阶段的结构，在罕遇地震烈度下将进入弹塑性阶段，即结构达到屈服。这时，结构已无强度储备，为抵抗持续的地震作用，要求结构有较好的延性，通过发展塑性变形来消耗地震输入的能量。若结构的变形能力不足，势必会由于薄弱层（部位）弹塑性变形过大而发生倒塌。因此，为满足"大震不倒"的要求，需进行罕遇地震作用下结构的弹塑性变形验算。

1. 验算范围

经过第一阶段设计后，构件已具备必要的延性，大多数结构可以满足"大震不倒"的要求，但对某些刚度较小和有特殊要求的结构，尚需验算其在强震作用下的弹塑性变形，即进行第二阶段设计。根据震害实况和设计经验，《建筑抗震设计规范》规定下列结构应进行罕遇地震作用下薄弱层的弹塑性变形验算：

1）8度Ⅲ、Ⅳ类场地和9度时，高大的单层钢筋混凝土柱厂房的横向排架。

2）7~9度时楼层屈服强度系数 $\xi_y < 0.5$ 的钢筋混凝土框架结构。

3）高度大于150m的结构。

4）甲类建筑和9度时乙类建筑中的钢筋混凝土结构和钢结构。

5）采用隔震和消能减震设计的结构。

此外，《建筑抗震设计规范》规定，对下列结构也宜进行弹塑性变形验算：

1）表3.9所列高度范围且属于竖向不规则类型的高层建筑结构。

2）7度Ⅲ、Ⅳ类场地和8度时乙类建筑中的钢筋混凝土结构和钢结构。

3）板柱－抗震墙结构和底部框架砌体房屋。

4）高度不大于150m的高层钢结构。

5）不规则的地下建筑结构和地下空间综合体。

2. 验算方法

结构薄弱层（部位）的弹塑性层间位移应符合下式要求

$$\Delta u_p \leq [\theta_p]h \tag{3.137}$$

式中，Δu_p 为弹塑性层间位移；h 为薄弱层楼层高度或单层厂房上柱高度；$[\theta_p]$ 为弹塑性层间位移角限值，按表3.15采用（对钢筋混凝土框架结构，当轴压比小于0.40时，可提高10%；当柱子全高的箍筋构造比《建筑抗震设计规范》的最小配箍特征值大30%时，可提高20%，但累计不超过25%）。

表3.15　弹塑性层间位移角限值

结构类型	$[\theta_p]$
单层钢筋混凝土柱排架	1/30
钢筋混凝土框架	1/50
底部框架砖房中的框架－抗震墙	1/100
钢筋混凝土框架－抗震墙、板柱－抗震墙、框架－核心筒	1/100
钢筋混凝土抗震墙、筒中筒	1/120
多、高层钢结构	1/50

弹塑性层间位移 Δu_p 的计算可采用弹塑性地震反应时程分析法或静力弹塑性分析法（详见第4章），但按上述方法计算较为复杂。因此，《建筑抗震设计规范》建议，对不超过12层且层刚度无突变的钢筋混凝土框架结构、单层钢筋混凝土柱厂房可采用下述简化计算法计算，主要计算步骤如下：

（1）计算楼层屈服强度系数　大量震害分析表明，大震作用下的结构一般存在"塑性变形集中"的薄弱层，这是因为结构构件强度是按小震作用计算的，各截面实际配筋与计算往往不一致，同时各部位在大震作用下其效应增大的比例也不同，从而使有些层位可能率先屈服，形成塑性变形集中，这种抗震薄弱层的变形能力的好坏将直接影响整个结构的倒塌性能。

《建筑抗震设计规范》中引入楼层屈服强度系数来定量判别薄弱层的位置，其表达式为

$$\xi_y(i) = \frac{V_y(i)}{V_e(i)} \tag{3.138}$$

式中，$\xi_y(i)$ 为结构第 i 层的楼层屈服强度系数；$V_y(i)$ 为按构件实际配筋和材料强度标准值计算的第 i 楼层实际抗剪承载力；$V_e(i)$ 为按罕遇地震作用下的弹性分析获得的第 i 楼层的地震剪力。

（2）确定结构薄弱层的位置 由式（3.138）可见，楼层屈服强度系数 ξ_y 反映了结构中楼层的实际承载力与该楼层所受弹性地震剪力的相对比值关系。计算分析表明，当各楼层的屈服强度系数均大于 0.5 时，该结构就不存在塑性变形明显集中而导致倒塌的薄弱层，故无须再进行罕遇地震作用下抗震变形验算。而当各层屈服强度系数并不都大于 0.5 时，则楼层屈服强度系数最小或相对较小的楼层往往率先屈服并出现较大的层间弹塑性位移，且楼层屈服强度系数越小，层间弹塑性位移越大，故可根据楼层屈服强度系数来确定结构薄弱层的位置。

对于结构薄弱层（部位）的位置，《建筑抗震设计规范》中给出如下确定原则：

1）楼层屈服强度系数沿高度分布均匀的结构，可取底层。

2）楼层屈服强度系数沿高度分布不均匀的结构，可取该系数最小的楼层（部位）和相对较小的楼层，一般不超过 2~3 处。

3）单层厂房，可取上柱。

当楼层屈服强度系数符合下述条件时，才认为是沿高度分布均匀的，即

对标准层 $\quad\quad\quad \xi_y(i) \geqslant 0.8 \times [\xi_y(i+1) + \xi_y(i-1)]/2 \tag{3.139a}$

对顶层 $\quad\quad\quad\quad\quad \xi_y(n) \geqslant 0.8\xi_y(n-1) \tag{3.139b}$

对底层 $\quad\quad\quad\quad\quad \xi_y(1) \geqslant 0.8\xi_y(2) \tag{3.139c}$

（3）薄弱层弹塑性层间位移的计算 薄弱层弹塑性层间位移可按下式计算

$$\Delta u_p = \eta_p \Delta u_e \tag{3.140}$$

或

$$\Delta u_p = \mu \Delta u_y = \frac{\eta_p}{\xi_y} \Delta u_y \tag{3.141}$$

式中，Δu_e 为罕遇地震作用下按弹性分析的层间位移；Δu_y 为层间屈服位移；η_p 为弹塑性层间位移增大系数 [当薄弱层（部位）的屈服强度系数不小于相邻层（部位）该系数平均值的 0.8 时，可按表 3.16 取用；当不大于该平均值的 0.5 时，可按表内相应数值的 1.5 倍取用；其他情况可采用内插法取值]。

由表 3.15 可以看出，弹塑性层间位移增大系数 η_p 随框架层数和楼层屈服强度系数 ξ_y 而变化，ξ_y 减小时 η_p 增大较多，因此设计中应尽量避免产生 ξ_y 过低的薄弱层。

表 3.16　弹塑性层间位移增大系数 η_p

结构类型	总层数 n 或部位	ξ_y		
		0.5	0.4	0.3
多层均匀框架结构	2 ~ 4	1.30	1.40	1.60
	5 ~ 7	1.50	1.65	1.80
	8 ~ 12	1.80	2.00	2.20
单层厂房	上柱	1.30	1.60	2.00

习题

一、填空题

1. 一般情况下，应允许在建筑结构的两个主轴方向（　　）考虑水平地震作用并进行抗震验算，各方向的水平地震作用应全部由（　　）承担。

2. 质量和刚度明显不均匀、不对称的结构，应考虑水平地震作用的（　　）影响。

3. 建筑的（　　）代表值应取结构和构配件自重标准值和各可变荷载组合值之和。

4. 按简化方法计算薄弱层弹塑性变形时，对于楼层屈服强度系数沿高度分布均匀的结构，可取（　　）作为薄弱层。

5. 结构基本自振周期的近似计算方法有（　　）、（　　）、（　　）等。

6. 在用底部剪力法计算多层结构的水平地震作用时，如 $T_1 > 1.4T_g$，再附加 ΔF_n，目的是考虑（　　）的影响。

7. 《建筑抗震设计规范》规定，对于烈度为 8 度和 9 度的大跨和（　　）结构、烟囱和类似的高耸结构及 9 度时的（　　）等，应考虑竖向地震作用的影响。

8. 采用钢筋混凝土框架－抗震墙体系的高层建筑，其自振周期的长短主要是由（　　）的数量决定的，其数量多、厚度大，自振周期就（　　）。

9. 地震系数 k 表示（　　）与（　　）比；动力系数 β 是单质点（　　）与（　　）的比值。

10. 设计特征周期是表征地震影响的一个重要因素，它与建筑所在的（　　）、（　　）因素有关。

11. 在振型分解反应谱法中，根据统计和地震资料分析，对于各振型产生的地震作用效应，可近似地采用（　　）的组合方法来确定。

12. 《建筑抗震设计规范》规定，抗震设防烈度为（　　）度及以上地区的建筑必须进行抗震设计。

13. 《建筑抗震设计规范》规定的结构抗震计算方法包括：（　　）、（　　）、（　　）。

14. 《建筑抗震设计规范》规定对高度不超过（　　）m、以（　　）变形为主，且（　　）和（　　）沿高度分布比较均匀的结构，可采用底部剪力法。

15. 《建筑抗震设计规范》规定，设防烈度为 6 度、建于 I ~ Ⅲ 类场地上的结构，不需做（　　），但需按抗震等级设计截面，满足（　　）要求。

16. 建筑结构抗震验算包括（　　）和（　　）。

17. 结构的变形验算包括（　　　　）和（　　　　）。

18. 某二层钢筋混凝土框架结构，集中于楼盖和屋盖处的重力荷载代表值相等，$G_1 = G_2 = 1200\text{kN}$，第一振型 $\Phi_{12}/\Phi_{11} = 1.618/1$，第二振型 $\Phi_{22}/\Phi_{21} = -0.618/1$，则第一振型的振型参与系数 $\gamma_j =$（　　　　）。

19. 建筑平面形状复杂将加重建筑物震害的原因为（　　　　）和（　　　　）。

20. 动力平衡方程与静力平衡方程的主要区别是，动力平衡方程（　　　　）和（　　　　）。

21. 位于9度地震区的高层建筑的地震作用效应和其他荷载效应的基本组合为（　　　　）。

22. 目前，工程中求解结构地震反应的方法大致可分为两种，即（　　　　）和（　　　　）。

23. 地震作用引起结构扭转的原因主要有（　　　　）和（　　　　）。

24. 建筑构造扭转不规则时，应考虑扭转影响，楼层竖向构件最大的层间位移不宜大于楼层层间位移平均值的（　　　　）倍。

25. 工程中求解自振频率和振型的近似方法有（　　　）、（　　　）、（　　　）和（　　　）。

26. 楼层屈服强度系数为（　　　　），是第 i 层根据第一阶段设计得到的截面实际配筋和材料强度标准值计算的受剪实际承载力与第 i 层按罕遇地震动参数计算的弹性地震剪力的比值。

二、选择题

1. 关于结构自振周期近似计算的折算（等效）质量法，下面说法不正确的是（　　　）。
A. 折算（等效）质量法可近似计算结构基本自振周期
B. 代替原体系的单质点体系，应与原体系的刚度和约束条件相同
C. 代替原体系的单质点体系的动能等于原体系的动能乘以动力等效换算系数
D. 此方法需假设一条第一振型的弹性曲线

2. 在确定地震影响系数时，考虑的因素包括（　　　）。
Ⅰ. 结构自振周期　　Ⅱ. 设防烈度　　Ⅲ. 设计地震分组　　Ⅳ. 场地类别　　Ⅴ. 特征周期
Ⅵ. 用于第一还是第二阶段设计　　Ⅶ. 该系数的下限值
A. Ⅰ、Ⅱ、Ⅲ、Ⅴ、Ⅶ　　　　　　　B. Ⅰ、Ⅱ、Ⅲ、Ⅳ、Ⅴ
C. Ⅲ、Ⅳ、Ⅴ、Ⅵ、Ⅶ　　　　　　　D. Ⅰ、Ⅱ、Ⅴ、Ⅵ、Ⅶ

3. 水平地震作用标准值 F_{ek} 的大小除了与质量、地震烈度、结构自振周期有关，还与下列因素（　　　）有关。
A. 场地特征周期　　　B. 场地平面尺寸　　　C. 荷载分项系数　　　D. 抗震等级

4. 高层建筑结构抗震设计时，应具有（　　　）抗震防线。
A. 一道　　　　　B. 两道　　　　　C. 多道　　　　　D. 不需要

5. 当建筑物的自振周期与场地的卓越周期相等或接近时，建筑物的震害都有（　　　）的趋势。
A. 减轻　　　　　B. 加重　　　　　C. 无变化　　　　　D. 不确定

6. 为保证（　　　），需进行结构弹性地震反应分析。
A. 小震不坏　　　B. 中震可修　　　C. 大震不倒　　　D. 强震不倒

7. 地震系数 k 与下列因素（　　　）有关。
A. 地震烈度　　　　　　　　　　　B. 场地卓越周期
C. 场地土类别　　　　　　　　　　D. 结构基本周期

8. 下列不适合用底部剪力法计算结构的水平地震作用的情形是（　　　）。
A. 质量和刚度沿高度分布比较均匀　　　B. 高度不超过40m
C. 变形以剪切变形为主　　　　　　　　D. 高层建筑和特别不规则的建筑

9. 为保证（　　），需进行结构弹塑性地震反应分析。

A. 小震不坏　　　　　　　　　　　　　B. 中震可修

C. 大震不倒　　　　　　　　　　　　　D. 强震不倒

10. 框架结构考虑填充墙刚度时，T_1 与水平弹性地震作用 F_{Ek} 的变化规律是（　　）。

A. $T_1\downarrow$，$F_{Ek}\uparrow$　　　B. $T_1\uparrow$，$F_{Ek}\uparrow$　　　C. $T_1\uparrow$，$F_{Ek}\downarrow$　　　D. $T_1\downarrow$，$F_{Ek}\downarrow$

11. 楼层屈服强度系数沿高度分布比较均匀的结构，薄弱层的位置为（　　）。

A. 最顶层　　　　　　B. 中间楼层　　　　　　C. 第二层　　　　　　D. 底层

12. 下列可采用底部剪力法计算水平地震作用的是（　　）。

A. 40m 以上的高层建筑

B. 自振周期 T_1 很长（$T_1>4s$）的高层建筑

C. 垂直方向质量、刚度分布均匀的多层建筑

D. 平面上质量、刚度有较大偏心的多高层建筑

13. 计算 9 度区的高层住宅竖向地震作用时，结构等效总重力荷载 G_{eq} 为（　　）。

A. 0.85（1.2 恒载标准值 G_k +1.4 活载标准值 Q_k）　B. 0.85（G_k+Q_k）

C. 0.75（$G_k+0.5Q_k$）　　　　　　　　　　　D. 0.85（$G_k+0.5Q_k$）

14. 下列因素与质点受到的水平地震作用力无关的是（　　）。

A. 结构质量　　　　B. 地震系数　　　　C. 动力放大系数　　　　D. 结构高度和宽度

15. 下面关于地震系数和动力系数的说法不正确的是（　　）。

A. 地震系数的大小主要和地震烈度有关

B. 地震系数表示地面运动的最大加速度与重力加速度的比值

C. 动力系数是单质点最大绝对加速度与地面最大加速度的比值

D. 动力系数的大小和地震烈度有关

16. 下列关于地震作用说法不正确的是（　　）。

A. 建筑物周期长，则地震作用小

B. 设防烈度高，则地震作用大

C. 建筑物重量大，则地震作用大

D. 地震作用与结构的自振周期、场地卓越周期、设防烈度等相关

17. 地震作用大小的确定取决于地震影响系数曲线，下列因素与地震影响系数曲线无关的是（　　）。

A. 建筑结构的阻尼比　　　　　　　　　B. 结构自重

C. 特征周期值　　　　　　　　　　　　D. 水平地震影响系数最大值

18. 某多层钢筋混凝土框架结构，建筑场地类别为 I$_1$ 类，抗震设防烈度为 8 度，设计地震分组为第二组。计算罕遇作用时的特征周期应取（　　）。

A. 0.30s　　　　　B. 0.35s　　　　　C. 0.40s　　　　　D. 0.45s

19. 一幢 5 层的商店建筑，其抗震设防烈度为 8 度（0.2g），场地为 III 类，设计地震分组为第一组，该建筑采用钢结构，结构自振周期为 0.4s，阻尼比为 0.035，该钢结构的地震影响系数是（　　）。

A. 0.18　　　　　B. 0.16　　　　　C. 0.20　　　　　D. 0.025

20. 关于主振型，下列说法中错误的是（　　）。

A. 体系有多少个自由度就有多少个主振型

B. 主振型反映的是结构在振动过程中两质点的位移比值始终保持不变

C. 主振型不是体系的固有特性，是经常变化的

D. 主振型具有正交性

21. 按振型分解反应谱法计算水平地震作用标准值时，其所用的重力荷载应为（　　）。

A. 结构总重力荷载代表值

B. 结构各集中质点的重力荷载代表值

C. 结构等效总重力荷载值，即总重力荷载代表值的 85%

D. 结构各集中质点的重力荷载代表值的 85%

22. 底部剪力法中关于附加地震作用的计算，下列说法中正确的是（　　）。

A. 所有结构都需要考虑附加地震作用

B. 多层砌体房屋一般不考虑附加地震作用

C. 如屋顶有突出建筑时，附加地震作用应加到该突出建筑上

D. 附加地震作用均匀分配到结构各层

23. 垂直方向质量、刚度分布均匀的多高层建筑，其水平地震作用竖向分布是（　　）。

A. 上下均匀　　　B. 倒三角形（上大下小）　　　C. 三角形（上小下大）　　　D. 梯形（上大下小）

24. 普通住宅楼的重力荷载代表值是指（　　）。

A. 1.2 恒载标准值 +1.4 活载标准值　　　　　　B. 1.0 恒载标准值 +1.0 活载标准值

C. 1.0 恒载标准值 +0.5 活载标准值　　　　　　D. 1.2 恒载标准值 +1.3 活载标准值

25. 高度不超过 40m，以剪切变形为主且质量和刚度沿高度分布比较均匀的高层建筑结构，在进行地震作用计算时，为了简化计算，可采用（　　）方法。

A. 时程分析法

B. 振型分解反应谱法

C. 底部剪力法

D. 先用振型分解反应谱法计算，再以时程分析法做补充计算

26. 当采用底部剪力法计算多遇地震水平地震作用时，特征周期为 0.30s，顶部附加水平地震作用标准值 $\Delta F_n = \delta_n F_{Ek}$，当结构基本自振周期为 1.30s 时，顶部附加水平地震作用系数 δ_n 应与（　　）最为接近。

A. 0.17　　　　　B. 0.11　　　　　C. 0.08　　　　　D. 0.0

27. 关于竖向地震作用和水平地震作用，下列说法正确的是（　　）。

A. 所有的结构，在抗震区都应考虑竖向地震作用

B. 内力组合时，竖向地震作用和水平地震作用可以同时考虑

C. 大跨度结构和水平长悬臂结构均以竖向地震作用为主要地震作用

D. 竖向地震作用取结构重力荷载代表值的 15%

28. 下述设防条件下的高层建筑应考虑竖向地震作用的是（　　）。

A. 8 度　　　　　B. 9 度　　　　　C. 均应考虑　　　　　D. 7 度

29. 钢筋混凝土结构受弯构件的承载力抗震调整系数为（　　）。

A. 0.75　　　　　B. 0.80　　　　　C. 0.85　　　　　D. 0.90

30. 计算地震作用时，建筑的重力荷载代表值对雪荷载的取值规定为（　　）。

A. 取 50%　　　　B. 不考虑　　　　C. 取 100%　　　　D. 取 1.4 倍雪荷载

31. 结构构件截面的抗震验算中，水平地震作用的荷载组合系数为（　　）。

A. 1.0　　　　　B. 1.2　　　　　C. 1.3　　　　　D. 1.4

32. 抗震标准给出的设计反应谱中，当构造自振周期在 $0.1s \sim T_g$ 时，谱曲线为（　　　）。

A. 水平直线　　　　B. 斜直线　　　　　　C. 抛物线　　　　　　D. 指数曲线

33. 标准规定，不考虑扭转影响时，水平地震作用效应组合计算应采用的方法是（　　　）。

A. 完全二次项组合法〔CQC 法〕　　　　　　B. 平方和开平方方法〔SRSS 法〕

C. 杜哈米积分　　　　　　　　　　　　　　D. 振型分解反应谱法

34. 在求解多自由度体系的频率和振型时，既可以计算基本频率，也可以计算高阶频率的方法是（　　　）。

A. 矩阵迭代法　　　B. 等效质量法　　　　C. 能量法　　　　　　D. 顶点位移法

35. 土质条件对地震反应谱的影响很大，土质越松软，加速度谱曲线表现为（　　　）。

A. 谱曲线峰值右移　　　　　　　　　　　B. 谱曲线峰值左移

C. 谱曲线峰值增大　　　　　　　　　　　D. 谱曲线峰值降低

36. （　　　）适用于重量和刚度沿高度分布均匀的结构。

A. 底部剪力法　　　　　　　　　　　　　B. 振型分解反应谱法

C. 时程分析法　　　　　　　　　　　　　D. 顶点位移法

37. 震中距对地震反应谱的影响很大，在烈度相同的条件下，震中距越远，加速度谱曲线表现为（　　　）。

A. 谱曲线峰值右移　　　　　　　　　　　B. 谱曲线峰值左移

C. 谱曲线峰值增大　　　　　　　　　　　D. 谱曲线峰值降低

38. 地震系数表示地面运动的最大加速度与重力加速度之比，一般地面运动的加速度越大，则地震烈度（　　　）。

A. 越低　　　　　　B. 不变　　　　　　　C. 越高　　　　　　　D. 不能判定

三、判别题

1. 计算多遇地震作用标准值产生的层间弹性位移时，各作用的分项系数均采用1.0。（　　　）

2. 限制层间弹性位移的目的是防止结构倒塌。（　　　）

3. 振型分解反应谱法既适用于弹性体系，也可用于弹塑性体系。（　　　）

4. 采用底部剪力法时，突出屋面的屋顶件，由于刚度突变、质量突变，其地震作用的效应乘以增大系数3，此增大部分应向下传递。（　　　）

5. 在进行抗震设计时，结构平面凹进的一侧尺寸为其相应宽度的20%时，认为是规则的。（　　　）

6. 选择结构的自振周期应尽可能接近场地卓越周期。（　　　）

7. 在抗震设计中，对烈度为9度的大跨、长悬臂结构，应考虑竖向地震作用。（　　　）

8. 《建筑抗震设计规范》规定，所有的建筑都可用底部剪力法计算。（　　　）

9. 结构的自振周期随质量的增加而减小，随刚度的增加而加大。（　　　）

10. 振型分解反应谱法只能适用于弹性体系。（　　　）

11. 地震作用下，绝对刚性结构的绝对加速度反应趋于零。（　　　）

12. 若结构体系按某一振型振动，体系的所有质点将按同一频率做简谐振动。（　　　）

13. 结构的刚心就是地震惯性力合力作用点的位置。（　　　）

14. 在截面抗震验算时，其采用的承载力调整系数一般小于1。（　　　）

15. 地震时，基础做水平运动，单自由度质点上作用有三种力，分别为惯性力、弹性恢复力、阻尼力。（　　）

16. 有阻尼体系自由振动的曲线是一条逐渐衰减的波动曲线，即振幅随时间的增加而减少，并且阻尼越大，振幅衰减越慢。（　　）

17. 地震动振幅越大，地震反应谱值越大。（　　）

18. 计算竖向地震作用，也可以用底部剪力法。（　　）

19. 排架结构按底部剪力法计算，单质点体系取全部重力荷载代表值。（　　）

20. 当结构周期较长时，结构的高阶振型地震作用影响不能忽略。（　　）

四、名词解释

地震反应谱　地震系数　地震影响系数　地震作用　重力荷载代表值　楼层屈服强度系数　振型分解法　标准反应谱曲线　动力系数　鞭梢效应　动力自由度　结构的地震反应　结构的地震作用效应　等效总重力荷载代表值

五、简答题

1. 为什么将地震对建筑结构的影响称为地震作用而不称为地震荷载？

2. 何谓地震系数 k 和动力系数 β？如何确定 k 值和 β 值？

3. 何谓地震影响系数 α？绘制 α 反应谱曲线，并标注曲线上的特征点。

4. 式 $F_{ji} = \alpha_j \gamma_j X_{ji} G_i$ 中各符号代表什么意义？按振型分解反应谱法，各振型产生的水平地震作用效应如何组合？

5. 何谓重力荷载代表值和等效重力荷载代表值？

6. 底部剪力法的适用范围是什么？采用底部剪力法时，如何考虑顶部附加的地震作用和结构的"鞭梢效应"？

7. 在什么情况下应考虑水平地震作用的扭转影响？

8. 在什么情况下应考虑竖向地震作用，如何考虑？

9. 常用的计算结构基本自振周期的实用方法有哪些？能量法是根据什么原理导出的？式 $T = 1.70\sqrt{\Delta}$ 中 Δ 代表什么？

10. 一般情况下，如何考虑水平地震作用？对有斜交抗侧力构件的结构，如何考虑水平地震作用？

11. 哪些建筑宜采用振型分解反应谱法进行抗震计算？哪些建筑宜采用时程分析法进行补充计算？

12. 为什么要进行结构构件的截面抗震验算？写出截面抗震验算的设计表达式、地震作用效应和其他荷载效应的基本组合公式，并说明以上两式中各符号的意义。

13. 为什么要进行多遇地震作用下的结构弹性位移验算？哪些结构宜进行此项验算？此时 α_{max} 如何取用？

14. 在什么情况下，可采用简化方法计算薄弱层（部位）的弹塑性位移？何谓楼层屈服强度系数？如何确定结构薄弱层（部位）的位置？

15. 简述现行《建筑抗震设计规范》中计算地震作用所采用的三种计算方法及其适用范围。

16. 什么是地震系数和地震影响系数？什么是动力系数？它们有何关系？

17. 简述振型分解反应谱法的计算过程。

18. 简述确定结构地震作用的底部剪力法的适用条件及计算步骤。

19. 在什么情况下结构会产生扭转振动？如何采取措施避免或降低扭转振动？

20. 抗震设计时，为什么要对框架梁柱端进行箍筋加密？

21. 为什么抗震设计截面承载力可以通过承载力抗震调整系数提高？

22. 何谓时程分析法？在什么时候须用时程分析法进行补充计算？

23. 结构自振周期、基本周期与设计特征周期、场地卓越周期的概念是什么？

24. 计算地震作用时，建筑物的重力荷载代表值如何取值？

25. 给出振型对质量和刚度正交的表达式，并说明振型对质量刚度正交的物理意义。

26. 水平地震作用下，作用在单自由度弹性体系质点上的力有哪几种？

27. 什么是地震反应谱？什么是设计反应谱？它们有何关系？

28. 如何利用反应谱确定地震作用？

29. 建筑结构所受地震作用的大小取决于哪些主要因素？

30. 如何确定结构的抗震计算方法？

31. 什么情况下要考虑顶部附加作用？如何计算？

32. 地基与结构相互作用的结果使结构的地震作用发生什么变化？

33. 简述多遇烈度下的抗震承载力验算条件及各个荷载分项系数的取值。

34. 结构弹塑性地震位移反应一般应采用什么方法？计算什么结构可采用简化方法计算？

六、计算题

1. 图 3.19 所示某两层框架结构，设横梁刚度为无穷大，各层质量 $m_1 = 68\text{t}$，$m_2 = 50\text{t}$。主振型及相应的自振周期为：

第一振型：$x_{11} = 0.488$，$x_{12} = 1.000$，$T_2 = 0.39\text{s}$；

第二振型：$x_{21} = 1.710$，$x_{22} = -1.000$，$T_2 = 0.156\text{s}$。

场地类别为 I_1 类，设防烈度为 8 度，设计地震分组为第二组，$\alpha_{\max} = 0.16$。试用振型分解反应谱法求楼层多遇地震剪力标准值。

2. 某四层较均匀钢筋混凝土框架结构如图 3.20 所示，经计算分析求得按构件实际配筋和材料强度标准值计算的各层受剪承载力 $V_y(i)$，在罕遇地震作用下第 i 层的弹性地震剪力 $V_e(i)$ 和罕遇地震作用下按弹性分析的层间位移 Δu_e 见表 3.17。要求确定薄弱层位置并对其进行"大震"作用下的抗震变形验算（层间弹性位移角限值 1/50，薄弱层的弹塑性层间位移增大系数 $\eta_p = 1.50$）。

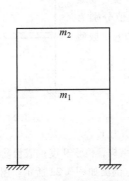

图 3.19　二层框架结构

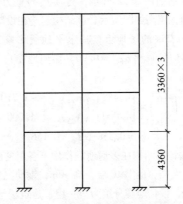

图 3.20　四层钢筋混凝土框架结构

表 3.17　罕遇地震作用下第 i 层的弹性地震剪力 $V_e(i)$ 及按弹性分析的层间位移 Δu_e

项次	一层	二层	三层	四层
$V_y(i)/kN$	558.8	653.0	580.0	341.9
$V_e(i)/kN$	1342.2	1178.0	878.7	444.2
$\Delta u_e(i)/mm$	44.85	29.91	22.31	11.28

3. 已知混凝土框架结构房屋的各层计算高度为 4.5m，层间弹性位移为 7.9mm，试验算多遇地震作用下的抗震变形。

4. 已知某十层均匀框架，底层计算高度为 4.0m，楼层屈服强度系数为 0.45，且罕遇地震作用下按弹性分析的层间位移为 40mm。试验算其罕遇地震作用抗震变形。

5. 求图 3.21 所示弹性体系的自振频率与主振型，并验证主振型的正交性。已知 $m_1 = 60t$，$m_2 = 50t$。

6. 某两层钢筋混凝土框架，集中于楼盖和屋盖处的重力荷载代表值相等，$G_1 = G_2 = 1200kN$，每层层高皆为 4.0m，各层的层间刚度相同，$\Sigma D_1 = \Sigma D_2 = 8630kN/m$；Ⅱ类场地，设防烈度为 7 度，设计基本地震加速度为 0.10g，设计分组为第二组，结构的阻尼比为 $\zeta = 0.05$。

（1）求结构的自振频率和振型，并验证其主振型的正交性。

（2）试用振型分解反应谱法计算框架的楼层地震剪力。

7. 某两层钢筋混凝土框架集中于楼盖和屋盖处的重力荷载代表值相等，$G_1 = G_2 = 1200kN$，每层层高皆为 4.0m，框架的自振周期 $T_1 = 1.028s$，各层的层间刚度相同，$\Sigma D_1 = \Sigma D_2 = 8630kN/m$；Ⅱ类场地，7 度第二组（$T_1 = 0.40s$，$\alpha_{max} = 0.08$），结构的阻尼比为 $\zeta = 0.05$。试按底部剪力法计算框架的楼层地震剪力，并验算弹性层间位移是否满足要求（$[\theta_e = 1/550]$）。

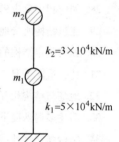

图 3.21　弹性体系

$k_2 = 3 \times 10^4 kN/m$

m_2

m_1

$k_1 = 5 \times 10^4 kN/m$

8. 某三层钢筋混凝土框架，集中于楼盖处的重力荷载代表值分别为 $G_1 = G_2 = 1000kN$，$G_3 = 600kN$，每层层高皆为 5.0m，层间侧移刚度均为 40kN/m，框架的基本自振周期 $T_1 = 0.6332s$；Ⅰ类场地，8 度第二组，设计基本加速度为 0.30g，结构的阻尼比为 $\zeta = 0.05$。试按底部剪力法计算框架的楼层地震剪力，并验算弹性层间位移是否满足规范要求。

9. 某两层钢筋混凝土框架，集中于楼盖和屋盖处的重力荷载代表值相等，$G_1 = G_2 = 1200kN$，每层层高皆为 4.0m，框架的自振周期 $T_1 = 1.028s$；各层的层间刚度相同，$\Sigma D_1 = \Sigma D_2 = 8630kN/m$；Ⅱ类场地，7 度第二组（$T_g = 0.40s$，$\alpha_{max} = 0.08$），结构的阻尼比为 $\zeta = 0.05$。试按底部剪力法计算框架的楼层地震剪力，并验算弹性层间位移是否满足要求（$[\theta_e] = 1/450$）。

10. 二质点体系如图 3.22 所示，各质点的重力荷载代表值分别为 $m_1 = 60t$，$m_2 = 50t$，层高如图所示。该结构建造在设防烈度为 8 度、场地土特征周期 $T_g = 0.25s$ 的场地上，其水平地震影响系数最大值分别为 $\alpha_{max} = 0.16$（多遇地震）和 $\alpha_{max} = 0.90$（罕遇地震）。已知结构的主振型和自振周期分别为

$$\begin{Bmatrix} X_{11} \\ X_{12} \end{Bmatrix} = \begin{Bmatrix} 0.488 \\ 1.000 \end{Bmatrix}, \begin{Bmatrix} X_{21} \\ X_{22} \end{Bmatrix} = \begin{Bmatrix} -1.710 \\ 1.000 \end{Bmatrix}$$

$$T_1 = 0.358s, \quad T_2 = 0.156s$$

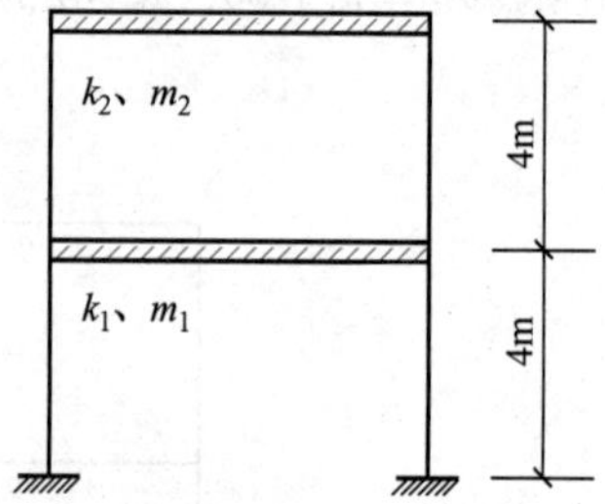

图 3.22　二质点体系

$k_2、m_2$

$k_1、m_1$

4m

4m

用底部剪力法计算结构在多遇地震作用下各层的层间地震剪力 V_i。

11. 有一办公大楼，地上 10 层，高 40m，钢筋混凝土框架结构，位于 9 度抗震设防区，设计基本地震加速度值为 0.40g，设计地震分组为第一组，建筑场地属Ⅱ类。剖面如图 3.23 所示。屋顶为上人屋面。已知每层楼面的永久荷载标准值为 13000kN，每层楼面的活荷载标准值为 2100kN；屋面的永久荷载标准值为

14050kN，屋面的活荷载标准值为 2100kN。经动力分析，考虑了填充墙的刚度后的结构基本自振周期 $T_1 = 1.0s$。该楼的结构布置，侧向刚度及质量均对称、规则、均匀，属规则结构。求该楼底层中柱 A 的竖向地震轴向力标准值。

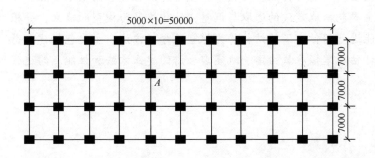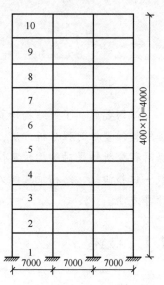

图 3.23　办公大楼平面及剖面图

结构弹塑性地震反应分析 | 第 4 章

学习要点：了解结构计算模型的分类与特点，结构计算模型建立与选取的技术要点。掌握结构弹塑性时程分析方法，主要包括地震波的选取与调整，结构恢复力模型的建立，并根据时程分析结果对结构抗震性能进行评估。了解结构静力弹塑性分析方法，主要包括建立荷载－位移曲线、结构抗震能力评估。掌握承载力谱、地震需求谱的建立方法和性能点的迭代计算方法。

4.1 概述

4.1.1 弹塑性地震反应分析的必要性

在强地震作用下，结构或结构单元（结构的一个部分、一个楼层或一个构件）会超出弹性受力变形范围，进入塑性工作阶段。这时结构或结构单元的刚度特性会发生明显变化（刚度降低），阻尼特性也会有所改变。塑性工作阶段的结构内力分布与弹性工作阶段的相比，有着较大差异。而且，结构刚度的降低一般会增大结构变形，由此产生的重力二阶效应也会加剧结构反应。结构构件弹塑性反应较大时，会导致构件相应发生严重的损伤、破坏，甚至引起结构局部或整体倒塌。

从地震动角度考虑结构弹塑性地震反应问题，除了地震动强度的影响外，地震动的频谱及地震动的持时，对结构的反应也有着不可忽视的影响。结构固有振动频率这一概念原则上对应于弹性变形阶段。结构进入塑性变形阶段后，各结构单元工作状态（刚度）是频繁变化的，只能有一种称为暂态频率或暂态周期的概念。但大体上看，结构在反应的某一阶段可以有一个大致的刚度和大致的频率。所以从动力放大效应这一角度，地震动频谱对结构弹塑性反应起的作用与只考虑弹性反应时类似。至于地震动的持时，虽然它对结构弱非线性反应的影响较小，但当结构进入强非线性阶段工作时，其影响是不能忽视的。另外，持时对结构在地震反应期间（特别是强非线性反应阶段）的能量耗散有较大影响，这对结构的破坏会起一定的作用。

振型分解反应谱法是以反应谱理论和振型分解法为基础的地震作用计算方法。该法以叠加原理为基础，因此只适用于线弹性地震反应分析，不能进行几何非线性和结构弹塑性地震反应分析；该法也只能计算出地震反应的最大值，不能反映地震反应的发展过程。上述不足之处说明如下：

1) 出于安全和经济的原因，抗震设计原则为"小震不坏、中震可修、大震不倒"。但结构及构件在地震作用下一旦进入塑性阶段，叠加原理就不再适用，而反应谱法也不能准确反映弹塑性活动过程中所消耗的地震能量。

2）地震作用是一个时间持续过程。由于构件开裂、屈服引起弹塑性变形与刚度变化，造成结构、构件间的内力重分配时刻都在发生，结构地震反应与受力状态、变形积累过程有关。反应谱法无法获得弹塑性状态下的结构反应，也无法正确判断结构薄弱层或薄弱部位。

3）科学研究和灾害调查表明，结构在地震中是否发生破坏或倒塌，与最大变形能力、结构耗能能力有直接关系。如果不能计算出结构的最大变形或实际耗能，将无法保证"大震不倒"原则的实现。另外，近年来结构隔震和消能减震技术的应用，均需要准确计算隔震装置、消能减震装置的弹塑性变形，确定其变形能力，它们是采用隔、减震技术进行结构设计的关键内容。

4）用统计方法建立的设计反应谱，即便是给出了地震反应的概率或标准差，也不能很好地符合具体的工程地质条件，不能反映场地各土层动力特性的影响，不能计算地基与结构之间的动力相互作用。遇到场地特殊情况，反应谱法也不能正确估计地震反应的变化。

历史上的多次震害也证明了弹塑性分析的必要性：1968 年日本的十胜冲地震中不少按等效静力方法进行抗震设防的多层混凝土结构遭到了严重破坏，1971 年美国加州圣费南多地震、1975 年日本大分地震也出现了类似的情况。相反，1957 年墨西哥城地震中 11 ～ 16 层的许多建筑物遭到破坏，而首次采用了动力弹塑性分析的一座 44 层建筑物却安然无恙，并且经历了 1985 年的另一次 8.1 级地震依然完好无损。可见，随着建筑高度迅速增长，复杂程度日益提高，完全采用弹性理论进行结构抗震计算和设计已经难以满足需要，弹塑性分析方法也就显得越来越重要。

从线弹性分析到弹塑性分析，是结构抗震计算方法的重大进步。结构弹塑性地震反应分析的目的，就是通过认识结构从弹性到弹塑性、从开裂到屈服、损坏直至倒塌的全过程，研究结构内力分配、内力重分配的机理，研究防止破坏的条件和防止倒塌的措施，实现结构设计兼顾安全性和经济性的原则。此外，随着结构抗震理论的发展，基于性能的结构抗震设计方法日益引起人们重视。而实现性能化设计的关键在于能否准确、快速获得结构在大中震作用下的弹塑性反应。而且随着结构抗震性能目标的逐渐具体化与细致化，要求弹塑性分析日趋精细化。

4.1.2　弹塑性地震反应分析方法

《建筑抗震设计规范》规定，对某些建筑结构应进行罕遇地震作用下的弹塑性分析。按地震作用输入类型不同，弹塑性分析可分为静力弹塑性分析与动力弹塑性时程分析，可根据结构特点及设计需求选用。

1. 动力弹塑性时程分析

时程分析法是 20 世纪 60 年代逐步发展起来的抗震分析方法，至 80 年代，已成为多数国家抗震设计规范或规程的分析方法之一。时程分析法又称动态分析法，是直接对结构动力方程进行数值迭代求解，求出地震作用下结构从初始状态直到地震作用终了的全过程内力与变形反应。它与底部剪力法和振型分解反应谱法的最大差别是能计算出结构和结构构件在每个时刻的地震反应（内力和变形）。时程分析法根据结构体系所处受力状态可分为弹性时程分析法和弹塑性时程分析法。若在计算中结构刚度、阻尼特性保持不变，则称为动力弹性时程分析法；若在计算中结构刚度、阻尼特性随着结构受力状态不同而发生改变，则称为动力弹塑性时程分析法。

当用时程分析法进行计算时，通常将地面地震加速度波作为输入。一般而言，地震加速度波的峰值应反映建筑物所在地区的烈度，而其频谱组成反映场地的卓越周期和动力特性。当地震加速度波的作用较为强烈使得结构某些部位达到屈服进入塑性时，动力弹塑性时程分析法通过构件刚度的变化可求出弹塑性阶段的结构内力与变形，以及各部分出现塑性铰的顺序，并能够反映地震动持时对结构的影响。它从强度和变形两个方面来检验结构的安全和抗震可靠度，并判明结构屈服机制和类型。

作为不规则的建筑、高层建筑和甲类建筑抗震设计的一种补充计算，采用时程分析法的主要目的在于检验规范反应谱法的计算结果、弥补反应谱法的不足和进行反应谱法无法做到的结构弹塑性地震反应分析。时程分析法的主要功能有：

1）校正由于采用振型分解反应谱法和组合求解结构内力和位移时的误差。特别是对于周期长达数秒以上的高层建筑，由于设计反应谱在长周期段的人为调整及计算中对高阶振型的影响估计不足产生的误差。

2）可以计算结构在非弹性阶段的地震反应，以便对结构进行大震作用下的变形验算，从而确定结构的薄弱层和薄弱部位，以便采取适当的构造措施。

3）可以计算结构和各结构构件在地震作用下每个时刻的真实地震反应（内力和变形），克服按线弹性计算构件内力与按极限状态进行截面设计配筋这一矛盾。

总的来说，时程分析法具有许多优点，它的计算结果能更真实地反映结构的地震反应，从而能更精确细致地暴露结构的薄弱部位。但该方法存在计算量大、运算时间长的缺点。由于可进行此类分析的有限元分析软件通常不是面向工程设计的，因此软件的使用相对复杂，建模工作量大，数据前后处理烦琐，不如设计软件简单、直观；分析中需要用到大量有限元、本构关系、损伤模型等相关理论知识，对计算人员要求较高。目前随着计算机技术的发展，越来越多的复杂结构设计采用弹塑性时程分析方法来校核弹性设计结果，以避免大震作用下出现不期望的构件严重损伤、结构变形集中甚至结构倒塌破坏。

2. 静力弹塑性分析

结构静力弹塑性分析方法也称推覆分析法（push over analysis，简称 POA），将其与地震反应谱理论结合使用可对结构进行抗震评估，这种做法在近 20 年来获得巨大进展。该方法的基本做法是：先在结构非线性静力分析模型上逐级施加既定的侧向荷载，按顺序计算并记录结构位移、开裂、屈服等地震反应过程，获得结构荷载－位移曲线，该曲线代表了该结构的承载能力和变形能力；再结合《建筑抗震设计规范》规定的地震需求值判断结构的抗震性能和抗震能力。

采用推覆分析法评估结构的抗震能力具有许多优点：

1）相比静力线性分析方法，推覆分析法可以获得结构和构件的非线性变形。

2）相对于弹塑性时程分析法，推覆分析法的概念、所需参数和计算结果相对明确，构件设计和配筋是否合理能够直观地判断，评估过程中所依据的抗震需求和结构设计应达到的抗震水准可以方便调整、相互适应，体现了基于性能的结构抗震设计思想，易被工程设计人员接受。

3）工作量相对小，计算过程稳定收敛，可以花费相对较少的时间和费用得到较稳定的分析结果，减少分析结果的偶然性，达到工程设计所需的变形验算精度。

4) 推覆分析法对于提高结构计算与设计效率、考察构件开裂或屈服过程、分析结构传力途径的变化与破坏机构的形成过程、计算并评估结构抗震能力、指导并改进结构设计具有重要作用。

该方法的缺点是：

1) 推覆分析法将地震的动力效应近似等效为静态荷载，只能给出结构在某种荷载作用下的性能，无法反映结构在某一特定地震作用下的表现及地震作用持续时间、能量耗散、结构阻尼等影响因素。

2) 计算中选取不同的水平荷载分布模式，计算结果存在一定的差异，为最终结果的判断带来不确定性。特别是对于较为复杂的结构，很难确定其合理的水平荷载分布模式。

3) 推覆分析法中的结构性能需求以弹性反应谱为基础，将结构简化为等效单自由度体系获得的。因此，它主要适用于一阶振型反应为主的中低层结构。当较高振型不容忽视时，如高层建筑和具有局部薄弱部位的建筑，推覆分析法的结果不理想。

4) 对于平面、立面不规则结构及竖向地震作用，如何进行推覆分析有待于进一步研究完善。

4.2 结构计算模型

结构计算模型是结构在外部作用（荷载、惯性力、温度等）影响下进行结构作用效应（内力、变形等）计算的主体，由几何模型、物理力学模型两部分组成。几何模型反映结构计算模型的几何构成，包括节点划分、节点位置、构件轴线位置、构件截面几何参数、单元类型、单元间连接构造、边界条件等。物理力学模型主要反映材料或构件的物理力学性能，其中，材料物理力学性能包括材料密度、温度特性、弹性模量、泊松比、应力 – 应变关系等，构件力学性能主要指描述构件内力 – 变形关系的恢复力模型。

选取合理的结构计算模型，是开展结构弹塑性地震反应分析并获得合理可靠分析结果的前提与基础。根据分析需求与计算能力限制条件，计算模型的精细程度不同，一般可分为基于结构楼层恢复力模型、构件恢复力模型及材料本构模型的计算模型。在早期，受计算条件所限，基于结构楼层恢复力模型的计算模型，如剪切层模型、弯剪层模型应用较多。随后，基于构件恢复力模型的计算模型得到了快速发展，如用于梁柱构件的集中塑性铰、分段变刚度模型与用于墙板构件的三垂直杆、多垂直杆模型。近年来，为满足工程精细化分析的需求，基于材料本构模型的杆件纤维模型与墙板分层壳元模型已得到了广泛的应用。随着计算技术的进一步提高，基于实体单元及实体单元与构件模型相结合（也称多尺度计算）的结构分析模型将会逐渐用于工程结构分析中，以更为细致地反映节点性能、钢筋黏结滑移等结构微观破坏过程。

一般而言，随着模型精细化程度的提高，从楼层模型、构件模型、构件截面模型直至实体模型，计算模型的适应性、精确性会得到一定的提高，但计算量随之迅速增大。需要注意的是，由于结构力学行为的复杂性与计算模型的理论局限性，基于试验拟合的宏观模型可能会更好地反映一些特殊力学行为。如相比于纤维模型，梁柱构件的集中塑性铰模型能够更容易实现构件中剪切非线性与钢筋黏结滑移效应的模拟。

由于结构动力计算的工作量比静力计算的工作量大，进行结构动力反应分析时可根据实际需要进行必要的简化，形成自由度数目较少的模型。

4.2.1 层模型

层模型视结构为悬臂杆，将结构质量集中于各楼层处，将整个结构的竖向承重构件合并成一根竖向杆。用竖向杆刚度代表结构每层的侧移刚度，不考虑弹塑性阶段层刚度沿层高的改变，形成一底部嵌固的串联质点系模型，如图 4.1a 所示。

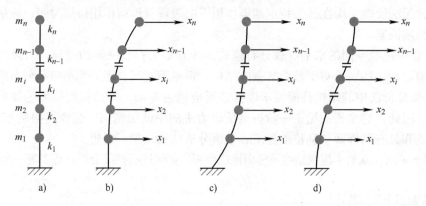

图 4.1　层模型

建立层模型的基本假定为：

1）建筑各层楼板在其自身平面内刚度无穷大。水平地震作用下同层各竖向构件侧向位移相同。

2）建筑刚度中心与其质量中心重合，水平地震作用下无绕竖轴扭转发生。

根据结构侧向变形状况不同，层模型可分为三类，即剪切型、弯曲型与剪弯型，如图 4.1b ~ d 所示。若结构侧向变形主要为层间剪切变形（如强梁弱柱型框架等），则为剪切型；若结构侧向变形以弯曲变形为主（如剪力墙结构等），则为弯曲型；若结构侧向变形同时有剪切变形与弯曲变形（如框剪结构、强柱弱梁框架等），则为剪弯型。

层模型较为粗糙，只能笼统地提供结构层间弹塑性反应的结果，无法提供各构件的局部内力和变形结果，且计算结果的合理性严重依赖于表征楼层力 – 楼层变形关系的楼层恢复力模型的准确性。工程实践中，层模型主要被用于检验结构在罕遇地震作用下的薄弱层位置及层间侧移是否超过允许值，并校核层剪力是否超过结构的层极限承载力。

4.2.2 构件模型

为了更精细地模拟建筑结构整体或各构件乃至任意截面在强烈地震作用下的弹塑性反应变化过程，人们又提出了以构件为基本计算单元的构件模型。采用构件模型时，结构的总刚由各构件单元的单刚组装而成，并随各单元的弹塑性性质的变化而不断变化，即通过各杆件的非线性行为得到结构的整体反应全过程和各个杆件的内力及变形状态。

按构件几何形状、受力特性与模型精细程度不同，构件模型可分为梁柱构件的杆件宏观模型与纤维模型、墙板构件的墙板宏观模型与分层壳模型。

1. 杆件宏观模型

杆件宏观模型主要用于框架结构。视结构为杆件体系，取梁、柱等杆件为基本计算单元，将结构质量集中于各节点即形成杆系结构模型，如图 4.2 所示。

　　杆件宏观模型一般采用由试验拟合的杆件恢复力模型以表征地震过程中杆端内力 – 杆端变形关系，即杆单元刚度随内力的变化关系。根据建立单元刚度矩阵时是否考虑杆单元刚度沿杆长的变化，主要有两类杆单元刚度计算模型：集中刚度模型、分布刚度模型。集中刚度模型将杆件塑性变形集中于杆端一点处来建立单元刚度矩阵，不考虑弹塑性阶段杆单元刚度沿杆长的变化，可进一步分为单分量模型、多弹簧模型等。分布刚度模型则考虑弹塑性阶段杆单元刚度沿杆长的变化，按变刚度杆建立弹塑性阶段杆单元刚度矩阵，主要有三段变刚度模型等。

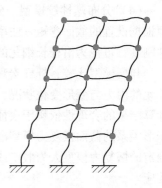

图 4.2　杆系结构模型

　　（1）三段变刚度模型　三段变刚度模型只考虑杆件弯曲破坏。将杆件弯曲塑性变形集中于杆件两端为 l_p 的区域，杆件中部保持线弹性，即构成三段变刚度模型，如图 4.3 所示。取杆端塑性铰区段长度为 l_p。显然，三段变刚度模型是通过将杆单元划分成三段刚度各异的等刚度杆段来描述弹塑性阶段杆单元刚度沿杆长的变化。三段变刚度模型有相当精度且计算较简便，能适应各类恢复力模型，可用于平面或空间杆系分析。

　　（2）单分量模型　单分量模型只考虑杆件弯曲破坏。在杆件两端各设置一等效弹簧以反映杆件的受弯弹塑性性能，构件中部保持线弹性，即构成单分量模型，如图 4.4 所示。单分量模型不考虑杆端塑性铰区段长度，故取等效弹簧长度为零。与三段变刚度模型相比，单分量模型较为粗糙，但计算简便，也能适应各类恢复力模型，可用于平面或空间杆系分析。

　　（3）多弹簧模型　沿杆件两端截面设置若干轴向弹簧来模拟杆件刚度，反映杆件弹塑性性能，而杆件中部保持线弹性即构成多弹簧模型，如图 4.5 所示。多弹簧模型也取弹簧长度为零并利用平截面假定以确定杆件截面轴向变形、转动变形与每个弹簧变形间的关系。各弹簧滞回特性则由单轴拉、压恢复力模型来描述。多弹簧模型可模拟地震作用下双向弯曲柱的弯曲性质并考虑变轴力情况，可用于空间杆系分析。

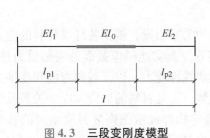

图 4.3　三段变刚度模型

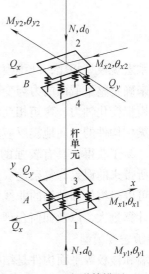

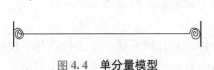

图 4.4　单分量模型

图 4.5　多弹簧模型

（4）分布塑性铰模型 分布塑性铰模型就是沿杆件轴向选取多个截面（塑性铰）。各截面根据设置的截面弯矩－曲率、轴力－轴向变形关系计算截面刚度，然后沿杆长积分获得构件刚度，可视为沿杆长细化的单分量模型。

与层模型比较，杆件宏观模型可更细致描述结构受力状况，可给出地震过程中结构各杆单元的内力与变形变化状况，从而可找出结构各杆单元屈服顺序，确定结构破坏机制。但其计算结果的合理性依赖于表征杆端力－杆端变形关系的构件恢复力模型或表征截面力－截面变形关系的截面恢复力模型准确性。构件或截面恢复力模型一般由试验数据拟合获得，由此确定的恢复力模型人为假定或规定的因素较多，不具有稳定性，且很难反映构件的内力耦合效应。

2. 杆件纤维模型

杆件纤维模型的主要思路是沿构件轴向将各控制截面离散化为若干个区域（通常称为纤维，包括混凝土纤维和钢筋纤维）。每个纤维的应力状态为单向应力状态，其应力－应变关系遵循单轴拉压的材料本构模型。根据截面轴向、弯曲变形及纤维在截面上的位置，按平截面假定与纤维材料的单轴应力－应变关系，在截面上积分获得截面刚度（截面力与截面变形关系），进而沿杆长进行积分，就可以得到杆件单元刚度矩阵，如图4.6所示。

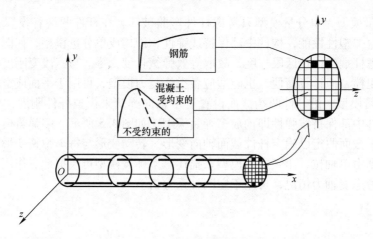

图 4.6　纤维模型

与杆系宏观模型相比，纤维模型直接从材料的本构关系出发，根据各纤维材料的应力－应变关系来确定整个截面的力与变形关系，能更为客观、真实地模拟截面的实际受力性能，特别是对模拟变化轴力、弯矩相互作用下梁柱构件的非线性能力，以及双向弯曲和变轴力共同作用下梁柱构件的空间地震反应方面具有明显的优势。而且材料的应力－应变关系概念清晰、明确、易于获得且具有较强的通用性，避免了确定构件或截面恢复力模型时的各种假定、简化所带来的误差与复杂性。此外，通过记录和追踪截面关键点处纤维材料的应力－应变关系，可以对构件和结构的非线性反应规律有更为深入、细致的了解和把握。但纤维模型也存在着计算量大，以及如何合理考虑构件剪切变形与钢筋黏结滑移等问题。

3. 墙板宏观模型

剪力墙和楼板等平面构件是结构中重要的组成构件，其几何形状、受力特性与梁柱构件有着较大差别。以往在计算能力不足的情况下，很多学者针对剪力墙的受力特性提出了一些宏观模型，如等效梁模型、等效桁架模型、三垂直杆模型、多垂直杆模型等。

（1）等效梁模型　当剪力墙的宽度较小、高宽比较大时，其受力特性以弯曲受力为主。此时可将剪力墙构件按杆件模型等效考虑。但该方法很难合理考虑剪力墙的曲率分布、中性轴位置变化与剪切变形。

（2）等效桁架模型　等效桁架模型是采用一桁架系统等效模拟剪力墙，如图 4.7 所示。但如何合理确定桁架模型中的几何参数与力学特性是较为困难的。

（3）三垂直杆模型　三垂直杆模型是三个垂直杆元代表上、下楼板的两个刚性梁连接，两个外侧杆元代表墙两边柱的轴向刚度，中心杆元由垂直、水平与弯曲弹簧组成，如图 4.8 所示。中心杆元通过一高度为 ch 的刚性梁与下部刚性梁相连，通过 c（$0 \leq c \leq 1$）的不同取值来模拟剪力墙不同的曲率分布。三垂直杆模型计算结果的合理性同样严重依赖于各杆元截面恢复力模型的准确性。与之类似的还有多垂直杆模型，如图 4.9 所示。

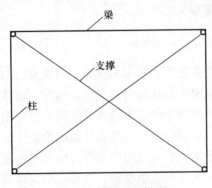

图 4.7　等效桁架模型

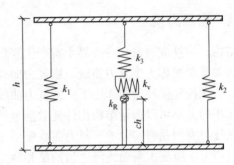

图 4.8　三垂直杆模型

4. 分层壳模型

分层壳剪力墙单元基于复合材料力学原理，可以用来描述钢筋混凝土剪力墙板构件的面内弯剪共同作用效应和面外弯曲效应，如图 4.10 所示。一个分层壳单元可以划分成很多层，各层可以根据需要设置不同的厚度和材料性质（混凝土、钢筋）。

在计算过程中，首先得到壳单元中心层的应变和壳单元的曲率，然后根据各层材料之间满足平截面假定，就可以由中心层应变和壳单元的曲率得到

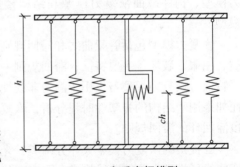

图 4.9　多垂直杆模型

各钢筋和混凝土层的应变，进而由各层的材料本构方程得到各层相应的应力，并积分得到整个壳单元的内力。由此可见，壳单元可以直接将混凝土、钢筋的本构行为和剪力墙的非线性行为联系起来，因而在描述实际剪力墙复杂非线性行为方面较墙板宏观模型有明显的优势，但同时存在计算量较大的问题。

4.2.3　杆系－层模型

杆系－层模型是杆系模型与层模型的综合。它是在考虑楼板平面内刚度无穷大的前提下，将结构质量集中于楼层，形成图 4.1a 所示的层模型计算简图，并按层模型建立与求解运动方程。与层模型不同之处在于杆系－层模型不使用层恢复力模型来确定结构层刚度矩

阵，而是利用杆件的恢复力模型，按杆件体系确定结构层刚度矩阵。在形成结构的总刚时，仍以杆件作为基本单元，只是附加楼板平面内无限刚性的条件，然后将结构的总刚进行静力凝聚，缩减体系自由度，用层模型求解动力方程后，再回到杆系求出各杆件的内力和位移，并判断各杆件的弹塑性状态，以进行下一步的计算。

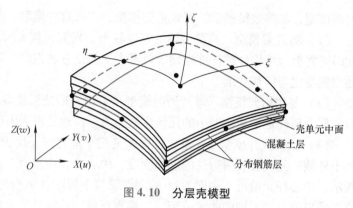

图 4.10　分层壳模型

这样，采用杆系 – 层模型不但可以确定结构的层间剪力与变形，还可确定结构各杆的内力与变形，计算量又较杆系模型大为减少。

4.2.4　恢复力模型

结构、构件或材料在受外界干扰产生变形时企图恢复原有状态的抗力，即恢复力与变形之间的关系曲线称为恢复力曲线。恢复力曲线充分反映了构件或材料强度、刚度、延性等力学特征。在往复循环荷载作用下，恢复力曲线形成了由多个滞回环组成的滞回曲线。根据滞回环面积的大小可以衡量结构构件耗散能量的能力，它是分析结构抗震性能的重要依据。

恢复力模型是将实际的恢复力曲线模型化，即根据大量从试验中获得的构件力 – 变形或者材料应力 – 应变关系曲线经适当抽象和简化而得到的实用数学模型，并与结构构件的几何模型相结合来获得其弹塑性反应，也称滞回模型。恢复力模型可以分为三个层次：材料恢复力模型、构件截面恢复力模型和结构楼层恢复力模型。材料恢复力模型也称为材料本构模型。

恢复力模型包括骨架曲线和滞回规则两个部分。骨架曲线应确定关键参数，且能反映开裂、屈服、破坏等主要特征；滞回规则一般要确定加卸载规则及强度退化、刚度退化和滑移等特征。恢复力模型若仅用于静力非线性分析，恢复力模型一般是指骨架曲线的数学模型；而如果用于结构的弹塑性时程分析，恢复力模型不仅包含骨架曲线，还应包括定义各变形阶段滞回环的滞回规则。

已提出的恢复力模型大体分两类：光滑曲线形模型（SHM）和折线形模型（PHM）。光滑曲线形模型由连续曲线构成，刚度变化连续，较符合工程实际，恢复力特性具有模拟精度高的优点，但数学公式复杂，计算工作量大。折线形恢复力模型由若干直线段所构成，刚度变化不连续，存在拐点或突变点，虽然对真实的力与变形关系模拟不如曲线模型精度高，但这种模型计算简单，便于应用。已提出的折线形模型主要有双线型、三线型、四线型（带负刚度段）、退化二线型、退化三线型、指向原点型和滑移型等。目前在构件截面恢复力模型和结构楼层恢复力模型中应用较多的是退化二线型模型和退化三线型模型。

1. 退化二线型模型

用两段折线代替正、反向加载恢复力骨架曲线并考虑结构或构件的刚度退化性质即构成刚度退化二线型模型。根据是否考虑结构或构件屈服后的硬化状况，退化二线型模型可分为两类。考虑结构或构件屈服后的硬化状况，第二条折线取为坡顶，如图 4.11 所示。不考虑结构或构件屈服后的硬化状况,第二条折线取为平顶,如图4.12所示。

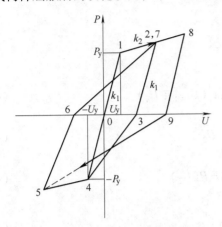

图 4.11 坡顶退化二线型模型

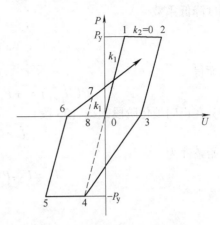

图 4.12 平顶退化二线型模型

k_1、k_2 分别为结构或构件弹性刚度与弹塑性刚度。P_y 为屈服荷载,U_y 为与 P_y 相应的变形。刚度退化二线型模型主要特点有:

1) 骨架曲线上存在一个折点,该点为屈服点,相应的力与变形为 P_y 与 U_y。

2) 当进入弹塑性阶段后从骨架曲线卸载时,卸载刚度 k_u 低于初始弹性刚度 k_1,且随塑性变形增大而降低。若卸载不考虑刚度退化,则卸载刚度取 $k_u = k_1$。

3) 弹塑性阶段卸载至零,第一次反向加载时直线指向反向屈服点。后续反向加载时直线指向所经历过的最大变形点。

4) 中途卸载时卸载刚度取 k_u。

设 $P(U_i)$、U_i 表示 t_i 时刻结构的恢复力与变形,则在 t_{i+1} 时刻刚度退化二线型模型恢复力 $P(U_{i+1})$ 与变形 U_{i+1} 间关系可表示为

$$P(U_{i+1}) = P(U_i) + \alpha_d k_1 (U_{i+1} - U_i) \tag{4.1}$$

式中,α_d 为刚度降低系数,其取值随恢复力模型直线段的不同而异;k_1 为初始弹性刚度。则退化二线型模型各阶段恢复力 – 变形关系式如下:

(1)正向或反向弹性阶段(01 段或 04 段)

$$\dot{U} > 0, U < U_y \text{ 或 } \dot{U} < 0, U > -U_y \tag{4.2}$$

初始条件为

$$U_0 = 0, P(U_0) = 0 \tag{4.3}$$

刚度降低系数

$$\alpha_d = 1 \tag{4.4}$$

从而得

$$P(U_{i+1}) = k_1 U_{i+1} \tag{4.5}$$

$$k_1 = \frac{P_y}{U_y} \tag{4.6}$$

(2)在正向或反向硬化阶段(12 段或 45 段)

$$\dot{U} > 0, U > U_y \text{ 或 } \dot{U} < 0, U < -U_y \tag{4.7}$$

初始条件为

$$U_i = \pm U_y, P(U_i) = \pm P_y \tag{4.8}$$

刚度降低系数

$$\alpha_d = \frac{k_2}{k_1} < 1 \tag{4.9}$$

从而得

$$P(U_{i+1}) = \pm P_y + \alpha_d k_1 (U_{i+1} \mp U_y) \tag{4.10}$$

（3）在正向硬化阶段卸载（23段）

$$\dot{U} < 0, U < U_2 \tag{4.11}$$

初始条件为

$$U_i = U_2, P(U_i) = P(U_2) \tag{4.12}$$

卸载刚度

$$k_u = k_1 \left| \frac{U_y}{U_2} \right|^{\alpha_u} \tag{4.13}$$

式中，α_u 为卸载刚度降低系数，一般可取为 0.4。

从而得

$$P(U_{i+1}) = P(U_2) + k_u(U_{i+1} - U_2) \tag{4.14}$$

（4）在正向硬化阶段卸载至0且第一次反向加载（34段）

$$\dot{U} < 0, U < U_3 \tag{4.15}$$

初始条件为

$$U_i = U_3, P(U_i) = P(U_3) \tag{4.16}$$

刚度降低系数

$$\alpha_d = \frac{P_y}{(U_3 + U_y)k_1} \tag{4.17}$$

从而得

$$P(U_{i+1}) = \frac{P_y}{U_3 + U_y}(U_{i+1} - U_3) + P(U_3) \tag{4.18}$$

（5）在反向硬化阶段卸载（56段）

$$\dot{U} > 0, U > -U_5 \tag{4.19}$$

初始条件为

$$U_i = -U_5, P(U_i) = -P(U_5) \tag{4.20}$$

卸载刚度

$$k_u = k_1 \left| \frac{U_y}{U_5} \right|^{\alpha_u} \tag{4.21}$$

从而得

$$P(U_{i+1}) = -P(U_5) + k_u(U_{i+1} + U_5) \tag{4.22}$$

（6）在反向硬化阶段卸载至0再正向加载（62段）

$$\dot{U} > 0, U > -U_6 \tag{4.23}$$

初始条件为

$$U_i = -U_6, P(U_i) = -P(U_6) = 0 \tag{4.24}$$

刚度降低系数

$$\alpha_{\mathrm{d}} = \frac{P(U_2)}{(U_2 + U_6)k_1} \tag{4.25}$$

从而得

$$P(U_{i+1}) = \frac{P(U_2)}{(U_2 + U_6)}(U_{i+1} + U_6) \tag{4.26}$$

式中，U_2、$P(U_2)$、U_3、U_5、$P(U_5)$、U_6 分别为表示与点 2、3、5、6 对应的变形与恢复力的绝对值；$\dot{U}$ 为结构的速度反应。

确定坡顶退化二线型模型需要四个参数：P_y、k_1、k_2 与 α_{u}。工程实践中，一般取 k_2 为 k_1 的 5% ~ 10%；卸载刚度降低系数 α_{u} 一般可取为 0.4；若 $\alpha_{\mathrm{u}} = 0$，则不考虑刚度退化。确定平顶退化二线型模型则需 P_y、k_1 与 α_{u} 三个参数。退化二线型模型较粗糙，但使用方便，故在结构时程分析中应用较多。

2. 退化三线型模型

钢筋混凝土构件在受力过程中一般要经历开裂、屈服、破坏三个阶段。用由开裂点、屈服点为折点的三段折线代表正、反向加载恢复力骨架曲线并考虑结构或构件的刚度退化性质即构成退化三线型模型。该模型较退化二线型模型可更细致地描述结构与构件的真实恢复力曲线。与退化二线型模型类似，根据是否考虑结构或构件屈服后的硬化状况，退化三线型模型也可分为两类：考虑硬化状况的坡顶退化三线型模型与不考虑硬化状况的平顶退化三线型模型，如图4.13、图4.14 所示。

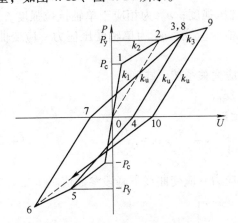

图 4.13　坡顶退化三线型模型

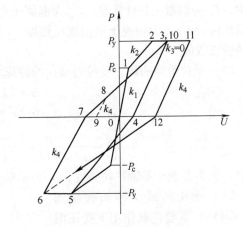

图 4.14　平顶退化三线型模型

刚度退化三线型模型的主要特点有：

1）三折线的第一段表示线弹性阶段，此阶段刚度为 k_1，点 1 表示开裂点。第二段折线表示开裂至屈服的阶段，此阶段刚度为 k_2，点 2 表示屈服点。屈服后则由第三段折线代表，其刚度为 k_3。

2）若在开裂至屈服阶段卸载，则取卸载刚度 $k_{\mathrm{u}} = k_1$，即不考虑卸载刚度退化。

3）若正向屈服后卸载，则卸载刚度 $k_{\mathrm{u}} = k_1 \left| \dfrac{U_{\mathrm{y}}}{U_{\mathrm{m}}^+} \right|^{\alpha_{\mathrm{u}}}$，$U_{\mathrm{m}}^+$ 为正向最大变形；若负向屈服后卸载，则卸载刚度 $k_{\mathrm{u}} = k_1 \left| \dfrac{U_{\mathrm{y}}}{U_{\mathrm{m}}^-} \right|^{\alpha_{\mathrm{u}}}$，$U_{\mathrm{m}}^-$ 为负向最大变形。

4）中途卸载，卸载刚度取 k_u。

5）从12段（23段）卸载至水平轴，其后第一次反向加载时直线指向反向开裂点（屈服点）。后续反向加载时直线指向所经历过的最大位移点。

对刚度退化三线型模型，刚度退化二线型模型恢复力 $P(U_{i+1})$ 与变形 U_{i+1} 间的关系式（4.1）仍适用，因此可类似于退化二线型模型来确定各阶段恢复力 – 变形关系式。

3. 混凝土本构模型

当采用杆件纤维模型或墙板分层壳模型时，需要材料本构模型。对于钢筋混凝土构件，其混凝土与钢筋材料一般分别采用相应的材料本构模型。

混凝土是一种脆性材料，具有抗拉强度低、抗压强度高、应力应变的恢复力曲线复杂等特点。目前各国学者已提出多种混凝土本构模型力求精确地反映混凝土的受力特性。下面简单介绍我国《混凝土结构设计规范》给出的混凝土单轴本构模型，该本构模型可直接用于杆件纤维模型中的混凝土材料。

（1）受压骨架曲线 受压骨架曲线的应力 – 应变关系按下式确定

$$\sigma = (1 - d_c)E_0\varepsilon$$

$$d_c = \begin{cases} 1 - \dfrac{\rho_c n}{(n-1)+x^n}, & x \leq 1 \\ 1 - \dfrac{\rho_c}{\alpha_c(x-1)^2+x}, & x > 1 \end{cases}, \quad x = \dfrac{\varepsilon}{\varepsilon_{t,r}}, \rho_c = \dfrac{f_{c,r}}{E_0\varepsilon_{c,r}}, n = \dfrac{E_0\varepsilon_{c,r}}{E_0\varepsilon_{c,r}-f_{c,r}} \quad (4.27)$$

式中，E_0 为混凝土弹性模量；$f_{c,r}$ 为混凝土单轴抗压强度；$\varepsilon_{t,r}$ 为相应于单轴抗拉强度 $f_{t,r}$ 的峰值拉应变；$\varepsilon_{c,r}$ 为相应于单轴抗压强度 $f_{c,r}$ 的峰值压应变；α_c 为单轴受压应力 – 应变曲线下降段参数值。

（2）受拉骨架曲线 受拉骨架曲线的应力 – 应变关系按下式确定

$$\sigma = (1 - d_t)E_0\varepsilon$$

$$d_t = \begin{cases} 1 - \rho_t(1.2 - 0.2x^5), & x \leq 1 \\ 1 - \dfrac{\rho_t}{\alpha_t(x-1)^{1.7}+x}, & x > 1 \end{cases}, \quad x = \dfrac{\varepsilon}{\varepsilon_{t,r}}, \rho_t = \dfrac{f_{t,r}}{E_0\varepsilon_{t,r}} \quad (4.28)$$

式中，$f_{t,r}$ 为混凝土单轴抗拉强度；α_t 为单轴受拉应力 – 应变曲线下降段参数值。

（3）受压卸载及再加载规则（图4.15） 重复荷载作用下受压混凝土卸载④与再加载路径⑤按以下方程确定

$$\sigma = E_r(\varepsilon - \varepsilon_z) \quad (4.29)$$

$$E_r = \dfrac{\sigma_{un}}{\sigma_{un} - \varepsilon_z} \quad (4.30)$$

$$\varepsilon_z = \sigma_{un} - \left(\dfrac{(\varepsilon_{un} + \varepsilon_{ca})\sigma_{un}}{\sigma_{un} + E_c\varepsilon_{ca}}\right) \quad (4.31)$$

$$\varepsilon_{ca} = \dfrac{\varepsilon_c}{\varepsilon_c + \varepsilon_{un}}\sqrt{\varepsilon_c\varepsilon_{un}} \quad (4.32)$$

式中，E_r 为混凝土受压卸载/再加

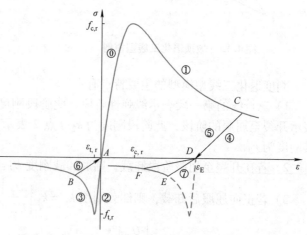

图4.15 混凝土拉压转换时的滞回规则

载的变形模量；ε_z 为混凝土受压卸载至零应力点 D 时的残余应变；σ_{un}、ε_{un} 分别为混凝土从受压骨架曲线开始卸载点 C 的应力与应变；ε_{ca} 为附加应变。

（4）受拉加卸载规则（图4.15）　混凝土在拉－压与压－拉往复加载条件下，可采用拉区应力－应变曲线随受压残余应变点迁移结合原点指向的滞回规则。在由压转拉的加载条件下，受拉加载时从受压残余应变点 D 开始，沿直线⑦指向相对于受压卸载残余应变点的最大拉应变点 E，之后沿受拉骨架线 EF 加载。E 即在之前往复加载过程中受拉骨架曲线上的最大拉应变点 B。受拉卸载时，从骨架曲线上的受拉卸载点 F 沿直线指向上次受压卸载的受压卸载残余应变点 D，之后进入受压再加载路径。

按上述骨架曲线方程与加卸载规则，可以确定各阶段的应力－应变关系式。

4. 钢材本构模型

目前较常见的钢材与钢筋本构模型为采用考虑包辛格效应的二线型随动强化模型，如图4.16所示。屈服后模量 E 可取为弹性模量 E_s 的 0.01 倍，卸载及再加载取为直线，刚度采用弹性阶段的弹性模量 E。也可选择采用更为细致描述钢材性能的曲线型本构模型，如图4.17所示。

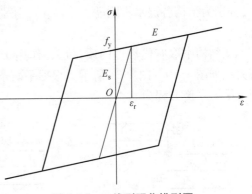

图 4.16　二线型强化模型图

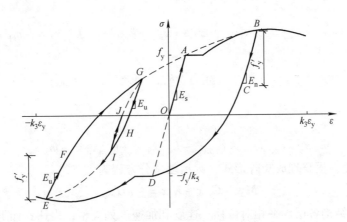

图 4.17　曲线型钢材本构模型

4.3　动力弹塑性分析

如前所述，结构的运动方程可以表示为

$$\boldsymbol{m}\ddot{\boldsymbol{x}} + \boldsymbol{c}\dot{\boldsymbol{x}} + \boldsymbol{k}\boldsymbol{x} = -\boldsymbol{m}\boldsymbol{I}\ddot{x}_g(t) \tag{4.33}$$

式中，$\boldsymbol{m}$ 为质量矩阵；$\boldsymbol{c}$ 为阻尼矩阵；$\boldsymbol{k}$ 为刚度矩阵；$\boldsymbol{I}$ 为单位列矢量；$\ddot{x}_g(t)$ 为地面水平振

动加速度；$\ddot{x}$、$\dot{x}$、x 为质点运动的加速度矢量、速度矢量和位移矢量。结构计算模型不同，运动方程中的质量矩阵、刚度矩阵等的形式会有所差别。

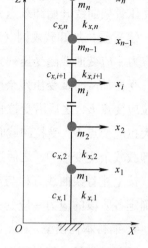

图4.18 动力分析模型

4.3.1 刚度矩阵的形成

4.3.1.1 层模型刚度矩阵

1. 剪切型刚度矩阵

以 n 层框架结构为例，建立动力分析平面剪切层模型如图 4.18 所示。其中，$m_1 \sim m_n$ 分别为结构各层质量，$k_{x,1} \sim k_{x,n}$ 分别为结构各层水平刚度，$c_{x,1} \sim c_{x,n}$ 分别为结构各层水平阻尼。

从结构中取有代表性的质量层，作用于其上的水平向平衡力系如图 4.19 ~ 图 4.21 所示。根据平衡条件，则结构各层的水平力平衡方程为

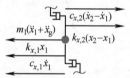

图4.19 首层水平向受力

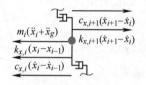

图4.20 标准层水平向受力

图4.21 顶层水平向受力

首层

$$m_1 \ddot{x}_1 + (c_{x,1} + c_{x,2})\dot{x}_1 - c_{x,2}\dot{x}_2 + (k_{x,1} + k_{x,2})x_1 - k_{x,2}x_2 = -m_1 \ddot{x}_g \qquad (4.34)$$

标准层

$$m_i \ddot{x}_i - c_{x,i-1}\dot{x}_{i-1} + (c_{x,i} + c_{x,i+1})\dot{x}_i - c_{x,i+1}\dot{x}_{i+1} - k_{x,i}x_{i-1} + (k_{x,i} + k_{x,i+1})x_i - k_{x,i+1}x_{i+1} = -m_i \ddot{x}_g$$
$$(4.35)$$

顶层

$$m_n \ddot{x}_n - c_{x,n}\dot{x}_{n-1} + c_{x,n}\dot{x}_n - k_{x,n}x_{n-1} + k_{x,n}x_n = -m_n \ddot{x}_g \qquad (4.36)$$

将各层的平衡方程整理成矩阵形式，则运动微分方程为

$$M\ddot{x} + C_x\dot{x} + K_x x = -MI\ddot{x}_g \qquad (4.37)$$

式中，x、$\dot{x}$、$\ddot{x}$ 为结构各层水平相对位移、速度和加速度列矢量，表达式如下：

$$x = (x_1, x_2, \cdots, x_{(n-1)}, x_n)^T \qquad (4.38)$$

$$\dot{x} = (x_1, x_2, \cdots, x_{(n-1)}, x_n)^T \qquad (4.39)$$

$$\ddot{x} = (\ddot{x}_1, \ddot{x}_2, \cdots, \ddot{x}_{(n-1)}, \ddot{x}_n)^T \qquad (4.40)$$

M、C_x、K_x 分别为结构的质量矩阵、水平阻尼矩阵和水平刚度矩阵；I 为单位列矢量；$\ddot{x}_g$ 为水平地震加速度输入。

则结构水平刚度矩阵可表示为

$$K_x = \begin{pmatrix} k_{x,1} + k_{x,2} & -k_{x,2} & & & \\ -k_{x,2} & k_{x,2} + k_{x,3} & -k_{x,3} & & 0 \\ & \ddots & \ddots & \ddots & \\ & 0 & -k_{x,n-1} & k_{x,n-1} + k_{x,n} & -k_{x,n} \\ & & & -k_{x,n} & k_{x,n} \end{pmatrix}_{n \times n} \qquad (4.41)$$

层间剪切刚度等于该楼层各柱侧移刚度之和，即各柱"D 值"之和

$$k_i = \sum_k^m D_{ik} = \sum_k^m \alpha_{ik} \frac{12EI_{ik}}{(1 + \gamma_{ik})h_i^3}, \quad k = 1, 2, \cdots, m, \ i = 1, 2, \cdots, n \qquad (4.42)$$

式中，m 为第 i 层柱子总数量；D_{ik} 为第 k 柱的侧移刚度；I_{ik} 为第 k 柱的截面惯性矩；γ_{ik} 为杆件剪切影响系数，$\gamma_{ik} = \dfrac{12EI_{ik}}{GA_{ik}h_i^2}$，其中 GA_{ik} 为杆件剪切刚度；E 为弹性模量；α_{ik} 为第 i 层第 k 柱的节点转动影响系数，如果不考虑节点转动对层间剪切刚度的影响，$\alpha_{ik} = 1$，相当于梁刚度无限大的情况；h_i 为第 i 层层高。

2. 弯曲型及剪弯型刚度矩阵

与剪切型层模型的三对角侧向刚度矩阵不同，弯曲型与剪弯型层模型的侧向刚度矩阵一般为满阵。为简化计算，一种简便的做法是弯曲型与剪弯型的水平刚度矩阵仍取式（4.41）形式，但其中的层刚度 $k_i(i = 1, 2, \cdots, n)$ 按静力凝聚方法确定。采用静力凝聚方法确定 k_i 时一般应考虑各类杆件的弯曲、剪切和轴向变形。

4.3.1.2 平面杆系模型刚度矩阵

1. 杆单元弹性刚度矩阵

取如图 4.22 所示杆单元。根据结构力学，杆单元的杆端力与杆端位移间存在下述关系：

$$\boldsymbol{P}^{(e)} = \boldsymbol{K}^{(e)} \boldsymbol{\delta}^{(e)} \qquad (4.43)$$

式中，$\boldsymbol{P}^{(e)} = (X_1 \ \ Y_1 \ \ M_1 \ \ X_2 \ \ Y_2 \ \ M_2)^{\mathrm{T}}$ 为杆端力矢量；$\boldsymbol{\delta}^{(e)} = (u_1 \ \ v_1 \ \ \theta_1 \ \ u_2 \ \ v_2 \ \ \theta_2)^{\mathrm{T}}$ 为杆端位移矢量。

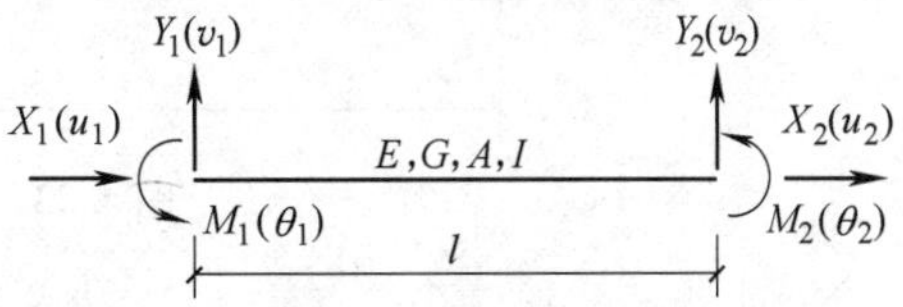

而杆单元弹性刚度矩阵可表示为

图 4.22 杆单元

$$\boldsymbol{K}^{(e)} = \begin{pmatrix} e & 0 & 0 & -e & 0 & 0 \\ 0 & a & b_1 & 0 & -a & b_2 \\ 0 & b_1 & c_1 & 0 & -b_1 & d \\ -e & 0 & 0 & e & 0 & 0 \\ 0 & -a & -b_1 & 0 & a & -b_2 \\ 0 & b_2 & d & 0 & -b_2 & c_2 \end{pmatrix} \qquad (4.44)$$

若同时考虑杆件的弯曲变形、轴向变形与剪切变形，则有

$$e = \frac{EA}{l} \qquad (4.45)$$

$$a = \frac{12EI}{(1 + \beta)l^3} \qquad (4.46)$$

$$b_1 = b_2 = \frac{6EI}{(1+\beta)l^2} \tag{4.47}$$

$$c_1 = c_2 = \frac{(4+\beta)EI}{(1+\beta)l} \tag{4.48}$$

$$d = \frac{(2-\beta)EI}{(1+\beta)l} \tag{4.49}$$

$$\beta = \frac{12\mu EI}{GAl^2} \tag{4.50}$$

式中，β 为剪切变形影响系数；μ 为截面剪应力分布不均匀系数，对矩形截面，$\mu = 1.2$。

2. 杆单元弹塑性刚度矩阵

杆单元弹塑性刚度矩阵随杆件弹塑性阶段计算模型的不同而异。这里主要介绍计算简便、适应性较广的单分量模型及三段变刚度模型的弹塑性刚度矩阵。

（1）单分量模型弹塑性刚度矩阵

1）基本假定。

① 采用单根杆件杆端弯矩 M 与其转角 θ 的恢复力曲线，忽略与之相连的其他杆件的影响。

② 杆端塑性转角增量取值仅取决于本端弯矩增量，与另一端弯矩无关。

2）公式推导。

设杆件弹塑性变形状态如图 4.23 所示，其中 θ_1、θ_2 为杆端总转角，θ_1'、θ_2' 为杆端弹性转角，θ_1''、θ_2'' 为杆端塑性转角，则

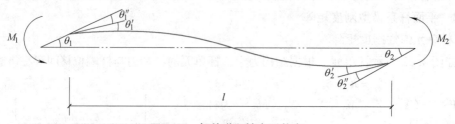

图 4.23　杆件弹塑性变形状态

$$\theta_i = \theta_i' + \theta_i'' \quad (i = 1,2) \tag{4.51}$$

采用增量形式，则

$$\Delta\theta_i = \Delta\theta_i' + \Delta\theta_i'' \quad (i = 1,2) \tag{4.52}$$

取杆端弯矩 M 与杆端转角 θ 的恢复力骨架曲线，如图 4.24 所示，则

$$\Delta\theta_i = \frac{\Delta M_i}{a_i k_0} \quad (i = 1,2) \tag{4.53}$$

$$\Delta\theta_i' = \frac{\Delta M_i}{k_0} \quad (i = 1,2) \tag{4.54}$$

将式（4.53）、（4.54）代入式（4.52），得杆端塑性转角增量与杆端弯矩增量关系为

$$\Delta\theta_i'' = \frac{\Delta M_i(1 - a_i)}{a_i k_0} \quad (i = 1,2) \tag{4.55}$$

根据杆单元的杆端力与杆端位移关系，增量形式可以表示为

$$\Delta \boldsymbol{P}^{(e)} = \boldsymbol{K}^{(e)} \Delta \boldsymbol{\delta}^{(e)} \tag{4.56}$$

式中，$\Delta \boldsymbol{P}^{(e)} = (\Delta X_1 \quad \Delta Y_1 \quad \Delta M_1 \quad \Delta X_2 \quad \Delta Y_2$
$\Delta M_2)^T$，为杆端力矢量增量；$\Delta \boldsymbol{\delta}^{(e)} = (\Delta u_1 \quad \Delta v_1$
$\Delta \theta_1 \quad \Delta u_2 \quad \Delta v_2 \quad \Delta \theta_2)^T$，为杆端弹性位移矢量
增量。

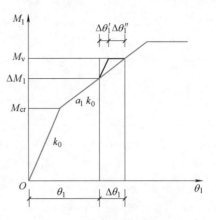

由式（4.56）可得

$$\begin{cases} \Delta M_1 = b_1(\Delta v_1 - \Delta v_2) + c_1 \Delta \theta_1' + d \Delta \theta_2' \\ \Delta M_2 = b_2(\Delta v_1 - \Delta v_2) + d \Delta \theta_1' + c_2 \Delta \theta_2' \end{cases} \quad (4.57)$$

将式（4.52）代入式（4.57）得

$$\begin{cases} \Delta M_1 = b_1(\Delta v_1 - \Delta v_2) + c_1(\Delta \theta_1' - \Delta \theta_1'') + d(\Delta \theta_2' - \Delta \theta_2'') \\ \Delta M_2 = b_2(\Delta v_1 - \Delta v_2) + d(\Delta \theta_1' - \Delta \theta_1'') + c_2(\Delta \theta_2' - \Delta \theta_2'') \end{cases}$$
$$(4.58)$$

图 4.24　杆件恢复力骨架曲线

将式（4.55）代入式（4.58）得

$$\begin{cases} \Delta M_1 = b_1(\Delta v_1 - \Delta v_2) + c_1 \left(\Delta \theta_1 - \dfrac{\Delta M_1(1 - a_1)}{a_1 k_0} \right) + d \left(\Delta \theta_2 - \dfrac{\Delta M_2(1 - a_2)}{a_2 k_0} \right) \\ \Delta M_2 = b_2(\Delta v_1 - \Delta v_2) + d \left(\Delta \theta_1 - \dfrac{\Delta M_1(1 - a_1)}{a_1 k_0} \right) + c_2 \left(\Delta \theta_2 - \dfrac{\Delta M_2(1 - a_2)}{a_2 k_0} \right) \end{cases} \quad (4.59)$$

解得

$$\begin{cases} \Delta M_1 = \bar{b}_1(\Delta v_1 - \Delta v_2) + \bar{c}_1 \Delta \theta_1 + \bar{d} \Delta \theta_2 \\ \Delta M_2 = \bar{b}_2(\Delta v_1 - \Delta v_2) + \bar{d} \Delta \theta_1 + \bar{c}_2 \Delta \theta_2 \end{cases} \quad (4.60)$$

而杆端剪力增量及轴力增量可表示为

$$\begin{cases} \Delta Y_1 = -\Delta Y_2 = \dfrac{\Delta M_1 + \Delta M_2}{l} = \bar{a}(\Delta v_1 - \Delta v_2) + \bar{b}_1 \Delta \theta_1 + \bar{b}_2 \Delta \theta_2 \\ \Delta X_1 = -\Delta X_2 = \dfrac{EA}{l}(\Delta u_1 - \Delta u_2) = \bar{e}(\Delta u_1 - \Delta u_2) \end{cases} \quad (4.61)$$

将式（4.61）表示为矩阵形式，即得弹塑性杆单元静力平衡增量方程

$$\Delta \boldsymbol{P}^{(e)} = \boldsymbol{K}_{\text{ep}}^{(e)} \Delta \boldsymbol{\delta}^{(e)} \quad (4.62)$$

式中，$\Delta \boldsymbol{\delta}^{(e)} = (\Delta u_1 \quad \Delta v_1 \quad \Delta \theta_1 \quad \Delta u_2 \quad \Delta v_2 \quad \Delta \theta_2)^T$，为杆端位移矢量增量。

而杆单元弹塑性刚度矩阵可表示为

$$\boldsymbol{K}_{\text{ep}}^{(e)} = \begin{pmatrix} \bar{e} & 0 & 0 & -\bar{e} & 0 & 0 \\ 0 & \bar{a} & \bar{b}_1 & 0 & -\bar{a} & \bar{b}_2 \\ 0 & \bar{b}_1 & \bar{c}_1 & 0 & -\bar{b}_1 & \bar{d} \\ -\bar{e} & 0 & 0 & \bar{e} & 0 & 0 \\ 0 & -\bar{a} & -\bar{b}_1 & 0 & \bar{a} & -\bar{b}_2 \\ 0 & \bar{b}_2 & \bar{d} & 0 & -\bar{b}_2 & \bar{c}_2 \end{pmatrix} \quad (4.63)$$

其中

$$\bar{e} = \frac{EA}{l} \quad (4.64)$$

$$\overline{a} = \frac{\overline{b}_1 + \overline{b}_2}{l} \tag{4.65}$$

$$\overline{b}_1 = \frac{\overline{c}_1 + \overline{d}}{l} \tag{4.66}$$

$$\overline{b}_2 = \frac{\overline{c}_2 + \overline{d}}{l} \tag{4.67}$$

$$\overline{c}_1 = \frac{1 + \beta + \left(1 - \frac{\beta}{2}\right)a_2}{1 + \beta + \left(1 - \frac{\beta}{2}\right)(a_1 + a_2)} a_1 k_0 \tag{4.68}$$

$$\overline{c}_2 = \frac{1 + \beta + \left(1 - \frac{\beta}{2}\right)a_1}{1 + \beta + \left(1 - \frac{\beta}{2}\right)(a_1 + a_2)} a_2 k_0 \tag{4.69}$$

$$\overline{d} = \frac{\left(1 - \frac{\beta}{2}\right)a_1}{1 + \beta + \left(1 - \frac{\beta}{2}\right)(a_1 + a_2)} a_2 k_0 \tag{4.70}$$

$$k_0 = \frac{6EI}{l(1 + \beta)} \tag{4.71}$$

$$\beta = \frac{12\mu EI}{GAl^2} \tag{4.72}$$

式中，a_1、a_2 为杆件两端刚度折减系数，其取值由杆件恢复力模型及杆端受力状态确定 [若杆件两端均为弹性，则 $a_1 = a_2 = 1$；对平顶退化三线型模型，若杆端受力处于恢复力曲线的水平段（塑性阶段），则取 $a_1(a_2)$ 为零，若杆端受力处于恢复力曲线的斜线段（弹塑性阶段），则 $a_1(a_2)$ 取该段的刚度折减系数]。

（2）三段变刚度模型弹塑性刚度矩阵　三段变刚度模型弹塑性刚度矩阵形式与式（4.73）相同。若忽略剪切变形影响，则 $\boldsymbol{K}_{\mathrm{ep}}^{(\mathrm{e})}$ 中各元素可表示为

$$\overline{e} = \frac{EA}{l} \tag{4.73}$$

$$\overline{a} = \frac{2(f_1 + f_2 + f_3)f_4}{l^2} \tag{4.74}$$

$$\overline{b}_1 = \frac{(2f_2 + f_3)f_4}{l} \tag{4.75}$$

$$\overline{b}_2 = \frac{(2f_1 + f_3)f_4}{l} \tag{4.76}$$

$$\overline{c}_1 = 2f_2 f_4 \tag{4.77}$$

$$\overline{c}_2 = 2f_1 f_4 \tag{4.78}$$

$$\overline{d} = f_3 f_4 \tag{4.79}$$

其中

$$f_1 = p_2 q_2^3 - p_1(1 - q_1)^3 + p_1 + 1 \tag{4.80}$$

$$f_2 = p_1 q_1^3 - p_2 (1 - q_2)^3 + p_2 + 1 \tag{4.81}$$

$$f_3 = p_2 q_2^2 (3 - 2q_2) + p_1 q_1^2 (3 - 2q_1) + 1 \tag{4.82}$$

$$f_4 = \frac{6k_0'}{4f_1 f_2 l - f_3^2 l} \tag{4.83}$$

$$p_1 = \frac{1}{a_1'} - 1 \tag{4.84}$$

$$p_2 = \frac{1}{a_2'} - 1 \tag{4.85}$$

$$q_1 = \frac{l_{p_1}}{l} \tag{4.86}$$

$$q_2 = \frac{l_{p_2}}{l} \tag{4.87}$$

式中，k_0' 为杆件截面的弹性抗弯刚度；a_1'、a_2' 分别为杆件两端塑性铰区段截面抗弯刚度折减系数，可根据杆件两端受力状况及截面的弯矩 – 曲率恢复力模型确定；l_{p_1}、l_{p_2} 为塑性铰区段长度。

3. 平面杆系模型总刚度矩阵

得到各杆单元弹塑性刚度矩阵后，再采用直接刚度法即可集成整个结构的总刚度矩阵 $\boldsymbol{K}^*$。需指出的是，$\boldsymbol{K}^*$ 并非结构地震动动力方程中的结构刚度矩阵 $\boldsymbol{K}$。对质量集中于节点的平面杆系模型，仅考虑质量的平移自由度，不考虑质量的转动自由度，可将 $\boldsymbol{K}^*$ 中消去与动力自由度无关的元素才能得到 $\boldsymbol{K}$。

设结构振动方程可表示为

$$\boldsymbol{K}^* \boldsymbol{\delta} = \boldsymbol{P} \tag{4.88}$$

式中，$\boldsymbol{\delta}$ 为结构节点位移矢量；$\boldsymbol{P}$ 为结构节点荷载矢量。

根据节点平移自由度与转动自由度对式（4.88）做分块处理，可得

$$\begin{pmatrix} \boldsymbol{k}_{xx} & \boldsymbol{k}_{x\theta} \\ \boldsymbol{k}_{\theta x} & \boldsymbol{k}_{\theta\theta} \end{pmatrix} \begin{pmatrix} \boldsymbol{x} \\ \boldsymbol{\theta} \end{pmatrix} = \begin{pmatrix} \boldsymbol{p}_x \\ \boldsymbol{p}_\theta \end{pmatrix} \tag{4.89}$$

结构抗震分析通常仅考虑结构受水平与竖向地震作用，故 $\boldsymbol{p}_\theta = \boldsymbol{0}$，则

$$\boldsymbol{\theta} = -\boldsymbol{k}_{\theta\theta}^{-1} \boldsymbol{k}_{\theta x} \boldsymbol{x} \tag{4.90}$$

则平面杆系模型总刚度矩阵为

$$\boldsymbol{K} = \boldsymbol{k}_{xx} - \boldsymbol{k}_{x\theta} \boldsymbol{k}_{\theta\theta}^{-1} \boldsymbol{k}_{\theta x} \tag{4.91}$$

4.3.1.3　杆系 – 层模型层刚度矩阵

以结构受一维水平地震作用情况为例，说明杆系 – 层模型层刚度矩阵的确定方法。考虑一个有 m 层 n 个节点的结构。做二维分析时，每个节点有两个线位移与一个转角。根据前述杆单元刚度矩阵，采用直接刚度法可集成结构总刚度矩阵 $\boldsymbol{K}^*$。显然，$\boldsymbol{K}^*$ 应为 $3n \times 3n$ 阶矩阵。与 $\boldsymbol{K}^*$ 相应的结构节点位移矢量与节点荷载矢量可表示为

$$\boldsymbol{\delta} = (u_{1g} \quad v_{1g} \quad \theta_{1g} \quad , \cdots, \quad u_{ng} \quad v_{ng} \quad \theta_{ng})^{\mathrm{T}} \tag{4.92}$$

$$\boldsymbol{P} = (X_{1g} \quad Y_{1g} \quad M_{1g} \quad , \cdots, \quad X_{ng} \quad Y_{ng} \quad M_{ng})^{\mathrm{T}} \tag{4.93}$$

根据层模型楼板在自身平面内刚度无穷大的基本假定，显然应有同层各节点侧移相等且外力相加。由此，可将 $\boldsymbol{K}^*$ 转化为 $(2n + m) \times (2n + m)$ 阶矩阵 $\boldsymbol{K}^{**}$。相应的，结构振动方程

可表示为

$$\begin{pmatrix} [k_{xx}]_{m \times m} & [k_{x\theta}]_{m \times 2n} \\ [k_{\theta x}]_{2n \times m} & [k_{\theta\theta}]_{2n \times 2n} \end{pmatrix} \begin{pmatrix} x \\ \theta \end{pmatrix} = \begin{pmatrix} p_x \\ p_\theta \end{pmatrix} \tag{4.94}$$

由于仅考虑结构受水平与竖向地震作用,故 $p_\theta = 0$,则

$$\theta = -k_{\theta\theta}^{-1} k_{\theta x} x \tag{4.95}$$

则杆系 – 层模型的层总刚度矩阵为

$$K = k_{xx} - k_{x\theta} k_{\theta\theta}^{-1} k_{\theta x} \tag{4.96}$$

4.3.2 质量矩阵的形成

集中质量法是工程中使用较广的结构离散化方法。按集中质量法可形成结构的集中质量矩阵。其特点是质量矩阵与位移矢量相对应且是对角矩阵。对质量集中于楼层的层模型,因不考虑结构扭转,故在单向水平地震作用下,结构仅发生平移振动。对具有 m 层的结构,其质量矩阵可表示为

$$M = \mathrm{diag}(m_1, m_2, \cdots m_{m-1}, m_m)_{m \times m} \tag{4.97}$$

式中,m_i 为对应于第 i 层平移自由度的质量,$i = 1, 2, \cdots, m$。

对质量集中于节点的平面杆系模型,在单向水平地震作用下,仅考虑结构各节点发生平移振动。对具有 n 个节点的结构,其质量矩阵可表示为

$$M = \mathrm{diag}(m_1, m_2, \cdots m_{n-1}, m_n)_{n \times n} \tag{4.98}$$

式中,m_i 为对应于第 i 节点平移自由度的质量,$i = 1, 2, \cdots, n$。

4.3.3 阻尼矩阵形成

迄今为止,已有多种确定结构阻尼矩阵的方法。工程中应用较广的是瑞利阻尼,其表达式为

$$C = \alpha M + \beta K \tag{4.99}$$

$$\alpha = \frac{2(\xi_i \omega_j - \xi_j \omega_i) \omega_i \omega_j}{(\omega_i + \omega_j)(\omega_j - \omega_i)} \tag{4.100}$$

$$\beta = \frac{2(\xi_j \omega_j - \xi_i \omega_i)}{(\omega_j + \omega_i)(\omega_j - \omega_i)} \tag{4.101}$$

式中,ξ_i、ξ_j、ω_i、ω_j 分别为水平第 i、j 振型的阻尼比和圆频率。

4.3.4 地震波选取和调整

采用时程分析法进行地震反应分析,需要输入地震波加速度时程曲线。而地震波是一个频带较宽的非平稳随机振动,受到诸如发震断层位置、板块运动、震中距、传播途径的地质条件、场地土构造和类别等众多因素影响而变化,很难准确地预报某一场地将来地震时的地面运动情况。输入地震波不同,结构的地震反应也不同。所以合理的选取地震波十分关键,是取得合理可靠结果的必要条件。

研究表明,虽然很难准确地定量估计建筑物场地的未来地震动情况,但只要正确选择地震动主要参数,则时程分析结果可以较真实地体现地震作用下结构的反应,满足工程所需的精度。地震波可采用实际强震记录与人工模拟波。正确选择输入的地震波,应满足地震动三

要素的要求。

（1）地面运动频谱特性　地震波的主要周期与建筑结构的周期一致，将会引起较大的地震反应。地面加速度的频谱特性主要与场地类别及震中距有关，通常可以用强震记录反应谱的特征周期来反映，所选地震波的特征周期要接近拟建场地的卓越周期。

（2）地面加速度峰值　地面加速度记录是由许多加速度脉冲组成的，其峰值表示地面运动的剧烈程度。根据《建筑抗震设计规范》规定，当设防烈度为 7~9 度时，输入地震波的峰值加速度可按规范中表 5.1.2-2 采用。但现有的实际强震记录，其峰值加速度大多与拟建建筑所在场地的基本烈度不对应，因而不能直接应用表中数据，需要将所选地震波的加速度峰值调整到表中相应设防烈度的地震加速度峰值。

（3）地震动持续时间　在地震时，强震持续时间一般从数秒到数十秒不等。强震持续时间越长，造成的震害越严重。地震波的持续时间不宜过短，其有效持时不应少于结构一阶周期的 5 倍。有效持时一般指地震动值从首次至最后达到该时程曲线最大峰值 10% 的持续时间。

在拟建场地上有实际的强震记录可供选用是最理想、最符合实际情况的。但是，许多情况下拟建场地上并未得到这种记录。目前在工程中应用较多的是一些典型的强震记录，国外用得最多的是 EI - Centro（1940）地震记录，其次是 Taft（1952）地震记录。近年来，国内也积累了不少强震记录，可供进行时程分析时选用。天津波适用于软弱场地，滦县波、E_I - Centro 波、Taft 波分别适用于坚硬、中硬、中软的场地。

当缺少与拟建场地类似的强震记录时，可以采用人工地震波。采用人工地震波时，应以该场地设计谱为目标谱，其 0.05 阻尼比的反应谱与目标谱各周期点的最大差异，在周期不大于 3.0s 时不宜大于 15%，在周期大于 3.0s 时不宜大于 20%，平均差异不宜大于 10%。人工地震波可以通过修改真实地震记录或用随机过程产生。修改真实地震波的方法是：修改峰值可实现不同的烈度要求，改变时间尺度可以修改频率范围，截断或重复记录可以修改持续时间的长短。具体做法如下：

首先选择一条地质条件接近的真实地震加速度数字记录 $a(t)$，再调整地震加速度坐标和时间坐标，最后进行持续时间调整。

1）加速度坐标调整

$$a_0(t_i) = \frac{a_{0,\max}}{a_m} a(t_i) \tag{4.102}$$

式中，$a_0(t_i)$ 为设计所需地震加速度第 i 点坐标；$a(t_i)$ 为所选地震加速度第 i 点坐标；$a_{0,\max}$ 为设计所需最大加速度；a_m 为所选地震记录的最大加速度；t_i 为实际地震加速度时间坐标点，$i = 1,2,\cdots,n$，n 为记录点数。

2）时间坐标调整

$$t_{0,i} = \frac{T_g}{T} t_i \tag{4.103}$$

式中，T_g 为场地特征周期；T 为所选地震记录的特征周期；$t_{0,i}$ 为人工地震波加速度时间坐标点。

3）持续时间调整。为保证结构的非线性工作过程得以充分展开，要求输入地震加速度的持续时间一般不短于结构基本周期的 5~10 倍，即 $T_{1,0} = 5T_1 \sim 10T_1$。按照上述两公式调整后，加速度 $a_0(t_{0,i})$ 的持续时间并不一定等于 $T_{1,0}$，这时可通过截断尾部数据的办法实现：在选择地震动记录 $a(t)$ 时，选择持续时间较长者，将其调整后，保留持续时间 $T_{1,0}$ 内的数据，切除掉尾部幅值较小的地震记录，这对特征周期和地震作用不会造成较大影响。

在选择地震波时，除地震波峰值、特征周期和持时满足上述要求，还要考察选用的地震波的频谱特性是否具有广泛的代表性。《建筑抗震设计规范》规定，在采用时程分析法时，应按照建筑场地类别和设计地震分组选用不少于两组实际强震记录和一组人工模拟的加速度时程曲线，其平均地震影响系数曲线应与振型分解反应谱法采用的地震影响系数曲线在统计意义上相符：在弹性分析时，每条时程曲线计算所得结构底部剪力不应小于振型分解反应谱法计算结果的65%，多条时程曲线计算所得结构底部剪力的平均值不应小于振型分解反应谱法计算结果的80%。

当结构采用三维空间模型需要双向、三向地震波输入时，其三向加速度最大值输入比例（水平向1：水平向2：竖向）通常按1:0.85:0.65调整。选用的实际加速度记录，可以是同一组的三个分量，也可以是不同组的记录，但每条记录均应满足上述"统计意义上相符"的要求。

由于地震运动的随机性、复杂性，实际需要根据震级和震中距建立地震统计学模型，而不是一两个地震记录。如有条件，可以根据工程场地的实际情况（地震历史资料、活跃断层分布、实测场地剪切波速、场地地质构成、土层分布特点等）进行场地抗震安全性评估，给出符合场地特性的人工地震波。

4.3.5　运动微分方程的直接积分方法

时程分析法是用数值积分求解运动方程的一种方法。这种方法是由初始状态开始逐步积分直至地震终止，求出结构在地震作用下从静止到振动，直至振动终止整个过程的地震反应（位移、速度和加速度）。

数值积分法的特点是将运动方程在时间上离散，化成对时间的差分格式，然后依据初始条件，利用直接积分法求解出一系列时刻上的响应值。通常直接积分法都基于两个概念：一是将求解域 $0<t<T$ 内的任意时刻 t 都应满足运动方程的要求，代之以仅在一定条件下近似地满足运动方程，如仅在 Δt 的离散时间点满足运动方程；二是在一定数目的区域上，假定位移 x、速度 $\dot{x}$ 和加速度 $\ddot{x}$ 的函数形式。假定在 $t=0$ 时，系统的位移、速度和加速度分别为已知的 x_0、$\dot{x}_0$ 和 $\ddot{x}_0$，求解的时间 T 划分为 n 等份，即 $\Delta t=T/n$，要建立从已知的 0，Δt，$2\Delta t$，$\cdots$，T 的解来计算下一个时间步的解的积分格式。需要注意的是，进行弹塑性反应分析时，由于结构的恢复力特性随结构反应的大小在不断地变化，因此在每步分析中必须根据结构反应状态与加载历史确定当前的结构刚度矩阵与阻尼矩阵。

根据求解过程中是否需要迭代求解线性方程组，运动方程的数值积分方法分为隐式积分方法和显式积分方法两类。隐式积分法在每一时间增量步内都需要迭代求解耦联的方程组，需要组装结构整体刚度矩阵并求逆，容易出现不收敛的问题，且计算时间随着自由度增加呈平方次增加。常见的隐式积分法主要有线性加速度法、Wilson$-\theta$法、Newmark$-\beta$法。显式积分法不需要组装结构整体刚度矩阵，直接对解耦的振动方程组求解，一般不存在收敛性问题，计算时间随着自由度增加呈正比增加，主要有中心差分法。

1. 线性加速度法

线性加速度法是假定在$(t, t + \Delta t)$时间间隔内，加速度$\ddot{x}(t + \tau)$为线性变化，即

$$\ddot{x}(t + \tau) = \ddot{x}(t) + \frac{\tau}{\Delta t}[\ddot{x}(t + \Delta t) - \ddot{x}(t)] \qquad (4.104)$$

在$0 \leqslant \tau \leqslant \Delta t$区间内，对式（4.104）积分，可得

$$\dot{x}(t + \tau) = \dot{x}(t) + \tau \ddot{x}(t) + \frac{\tau^2}{2\Delta t}[\ddot{x}(t + \Delta t) - \ddot{x}(t)] \qquad (4.105)$$

$$x(t + \tau) = x(t) + \tau \dot{x}(t) + \frac{1}{2}\tau^2 \ddot{x}(t) + \frac{\tau^3}{6\Delta t}[\ddot{x}(t + \Delta t) - \ddot{x}(t)] \qquad (4.106)$$

令$\tau = \Delta t$，则式（4.105）、式（4.106）为

$$\dot{x}(t + \Delta t) = \dot{x}(t) + \Delta t \ddot{x}(t) + \frac{\Delta t}{2}[\ddot{x}(t + \Delta t) - \ddot{x}(t)] \qquad (4.107)$$

$$x(t + \Delta t) = x(t) + \Delta t \dot{x}(t) + \frac{\Delta t^2}{6}[\ddot{x}(t + \Delta t) + 2\ddot{x}(t)] \qquad (4.108)$$

式（4.107）、式（4.108）经过变换，用$t + \Delta t$时刻的位移$x(t + \Delta t)$来表示相应时刻的加速度和速度，即

$$x(t + \Delta t) = \frac{6}{\Delta t^2}[x(t + \Delta t) - x(t)] - \frac{6}{\Delta t}\dot{x}(t) - 2\ddot{x}(t) \qquad (4.109)$$

$$\dot{x}(t + \Delta t) = \frac{3}{\Delta t}[x(t + \Delta t) - x(t)] - 2\dot{x}(t) - \frac{1}{2}\Delta t \ddot{x}(t) \qquad (4.110)$$

$t + \Delta t$时刻的振动微分方程为

$$M\ddot{x}(t + \Delta t) + C\dot{x}(t + \Delta t) + Kx(t + \Delta t) = -MI\ddot{x}_g(t + \Delta t) \qquad (4.111)$$

将式（4.109）、式（4.110）代入式（4.111），可以得到关于位移$x(t + \Delta t)$的方程

$$\overline{K}x(t + \Delta t) = P(t + \Delta t) \qquad (4.112)$$

式中，拟静力刚度矩阵$\overline{K} = \left(K + \dfrac{6}{\Delta t^2}M + \dfrac{3}{\Delta t}C\right)$，拟静力荷载矢量为

$$P(t + \Delta t) = M\left[\frac{6}{\Delta t^2}x(t) + \frac{6}{\Delta t}\dot{x}(t) + 2\ddot{x}(t)\right] + C\left[\frac{3}{\Delta t}x(t) + 2\dot{x}(t) + \frac{\Delta t}{2}\ddot{x}(t)\right] - MI\ddot{x}_g(t + \Delta t)$$

可以看出，拟静力荷载矢量$P(t + \Delta t)$不仅取决于$t + \Delta t$时刻的地震地面运动加速度，而且与前一时刻的计算反应值相关。求解式（4.112），可以得到$x(t + \Delta t)$，并代入式（4.109）、式（4.110），即可求得$\dot{x}(t + \Delta t)$和$\ddot{x}(t + \Delta t)$，进而可以获得计算单元的变形、内力以及应变、应力等结果。

线性加速度法是条件稳定算法。在选取时间步长时，应满足$\Delta t < T_{\min}/\alpha$，这里$T_{\min}$是有限元离散系统中最小的固有周期。系数$\alpha$一般取为10，如果取得过大，计算得到的位移值可能会不收敛或者出现其他异常情况。另外，为保证计算精度，通常需计算结构内外力之间的残差来判定收敛性。若残差超过容许值，一般需缩减计算时步Δt。

2. Wilson$-\theta$法

20世纪70年代初期，Wilson推广了线性加速度法，他假定在比时间步长Δt更大的时间区间$(t, t + \theta \Delta t)$内，加速度呈线性变化，即Wilson$-\theta$法，线性加速度法是在$\theta = 1$时的特例

$$\ddot{x}(t+\tau) = \ddot{x}(t) + \frac{\tau}{\theta\Delta t}[\ddot{x}(t+\theta\Delta t) - \ddot{x}(t)] \tag{4.113}$$

Wilson $-\theta$ 法是隐式积分，即计算每一步，必须求解一个线性代数方程组，当 $\theta \geqslant 1.37$ 时，它是无条件稳定的，此外，这种算法是自起步的，$t+\theta\Delta t$ 时刻的位移、速度和加速度都可以由 t 时刻的变量表示。

在 $0 \leqslant \tau \leqslant \theta\Delta t$ 区间内，对式（4.113）积分，得到

$$\dot{x}(t+\tau) = \dot{x}(t) + \tau\ddot{x}(t) + \frac{\tau^2}{2\theta\Delta t}[\ddot{x}(t+\theta\Delta t) - \ddot{x}(t)] \tag{4.114}$$

$$x(t+\tau) = x(t) + \tau\dot{x}(t) + \frac{1}{2}\tau^2\ddot{x}(t) + \frac{\tau^3}{6\theta\Delta t}[\ddot{x}(t+\theta\Delta t) - \ddot{x}(t)] \tag{4.115}$$

令 $\tau = \theta\Delta t$，则式（4.114）、式（4.115）为

$$\dot{x}(t+\theta\Delta t) = \dot{x}(t) + \theta\Delta t\ddot{x}(t) + \frac{\theta\Delta t}{2}[\ddot{x}(t+\theta\Delta t) - \ddot{x}(t)] \tag{4.116}$$

$$x(t+\theta\Delta t) = x(t) + \theta\Delta t\dot{x}(t) + \frac{\theta^2\Delta t^2}{6}[\ddot{x}(t+\theta\Delta t) - 2\ddot{x}(t)] \tag{4.117}$$

式（4.116）、式（4.117）经过变换，用 $t+\theta\Delta t$ 时刻的位移 $x(t+\theta\Delta t)$ 来表示相应时刻的加速度和速度，即

$$\ddot{x}(t+\theta\Delta t) = \frac{6}{\theta^2\Delta t^2}[x(t+\theta\Delta t) - x(t)] - \frac{6}{\theta\Delta t}\dot{x}(t) - 2\ddot{x}(t) \tag{4.118}$$

$$\dot{x}(t+\theta\Delta t) = \frac{3}{\theta\Delta t}[x(t+\theta\Delta t) - x(t)] - 2\theta\Delta t\dot{x}(t) - \frac{1}{2}\ddot{x}(t) \tag{4.119}$$

$t+\theta\Delta t$ 时刻的振动微分方程为

$$M\ddot{x}(t+\theta\Delta t) + C\dot{x}(t+\theta\Delta t) + Kx(t+\theta\Delta t) = -MI\ddot{x}_g(t+\theta\Delta t) \tag{4.120}$$

将式（4.118）、式（4.119）代入式（4.120），可以得到关于位移 $x(t+\theta\Delta t)$ 的方程

$$\overline{K}x(t+\theta\Delta t) = P(t+\theta\Delta t) \tag{4.121}$$

式中，$\overline{K} = K + \dfrac{6}{\theta^2\Delta t^2}M + \dfrac{3}{\theta\Delta t}C$，

$$P(t+\theta\Delta t) = M\left[\frac{6}{\theta^2\Delta t^2}x(t) + \frac{6}{\theta\Delta t}\dot{x}(t) + 2\ddot{x}(t)\right] + C\left[\frac{3}{\theta\Delta t}x(t) + 2\dot{x}(t) + \frac{\theta\Delta t}{2}\ddot{x}(t)\right] - MI\ddot{x}_g(t+\theta\Delta t)$$

求解式（4.121）可以得到 $x(t+\theta\Delta t)$，将 $x(t+\theta\Delta t)$ 代入式（4.118）可以得到 $\ddot{x}(t+\theta\Delta t)$。$t+\Delta t$ 时刻的结构加速度可按式（4.122）插值得到。

$$\ddot{x}(t+\Delta t) = \ddot{x}(t) + \frac{1}{\theta}[\ddot{x}(t+\theta\Delta t) - \ddot{x}(t)] \tag{4.122}$$

同线性加速度法，按式（4.123）、式（4.124）可以得出 $t+\Delta t$ 时刻的速度 $\dot{x}(t+\Delta t)$ 和位移 $x(t+\Delta t)$。

$$\dot{x}(t+\Delta t) = \dot{x}(t) + \frac{\Delta t}{2}[\ddot{x}(t+\Delta t) + \ddot{x}(t)] \tag{4.123}$$

$$x(t+\Delta t) = x(t) + \Delta t\dot{x}(t) + \frac{\Delta t^2}{6}[\ddot{x}(t+\Delta t) + 2\ddot{x}(t)] \tag{4.124}$$

3. 中心差分法

中心差分法利用 $t-\Delta t$、t、$t+\Delta t$ 时刻的位移 $x(t-\Delta t)$、$x(t)$、$x(t+\Delta t)$ 表示 t 时刻的速

第4章 结构弹塑性地震反应分析

度 $\dot{\boldsymbol{x}}(t)$ 与加速度 $\ddot{\boldsymbol{x}}(t)$

$$\dot{\boldsymbol{x}}(t) = \frac{1}{2\Delta t}\left[\boldsymbol{x}(t+\Delta t) - \boldsymbol{x}(t-\Delta t)\right] \tag{4.125}$$

$$\ddot{\boldsymbol{x}}(t) = \frac{1}{\Delta t}\left[\frac{\boldsymbol{x}(t+\Delta t)-\boldsymbol{x}(t)}{\Delta t} - \frac{\boldsymbol{x}(t)-\boldsymbol{x}(t-\Delta t)}{\Delta t}\right] = \frac{1}{\Delta t^2}\left[\boldsymbol{x}(t+\Delta t) - 2\boldsymbol{x}(t) + \boldsymbol{x}(t-\Delta t)\right]$$
$$\tag{4.126}$$

t 时刻的振动微分方程为

$$\boldsymbol{M}\ddot{\boldsymbol{x}}(t) + \boldsymbol{C}\dot{\boldsymbol{x}}(t) + \boldsymbol{K}\boldsymbol{x}(t) = -\boldsymbol{M}\boldsymbol{I}\ddot{x}_{\mathrm{g}}(t) \tag{4.127}$$

将式（4.125）、式（4.126）代入式（4.127），可求得 $t+\Delta t$ 时刻的位移

$$\boldsymbol{x}(t+\Delta t) = \overline{\boldsymbol{M}}^{-1}\boldsymbol{P}(t) \tag{4.128}$$

式中，$\overline{\boldsymbol{M}} = \frac{1}{\Delta t^2}\boldsymbol{M} + \frac{1}{2\Delta t}\boldsymbol{C}$，$\boldsymbol{P}(t) = -\boldsymbol{M}\boldsymbol{I}\ddot{x}_{\mathrm{g}}(t) - \left(\boldsymbol{K} - \frac{2}{\Delta t^2}\boldsymbol{M}\right)\boldsymbol{x}(t) - \left(\frac{1}{\Delta t^2}\boldsymbol{M} - \frac{1}{2\Delta t}\boldsymbol{C}\right)\boldsymbol{x}(t-\Delta t)$。

当采用集中质量建立质量矩阵 $\boldsymbol{M}$ 时，$\boldsymbol{M}$ 为对角矩阵。若阻尼矩阵 $\boldsymbol{C}$ 采用与质量矩阵 $\boldsymbol{M}$ 线性相关的形式，$\boldsymbol{C}$ 也为对角矩阵。此时式（4.128）中各自由度的位移反应是不相关的，即式（4.128）是解耦的方程组，因此可以独立求解各自由度的位移反应，而无须组装整体结构刚度矩阵与求逆。

中心差分法是条件稳定算法。为保证算法稳定性与计算精度，通常应采用非常小的时间步长，但也会带来计算累积误差的问题。对于大规模及弹塑性发展强烈的结构，显式积分的中心差分法较隐式积分法有着较大的优势。因此，中心差分法在结构动力弹塑性反应分析中得到了越来越多的应用。

4.3.6 动力弹塑性分析结果的判断

采用动力弹塑性分析方法得到结构的时程反应后，需要判断分析结果是否满足所设定的结构性能指标。结构性能指标一般包括整体性能指标和构件性能指标。

1. 整体性能指标

结构的弹塑性层间位移满足式（3.137）时，可认为结构在地震作用下不致发生倒塌。可依据表4.1进一步判断结构在地震作用下的破坏等级。

表4.1 建筑地震破坏等级划分

名称	破坏描述	继续使用的可能性	变形参考值
基本完好（含完好）	承重构件完好；个别非承重构件轻微损坏；附属构件有不同程度破坏	一般不需修理即可继续使用	$<[\Delta u_{\mathrm{e}}]$
轻微损坏	个别承重构件轻微裂缝（对钢结构构件指残余变形）；个别非承重构件明显破坏；附属构件有不同程度破坏	不需修理或需稍加修理仍可继续使用	$(1.5\sim2)[\Delta u_{\mathrm{e}}]$
中等破坏	多数承重构件轻微裂缝（或残余变形），部分明显裂缝（或残余变形）；个别非承重构件严重破坏	需一般修理，采取安全措施后可适当使用	$(3\sim4)[\Delta u_{\mathrm{e}}]$
严重破坏	多数承重构件严重破坏或部分倒塌	应排险大修，局部拆除	$<0.9[\Delta u_{\mathrm{p}}]$
倒塌	多数承重构件倒塌	需拆除	$>[\Delta u_{\mathrm{p}}]$

注：个别指5%以下，部分指30%以下，多数指50%以上。

2. 构件性能指标

对于钢筋混凝土结构，《建筑结构抗倒塌设计规范》给出了压弯构件的地震损坏等级判别标准（表4.2）。结构动力弹塑性计算时，当梁柱构件采用杆件纤维模型、墙板构件分层壳模型时，可采用基于应变的地震损坏等级判别标准；否则可采用基于转角的地震损坏等级判别标准。

表4.2 压弯破坏的钢筋混凝土构件的地震损坏等级判别标准

损坏等级	损坏程度	转角判别标准	应变判别标准	
			混凝土	钢筋
1级	无损坏	$\theta \leq \theta_y$	$\|\varepsilon_3\| \leq \|\varepsilon_p\|$	且 $\varepsilon_1 < \varepsilon_y$
2级	轻微损坏	$\theta_y < \theta \leq \theta_{IO}$	$\|\varepsilon_3\| \leq \|\varepsilon_p\|$	且 $\varepsilon_y < \varepsilon_1 \leq 2\varepsilon_y$
3级	轻度损坏	$\theta_{IO} < \theta \leq \theta_p$	$\|\varepsilon_p\| < \|\varepsilon_3\| \leq 1.5\|\varepsilon_p\|$	或 $2\varepsilon_y < \varepsilon_1 \leq 3.5\varepsilon_y$
4级	中等损坏	$\theta_p < \theta \leq \theta_{LS}$	$1.5\|\varepsilon_p\| < \|\varepsilon_3\| \leq 2.0\|\varepsilon_p\|$	或 $3.5\varepsilon_y < \varepsilon_1 \leq 8\varepsilon_y$
5级	比较严重损坏	$\theta_{LS} < \theta \leq \theta_u$	$2.0\|\varepsilon_p\| < \|\varepsilon_3\| \leq \|\varepsilon_{cu}\|$	或 $8\varepsilon_y < \varepsilon_1 \leq 12\varepsilon_y$
6级	严重损坏	$\theta > \theta_u$	$\|\varepsilon_3\| > \|\varepsilon_{cu}\|$	或 $\varepsilon_1 > 12\varepsilon_y$

注：ε_1 为主拉应变，ε_3 为主压应变；ε_p 和 ε_{cu} 分别为约束混凝土的单轴受压峰值应变和极限应变；ε_y 为钢筋的屈服应变；θ 为地震作用下压弯破坏的钢筋混凝土构件的最大转角；θ_y、θ_{IO}、θ_p、θ_{LS} 和 θ_u 分别为压弯破坏的钢筋混凝土构件名义屈服点、性能点 IO、峰值点、性能点 LS 和极限点对应的转角；θ_y、θ_p 和 θ_u 可由试验或计算确定，且 $\theta_{IO} = (\theta_y + \theta_p)/2$，$\theta_{LS} = (\theta_p + \theta_u)/2$。

4.4 静力弹塑性分析

结构静力弹塑性分析法（推覆分析法）是对结构施加按某种方式模拟地震水平惯性力的水平侧向力，并逐级单调增加，使得结构构件逐渐进入塑性，直至结构达到预定状态（成为机构、位移超限或达目标位移），同时按顺序记录结构在不同荷载水平下的内力与变形、塑性铰出现的先后顺序与分布，然后根据抗震需求对结构抗震性能进行评估，也称为推覆分析。

推覆分析法基本计算步骤可表示为：

1）准备结构数据，包括建立结构模型、构件的物理参数和力-变形关系等。

2）计算结构在竖向荷载作用下的内力。

3）在结构每层质心处，逐级单调施加某种沿高度分布的水平力并做静力非线性分析，确定各级荷载作用下结构位移，直到结构达到某一目标位移或结构发生破坏。

显然，抗震结构的推覆分析法涉及结构弹塑性位移分析与结构目标位移的确定两方面内容。这里主要介绍结构弹塑性位移的分析问题，而这主要涉及结构的水平加载模式及结构静力非线性分析方法两大问题。

4.4.1 水平加载模式

逐级施加的水平侧向力沿结构高度的分布模式称为水平加载模式。地震过程中，结构层惯性力的分布随地震动强度的不同及结构构件进入非线性程度的不同而改变，显然合理的水平加载模式应与结构在地震作用下的层惯性力分布一致。迄今为止，研究者们已提出了若干种不同水平加载模式，根据是否考虑地震过程中结构层惯性力的重分布可分为两类：一类是固定模式，另一类是自适应模式。固定模式是在整个加载过程中，侧向力分布保持不变，不考虑地震过程中结构层惯性力的改变。自适应模式是在整个加载过程中，随结构动力特性的改变而不断调整侧向力分布。

1. 质量比例加载模式

水平侧向力沿结构高度分布与楼层质量成正比的加载方式称为质量比例加载模式。均布加载模式不考虑地震过程中结构层惯性力的重分布，属固定模式。此模式适用于刚度与质量沿高度分布较均匀、薄弱层为底层的结构。此时，其数学表达式可表示为

$$F_j = \frac{m_j}{\sum\limits_{i=1}^{n} m_i} V_b \tag{4.129}$$

式中，F_j 为第 j 层水平荷载；m_j 为第 j 层质量；V_b 为结构底部剪力；n 为结构总层数。若结构各层质量相等，则侧向力分布模式为均匀分布，如图 4.25 所示。

2. 倒三角分布水平加载模式

水平侧向力沿结构高度分布与层质量和高度成正比（即底部剪力法模式）的加载方式称为倒三角分布水平加载模式，如图 4.26 所示。其数学表达式可表示为

$$F_j = \frac{G_j h_j}{\sum\limits_{i=1}^{n} G_i h_i} V_b \tag{4.130}$$

式中，G_i 为结构第 i 层楼层重力荷载代表值；h_i 为结构第 i 层楼层距地面的高度。

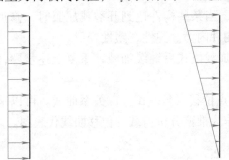

图 4.25　均布水平加载　　　图 4.26　倒三角分布水平加载

倒三角分布水平加载模式不考虑地震过程中惯性力的重分布，也属固定模式。它适用于高度不大于 40m，以剪切变形为主且质量、刚度沿高度分布较均匀且梁出塑性铰的结构。

3. 抛物线分布水平加载模式

水平侧向力沿结构高度呈抛物线分布的加载方式称为抛物线分布水平加载模式，如图 4.27 所示。其数学表达式可表示为

$$F_j = \frac{G_j h_j^k}{\sum\limits_{i=1}^{n} G_i h_i^k} V_b \tag{4.131}$$

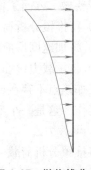

图 4.27　抛物线分布
水平加载

式中，k 为侧向荷载分布形式的控制参数，可根据结构基本周期 T 确定，如下式

$$k = \begin{cases} 1.0, & T \leqslant 0.5\,\text{s} \\ 1.0 + \dfrac{T-0.5}{2}, & 0.5\,\text{s} < T < 2.5\,\text{s} \\ 2.0, & T \geqslant 2.5\,\text{s} \end{cases} \tag{4.132}$$

抛物线分布水平加载模式可较好地反映结构在地震作用下的高振型影响。它也不考虑地震过程中结构层惯性力的重分布，属固定模式。若 $T \leqslant 0.5\,\text{s}$，则抛物线分布转化为倒三角分布。

4. 第一振型分布水平加载模式

水平侧向力沿结构高度按第一振型分布的加载模式称为第一振型分布水平加载模式，其数学表达式可表示为

$$F_j = \phi_j V_b \tag{4.133}$$

式中，ϕ_j 为第一振型下结构第 j 层的振型位移比。

4.4.2 建立荷载–位移曲线

建立荷载–位移曲线的目的是确认结构在预定荷载作用下所表现出的抵抗能力。将这种抵抗能力以承载力–位移谱的形式体现出来，以便进行抗震能力的比较与评估。主要步骤如下：

1）建立结构和构件的计算模型。

2）确定侧向荷载分布形式。

3）逐步增加侧向荷载，当某些构件达到开裂或屈服时，修正相应的构件刚度和计算模型；计算此次加载阶段的构件内力、弹性、塑性变形。

4）继续加载或在修正加载模式后继续加载，重复上述步骤，直到结构性能达到预定指标或达到不可接受的水平。

5）作出基底剪力–顶点位移（$V_b - \Delta_{\text{roof}}$）关系曲线。可以采用等能量原则进一步将其简化为双线型、三线型，作为推覆分析荷载–位移曲线代表图。

4.4.3 结构抗震能力评估

对结构进行抗震能力评估，需将荷载–位移曲线与地震反应谱放在同等条件下比较。为此，需要做三方面工作：

1）将推覆分析荷载–位移曲线代表图转换为承载力谱，也称供给谱、能力谱。

2）将加速度反应谱转换为地震需求谱，也称 ADRS 谱（以加速度–位移表示的谱）。

3）将承载力谱和需求谱绘制在同一弹性地震需求谱（ADRS 谱）内，两图的交点为性能点，如该点不存在或该点不满足预定标准，则应修改结构设计及计算模型参数，继续进行上述工作。这是一个反复迭代的过程。

1. 承载力谱

将推覆分析荷载–位移曲线代表图转换为承载力谱，需将结构等效为基本振型的振动。将曲线上各点（$\Delta_{\text{roof},i}$，$V_{b,i}$）逐点转换到以谱位移–谱加速度（S_{di}，S_{ai}）表示的承载力谱上，两种曲线图形可按下述原理相互转换。

根据振型分解反应谱理论，串联 n 质点体系由基本振型产生的基底剪力最大值和顶点位移最大值为

$$V_{1b} = \gamma_1 S_a(T_1) \sum_{i=1}^{n} (m_i X_{1,i}) \tag{4.134}$$

$$x_{1,\text{roof}} = \gamma_1 S_d(T_1) X_{1,\text{roof}} \tag{4.135}$$

式中，γ_1 为第一振型参与系数；m_i 为第 i 质点质量；$X_{1,i}$ 为第一振型第 i 质点位移振幅；$X_{1,\text{roof}}$ 为第一振型顶点位移振幅；$S_a(T_1)$、$S_d(T_1)$ 为以自振周期 T_1、阻尼比 ζ_1 振动的等效单自由度体系地震绝对最大加速度和最大位移反应。

将上两式分别与 $V_{b,i}$、$\Delta_{\text{roof},i}$ 等效，可求出承载力谱上的对应值 (S_{ai}, S_{di})

$$S_{ai} = \frac{V_{b,i}}{\mu_1 m} \tag{4.136}$$

$$S_{di} = \frac{\Delta_{\text{roof},i}}{\gamma_1 X_{1,\text{roof}}} \tag{4.137}$$

式中，S_{ai} 为谱加速度；μ_1 为第一振型质量参与系数，$\mu_1 = \dfrac{\gamma_1 \sum\limits_{i=1}^{n} (m_i X_{1,i})}{\sum\limits_{i=1}^{n} m_i}$；$m$ 为结构总质量，$m = \sum\limits_{i=1}^{n} m_i$。

转换后的承载力谱如图 4.28 所示。

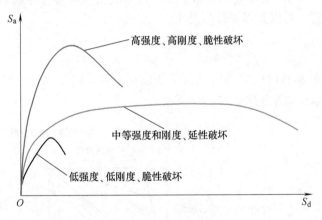

图 4.28　承载力谱

2. 地震需求谱

根据振动理论，振动加速度和振动位移之间的关系为

$$\ddot{x}(t) = x_m \omega^2 \sin(\omega t + \varphi) = \omega^2 x(t) \tag{4.138}$$

因此，自振周期为 T 的单自由度体系地震加速度反应最大值 S_a 与位移反应最大值 S_d 之间的关系为

$$S_d = \frac{T^2}{4\pi^2} S_a \tag{4.139}$$

其中

$$S_a = \alpha g \tag{4.140}$$

式中，α 为地震影响系数（见第3章）；g 为重力加速度。

对于弹性结构，运用式（4.139）、式（4.140）可将规范给出的地震加速度反应谱转换为弹性地震需求谱（ADRS谱），如图4.29所示。

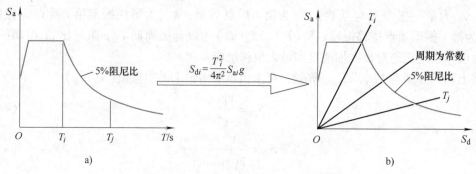

图4.29　将加速度反应谱转换为弹性地震需求谱

a）标准加速度反应谱　b）弹性地震需求谱

对于进入弹塑性的结构，需要获得反映结构弹塑性地震反应特征的弹塑性地震需求谱。如何获得弹塑性地震需求谱，目前尚没有统一的标准。可以通过将结构的弹塑性耗能等效为阻尼耗能，采用等效阻尼比得到折减的弹性地震需求谱，将其作为弹塑性地震需求谱。

如图4.30所示，将承载力谱曲线按照能量相等的原理，近似简化为一个双线型曲线。其弹塑性滞回耗能 E_D 为滞回环面积，即平行四边形面积。按其与等效单自由度弹性体系的阻尼耗能相等的原则，可以获得等效阻尼比。

$$\zeta_{eq} = \frac{E_D}{4\pi E_s} = \frac{2}{\pi} \frac{(\mu-1)(1-\alpha)}{\mu(1+\alpha\mu-\alpha)} \tag{4.141}$$

式中，E_s 为等效弹性单自由度体系的最大应变能；α 为双线型承载力谱曲线屈服后切线刚度与初始刚度的比值；μ 为延性系数，$\mu = S_{du}/S_{dy}$。

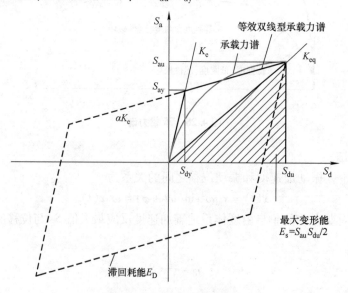

图4.30　等效双线型承载力谱

3. 建立和判断性能点

将结构承载力谱和地震需求谱放在同一坐标系内进行比较，可建立并判断性能点。性能点的建立和评估过程如下：

1）将承载力谱曲线简化得到双线型承载力谱曲线。

2）预设性能点：先假定性能点的位移设定值 d_p，并在双线型承载力谱曲线上找到相应的加速度值 a_p。

3）计算延性系数 $\mu = d_p / S_{dy}$。

4）根据延性系数 μ 与双线型承载力谱曲线的 α，按式（4.141）获得结构等效阻尼比 ζ_{eq}。

5）根据等效阻尼比折减弹性地震需求谱，得到弹塑性地震需求谱。

6）将承载力谱曲线和弹塑性地震需求谱放在同一图中，得到交点处的位移值 d'_p。

7）若 $(d'_p - d_p)/d'_p \leq$ 误差允许值，则目标位移等于 d'_p，得到性能点。否则，令 $d_p = d'_p$，重复3）~7）步。

如果性能点存在，进一步评估结构的层间位移角及构件受力状态与塑性铰出现顺序，确认结构构件是否满足预定的性能指标，至此完成推覆分析和抗震性能评估工作。否则，需改进结构设计，重新进行推覆分析和抗震能力评估工作。

4.4.4 推覆分析法技术要点

1. 使性能点满足预设条件的措施

如果性能点不存在或该点不满足预设条件（图4.31），则可采取以下三类措施加以改进：

1）提高结构体系的强度、刚度。

2）改善结构延性。

3）采用隔震技术，降低地震需求；或采用减震技术，增加阻尼，降低结构地震反应。

若单独使用上述措施仍不满足预设条件，可以合并使用上述第2）、3）类措施。

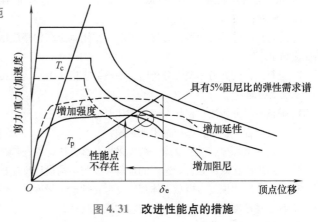

图4.31 改进性能点的措施

2. 在推覆分析及抗震评估过程中容易出现的问题

1）不能低估加载或位移形状函数。加载形式函数的选择主要考虑建筑的主要振动模态。加载形式不同，位移结果差异很大。加载形式函数对高层建筑更加重要，因为这种建筑可能不受基本模态控制。因此，使用推覆分析法对结构复杂的高层建筑进行抗震评估时难度较大。三维结构模型的推覆分析需要体积分布的加载形式，或者至少是一个加载面。

2）推覆开始之前要知道结构反应目标。建筑物不可能推至位移无限大而不损坏。因此，必须将影响正常使用、危及生命安全、发生倒塌等情况用技术参数表示出来。若没有明确定义结构反应目标，则推覆分析没有任何意义。

3）只有在完成结构设计的条件下才能进行推覆分析。推覆分析需要结构构件的非线性力－位移关系，包括达到开裂、屈服、形成塑性铰所需的技术参数。这些参数要考虑受力状态的相互影响（如压、弯、剪等）。在截面设计完成之前无法确定构件的技术参数。

4）不能忽略重力效应。结构构件分布的不对称性会增加重力效应，重力会延缓开裂、会增加 $P-\Delta$ 效应。极限承载能力会随重力荷载的增加而减小。

5）任何结构模型的建立都离不开正确、翔实的构造设计。如钢筋混凝土构件的"强柱弱梁、强剪弱弯、强节点弱构件"设计原则是保证结构抗震性能的基本措施，是任何结构分析手段都不能取代的。

6）如果没有倒塌模型就不能推至倒塌。倒塌模型需要具体研究。

7）不能将推覆分析过程等同于真实地震。

习　题

一、选择题

1. 进行结构的动力弹塑性时程分析时，通常将（　　）作为输入。

A. 地面地震位移波　　　　　　　　　　B. 地面地震速度波

C. 地面地震加速度波　　　　　　　　　D. 沿结构高度分布的侧向力

2. 对结构施加模拟地震水平惯性力的水平侧向力，并逐级单调增加，使得结构构件逐渐进入塑性，从而评估结构抗震性能，这种方法为（　　）。

A. 振型分解反应谱法　　　B. 底部剪力法　　　　　C. 时程分析法　　　　　D. 推覆分析法

二、判别题

1. 进行结构的动力弹塑性时程分析时，采用基于结构楼层恢复力模型的计算模型无法获得结构内构件的反应结果。（　　）

2. 进行结构的静力弹塑性分析时，地震需求谱是由结构推覆分析荷载－位移曲线转换而来。（　　）

三、简答题

1. 何谓时程分析法？在什么时候须用时程分析法进行补充计算？

2. 进行时程分析时，怎样选用地震波？

3. 结构弹塑性地震位移反应一般应采用什么方法计算？什么结构可采用简化方法计算？

4. 如何理解在时程分析时选用的地震波要与结构设计反应谱在统计意义上相符？

5. 如何在结构恢复力模型上体现刚度退化性能、强度退化性能？

6. 什么是推覆分析法？其主要技术构成是什么？

7. 如何根据结构荷载－位移曲线计算承载力？

8. 如何根据《建筑抗震设计规范》规定的设计反应谱计算地震需求谱？

9. 在推覆分析法中，若性能点不满足预定目标，应采取哪些有效措施改进结构设计使之满足要求？

地下结构抗震设计 第5章

学习要点：了解地下结构分类与地震反应特点，以及抗震设防目标。掌握地下结构抗震计算方法，主要包括反应位移法。掌握地下结构抗震验算方法，主要包括截面抗震验算、变形验算和抗浮验算。掌握各类地下结构抗震设计方法，主要包括地下单体及多体结构、下沉式挡土结构和隧道结构。了解虚拟仿真实验的操作及实验结果分析及结论。

5.1　一般规定

由于土地资源有限，人口密度过大，大规模开发地下空间变得十分必要。作为一种典型的地下结构，20世纪末，全世界运营的地铁超过5500km，北京等城市也有地铁运营或正在建设。近年来，中国经济发展水平不断提高，发展质量稳中求进，过快的城市化速度导致城市规模扩展迅速，城镇人口急剧增加。随着我国的基建事业的大力发展，生活必备设施变得更加完备，这种变化从人们出行方式的转变可见一斑。作为一种高效且相对环保低碳的公共交通，地铁出行一直受到极大关注。近年来我国地铁运营线路长度也在逐年增加，2020年我国地铁运营线路长度达6280.8km（图5.1）。在全球城市地铁里程排名中，前十名中就有7个城市来自我国。

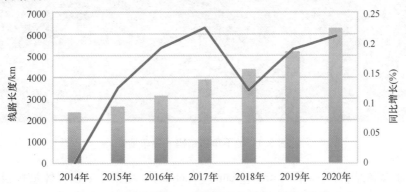

图5.1　2014—2020年我国地铁运营线路长度统计

建国初期，我国铁路隧道仅有429座，铁路隧道总长度112km。到2020年，我国铁路营业里程达14.5万km，其中投入运营的铁路隧道共16798座，总长约19630km。特别是近15年来，随着全国铁路基础设施建设持续快速推进，我国铁路隧道发展极为迅速，如图5.2所示。我国已经是当之无愧的交通大国，正在向交通强国稳步推进。

不仅地铁，许多地下结构都具有人员密集、体量大的特点，发生震害会严重危害公共财产安全。为贯彻执行国家防灾减灾政策，实行以预防为主的方针，规范地下结构的抗震设

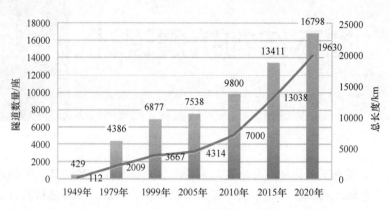

图 5.2　1949—2020 年我国投入运营的铁路隧道数量及隧道总长度的变化

计，使地下结构经抗震设防后，减轻地震震害，避免人员伤亡，减少经济损失。所以对地下结构进行抗震设计迫在眉睫。

5.1.1　地下结构定义与体系分类

地表以下的结构称为地下结构。地下结构按其结构特征与分布形式分为地下单体结构、地下多体结构、隧道结构、下沉式挡土结构和复建式地下结构，也可按其构造形式和受荷载形式分为拱形结构、圆形和矩形管状结构、框架结构、薄壳结构、异形结构。

（1）地下单体结构（singular underground structure）　独立的地下结构，如地铁车站、地下停车场、地下变电站、地下沉井式仓储等地下结构，如图 5.3 所示。

图 5.3　地下单体结构（停车场）

（2）地下多体结构（complex underground structure）　由两个或以上体量相当的单体结构组成的地下结构，如有换乘通道连接的地铁车站，近距离平行、叠落或立交的地下结构等地下结构，如图 5.4 所示。

（3）隧道结构（tunnel structure）　按施工方法可分为盾构隧道结构、矿山法隧道结构和明挖法隧道结构，如图 5.5 所示。

（4）下沉式挡土结构（sunken earth retaining structure）　由地表下切形成地槽两侧的挡土结构，包括下沉重力式挡土结构和下沉式 U 形挡土结构。

（5）复建式地下结构（superstructure - integrated underground structure）　与地上建（构）筑物相连的地下结构，包括单体建筑地下结构和复合建筑地下结构，分别对应于地上建、构

图 5.4　地下多体结构（换乘地铁站）

图 5.5　盾构机和盾构隧道

筑物为单体和复合体结构的情况。

5.1.2　地下结构地震反应的特点

在地震作用下，地下结构与地面结构的振动特性有很大的不同。二者对比如下：

1）地下结构的振动变形受周围地基土的约束作用显著，结构的动力反应一般不明显表观出自振特性的影响。地面结构的动力反应则明显表现出自振特性，特别是低价模态的影响。

2）地下结构的存在对周围地基地震动的影响一般很小（指地下结构的尺寸相对于地震波长的比例较小的情况），而地面结构的存在对该处自由场的地震动发生较大的扰动。

3）地下结构的振动形态受地震波入射方向变化的影响很大。地震波的入射方向发生不大的变化，地下结构各点的变形和应力可以发生较大的变化。地面结构的振动形态受地震波入射方向的影响相对较小。例如，即使是拱坝这样的半埋设结构，也只有正对称和反对称两种基本振动形态，地震波入射方向在某一范围内变化时，主要发生正对称的振动，在另一范围内变化时，主要发生反对称振动。

4）地下结构在振动中各点的相位差别十分明显，而地面结构各点在振动中的相位差不很明显。

5）地下结构在振动中的主要应变与地震加速度大小的联系不很明显，但与周围岩土介质在地震作用下的应变或变形的关系密切。对地面结构来说，地震加速度则是影响结构动力反应大小的一个重要因素。

6）地下结构的地震反应随埋深发生的变化不很明显。对地面结构来说，埋深是影响地震反应大小的一个重要因素。

7）地下结构和地面结构与地基的相互作用都对它们的动力反应产生重要影响，但影响的方式和影响的程度是不相同的。

总的看来，虽然结构的自振特性与地基振动场对结构动力反应产生重要影响，但对地面结构来说，结构的形状、质量、刚度的变化（其自振特性的变化）对结构反应的影响很大，可以引起质的变化，而对地下结构来说，对反应起主要作用的因素是地基的运动特性，结构形状的改变对反应的影响相对较小，仅产生量的变化。因此，在目前的研究工作中，地面结构的自振特性研究占很大的比重，地下结构的地基的地震动研究则占较大的比重。

5.1.3 地下结构震害

1. 概述

1995 年日本阪神地震前，世界范围内历次地震中有许多关于地下线形结构及小型供水系统结构遭受地震破坏的报道，但关于地下铁道震害的报道非常少，且多属程度较轻的损坏。如 1976 年唐山大地震中，刚建成的天津地铁经受住了地震的考验（天津地震烈度 7～8 度），仅在沉降缝部位发生外涂面层局部脱落或出现裂缝等现象。又如 1985 年墨西哥地震中，建在软弱地基上的地铁结构仅车站在侧墙与地表相交处发生结构分离现象。地下结构震害记录少的一个主要原因是大规模利用地下空间建造地下结构近些年才开始，在这期间大都市没有发生或遭受大的地震。

1995 年阪神地震中，神户市部分地铁车站和区间隧道受到了不同程度的破坏。其中大开站最为严重，一半以上的中柱完全倒塌，导致顶板坍塌，上覆土层大量沉降，最大沉降量达 2.5m。破坏主要发生于 7 度烈度区域内。然而和地面结构相比，地铁隧道的破坏仍属轻微，尤其是盾构隧道，破坏非常轻微。

地下管道在现代化工业生产和人民生活中占有重要的地位，并在输水、油、气（汽）、煤、排水及通信、供电、交通运输等方面得到了广泛的应用。地下管道发生震害时，将给国计民生带来重大损失和人员伤亡。1906 年美国旧金山地震时，3 条主要输水管道遭到破坏，城市配水管网发生上千处破裂，导致消防水源断绝，以致由地震引起的火灾无法及时扑灭，大火燃烧了三天两夜，造成 800 人死亡，财产损失 4 亿美元。1923 年日本关东地震时，东京市 40% 的损失是由地震引起的火灾造成。1933 年长滩地震时，3 月 19 日晚的 19 处大火中有 7 处被认为是由管道或煤气装置破坏引起。1971 年 2 月，美国圣菲尔南多市发生 6.6 级地震，地震中煤气管、水管等受到严重破坏。1976 年唐山地震中，唐山市给水系统全部瘫痪，经一个月抢修才基本恢复供水；秦京输油管道发生 5 处破坏。

震害调查是为了归纳地下结构的震害类型和影响因素，据此分析结构发生破坏的机理，为建立合理的分析模型和设计方法提供启示。

2. 地铁车站的震害

日本的经济发展较快，地下交通设施建设较早，且日本位于多地震带上，所以现代地铁车站的震害例子主要来自日本的地下结构。这里主要介绍神户市内地下铁道在 1995 年阪神地震中发生的震害，并提供某些关于破坏原因的观点和分析，供地铁抗震设计研究参考。

（1）地下车站破坏 神户市内铁道设施主要包括 JR、阪急、阪神、山阳、神户电气铁路，神户高速铁路，市营地下铁道和北神急行铁道等，其中穿越市区的地下铁道有阪神电铁、山阳电铁、神户电铁，神户高速铁路和市营地下铁道 5 条线路（表 5.1）。地下部分线路总长度约为 21.4km，车站总数为 21 座。

表5.1 神户市地铁地下部分的线路长度和车站数

名称	建设时间	线路大概长度/km	车站数
阪神电铁	1931—1936 年	3.4	3
神户电铁	1962—1967 年	0.4	1
神户高速铁路	1962—1967 年	6.6	6
市营地下铁道	1972—1985 年	9.5	9
山阳电铁	1982—1997 年	1.5	2
合计		21.4	21

车站内部由兼做停车场的站台、有检票设施的中央大厅、风机房及电气室等组成。结构断面尺寸随层数、跨数不同而异，且差别很大。此外，车站前后设有上行和下行线路的换乘区间，其结构为不设中柱的大跨度地下结构。

神户高速铁路的 6 个地铁车站中，大开站和长田站受灾较严重，其他车站受灾较轻，仅混凝土结构出现裂缝。大开站始建于 1962 年，用明挖法构建，长 120m，采用侧式站台。有两种断面类型：标准段断面（图 5.6a）和中央大厅段断面（图 5.6b）。图 5.6a 断面为站台部分，图 5.6b 断面的地下一层是检票大厅，地下二层为站台。顶底板、侧墙和中柱均为现浇钢筋混凝土结构。中柱间距为 3.5m。

原有结构参照当时的规范设计，没有考虑地震因素。但设计非常保守，安全系数很高，中柱安全系数达到了 3，即在承受 3 倍于平时使用荷载的情况下也不破坏。在这次地震作用过程中，车站超过 30 根（共 35 根）中柱发生了严重破坏，总长约 110m 完全塌毁破坏，结构上顶板在离中柱左右两侧各 1.75～2.00m 处被折弯，整体断面形状变成了 M 形；地表最大塌陷约 2.5m。因此，这次大开站因地震而遭受严重破坏以至完全不能使用的情况引起了许多人的注意。图 5.7 所示为破坏情况的纵向示意图。根据破坏情况可将车站分为 A、B、C 三个区域。

A 区域为长田站一侧的一层标准结构，破坏最为严重，中柱几乎全被压坏。由于顶板两端采用刚性结点，中柱倒塌后侧壁上部起拱部位附近外侧因受弯而发生张拉破坏，使上顶板在离中柱左右两侧各 1.75～2.00m 处（主钢筋弯曲位置）被折弯。其中顶板中央稍微偏西的位置塌陷量最大，整体断面形状变成了 M 形（图 5.8a）。顶板的塌陷导致上方与其平行的一条地表主干道在长 90m 的范围内发生塌陷，最大值达 2.5m（图 5.9 及图 5.10）。顶板中线两侧 2m 距离内，纵向裂缝宽达 150～250mm。被破坏的中柱有的保留着一部分混凝土，相当一部分则已经破碎脱落。间隔 35cm 配置的 9mm 箍筋有的一起脱落，有的则被压弯（图 5.11a）。柱子在上端、下端或两端附近发生破坏后，形状都像被压碎的灯笼，轴向钢筋呈左右大致对称状压曲，或表现为向左或向右压曲。侧壁上端加腋部的混凝土出现剥落。在一些位置上侧壁内侧的主钢筋出现弯曲，使侧壁稍稍向内鼓出，可以见到明显的漏水现象。

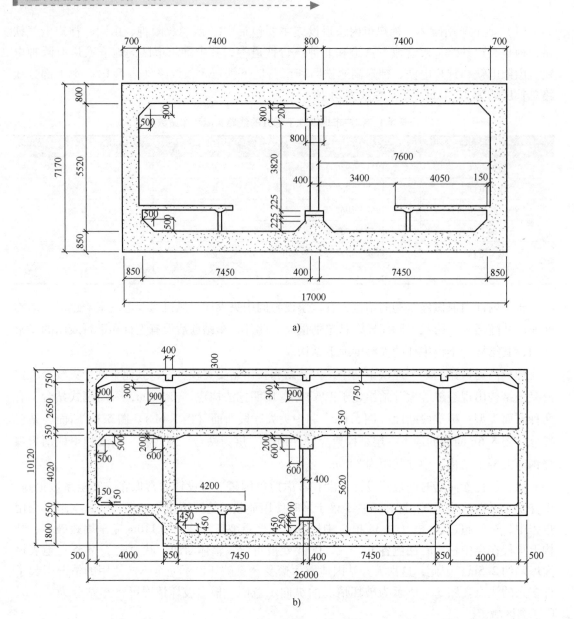

图 5.6　大开车站的典型断面

a) 标准段断面　b) 中央大厅段断面

B 区域为二层构造（图 5.8b），破坏最轻。在地下二层的 6 根中柱中，靠近 A 区域的 2 根和靠近 C 区域的 1 根被损坏，剩下 3 根只受到轻微损伤。由于这一部位的覆土仅为 1.9m，且结构安全系数很大，故其发生破坏出乎人们的预料。

C 区域的结构形式与 A 区域相似，但破坏程度轻于 A 区域。在 C 区域，中柱下部发生剪切破坏，轴向钢筋被压曲（图 5.8c），使上顶板下沉了 5cm 左右。在这一区域内，侧壁未见有裂缝或混凝土脱落。

在整体上，大开站属细长箱形结构。地震作用下，中柱上、下两端因变形过大而破坏；

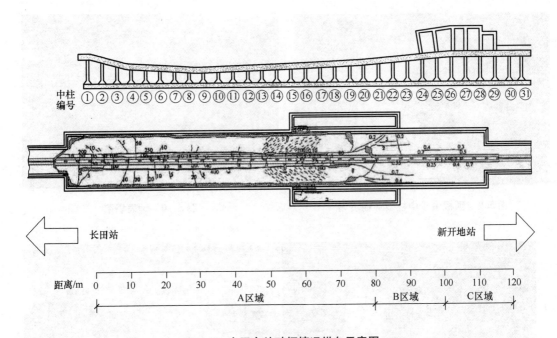

图 5.7　大开车站破坏情况纵向示意图

注：图中数字表示裂缝宽度（单位：mm）

直角部位也因结构剪切刚性相对较小而发生变形。可以看到，与其他区域相比，A 区域墙壁直角部位的剪切变形很严重；而且由于覆土厚度较大，中柱在平时就负载过大。

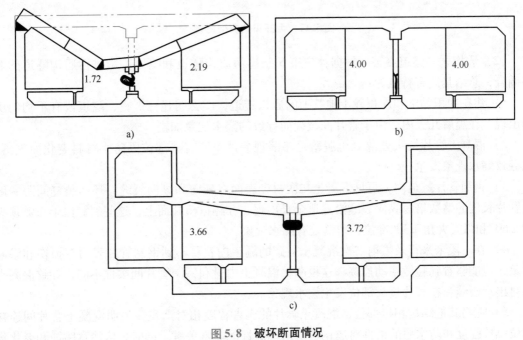

图 5.8　破坏断面情况

a）柱 10　b）柱 24　c）柱 31

图 5.9　顶板由于中柱破坏而坍塌

图 5.10　地表坍陷

a)

b)

图 5.11　大开车站典型震害

（2）盾构区间隧道震害　根据神户市 5 条排污盾构隧道和鸣尾御影排污盾构隧道的震害调查，总结其震害特点为：

1）建在冲积黏土和冲积砂土地基上的盾构隧道，震害明显更严重，隧道段有不均匀沉降出现，在震后几天内，由于管片间裂缝而导致的漏水现象加剧。

2）混凝土管片接头处混凝土脱落，渗漏现象严重，有些部位因防水材料老化而震落，也导致漏水现象发生。

3）钢制管片隧道内，可见混凝土二次衬砌表面有环向和纵向裂缝，环向裂缝间距一般为管片长度的整数倍，纵向裂缝沿隧道全长出现，在隧道横断面上，这些裂缝位于与弧顶夹角 ±60° 和弧底夹角 ±30° 部位，裂缝处有漏水现象。

4）在一段未来得及喷射二次混凝土衬砌的隧道内，看不到钢制管片表面有损伤和渗漏现象，但能够看到轻微错动痕迹，这说明，混凝土内衬和钢制管片间柔性不同，导致混凝土内衬出现裂缝和在管片接头部位发生漏水现象。

5）在与其他结构相接部位，混凝土管片的震害程度相对严重，说明混凝土管片间连接部位螺栓强度和防水层的柔性对盾构隧道的抗震性能非常关键。同时，应注意腐蚀和老化作用造成管片连接部位强度的降低；对于钢制管片，应考虑如何处理好其与衬砌混凝土间柔度不相配问题（一些学者建议采用加筋的混凝土作为二次衬砌）。

（3）汶川地震中的隧道破坏 汶川特大地震为逆冲、右旋、挤压型断层地震，发生在地壳脆韧性转换带，震源深度约为 14km。由于震级大、持续时间较长，地震造成了不少隧道严重受损（图 5.12a）。其中都汶公路、国道 213 线、剑青公路及宝成铁路等路段上的多条隧道出现了洞口边仰坡垮塌，洞口被掩埋；洞门墙开裂、渗水；洞身衬砌环向、纵向、斜向开裂错台，局部掉块、垮塌，拱顶整体掉落并渗水；地下水、瓦斯聚集；钢筋扭曲、断裂，锚杆垫板脱落；路面仰拱隆起、沉陷等轻重程度不同的震害。

图 5.12 隧道震害
a）都汶公路桃关隧道震害 b）都汶公路龙洞子隧道出口震害

都汶公路龙洞子双洞公路隧道为三心圆曲边墙结构，断面净宽 10.4m，拱高 7.0m，左洞长 1070m，右洞长 1032m，中线间距 34.5～41.5m。龙洞子隧道震中距为 30km，隧址区地震基本烈度为 7 度。隧道采用 NATM 法施工，地震灾害来临时已经贯通。

1）洞口段（图 5.12b）。龙洞子隧道出口的高陡斜坡由石炭系黄龙组浅灰色厚层状石灰岩构成，走向与隧道轴线呈大角度相交。隧道洞口位于断层内，受风化卸荷影响，岩体破碎，节理裂隙较发育，边坡顶部存在许多崩塌危岩，而且洞口岩溶问题极其严重。虽然隧道洞口边坡已经进行了局部支顶及主动网防护，但由于震级大、持续时间长、地震动剧烈，隧道洞口段还是出现了边仰坡严重崩塌，崩塌体将右洞出口、洞门掩埋，洞门墙开裂并出现渗水。

2）洞身段。龙洞子隧道穿过多个宽窄不同的断层破碎带，地震时断层首先失稳破坏，引起隧道变形，发生剪切破坏，如衬砌结构多处出现开裂、错台，其裂缝与路面开裂贯通，裂缝宽 3～4cm，错台 2cm。破碎带围岩松散，衬砌密度相对围岩较大而承担大的惯性力，导致衬砌出现大面积破损垮塌，每处垮塌范围沿隧道纵向长约 25m，而且衬砌垮塌处路面出现隆起、开裂现象，开裂最大达 10cm。隧道出口右线 K20 + 690 附近为崩坡积覆盖层与灰岩的接触带，性质差异很大，地震波反射、透射现象明显，在多种地震波的叠加作用下，隧道衬砌出现了贯通性环状破裂带和环状裂缝。由于隧道轴线较短，相位差小，龙洞子隧道较龙溪隧道少有仰拱隆起、钢筋网扭曲、混凝土开裂剥落等破坏形态。

3. 地下结构震害影响因素
1）地质状况。各种地层的阻尼、性质、等效剪切波速等有较大的差别，加上各种局部场地效应等,所以地质状况对地下结构地震效应有很大的影响。

2)地下结构抗震受力存在最不利埋深情况。随着埋深的进一步增大,地下结构的层间位移、总弯矩、地震作用下的弯矩及地震作用引起的内力在总内力中所占的比例均逐渐减小,考虑到地下结构设计时承载力随埋深的增加而增大,因此结构将更安全。

3)土层深度的影响。一般情况下,地震时地表附近土层容易发生震动破坏、地基液化等现象,从而引起地基发生较大变形,导致浅埋地下结构更易发生震害。随着土层深度的增加,地基土的密实度更高,剪切波速逐渐增大,地基变得更加坚硬,限制了地下结构在地震作用下的剪切变形。

4)海岸低地带的地层层序。先形成的岩层位于下部,后形成的岩层位于上部,岩层的沉积物存在纵向堆积和侧向堆积作用,会影响地震效应。

5)垂直及水平振动影响结构的设防能力。

6)结构和建材的影响。结构形式、建材材料不同,抗震能力也各不相同。

7)地基的影响。地基的稳固与否对抗震设防的效果影响显著。

8)结构形式。单体结构和多体结构区别较大,要分类进行地下结构抗震设防。

5.1.4 抗震设防类别和目标

1. 抗震设防类别

随着我国轨道交通的蓬勃发展,以及地下空间开发需求的日益迫切,地下结构的抗震设计也进入到人们的视野中并逐渐被重视。根据地下结构承担功能的重要性与震后修复的困难性,地下结构的抗震设防类别划分为甲、乙、丙三类,见表5.2。

表5.2 抗震设防类别划分

抗震设防类别	定义
甲类	使用上有特殊设施,涉及国家公共安全的重大地下结构工程和地震时可能发生严重次生灾害等特别重大灾害后果,需要进行特殊设防的地下结构
乙类	地震时使用功能不能中断或需尽快恢复的生命线相关地下结构,以及地震时可能导致大量技术人员伤亡等重大灾害后果,需要提高设防标准的地下结构
丙类	除上述两类以外按标准要求进行设防的地下结构

2. 地下结构抗震性能要求

地下结构应达到4个抗震性能要求,在抗震设计时应根据不同的地震动水准,并结合其重要程度,选取不同的性能要求作为抗震设防目标。地下结构的抗震性能要求等级划分见表5.3。

表5.3 地下结构的抗震性能要求等级划分

等级	定义
性能要求Ⅰ	不受损坏或不需要进行修理能保持其正常使用功能,附属设施不损坏或轻微损坏但可快速修复,结构处于线弹性工作阶段
性能要求Ⅱ	受轻微损伤但短期内经修复能恢复其正常使用功能,结构整体处于弹性工作阶段
性能要求Ⅲ	主体结构不出现严重破损并可经整修恢复使用,结构处于弹塑性工作阶段
性能要求Ⅳ	不倒塌或发生危及生命的严重破坏

3. 地下结构抗震设防目标

地下结构的抗震设防应按 GB 18306—2015《中国地震动参数区划图》中的规定，按地震重现期分为多遇地震动、基本地震动、罕遇地震动和极罕遇地震动 4 个设防水准。设计地震动参数的取值可按《中国地震动参数区划图》的规定执行。设防水准与地震重现期的关系应符合表 5.4 的规定。

表 5.4　设防水准与地震重现期的关系

设防水准	多遇	基本	罕遇	极罕遇
地震重现期/年	50	475	2475	10000

地下结构多具有体量大、结构复杂、人员集中的特点，受损后影响面大且修复困难，且很多也是抗震救灾的基础设施。因此，相比地面建筑物"小震不坏，中震可修，大震不倒"的抗震设防目标，对于乙类地下结构应进一步提高为"中震不坏，大震可修"。从经济方面考虑，将结构设计成在任何强烈地震作用下都不破坏是极其困难的，甚至是不可能的。考虑到强度不同的地震发生的概率不同，强度越高则发生概率越低。在抗震设计性能要求方面，基本设想是乙类地下结构在遭受发生概率高的地震时，预期的结构破损应比较轻微，而在遭受发生概率低的地震时，预期的结构破坏比较明显。不同发生概率的地震作用下，容许的结构破坏程度不同。对于甲类的地下结构，由于其重要性尚应考虑万年一遇的极罕遇地震下的抗震设计。地下结构抗震设防目标应符合表 5.5 的规定。

表 5.5　地下结构抗震设防目标

抗震设防类别	设防水准			
	多遇	基本	罕遇	极罕遇
甲类	I	I	II	II
乙类	I	II	III	—
丙类	II	III	IV	—

5.2　抗震计算及验算

5.2.1　场地和地基

选择地下结构场地时，对抗震有利、一般、不利和危险地段的划分应符合建筑场地的规定，方法与上部结构相同。

含有饱和砂土或粉土、软弱黏性土、新近堆积和晚更新世饱和砂黄土及砂质粉黄土土层的场地，应估计其不利影响并采取相应措施。对于可能产生滑坡、塌陷、崩塌和位于采空区影响范围内的场地，应进行地震作用下岩土体稳定性评价。

场地内存在发震断裂时，宜避开主断裂带，不能避开时，应对其影响进行专门研究，并采取抗变形的结构、构造措施。避让距离与上部结构相同。

下沉式挡土结构和复建式地下结构天然地基的抗震承载力应按下式计算

$$f_{aE} = \zeta_a f_a \tag{5.1}$$

式中，f_{aE} 为调整后的地基抗震承载力（kPa）；ζ_a 为地基抗震承载力调整系数，应按表 5.6 采用；f_a 为深宽修正后的地基承载力特征值，应按 GB 50007—2011《建筑地基基础设计规范》采用。

地震作用下天然地基的竖向承载力应根据地震作用效应标准组合的基础底面平均压力和边缘最大压力按《建筑抗震设计规范》的相关规定确定。

表 5.6 地基抗震承载力调整系数

岩土名称和性状	ζ_a
岩石，密实的碎石土，密实的砾、粗、中砂，300kPa 的黏性土和粉土	1.5
中密、稍密的碎石土，中密和稍密的砾、粗、中砂，密实和中密的细、粉砂，150kPa≤f_{ak}<300kPa 的黏性土和粉土，坚硬黄土	1.3
稍密的细、粉砂，100kPa≤f_{ak}<150kPa 的黏性土和粉土，可塑黄土	1.1
淤泥，淤泥质土，松散的砂，杂填土，新近堆积黄土及流塑黄土	1.0

5.2.2 抗震计算方法

地下结构抗震问题分析方法按类型可分为原型观测、模型实验和理论分析三种，而理论分析方法按不同分类标准又可进一步细分，如图 5.13 所示。

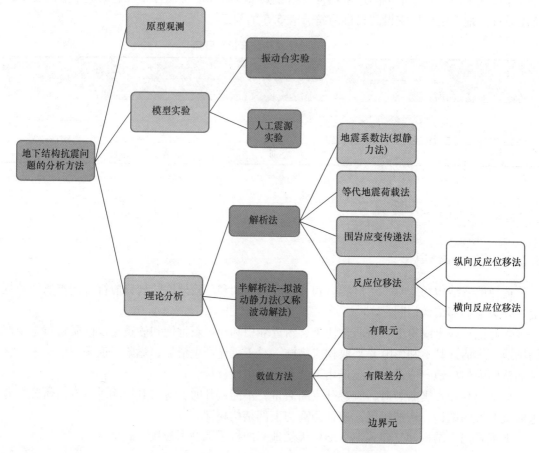

图 5.13 地下结构抗震问题分析方法的类型

地下结构抗震设计的计算方法是随着对地下结构动力响应特性认识的不断发展，以及近年来历次地震中地下结构震害的调查、分析、总结及相关研究的不断深化而发展的。20 世纪中期以前，地下空间还没有得到较大规模的开发，地下结构的建设也未有大的发展，无论是单体规模还是总体数量，都处于一个较低的水平。20 世纪中叶以后，随着各国经济建设进程的加快，城市化进程加速，地下工程也成为人类发展的宝贵资源。各种类型的地下结构大范围开发，抗震成为地下结构设计时必须考虑的问题。借鉴地面结构抗震设计计算方法以及对地下结构在地震荷载下响应特征的进一步研究，拟静力设计法、反应谱理论、反应位移法（response displace）成为这一时段地下结构抗震设计的主要方法。

目前，地下结构地震反应计算方法宜根据地层条件与地下结构的几何形体条件，按表 5.7 确定。

表 5.7　地下结构抗震计算方法

抗震设计方法	维度	地层条件	地下结构
反应位移法 I	横向	均质	断面形状简单
反应位移法 II	横向	均质/水平成层/复杂成层	
整体式反应位移法	横向	均质/水平成层/复杂成层	断面形状简单/复杂
反应位移法 III	纵向	沿纵向均匀	线长形
反应位移法 IV	纵向	沿纵向变化明显	线长形
等效线性化时程分析法	二维/三维	均质/水平成层/复杂成层/含软弱土层	线长形、断面形状或几何形体简单/复杂
弹塑性时程分析法	二维/三维	均质/水平成层/复杂成层/含软弱土层	

1. 反应位移法

反应位移法假设地下结构地震反应的计算可简化为平面应变问题，地下结构在地震时的反应加速度、速度及位移等与周围地层保持一致。因天然地层在不同深度上反应位移不同，地下结构在不同的深度上必然产生位移差。将该位移差以强制位移形式施加在地下结构上，并与其他工况的荷载进行组合，则可按静力问题计算，得到地下结构在地震作用下的动内力和合内力。反应位移法是一种静力法。

当地下结构断面形状简单，处于均质地层，且覆盖地层厚度不大于 50m 的场地时，可采用反应位移法 I 进行地下结构横向断面地震反应计算。设计基准面到地下结构的距离不应小于地下结构有效高度的 2 倍，且该处岩土体剪切波速不应小于 500m/s。

该方法的基本求解过程如下：

1）要考虑地层变形、地层剪力（周围剪力）及结构自身的惯性力三种地震作用，可将周围土体作为支撑结构的地基弹簧，结构可采用梁单元进行建模，如图 5.14 所示。

2）地基弹簧刚度可按式（5.2）计算，也可按静力有限元方法计算

$$k = KLd \qquad (5.2)$$

式中，k 为压缩、剪切地基弹簧刚度（N/m）；K 为基床系数（N/m^3），可按 GB 50307—2012《城市轨道交通岩土工程勘察规范》取经验值；L 为地基的集中弹簧间距（m）；d 为地层沿地下结构纵向的计算长度（m）。

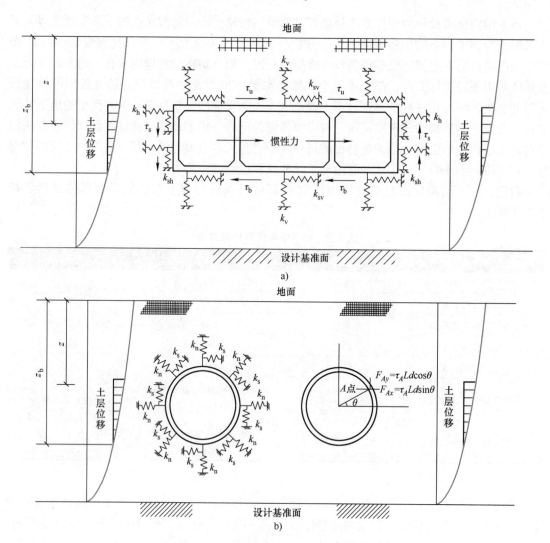

图 5.14　横向地震反应计算的反应位移法

a）矩形结构　b）圆形结构

k_v—结构顶底板拉压地基弹簧刚度（N/m）　k_{sv}—结构顶底板剪切地基弹簧刚度（N/m）

k_h—结构侧壁压缩弹簧刚度（N/m）　k_{sh}—结构侧壁剪切地基弹簧刚度（N/m）

τ_u—结构顶板单位面积上作用的剪力（Pa）　τ_b—结构底板单位面积上作用的剪力（Pa）

τ_s—结构侧壁单位面积上作用的剪力（Pa）　k_n—圆形结构侧壁压缩地基弹簧刚度（N/m）

k_s—圆形结构侧壁剪切地基弹簧刚度（N/m）　τ_A—点 A 处的剪应力（Pa）

F_{Ax}—作用于 A 点水平向的节点力（N）　F_{Ay}—作用于 A 点竖直向的节点力（N）

θ—土与结构的界面 A 点处的法向与水平向的夹角

3）采用反应位移法 I 进行地下结构地震反应计算时，应考虑地层相对位移、结构惯性力和结构周围剪力作用。对地层分布均匀、结构断面形状规则无突变，且未进行工程场地地震安全性评价工作的，按式（5.3）确定地层位移，如图 5.15 所示。

$$U(z) = \frac{1}{2} u_{\max} \cos \frac{\pi z}{2H} \tag{5.3}$$

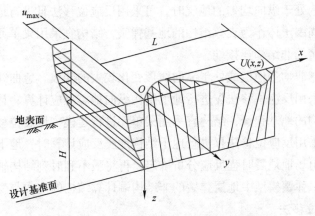

图 5.15　地层位移沿深度和隧道轴向分布

式中，$U(z)$ 为地震时深度 z 处地层的水平位移（m）；z 为深度（m）；u_{max} 为场地地表最大位移（m）；H 为地面至地震作用基准面的距离（m）。

地层相对位移应按式（5.4）计算。

$$U'(z) = U(z) - U(z_b) \qquad (5.4)$$

式中，$U'(z)$ 为深度 z 处相对于结构底部的自由地层相对位移（m）；$U(z)$ 为深度 z 处自由地层地震反应位移；$U(z_b)$ 为结构底部深度 z_b 处的自由地层地震反应位移。

地层相对位移的作用，可通过在模型中的地基弹簧非结构连接端的节点的水平方向上施加强制位移来实现，按式（5.5）计算。

$$P(z) = kU'(z) \qquad (5.5)$$

4）结构惯性力应按式（5.6）计算

$$f_i = m_i \ddot{U}_i \qquad (5.6)$$

式中，f_i 为结构 i 单元上作用的惯性力（N）；m_i 为结构 i 单元的质量（kg）；$\ddot{U}_i$ 为结构 i 单元的加速度，取峰值加速度（m/s^2），按表 5.8 和表 5.9 取值。

5）矩形结构顶底板剪力作用应按式（5.7）和式（5.8）计算

$$\tau_u = \frac{\pi G}{4H} u_{max} \sin \frac{\pi z_u}{2H} \qquad (5.7)$$

$$\tau_b = \frac{\pi G}{4H} u_{max} \sin \frac{\pi z_b}{2H} \qquad (5.8)$$

式中，τ_u 为结构顶板剪切力（N）；τ_b 为结构底板剪切力（N）；z_u 为结构顶板埋深（m）；z_b 为结构底板埋深（m）；G 为地层动剪切模量（Pa）；H 为地面至地震作用基准面的距离（m）；u_{max} 为场地地表最大位移（m），详见表 5.10、表 5.11。

矩形结构侧壁剪力作用应按式（5.9）计算

$$\tau_s = (\tau_u + \tau_b)/2 \qquad (5.9)$$

6）圆形结构周围剪力作用应按式（5.10）和式（5.11）计算

$$F_{Ax} = \tau_A Ld\sin\theta \qquad (5.10)$$

$$F_{Ay} = \tau_A Ld\cos\theta \qquad (5.11)$$

当线形地下结构处于纵向均匀的地层时，可采用反应位移法Ⅲ进行地下结构纵向地震反应计算，可将结构周围土体作为支撑结构的地基弹簧，结构宜采用梁单元进行建模。地震位移应施加于地基弹簧的非结构连接端。

当地下结构穿越非均匀地层或处于纵向线形变化较大的陡坡、急曲线，且具有工程场地地震动时程时，可采用反应位移法Ⅳ进行地下结构纵向地震反应计算；计算时，可将结构周围土体作为支撑结构的地基弹簧，结构宜采用梁单元进行建模，地震位移应施加于地基弹簧的非结构连接端。采用反应位移法Ⅳ进行地下结构地震反应计算时，地下结构所在位置的地层相对位移可由自由场地地震时程反应分析确定，再将最不利时刻结构轴线所在位置的地层位移作用于纵向梁–弹簧模型中地层弹簧的非结构端计算结构的内力与变形。

2. 整体式反应位移法

当地下结构断面形状复杂、处于非均匀地层，且具有工程场地地震动时程时，可采用整体式反应位移法进行地下结构横向地震反应计算。计算时，应建立岩土–结构相互作用模型，地震作用应包括等效输入地震荷载和结构自身的惯性力，岩土体宜采用平面应变单元建模，结构可采用梁单元进行建模。采用整体式反应位移法进行地下结构地震反应计算时，地层相对位移可由一维地层地震反应分析或自由场地地震反应分析确定。采用整体式反应位移法进行地下结构地震反应计算时，对称结构可只进行单向地震动作用下的计算；非对称结构应分别进行正反两个方向地震动作用下的计算，并应取两者中较大值作为分析结果。

从计算模型来看，整体式反应位移法采用土–结构相互作用模型进行分析，地基弹簧直接用反应位移法计算地基弹簧系数时采用的土层有限元模型代替，能够准确地反映周围土层对地下结构的约束作用，特别是对结构角部的有效约束。从计算参数选取来看，由于引入地基弹簧进行分析时，地基弹簧系数将引起不确定的计算误差，整体式反应位移法采用土–结构相互作用模型后，避免了地基弹簧系数带来的误差。从计算工作量来看，整体式反应位移法采用土–结构相互作用模型，避免了确定地基弹簧系数引起的计算工作量，大大节约了计算成本。由于反应位移法具有明确的物理概念和严密的理论基础，整体式反应位移法仍基于反应位移法的基本理论进行改进，除了在计算模型上进行改进，地震作用与反应位移法一致，包括土层变形、结构周围剪力和结构惯性力。

3. 时程分析法

时程分析法即结构直接动力法，是最经典的方法之一。其基本原理为：将地震运动视为一个随时间变化的过程，并将地下结构物和周围岩土体介质视为共同受力共同变形的整体，通过直接输入地震加速度记录，在满足变形协调条件的前提下分别计算结构物和岩土体介质在各时刻的位移、速度、加速度、应变和内力，并验算场地的稳定性，进行结构截面设计。时程分析法具有普遍适用性，在地质条件、结构形式复杂、隧道结构宜考虑地基和结构的相互作用及地基和结构的非线性动力特性时，应采用这一方法，且迄今尚无其他计算方法可代替。

时程分析法是将建筑物作为弹塑性振动系统，直接输入反应地面运动的地震波，采用逐步积分法求解。该方法既考虑了地震动的三要素（振幅、频谱与持时），也考虑了结构的动力特性，在地震波输入、结构模型设计、质量矩阵和阻尼矩阵处理、恢复力模型确定及计算方法等方面提出了具体、明确的要求，能得到可靠的结构设计，因而是一种较为先进的直接动力计算方法。对于重要的地下结构，如地下铁道车站、控制中心、深层导弹发射井等重大工程，可将平面有限元或空间三维有限元结合该方法进行地下结构物的动力分析。

4. 地下结构设计地震动参数

甲类地下结构抗震设计采用的地震动参数，应采用经审定的工程场地地震安全评价结果或经专门研究论证的结果与本节规定的地震动参数中的较大值。乙类或丙类地下结构抗震设计，应采用地震动参数区划的结果与本节规定的地震动参数中的较大值。抗震设计采用的地震动参数应包括地表和基岩面水平向峰值加速度、竖向峰值加速度、地表峰值位移以及峰值加速度与峰值位移沿深度的分布。

场地的地表水平向峰值加速度应根据《中国地震动参数区划图》中规定的地震动峰值加速度分区按表 5.8 取值，并乘以场地地震动峰值加速度调整系数 Ψ_a。Ψ_a 应按 GB 50909—2014《城市轨道交通结构抗震设计规范》的相关规定确定，按表 5.9 取值。

表 5.8　Ⅱ类场地地表水平向峰值加速度 $a_{\mathrm{max,\,II}}$ （单位：g）

地震动峰值加速度分区	0.05	0.10	0.15	0.20	0.30	0.40
多遇地震	0.03	0.05	0.08	0.10	0.15	0.20
基本地震	0.05	0.10	0.15	0.20	0.30	0.40
罕遇地震	0.12	0.22	0.31	0.40	0.51	0.62
极罕遇地震	0.15	0.30	0.45	0.58	0.87	1.08

表 5.9　峰值加速度调整系 Ψ_a

场地类别	Ⅱ类场地地震动峰值加速度 a/g			
	0.05	0.10（0.15）	0.20（0.30）	≥0.40
Ⅰ	0.80	0.82（0.83）	0.85（0.95）	1.00
Ⅱ	1.00	1.00（1.00）	1.00（1.00）	1.00
Ⅲ	1.30	1.25（1.15）	1.00（1.00）	1.00
Ⅳ	1.25	1.20（1.10）	1.00（0.95）	0.90

使用反应位移法Ⅰ进行计算时，场地地表水平向峰值位移应根据《城市轨道交通结构抗震设计规范》的相关规定按表 5.10 取值，并乘以场地地震动峰值位移调整系数 Ψ_u，Ψ_u 应按《城市轨道交通结构抗震设计规范》的相关规定，按表 5.11 取值。对极罕遇地震作用情形，应采用时程分析法计算。当考虑竖向地震动时，场地地表竖向设计地震动峰值加速度应按《城市轨道交通结构抗震设计规范》的相关规定确定。

表 5.10　Ⅱ类场地地表水平向峰值位移 u （单位：m）

地震动峰值加速度分区	0.05g	0.10g（0.15g）	0.20g（0.30g）	0.40g
设防烈度	6 度	7 度	8 度	9 度
多遇地震	0.02	0.04（0.05）	0.07（0.10）	0.14
设计地震	0.03	0.07（0.10）	0.13（0.20）	0.27
罕遇地震	0.08	0.15（0.21）	0.27（0.35）	0.41

表 5.11　峰值位移调整系数 ψ_u

场地类别	II 类场地地震动峰值加速度 a/g			
	0.05	0.10（0.15）	0.20（0.30）	≥0.40
I	0.75	0.80（0.85）	0.90（1.00）	1.00
II	1.00	1.00（1.00）	1.00（1.00）	1.00
III	1.20	1.25（1.40）	1.40（1.40）	1.40
IV	1.45	1.55（1.70）	1.70（1.70）	1.70

地震动参数沿深度的变化应符合下列规定：使用反应位移法 I 和反应位移法 III 进行计算时，地表以下的峰值加速度应随深度的增加比地表相应减少。基岩处的地震作用可取地表的 1/2，地表至基岩的不同深度处可按插值法确定。使用反应位移法 II、整体式反应位移法 III 或时程分析法进行计算时，地表以下一定深度的峰值加速度应根据地表峰值加速度进行反演。

设计地震动加速度时程可人工生成，其加速度反应谱曲线与设计地震动加速度反应谱曲线的误差应小于 5%。工程场地的设计地震动时间过程合成宜利用地震和场地环境相近的实际强震记录作为初始时间过程。当采用时程分析法进行结构动力分析时，应采用不少于 3 组设计地震动时程。当设计地震动时程少于 7 组时，宜取时程法计算结果和反应位移法计算结果中的较大值；当设计地震动时程为 7 组及以上时，可采用计算结果的平均值。

5.2.3　地下结构抗震验算

限于当前地下建筑抗震性能的研究水平，单建式地下建筑的抗震验算仍主要参照地面建筑的抗震验算内容。对处于抗震不利和危险地段的场地，地下结构的抗震验算应包括土体与结构动力相互作用分析。采用时程分析法进行场地地震反应分析时，应根据设计要求，提供地层剖面、场地覆盖层厚度和剪切波速、动剪切模量、动弹性模量、动泊松比、阻尼比等动力参数。除应符合本书前文一般结构的抗震验算要求外，地下建筑的抗震验算尚应符合下列规定：

1）应进行多遇地震作用下截面承载力和构件变形的抗震验算。

2）对于不规则的地下建筑、地下变电站和地下空间综合体等，尚应进行罕遇地震作用下的抗震变形验算。计算可采用本书前文所述的简化方法。考虑到地下建筑修复的难度较大，罕遇地震作用下混凝土结构弹塑性层间位移角的限值取 1/250。

3）在有可能液化的地基中建造地下建筑结构时，应注意验算液化时其抗浮稳定性，并在必要时采取措施加固地基，以防地震时地下结构周围的场地液化。鉴于经采取措施加固后地基的动力特性将有所变化，宜根据实测的标准贯入锤击数与临界标准贯入锤击数的比值确定其液化折减系数，进而计算液化土层对地下连续墙和抗拔桩等的摩阻力。

1. 截面抗震验算

地下结构构件的截面抗震验算应在组合荷载作用下满足下式需求

$$S_d \leq R \tag{5.12}$$

式中，R 为地下结构构件承载力设计值。

由于目前对地下结构构件的承载力调整系数的研究还不完善，出于安全角度，不考虑调整系数对承载力的放大。还需注意，地震作用下结构的弹塑性变形直接依赖于结构实际的屈服强度（承载力），本节的承载力是设计值，不可误作为标准值来进行弹塑性变形验算。

特别地，当仅计算竖向地震作用时，各类地下结构构件承载力抗震调整系数均应采用 1.0。

2. 抗震变形验算

地下结构抗震变形验算包括多遇地震作用下结构的弹性变形验算和罕遇地震作用下结构的弹塑性变形验算。前者属于第一阶段的抗震设计要求，后者属于第二阶段的抗震设计要求。

（1）多遇地震作用下结构的弹性变形验算　在多遇地震作用下，结构一般不发生承载力破坏而保持弹性状态，抗震变形验算是为了保证结构弹性侧移在允许范围内，以防止围护墙、隔墙和各种装修等不出现过重的损坏。根据各国规范的规定、震害经验、实验研究结果及工程实例分析，采用层间位移角作为衡量结构变形能力是否满足建筑功能要求的指标是合理的。因此，GB/T 51336—2018《地下结构抗震设计标准》规定，地下结构进行弹性变形验算时，断面采用最大弹性层间位移作为指标，并应满足下式要求

$$\Delta u_e \leq [\theta_e] h \tag{5.13}$$

式中，Δu_e 为基本地震作用标准值产生的地下结构层内最大的弹性层间位移（m），计算时，钢筋混凝土结构构件的截面刚度可采用弹性刚度；$[\theta_e]$ 为弹性层间位移角限值，宜按表 5.12 采用；h 为地下结构层高（m）。

表 5.12　弹性层间位移角限值

地下结构类型	$[\theta_e]$
单层或双层结构	1/550
三层及三层以上结构	1/1000

注：圆形断面结构应采用直径变形率作为指标，地震作用产生的弹性直径变形应小于 4‰。

圆形断面结构整体的验算指标的研究成果还未深入，国内外应用较多的是直径变形率，GB 50157—2013《地铁设计规范》以其为验算指标。《地铁设计规范》的条文说明中，根据已有工程实践经验，给出了 4‰～6‰ 直径的限制，但这是施工荷载情况下的结果。针对常见的城市轨道交通盾构隧道，有研究建议弹性工作状态下的限值取 3.4‰，但由于当前研究中的简化假设及数值计算的样本量有限，指标限值还需要试验研究来验证，因此取 4‰ 作为目前的弹性直径变形率限值。

（2）罕遇地震作用下结构的弹塑性变形验算　根据震害经验、试验研究和计算分析结果，提出以构件（梁、柱、墙）和节点达到极限变形时的层间极限位移角作为第二阶段设计下结构弹塑性层间位移角限值的依据。考虑地下结构修复的难度较大，将罕遇地震作用下混凝土结构弹塑性层间位移角的限值 $[\theta_p]$ 取 1/250。

地下结构断面的弹塑性层间位移应符合下式规定

$$\Delta u_p \leq [\theta_p] h \tag{5.14}$$

式中，Δu_p 为弹塑性层间位移（m）；$[\theta_p]$ 为弹塑性层间位移角限值，取 1/250；h 为地下结构层高（m）。

国内外许多研究结果表明，不同类型的结构构件的弹塑性变形能力是不同的，钢筋混凝

土结构的弹塑性变形主要由构件关键受力区的弯曲变形、剪切变形和节点区受拉钢筋的滑移变形三部分非线性变形组成。影响结构层间极限位移角的因素很多，包括梁柱的相对强弱关系，配箍率、轴压比、剪跨比、混凝土强度等级、配筋率等，其中轴压比和配箍率是最主要的因素。因而，随着弹塑性分析模型和软件的发展和改进，规范后续修订将细化地下结构弹塑性层间位移的规定。

与弹性变形类似，圆形断面结构整体的弹塑性验算指标限值还需要试验研究来验证，取6‰作为目前的弹塑性直径变形率限值，故圆形断面地下结构在罕遇地震作用下产生的弹塑性直径变形率应小于6‰。

（3）纵向变形验算规定 纵向抗震验算应充分考虑隧道与地下车站和伸缩缝等连接部位的变形能力、极限承载力及防水能力。伸缩缝等连接部位装置宜考虑材料和施工措施，在试验的基础上正确把握其变形性能和防水性能，进行合理的建模和参数设定。

地下结构纵向变形验算应符合下列规定：

1）变形缝的变形量不应超过满足接缝防水材料水密性要求的允许值。

2）伸缩缝出轴向钢筋或螺栓的位移应小于屈服位移；伸缩缝的转角应小于屈服转角。

3. 地震抗浮验算

（1）场地地震的液化判别 大量震害调查表明，地震引起的超静孔隙水压力上升导致的地下结构上浮破坏是饱和砂土或粉土地基中地下结构破坏的一种常见形式。因此应当采用四步判别法对地下结构场地进行地震液化判别（表5.13），详判后认为地下结构底部以下有液化可能时，在对结构物和土层整体进行动力时程分析的基础上，应进一步进行地下结构地震抗浮验算。

表5.13 三种设防类别地下结构液化判别处理

	甲类	乙类	丙类
0.05g	可按抗震设防地震动分档为0.10g的要求进行场地地震液化判别和处理	可按抗震设防地震动分档为0.10g的要求进行场地地震液化判别和处理	可不进行场地地震液化判别和处理
≥0.10g	应进行专门的场地液化和处理措施研究	可按本地区的抗震设防地震动分档的要求进行场地地震液化判别	可按本地区的抗震设防地震动分档的要求进行场地地震液化判别

注：对甲类、乙类地下结构，宜对遭遇罕遇或极罕遇地震作用时的场地液化效应进行评价。

（2）结构所受上浮荷载计算 地下结构受到的上浮荷载应包括静力条件下的浮力和地震产生的超静孔隙水压力引起的上浮力。结构受到的上浮荷载应按式（5.15）计算

$$F = F_s + F_p \tag{5.15}$$

式中，F 为地下结构所受上浮荷载设计值（N）；F_s 为静力条件下的浮力设计值（N）；F_p 为超静孔隙水压力引起上浮力标准值的效应（N）。

（3）超静孔隙水压力引起上浮力标准值的效应 F_p 计算 基于对结构物和土层整体进行弹塑性动力时程分析的结果，计算地震产生的超静孔隙水压力引起的上浮力。超静孔隙水压力引起上浮力标准值的效应F_p可由式（5.16）计算

$$F_p = \sum_i p_{si} A_i \cos \theta_i \tag{5.16}$$

式中，p_{si} 为与结构表层单元 i 外表面相接处的土单元超静孔隙水压力（Pa）；A_i 为结构表层单元 i 外表面面积（m²）；θ_i 为结构表层单元 i 外表面外法向与竖直向下方向的夹角（°）。

（4）地下结构抗浮力计算　地下结构的抗浮力包括结构自重、上覆地层有效自重、结构壁及与其相连的抗浮桩的侧摩阻力，应按式（5.17）计算

$$R_F = R_g + R_{sg} + R_{sf} \tag{5.17}$$

式中，R_F 为地下结构抗浮力设计值（N）；R_g 为地下结构自重设计值（N）；R_{sg} 为上覆地层有效自重设计值（N）；R_{sf} 为地下结构壁和桩侧摩阻力设计值（N）。

（5）地下结构壁和桩侧摩阻力 R_{sf} 计算　地下结构壁和桩侧摩阻力 R_{sf} 可按 JGJ 94—2008《建筑桩基技术规范》的取值乘以地震弱化修正系数 ψ_e，可按《建筑桩基技术规范》取土层液化影响折减系数，也可由式（5.18）计算

$$\psi_e = \frac{\sigma'_{z\min}}{\sigma_z} \tag{5.18}$$

式中，$\sigma'_{z\min}$ 为采用弹塑性动力时程分析时相应深度处竖向有效应力的最小值（Pa）；σ_z 为采用弹塑性动力时程分析时相应深度处竖向有效应力为最小值 $\sigma'_{z\min}$ 时刻的竖向总应力值（Pa）。

该式对于侧摩阻力的计算采用了对桩基侧摩阻力进行修正的方式，修正主要考虑了液化对侧摩阻力的影响。由弹塑性动力时程分析可以得到结构侧壁和桩周位置处竖向有效应力最小值与对应的总应力的比值，侧摩阻力的地震弱化修正系数照此取值。

为了方便计算，弹塑性动力时程分析的模型中可不含抗浮桩，抗浮桩桩周侧摩阻力的地震弱化修正系数可取相应位置处土的弹塑性动力分析的结果计算。

（6）地下结构地震抗浮验算规定　地下结构的地震抗浮验算应符合下式规定

$$F \leq \frac{R_F}{\gamma_{RF}} \tag{5.19}$$

式中，γ_{RF} 为地震抗浮安全系数，按《地铁设计规范》取 1.05。

5.3　地下结构抗震设计

5.3.1　地下结构抗震设计的基本原则

1）在地下结构抗震设计中，重要的是保证结构在整体上的安全，保护人身及重要设备不受损害，允许个别部位出现裂缝或崩坏。

2）就结构抗震来说，出现裂缝和塑性变形有一定的积极意义。一方面吸收振动能量；另一方面增加了结构柔性，增大了结构的自振周期，使动力系数降低，地震力减小。

3）抗震设计的目的是使结构具有必要的强度、良好的延性。强度和延性是钢筋混凝土结构抗震的基点。实际产生的地震力，可能超过设计中规定的地震力，当结构物的强度不足以承受大的地震力时，延性对结构的抗震起重要作用，它可以弥补强度的不足。

4）使结构具有整体性和连续性，成为两次超静定结构。这种结构整体刚度大，构件间变形协调，能产生更多的塑性铰，吸收更多的振动能量，而且能消除局部的严重破坏。

5）抗地震的地下结构，除了采用整体现浇的钢筋混凝土结构外，为了施工工业化，也

不限制使用装配式钢筋混凝土结构。关键是采取必要的措施，加强构件间的联系，使之整体化。

　　原则上讲，对地下结构来说，主要针对地面结构提出的"小震不坏、中震可修、大震不倒"的抗震设计原则应适当提高标准。因为对地下结构来说，一旦在相当于设防地震（中震）的作用下发生损坏，相对来说修复是比较困难的，代价也较高。各种结构抗震等级按表 5.14 确定。

表 5.14　地下单（多）体结构、下沉式挡土结构、盾构隧道结构的抗震等级

设防烈度	抗震设防类别								
	地下单（多）体结构			下沉式挡土结构			盾构隧道结构		
	甲	乙	丙	甲	乙	丙	甲	乙	丙
6 度	三级	三级	四级	四级	四级	四级	四级	四级	四级
7 度	二级	三级	三级	三级	三级	四级	四级	四级	四级
8 度	一级	二级	三级	二级	二级	三级	三级	三级	四级
9 度	专门研究	一级	二级	专门研究	一级	二级	专门研究	二级	三级

5.3.2　地下单体结构和多体结构

1. 地下单体结构

　　（1）一般规定　地下单体结构目前主要采用钢筋混凝土框架结构，布置宜简单、规则、对称、平顺，结构质量及刚度宜均匀分布，不应出现抗侧力结构的侧向刚度和承载力突变；地下单体结构下层的竖向承载结构刚度不宜低于上层；主体结构与附属通道结构之间应设变形缝；框架结构中柱的设置宜符合下列规定：

　　1）地下单体结构框架柱的设置需要结合使用功能、结构受力、施工工法等的要求综合确定。

　　2）位于设防烈度 8 度及以上地区时，不宜采用单排柱；当采用单排柱时，宜采用钢管混凝土柱或型钢混凝土柱。

　　（2）计算要求　地下单体结构的抗震计算模型应反映结构的实际受力状况及结构与周边地层的动力相互作用；地下单体结构和地下多体结构的简化应符合以下简化原则。

　　1）当采用反应位移法Ⅰ～Ⅳ计算时，结构抗震计算应采用荷载结构模型；当采用整体式反应位移法或时程分析法计算时，结构抗震计算应采用地层－结构模型。

　　2）当采用荷载－结构模型计算时，地下结构构件宜采用梁单元模拟，周边地层对结构的支承及与结构的运动相互作用宜采用地层弹簧模拟。

　　3）采用纵梁－柱体系的地下结构应按等代框架法进行地震反应分析，即中柱应按真实截面尺寸建模，其他构件截面宽度应取纵梁相邻跨度各一半之和。

　　地下结构的地震作用方向与地面建筑有所区别。对于长条形地下结构，作用方向与其纵轴方向斜交的水平地震作用，可分解为横断面上和沿纵轴方向作用的水平地震作用，二者强度均将降低，一般不可能单独起控制作用。因此对它按平面应变问题分析时，一般可仅考虑结构断面的水平地震作用。对于下列情况，地下单体结构除应进行水平地震作用计算，尚宜考虑竖向地震作用：

1）结构体系复杂、体形不规则及结构断面变化较大、结构断面显著不对称的地下单体结构。

2）大跨度结构或浅埋大断面结构。

3）在结构顶板、楼板上开有较大孔洞，形成大跨悬臂构件。

4）竖向地震作用效应很重要的其他结构。

框架柱及框支柱节点上端和下端的截面弯矩设计值、框架柱及框支柱的剪力设计值、框架梁柱节点核心区的外力设计值与考虑地震组合的框架梁剪力设计值应根据结构抗震等级选用不同计算公式，应符合《混凝土结构设计规范》的规定。

（3）抗震措施　框架结构的基本抗震构造措施和梁的纵向钢筋、箍筋配置应符合《建筑抗震设计规范》的规定。梁的截面宽度不宜小于200mm，截面高宽比不宜大于4。梁中线宜与柱中线重合。

柱轴压比不宜超过表5.15的限值。当沿柱全高采用井字复合箍，且箍筋肢距不大于200mm、间距不大于100mm、直径不小于12mm，或沿柱全高采用复合螺旋箍，且箍筋间距不大于100mm、箍筋肢距不大于200mm、直径不小于12mm，或沿柱全高采用连续复合矩形螺旋箍，且螺旋净距不大于80mm，箍筋肢距不大于200mm，直径不小于10mm时，轴压比限值可增加0.10。箍筋的最小配箍特征值均应按增大的轴压比按《建筑抗震设计规范》的要求确定。在柱的截面中部附加芯柱，其中另加的纵向钢筋的总面积不少于柱截面面积的0.8%，轴压比限值时增加0.05；当此项措施与前项措施共同采用时，轴压比限值时增加0.15，但箍筋的体积配箍率仍可按轴压比增加0.10的要求确定。柱轴压比不应大于1.00。

表5.15　地下结构框架柱轴压比限值

结构形式	抗震等级			
	一级	二级	三级	四级
单排柱地下框架结构	0.60	0.70	0.80	0.85
其他地下框架结构	0.65	0.75	0.85	0.90

注：1. 轴压比指结构地震组合下柱的轴压力设计值与柱的全截面面积和混凝土轴心抗压强度设计值乘积之比值；对不进行地震作用计算的结构，可取无地震作用组合的轴力设计值计算。

2. 表中限值适用于剪跨比大于2、混凝土强度等级不高于C60的柱；剪跨比不大于2的柱，轴压比限值应降低0.05；剪跨比小于1.5的柱，轴压比限值应专门研究并采取特殊构造措施。

柱截面纵向受力钢筋的最小总配筋率不宜小于表5.16的规定，且每一侧配筋率不应小于0.2%，总配筋率不应大于5%；柱的纵向配筋宜对称配置且应避开柱端的箍筋加密区，柱主筋间距不宜大于200mm。对于柱净高与截面短边长度或直径之比不大于4的柱，柱全高范围内均应加密箍筋且箍筋间距不应大于100mm。柱的箍筋配置应符合《建筑抗震设计规范》的规定。

表5.16　柱截面纵向受力钢筋的最小总配筋率（%）

结构形式	抗震等级			
	一级	二级	三级	四级
单排柱地下框架结构	1.4	1.2	1.0	0.8
其他地下框架结构	1.2	1.0	0.8	0.6

框架梁柱节点区混凝土强度等级不宜低于框架柱2级,当不符合该规定时,应对核心区承载力进行验算,宜设芯柱加强。框架梁宽度大于框架柱宽度时,梁柱节点区柱宽以外部分应设置梁箍筋。

地下框架结构的板墙构造措施应符合下列规定:

1)板与墙、板与纵梁连接处1.5倍板厚范围内箍筋应加密,宜采用开口箍筋,设置的第一排开口箍筋距墙或纵梁边缘不应大于50mm,开口箍筋间距不应大于板非加密区箍筋间距的1/2。

2)墙与板连接处1.5倍墙厚范围内箍筋应加密,宜采用开口箍筋,设置的第一排开口箍筋距板边缘不应大于50mm。开口箍筋间距不应大于墙非加密区箍筋间距的1/2。

3)当采用板-柱结构时,应在柱上板带中设置构造暗梁,其构造措施应与框架梁相同。

4)楼板开孔时,孔洞宽度不宜大于该层楼板宽度的30%。洞口的布置宜使结构质量和刚度的分布仍较均匀、对称,不应发生局部突变。孔洞周围应设置满足构造要求的边梁或暗梁。

混凝土结构构件的纵向受力钢筋的锚固和连接应符合《混凝土结构设计规范》的有关规定。

2. 地下多体结构

地下多体结构体系由相互连接或邻近的2个及以上体量相当的地下单体结构组成,各单体结构的抗震设计应符合上述规定。地下多体结构的各单体结构间宜设置变形缝,并对可能出现的薄弱部位和各单体结构的连接处采取针对性措施提高其抗震能力。

地下多体结构的计算模型应反映各单体结构和连接部位的实际受力状态,以及结构与周边地层的动力相互作用。各单体结构间设置变形缝时,计算模型应同时反映各单体结构间的实际动力相互作用。当地下多体结构无法避免地处于软硬相差较大的地层中时,可根据需要对各单体结构分别采用不同的处理措施保证其整体抗震性能。

5.3.3 下沉式挡土结构

1. 抗震设计原则

下沉式挡土结构包括下沉重力式挡土结构和下沉U形挡土结构。应依据GB/T 51336—2018《地下结构抗震设计标准》进行抗震设计。可采用拟静力法进行抗震计算。下沉式挡土结构的抗震等级应按表5.14确定。挡土墙高度超过15m,抗震设防烈度为9度的下沉式挡土结构应进行专门研究和论证。

2. 抗震设计的计算

下沉式挡土结构可采用中性状态时的地震土压力,其合力和合力作用点的高度可分别按下列公式计算

$$E_0 = \frac{1}{2}\gamma H^2 K_E \tag{5.20}$$

$$K_{\mathrm{E}} = \frac{2\cos^2(\varphi - \beta - \theta)}{\cos^2(\varphi - \beta - \theta) + \cos\theta\cos^2\beta(\delta_0 + \beta + \theta)\left[1 + \sqrt{\dfrac{\sin(\varphi + \delta_0)\sin(\varphi - \alpha - \theta)}{\cos(\delta_0 + \beta + \theta)\cos(\beta - \alpha)}}\right]} \quad (5.21)$$

$$h = \frac{H}{3}(2 - \cos\theta) \quad (5.22)$$

式中，E_0 为中性状态时的地震土压力合力（kN/m）；K_{E} 为中性状态时的地震土压力系数；θ 为挡土墙的地震角（°），可按表 5.17 取值；h 为地震土压力合力作用点距墙踵的高度（m）；H 为挡土墙后填土高度（m）；γ 为墙后填土的重度（kN/m³）；φ 为墙后填土的有效内摩擦角（°）；δ_0 为中性状态时的墙背摩擦角（°），可取实际墙背摩擦角的 1/2，或取墙后填土有效内摩擦角值的 1/6；α 为墙后填土表面与水平面的夹角（°）；β 为墙背面与铅锤方向的夹角（°）。

表 5.17　挡土墙的地震角

类别	7 度		8 度		9 度
	0.10g	0.15g	0.20g	0.30g	0.40g
水上	1.5°	2.3°	3.0°	4.5°	6.0°
水下	2.5°	3.8°	5.0°	7.5°	10.0°

中性状态是地震时墙体与土体之间不产生相对位移的状态。当地震作用为零时，中性状态就是静止土压力状态。对墙基坚固的下沉式挡土结构，地震时墙体与墙后填土几乎不会发生相对位移，建议采用中性状态时的地震土压力，其值明显比主动地震土压力要大，所以采用中性状态时的地震土压力值更为合理。

下沉重力式挡土结构在地震作用下的抗滑移稳定性和抗倾覆稳定性应进行验算，其抗滑移稳定性的安全系数不应小于 1.1，整体滑动稳定性验算可采用圆弧滑动面法。抗倾覆稳定性的安全系数不应小于 1.2。下沉式挡土结构的地基承载力验算应符合 GB 50191—2012《构筑物抗震设计规范》的有关规定。

3. 抗震措施

下沉式挡土结构的后填土应采用排水措施，可采用点排水、线排水或面排水方案。抗震设防烈度 8 度和 9 度时，下沉重力式挡土结构不得采用干砌片石砌筑。抗震设防烈度 7 度时，采用干砌片石砌筑的下沉重力式挡土结构墙高不应大于 3m。下沉重力式浆砌片石或浆砌块石挡土结构墙高，抗震设防烈度 8 度时不宜超过 12m，抗震设防烈度 9 度时不宜超过 10m；超过 10m 时，宜采用混凝土整体浇筑。下沉重力式混凝土挡土结构的施工缝应设置榫头或采用短钢筋连接，榫头的面积不应小于总截面面积的 20%。同类地层上建造的下沉重力式或 U 形挡土结构，伸缩缝间距不宜大于 15m。在地基土质或墙高变化较大处应设置沉降缝。下沉式挡土结构不应直接设在液化土或软弱地基上。不可避免时，可采用换土、加大基底面积或采用砂桩、碎石桩等地基加固措施。当采用桩基时，桩尖应伸入稳定地层。

5.3.4 隧道结构

根据隧道穿越地层的不同情况和目前隧道施工方法的发展，隧道施工方法可按以下方式分类：

1）山岭隧道。矿山法（钻爆法）和掘进机法（TBM），其中矿山法又分为传统矿山法和新奥法。

2）浅埋及软土隧道。明挖法、盖挖法、浅埋暗挖法和盾构法。

3）水底隧道。沉埋法和盾构法。

以下简要介绍盾构隧道结构，其他结构形式及具体要求可查阅 GB 51336—2018《地下结构抗震设计标准》。

盾构隧道、隧道与横通道连接处、隧道与盾构工作井或通风井连接处应进行抗震设计。盾构隧道结构的抗震等级应按表 5.14 确定。

盾构隧道的抗震计算应包括横向和纵向抗震计算。盾构隧道与横通道、工作井、通风井等连接部位及地质条件剧烈变化段需进行精细化设计时，宜进行三维抗震计算。应根据《地下结构抗震设计标准》第 3 章中抗震设防类别、设防目标及性能要求，结合工程环境、地质条件等因素选择合理的抗震计算方法。

隧道结构抗震措施应提高隧道结构自身抗震性能或减少地层传递至隧道结构的地震能量。可采用减小管片环幅宽、加长螺栓长度、加厚弹性垫圈、局部选用钢管片或可挠性管片环等措施提高隧道结构适应地层变形的能力。采用管片壁后注入低剪切刚度注浆材料等措施，在内衬和外壁之间、外壁与地层之间设置隔震层。盾构隧道不应穿越断层破碎带、地裂缝等不同地质区域。当绕避不便时，应在断层破碎带全长范围及其两侧 3.5 倍隧洞直径过渡区域内采取《地下结构抗震设计标准》的抗震措施。

5.4 地下结构抗震虚拟仿真实验

5.4.1 实验目的

目前本科教学中，土动力学、场地地震动以及地下结构抗震实验受动三轴仪、地震模拟振动台设备昂贵，试件制作费用高，测量设备操作复杂，试验周期长，数据获取困难等诸多因素制约而常常无法开展，大多数学校的学生仅能从支离破碎的视频中获得对振动台实验的粗浅认识。实验环节的缺失导致他们无法将抽象繁难的理论知识和工程实践相结合，很难做到融会贯通。

因此，为了以较低的成本让学生可以随时随地进行地下结构抗震相关实验，增强学生理论知识与实践结合的能力，非常有必要运用虚拟仿真技术构建具有交互式体验、高真实感的地下结构抗震虚拟仿真实验系统，以此开展地下结构抗震仿真实验教学。地下结构抗震虚拟仿真系统可以提供土动力特性、场地地震动及土－地下结构地震相互作用等多方面的关键实验项目，每个实验项目所涉及的知识点、参数选择、实验操作、实验数据处理与分析、实验评价等内容均可以交互式展示或操作，具有很强的实践性和工程应用意义。

本次模拟实验旨在加强学生对工程抗震理论基础、震害规律和设计方法的理解，增强学生对土动力学、地下结构抗震等课程重要知识的掌握过程和应用能力。

5.4.2 实验组织

1. 实验设备

本实验系统实物部分包括土体动三轴实验和土层–地下结构振动台实验。试验设备主要包括动三轴压缩仪、地震模拟振动台、剪切土箱等大型仪器和多种观测传感器等。

（1）大型仪器

1）动三轴仪。图 5.16 所示为伺服电动机控制动三轴实验系统。伺服电动机作动器的最大测试频率为 10Hz，最小测试频率为 0.001Hz；三轴围压室最大围压为 2MPa；16 位的动态数据采集及驱动控制通道；试样尺寸为 39.1mm×78.2mm 及 50mm×100mm；电动机伺服作动器轴向最大行程为 100mm，轴向最大荷载为 5kN。该系统可开展不固结不排水实验（UU）、固结不排水实验（CU）、固结排水实验（CD）等动三轴实验及高级的应力路径、KO 固结加载实验。

2）地震模拟振动台。如图 5.17 所示，可以实时再现地震动的作用过程，通过向振动台输入地震波，激励起振动台上模型结构的反应，是实验室中研究结构地震反应和破坏机理最直接、最有效的方法，也是研究与评价结构抗震性能的重要手段之一。本实验系统主要采用目前国内主流的振动台参数，平面几何尺寸 4.0m×4.0m，最大载质量为 15t，振动方式为 x、y、z 三向六自由度，频率范围为 0.1~50Hz，台面最大加速度为 x 向 1.2g、y 向 0.8g、z 向 0.7g；可以通过输入地震波模拟地震动。对于长大型地下结构三维地震反应模拟，后续可引入振动台台阵。

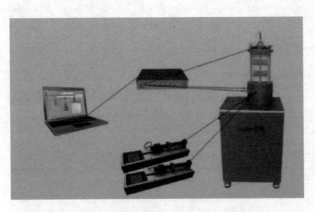

图 5.16 伺服电动机控制动三轴实验系统

图 5.17 地震模拟振动台

3）剪切土箱。如图 5.18 所示，高 1.5m，沿振动方向净长为 3.0m，垂直振动方向净宽为 3.0m。相比刚性土箱，该土箱可更好地适应地震中天然土层的横向剪切变形。

（2）监测传感器 本实验涉及的监测传感器及其作用见表 5.18。

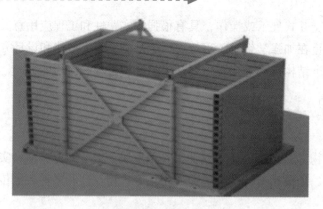

图 5.18 剪切土箱

表 5.18 监测传感器及作用一览表

序号	传感器名称	虚拟仪器模型	仪器在本实验中的作用
1	应变片		粘贴于被测物体上，使其随着被测对象的应变一起收缩，其内金属箔材随着应变伸长或缩短，据此通过测量电阻变化对被测对象应变进行测定
2	加速度计		可通过该传感器测量三维方向加速度
3	位移计		该传感器可通过和电脑连接采集轴向、径向等方向位移变化，为后续测试计算提供依据
4	土压力计		振弦式土压力计，主要用于路基、隧道、边坡等工程领域土体或软体材料内部压力或内部应力测量监测

(续)

序号	传感器名称	虚拟仪器模型	仪器在本实验中的作用
5	孔隙水压力计		埋设于土层、坝体或基岩内，通过振弦式渗压计监测岩土工程和其他混凝土工程建筑物的渗透水压力

2. 测点布置

测点布置如图 5.19 ~ 图 5.23 所示。

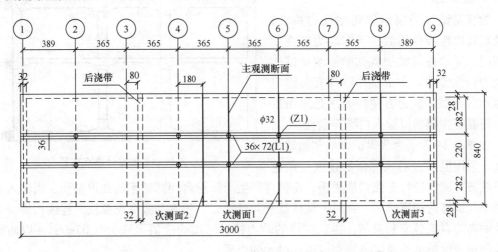

图 5.19　观测点平面布置

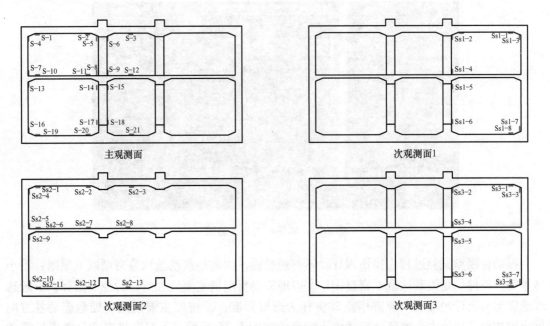

图 5.20　应变片测点布置

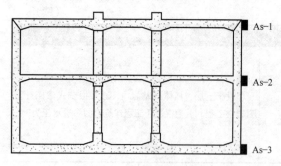

图 5.21　加速度计测点布置

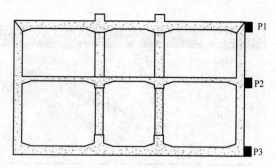

图 5.22　土压力计测点布置

3. 加载工况

为获得试体或模型的初始动力特性，以及在每次地震作用激励下的动力特性变化情况，要求在每次加载试验前测试试体的动力特性参数。由于试体以往安装固定于振动台台面，较为方便的方法是采用振动台正弦变频扫描或输入白噪声激振。

如图 5.24 所示为获得试体的初始动力特性，采用振动台输入等幅加速度变频连

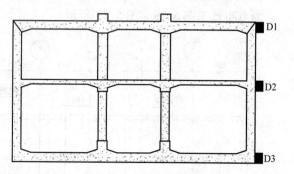

图 5.23　位移计测点布置

续正弦波对试体进行正弦扫描激振，使试体产生与振动台相同频率的强迫振动，当输入正弦波频率与试体的固有频率一致时，试体处于共振状态，随着变频率正弦波的连续扫描，可得试体的各阶自振频率和振型，得到试体的动力特性。加速度值可选为 $0.05\mathrm{m/s^2}$，以防输入过高的加速度幅值造成试体开裂或出现过大的变形。

图 5.24　体系动力特性测试

振动台模型试验过程为损伤累计及不可逆过程，因此地震动选取应遵循以下原则：①小样本输入条件，地震动选取不宜过多；②以地震动反应谱主要周期点作为控制指标，一般选取地震动与设计地震动反应谱相差 20% 作为选取标准；③按照主要周期点处地震动各方向反应谱加权平均值大小确定地震动输入顺序，如图 5.25 所示。工况安排应充分考虑地震动

特性及试验目的。

　　加载宜采用多次分级加载方法。①在各测试阶段前后输入白噪声，测试目标结构体系的自振频率、阻尼比等动力特性；②多向多维地震动输入工况，设定水平双向地震动峰值加速度比1∶1进行设计。土－地下结构模型试验终止条件与地上结构相比（结构刚度衰减作为判断条件）应更关注地基土宏观现象特性进行判断。

图 5.25　地震动输入

5.4.3　地下车站地震反应现象与分析

　　地震波作用下地下结构与周围地层间存在土－结构动力相互作用，其主要决定因素包括入射地震波的幅值、持时和频谱特性、结构－围岩间的刚度比、地下结构形式及埋深、邻近建/构筑物的影响等。为更真实反映实际场地土层－地下结构动力相互作用，需进行场地土层－地下结构整体振动台试验。

　　试验所得车站顶部、中部及底部应变时程曲线如图 5.26 所示，土压力计所处位置的应力时程曲线如图 5.27 所示。土体及结构中各点加速度时程曲线如图 5.28 ～图 5.30 所示。

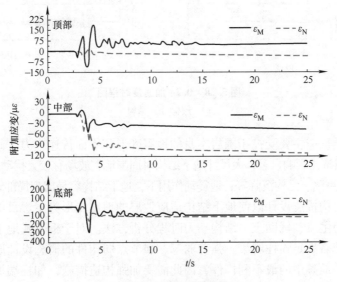

图 5.26　应变时程曲线

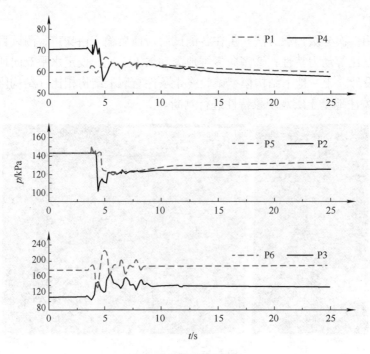

图 5.27　应力时程曲线

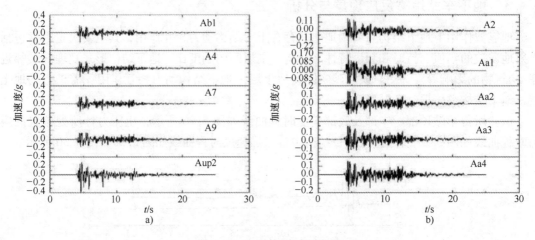

图 5.28　**0.2*g* 加速度时程图**
a）土体　b）结构

地下结构地震反应主要受控于围岩本身的地震变形和界面传递应力，其中界面力分布特征受结构–围岩阻抗比影响显著；大尺寸地下结构对周围地震波场有较大扰动效应，如地表局部地震动放大、地表震陷、结构沉降等；地震动作用下，地下结构容易出现局部动应力集中现象。

因此，地下结构抗震设计以使地下结构适应地层的地震变形为主。目前抗震设计方法通常以反应位移法为主流，辅助土–结构动力时程分析方法。对于框架式地下结构，类似上部结构，其抗震设计需满足强柱弱梁、强剪弱弯、强节点弱构件的概念设计原则。另外对地下车站，中柱通常是地震中的最不利构件，因此需要加强构造措施，如柱端加密箍筋等。

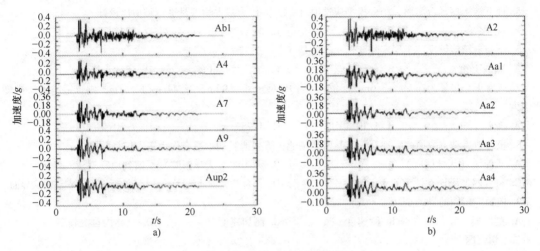

图 5.29　**0.4*g* 加速度时程图**

a）土体　b）结构

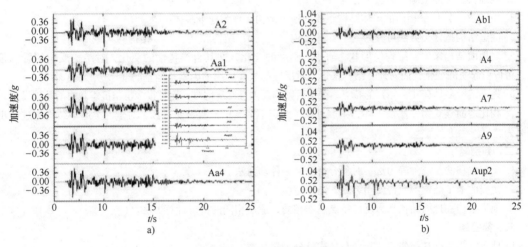

图 5.30　**0.6*g* 加速度时程图**

a）土体　b）结构

习 题

一、选择题

1. 以下属于地下结构的是（　　）。

A. 剪力墙结构　　　　B. 隧道结构　　　　C. 挡土墙结构　　　　D. 框筒结构

2. 地震的影响因素主要有（　　）。

A. 结构形式　　　　B. 场地类别　　　　C. 土地剪切波速　　　　D. 地基的影响

3. 地下结构抗震有（　　）个性能要求。

A. 1　　　　B. 2　　　　C. 3　　　　D. 4

4. 地下结构抗震的分类有（　　）。

A. 甲、乙、丙、丁类　　B. 甲、乙、丙类　　C. 甲、乙、类

5. 地下结构振动台实验，结构模型应选取（   ）作为基本物理量进行相似比设计。

A. 阻尼　　　　　　　B. 加速度　　　　　　C. 频率　　　　　　D. 位移

6. 下列土箱能够反应土层实际变形状态的是（   ）。

A. 刚性土箱　　　　　B. 剪切土箱　　　　　C. 缩尺模型土箱　　D. 弹性土箱

7. 现有土箱尺寸为 3.6m×3.6m×1.8m，结构原型尺寸为 90m×25.44m×12.51m，则合适的缩尺模型比例为（   ）。

A. 1/7　　　　　　　B. 1/10　　　　　　　C. 1/25　　　　　　D. 1/30

8. 根据地震动选取原则，现有天津某四类场地，下列地震动中适合作为输入信号的是（   ）。

A. 天津波（天津医院）

B. 天津波（天津医院）反演到地震动输入界面

C. 符合四类场地设计谱的人工波

D. 符合四类场地设计谱的人工波反演到地震动输入界面

9. 白噪声扫频的目的是（   ）。

A. 测位移　　　　　　B. 测速度　　　　　　C. 测加速度　　　　D. 测结构自振频率

二、填空题

1. 当地下结构断面形状复杂、处于非均匀地层，且具有工程场地地震动时程时，可采用（   ）进行地下结构横向地震反应计算。

2. 浅埋及软土隧道施工方法可分为（   ）、（   ）、（   ）和（   ）。

3. 由（   ）体量相当的单体结构组成的地下结构，称为地下多体结构。

4. 隧道结构按施工方法可分为（   ）结构、（   ）结构和（   ）结构。

5. 对地面结构来说，结构的形状、质量、刚度的变化，即其自振特性的变化，对结构反应的影响很大，可以引起质的变化，而对地下结构来说，对反应起主要作用的因素是地基的（   ）。

6. 地下结构多具有（   ）的特点，受损后影响面大且修复困难，而且很多也是抗震救灾的基础设施。

7. 相比地面建筑物"小震不坏，中震可修，大震不倒"的抗震设防目标，对于乙类地下结构应进一步提高为"（   ）"。

三、判别题

1. 反应位移法是一种静力法，时程分析法是一种动力法。（   ）

2. 抗震的地下结构不允许使用装配式结构。（   ）

3. 地下结构和地面结构动力反应特点基本相同，适用相同的抗震计算方法。（   ）

四、简答题

1. 地下结构依据其结构特征与分布形式可分为哪几类？

2. 哪些常见的建筑属于地下结构？举出几个例子。

3. 地下结构的抗震设防目标是什么？

4. 地下结构的地震特点与地面结构有哪些不同？

5. 地下结构抗震设防等级与地面结构有什么区别？

6. 简述反应位移法的基本原理。

7. 对比反应位移法和时程分析法的区别。

8. 简述反应位移法的计算步骤。

9. 简述地下结构抗震验算的内容。

10. 简述地下结构抗震设计的基本原则。

11. 简述地下单体结构抗震设计的一般规定。

12. 什么情况下，地下单体结构抗震计算中需要考虑竖向地震作用？

13. 下沉式挡土结构的后填土应采用什么排水措施？

混凝土结构房屋抗震设计 | 第6章

学习要点：了解钢筋混凝土结构常见的震害特点，掌握结构抗震等级的确定，掌握框架结构、抗震墙结构和框架－抗震墙结构的适用范围、受力特点、结构布置原则、屈服机制和一般规定，掌握框架结构内力和变形的计算和验算，掌握框架柱、梁和节点的抗震设计要点及相应的抗震构造措施，了解框架－抗震墙结构和抗震墙结构的设计要点和构造措施。

6.1 震害及其分析

随着我国房屋建筑抗震安全储备与设计水平的提高，按照现行抗震标准设计建造的建筑物，其震害有明显减轻的趋势。2008 年汶川地震建筑震害表明，大多数钢筋混凝土结构的主体结构震害较轻。震害调查显示，框架结构的破坏有柱端出铰、柱端剪切破坏、节点区破坏等情况。下面介绍多高层钢筋混凝土建筑结构的主要震害特征。

6.1.1 结构平面或竖向布置不当引起的震害

建筑物的平面不规则，质量和刚度分布不均匀、不对称，将造成质量中心与刚度中心之间出现较大的偏离，易使结构在地震时发生过大的扭转而破坏。1972 年南美洲的马那瓜地震中，马那瓜有相距不远的两幢高层建筑，一幢为 15 层高的中央银行大厦，另一幢为 18 层高的美洲银行大厦。中央银行大厦由于平立面不规则而破坏严重，震后拆除；美洲银行大厦由于平立面规则而仅仅轻微损坏，稍加维修便恢复使用（详见 1.7.2 节）。在 1976 年唐山地震中，天津人民印刷厂一幢 L 形建筑物，楼梯间偏置，地震时由于受扭而使几根角柱破坏。汉沽化工厂的一些框架厂房因平面形状和刚度不对称，产生了显著的扭转，从而使角柱上下错位、断裂。

结构沿竖向的布置或刚度有较大突变时，突变处应力集中，刚度突然变小的楼层成为柔弱层，则可能由于变形过大而发生破坏（图 6.1）。在 1971 年圣费尔南多（San Fernando）地震中，某建筑底层发生严重破坏，侧移超过 500mm（图 6.2）。在 2008 年汶川地震中，某建筑底层柱的柱底和柱顶完全剪断，导致底层整体陷落，整个建筑少了一层（图 6.3）。

图 6.1 应力集中产生的震害

图6.2 底层存在薄弱层而发生严重破坏　图6.3 某建筑底层柱的柱底和柱顶完全剪断

6.1.2 框架柱、梁、节点和板的震害

1. 框架柱

梁柱变形能力不足，构件过早发生破坏。一般是梁轻柱重，柱顶重于柱底。柱顶周围有水平裂缝、斜裂缝或交叉裂缝。重者混凝土压碎崩落，柱内箍筋拉断，纵筋压曲呈灯笼状（图6.4）。主要原因是节点处弯矩、剪力、轴力都较大，受力复杂，箍筋配置不足，锚固不足等。这种破坏不易修复。柱底与柱顶相似，但由于箍筋较柱顶密，震害相对较轻（图6.5）。

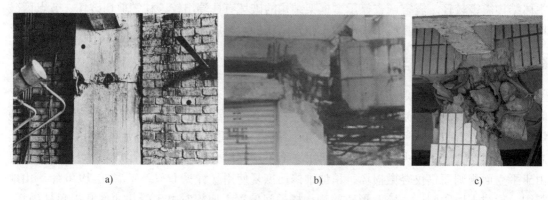

a)　b)　c)

图6.4 柱顶破坏

a）柱顶水平裂缝　b）柱顶斜裂缝　c）纵筋压曲成灯笼状

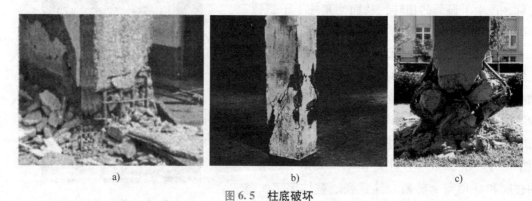

a)　b)　c)

图6.5 柱底破坏

a）水平裂缝，混凝土压碎　b）柱底斜截面断裂，主筋压弯　c）纵筋压曲成灯笼状

绝大部分为柱头或柱脚破坏，但由于施工等问题，柱子也会在中间部分破坏（图6.6）。

角柱双向受弯、受剪且受扭，所以震害比其他柱严重，可能出现上、下柱身错动，钢筋从柱中拔出等情况（图6.7）。

图 6.6　施工质量问题造成柱身部分破坏　　　　　图 6.7　角柱和边柱破坏

当柱净高小于4倍柱截面高时，形成短柱。短柱刚度大，易发生剪切破坏。在实际工程中，窗口、楼梯间、填充墙和门房等部位容易形成短柱，因而容易遭受破坏（图6.8）。

图 6.8　短柱破坏

a）窗口形成短柱破坏　b）楼梯间形成短柱破坏　c）填充墙形成短柱破坏　d）门房形成短柱破坏

2. 框架梁

破坏主要发生在梁端。在设计时，人为增大柱相对于梁的抗弯能力，在大震下，钢筋混凝土框架结构梁端塑性铰出现较早，在达到最大非线性位移时塑性转动较大；柱端塑性铰出现较晚，在达到最大非线性位移时塑性转动较小，甚至根本不出现塑性铰，从而保证框架具有一个较为稳定的塑性耗能机构和较大的塑性耗能能力。研究人员认为，耗能机构宜采用符合塑性力学中的"理想梁铰机构"（图6.9），即梁端全部形成塑性铰，以达到保护框架柱的目的。

在地震作用下，梁端纵向钢筋屈服，出现上下贯通的垂直裂缝或斜裂缝，在次梁交接斜裂缝，在窗洞口梁身产生八字形裂缝（图6.10）。在梁负弯矩钢筋截断处，抗弯能力削弱也容易产生裂缝，形成剪切破坏。梁剪切破坏的主要原因是梁端屈服后剪力较大，超过了梁的受剪

图6.9　设计中理想的梁端塑性铰

承载力，或梁内箍筋配置较稀疏，或反复荷载下混凝土抗剪承载力降低等。

图6.10　梁的破坏

a）垂直裂缝　b）斜裂缝　c）主次梁交接斜裂缝　d）窗洞口梁身产生八字形裂缝

3. 梁柱节点

节点核心区出现对角线方向的斜裂缝或交叉斜裂缝，混凝土剪碎剥落，节点内箍筋很少或未设置箍筋时，柱纵向箍筋压曲外鼓（图6.11）。

梁纵筋锚固破坏：梁纵向受力钢筋锚固长度不足，从节点内拔出，将混凝土拉裂。

装配式构件连接处容易发生脆性断裂，特别是用坡口焊接钢筋处容易拉裂。预制构件接缝处后浇混凝土开裂或散落。

节点破坏的主要原因是节点的受剪承载力不足、约束箍筋太少、梁纵筋锚固长度不够、施工质量差等。

图 6.11　节点破坏

4. 板

板的震害一般较轻，且不多见，主要震害形态是板角 45°斜裂缝或断裂，板身产生平行于梁的通长裂缝或断裂（图 6.12）。

a)　　　　　　　　　　　　　　　　　b)

图 6.12　板的破坏

a）板角 45°斜裂缝　b）板沿梁断裂

6.1.3　防震缝处碰撞引起的震害

防震缝两侧的结构单元震动特性不同，地震时会发生不同形式的震动，若防震缝宽度不够或构造不当，则可能由于碰撞而导致震害。如唐山地震时，北京饭店西楼伸缩缝处的外贴假砖柱被碰坏脱落（图 6.13），而缝宽达 600mm 的北京饭店东楼则未出现碰撞引起的震害。

6.1.4　抗震墙的震害

震害调查表明，抗震墙结构的抗震性能较好，震害一般较轻。高层抗震墙结构的震害有：墙底部

图 6.13　北京饭店西楼伸缩缝处破坏

受压混凝土大片压碎剥落，钢筋压屈（图6.14），墙体发生剪切破坏；抗震墙墙肢间的连梁剪切破坏，原因是墙肢之间变形集中，易产生破坏。在强震作用下，抗震墙的震害主要表现在墙肢之间连梁的剪切破坏。主要是由于连梁跨度小、高度大，形成深梁，在反复荷载作用下形成X形剪切裂缝，为剪切型脆性破坏，尤其是在房屋1/3高度处的连梁破坏更为明显（图6.15）。

图 6.14　剪力墙底部发生破坏

图 6.15　墙肢之间连梁的剪切破坏

6.1.5　填充墙的震害

框架填充墙容易发生墙面斜裂缝，并沿柱周边开裂。端墙、窗间墙和门窗洞口边角部位破坏一般更严重。烈度较高时墙体容易倒塌。由于框架变形属剪切型，下部层间位移大，填充墙震害呈现下重上轻的现象。框架中的砌体填充墙与框架共同工作，所以结构在水平地震作用下早期刚度较高，吸收较多的地震能量，而填充墙本身抗剪强度低，在地震作用下很快出现裂缝，发生破坏，甚至倒塌（图6.16）。

图 6.16　填充墙的震害

6.2　一般要求

钢筋混凝土多高层建筑结构，包括框架结构、框架－剪力墙结构、剪力墙结构及筒体结构等，是抗震性能较好的结构，但是如果抗震设计与施工不善，地震时也会出现严重的破坏，甚至倒塌。为了使多高层钢筋混凝土结构的设计达到小震不坏、中震可修、大震不倒的三水准抗震设防目标，结构应具有足够的承载力、刚度、稳定性、能量吸收和能量耗散等方面的性能。

6.2.1　建筑物高度和高宽比限制

不同结构体系的承载力和刚度不同，因此它们的适用高度范围也不一样。一般来说，框架结构仅适用于抗震设防烈度较低，或层数较少、高度较低的建筑。框架－剪力墙结构和剪力墙结构能适应各种不同高度的建筑，建筑物高度可达到100m以上。现浇钢筋混凝土房屋适用的最大高度见表6.1。

表6.1 现浇钢筋混凝土房屋适用的最大高度 （单位：m）

结构类型	烈 度				
	6 度	7 度	8 度（0.2g）	8 度（0.3g）	9 度
框架	60	50	40	35	24
框架－抗震墙	130	120	100	80	50
抗震墙	140	120	100	80	60
部分框支抗震墙	120	100	80	50	不应采用
框架－核心筒	150	130	100	90	70
筒中筒	180	150	120	100	80
板柱－抗震墙	80	70	55	40	不应采用

注：1. 房屋高度指室外地面到主要屋面板板顶的高度（不包括局部突出屋顶部分）。

2. 框架－核心筒结构指周边稀柱框架与核心筒组成的结构。

3. 部分框支抗震墙结构指首层或底部两层为框支层的结构，不包括仅个别框支墙的情况。

4. 表中框架结构不包括异形柱框架。

5. 板柱－抗震墙结构指板柱、框架和抗震墙组成抗侧力体系的结构。

6. 乙类建筑可按本地区抗震设防烈度确定其适用的最大高度。

7. 超过表内高度的房屋，应进行专门研究和论证，采取有效的加强措施。

6.2.2 抗震等级

抗震等级是确定结构构件抗震计算和抗震措施的标准，可根据设防烈度、房屋高度、建筑类别、结构类型及构件在结构中的重要程度来确定。抗震等级的划分考虑了技术要求和经济条件，随着设计方法的改进和经济水平的提高，抗震等级也会作相应调整。抗震等级共分为4级，体现了抗震要求的严格程度，其中一级抗震要求最高，建筑的抗震等级应按表6.2确定。

表6.2 现浇钢筋混凝土高层建筑结构的抗震等级

结 构 类 型			设防烈度							
			6 度		7 度			8 度			9 度
框架结构		高度/m	≤24	>24	≤24	>24		≤24	>24		≤24
		框架	四	三	三	二		二	一		一
		大跨度框架	三		二			一			一
框架－抗震墙结构		高度/m	≤60	>60	<24	24~60	>60	<24	24~60	>60	≤24	24~50
		框架	四	三	四	三	二	三	二	一	二	一
		抗震墙	三		三	二		二	一		一
抗震墙结构		高度/m	≤80	>80	≤24	25~80	>80	≤24	25~80	>80	≤24	25~60
		抗震墙	四	三	四	三	二	三	二	一	二	一
部分框支抗震墙结构		高度/m	≤80	>80	≤24	25~80	>80	≤24	25~80			
	抗震墙	一般部位	四	三	四	三	二	三	二			
		加强部位	三	二	三	二	一	二	一			
	框支层框架		二		二		一	一				

(续)

结构类型		设防烈度						
		6 度		7 度		8 度		9 度
框架-核心筒	高度/m	≤60	>60	≤60	>60	≤60	>60	≤70
	框架	四	三	三	二	二	一	一
	核心筒	三	二	二	二	一	一	一
筒中筒	外筒	三		二		一		一
	内筒	三		二		一		一
板柱-抗震墙结构	高度/m	≤35	>35	≤35	>35	≤35	>35	
	框架、板柱的柱	三	二	二	二	一	一	
	抗震墙	二	二	二	二	二	一	

注：1. 建筑场地为Ⅰ类时，除6度外应允许按表内降低一度对应的抗震等级采取抗震构造措施，但相应的计算要求不应降低；Ⅲ、Ⅳ类场地时，7度（0.15g）和8度（0.30g）应分别按8、9度对应的抗震等级确定其抗震构造措施。

2. 接近或等于高度分界时，应允许结合房屋不规则程度及场地、地基条件确定抗震等级。

3. 大跨度框架指跨度大于18m的相关框架梁柱。

4. 表中框架-抗震墙结构指框架底部所承担的地震倾覆力矩不大于总地震倾覆力矩50%的情况。

《建筑抗震设计规范》规定，钢筋混凝土房屋抗震等级的确定尚应符合下列要求：

1）框架结构中设置少量抗震墙，在规定的水平力作用下，框架底部所承担的地震倾覆力矩大于结构总地震倾覆力矩的50%时，其框架的抗震等级仍应按框架结构确定，抗震墙的抗震等级可与框架的抗震等级相同；其最大适用高度可比框架结构适当增加。

2）裙房与主楼相连，除应按裙房本身确定外，相关范围不应低于按主楼确定的抗震等级；主楼结构在裙房顶板对应的相邻上下各一层应适当加强抗震构造措施。裙房与主楼分离时，应按裙房本身确定抗震等级。

3）当地下室顶板作为上部结构的嵌固部位时，地下一层的抗震等级应与上部结构相同，地下一层以下抗震构造措施的抗震等级可逐层降低一级，且不宜低于四级。地下室中无上部结构的范围，可根据具体情况采用三级或四级。

4）乙类设防的房屋，当高度超过表6.2规定的上界时，应采取比一级更有效的抗震构造措施。

在同等设防烈度和房屋高度的情况下，对于不同的结构类型，其次要抗侧力构件抗震要求可低于主要抗侧力构件，即抗震等级低些。如框架-抗震墙结构中的框架，其抗震要求低于框架结构中的框架；相反，其抗震墙则比抗震墙结构有更高的抗震要求。在框架-抗震墙结构中，若抗震墙部分承受的地震倾覆力矩不大于结构总地震倾覆力矩的50%，考虑到此时抗震墙的刚度较小，其框架部分的抗震等级应按框架结构划分。

6.2.3 结构选型和布置

1）合理选择结构体系。多高层钢筋混凝土结构房屋常用的结构体系有框架结构、抗震墙结构和框架-抗震墙结构。

① 框架结构由纵横向框架梁柱组成，具有平面布置灵活，可获得较大的室内空间，容

易满足生产和使用要求等优点，因此在工业与民用建筑中得到了广泛的应用。其缺点是抗侧刚度较小，属柔性结构，在强震下结构的顶点位移和层间位移较大，且层间位移自上而下逐层增大，可能导致刚度较大的非结构构件的破坏。如框架结构中的砖填充墙常常在框架仅有轻微损坏时就发生严重破坏，但设计合理的框架仍具有较好的抗震性能。在地震区，纯框架结构可用于 12 层（40m 高）以下、体形较简单、刚度较均匀的房屋，而对高度较大、设防烈度较高、体型较复杂的房屋，以及对建筑装饰要求较高的房屋和高层建筑，应优先采用框架 - 抗震墙结构或抗震墙结构。

②抗震墙结构是由钢筋混凝土墙体承受竖向荷载和水平荷载的结构体系，具有整体性能好、抗侧刚度大和抗震性能好等优点，且该类结构无突出墙面的梁和柱，可降低建筑层高，充分利用空间，特别适用于 20 ~ 30 层的多高层居住建筑。其缺点是墙体面积大，限制了建筑物内部平面布置的灵活性。

③框架 - 抗震墙结构是由框架和抗震墙相结合而共同工作的结构体系，兼有框架和抗震墙两种结构体系的优点，既具有较大的空间，又具有较大的抗侧刚度，多用于 10 ~ 20 层的房屋。

选择结构体系时，还应尽量使其基本周期错开地震动卓越周期。一般房屋的基本自振周期应比地震动卓越周期大 1.5 ~ 4.0 倍，以避免发生共振效应。自振周期过短，即刚度过大，会导致地震作用增大，增加结构自重及造价；若自振周期过长，即结构过柔，则结构会发生过大变形。一般来讲，高层房屋建筑基本周期的长短与其层数成正比，并与采用的结构体系密切相关。就结构体系而言，采用框架体系时周期最长，框架 - 抗震墙次之，抗震墙体系最短，设计时应采用合理的结构体系并选择适宜的结构刚度。

2）为抵抗不同方向的地震作用，框架或抗震墙均宜双向设置，梁与柱或柱与抗震墙的中线宜重合，框架的梁与柱中线之间的偏心距大于柱宽的 1/4 时，应计入偏心距的影响。高层的框架结构不应采用单跨的框架结构，多层框架结构不宜采用单跨框架结构。

3）框架结构中，砌体填充墙在平面和竖向的布置宜均匀对称，避免形成薄弱层或短柱。砌体填充墙宜与梁柱轴线位于同一平面内，考虑抗震设防时，宜与柱有可靠的拉结。一、二级框架的围护墙和隔墙，宜采用轻质墙或与框架柔性连接的墙板，二级且层数不超过五层、三级且层数不超过八层和四级框架结构可考虑采用烧结普通砖填充墙的抗侧力作用，且应符合《建筑抗震设计规范》中有关抗震墙之间楼屋盖的长宽比规定，及框架 - 抗震墙结构中抗震墙设置的要求。

4）为使框架 - 抗震墙结构和抗震墙结构通过楼屋盖有效地将地震剪力传给抗震墙，《建筑抗震设计规范》要求抗震墙之间无大洞口且楼屋盖长宽比不宜超过表 6.3 的规定，符合该规定的楼屋盖可近似按刚性楼盖考虑。超过上述规定时，应考虑楼屋盖平面内变形的影响。

表 6.3　抗震墙之间楼、屋盖的长宽比

楼、屋盖类型		烈　度			
		6 度	7 度	8 度	9 度
框架 - 抗震墙结构	现浇或叠合楼、屋盖	4	4	3	2
	装配式楼、屋盖	3	3	2	不宜采用
板柱 - 抗震墙结构的现浇楼、屋盖		3	3	2	不宜采用
框支层的现浇楼、屋盖		2.5	2.5	2	不应采用

5）加强楼盖的整体性。在高烈度（9度）区，应采用现浇楼面结构。房屋高度超过50m时，宜采用现浇楼面结构。框架-抗震墙结构应优先采用现浇楼面结构。房屋高度不超过50m时，也可采用装配整体式楼面结构。在采用装配整体式楼盖时，宜采用叠合梁，与楼面整浇层结合为一体。采用装配式楼面时，预制板应均匀排列，板缝不宜小于40mm，应在板缝内配置钢筋，形成板缝梁，并宜贯穿整个结构单元。后浇面层厚度一般不小于50mm，内配双向钢筋网 $\phi4 \sim \phi6@150 \sim 250$。房屋的顶层、结构转换层、平面复杂或开洞过大的楼层均应用现浇楼面结构。

6）震害表明，即使满足规定的防震缝宽度，在强烈地震下由于地面运动变化、结构扭转、地基变形等复杂因素，相邻结构仍可能局部碰撞而损坏，但宽度过大会给立面处理造成困难。因此，高层建筑宜选用合理的建筑结构方案而不设置防震缝，同时采用合适的计算方法和有效的措施，以消除不设防震缝带来的不利影响。

防震缝可以结合沉降缝要求贯通到地基，当无沉降问题时也可以从基础或地下室以上贯通。当有多层地下室形成大底盘，上部结构为带裙房的单塔或多塔结构时，可将裙房用防震缝自地下室以上分隔，地下室顶板应有良好的整体性和刚度，能将上部结构地震作用分布到地下室结构。设置防震缝后的不利部位如图6.17所示。不利部位产生的后果包括地震剪力增大，产生扭转，位移增大，部分主要承重构件撞坏等。

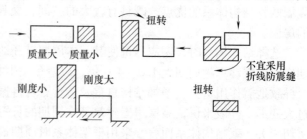

图 6.17 设置防震缝后的不利部位

当建筑平面过长、结构单元的结构体系不同、高度或刚度相差过大及各结构单元的地基条件有较大差异时，应考虑设置防震缝。设置防震缝应符合下列规定：

① 防震缝宽度的最低要求：

a. 框架结构（包括设置少量抗震墙的框架结构）房屋的防震缝宽度，当高度不超过15m时不应小于100mm；高度超过15m时，6度、7度、8度和9度分别每增加高度5m、4m、3m和2m，宜加宽20mm。

b. 框架-抗震墙结构房屋的防震缝宽度不应小于a. 中规定数值的70%，抗震墙结构房屋的防震缝宽度不应小于a. 中规定数值的50%，且均不宜小于100mm。

c. 防震缝两侧结构类型不同时，宜按需要较宽防震缝的结构类型和较低房屋高度确定缝宽。

② 框架结构房屋防震缝两侧结构层高相差较大时，防震缝两侧的框架柱，箍筋应沿房屋全高加密，并可根据需要在缝两侧沿房屋全高各设置不少于两道垂直于防震缝的抗撞墙（图6.18）。抗撞墙的布置宜避免加大扭转效应，墙肢长度可不大于一个柱距，抗震等级可同框架结构；框架结构的内力应按设置和不设置抗撞墙两种计算模型的不利情况取值。

7）发生强烈地震时，楼梯是重要的紧急逃生竖向通道，楼梯的破坏会延误人员撤离及救援工作，从而造成严重伤亡，因此楼梯间应符合下列要求：

① 宜采用现浇钢筋混凝土楼梯。

② 框架结构楼梯间的布置不应导致结构平面显著不规则，并应对楼梯构件进行抗震承

载力验算；构造应考虑休息板的约束和可能引起的短柱。

③ 楼梯间两侧填充墙与柱之间应加强拉结。

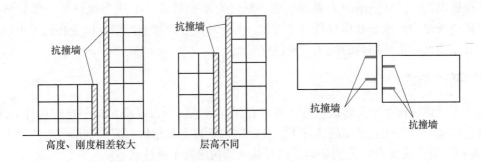

图 6.18　框架结构采用抗撞墙示意图

6.2.4　屈服机制

多高层钢筋混凝土房屋的屈服机制可分为楼层机制（图 6.19a）、总体机制（图 6.19b）及由这两种机制组合而成的混合机制。总体机制表现为所有横向构件屈服而竖向构件除根部外均处于弹性，总体结构围绕根部作刚体转动。楼层机制则表现为仅竖向构件屈服而横向构件处于弹性。房屋总体屈服机制优于楼层机制，前者可在承载力基本保持稳定的条件下，持续地变形而不倒塌，最大限度地耗散地震能量。为形成理想的总体机制，一方面应防止塑性铰在某些构件上出现，另一方面迫使塑性铰发生在其他次要构件上，同时要尽量推迟塑性铰在某些关键部位（如框架根部、双肢或多肢抗震墙的根部等）的出现。

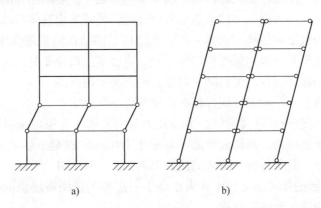

图 6.19　屈服机制

a）楼层机制　b）总体机制

对于框架结构，为使其具有必要的承载能力、良好的变形能力和耗能能力，应选择合理的屈服机制。理想的屈服机制是让框架梁首先进入屈服，形成梁铰机制，以吸收和耗散地震能量，而防止塑性铰首先出现于柱子（除底层柱根部外），形成耗能性能差的层间柱铰机制。为此，应合理选择构件尺寸和配筋，体现强柱弱梁、强剪弱弯的设计原则。梁、柱构件的受剪承载力应不低于与其连接的构件达到超强时的核心区剪力，以防止发生剪切破坏。对于装配式框架结构的连接，应能保证结构的整体性。应采取有效措施避免剪切破坏、梁钢筋锚固破坏、焊接断裂和混凝土压碎等脆性破坏。要控制柱子的轴压比和剪压比，加强对混凝土的约束，提高构件的变形能力，以增加结构延性。

在抗震设计中，增强承载力要和刚度、延性要求相适应。不适当地将某一部分结构增强，可能造成结构其他部分相对薄弱。因此，不合理地任意加强配筋，以及在施工中以高强钢筋代替原设计中主要钢筋的做法，需慎重考虑。

6.2.5 基础结构

由于罕遇地震作用下大多数结构将进入非弹性状态，所以基础结构的抗震设计要求是：在保证上部结构抗震耗能机制的条件下，基础结构能将上部结构屈服机制形成后的最大作用（包括弯矩、剪力及轴力）传到基础，此时基础结构仍处于弹性状态。

单独柱基适用于层数不多、地基土质较好的框架结构。交叉梁带形基础及筏形基础适用于层数较多的框架体系。《建筑抗震设计规范》规定，当框架结构有下列情况之一时，宜沿两主轴方向设置基础梁：

1）一级框架和Ⅳ类场地的Ⅱ级框架。

2）各柱基承受的重力荷载代表值差别较大。

3）基础埋置较深，或各基础埋置深度差别较大。

4）地基主要受力层范围内存在软弱黏性土层、液化土层和严重不均匀土层。

沿两主轴方向设置基础系梁的目的是加强基础在地震作用下的整体工作，以减少基础间的相对位移、地震作用引起的柱端弯矩及基础的转动等。

抗震墙结构及框架－抗震墙结构的抗震墙基础应具有足够的抗转动能力，否则一方面会影响上部结构的屈服，使位移增大，另一方面将影响框架－抗震墙结构的侧力分配关系，使框架所分配的侧力增大。因此，当按天然地基设计时，最好采用整体性较好的基础结构并有相应的埋置深度。当抗震墙结构和框架－抗震墙结构上部结构的重量和刚度分布不均匀时，宜结合地下室采用箱形基础以加强结构的整体性。当表层土质较差时，为了充分利用较深的坚实土层，减少基础嵌固程度，可以结合以上基础类型采用桩基。

地下室顶板作为上部结构的嵌固部位时，应符合下列要求：

1）地下室顶板应避免开设大洞口，主楼及裙房相关部位应采用现浇梁板结构，裙房其他部位宜采用现浇梁板结构。其楼板厚度不宜小于180mm，混凝土强度等级不宜小于C30，应采用双层双向配筋，且每层每个方向的配筋率不宜小于0.25%。

2）结构地上一层的侧向刚度，不宜大于地下一层相关范围楼层侧向刚度的0.5倍；地下室周边宜有与其顶板相连的抗震墙。

3）地下一层柱截面每侧的纵向钢筋面积，除应满足计算要求外，不应少于地上一层对应柱每侧纵筋面积的1.1倍；地下室顶板的梁柱节点左右梁端截面同一方向实配的抗震受弯承载力所对应的弯矩值与下柱上端同一方向实配的正截面抗震受弯承载力所对应的弯矩值之和，不应小于上柱下端实配的正截面抗震受弯承载力所对应弯矩值的1.4倍。梁端截面实配的抗震受弯承载力应根据实配钢筋面积（计入受压筋）和材料强度标准值等确定；柱端实配的正截面抗震受弯承载力应根据轴力设计值、实配钢筋面积和材料强度标准值等确定。

4）地下一层抗震墙墙肢端部边缘构件纵向钢筋的截面面积，不应少于地上一层对应墙肢端部边缘构件纵向钢筋的截面面积。

6.3　框架结构房屋的抗震设计

框架结构抗震设计一般采用空间结构分析和简化成平面结构分析两种方法。近年来随着数值计算软件的不断出现，框架结构分析多采用空间结构模型进行变形、内力的计算，以及构件截面承载力计算。采用平面结构假定的近似手算方法虽然计算精度较差，但概念明确，能够直观地反映结构的受力特点，因此，工程设计中也常利用手算结果来定性地校核电算结果的合理性。因此本节介绍框架结构的近似手算方法，包括竖向荷载作用下的分层法、弯矩二次分配法，以及水平荷载作用下的反弯点法和 D 值法，以帮助读者掌握结构分析的基本方法，建立结构受力性能的基本概念。

6.3.1　结构计算简图

钢筋混凝土建筑结构是一个复杂的三维空间结构，它是由竖直方向的抗侧力构件与水平方向刚度很大的楼板相互连接而成的。由于地震作用的随机性、复杂性和动力特性，以及钢筋混凝土材料的弹塑性，其受力情况是非常复杂的。为了便于设计计算，在计算模型和受力分析上必须进行一定程度的简化。

1. 结构分析的弹性静力假定

高层建筑结构内力与位移均按弹性体静力学方法计算，一般情况下不考虑结构进入弹塑性状态所引起的内力重分布。按照"小震不坏、大震不倒"的抗震设计目标，对于钢筋混凝土房屋的抗震设计，在"小震不坏"方面要求：当遭受到多遇小震影响时，建筑结构应处于弹性阶段，采用弹性分析法进行地震作用效应计算，并与其他荷载效应进行不利组合，按多系数截面承载力公式，验算构件的截面承载力。为了防止装修损坏，以小震作用下的层间弹性位移，验算结构是否满足建筑功能要求。因此，抗震建筑的结构内力分析按照弹性静力分析方法进行。

钢筋混凝土结构是具有明显弹塑性性质的结构，即使在较低应力情况下也有明显的弹塑性性质，当荷载增大，构件出现裂缝或钢筋屈服时，则塑性性质更为明显。但目前我国设计规范仍沿用按弹性方法计算结构内力、按弹塑性极限状态进行截面设计的方法。因此，在实际工程抗震设计中，仍按弹性结构进行内力计算，只在某些特殊情况下，考虑设计和施工的方便，才对某些钢筋混凝土结构有条件地考虑由弹塑性性质引起的局部塑性内力重分布。

2. 平面结构假定

在正交布置情况下，可以认为每一方向的水平力只由该方向的抗侧力结构承担，垂直于该方向的抗侧力结构不受力，如图 6.20 所示。当抗侧力结构与主轴斜交时，简化计算中，可将抗侧力构件的抗侧刚度转换到主轴方向上再进行计算。对于复杂的结构，又可进一步适当简化：当斜交构件之间的角度不超过 15°时，可视为一条轴线；当两个轴线相距不大（如小于 300 ~ 500mm），考虑到楼板的共同工作，可视为在同一条轴线。

3. 楼板在自身平面内刚性假定

各个平面抗侧力结构之间，是通过楼板联系在一起而成为一个整体的。而楼板常假定在自身平面内的刚度为无限大。这一假定的依据是：建筑的进深较大，框架相距较近；楼板可视为水平放置的深梁，在水平平面内有很大的刚度，并可按楼板在平面内不变形的刚性隔板考虑。建筑在水平荷载作用下产生侧移时，楼板只有刚性位移（平移和转动），而不必考虑楼板的变形。

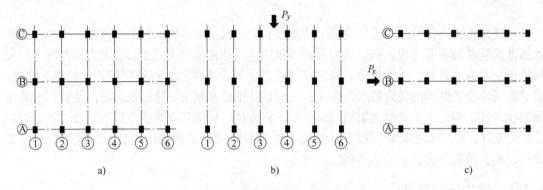

图 6.20   平面结构假定计算图形

a）平面结构   b）y 方向抗侧力结构   c）x 方向抗侧力结构

当不考虑结构发生扭转时，根据刚性楼板的假定，在同一标高处所有抗侧力结构的水平位移都相等。对于有扭转的结构，由于楼板刚度无限大的假定，各个抗侧力结构的位移都可按楼板的三个独立位移分量 x、y、θ 来计算，从而使计算简化。计算中采用了楼板刚度无限大的假定，就必须采取构造措施加强楼板刚度，使其刚性楼板位移假定成立。当出现楼面有大的开洞或缺口，刚度受到削弱，楼板平面有较长的外伸段等情况时，应考虑楼板变形对内力与位移的影响，对简化计算的结果给予修正。

4. 水平荷载按位移协调原则分配

将空间结构简化为平面结构后，整体结构上的水平荷载应按位移协调原则，分配到各片抗侧力结构上。当结构只有平移而无扭转发生时，根据刚性楼板的假定，在同一标高处的所有抗侧力结构的水平位移都相等。为此，框架结构中各柱的水平力应按各柱的抗侧刚度 D 值的比例分配。

6.3.2   竖向荷载下的内力计算

有关框架的内力和位移计算，在结构力学中，都有详细讲述，可采用电算或手算方法。在工程设计中，为了便于手算，对于在竖向荷载作用下的框架内力分析，常采用近似分析方法，即分层法和弯矩二次分配法。这两种近似分析方法都是从结构弹性静力分析的精确计算角度来简化的。但对于实际工程，还要考虑实际结构的具体构造，如现浇楼板对梁截面承载力的影响，钢筋混凝土结构材料的弹塑性特征，以及活荷载分布的不利位置等，使内力计算更符合工程实际。

1. 分层法

分层法计算竖向荷载下的框架内力，其基本计算单元是取每层框架梁连同上下层框架柱来考虑的，并假定柱远端为固定端的开口框架。由于框架的柱端本是弹性嵌固，故在计算中，除实际的固定端（如底层柱端），其他各层柱的线刚度均乘以折减系数 0.9，同时柱端的弯矩传递系数也相应地从原来的 1/2 改为 1/3。竖向荷载产生的梁端弯矩，只在本单元内进行弯矩分配，单元之间不再进行传递。基本单元弯矩分配后，梁端计算弯矩即最终弯矩；

柱端弯矩则应取相邻单元柱端弯矩之和，这是由于选取基本单元时，每根柱都在上下两个单元中各用了一次的缘故。整个框架的内力由各分层的内力叠加后求得。在刚结点上的各杆端弯矩之和可能平衡，则可以对结点的不平衡弯矩再进行一次分配。

2. 弯矩二次分配法

当建筑层数不多时，采用弯矩二次分配法较为方便，所得结果与精确法结果相差较小，其计算精度能满足工程需要。

弯矩二次分配法是将各节点的不平衡弯矩同时做分配和传递，并以二次为限。其计算步骤是：首先计算梁端的固端弯矩和弯矩分配系数，然后将各节点的不平衡弯矩同时按弯矩分配系数进行分配，并假定远端固定同时进行传递，即左（右）梁分配弯矩向右（左）梁传递；上（下）柱分配弯矩向下（上）柱传递，传递系数均为 1/2。第一次分配弯矩传递后，必然在节点处产生新的不平衡弯矩，最后将各节点的不平衡弯矩再进行一次分配，而不再传递。实际上，弯矩二次分配法只是将不平衡弯矩分配二次，分配弯矩传递一次。

6.3.3　水平荷载下的内力计算

用计算机进行框架结构的静力计算（把框架上的地震作用作为静力荷载）或动力计算（时程分析法），可直接得到各杆的内力。

在初步设计时或计算层数较少且较为规则的框架在水平地震作用下的内力时，可采用近似计算方法反弯点法和 D 值法，后者较为常用。

1. 反弯点法

框架结构在水平荷载作用下弯矩图的形状如图 6.21 所示，可以看出，各杆的弯矩图都呈直线形，并且一般都有一个弯矩为零的点，因为弯矩图在该处反向，故该点称为反弯点。如果能够确定该点的位置和柱端剪力，则可求出柱端弯矩，进而通过节点平衡求出梁端弯矩和其他内力。因此假定：梁柱线刚度之比为无穷大，即在水平力作用下，各柱上下端没有角位

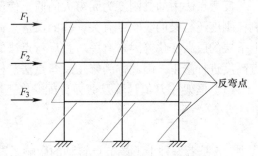

图 6.21　框架在水平节点力作用下的弯矩图

移。相应地，在确定柱反弯点位置时，除底层柱外，各层柱的反弯点位置处于层高的中点；底层柱的反弯点位于 2/3 柱高处。梁端弯矩由节点平衡条件求出，并按节点左右梁线刚度进行分配。一般认为，当梁的线刚度与柱的线刚度之比超过 3 时，上述假定引起的误差能够满足工程设计的精度要求。反弯点法适用于低层建筑，因为此类建筑柱子的截面尺寸较小，而梁的刚度较大，容易满足梁、柱的线刚度之比超过 3 的要求。

（1）框架柱剪力分配　柱抗侧移刚度 d 可表示为

$$d = \frac{12K_c}{h^2} \tag{6.1}$$

式中，K_c、h 分别为柱的线刚度和高度。

求得第 i 层第 k 柱的剪力为

$$V_{ij} = \frac{d_{ij}}{\sum_{k=1}^{m} d_{ik}} V_i \tag{6.2}$$

（2）计算柱端弯矩

底层柱：

柱上端弯矩

$$M_c^u = V_{1j} \times h_1/3 \tag{6.3}$$

柱下端弯矩

$$M_c^b = 2V_{1j} \times h_1/3 \tag{6.4}$$

其余各层：

$$M_c^u = M_c^b = V_{ij} \times h_i/2 \tag{6.5}$$

（3）计算梁端弯矩　梁端弯矩的计算方法是按节点弯矩平衡条件，将节点上下柱端弯矩之和按左右梁的线刚度之比分配

$$M_b^l = \frac{K_1}{K_1 + K_2}(M_c^u + M_c^b) \tag{6.6}$$

$$M_b^r = \frac{K_2}{K_1 + K_2}(M_c^u + M_c^b) \tag{6.7}$$

（4）计算梁端剪力　按梁的力矩平衡条件求得

$$V_b = \frac{M_b^l + M_b^r}{l} \tag{6.8}$$

（5）计算柱的轴力　柱的轴力为各层梁端剪力按层叠加，柱的轴力为

$$N = \sum V_{bi} \tag{6.9}$$

2. D 值法

反弯点法中的梁刚度为无穷大的假定使反弯点法的应用受到限制。在一般情况下柱的抗侧移刚度还与梁的线刚度有关，柱的反弯点高度也与梁柱线刚度比、上下层梁的线刚度比、上下层的层高变化等因素有关。在反弯点法的基础上考虑上述因素对柱的抗侧移刚度和反弯点高度进行修正，因此称为修正反弯点法。柱的抗侧移刚度以 D 表示，因此也称为 D 值法。

（1）框架柱 D 值计算及剪力分配　修正后的柱抗侧移刚度 D 可表示为

$$D = \alpha \frac{12K_c}{h^2} \tag{6.10}$$

式中，α 是考虑柱上下端节点转动的影响系数，按表 6.4 中的公式计算。

表 6.4　节点转动影响系数

	边柱		中柱		α
一般层	K_c 配置 K_1、K_2	$\bar{K} = \dfrac{K_1 + K_2}{2K_c}$	K_c 配置 K_1、K_2、K_3、K_4	$\bar{K} = \dfrac{K_1 + K_2 + K_3 + K_4}{2K_c}$	$\alpha = \dfrac{\bar{K}}{2 + \bar{K}}$
底层	K_c 配置 K_5	$\bar{K} = \dfrac{K_5}{K_c}$	K_c 配置 K_5、K_6	$\bar{K} = \dfrac{K_5 + K_6}{K_c}$	$\alpha = \dfrac{0.5 + \bar{K}}{2 + \bar{K}}$

注：K_c 为柱的线刚度，$K_1 \sim K_6$ 分别为不同梁的线刚度 K_b。当采用现浇整体式或装备整体式楼盖时，宜考虑板作为梁的翼缘参加工作对梁刚度的贡献，按表 6.5 折算惯性矩 I_b。

表6.5 框架梁截面折算惯性矩

结构类型	中框架	边框架
现浇整体式楼盖	$I_b = 2I_0$	$I_b = 1.5I_0$
装配整体式楼盖	$I_b = 1.5I_0$	$I_b = 1.2I_0$

注：I_0 为框架梁矩形截面惯性矩。

求得柱抗侧刚度 D 值后可按与反弯点法类似的推导，得出第 i 层第 k 柱的剪力

$$V_{ik} = \frac{D_{ij}}{\sum\limits_{k=1}^{m} D_{ik}} V_i \tag{6.11}$$

(2) 确定修正后反弯点高度   各个柱的反弯点位置取决于该柱上下端转角的比值，即柱上下端约束刚度的大小。如果柱上下端转角相同，反弯点就在柱高的中央；如果柱上下端转角不同，则反弯点偏向转角较大的一端，即偏向约束刚度较小的一端。影响柱两端转角大小的因素有：侧向外荷载的形式、梁柱线刚度比、结构总层数及该柱所在的层次、柱上下横梁线刚度比、上下层间高度的变化等。为分析上述因素对反弯点高度的影响，首先分析在水平力作用下标准框架（各层间高、各跨相等、各层梁和柱的线刚度都不改变的框架）的反弯点高度，然后计算当上述影响因素逐一发生变化时柱底端至柱反弯点的距离（反弯点高度），并制成相应的表格，以供查用。

根据理论分析，D 值法中反弯点高度比采用下式确定

$$yh = (y_0 + y_1 + y_2 + y_3)h \tag{6.12}$$

式中，y 为 D 值法的反弯点高度比；y_0 为标准反弯点高度比，根据水平荷载作用形式、总层数 n、该层位置 i 以及梁柱线刚度比 $\bar{K}$ 的值，查附表1和附表2确定；y_1 为上下梁线刚度比影响修正值（当 $K_1 + K_2 < K_3 + K_4$ 时，反弯点上移，y_1 取正值，此时令 $\alpha_1 = \dfrac{K_1 + K_2}{K_3 + K_4}$；当 $K_1 + K_2 > K_3 + K_4$ 时，反弯点下移，y_1 取负值，此时令 $\alpha_1 = \dfrac{K_3 + K_4}{K_1 + K_2}$，查附表3确定，首层柱不考虑 y_1）；y_2 为上层层高变化影响修正值，查附表4确定，表中系数 $\alpha_2 = \dfrac{h_u}{h}$；$y_3$ 为下层层高变化影响修正值，查附表4确定，表中系数 $\alpha_3 = \dfrac{h_1}{h}$。

(3) 计算柱端弯矩   由柱剪力 V_{ij} 和反弯点高度求出柱上下端弯矩

$$M_c^u = V_{ij}(1 - y)h \tag{6.13}$$

$$M_c^b = V_{ij}yh \tag{6.14}$$

(4) 计算梁端弯矩、梁端剪力和柱轴力   方法与反弯点法相同。

6.3.4 内力组合

通过框架内力分析，获得了在不同荷载作用下的构件内力标准值。在进行构件截面设计时，应求得控制截面上的最不利内力作为配筋计算的依据。一般选梁的两端和跨中截面及柱的上下端作为控制截面。控制截面配筋量为最大的内力组合就是内力不利组合。在框架抗震设计时，一般应考虑以下两种基本组合。

（1）有地震效应的组合　为实现抗震设计目标的第一水准的要求，应保证在多遇地震作用下使结构有足够的承载能力。在考虑地震组合时，重力荷载一律采用重力荷载代表值。对于多层框架，只需考虑水平地震作用与重力荷载代表值效应的组合，其内力组合设计值 S 可写成

$$S = 1.3S_{GE} + 1.4S_{Eh} \tag{6.15}$$

式中，S_{GE} 为重力荷载代表值效应的标准值；S_{Eh} 为水平地震作用效应的标准值。

（2）无地震效应的组合　无地震作用时，结构受到全部恒荷载和活荷载的作用。考虑到重力荷载代表值中的活荷载组合值系数为 $0.5 \sim 0.8$，这就有可能出现在正常竖向荷载下的内力不利组合设计值要大于水平地震作用下的内力不利组合设计值的情况。因此，应进行正常竖向荷载作用下的内力组合，这种组合有可能对某些截面设计起控制作用。此时，内力组合设计值 S 可写成如下形式

$$S = 1.3S_{Gk} + 1.5S_{Qk} \tag{6.16}$$

式中，S_{Gk} 为由恒荷载产生的内力标准值；S_{Qk} 为由活荷载产生的内力标准值。

当需要考虑竖向地震作用或风荷载作用时，其内力组合设计值可参考有关规定。

现以框架梁、柱为例，说明内力组合方法。

1. 梁的组合内力

梁端支座负弯矩，取以下两式中的较大值

$$\left.\begin{aligned} -M &= -\gamma_{RE}(1.3M_{GE} + 1.4M_{Eh}) \\ -M &= -\gamma_0(1.3M_{Gk} + 1.5M_{Qk}) \end{aligned}\right\} \tag{6.17}$$

梁端支座正弯矩

$$M = \gamma_{RE}(1.4M_{Eh} - 1.0M_{GE}) \tag{6.18}$$

跨中正弯矩，取以下两式中的较大值

$$\left.\begin{aligned} M &= \gamma_{RE}(1.3M_{GE} + 1.4M_{Eh}) \\ M &= \gamma_0(1.3M_{Gk} + 1.5M_{Qk}) \end{aligned}\right\} \tag{6.19}$$

梁端剪力，取以下两式中的较大值

$$\left.\begin{aligned} V &= \gamma_{RE}(1.3V_{GE} + 1.4V_{Eh}) \\ V &= \gamma_0(1.3V_{Gk} + 1.5V_{Qk}) \end{aligned}\right\} \tag{6.20}$$

式中，γ_{RE} 为承载力抗震调整系数；γ_0 为结构重要性系数，对安全等级为一、二、三级的构件分别为 1.1、1.0、0.9；M_{Eh}、V_{Eh} 分别为水平地震作用下梁内产生的弯矩和剪力；M_{GE}、V_{GE} 分别为重力荷载代表值作用下梁内产生的弯矩和剪力；M_{Gk}、V_{Gk} 分别为永久荷载标准值作用下梁内产生的弯矩和剪力；M_{Qk}、V_{Qk} 分别为可变荷载标准值作用下梁内产生的弯矩和剪力。

2. 柱的组合内力

现以横向地震作用下，单向偏心受压柱为例，说明柱的内力组合方法

$$\left.\begin{aligned} M &= \gamma_{RE}(1.3M_{GE} + 1.4M_{Eh}) \\ N &= \gamma_{RE}(1.3N_{GE} + 1.4N_{Eh}) \end{aligned}\right\} \tag{6.21}$$

$$\left.\begin{aligned} M &= \gamma_0(1.3M_{Gk} + 1.5M_{Qk}) \\ N &= \gamma_0(1.3N_{Gk} + 1.5N_{Qk}) \end{aligned}\right\} \tag{6.22}$$

式中，N_{Eh}、N_{GE} 分别为水平地震、重力荷载代表值作用下的轴力；N_{Gk}、N_{Qk} 分别为永久、

可变荷载标准值作用下的轴力。

6.3.5 截面设计和构造

算出框架结构的各种内力后，要用荷载组合或内力组合的方法求出各控制截面的最不利设计荷载与内力，然后据此进行截面的配筋设计；之后进行构造设计，包括验算截面尺寸是否满足要求及确定配筋构造。如果截面尺寸有较大的调整，则要重新进行前述相关计算。对抗震设计而言，计算配筋和构造设计是同样重要的。

1. 地震作用效应的调整

通过内力组合得出的设计内力需进行调整，以保证梁端的破坏先于柱端的破坏（强柱弱梁的原则）、弯曲破坏先于剪切破坏（强剪弱弯的原则）、构件的破坏先于节点的破坏（强节点弱构件的原则）。下面先介绍前两个原则的保证措施。

（1）强柱弱梁原则 根据强柱弱梁原则调整的思路：对同一节点，使该节点在地震作用组合下柱端的弯矩设计值略大于梁端的弯矩设计值或抗弯能力。

一、二、三、四级框架的梁柱节点处，除框架顶层和柱轴压比小于0.15，以及框支梁与框支柱的节点外，柱端组合的弯矩设计值应符合下式要求

$$\sum M_c = \eta_c \sum M_b \tag{6.23}$$

一级框架结构和9度时应符合

$$\sum M_c = 1.2 \sum M_{bua} \tag{6.24}$$

式中，$\sum M_c$ 为节点上、下柱端截面顺时针或逆时针方向组合的弯矩设计值之和，上下柱端的弯矩设计值一般可按弹性分析分配；$\sum M_b$ 为节点左右梁端截面逆时针或顺时针方向组合的弯矩设计值之和，一级框架节点左右梁端均为负弯矩时，绝对值较小的弯矩应取零；$\sum M_{bua}$ 为节点左、右梁端截面逆时针或顺时针方向根据实配钢筋面积（考虑梁受压筋和相关楼板钢筋）和材料强度标准值计算的正截面抗震受弯承载力所对应的弯矩值之和；η_c 为框架柱端弯矩增大系数（对框架结构，一级取1.7，二级取1.5，三级取1.3，四级取1.2；对其他结构类型中的框架，一级取1.4，二级取1.2，三、四级取1.1）。

一、二、三、四级框架结构的底层，柱下端截面组合的弯矩设计值应分别乘以增大系数1.7、1.5、1.3和1.2。底层柱纵向钢筋宜按上下端的不利情况配置。

按两个主轴方向分别考虑地震作用时，一、二级框架结构角柱调整后的弯矩、剪力设计值应乘以增大系数1.3，并应满足规范的其他要求。

（2）强剪弱弯原则 根据强剪弱弯原则调整的思路：对同一杆件，使该杆件在地震作用组合下的剪力设计值略大于按设计弯矩或实际抗弯承载力及梁上荷载反算出的剪力。

1）框架梁设计剪力的调整。一、二、三级的框架梁和抗震墙中跨高比大于2.5的连梁，其梁端剪力设计值应按下式调整

$$V = \eta_{vb}(M_b^l + M_b^r)/l_n + V_{Gb} \tag{6.25}$$

9度时和一级框架结构应符合

$$V = 1.1(M_{bua}^l + M_{bua}^r)/l_n + V_{Gb} \tag{6.26}$$

式中，V 为梁端组合剪力设计值；l_n 为梁的净跨；V_{Gb} 为梁在重力荷载代表值（9度时及高

层建筑还应包括竖向地震作用标准值）作用下按简支梁分析的梁端截面剪力设计值；M_b^l、M_b^r 分别为梁左右端逆时针或顺时针方向组合的弯矩设计值，一级框架两端弯矩均为负弯矩时，绝对值较小一端的弯矩取零；M_{bua}^l、M_{bua}^r 分别为梁左右端逆时针或顺时针方向根据实配钢筋面积（考虑受压筋和相关楼板钢筋）和按材料强度标准值计算的抗震受弯承载力对应的弯矩值；η_{vb} 为梁端剪力增大系数，一级为1.3，二级为1.2，三级为1.1。

2）框架柱设计剪力的调整。一、二、三级的框架柱和框支柱端部组合的剪力设计值应按下式调整

$$V = \eta_{vc}(M_c^t + M_c^b)/H_n \tag{6.27}$$

9度时和一级框架结构应符合

$$V = 1.2(M_{cua}^t + M_{cua}^b)/H_n \tag{6.28}$$

式中，H_n 为柱的净高；M_c^t、M_c^b 分别为柱的上下端顺时针或逆时针方向截面的组合弯矩设计值，应符合上述对柱端弯矩设计值的要求；M_{cua}^t、M_{cua}^b 分别为偏心受压柱的上下端顺时针或逆时针方向根据实配钢筋面积、材料强度标准值和轴压力等计算的正截面抗震受弯承载力所对应的弯矩值；η_{vc} 为柱剪力增大系数（对框架结构，一级取1.5，二级取1.3，三级取1.2，四级取1.1；对其他结构类型的框架，一级取1.4，二级取1.2，三、四级取1.1）。

2. 配筋和构造

（1）截面尺寸限制条件　为了保证结构的延性，防止发生脆性破坏，对抗震结构往往要求更为严格的截面限制条件，使截面的尺寸不致过小。

梁端截面的混凝土受压区高度为 x，当考虑受压钢筋的作用时，x 应满足下列条件

一级　　　　　　　　　　$x \leqslant 0.25h_0$ \hfill (6.29)

二、三级　　　　　　　　$x \leqslant 0.35h_0$ \hfill (6.30)

式中，h_0 为截面的有效高度。

钢筋混凝土结构的梁、柱、抗震墙和连梁，其截面组合的剪力设计值应符合下列要求：

1）跨高比大于2.5的梁和连梁及剪跨比大于2的柱和抗震墙考虑地震组合的剪力设计值 V 应满足

$$V \leqslant \frac{1}{\gamma_{RE}}(0.20f_c bh_0) \tag{6.31}$$

2）跨高比不大于2.5的梁和连梁、剪跨比不大于2的柱和抗震墙、部分框支抗震墙结构的框支柱和框支梁，以及落地抗震墙底部加强部位，应满足

$$V \leqslant \frac{1}{\gamma_{RE}}(0.15f_c bh_0) \tag{6.32}$$

式中剪跨比 λ 应按下式计算

$$\lambda = \frac{M_c}{V_c h_0} \tag{6.33}$$

式中，λ 为剪跨比，框架结构的中间层可按柱净高与2倍柱截面高度之比简化计算；M_c 为柱端或墙端截面组合的弯矩设计值，取上下端弯矩的较大值；V、V_c 分别为柱端或墙端截面组合的剪力设计值；f_c 为混凝土轴心抗压强度设计值；b 为梁、柱截面宽度或抗震墙墙肢截面宽度；h_0 为截面有效高度，抗震墙可取墙肢长度。

（2）抗剪承载力的折减　在反复荷载作用下，梁端会形成交叉剪切裂缝，混凝土所能承

担的极限剪力大大降低，故在设计时须考虑这种影响。

考虑地震作用组合时，梁受剪承载力 V_b 的计算公式为

$$V_b \leqslant \frac{1}{\gamma_{RE}}(0.6V_c + V_s) \tag{6.34}$$

式中，V_c、V_s 分别为不考虑地震作用时受剪承载力设计值表达式中的混凝土项和箍筋项；系数 0.6 考虑了反复荷载作用下混凝土受剪承载力的降低。

柱剪力设计值确定后柱的受剪承载力计算的公式与式（6.34）类似，只需把该式中的 V_b 换成 V_c，并考虑轴力项即可，即柱受剪承载力计算公式为

$$V_c \leqslant \frac{1}{\gamma_{RE}}\left(\frac{1.05}{\lambda + 1}f_t bh_0 + f_{yv}\frac{A_{sv}}{s}h_0 + 0.056N\right) \tag{6.35}$$

式中，当 $\lambda < 1$ 时，取 $\lambda = 1$，当 $\lambda > 3$ 时，取 $\lambda = 3$；N 为考虑地震作用组合时框架柱的轴向压力设计值，当 $N > 0.3f_cA$ 时，取 $N = 0.3f_cA$。

当框架柱出现拉力时，其斜截面受剪承载力计算公式应为

$$V_c \leqslant \frac{1}{\gamma_{RE}}\left(\frac{1.05}{\lambda + 1}f_t bh_0 + f_{yv}\frac{A_{sv}}{s}h_0 - 0.2N\right) \tag{6.36}$$

当式（6.36）中括号内的计算值小于 $f_{yv}\frac{A_{sv}}{s}h_0$ 时，取等于 $f_{yv}\frac{A_{sv}}{s}h_0$，且 $f_{yv}\frac{A_{sv}}{s}h_0 \geqslant 0.36f_t bh_0$。

（3）构造要求

1）梁。

① 梁的截面宽度不宜小于 200mm，截面高宽比不宜大于 4，净跨与截面高度之比不宜小于 4。

② 采用扁梁时，楼板应现浇，梁中线宜与柱中线重合；当梁宽大于柱宽时，扁梁应双向布置。扁梁的截面尺寸应符合下列要求

$$b_b \leqslant 2b_c \tag{6.37}$$
$$b_b \leqslant b_c + h_b \tag{6.38}$$
$$h_b \geqslant 16d \tag{6.39}$$

式中，b_c 为柱截面宽度（圆形截面取柱直径的 0.8 倍）；b_b、h_b 分别为梁截面宽度和高度；d 为柱纵筋直径。

③ 梁的钢筋配置应符合下列要求：

a. 梁端截面的底面和顶面配筋量的比值，除按计算确定外，一级不应小于 0.5，二、三级不应小于 0.3。对沿梁全长顶面和底面的配筋，一、二级不应少于 2φ14，且分别不应少于梁两端顶面和底面纵向配筋中较大截面面积的 1/4，三、四级不应少于 2φ12。

b. 一、二级框架梁内贯通中柱的每根纵向钢筋直径，不宜大于柱在该方向截面尺寸的 l/20；对圆形截面柱，不宜大于纵向钢筋所在位置柱截面弦长的 1/20。

④ 梁端加密区的箍筋配置应符合下列要求：

a. 加密区的长度、箍筋最大间距和最小直径应按表 6.6 采用；当梁端纵向受拉钢筋配筋率大于 2% 时，表中箍筋的最小直径数值应增大 2mm。

b. 梁加密区箍筋肢距，一级不宜大于 200mm 和 20 倍箍筋直径的较大值，二、三级不

宜大于 250mm 和 20 倍箍筋直径的较大值，四级不宜大于 300mm。

表6.6　抗震框架梁端箍筋加密区的长度、箍筋最大间距和最小直径

抗震等级	加密区长度（采用较大值）/mm	箍筋最大间距（采用较小值）/mm	箍筋最小直径/mm
一级	$2h_b$，500	$h_b/4$，$6d$，100	10
二级	$1.5h_b$，500	$h_b/4$，$8d$，100	8
三级	$1.5h_b$，500	$h_b/4$，$8d$，150	8
四级	$1.5h_b$，500	$h_b/4$，$8d$，150	6

注：d 为纵筋直径，h_b 为梁高。

2）柱。

① 柱的截面尺寸宜符合下列要求：

a. 截面的宽度和高度，层数不超过 2 层或四级时，均不宜小于 300mm；一、二、三级且层数超过 2 层时不宜小于 400mm；圆柱的直径，层数不超过 2 层或四级时不宜小于 350mm，一、二、三级且层数超过 2 层时不宜小于 450mm。

b. 剪跨比宜大于 2。

c. 截面长边与短边的边长比不宜大于 3。

② 柱的轴压比。柱的轴力越大，其延性越差，故引入轴压比的概念。轴压比 n 定义为

$$n = \frac{N}{f_c A_c} \tag{6.40}$$

式中，N 为柱内力组合后的轴压力设计值；A_c 为柱的全截面面积；f_c 为混凝土轴心抗压强度设计值。

当 n 较小时，为大偏心受压构件，是延性破坏；当 n 较大时，为小偏心受压构件，是脆性破坏。并且当轴压比较大时箍筋对延性的影响变小。为保证地震时柱的延性，规范规定了轴压比的上限值（表6.7），这些限值是从偏心受压截面产生界限破坏的条件得到的。由于变形集中，框支层对轴压比的限值要更严格一些。在一定的有利条件下，柱轴压比的限值可适当提高，但不应大于 1.05。Ⅳ类场地上较高的高层建筑的柱轴压比限值应适当减小。

表6.7　框架柱的轴压比限值

结构类型	抗震等级			
	一	二	三	四
框架结构	0.65	0.75	0.85	0.9
框架-抗震墙，板柱-抗震墙及筒体	0.75	0.85	0.90	0.95
部分框支抗震墙	0.6	0.7	—	

注：1. 表内限值适用于剪跨比大于 2、混凝土强度等级不高于 C60 的柱；剪跨比不大于 2 的柱，轴压比限值应降低 0.05；剪跨比小于 1.5 的柱，轴压比限值应专门研究并采取特殊构造措施。

2. 沿柱全高采用井字复合箍且箍筋肢距不大于 200mm、间距不大于 100mm、直径不小于 12mm，或沿柱全高采用复合螺旋箍、螺旋间距不大于 100mm、箍筋肢距不大于 200mm、直径不小于 12mm，或沿柱全高采用连续复合矩形螺旋箍、螺旋净距不大于 80mm、箍筋肢距不大于 200mm、直径不小于 10mm，轴压比限值均可增加 0.10；上述三种箍筋的体积配箍率均应按增大的轴压比相应加大。

3. 在柱的截面中部附加芯柱，其中另加的纵向钢筋的总面积不少于柱截面面积的 0.8%，轴压比限值可增加 0.05；此项措施与注 3 的措施共同采用时，轴压比限值可增加 0.15，但箍筋的体积配箍率仍可按轴压比增加 0.10 的要求采用。

4. 柱轴压比不应大于 1.05。

③ 柱纵向钢筋的最小配筋率应按表6.8采用，同时每一侧配筋率不应小于0.2%；对建造于Ⅳ类场地且较高的高层建筑，表中的数值应增加0.1%。

表6.8 框架柱全部纵向钢筋最小配筋百分率（%）

类　　别	抗　震　等　级			
	一	二	三	四
中柱和边柱	0.9 (1.0)	0.7 (0.8)	0.6 (0.7)	0.5 (0.6)
角柱、框支柱	1.1	0.9	0.8	0.7

注：1. 表中跨号内数值用于框架结构的柱。

　　2. 钢筋强度标准值小于400MPa时，表中数值应增加0.1，钢筋强度标准值为400MPa时，表中数值应增加0.05。

　　3. 混凝土强度等级高于C60时，上述数值应相应增加0.1。

④ 柱箍筋在规定的范围内应加密，加密区的箍筋间距和直径，应符合下列要求：

在塑性铰区应加强箍筋的约束，因此，柱上下端的箍筋应按表6.9的规定加密；当一级框架柱的箍筋直径大于12mm且箍筋肢距不大于150mm，以及二级框架柱的箍筋直径不小于10mm且箍筋肢距不大于200mm时，除柱根外最大间距应允许采用150mm；三级框架柱的截面尺寸不大于400mm时，箍筋最小直径应允许采用6mm；四级框架柱剪跨比不大于2时，箍筋直径不应小于8mm。框支柱和剪跨比不大于2的框架柱，箍筋间距不应大于100mm。

表6.9 柱加密区的箍筋最大间距和最小直径

抗震等级	箍筋最大间距（采用较小值）/mm	箍筋最小直径/mm
一	6d，100	10
二	8d，100	8
三	8d，150（柱根100）	8
四	8d，150（柱根100）	6（柱根8）

注：1. d 为柱纵筋最小直径。

　　2. 箍筋肢距不大于200mm。

⑤ 对剪跨比不大于2的柱，框支柱，一、二级抗震的框架角柱，应沿柱全高加密箍筋。柱在刚性地坪表面上下各500mm的范围内也应按加密区的要求配置箍筋。底层柱柱根处不小于1/3柱净高范围内应按加密区的要求配置箍筋。梁柱的中线不重合且偏心距大于柱宽的1/8时，沿柱的全高也应按加密区的要求配置箍筋。

⑥ 柱加密区的箍筋肢距，一级不宜大于200mm，二、三级不宜大于250mm和20倍箍筋直径的较大值，四级不宜大于300mm，至少每隔一根纵向钢筋宜在两个方向有箍筋约束。采用拉筋复合箍时，拉筋应紧靠纵向钢筋并勾住箍筋。

⑦ 在柱箍筋加密区范围内箍筋的体积配箍率应符合下式要求

$$\rho_V \geqslant \lambda_v \frac{f_c}{f_{yv}} \tag{6.41}$$

式中，ρ_V 为按箍筋范围内的核心截面计算的体积配箍率（计算复合箍筋中的箍筋体积配箍率时，应扣除重叠部分的箍筋体积）；λ_v 为最小配箍特征值，按表6.10采用。

对一、二、三、四级抗震等级的框架柱，其箍筋加密区箍筋最小体积配箍率分别不应小于0.8%、0.6%、0.4%、0.4%。在式（6.41）中，当混凝土强度低于C35时应按C35计算；当f_{yv}超过360N/mm²时，应取360N/mm²。

⑧ 框支柱宜采用复合螺旋箍或井字复合箍，其最小配箍特征值应增加0.02，且体积配箍率不应小于1.5%。剪跨比不大于2的柱，柱全高宜采用复合螺旋箍或井字复合箍的方式配置箍筋，其体积配筋率不应小于1.2%，9度一级时不应小于1.5%。

⑨ 柱子在其层高范围内剪力基本不变并且柱基本上不受扭。因此为避免柱箍筋加密区外抗剪能力突然降低很多而造成柱中段的破坏，在柱的非加密区，箍筋的体积配筋率不宜小于加密区配筋率的一半，箍筋间距对一、二级抗震不应大于10d，对三、四级抗震不宜大于15d（d为纵筋直径）。

⑩ 当柱中全部纵向受力钢筋的配筋率超过3%时，箍筋应焊成封闭环式。

表6.10 柱箍筋加密区的箍筋最小配箍特征值 λ_v

抗震等级	箍筋形式	柱轴压比								
		≤0.3	0.4	0.5	0.6	0.7	0.8	0.9	1.0	1.05
一级	普通箍、复合箍	0.10	0.11	0.13	0.15	0.17	0.20	0.23	—	—
	螺旋箍、复合或连续复合螺旋箍	0.08	0.09	0.11	0.13	0.15	0.18	0.21	—	—
二级	普通箍、复合箍	0.08	0.09	0.11	0.13	0.15	0.17	0.19	0.22	0.24
	螺旋箍、复合或连续复合螺旋箍	0.06	0.07	0.09	0.11	0.13	0.15	0.17	0.20	0.22
三、四级	普通箍、复合箍	0.06	0.07	0.09	0.11	0.13	0.15	0.17	0.20	0.22
	螺旋箍、复合或连续复合螺旋箍	0.05	0.06	0.07	0.09	0.11	0.13	0.15	0.18	0.20

注：普通箍指单个矩形箍和单个圆形箍，复合箍指由矩形、多边形、圆形箍或拉筋组成的箍筋；复合螺旋箍指由螺旋箍与矩形、多边形、圆形箍或拉筋组成的箍筋；连续复合矩形螺旋箍指全部螺旋箍为同一根钢筋加工而成的箍筋。

6.3.6 框架节点核心区的设计

1. 框架节点核心区的破坏形态

在竖向荷载和地震作用下，框架梁柱节点主要承受柱传来的轴向力、弯矩、剪力和梁传来的弯矩、剪力，如图6.22所示。节点核心区的破坏形式为由主拉应力引起的剪切破坏。如果节点未设箍筋或箍筋不足，则由于其抗剪能力不足，节点核心区会出现多条交叉斜裂缝，斜裂缝间混凝土被压碎，柱内纵向钢筋受压屈服。

2. 影响框架节点核心区承载力和延性的因素

（1）梁板对节点区的约束作用 试验表明，直交梁（与框架平面垂直且与节点相交的梁）对节点核心区具有约束作用，能提高节点区混凝土的抗剪强度。但如果直交梁与柱面交界处有竖向裂缝，这种作用就会受到削弱。四边有梁且带有现浇楼板的中柱节点，其混凝土的抗剪强度比不带楼板的节点有明显的提高。一般认为对这种中柱节

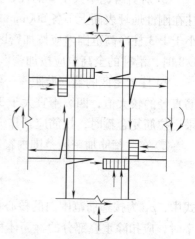

图6.22 节点核心区的受力

点，当直交梁的截面宽度不小于柱宽的1/2，且截面高度不小于框架梁截面高度的3/4时，在考虑了直交梁开裂等不利影响后，节点核心区的混凝土抗剪强度比不带直交梁及楼板时要提高50%左右。试验还表明，对于三边有梁的边柱节点和两边有梁的角柱节点，直交梁和楼板的约束作用并不明显。

（2）轴压力对节点核心区混凝土抗剪强度和节点延性的影响　当轴压力较小时，节点核心区混凝土的抗剪强度随着轴压力的增加而增加，且直到节点核心区被较多交叉斜裂缝分割成若干菱形块体时，轴压力的存在仍能提高其抗剪强度。但当轴压比大于0.6~0.8时，节点核心区混凝土抗剪强度反而随轴压力的增加而下降。轴压力的存在会使节点核心区的延性降低。

（3）剪压比和配箍率对节点核心区混凝土抗剪强度的影响　与其他混凝土构件类似，节点核心区的混凝土和钢筋是共同作用的。根据桁架模型或拉压杆模型，钢筋起拉杆的作用，混凝土则主要起压杆的作用。显然，节点破坏时可能钢筋先坏，也可能混凝土先坏。一般希望钢筋先坏，这就必须要求节点的尺寸不能过小，或节点核心区的配筋率不能过高。当节点核心区配箍率过高时，节点核心区混凝土将首先破坏，使箍筋不能充分发挥作用。因此，应对节点的最大配箍率加以限制，在设计中可采用限制节点水平截面上的剪压比来实现这一要求。试验表明，当节点核心区截面的剪压比大于0.35时，增加箍筋的作用已不明显，这时须增大节点水平截面的尺寸。

（4）梁纵筋滑移对结构延性的影响　框架梁纵筋在中柱节点核心区通常以连续贯通的形式通过。在反复荷载作用下，梁纵筋在节点一边受拉屈服，而在另一边受压屈服。如此循环往复，将使纵筋的黏结迅速破坏，导致梁纵筋在节点核心区贯通滑移，使节点核心区受剪承载力降低，也会使梁截面后期受弯承载力和延性降低，使节点的刚度和耗能能力明显下降。试验表明，边柱节点梁的纵筋锚固比中柱节点的好，滑移较小。为防止梁纵筋滑移，最好采用直径不大于1/25柱宽的钢筋，也就是使梁纵筋在节点核心区有不小于25倍直径的锚固长度，也可以将梁纵筋穿过柱中心轴后再弯入柱内，以改善其锚固性能。

3. 框架节点核心区的抗震验算要求

1）核心区混凝土强度等级与柱混凝土强度等级相同时，一、二级框架的节点核心区应进行抗震验算；三、四级框架节点核心区可不进行抗震验算，但应符合构造要求。三级框架的房屋高度接近二级框架房屋高度的下限时，节点核心区宜进行抗震验算。

2）9度时及一级框架结构的核心区混凝土强度等级不应低于柱的混凝土强度等级。其他情况，框架节点核心区混凝土强度等级不宜低于柱混凝土强度等级；特殊情况下不宜低于柱混凝土强度等级的70%，且应进行核心区斜截面和正截面的承载力验算。

4. 核心区抗震验算方法

（1）节点剪力设计值　取某中间节点为隔离体，设梁端已出现塑性铰，则梁受拉纵筋的应力为不计框架梁的轴力，并不计直交梁对节点受力的影响，则节点的受力如图6.23a所示。设节点水平截面上的剪力为V_j，则可由节点上半部的力合成V_j为

$$V_j = C^l + T^r - V_c = f_{yk}A_s^b + f_{yk}A_s^t - V_c \tag{6.42}$$

取柱净高部分为隔离体，如图6.23b所示，由该柱的平衡条件得

$$V = \frac{M_c^b + M_c^t}{H_c - h_b} \tag{6.43}$$

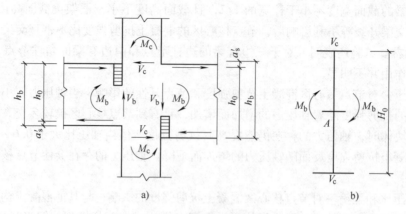

图 6.23 节点受力简图

式中，H_c 为柱的计算高度，可采用节点上、下柱反弯点之间的距离（通常为一层框架柱的高度）；h_b 为框架梁的截面高度，节点两侧梁截面高度不等时可采用平均值。

近似地取

$$M_c^b = M_c^u, M_c^t = M_c^l \tag{6.44}$$

由节点的弯矩平衡条件得

$$M_c^l + M_c^u = M_b^l + M_b^r \tag{6.45}$$

从而得

$$V_c = \frac{M_c^b + M_c^t}{H_c - h_b} = \frac{(f_{yk}A_s^b + f_{yk}A_s^t)(h_{b0} - a_s')}{H_c - h_b} \tag{6.46}$$

式中，h_{b0} 为梁截面的有效高度，节点两侧梁截面高度不等时可采用平均值。

将式（6.46）代入式（6.42），即得中间层节点的剪力设计值计算公式

$$V_j = f_{yk}(A_s^b + A_s^t)\left(1 - \frac{h_{b0} - a_s'}{H_c - h_b}\right) \tag{6.47}$$

对于顶层节点，有

$$V_j = f_{yk}(A_s^b + A_s^t) \tag{6.48}$$

因为梁端弯矩可以是逆时针或顺时针方向，二者的 $A_s^b + A_s^t$ 是不同的，设计计算时应取其中较大的值，且 $A_s^b + A_s^t$ 应按实际配筋的面积计算。

《建筑抗震设计规范》在引入了强度增大系数后规定如下：

1）设防烈度为9度和抗震等级为一级时，对顶层中间节点和端节点，取

$$V_j = 1.15f_{yk}(A_s^b + A_s^t) \tag{6.49}$$

且其值不应小于按下式求得的 V_j 值；对其他层的中间节点和端节点，取

$$V_j = 1.15f_{yk}(A_s^b + A_s^t)\left(1 - \frac{h_{b0} - a_s'}{H_c - h_b}\right) \tag{6.50}$$

且其值不应小于按式（6.52）求得的 V_j 值。

2）在其他情况下，可不按实际配筋求梁端极限弯矩，而直接按节点两侧梁端设计弯矩计算。对顶层中间节点和端节点，取

$$V_j = \eta_b \frac{M_b^l + M_b^r}{h_{b0} - a_s'} \tag{6.51}$$

对于其他层中间节点和端节点，考虑柱剪力的影响，取

$$V_j = \eta_b \frac{M_b^l + M_b^r}{h_{b0} - a_s'}\left(1 - \frac{h_{b0} - a_s'}{H_c - h_b}\right) \tag{6.52}$$

式中，η_b 为节点剪力增大系数，一级取 1.5，二级取 1.35，三级取 1.2。

同样，$M_b^l + M_b^r$ 有逆时针和顺时针两个值，应取其中较大的值。

对各抗震等级的顶层端节点和四级抗震等级的框架节点，可不进行抗剪计算，按构造配置箍筋即可。在计算中，当节点两侧梁高不相同时，h_{b0} 和 h_b 取各自的平均值。

（2）节点核心区受剪承载力的设计要求　以上导出了节点核心区的剪力设计值 V_j。节点核心区抗剪承载力极限状态的设计要求为

$$V_j \leqslant V_{ju} \tag{6.53}$$

式中，V_{ju} 为节点核心区受剪承载力设计值，考虑正交梁和轴向压力对节点受剪承载力的有利影响，取

$$V_{ju} = \frac{1}{\gamma_{RE}}\left[1.1\eta_j f_t b_j h_j + 0.05\eta_j N \frac{b_j h_j}{b_c h_c} + \frac{f_{yv} A_{svj}}{s}(h_{b0} - a_s')\right] \tag{6.54}$$

当设防烈度为 9 度时，取

$$V_{ju} = \frac{1}{\gamma_{RE}}\left[0.9\eta_j f_t b_j h_j + \frac{f_{yv} A_{svj}}{s}(h_{b0} - a_s')\right] \tag{6.55}$$

式中，γ_{RE} 为承载力抗震调整系数，可采用 0.85；N 为对应于组合剪力设计值的节点上柱组合轴向压力较小值，当 $N > 0.5 f_c b_c h_c$（f_c 为混凝土轴心抗压强度设计值）时，取 $N = 0.5 f_c b_c h_c$，当 N 为拉力时，取 $N = 0$；η_j 为正交梁对节点的约束影响系数（当楼板为现浇，四侧各梁宽度不小于该侧柱截面宽度的 1/2，且正交梁的截面高度不小于较高框架梁截面高度的 3/4 时，取 $\eta_j = 1.25$；9 度时及一级取 $\eta_j = 1.5$；当不满足上述条件时，取 $\eta_j = 1.0$）；b_c、h_c 为框架柱截面的宽度（垂直于框架平面的尺寸）、高度（平行于框架平面的尺寸）；b_j、h_j 为框架节点水平截面的宽度、高度 [当框架梁截面宽度 $b_b \geqslant b_c/2$ 时，可取 $b_j = b_c$；当 $b_b < b_c/2$ 时，可取 $b_j = \min(0.5 b_c + 0.5 b_b + 0.25 h_c - e_0, b_b + 0.5 h_c, b_c)$，取 $h_j = h_c$]；A_{svj} 为配置在框架节点宽度 b_j 范围内，同一截面箍筋各肢的全部截面面积。

（3）节点核心区受剪截面限制条件　为防止节点核心区混凝土承受过大的斜压应力而先于钢筋破坏，节点核心区的尺寸不能太小。因此，框架节点核心区组合的剪力设计值应符合下式要求

$$V_j = \frac{1}{\gamma_{RE}}(0.3\eta_j f_c b_j h_j) \tag{6.56}$$

6.3.7　预应力混凝土框架的抗震设计要求

《建筑抗震设计规范》对于 6、7、8 度时预应力混凝土框架的抗震设计提出了下列要求（9 度时应专门研究）。

1. 一般要求

抗震框架的后张预应力构件，宜采用有黏结预应力筋。无黏结预应力筋可用于采用分散

配筋的连续板和扁梁，不得用于桁架下弦拉杆和悬臂大梁等主要承重构件。

地震作用和重力荷载组合下产生的弯矩，一级框架至少有75%，二、三级框架至少有65%。由非预应力筋承担时，无黏结预应力筋可在框架梁中应用，主要用于满足构件的挠度和裂缝要求。

主楼与裙房相连时，主楼与裙房不宜共用预应力筋。

2. 框架梁

后张预应力混凝土框架梁中应采用预应力筋和非预应力筋混合配筋方式，其预应力度，一级不宜大于0.55；二、三级不宜大于0.75。预应力度 λ 可按下式计算

$$\lambda = \frac{A_p f_{py}}{A_p f_{py} + A_s f_y} \tag{6.57}$$

式中，A_p、A_s 分别为受拉区预应力筋、非预应力筋截面面积；f_{py}、f_y 分别为预应力筋和非预应力筋的抗拉强度设计值。

预应力混凝土框架梁端截面的受压区高度，抗震等级为一级时应满足 $x \leqslant 0.25 h_0$，抗震等级为二、三级时应满足 $x \leqslant 0.35 h_0$，并且纵向受拉钢筋按非预应力筋抗拉强度设计值折算的配筋率不应大于2.5%。

梁端截面的底面非预应力钢筋和顶面非预应力钢筋配筋量的比值，一级不应小于1.0，二、三级不应小于0.8，同时底面非预应力钢筋配筋量不应低于毛截面面积的0.2%。

3. 悬臂构件

长悬臂构件的预应力度的限值，以及截面受压区高度和有效高度之比的限值与框架梁相同。

长悬臂梁梁底非预应力筋除应按计算确定外，梁底和梁顶非预应力筋配筋量之比不应小于1.0，且底面非预应力钢筋配筋量不应低于毛截面面积的0.2%。

4. 框架柱和梁柱节点

采用预应力的框架柱，其预应力度和截面受压区高度应满足表6.11的要求，且柱箍筋应沿柱全高加密。预应力混凝土大跨度框架顶层边柱宜采用非对称配筋，一侧采用混合配筋，另一侧仅配置普通钢筋。预应力筋的锚固不应位于节点核心区内。

表 6.11　框架柱预应力度和截面受压区高度的要求

抗震等级	预应力度	截面受压区高度
一级	≤0.5	$\leqslant 0.25 h_0$
二、三级	≤0.6	$\leqslant 0.35 h_0$

6.3.8　框架结构房屋计算实例

某大学教学楼为5层钢筋混凝土框架结构，如图6.24所示。框架横梁截面尺寸为 $250\text{mm} \times 600\text{mm}$，混凝土强度等级C20；底层柱截面尺寸为 $500\text{mm} \times 500\text{mm}$，其余层柱截面尺寸为 $450\text{mm} \times 450\text{mm}$，混凝土强度等级C30；楼板采用预制预应力空心板加整浇叠合层。设防烈度为8度，设计地震加速度为 $0.2g$，场地为Ⅱ类，设计地震分组为第1组。试进行中间横向框架的抗震设计。

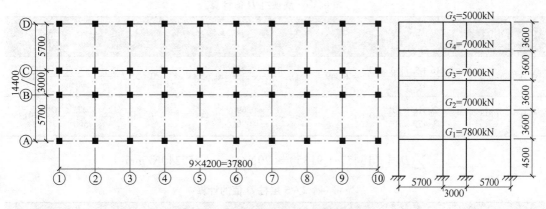

图 6.24　柱网布置和结构横剖面简图

1. 荷载计算

框架楼面和屋面荷载见表 6.12。

表 6.12　框架楼面和屋面荷载

荷载性质	荷载类别	屋面荷载/kPa	楼面荷载/kPa	
			教 室	走 廊
活荷载	楼面活荷载	0.5	2.0	2.5
	雪荷载	0.5		
恒荷载	楼面材料	3.0	1.1	1.1
	预制板（含叠合层）	3.1	3.1	3.1
	板底粉刷	0.5	0.5	0.5

2. 梁、柱线刚度计算

（1）梁的线刚度（框架梁截面惯性矩增大系数边跨采用 1.2，中跨采用 1.5）计算

边跨梁（A—B）$i_b = \dfrac{E_b I_b}{l} = \dfrac{2.55 \times 10^4 \times \dfrac{1}{12} \times 250 \times 600^3 \times 1.2}{5700}$ N·mm $\approx 2.416 \times 10^{10}$ N·mm

中跨梁（B—C）$i_b = \dfrac{E_b I_b}{l} = \dfrac{2.55 \times 10^4 \times \dfrac{1}{12} \times 250 \times 600^3 \times 1.5}{3000}$ N·mm $\approx 5.738 \times 10^{10}$ N·mm

（2）柱的线刚度计算

底层柱 $i_c = \dfrac{E_c I_c}{l} = \dfrac{3.0 \times 10^4 \times \dfrac{1}{12} \times 500 \times 500^3}{4500}$ N·mm $\approx 3.472 \times 10^{10}$ N·mm

其他层柱 $i_c = \dfrac{E_c I_c}{l} = \dfrac{3.0 \times 10^4 \times \dfrac{1}{12} \times 450 \times 450^3}{3600}$ N·mm $\approx 2.848 \times 10^{10}$ N·mm

（3）柱的 D 值计算　见表 6.13 及表 6.14。

表 6.13　底层柱 D 值计算

柱的类型	$\overline{K} = \dfrac{\sum i_{\mathrm{b}}}{i_{\mathrm{c}}}$	$\alpha = \dfrac{0.5 + \overline{K}}{2 + \overline{K}}$	$D = \alpha \dfrac{12i}{h^2} / (\mathrm{N/mm})$
中柱（20 根）	$\dfrac{(2.416 + 5.738) \times 10^{10}}{3.472 \times 10^{10}} \approx 2.349$	$\dfrac{0.5 + 2.349}{2 + 2.349} \approx 0.655$	$0.655 \times \dfrac{12 \times 3.472 \times 10^{10}}{4500^2} \approx 13477$
边柱（20 根）	$\dfrac{2.416 \times 10^{10}}{3.472 \times 10^{10}} \approx 0.696$	$\dfrac{0.5 + 0.696}{2 + 0.696} \approx 0.444$	$0.444 \times \dfrac{12 \times 3.472 \times 10^{10}}{4500^2} \approx 9135$

$$\sum D = (13477 + 9135) \times 20 \,\mathrm{N/mm} = 452240 \,\mathrm{N/mm}$$

表 6.14　2~5 层柱 D 值的计算

柱的类型	$\overline{K} = \dfrac{\sum K_{\mathrm{b}}}{2K_{\mathrm{c}}}$	$\alpha = \dfrac{\overline{K}}{2 + \overline{K}}$	$D = \alpha \dfrac{12i}{h^2} / (\mathrm{N/mm})$
中柱（20 根）	$\dfrac{2 \times (2.416 + 5.738) \times 10^{10}}{2 \times 2.848 \times 10^{10}} \approx 2.863$	$\dfrac{2.863}{2 + 2.863} \approx 0.589$	$0.589 \times \dfrac{12 \times 2.848 \times 10^{10}}{3600^2} \approx 15532$
边柱（20 根）	$\dfrac{2 \times 2.416 \times 10^{10}}{2 \times 2.848 \times 10^{10}} \approx 0.848$	$\dfrac{0.848}{2 + 0.848} \approx 0.298$	$0.298 \times \dfrac{12 \times 2.848 \times 10^{10}}{3600^2} \approx 7858$

$$\sum D = (15532 + 7858) \times 20 \,\mathrm{N/mm} = 467800 \,\mathrm{N/mm}$$

3. 框架自振周期计算

按顶点位移法计算，考虑填充墙对结构周期的影响，取基本周期调整系数 = 0.7，顶点位移按 D 值法计算，见表 6.15。

表 6.15　横向框架顶点位移计算

楼层	G_i/kN	$\sum G_i/\mathrm{kN}$	D_i	层间位移 $\Delta_i = \sum G_i/D / \mathrm{m}$
5	5000	5000	467800	0.011
4	7000	12000	467800	0.026
3	7000	19000	467800	0.041
2	7000	26000	467800	0.056
1	7800	33800	452240	0.075

顶点位移 $\Delta = \sum \Delta_i = 0.209 \,\mathrm{m}$

自振周期 $T_1 = 1.7\alpha_0 \sqrt{\Delta} = 1.7 \times 0.7 \times \sqrt{0.209}\,\mathrm{s} = 0.544\,\mathrm{s}$

4. 横向地震作用计算

总高 18.9m 的规则框架结构，可采用底部剪力法计算多遇水平地震作用。

1）基本周期的地震影响系数为

$$\alpha_1 = \left(\frac{T_{\mathrm{g}}}{T_1}\right)^{\gamma} \eta_2 \alpha_{\max} = \left(\frac{0.35}{0.544}\right)^{0.9} \times 1.0 \times 0.16 = 0.108$$

2）底部剪力为

$$F_{\mathrm{Ek}} = \alpha_1 G_{\mathrm{EQ}} = 0.108 \times 0.85 \times 33800\,\mathrm{kN} = 3045.38\,\mathrm{kN}$$

3）顶部附加地震作用计算。因为 $T_1 = 0.544\text{s} > 1.4T_\text{g} = 0.49\text{s}$，故应考虑顶部附加地震作用。

$$\delta_n = 0.08T_1 + 0.07 = 0.08 \times 0.544 + 0.07 = 0.114$$

顶部附加地震作用 $\Delta F_n = \delta_n F_\text{Ek} = 0.114 \times 3045.38\text{kN} = 347.17\text{kN}$

4）楼层剪力计算见表 6.16

表 6.16　楼层剪力计算

楼层	层高/m	H_i/m	G_i/kN	G_iH_i/(kN·m)	$\dfrac{G_iH_i}{\sum\limits_{j=1}^{5}G_jH_j}$	F_i/kN	V_i/kN
5	3.6	18.90	5000	94500	0.252	679.95 + 347.17 = 1027.12	1027.12
4	3.6	15.30	7000	107100	0.285	768.99	1796.11
3	3.6	11.70	7000	81900	0.218	588.21	2384.32
2	3.6	8.10	7000	56700	0.151	407.43	2791.75
1	4.5	4.50	7800	35100	0.094	253.63	3045.38

5. 弹性变形验算

计算过程见表 6.17，均满足小于 1/550 的要求。

表 6.17　弹性变形验算

楼层	层间剪力 V_i/kN	层间刚度 D_i/(N/mm)	层间位移/m	层高 h_i/m	层间相对弹性转角
5	1027.12	467800	0.002197	3.6	1/1638
4	1796.11	467800	0.003839	3.6	1/938
3	2384.32	467800	0.005097	3.6	1/708
2	2791.75	467800	0.005968	3.6	1/603
1	3045.38	452240	0.006734	4.5	1/669

6. 水平地震作用下的内力计算

框架内力按 D 值法进行计算。边柱、中柱柱端弯矩计算分别见表 6.18、表 6.19，水平地震作用下框架弯矩图如图 6.25 所示，框架梁端剪力及柱轴力如图 6.26 所示。

表 6.18　边柱柱端弯矩

楼层	层高/m	层间剪力 V_i/kN	层间刚度 D_i/(N/mm)	A 柱（边柱）弯矩计算					
				D_{im}/(N/mm)	V_{im}/kN	$\bar{K}$	y/m	$M_上$/(kN·m)	$M_下$/(kN·m)
5	3.6	1027.12	467800	7858	17.25	0.848	0.35	40.37	21.74
4	3.6	1796.11	467800	7858	30.17	0.848	0.42	62.99	45.62
3	3.6	2384.32	467800	7858	40.05	0.848	0.45	79.30	64.88
2	3.6	2791.75	467800	7858	46.90	0.848	0.49	86.11	82.73
1	4.5	3045.38	452240	9135	61.52	0.696	0.70	83.05	193.79

表 6.19 中柱柱端弯矩

楼层	层高 /m	层间剪力 V_i /kN	层间刚度 D_i /(N/mm)	B 柱（中柱）弯矩计算					
				D_{im} /(N/mm)	V_{im} /kN	$\overline{K}$	y/m	$M_上$ /(kN·m)	$M_下$ /(kN·m)
5	3.6	1027.12	467800	15532	34.10	2.863	0.44	68.75	54.01
4	3.6	1796.11	467800	15532	59.63	2.863	0.49	109.48	105.19
3	3.6	2384.32	467800	15532	79.16	2.863	0.50	142.49	142.49
2	3.6	2791.75	467800	15532	92.69	2.863	0.50	166.84	166.84
1	4.5	3045.38	452240	13477	90.75	2.349	0.58	171.52	236.86

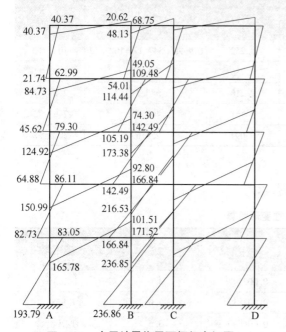

图 6.25 水平地震作用下框架弯矩图

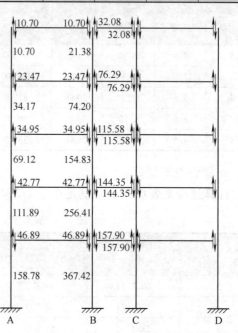

图 6.26 水平地震作用下框架梁端剪力和柱轴力图

7. 竖向荷载作用下框架内力分析

因为框架结构对称，荷载对称，奇数跨，可取半边结构计算，如图 6.27 所示。

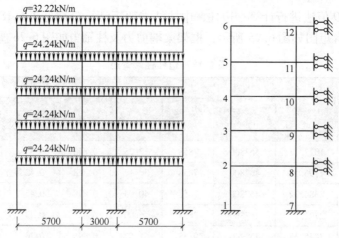

图 6.27 恒荷载作用下框架计算简图

（1）梁柱转动刚度计算 见表 6.20。

表 6.20 梁柱转动刚度计算

杆件名称		转动刚度 $S/(\text{N} \cdot \text{mm})$	相对转动刚度 S'
框架梁	边跨	$4i_b = 4 \times 2.416 \times 10^{10} = 9.664 \times 10^{10}$	1.000
	中跨	$2i_b = 2 \times 5.738 \times 10^{10} = 11.476 \times 10^{10}$	1.188
框架柱	底层	$4i_c = 4 \times 3.472 \times 10^{10} = 13.888 \times 10^{10}$	1.437
	其余层	$4i_b = 4 \times 2.848 \times 10^{10} = 11.392 \times 10^{10}$	1.179

节点弯矩分配系数计算公式 $\mu = \dfrac{S'}{\sum S'_{ik}}$，计算见表 6.21。

表 6.21 各节点弯矩分配系数

节点	$\sum S'$	$\mu_{左梁}$	$\mu_{右梁}$	$\mu_{上柱}$	$\mu_{下柱}$
6	$1.000 + 1.179 = 2.179$	—	0.459	—	0.541
3~5	$1.000 + 1.179 \times 2 = 3.358$	—	0.298	0.351	0.351
2	$1.000 + 1.179 + 1.437 = 3.616$	—	0.277	0.326	0.397
12	$1.000 + 1.188 + 1.179 = 3.367$	0.353	0.297	—	0.350
9~11	$1.000 + 1.179 \times 2 + 1.188 = 4.546$	0.262	0.220	0.259	0.259
8	$1.000 + 1.179 + 1.188 + 1.437 = 4.804$	0.247	0.208	0.299	0.246

（2）荷载统计

1）屋面梁线荷载标准值：

恒荷载 $(3.0 + 3.1 + 0.5) \times 4.2\text{kN/m} + 0.6 \times 0.25 \times 25 \times 1.2^{\ominus}\text{kN/m} = 32.22\text{kN/m}$

活荷载 $0.5 \times 4.2\text{kN/m} = 2.1\text{kN/m}$

2）楼面梁线荷载标准值：

恒荷载 $(1.1 + 3.1 + 0.5) \times 4.2\text{kN/m} + 0.6 \times 0.25 \times 25 \times 1.2\text{kN/m} = 24.24\text{kN/m}$

教室 $2.0 \times 4.2\text{kN/m} = 8.4\text{kN/m}$

走廊 $2.5 \times 4.2\text{kN/m} = 10.5\text{kN/m}$

（3）恒荷载作用下梁端固端弯矩计算，计算简图如图 6.27 所示。

1）屋面梁：

边跨 $M_p = \dfrac{ql^2}{12} = \dfrac{32.22 \times 5.7^2}{12}\text{kN} \cdot \text{m} = 87.24\text{kN} \cdot \text{m}$

中跨 $M_p = \dfrac{ql^2}{3} = \dfrac{32.22 \times (3.0/2)^2}{3}\text{kN} \cdot \text{m} = 24.17\text{kN} \cdot \text{m}$

2）楼面梁：

边跨 $M_p = \dfrac{ql^2}{12} = \dfrac{24.24 \times 5.7^2}{12}\text{kN} \cdot \text{m} = 65.63\text{kN} \cdot \text{m}$

中跨 $M_p = \dfrac{ql^2}{3} = \dfrac{24.24 \times (3.0/2)^2}{3}\text{kN} \cdot \text{m} = 18.18\text{kN} \cdot \text{m}$

$\ominus$ 考虑梁挑檐及抹灰重的系数。

恒荷载作用下框架弯矩采用弯矩二次分配法进行计算。

（4）活荷载作用下梁端固端弯矩计算

1）屋面梁：

边跨　$M_p = \dfrac{ql^2}{12} = \dfrac{2.1 \times 5.7^2}{12} kN \cdot m = 5.69 kN \cdot m$

中跨　$M_p = \dfrac{ql^2}{3} = \dfrac{2.1 \times (3/2)^2}{3} kN \cdot m = 1.58 kN \cdot m$

2）楼面梁：

边跨　$M_p = \dfrac{ql^2}{12} = \dfrac{8.40 \times 5.7^2}{12} kN \cdot m = 22.74 kN \cdot m$

中跨　$M_p = \dfrac{ql^2}{3} = \dfrac{10.50 \times (3/2)^2}{3} kN \cdot m = 7.88 kN \cdot m$

（5）弯矩调幅　考虑钢筋混凝土框架的塑性内力重分布的性质，可以对梁端弯矩进行塑性调幅。根据工程经验，对现浇钢筋混凝土框架，可取调幅系数 = 0.8 ~ 0.9，对装配式钢筋混凝土框架，可取调幅系数 = 0.7 ~ 0.8。梁端弯矩降低后，跨中弯矩相应增加。图 6.28、图 6.29 中括号内的数字为梁端弯矩调幅后的截面弯矩数值，调幅系数取 0.8。

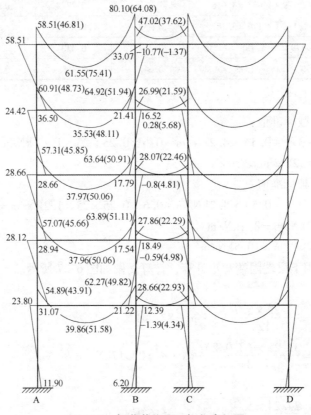

图 6.28　恒荷载作用下框架弯矩图

（6）作弯矩图　将杆端弯矩按比例画在杆件受拉的一侧。对于无荷载直接作用的杆件（如柱），将杆端弯矩连以直线；对于有荷载直接作用的杆件（如梁），以杆端弯矩的连线为基线，叠加相应简支梁的弯矩图。恒、活荷载作用下框架弯矩图如图 6.28、图 6.29 所示。

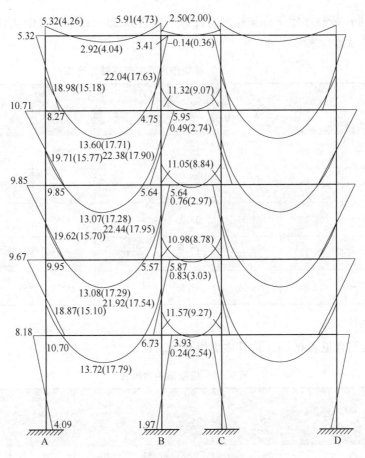

图 6.29　活荷载作用下框架弯矩图

（7）恒（活）荷载作用下框架梁端剪力计算　见表6.22。

表 6.22　恒（活）荷载作用下框架梁端剪力计算

层次	$q/(\mathrm{kN/m})$		l/m		$ql/2$		$\sum M/l/\mathrm{kN}$		左端 $V = ql/2 - \sum M/l$ /kN		右端 $V = ql/2 + \sum M/l$ /kN	
	AB	BC	AB	BC	AB	BC	AB	BC	AB	BC	AB	BC
5	32.22 (2.1)	32.22 (2.1)	5.7	3	91.83 (5.99)	48.33 (3.15)	3.03 (0.08)	0 0	88.80 (5.91)	48.33 (3.15)	94.86 (6.07)	48.33 (3.15)
4	24.24 (8.4)	24.24 (10.5)	5.7	3	69.08 (23.94)	36.36 (15.75)	0.56 (0.43)	0 0	68.52 (23.51)	36.36 (15.75)	69.64 (24.37)	36.36 (15.75)
3	24.24 (8.4)	24.24 (10.5)	5.7	3	69.08 (23.94)	36.36 (15.75)	0.89 (0.37)	0 0	68.19 (23.57)	36.36 (15.75)	69.97 (24.31)	36.36 (15.75)
2	24.24 (8.4)	24.24 (10.5)	5.7	3	69.08 (23.94)	36.36 (15.75)	0.96 (0.39)	0 0	68.12 (23.55)	36.36 (15.75)	70.04 (24.33)	36.36 (15.75)
1	24.24 (8.4)	24.24 (10.5)	5.7	3	69.08 (23.94)	36.36 (15.75)	1.04 (0.43)	0 0	68.04 (23.51)	36.36 (15.75)	70.12 (24.37)	36.36 (15.75)

257

（8）恒（活）荷载作用下框架柱轴力计算　见表6.23，其中，纵向梁传来的荷载包括纵向梁自重和外纵墙自重两部分。

表6.23　恒（活）荷载作用下框架柱轴力计算

层次	截面	横梁剪力 /kN		纵向梁传来荷载 /kN/m		柱自重 /kN	柱轴力/kN	
		恒荷载	活荷载	恒荷载	活荷载		恒荷载	活荷载
5	顶	88.80	5.91	25.27	0	18.83	114.50	5.91
	底						133.33	5.91
4	顶	68.52	23.51	33.75	0	18.83	235.60	29.42
	底						254.43	29.42
3	顶	68.19	23.57	33.75	0	18.83	356.37	52.99
	底						375.20	52.99
2	顶	68.12	23.55	33.75	0	18.83	477.07	76.54
	底						495.90	76.54
1	顶	68.04	23.51	45.55	0	33.75	589.49	100.05
	底						623.24	100.05

8. 内力组合

框架梁内力组合见表6.24，边柱内力组合见表6.25。

表6.24　框架梁内力组合

梁号	截面	内力	1.3恒荷载 + 1.5活荷载	$\gamma_{RE}[1.3($恒荷载$+0.5$活荷载$)]+1.4F_{Eh}$			$\gamma_{RE} \times 1.4F_{Eh} - ($恒荷载$+0.5$活荷载$)$	M_{max} V_{max}
				γ_{RE}	左震	右震		
A5—B5	左	M	-67.24	0.75	8.81	-104.24	91.33	-104.24
		V	124.31	0.85	86.01	115.97	-104.83	124.31
	右	M	-90.40	0.75	-93.66	-35.91	44.79	-93.66
		V	-132.42	0.85	-123.15	-93.19	85.16	-132.42
	中	M	104.09	0.75	89.33	61.66	-67.06	104.09
B5—C5	左	M	-51.91	0.75	29.73	-105.04	89.16	-105.04
		V	67.55	0.85	10.23	100.06	-88.08	100.06
	右	M	-51.91	0.75	-105.04	29.73	-11.92	-105.04
		V	-67.55	0.85	-100.06	-10.23	11.73	-100.06
	中	M	-1.24	0.75	-1.16	-1.16	1.19	-1.24
A4—B4	左	M	-86.12	0.75	63.71	-173.54	145.29	-173.54
		V	124.34	0.85	55.85	121.56	-108.20	124.34
	右	M	-93.97	0.75	-127.90	9.44	9.26	-127.90
		V	-127.09	0.85	-123.27	-57.56	53.90	-127.09
	中	M	89.11	0.75	80.52	30.57	-38.23	89.11
B4—C4	左	M	-41.67	0.75	134.74	-185.68	146.29	-185.68
		V	70.89	0.85	-57.93	155.69	-135.02	155.69
	右	M	-41.67	0.75	-185.68	134.74	-94.03	-185.68
		V	-70.89	0.85	-155.69	57.93	-46.55	-155.69
	中	M	11.49	0.75	6.88	6.88	-7.05	11.49

表 6.25 边柱内力组合

柱号	截面	内力	1.3 恒荷载 + 1.5 活荷载	$\gamma_{RE}[1.3($ 恒荷载 $+0.5$ 活荷载 $)]+1.4F_{Eh}$			M_{max} N、V	N_{min} M、V
				γ_{RE}	左震	右震		
A5	上	M	84.04	0.80	7.10	120.13	120.13	7.10
		N	-196.72	0.80	-107.36	-137.32	-137.32	-107.36
	下	M	59.86	0.80	12.20	72.32	72.32	12.20
		N	-182.19	0.80	-126.75	-156.71	-156.71	-126.75
	—	V	-39.97	0.85	-6.91	-55.21	-55.21	-6.91
A3	上	M	52.03	0.80	-76.09	145.95	145.95	-76.09
		N	-542.77	0.80	-301.41	-494.95	-494.95	-301.41
	下	M	52.55	0.80	-55.57	126.10	126.10	-55.57
		N	-567.25	0.80	-320.99	-514.53	-514.53	-320.99
	—	V	-29.05	0.85	35.47	-76.67	-76.67	35.47
A1	上	M	43.21	0.80	-87.26	145.28	145.28	-87.26
		N	-916.41	0.80	-442.80	-887.39	-887.39	-442.80
	下	M	21.61	0.80	-256.80	285.80	285.80	-256.80
		N	-960.29	0.80	-477.90	-922.49	-922.49	-477.90
	—	V	-14.40	0.85	75.92	-96.34	-96.34	75.92

9. 内力调整

本例为框架结构，结构高度 18.9m，设防烈度 8 度，抗震等级为二级。

（1）构件"强柱弱梁"的调整　柱端组合的弯矩设计值应符合 $\sum M_c = \eta_c \sum M_b$（$\eta_c$ 为柱端弯矩增大系数，二级取 1.2）

节点 5：$\sum M_b = 160.84 kN \cdot m$，$\sum M_c = 193.01 kN \cdot m$，则

上端　$M_c = 0.476 \times 193.01 kN \cdot m = 91.87 kN \cdot m$

下端　$M_c = 0.524 \times 193.01 kN \cdot m = 99.58 kN \cdot m$

节点 6：$\sum M_b = 96.53 kN \cdot m$，$\sum M_c = 115.84 kN \cdot m$，则

下端　$M_c = 115.84 kN \cdot m$

表 6.26 为 3 层及底层框架柱弯矩设计值的调整，注意底层柱下端截面组合弯矩设计值应乘以增大系数 1.25。

（2）构件"强剪弱弯"的调整　框架梁端截面组合的剪力设计值按式 $V = \frac{\eta_{vb}(M_b^l + M_b^r)}{l_n} + V_{Gb}$ 调整（η_{vb} 梁端剪力增大系数，二级取 1.2）。表 6.27 为顶层及底层框架梁剪力设计值的调整。

表 6.26 3 层及底层框架柱弯矩设计值的调整

层次	$M_顶$	$M_底$	H_n	V
3 层	116.74	100.72	3.0	86.98
底层	130.19	272.34	3.9	100.92

表 6.27 顶层及底层框架梁剪力设计值的调整

层次	跨	恒荷载 +0.5 活荷载	l_n	V_{Gb}	M_b^l	M_b^r	V
顶层	AB 跨	33.27	5.25	8.24	96.77	76.35	47.81
	BC 跨	33.27	5.25	8.24	80.43	74.36	43.62
底层	AB 跨	28.44	2.55	14.50	207.04	200.41	206.24
	BC 跨	29.49	2.55	15.03	237.61	233.40	236.69

6.4 抗震墙结构房屋的抗震设计

抗震墙结构一般有较好的抗震性能，但也应合理设计。前述抗震设计所遵循的一般原则（如平面布置尽可能对称等）也适用于抗震墙结构。下面主要介绍抗震墙结构设计的特点。

6.4.1 抗震墙结构设计的要点

抗震墙结构中的抗震墙布置，应符合下列要求：

1) 抗震墙的两端（不包括洞口两侧）宜设置端柱或与另一方向的抗震墙相连；框支部分相邻的落地墙应设置端柱或与另一方向的抗震墙相连。

2) 较长的抗震墙宜设置连梁跨高比大于 6 的洞口，将一道抗震墙分成长度较均匀的若干墙段，各墙段的高宽比不宜小于 3。

3) 墙肢的长度沿结构全高不宜有突变；抗震墙有较大洞口时，以及一、二级抗震墙的底部加强部位，洞口宜上下对齐。

4) 矩形平面的部分框支抗震墙结构，其框支层的楼层侧向刚度不应小于相邻非框支层楼层侧向刚度的 50%；框支层落地抗震墙间距不宜大于 24m，框支层的平面布置尚宜对称，且宜设抗震筒体。首层框架部分承担的地震倾覆力矩，不应大于结构总地震倾覆力矩的 50%；框支层顶层框架按侧向刚度分配的地震剪力大于本层地震剪力 20% 时，该楼层的底板也应适当加强。

房屋顶层、楼梯间和抗侧力电梯间的抗震墙、端开间的纵向抗震墙和端山墙的配筋应符合关于加强部位的要求。抗震墙底部加强部位的范围，应符合下列规定：

1) 底部加强部位的高度，应从地下室顶板算起。

2) 部分框支抗震墙结构的抗震墙，其底部加强部位的高度，可取框支层加框支层以上二层的高度及落地抗震墙总高度的 1/10 二者的较大值；其他结构的抗震墙，高层建筑底部加强部位的高度可取底部二层和墙肢总高度的 1/10 二者的较大值，且不大于 15m；房屋高度不大于 24m 时，底部加强部位可取底部一层。

3) 当结构计算嵌固端位于地下一层底板及以下时，底部加强部位尚宜向下延伸到地下部分的计算嵌固端。

6.4.2 地震作用的计算

抗震墙结构地震作用的计算仍可视情况用底部剪力法、振型分解法、时程分析法计算。采用常用的葫芦串模型时，主要是确定抗震墙结构的抗侧刚度。因此要对抗震墙进行分类。

1. 抗震墙的分类

单榀抗震墙按其开洞的大小呈现不同的特性，洞口的大小可用洞口系数 ρ 表示

$$\rho = \frac{\text{墙面洞口面积}}{\text{墙面不计洞口的总面积}} \qquad (6.58)$$

另外，抗震墙的特性与连梁刚度和墙肢刚度之比、墙肢的惯性矩与总惯性矩之比有关，故引入整体系数 α 和惯性矩比 I_A/I，二者分别定义为

$$\alpha = H \sqrt{\frac{24}{\tau h \sum_{j=1}^{m} I_j} \cdot \frac{m+1}{m+1} \sum_{j=1}^{m} \frac{I_{bj} c_j^2}{a_j^3}} \qquad (6.59)$$

$$I_A = I - \sum_{j=1}^{m+1} I_j \qquad (6.60)$$

式中，τ 为轴向变形系数，3~4肢时取0.8，5~7肢时取0.85，8肢以上时取0.95；m 为孔洞列数；h 为层高；I_{bj} 为第 j 孔洞连梁的折算惯性矩；a_j 为第 j 孔洞连梁计算跨度的一半；c_j 为第 j 孔洞两边墙肢轴线距离的一半；I_j 为第 j 墙肢的惯性矩；I 为抗震墙对组合截面形心的惯性矩。

第 j 孔洞连梁的折算惯性矩可按下式计算

$$I_{bj} = \frac{I_{bj0}}{1 + \frac{30\mu I_{bj0}}{A_b l_{bj}^2}} \qquad (6.61)$$

式中，I_{bj0} 为连梁的抗弯惯性矩；A_b 为连梁的截面积；l_{bj} 为连梁的计算跨度（取洞口宽度加梁高的一半）。

从而抗震墙可按开洞情况、整体系数和惯性矩比分成以下几类：

1）整体墙，即没有洞口或洞口很小的抗震墙（图6.30a）。当墙面上门窗、洞口等开孔面积不超过墙面面积的15%（$\rho \le 15\%$），且孔洞间净距及孔洞至墙边净距大于孔洞长边时，为整体墙。这时可忽略洞口的影响，墙的应力可按平截面假定用材料力学公式计算，其变形属于弯曲变形。

2）当 $\rho > 15\%$，$\alpha \ge 10$，且 $I_A/I \le \zeta$ 时，为小开口整体墙（图6.30b），其中 ζ 取值见表6.28。此时，可按平截面假定计算，但所得的应力应加以修正。相应的变形基本上属于弯曲变形。

3）当 $\rho > 15\%$，$1.0 < \alpha < 10$，且 $I_A/I \le \zeta$ 时，为联肢墙（图6.30c）。此时墙肢截面应力离平面假定所得的应力更远，不能用平截面假定得到的整体应力加上修正应力来解决，可借助微分方程来求解，它的变形已从弯曲变形逐渐向剪切变形过渡。

4）当洞口很大，$\alpha \ge 10$，$I_A/I > \zeta$ 时为壁式框架（图6.30d）。

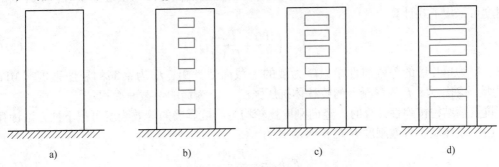

图6.30　抗震墙的分类

a）整体墙　b）小开口整体墙　c）联肢墙　d）壁式框架

表 6.28　系数 ζ 的取值

层数	$\alpha = 8$	$\alpha = 10$	$\alpha = 12$	$\alpha = 16$	$\alpha = 20$	$\alpha \geqslant 30$
10	0.886	0.948	0.975	1.000	1.000	1.000
12	0.866	0.924	0.950	0.994	1.000	1.000
14	0.853	0.908	0.934	0.978	1.000	1.000
16	0.844	0.896	0.923	0.964	0.988	1.000
18	0.836	0.888	0.914	0.952	0.978	1.000
20	0.831	0.880	0.906	0.945	0.970	1.000
22	0.827	0.875	0.901	0.940	0.965	1.000
24	0.824	0.871	0.897	0.936	0.960	0.989
26	0.822	0.867	0.894	0.932	0.955	0.986
28	0.820	0.864	0.890	0.929	0.952	0.982
≥30	0.818	0.861	0.887	0.926	0.950	0.979

2. 总体计算

一般可用计算机程序计算，在特定的情况下，也可采用下述近似方法计算。

首先采用串联多自由度模型算出地震作用沿竖向的分布，然后将地震作用分配给各个抗侧力结构。一般假定楼板在其平面内的刚度为无穷大，而在其平面外的刚度为零。在下面的分析中假定不考虑整体扭转作用。

用简化方法进行内力与位移的计算时，可将结构沿其水平截面的两个正交主轴划分为若干平面抗侧力结构，每一个方向的水平荷载由该方向的平面抗侧力结构承受，垂直于水平荷载方向的抗侧力结构不参加工作。总水平力在各抗侧力结构中的分配由楼板在其平面内为刚体所导出的协调条件确定。抗侧力结构与主轴斜交时应考虑抗侧力结构在两个主轴方向上各自的功能。

对层数不高的以剪切变形为主的抗震墙结构（这种情况不常见），可用类似砌体结构的计算方法计算地震作用并分配给各片墙。

对以弯曲变形为主的高层剪力墙结构，可采用振型分解法或时程分析法得出作用于竖向各质点（楼层处）的水平地震作用。整个结构的抗弯刚度等于各片墙的抗弯刚度之和。

3. 等效刚度

单片墙的抗弯刚度可采用一些近似公式计算。如当墙截面外像出现屈服时，单片墙的抗弯刚度可采用下式计算

$$I_c = \left(\frac{100}{f_y} + \frac{P_u}{f_c' A_g} \right) I_g \tag{6.62}$$

式中，I_c 为单片墙的等效惯性矩；I_g 为墙的毛截面惯性矩；f_y 为钢筋的屈服强度（MPa）；P_u 为墙的轴压力；f_c' 为混凝土的棱柱体抗压强度；A_g 为墙的毛截面面积。

抗震墙结构按弹性计算时，竖向刚度比较均匀的抗震墙的等效刚度可按下列方法计算：

（1）整体墙　等效刚度 $E_c I_{eq}$ 的计算式为

$$E_c I_{eq} = \frac{E_c I_w}{1 + \dfrac{9\mu I_w}{A_w H^2}} \tag{6.63}$$

式中，E_c 为混凝土的弹性模量；I_{eq} 为抗震墙的等效惯性矩；H 为抗震墙的总高度；μ 为截面形状系数（矩形截面取 1.20，I 形截面 μ = 全面积/腹板面积，T 形截面的 μ 值见表 6.29）；I_w 为抗震墙的惯性矩，取有洞口和无洞口截面的惯性矩沿竖向的加权平均值。I_i 为抗震墙沿高度方向各段横截面惯性矩（有洞口时要扣除洞口的影响）；h_i 为抗震墙沿高度方向各段的高度；A_w 为抗震墙折算截面面积。

$$I_w = \frac{\sum I_i h_i}{\sum h_i} \tag{6.64}$$

表 6.29　**T 形截面剪应力不均匀系数 μ**

H/t	b/t					
	2	4	6	8	10	12
2	1.383	1.496	1.521	1.511	1.483	1.445
4	1.441	1.876	2.287	2.682	3.061	3.424
6	1.362	1.097	2.033	2.367	2.698	3.026
8	1.313	1.572	1.838	2.106	2.374	2.641
10	1.283	1.489	1.707	1.927	2.148	2.370
12	1.264	1.432	1.614	1.800	1.988	2.178
15	1.245	1.374	1.579	1.669	1.820	1.973
20	1.228	1.317	1.422	1.534	1.648	1.763
30	1.214	1.264	1.328	1.399	1.473	1.549
40	1.208	1.240	1.284	1.334	1.387	1.442

注：b 为翼缘宽度；t 为抗震墙厚度；H 为抗震墙截面高度。

式（6.63）中的 A_w，对小洞口整体截面墙取

$$A_w = \gamma_{00} A = \left(1 - 1.25 \sqrt{\frac{A_{op}}{A_f}}\right) A \tag{6.65}$$

式中，A 为墙截面毛面积；A_{op} 为墙面洞口面积；A_f 为墙面总面积；γ_{00} 为洞口削弱系数。

（2）小开口整体墙　其等效刚度为

$$E_c I_{eq} = \frac{0.8 E_c I_w}{1 + \frac{9\mu I}{A H^2}} \tag{6.66}$$

式中，I 为组合截面惯性矩；A 为墙肢面积之和；其余参数意义同前。

（3）单片联肢墙、壁式框架和框架 - 剪力墙　对这类抗侧力结构，可将水平荷载视为倒三角形分布或均匀分布，然后按下式计算其等效刚度：

均布荷载
$$E_c I_{eq} = \frac{q H^4}{8 u_1} \tag{6.67}$$

倒三角形分布荷载
$$E_c I_{eq} = \frac{11 q_{max} H^4}{120 u_2} \tag{6.68}$$

式中，q、q_{max} 分别为均布荷载值和倒三角形分布荷载的最大值（kN/m）；u_1、u_2 分别为均布荷载和倒三角形分布荷载产生的结构顶点水平位移；其余参数意义同前。

6.4.3 地震作用在各剪力墙之间的分配及内力计算

求出各质点的水平地震作用 F 后，就可求各楼层的剪力 V 和弯矩 M，从而该层第 i 片墙所承受的侧向力 F_i、剪力 V_i 和弯矩 M_i 分别为

$$F_i = \frac{I_i}{\sum I_i}F, \quad V_i = \frac{I_i}{\sum I_i}V, \quad M_i = \frac{I_i}{\sum I_i}M \tag{6.69}$$

式中，I_i 为第 i 片墙的等效惯性矩；$\sum I_i$ 为该层墙的等效惯性矩之和。

在上述计算中，一般可不计矩形截面墙体在其弱轴方向的刚度。但当弱轴方向的墙起到翼缘作用时，在弯矩分配中可取适当的翼缘宽度。每一侧有效翼缘的宽度 $b_f/2$ 可取墙间距的一半及墙总高的 1/20 二者中的较小值，且每侧翼缘宽度不得大于墙轴线至洞口边缘的距离。在应用式（6.69）时，若各层混凝土的弹性模量不同，则应以 $E_{ci}I_i$ 代替 I_i。

把水平地震作用分配到各剪力墙后，就可对各剪力墙单独计算内力了。

（1）整体墙 可作为竖向悬臂构件按材料力学公式计算，此时宜考虑剪切变形的影响。

（2）小开口整体墙 墙截面应力分布虽然不再是直线关系，但偏离直线不远，可在按直线分布的基础上加以修正。

第 j 墙肢的弯矩按下式计算

$$M_j = 0.85M\frac{I_j}{I} + 0.15M\frac{I_j}{\sum I_j} \tag{6.70}$$

式中，M 为外荷载在计算截面所产生的弯矩；I_j 为第 j 墙肢的截面惯性矩；I 为整个剪力墙截面对组合形心的惯性矩。

第 j 墙肢轴力按下式计算

$$N_j = 0.85M\frac{A_j y_j}{I} \tag{6.71}$$

式中，A_j 为第 j 墙肢截面积；y_j 为第 j 墙肢截面重心至组合截面重心的距离。

（3）联肢墙 对双肢墙和多肢墙，可把各墙肢间的作用连续化，列出微分方程求解。当开洞规则且又较大时，可简化为杆件带刚臂的"壁式框架"进行求解。当规则开洞大到连梁的刚度可略去不计时，各墙肢就变成相对独立的单榀抗震墙了。

6.4.4 截面设计和构造

1. 体现"强剪弱弯"的要求

一、二、三级抗震墙底部加强部位，其截面组合的剪力设计值 V 应按下式调整

$$V = \eta_{vw}V_w \tag{6.72}$$

9 度时还应符合

$$V = 1.1\frac{M_{wua}}{M_w}V_w \tag{6.73}$$

式中，V_w 为抗震墙底部加强部位截面的剪力计算值；M_{wua} 为抗震墙底部截面按实配纵向钢

筋面积、材料强度标准值和轴力设计值计算的抗震承载力所对应的弯矩值，有翼墙时应考虑墙两侧各一倍翼墙厚度范围内的配筋；M_w 为抗震墙底部截面组合的弯矩设计值；η_{vw} 为抗震墙剪力增大系数，一级为 1.6，二级为 1.4，三级为 1.2。

2. 抗震墙结构构造措施

抗震墙的厚度，一、二级不应小于 160mm，且不宜小于层高或无支长度的 1/20，三、四级不应小于 140mm，且不宜小于层高或无支长度的 1/25；无端柱或翼墙时，一、二级不宜小于层高或无支长度的 1/16，三、四级不宜小于层高或无支长度的 1/20。底部加强部位的墙厚，一、二级不应小于 200mm 且不宜小于层高或无支长度的 1/16，三、四级不应小于 160mm 且不宜小于层高或无支长度的 1/20；无端柱或翼墙时，一、二级不宜小于层高或无支长度的 1/12，三、四级不宜小于层高或无支长度的 1/16。

抗震墙厚度大于 140mm 时，竖向和横向钢筋应双排布置；双排分布钢筋间拉筋的间距不应大于 600mm，直径不应小于 6mm；在底部加强部位，边缘构件以外的拉筋间距应适当加密。

抗震墙竖向、横向分布钢筋的配筋，应符合下列要求：

1）一、二、三级抗震墙的竖向和横向分布钢筋最小配筋率均不应小于 0.25%，钢筋间距不应大于 250mm，直径不应小于 10mm；四级抗震墙分布钢筋最小配筋率不应小于 0.20%，钢筋间距不应大于 300mm，直径不应小于 8mm。

2）部分框支抗震墙结构的落地抗震墙底部加强部位，竖向和横向分布钢筋配筋率均不应小于 0.3%，钢筋间距不应大于 200mm，直径不应小于 10mm。一、二、三级抗震墙，在重力荷载代表值作用下墙肢的轴压比，一级（9 度）时不宜大于 0.4，一级（7、8 度）时不宜大于 0.5，二、三级不宜大于 0.6。

抗震墙两端和洞口两侧应设置边缘构件，并应符合下列要求：

1）全部落地的抗震墙结构，一级和二级抗震墙底部加强部位在重力荷载代表值作用下的墙体平均轴压比不小于表 6.30 的规定值时，应设置约束边缘构件；平均轴压比小于表 6.30 的规定值时，以及一、二级抗震墙底部加强部位以上的一般部位和三、四级抗震墙，仅设置构造边缘构件。

表 6.30　抗震墙设置构造边缘构件的最大平均轴压比

抗震等级或烈度	一级（9 度）	一级（7、8 度）	二级、三级
轴压比	0.1	0.2	0.3

2）部分框支抗震墙结构的落地抗震墙的底部加强部位两端应有翼墙或端柱，并应设置约束边缘构件；不落地的抗震墙可设置构造边缘构件。

3）小开口墙的洞口两侧，可设置构造边缘构件。

抗震墙的约束边缘构件包括暗柱、端柱和翼墙（图 6.31），应符合下列要求：

1）约束边缘构件沿墙肢的长度和配箍特征值应符合表 6.31 的要求，纵向钢筋的最小量应符合表 6.32 的要求。

2）约束边缘构件应向上延伸到底部加强部位以上不小于约束边缘构件纵向钢筋锚固长度的高度。

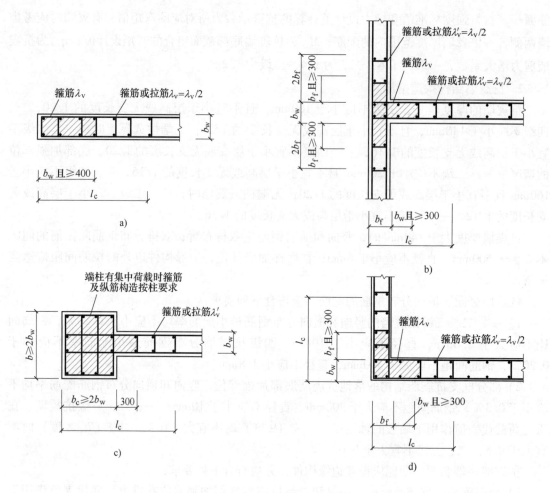

图 6.31　抗震墙的约束边缘构件

a）暗柱　b）有翼墙　c）有端柱　d）转角墙（L 形墙）

表 6.31　抗震墙约束边缘构件范围 l_c 及配筋要求

项目	一级（9 度）		一级（8 度）		二级、三级	
	$\lambda \leqslant 0.2$	$\lambda > 0.2$	$\lambda \leqslant 0.3$	$\lambda > 0.3$	$\lambda \leqslant 0.4$	$\lambda > 0.4$
l_c（暗柱）	$0.20 h_w$	$0.25 h_w$	$0.15 h_w$	$0.20 h_w$	$0.15 h_w$	$0.20 h_w$
l_c（有翼墙或端柱）	$0.15 h_w$	$0.20 h_w$	$0.10 h_w$	$0.15 h_w$	$0.10 h_w$	$0.15 h_w$
λ_v	0.12	0.20	0.12	0.20	0.12	0.20
纵向钢筋（取较大值）	$0.12 A_c$，$8\phi16$		$0.12 A_c$，$8\phi16$		$0.10 A_c$，$6\phi16$（三级 $6\phi14$）	
箍筋或拉筋沿竖向间距	100mm		100mm		150mm	

注：1. 抗震墙的翼墙长度小于其 3 倍厚度或端柱截面边长小于 2 倍墙厚时，按无翼墙、无端柱查表。

　　2. l_c 为约束边缘构件沿墙肢长度，且不小于墙厚和 400mm；有翼墙或端柱时不应小于翼墙厚度或端柱沿墙肢方向截面高度加 300mm。

　　3. λ_v 为约束边缘构件的配箍特征值；当墙体的水平分布钢筋在墙端有 90°弯折、弯折段的搭接长度不小于 10 倍分布钢筋直径，且水平分布钢筋之间设置足够的拉筋时，可计入伸入约束边缘构件的分布钢筋。

　　4. h_w 为抗震墙墙肢长度；λ 为墙肢轴压比；A_c 为约束边缘构件截面面积。

表 6.32　抗震墙构造边缘构件的配筋要求

抗震等级	底部加强部位			其他部位		
	纵向钢筋最小量（取较大值）	箍筋		纵向钢筋最小量（取较大值）	拉筋	
		最小直径/mm	沿竖向最大间距/mm		最小直径/mm	沿竖向最大间距/mm
一	$0.010A_c$，$6\phi16$	8	100	$0.008A_c$，$6\phi14$	8	150
二	$0.008A_c$，$6\phi14$	8	150	$0.006A_c$，$6\phi12$	8	200
三	$0.006A_c$，$6\phi12$	6	150	$0.005A_c$，$4\phi12$	6	200
四	$0.005A_c$，$4\phi12$	6	200	$0.004A_c$，$4\phi12$	6	250

注：1. A_c 为计算边缘构件纵向构造钢筋的暗柱或端柱面积，即抗震墙截面的阴影部分。

2. 对其他部位，拉筋的水平间距不应大于纵筋间距的 2 倍，转角处宜用箍筋。

3. 当端柱承受集中荷载时，其纵向钢筋、箍筋直径和间距应满足柱的相应要求。

抗震墙的构造边缘构件的范围宜按图 6.32 采用。构造边缘构件的配筋应满足受弯承载力要求，并应符合表 6.32 的要求。

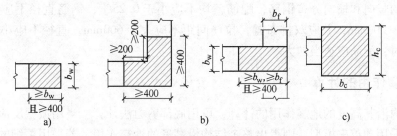

图 6.32　抗震墙的构造边缘构件范围
a）暗柱　b）翼柱　c）端柱

6.5　框架－抗震墙结构房屋的抗震设计

6.5.1　框架－抗震墙结构房屋的设计要点

框架－抗震墙结构中的抗震墙设置：抗震墙的榀数不要过少，抗震墙的刚度不要过大，且宜均匀分布。榀数过少，抗震墙受力过大，会给设计带来问题，且地震时个别抗震墙受损将导致整个结构破坏。同时，为了使水平荷载的合力作用点与结构的抗侧刚度中心相重合以减小结构的扭转，抗震墙宜对称布置并尽可能沿建筑的周边布置。此外，抗震墙的布置应符合下列要求：

1）抗震墙宜贯通房屋全高。

2）楼梯间宜设置抗震墙。

3）抗震墙的两端（不包括洞口两侧）宜设置端柱、翼墙或与另一方向的抗震墙相连。

4）房屋较长时，刚度较大的纵向抗震墙不宜设置在房屋的端开间。

5）抗震墙洞口宜上下对齐；洞边距端柱不宜小于 300mm。

6）一、二级抗震墙的洞口连梁，跨高比不宜大于 5，且梁截面高度不宜小于 400mm。

框架－抗震墙结构的抗震墙厚度和边框设置应符合下列要求：

1）抗震墙的厚度不应小于160mm且不宜小于层高或无支长度的1/20，底部加强部位的抗震墙厚度不应小于200mm且不宜小于层高或无支长度的1/16。

2）墙体在楼盖处应设置暗梁，柱距较大时应设置边框梁，并应设置由暗梁（边框梁）和端柱、翼墙或洞边暗柱组成的边框。端柱截面宜与同层框架柱相同；暗梁、洞边暗柱的截面高度，不宜小于墙厚和400mm的较大值；翼墙、洞边暗柱的配筋要求见表6.31和表6.32。抗震墙底部加强部位的端柱和紧靠抗震墙洞口的端柱宜按柱箍筋加密区的要求沿全高加密箍筋。

框架－抗震墙结构中的抗震墙基础和部分框支抗震墙结构的落地抗震墙基础，应有良好的整体性和抗转动的能力。

框架－抗震墙结构采用装配式楼（屋）盖时，应采取措施保证楼（屋）盖的整体性及其与抗震墙的可靠连接。采用配筋现浇面层加强时，厚度不宜小于50mm。

框架－抗震墙结构的框架梁垂直于墙体平面布置时，不应位于无端柱、翼墙的墙端；位于墙体中部时宜按铰接构造，也可设置扶壁柱、暗柱，并按计算确定其截面尺寸和配筋。

抗震墙的竖向和横向分布钢筋，配筋率均不应小于0.25%，钢筋直径不应小于10mm，间距不应大于200mm，并应双排布置，拉筋间距不应大于600mm，直径不应小于6mm。无端柱、翼墙时，配筋应适当加大。

6.5.2 地震作用的计算

整个结构沿其高度的地震作用的计算，可用底部剪力法计算。当用振型反应谱法等进行计算时，若采用葫芦串模型，则得出整个结构沿高度的地震作用。若采用精细的模型时，则直接得出与该模型层次相应的地震内力。有时为简化，也可将总地震作用值沿结构高度方向按倒三角形分布考虑。

6.5.3 内力计算

框架和剪力墙协同工作的分析方法可用力法、位移法、矩阵位移法和微分方程法。力法和位移法（包括矩阵位移法）是基于结构力学假定的精确法。抗震墙被简化为受弯杆件，与抗震墙相连的杆件被模型化为带刚域端的杆件。微分方程法是一种较近似的便于手算的方法。以下简要介绍微分方程法。

1. 微分方程及其解

用微分方程法进行近似计算（手算）时的基本假定如下：

1）不考虑结构的扭转。

2）楼板在自身平面内的刚度为无限大，各抗侧力单元在水平方向无相对变形。

3）对抗震墙，只考虑弯曲变形而不计剪切变形；对框架，只考虑整体剪切变形而不计整体弯曲变形（不计杆件的轴向变形）。

4）结构的刚度和质量沿高度的分布比较均匀。

5）各量沿房屋高度为连续变化。

这样所有的抗震墙可合并为一个总抗震墙，其抗弯刚度为各抗震墙的抗弯刚度之和；所有的框架可合并为一个总框架，其抗剪刚度为各框架抗剪刚度之和。这样整个结构就成为一个弯剪型悬臂梁。

这种方法的特点是从上到下，先用较粗的假定形成总体模型，求出总框架和总抗震墙的内力，再较细致地考虑如何把此内力分到各抗侧力单元。这种方法在逻辑上是不一致的，但能得到较好的结果，其原因如下：这种方法实际上处理的是两个或多个独立的问题，只是后面的问题要用到前面问题的结果，在每个独立问题的内部，逻辑还是完全一致的。在目前处理的问题中，列出和求解微分方程是一个独立的问题，如何利用微分方程的解求出各单元的内力，则是另外一个独立问题。而数学上的逻辑一致仅要求在一个独立问题内成立。

总抗震墙和总框架之间用无轴向变形的连系梁连接，连系梁模拟楼盖的作用。根据实际情况连系梁可有两种假定：若假定楼盖的平面外刚度为零，则连系梁可进一步简化为连杆，如图 6.33 所示，称为铰接体系；若考虑连系梁对墙肢的约束作用，则连系梁与抗震墙之间的连接可视为刚接，如图 6.34 所示，称为刚接体系。

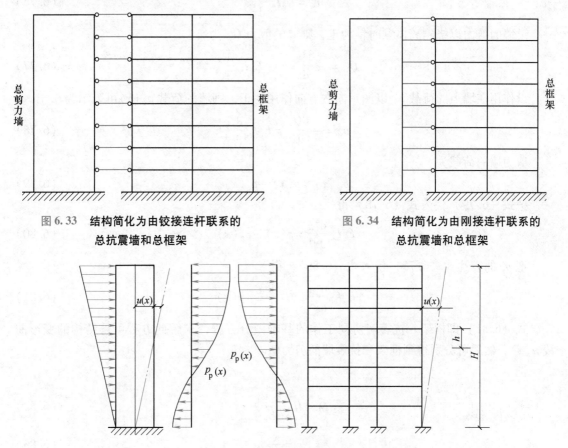

图 6.33　结构简化为由铰接连杆联系的
总抗震墙和总框架

图 6.34　结构简化为由刚接连杆联系的
总抗震墙和总框架

图 6.35　框架 – 抗震墙的分析

（1）铰接体系的计算

1）框架 – 抗震墙协同工作的基本微分方程的建立。取坐标系如图 6.35 所示。把所有的量沿高度 x 方向连续化：作用在节点的水平地震作用连续化为外荷载 $p(x)$；总框架和总抗震墙之间的连杆连续化为栅片，沿此栅片切开，则在切开处总框架和总抗震墙之间的作用力为 $p_\mathrm{p}(x)$；楼层处的水平位移连续化为 $u(x)$。在下面的叙述中，在不引起误解的情况下也称总框架为框架、总抗震墙为抗震墙。

框架沿高度方向以剪切变形为主，故对框架使用剪切刚度 C_f。抗震墙沿高度方向以弯曲变形为主，故对抗震墙使用弯曲刚度 $E_c I_{eq}$。根据材料力学中荷载、内力和位移之间的关系，框架部分的剪力 Q_f 可表示为

$$Q_f = C_f \frac{du}{dx} \tag{6.74}$$

式（6.74）也隐含地给出了 C_f 的定义。框架的水平荷载为

$$p_p = -\frac{dQ_f}{dx} = -C_f \frac{d^2 u}{dx^2} \tag{6.75}$$

类似地，抗震墙部分的弯矩 M_w（以左侧受拉为正）可表示为

$$M_w = E_c I_{eq} \frac{d^2 u}{dx^2} \tag{6.76}$$

设墙的剪力以绕隔离体顺时针为正，则墙的剪力 Q_w 为

$$Q_w = -\frac{dM_w}{dx} = -E_c I_{eq} \frac{d^3 u}{dx^3} \tag{6.77}$$

设作用在墙上的荷载 p_w 以图示向右方向作用为正，则墙的荷载 $p_w(x)$ 可表示为

$$p_w = -\frac{dQ_w}{dx} = E_c I_{eq} \frac{d^4 u}{dx^4} \tag{6.78}$$

剪力墙的荷载为

$$p_w(x) = p(x) - p_p(x) \tag{6.79}$$

把式（6.79）代入式（6.78）得

$$E_c I_{eq} \frac{d^4 u}{dx^4} = p(x) - p_p(x) \tag{6.80}$$

把 p_p 的表达式（6.75）代入式（6.80），得

$$E_c I_{eq} \frac{d^4 u}{dx^4} - C_f \frac{d^2 u}{dx^2} = p(x) \tag{6.81}$$

式（6.81）即框架 - 抗震墙协同工作的基本微分方程，求解此方程可得结构的变形曲线 $u(x)$，然后可分别得到框架和抗震墙的剪力值。

记

$$\lambda = H \sqrt{\frac{C_f}{E_c I_{eq}}} \tag{6.82}$$

$$\varepsilon = \frac{x}{H} \tag{6.83}$$

式中，H 为结构的高度，则式（6.81）可写为

$$\frac{d^4 u}{d\varepsilon^4} - \lambda^2 \frac{d^2 u}{d\varepsilon^2} = \frac{p(x) H^4}{E_c I_{eq}} \tag{6.84}$$

参数 λ 称为结构刚度特征值，它与框架的刚度和抗震墙刚度之比有关。λ 值的大小对抗震墙的变形状态和受力状态有重要影响。

微分方程（6.84）是框架 - 抗震墙结构的基本微分方程的变形，其形式如同弹性地基

梁的基本微分方程，框架相当于抗震墙的弹性地基，其弹性常数为 C_f。

2）基本微分方程的求解。

方程（6.84）的一般解为

$$u(\varepsilon) = A\sinh\lambda\varepsilon + B\cosh\lambda\varepsilon + C_1 + C_2\varepsilon + u_1(\varepsilon) \tag{6.85}$$

式中，A、B、C_1、C_2 为任意常数，它们的值应由边界条件确定；$u_1(\xi)$ 为微分方程的任意特解，由结构承受的荷载类型确定。

边界条件如下：

结构底部的位移为零 $\varepsilon = 0$ 处，$u(0) = 0$ $\tag{6.86}$

墙底部的转角为零 $\varepsilon = 0$ 处，$\dfrac{\mathrm{d}u}{\mathrm{d}\varepsilon} = 0$ $\tag{6.87}$

墙顶部的弯矩为零 $\varepsilon = H$ 处，$\dfrac{\mathrm{d}^2 u}{\mathrm{d}\varepsilon^2} = 0$ $\tag{6.88}$

在分布荷载作用下，墙顶部的剪力为零，则

$$\varepsilon = H \text{ 处}, \quad Q_f + Q_w = C_f\frac{\mathrm{d}u}{\mathrm{d}x} - E_c I_{eq}\frac{\mathrm{d}^3 u}{\mathrm{d}x^3} = 0 \tag{6.89}$$

在顶部集中水平力 P 作用下

$$\varepsilon = H \text{ 处}, \quad Q_f + Q_w = C_f\frac{\mathrm{d}u}{\mathrm{d}x} - E_c I_{eq}\frac{\mathrm{d}^3 u}{\mathrm{d}x^3} = P \tag{6.90}$$

根据上述条件，即可求出在相应荷载作用下的变形曲线 $u(x)$。

对于抗震墙，由 u 的二阶导数可求出弯矩，由 u 的三阶导数可求出剪力。对于框架，由 u 的一阶导数可求出剪力。因此，抗震墙和框架的内力及位移的主要计算公式为 u、M_w 和 Q_w 的表达式。

3）三种典型水平荷载下 u、M_w 和 Q_w 的计算公式。

在倒三角形分布荷载作用下，设分布荷载的最大值为 q，则有

$$u = \frac{qH^4}{\lambda^2 E_c I_{eq}}\Big[\Big(1 + \frac{\lambda\sinh\lambda}{2} - \frac{\sinh\lambda}{\lambda}\Big)\frac{\cosh\lambda\varepsilon - 1}{\lambda^2\cosh\lambda} + \Big(\frac{1}{2} - \frac{1}{\lambda^2}\Big)\Big(\varepsilon - \frac{\sinh\lambda\varepsilon}{\lambda}\Big) - \frac{\varepsilon^3}{6}\Big] \tag{6.91}$$

$$M_w = \frac{qH^2}{\lambda^2}\Big[\Big(1 + \frac{\lambda\sinh\lambda}{2} - \frac{\sinh\lambda}{\lambda}\Big)\frac{\cosh\lambda\varepsilon}{\cosh\lambda} - \Big(\frac{\lambda}{2} - \frac{1}{\lambda}\Big)\sinh\lambda\varepsilon - \varepsilon\Big] \tag{6.92}$$

$$Q_w = \frac{-qH}{\lambda^2}\Big[\Big(1 + \frac{\lambda\sinh\lambda}{2} - \frac{\sinh\lambda}{\lambda}\Big)\frac{\lambda\sinh\lambda\varepsilon}{\cosh\lambda} - \Big(\frac{\lambda}{2} - \frac{1}{\lambda}\Big)\lambda\cosh\lambda\varepsilon - 1\Big] \tag{6.93}$$

在均布荷载 q 的作用下，有

$$u = \frac{qH^4}{\lambda^4 E_c I_{eq}}\Big[\Big(\frac{1 + \lambda\sinh\lambda}{\cosh\lambda}\Big)(\cosh\lambda\varepsilon - 1) - \lambda\sinh\lambda\varepsilon + \lambda^2\varepsilon\Big(1 - \frac{\varepsilon}{2}\Big)\Big] \tag{6.94}$$

$$M_w = \frac{qH^2}{\lambda^2}\Big[\Big(\frac{1 + \lambda\sinh\lambda}{\cosh\lambda}\Big)\cosh\lambda\varepsilon - \lambda\sinh\lambda\varepsilon - 1\Big] \tag{6.95}$$

$$Q_w = \frac{qH}{\lambda}\Big[\lambda\cosh\lambda\varepsilon - \Big(\frac{1 + \lambda\sinh\lambda}{\cosh\lambda}\Big)\sinh\lambda\varepsilon\Big] \tag{6.96}$$

在顶点水平集中荷载 P 的作用下，有

$$u = \frac{PH^3}{E_c I_{eq}}\Big[\frac{\sinh\lambda}{\lambda^3\cosh\lambda}(\cosh\lambda\varepsilon - 1) - \frac{1}{\lambda^3}\sinh\lambda\varepsilon + \frac{1}{\lambda^2}\varepsilon\Big] \tag{6.97}$$

$$M_{\mathrm{w}} = PH\left(\frac{\sinh\lambda}{\lambda\cosh\lambda}\cosh\lambda\varepsilon - \frac{1}{\lambda}\sinh\lambda\varepsilon\right) \tag{6.98}$$

$$Q_{\mathrm{w}} = P\left(\cosh\lambda\varepsilon - \frac{\sinh\lambda}{\cosh\lambda}\sinh\lambda\varepsilon\right) \tag{6.99}$$

式（6.91）~式（6.99）的符号规则如图 6.36 所示。根据上述公式，可求得总框架和总抗震墙作为竖向构件的内力。

（2）刚接体系的计算

1）框架－抗震墙协同工作的基本微分方程的建立。对有刚接连系梁的框架，抗震墙结构若将结构在连系梁的反弯点处切开（图 6.37b），则切开处有相互作用的水平力 $P_{\mathrm{p}i}$ 和剪力 Q_i，后者将对墙产生约束弯矩 M_i（图 6.37c）。$P_{\mathrm{p}i}$ 和 M_i 连续化后成为 $p_{\mathrm{p}}(x)$ 和 $m(x)$（图 6.37d）。

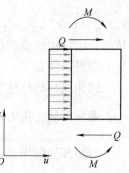

图 6.36　符号规则

刚接连系梁在抗震墙内部的刚度可视为无限大。故框架－抗震墙刚接体系的连系梁是在端部带有刚域的梁（图 6.38），刚域长度可取墙肢形心轴到连梁边的距离减去 1/4 连梁高度。

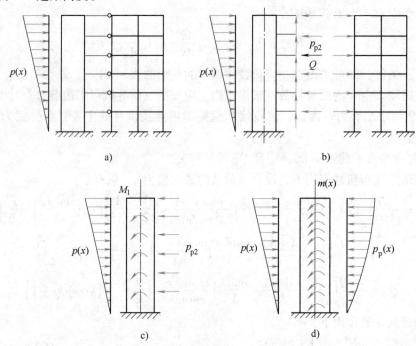

图 6.37　刚接体系的分析

对两端带刚域的梁，当梁两端均发生单位转角时，由结构力学可得梁端弯矩为

$$m_{12} = \frac{6EI(1+a-b)}{l(1-a-b)^3} \tag{6.100}$$

$$m_{21} = \frac{6EI(1+b-a)}{l(1-a-b)^3} \tag{6.101}$$

在以上两式中，令 $b=0$，则得到左端带刚域梁的梁端弯矩为

$$m_{12} = \frac{6EI(1+a)}{l(1-a)^3} \tag{6.102}$$

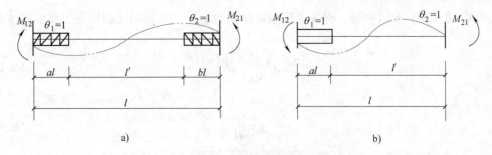

图 6.38 刚接体系中的连系梁是带刚域的梁

a) 双肢或多肢抗震墙的连系梁 b) 单肢抗震墙与框架的连系梁

$$m_{21} = \frac{6EI}{l(1-a)^2} \tag{6.103}$$

假定同一楼层内所有节点的转角相等，均为 θ，则连系梁端部的约束弯矩为

$$M_{12} = m_{12}\theta \tag{6.104}$$

$$M_{21} = m_{21}\theta \tag{6.105}$$

把集中约束弯矩 M_{ij} 简化为沿结构高度的直线分布约束弯矩 m'_{ij}，得

$$m'_{ij} = \frac{M_{ij}}{h} = \frac{m_{ij}}{h}\theta \tag{6.106}$$

式中，h 为层高。

设同一楼层内有 n 个刚节点与抗震墙相连接，则总的线弯矩 m 为

$$m = \sum_{k=1}^{n} (m'_{ij})_k = \sum_{k=1}^{n} \left(\frac{m_{ij}}{h}\theta\right)_k \tag{6.107}$$

式中，n 的计算方法是：每根两端有刚域的连系梁有 2 个节点，m_{ij} 指 m_{12} 或 m_{21}；每根一端有刚域的连系梁有 1 个节点，m_{ij} 指 m_{12}。

图 6.39 表示总抗震墙上的作用力。由刚接连系梁约束弯矩在抗震墙 x 高度的截面产生的弯矩为 $M_{\mathrm{m}} = \int_x^H m\mathrm{d}x$，相应的剪力 Q_{m} 和荷载 p_{m}（称等代剪力和等代荷载）分别为

$$Q_{\mathrm{m}} = -\frac{\mathrm{d}M_{\mathrm{m}}}{\mathrm{d}x} = -m = -\sum_{k=1}^{n} \left(\frac{m_{ij}}{h}\right)_k \frac{\mathrm{d}u}{\mathrm{d}x}$$

$$p_{\mathrm{m}} = -\frac{\mathrm{d}Q_x}{\mathrm{d}x} = \sum_{k=1}^{n} \left(\frac{m_{ij}}{h}\right)_k \frac{\mathrm{d}^2 u}{\mathrm{d}x^2} \tag{6.108}$$

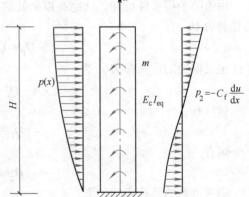

图 6.39 总抗震墙所受的荷载

这样抗震墙部分所受的外荷载为 $p_{\mathrm{w}}(x) = p(x) - p_{\mathrm{p}}(x) + p_{\mathrm{m}}(x)$。于是式（6.78）变为

$$E_{\mathrm{c}} I_{\mathrm{eq}} \frac{\mathrm{d}^4 u}{\mathrm{d}x^4} = p(x) - p_{\mathrm{p}}(x) + p_{\mathrm{m}}(x) \tag{6.109}$$

将式（6.85）和式（6.108）代入式（6.109）得

$$E_{\mathrm{c}} I_{\mathrm{eq}} \frac{\mathrm{d}^4 u}{\mathrm{d}x^4} = p(x) + C_{\mathrm{f}} \frac{\mathrm{d}^2 u}{\mathrm{d}x^2} + \sum_{k=1}^{n} \left(\frac{m_{ij}}{h}\right)_k \frac{\mathrm{d}^2 u}{\mathrm{d}x^2} \tag{6.110}$$

将式（6.110）加以整理，得连系梁刚接体系的框架–抗震墙结构协同工作的基本微分方程

$$\frac{\mathrm{d}^4 u}{\mathrm{d}\varepsilon^4} - \lambda^2 \frac{\mathrm{d}^2 u}{\mathrm{d}\varepsilon^2} = \frac{p(x)H^4}{E_c I_{eq}} \tag{6.111}$$

式中

$$\varepsilon = \frac{x}{H} \tag{6.112}$$

$$\lambda = H\sqrt{\frac{C_f + C_b}{E_c I_{eq}}} \tag{6.113}$$

$$C_b = \sum \frac{m_{ij}}{h} \tag{6.114}$$

式中，C_b 为连系梁的约束刚度。

上述关于连系梁的约束刚度的算法，适用于框架结构从底层到顶层层高及构件截面均不变的情况。当各层的 m_{ij} 有改变时，应取各层连系梁约束刚度关于层高的加权平均值作为连系梁的约束刚度

$$C_b = \frac{\sum \frac{m_{ij}}{h} h}{\sum h} = \frac{\sum m_{ij}}{H} \tag{6.115}$$

2）基本微分方程的求解。在刚接体系中，把由 u 微分三次得到的剪力记作 Q'_w，则有

$$E_c I_{eq} \frac{\mathrm{d}^3 u}{\mathrm{d}x^3} = -Q'_w = -Q_w + m(x) \tag{6.116}$$

墙的剪力为

$$Q_w(x) = Q'_w(x) + m(x) \tag{6.117}$$

由力的平衡条件可知，任意高度 x 处的总抗震墙剪力与总框架剪力之和应等于外荷载下的总剪力 Q_p

$$Q_p = Q'_w + m + Q_f \tag{6.118}$$

定义框架的广义剪力 $\overline{Q}_f$ 为

$$\overline{Q}_f = m + Q_f \tag{6.119}$$

显然有

$$\overline{Q}_f = Q_p - Q'_w \tag{6.120}$$

则有

$$Q_p = Q'_w + \overline{Q}_f \tag{6.121}$$

刚接体系的计算步骤如下：

① 计算 u、M_w 和 Q'_w。

② 计算总框架的广义剪力 $\overline{Q}_f$。

③ 把框架的广义剪力按框架的抗剪刚度 C_f 和连系梁的总约束刚度的比例进行分配，得到框架总剪力 Q_p 和连系梁的总约束弯矩 m

$$Q_f = \frac{C_f}{C_f + \sum \frac{m_{ij}}{h}} \overline{Q}_f \tag{6.122}$$

$$m = \frac{\sum \dfrac{m_{ij}}{h}}{C_\mathrm{f} + \sum \dfrac{m_{ij}}{h}} \overline{Q}_\mathrm{f} \tag{6.123}$$

④ 计算总抗震墙的剪力 Q。

2. 墙系和框架系的内力在各墙和框架单元中的分配

在上述假定下可按刚度进行分配。对于框架，第 i 层第 j 柱的剪力 Q_{ij} 为

$$Q_{ij} = \frac{D_{ij}}{\displaystyle\sum_{k=1}^{m} D_{ik}} Q_\mathrm{f} \tag{6.124}$$

对于抗震墙，第 i 片抗震墙的剪力 Q_i 为

$$Q_i = \frac{E_{ci}I_{eqi}}{\displaystyle\sum_{k=1}^{n} E_{ck}I_{eqk}} Q_\mathrm{w} \tag{6.125}$$

式中，m、n 分别为柱和墙的个数。

进一步，在计算中还可考虑抗震墙的剪切变形影响等因素。

3. 框架剪力的调整

对框架的剪力进行调整有两个原因：

1）在框架–抗震墙结构中，若抗震墙的间距较大，则楼板在其平面内是能够变形的。在框架部位，由于框架的刚度较小，楼板的位移会较大，从而使框架的剪力比计算值大。

2）抗震墙的刚度较大，承受了大部分地震水平力，会首先开裂，使抗震墙的刚度降低。这使得框架承受的地震力的比例增大，也使框架的水平力比计算值大。

上述分析表明，框架是框架–抗震墙结构抵抗地震的第二道防线，因此应提高框架部分的设计地震作用，使其有更大的强度储备。调整的方法如下：

1）框架总剪力 $V_\mathrm{f} \geqslant 0.2V_0$ 的楼层可不调整，按计算得到的楼层剪力进行设计。

2）对 $V_\mathrm{f} < 0.2V_0$ 的楼层，应取框架部分的剪力为以下两式中的较小值。

$$V_\mathrm{f} = 0.2V_0 \tag{6.126}$$

$$V_\mathrm{f} = 1.5V_{f\max} \tag{6.127}$$

式中，V_f 为全部框架柱的总剪力；V_0 为结构的底部剪力；$V_{f\max}$ 为计算的框架柱最大层剪力，取 V_f 调整前的最大值。

显然，这种框架内力的调整不是力学计算的结果，只是为保证框架安全的一种人为增大的安全度，所以调整后的内力不再满足也不需满足平衡条件。

6.5.4　截面设计和构造

框架–抗震墙结构的抗震墙厚度和边框设置，应符合下列要求：

1）抗震墙的厚度不应小于 160mm 且不宜小于层高或无支长度的 1/20，底部加强部位的抗震墙厚度不应小于 200mm 且不宜小于层高或无支长度的 1/16。

2）有端柱时，墙体在楼盖处宜设置暗梁，暗梁的截面高度不宜小于墙厚和 400mm 的较大值；端柱截面宜与同层框架柱相同，并应满足《建筑抗震设计规范》对框架柱的要求；抗

震墙底部加强部位的端柱和紧靠抗震墙洞口的端柱宜按柱箍筋加密区的要求沿全高加密箍筋。

抗震墙的竖向和横向分布钢筋，配筋率均不应小于0.25%，钢筋直径不宜小于10mm，间距不宜大于300mm，并应双排布置，双排分布钢筋间应设置拉筋。

楼面梁与抗震墙平面外连接时，不宜支承在洞口连梁上；沿梁轴线方向宜设置与梁连接的抗震墙，梁的纵筋应锚固在墙内；也可在支承梁的位置设置扶壁柱或暗柱，并应按计算确定其截面尺寸和配筋。

框架－抗震墙结构的其他抗震构造措施，应符合框架和剪力墙的有关要求。设置少量抗震墙的框架结构，其抗震墙的抗震构造措施，可仍按对抗震墙的规定执行。

6.5.5 框架－抗震墙结构房屋计算实例

某12层的框架－抗震墙结构如图6.40所示。抗震设防烈度为7度，框架部分的抗震等级为三级，抗震墙部分的抗震等级为二级。结构处于Ⅳ类场地，设计基本加速度值为0.1g，设计地震分组为第一组。故采用的设计反应谱特征周期为0.65s。结构的阻尼比为0.05。抗震墙混凝土等级：底部5层为C50，6～11层为C30，顶层为C20。框架柱混凝土等级同抗

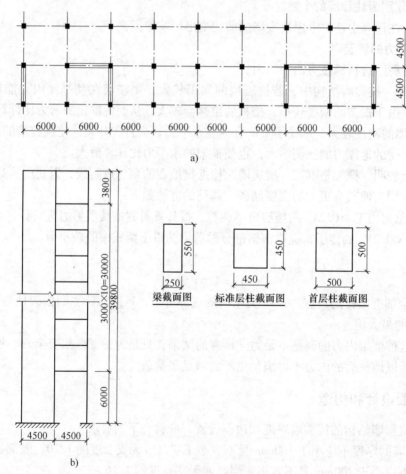

图6.40 某12层框架－抗震墙结构

a）结构平面 b）剖面简图

震墙。框架梁混凝土等级为C20。只进行横向抗震验算，纵向计算从略。

1. 荷载计算

结构的竖向荷载如下（已包括了全部恒载和现行规范规定使用的活荷载）：底层重力为8346kN；第2～11层重力为6734×10kN=67340kN；第12层重力为5431kN。

建筑物总重力荷载代表值　　　　$\sum G_i = 81117\text{kN}$

沿建筑物高的分布重力　　　$g = \dfrac{81117}{39.8}\text{kN/m} = 2038.12\text{kN/m}$

2. 结构刚度计算

（1）框架刚度计算

1）框架梁刚度。梁截面惯性矩　$I_b = 1.2 \times \left(\dfrac{1}{12} \times 0.25 \times 0.55^3\right)\text{m}^4 = 0.004159\text{m}^4$

式中的1.2是考虑T形截面刚度影响的系数。

梁的线刚度 $i_b = \dfrac{E_c I_b}{l} = 2.55 \times 10^7 \times 0.004159 \times \dfrac{1}{4.5}\text{kN·m} = 2.36 \times 10^4\text{kN·m}$

2）框架边柱侧移刚度值D。框架边柱的K和α按下列情况确定：

标准层　$\overline{K} = \dfrac{i_{b1} + i_{b2}}{2i_c}$，$\alpha = \dfrac{\overline{K}}{2 + \overline{K}}$

底层　$\overline{K} = \dfrac{i_{b1}}{i_c}$，$\alpha = \dfrac{0.5 + \overline{K}}{2 + \overline{K}}$

框架边柱侧移刚度值的计算式见表6.33。

表6.33　**框架边柱侧移刚度值的计算**

层数	截面 $\dfrac{b}{m} \times \dfrac{h}{m}$	混凝土弹性模量 $E_c/(\text{kN/m}^2)$	层高 h_i/m	惯性矩 I_c/m^4	线刚度 $i_c = \dfrac{E_c I_c}{h_i}$ /(kN·m)	$\overline{K}$	α	$\dfrac{12}{h_i^2}$/m^{-2}	$D = \alpha i_c \dfrac{12}{h_i^2}$ (kN/m)
顶层	0.45×0.45	2.55×10⁷	3.8	0.0034172	22931.2	$\dfrac{2\times2.36}{2\times2.29}=1.031$	$\dfrac{1.031}{2+1.031}=0.340$	0.8310	6478.9
6～11层	0.45×0.45	3.00×10⁷	3.0	0.0034172	34172.0	$\dfrac{2\times2.36}{2\times3.42}=0.690$	$\dfrac{0.690}{2+0.690}=0.257$	1.3333	11709.3
2～5层	0.45×0.45	3.45×10⁷	3.0	0.0034172	39297.8	$\dfrac{2\times2.36}{2\times3.93}=0.601$	$\dfrac{0.601}{2+0.601}=0.231$	1.3333	12103.4
底层	0.50×0.50	3.45×10⁷	6.0	0.0052083	29947.7	$\dfrac{2.36}{2.99}=0.788$	$\dfrac{0.5+0.788}{2+0.788}=0.462$	0.3333	4611.5

3）框架中柱侧移刚度值D。框架中柱的K和α按下列情况确定：

标准层　$\overline{K} = \dfrac{i_{b1} + i_{b2} + i_{b3} + i_{b4}}{2i_c}$，$\alpha = \dfrac{\overline{K}}{2 + \overline{K}}$

底层　$\overline{K} = \dfrac{i_{b1} + i_{b2}}{i_c}$，$\alpha = \dfrac{0.5 + \overline{K}}{2 + \overline{K}}$

框架中柱侧移刚度值的计算见表6.34。

4）总框架等效刚度。总框架共有9根中柱，18根边柱，由此可以得到总框架第i层间

侧移刚度值 D_i 和剪切刚度值 C_{fi}。由式（6.74）对 C_f 的隐含定义，即框架总体单位剪切变形所需的总剪力，得框架的总剪力为

$$Q_f = C_f \frac{\mathrm{d}u}{\mathrm{d}x} = \Delta u \sum D = h \frac{\Delta u}{h} \sum D = h \frac{\mathrm{d}u}{\mathrm{d}x} \sum D$$

由上式可得，$C_f = h \sum D$，式中 $\sum$ 表示对本层柱求和。

总框架等效刚度的计算过程见表6.35。

表6.34　框架中柱侧移刚度值的计算

层数	截面 $\frac{b}{m} \times \frac{h}{m}$	混凝土弹性模量 $E_c/(\mathrm{kN/m^2})$	层高 h_i/m	惯性矩 $I_c/\mathrm{m^4}$	线刚度 $i_c = \frac{E_c I_c}{h_i}$ $/(\mathrm{kN \cdot m})$	$\overline{K}$	α	$\frac{12}{h_i^2}/\mathrm{m^{-2}}$	$D = \alpha i_c \frac{12}{h_i^2}$ $/(\mathrm{kN/m})$
顶层	0.45 × 0.45	2.55 × 10⁷	3.8	0.0034172	22931.2	$\frac{4 \times 2.36}{2 \times 2.29} = 2.061$	$\frac{2.061}{2 + 2.061} = 0.508$	0.8310	9680.4
6~11层	0.45 × 0.45	3.00 × 10⁷	3.0	0.0034172	34172.0	$\frac{4 \times 2.36}{2 \times 3.42} = 1.380$	$\frac{1.380}{2 + 1.380} = 0.408$	1.3333	18589.1
2~5层	0.45 × 0.45	3.45 × 10⁷	3.0	0.0034172	39297.8	$\frac{4 \times 2.36}{2 \times 3.93} = 1.201$	$\frac{1.201}{2 + 1.201} = 0.375$	1.3333	19648.4
底层	0.50 × 0.50	3.45 × 10⁷	6.0	0.0052083	29947.7	$\frac{2 \times 2.36}{2.99} = 1.579$	$\frac{0.5 + 1.579}{2 + 1.579} = 0.581$	0.3333	5799.3

表6.35　总框架各层剪切刚度的计算

层数	边柱 D 值之和 $/(\mathrm{kN/m})$	中柱 D 值之和 $/(\mathrm{kN/m})$	侧移刚度 $D_i = \sum D$ $/(\mathrm{kN/m})$	剪切刚度 C_{fi} $/\mathrm{kN}$
顶层	18 × 6478.9 = 116620	9 × 9680.4 = 87124	203744	774227.2
6~11层	18 × 11709.3 = 210767	9 × 18589.1 = 167302	378069	1134207
2~5层	18 × 12103.4 = 217861	9 × 19648.4 = 176833	394694	1184082
底层	18 × 4611.5 = 83007	9 × 5799.3 = 52194	135201	811206

总框架的等效剪切刚度为

$$C_f = \frac{774227 \times 3.8 + 1134207 \times 6 \times 3.0 + 1184082 \times 4 \times 3.0 + 811206 \times 6}{39.8}\mathrm{kN} = 1066181.1\mathrm{kN}$$

（2）抗震墙刚度计算　周边有梁柱的抗震墙，其厚度不应小于160mm，且不小于墙净高的1/20。故本例中底层墙厚0.3m，其余各层墙厚0.19m。抗震墙截面图如图6.41所示。

1）抗震墙类型判断。墙体1的洞口宽度1050mm，该洞口在各楼层处的高度分别为：顶层2500mm，2~11层2000mm，底层4000mm。从而得墙体1各层的开洞率分别为（A_{op} 为洞口面积，A_f 为墙体全部面积）

顶层　$\rho = \frac{A_{op}}{A_f} = \frac{2.5 \times 1.05}{5.0 \times 3.8} = 0.1382 < 0.15$

2~11层　$\rho = \frac{2.5 \times 1.05}{5.0 \times 3.0} = 0.14 < 0.15$

底层　$\rho = \frac{4.0 \times 1.05}{5.0 \times 6.0} = 0.14 < 0.15$

故墙体1可按整体墙计算，相应的洞口削弱系数按式（6.58）计算

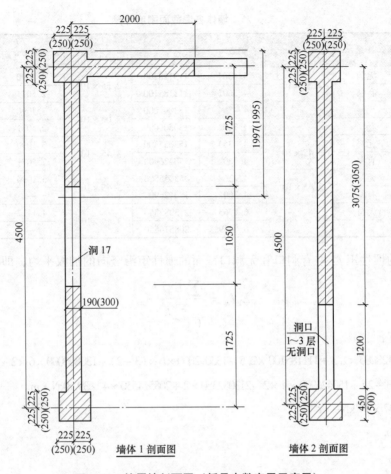

墙体1剖面图

墙体2剖面图

图 6.41　抗震墙剖面图（括号内数字用于底层）

顶层　$\gamma_{00} = 1 - 1.25 \sqrt{\dfrac{A_{op}}{A_f}} = 1 - 1.25 \times \sqrt{0.1382} = 0.53531$

$2 \sim 11$ 层　$\gamma_{00} = 1 - 1.25 \times \sqrt{0.14} = 0.532$

底层　$\gamma_{00} = 1 - 1.25 \times \sqrt{0.14} = 0.532$

墙体2的洞口宽度1200mm，该洞口在各楼层处的高度分别为：顶层1900mm，$4 \sim 11$ 层1500mm，$1 \sim 3$ 层无洞口。从而得墙体2各层的开洞率分别为

顶层　$\rho = \dfrac{A_{op}}{A_f} = \dfrac{1.2 \times 1.9}{5.0 \times 3.8} = 0.12 < 0.15$

$4 \sim 11$ 层　$\rho = \dfrac{1.2 \times 1.5}{5.0 \times 3.0} = 0.12 < 0.15$

故墙体2也可按整体墙计算，洞口削弱系数分别为

顶层　$\gamma_{00} = 1 - 1.25 \times \sqrt{0.12} = 0.567$

$4 \sim 11$ 层　$\gamma_{00} = 0.567$

2）抗震墙等效刚度。墙1的有效翼缘宽：墙总高的 $1/20 = 39.8/20 = 1.99$m，故取翼缘宽到洞口处（墙中心线起2.0m）。墙体各层截面刚度计算见表6.36。

表6.36 墙体各层截面刚度计算

层号	开洞情况	墙1			墙2		
		$E_c/(kN/m^2)$	I_j/m^4	E_cI_j/kN	$E_c/(kN/m^2)$	I_j/m^4	E_cI_j/kN
顶层	无洞	2.55×10^7	4.4364	113128200	2.55×10^7	3.1090	79279500
	有洞		4.3602	111185100		2.5071	63931050
6~11层	无洞	3.00×10^7	4.4364	133092000	3.00×10^7	3.1090	93270000
	有洞		4.3602	130806000		2.5071	75213000
4~5层	无洞	3.45×10^7	4.4364	153055800	3.45×10^7	3.1090	107260500
	有洞		4.3602	150426900		2.5071	86494950
2~3层	无洞	3.45×10^7	4.4364	153055800	3.45×10^7	3.1090	107260500
	有洞		4.3602	150426900		—	—
底层	无洞	3.45×10^7	6.1763	213082350	3.45×10^7	4.1417	142888650
	有洞		6.0439	208514550		—	—

抗震墙的惯性矩 I_w 取有洞口和无洞口截面的惯性矩沿竖向的加权平均，即

$$E_cI_w = \frac{\sum E_{ci}I_ih_i}{\sum h_i}$$

对墙1有：

$$E_cI_w = [113128200 \times 1.3 + 111185100 \times 2.5 + 133092000 \times 6 \times (3-2) + 130806000 \times 6 \times 2 + 153055800 \times$$
$$4 \times (3-2) + 150426900 \times 4 \times 2 + 213082350 \times 2 + 208514550 \times 4]/39.8kN \cdot m$$
$$\approx 1.4747 \times 10^8 kN \cdot m^2$$

而 $I_w = \dfrac{\sum I_ih_i}{\sum h_i}$

$$= \{4.4364 \times [1.3 + 6 \times (3-2)] + 4.3602 \times (2.5 + 6 \times 2 + 4 \times 2) + 6.1763 \times 2 + 6.0439 \times 4\}/39.8m^4$$

$$= 4.6423m^4$$

墙1的T形截面的剪力不均匀系数 $\mu = 1.620$，按式（6.63）计算墙1的等效刚度为

$$(E_cI_{eq})_1 = \frac{1.4747 \times 10^8}{1 + \dfrac{9 \times 1.620 \times 4.6423}{0.532 \times 1.5117 \times 39.8^2}}kN \cdot m^2 \approx 1.4003 \times 10^8 kN \cdot m^2$$

对墙2有：

$$E_cI_w = (79279500 \times 1.9 + 63931050 \times 1.9 + 93270000 \times 6 \times 1.5 + 75213000 \times 6 \times 1.5 + 107260500 \times 2 \times 1.5 +$$
$$86494950 \times 2 \times 1.5) + 107260500 \times 6 + 142888650 \times 6)/39.8kN \cdot m^2 \approx 9.7251 \times 10^7 kN \cdot m^2$$

$$I_w = [3.1090 \times (1.9 + 8 \times 1.5 + 6) + 2.5071 \times (1.9 + 8 \times 1.5) + 4.1417 \times 6]/39.8m^4 = 3.0545m^4$$

墙2的T形截面的剪力不均匀系数 $\mu = 1.232$，从而墙2的等效刚度为

$$(E_cI_{eq})_2 = \frac{9.7251 \times 10^7}{1 + \dfrac{9 \times 1.232 \times 3.0545}{0.567 \times 1.1745 \times 39.8^2}}kN \cdot m^2 \approx 9.4226 \times 10^7 kN \cdot m^2$$

抗震墙的总等效刚度为

$$E_c I_{eq} = 2 \times (14.003 + 9.4226) \times 10^7 \text{kN} \cdot \text{m}^2 \approx 4.6851 \times 10^7 \text{kN} \cdot \text{m}^2$$

（3）框架－抗震墙连系梁刚度 只考虑连系梁对抗震墙的约束弯矩，不考虑连系梁对柱的约束弯矩，则梁刚性段长度 $al = \left(\dfrac{4.95}{2} - \dfrac{1}{4} \times 0.55 \right) \text{m} = 2.34 \text{m}$，而 $l = (4.5 + 2.25) \text{m} = 6.75 \text{m}$，故 $a = 2.34/6.75 = 0.3467$。

$$m_{12} = \frac{6 E_c I (1+a)}{l (1-a)^3} = \frac{6 \times 2.55 \times 10^7 \times 0.004159 \times (1 + 0.3467)}{6.75 \times (1 - 0.3467)^3} \text{kN} \cdot \text{m} \approx 4.5531 \times 10^5 \text{kN} \cdot \text{m}$$

框架与抗震墙的连系梁共 12 层，每层有 4 处，故连系梁的等效刚度为

$$\sum \frac{m_{ij}}{h} = \frac{4 \times \sum m_{ij}}{\sum h_i} = \frac{4 \times 12 \times 4.5531 \times 10^5}{39.8} \text{kN} \approx 5.4912 \times 10^5 \text{kN}$$

3. 结构基本自振周期计算

用顶点位移法，结构的刚度特征值为

$$\lambda = H \sqrt{\frac{C_f + \sum \dfrac{m_{ij}}{h}}{E_c I_{eq}}} = 39.8 \times \sqrt{\frac{(10.66181 + 5.4912) \times 10^5}{4.6851 \times 10^8}} \approx 2.337$$

取水平均布荷载 $q = g = 2038.12 \text{kN/m}$，并取 $\zeta = 1$，则可由式（6.94）得顶点位移 Δ

$$\Delta = \frac{q H^4}{\lambda^4 E_c I_{eq}} \left[\left(\frac{1 + \lambda \sinh \lambda}{\cosh \lambda} \right) (\cosh \lambda \zeta - 1) - \lambda \sinh \lambda \zeta + \lambda^2 \zeta \left(1 - \frac{\zeta}{2} \right) \right]_{\zeta = 1}$$

$$= \frac{2038.12 \times 39.8^4}{2.337^4 \times 4.6851 \times 10^8} \left[\left(\frac{1 + 2.337 \times \sinh 2.337}{\cosh 2.337} \right) (\cosh 2.337 - 1) - 2.337 \times \sinh 2.337 + \right.$$

$$\left. 2.337^2 \times (1 - 0.5) \right] \text{m}$$

$$\approx 0.4558 \text{m}$$

基本周期折减系数 $\psi_T = 0.8$，周期为

$$T_1 = 1.7 \psi_T \sqrt{\Delta} = 1.7 \times 0.8 \times \sqrt{0.4558} \text{s} \approx 0.918 \text{s}$$

4. 横向水平地震作用计算

总水平地震作用的表达式为 $F_{Ek} = 0.85 \alpha_1 G_E$，其中 G_E 为总重力荷载代表值。查得 $\alpha_{max} = 0.08$。阻尼比为 0.05，故 $\gamma = 0.9$，则

$$\alpha_1 = \left(\frac{T_g}{T_1} \right)^{0.9} \alpha_{max} = \left(\frac{0.65}{0.918} \right)^{0.9} \times 0.08 \approx 0.0586$$

$$F_{Ek} = 0.85 \times 0.0586 \times 81117 \text{kN} \approx 4040.4 \text{kN}$$

$$T_1 / T_g = 0.918 / 0.65 \approx 1.41 > 1.4$$

顶部附加地震作用系数 $\delta_n = 0.08 T_1 - 0.02 = 0.08 \times 0.918 - 0.02 = 0.05344$

顶部附加地震作用 $\Delta F_n = \delta_n F_{Ek} = 0.05344 \times 4040.4 \text{kN} \approx 215.9 \text{kN}$

用底部剪力法把总水平地震作用沿结构高度分配，则可得到各层的水平地震作用和相应的剪力效应，计算过程和结果列于表6.37，其中水平地震作用 F_i 的计算式为（顶层要加上附加地震作用）

$$F_i = \frac{G_i H_i}{\sum G_i H_i} \cdot F_{Ek} (1 - \delta_n)$$

其中，$F_{Ek}(1 - \delta_n) = 4040.4 \times (1 - 0.05344)\text{kN} \approx 3824.5\text{kN}$。

表 6.37   底部剪力法的计算

层数	层高 h_i/m	高度 H_i/m	重力 G_i/kN	$G_iH_i/(\text{kN}\cdot\text{m})$	$\dfrac{G_iH_i}{\sum G_iH_i}$	水平力 F_i/kN	剪力 Q_i/kN	弯矩 $F_iH_i/(\text{kN}\cdot\text{m})$
12	3.8	39.8	5431	216153.8	0.1213	463.91	679.81	18463.62
11	3.0	36	6734	242424	0.1361	520.51	1200.32	18738.36
10	3.0	33	6734	222222	0.1247	476.91	1677.23	15738.03
9	3.0	30	6734	202020	0.1134	433.70	2110.93	13011.00
8	3.0	27	6734	181818	0.1021	390.48	2501.41	10542.96
7	3.0	24	6734	161616	0.0907	346.88	2848.29	8325.12
6	3.0	21	6734	141414	0.0794	303.67	3151.96	6377.07
5	3.0	18	6734	121212	0.0680	260.07	3412.03	4681.26
4	3.0	15	6734	101010	0.0567	216.85	3628.88	3252.75
3	3.0	12	6734	80808	0.0454	173.63	3802.51	2083.56
2	3.0	9	6734	60606	0.0340	130.03	3932.54	1170.27
1	6.0	6	8346	50076	0.0281	107.47	4040.01	644.82
				$\sum G_KH_K =$ 1781379.8			$\sum F_iH_i =$ 103028.80	

为便于后面的计算，现将各层水平地震作用换算成倒三角式水平作用。换算原则是：由各层水平地震作用 F_i 在基底产生的弯矩效应与倒三角式水平作用产生的弯矩效应相等，即

$$M_0 = \frac{qH}{2} \times \frac{2H}{3} = \sum F_iH_i = 103028.80\text{kN}\cdot\text{m}$$

从而得

$$q = \frac{3\sum F_iH_i}{H^2} = \frac{3 \times 103028.80}{39.8^2}\text{kN/m} = 195.13\text{kN/m}$$

相应得总水平地震作用为

$$F_{Ek} = \frac{1}{2} \times 195.13 \times 39.8\text{kN} = 3882.99\text{kN}$$

与原总水平地震作用相差为

$$(4040.01 - 3882.99)/4040.01 = 0.038 = 3.8\%$$

5. 结构变形验算

按规范规定，本例只需验算多遇地震作用下的弹性变形。根据前面的结果，刚度特征值 $\lambda = 2.337$，$\zeta = x/H$，按倒三角水平地震作用得最大值 $q = 195.13\text{kN/m}$，及 $E_cI_{eq} = 4.6851 \times 10^8\text{kN}\cdot\text{m}^2$，即可求得各层的位移值，有

$$\frac{qH^4}{\lambda^2 E_cI_{eq}} = \frac{195.13 \times 39.8^4}{2.337^2 \times 4.6851 \times 10^8}\text{m} \approx 0.1913\text{m}$$

计算过程和结果见表 6.38。

表 6.38　结构层间变形的计算

层数	H_i/m	$\zeta = H_i/H$	$u_i = u\ (\varepsilon)\ /\mathrm{m}$	$\Delta u_i = u_i - u_{i-1}/\mathrm{m}$	h_i/m	$\Delta u_i/h_i$
12	39.8	1.0000	0.035005	0.003635	3.8	0.0009566
11	36	0.9045	0.031370	0.00295	3.0	0.000983
10	33	0.8291	0.028420	0.003049	3.0	0.0010163
9	30	0.7538	0.025371	0.003157	3.0	0.0010523
8	27	0.6784	0.022214	0.003237	3.0	0.001079
7	24	0.6030	0.018977	0.003271	3.0	0.0010903
6	21	0.5276	0.015706	0.003234	3.0	0.001078
5	18	0.4523	0.012472	0.0031196	3.0	0.00103987
4	15	0.3769	0.0093524	0.002894	3.0	0.0009647
3	12	0.03015	0.0064584	0.0025418	3.0	0.00084727
2	9	0.2261	0.0039166	0.0020394	3.0	0.0006798
1	6	0.1508	0.0018772	0.0018772	6.0	0.00031287

　　规范规定的层间位移角限值为 $1/800 = 0.001250$，由表 6.38 可知，各层的层间相对位移角均满足此要求。结构顶点的相对位移值为

$$\frac{u_{\mathrm{T}}}{H} = \frac{0.035005}{39.8} = 0.0008795 < \frac{1}{700 + 0.00143}$$

所以结构的变形满足规范的要求。

6. 水平地震作用在结构中的分配

　　前面已经求得结构总水平地震作用值为 $F_{\mathrm{Ek}} = 3824.5\mathrm{kN}$，相应的基底弯矩效应为 $M_0 = 103028.80\mathrm{kN \cdot m}$。按倒三角式分布的水平地震作用的表达式为 $F(x) = \dfrac{q}{H}x$，其中，$q = 2F_{\mathrm{Ek}}/H = 195.13\mathrm{kN/m}$，沿高度地震剪力的分布为

$$Q(x) = \int_x^H F(\zeta)\mathrm{d}\zeta = \frac{q}{2H}(H^2 - x^2)$$

取 $\zeta = x/H$，则 $F(x) = q\zeta$，$Q(x) = \dfrac{qH}{2}(1 - \zeta^2) = (1 - \zeta^2)F_{\mathrm{Ek}}$。

　　抗震墙的 Q'_{w} 和弯矩效应 M_{w}。由于 $C_{\mathrm{f}} = 10.66181 \times 10^5$，$\sum (m_{ij}/h) = 5.4912 \times 10^5$，故有

$$\frac{C_{\mathrm{f}}}{C_{\mathrm{f}} + \sum \dfrac{m_{ij}}{h}} = \frac{10.66181}{10.66181 + 5.4912} \approx 0.66$$

$$\frac{\sum \dfrac{m_{ij}}{h}}{C_{\mathrm{f}} + \sum \dfrac{m_{ij}}{h}} = \frac{5.4912}{10.66181 + 5.4912} \approx 0.34$$

7. 抗震墙的内力计算

　　将地震剪力和弯矩效应在各墙中分配。把上面求得的总抗震墙剪力和弯矩按各抗震墙的刚度分配，则可得到各抗震墙的剪力和弯矩。比较准确的计算应按各层的刚度进行，并且由于约束弯矩公式是直接传到各墙的，故公式应按与各墙相连的连梁的刚度进行分配。在本例

中，各墙之间的刚度比沿高度变化不大，且考虑到方法的近似性，把各层的总剪力和总弯矩直接按各墙的刚度进行分配。因此 i 墙的第 j 层的弯矩和剪力为

$$M_{ij} = \frac{(E_c I_{eq})_i}{\sum (E_c/I_{eq})_i} M_j, \quad Q_{wij} = \frac{(E_c I_{eq})_i}{\sum (E_c I_{eq})_i} Q_{wj}$$

墙 1 的分配系数为

$$\frac{(E_c I_{eq})_i}{\sum (E_c I_{eq})_i} = \frac{(E_c I_{eq})_1}{2[(E_c I_{eq})_1 + (E_c I_{eq})_2]} = \frac{1.4003 \times 10^8}{2 \times (1.4003 \times 10^8 + 9.4226 \times 10^7)} \approx 0.2989$$

墙 2 的分配系数为

$$\frac{9.4226 \times 10^7}{2 \times (1.4003 \times 10^8 + 9.4226 \times 10^7)} \approx 0.2011$$

至此可算出各层的墙 1 分得的弯矩 M_1 和剪力 Q_{w1}，以及各层的墙 2 分得的弯矩 M_2 和剪力 Q_{w2}，见表 6.39。

抗震墙在水平地震荷载作用下的轴力由线约束弯矩引起。总的线约束弯矩公式可按连梁的刚度分配给各列连梁，则每列连梁的线约束弯矩为 m'。此线约束弯矩可在抗震墙中线处产生连系梁的梁端弯矩 $m'h_j$（h_j 为第 j 层楼面的上半层高度与下半层高度之和），由此弯矩按平衡条件可得梁端剪力，进而可算出抗震墙中的轴力。在本例中，各列连梁的刚度相同，故 $m' = m/4$。计算过程见表 6.40。

求出地震荷载作用下的内力后，即可与其他情况的内力一起进行内力组合，然后进行截面设计。

表 6.39　水平地震作用值在结构中的分配过程

层数	$\zeta = H_i/H$	$M/$ kN·m	$Q'_w/$ kN	$Q_p/$ kN	$\bar{Q}_f/$ kN	$Q_f/$ kN	$m/$ kN	$Q_w/$ kN	$M_1/$ kN·m	$Q_{w1}/$ kN	$M_2/$ kN·m	$Q_{w2}/$ kN
12	1.0000	0	−1368.53	0	1368.529	903.2288	465.2997	−903.229	0	−269.959	0	−181.655
11	0.9045	−3874.45	−690.474	706.2549	1396.729	921.841	474.8878	−215.586	−1158.01	−64.4349	−779.221	−43.3581
10	0.8291	−5242.87	−231.258	1213.827	1445.085	953.7561	491.3289	260.0705	−1567	77.73049	−1054.43	52.30474
9	0.7538	−5314.52	175.9791	1676.661	1500.682	990.45	510.2318	686.2109	−1588.42	205.0964	−1068.84	138.0091
8	0.6784	−4224.53	545.0006	2095.987	1550.987	1023.65	527.3355	1072.336	−1262.64	320.5024	−849.628	215.6656
7	0.603	−2070.88	886.7218	2471.162	1584.44	1045.73	538.7095	1425.431	−618.948	426.0364	−416.49	286.6793
6	0.5276	1080.654	1211.781	2802.184	1590.403	1049.666	540.7371	1752.518	322.9884	523.7968	217.3385	352.4621
5	0.4523	5189.238	1529.874	3088.703	1558.829	1028.827	530.0016	2059.876	1550.972	615.6607	1043.647	414.2773
4	0.3769	10261.03	1851.751	3331.48	1479.73	976.6216	503.1081	2354.859	3066.841	703.8259	2063.673	473.6035
3	0.3015	16316.26	2187.007	3530.106	1343.099	886.4451	456.6535	2643.661	4876.642	790.1437	3281.486	531.6866
2	0.2261	23410.58	2546.079	3684.579	1138.5	751.4098	387.0899	2933.169	6997.012	876.6727	4708.28	589.9119
1	0.1508	31620.32	2939.594	3794.783	855.1889	564.4247	290.7642	3230.358	9450.758	965.4974	6359.402	649.6819
	0	51972.1	3883.087	3883.087	0	0	0	3883.087	15533.55	1160.586	10452.5	780.9571

注：Q'_w 为根据位移的三次积分求出的总墙的剪力；$\bar{Q}_f$ 为框架的广义剪力；Q_p 为结构的总剪力；M 为总墙的弯矩；Q_f 为框架的剪力；m 为总连杆的约束弯矩；Q_w 为总墙的剪力；M_1 和 Q_{w1} 为墙 1 的弯矩和剪力；M_2 和 Q_{w2} 为墙 2 的弯矩和剪力。

表 6.40　水平地震作用下抗震墙轴力的计算

层数	m/kN	m'/kN	h_j/m	N_{wj}/kN	$\sum N_{wj}$/kN
12	465.2997	116.3249	1.9	32.74331	32.74331
11	474.8878	118.7219	3.4	59.80068	92.54399
10	491.3289	122.8322	3.0	54.5921	147.1361
9	510.2318	127.558	3.0	56.69242	203.8285
8	527.3355	131.8339	3.0	58.59283	262.4213
7	538.7095	134.6774	3.0	59.85661	322.278
6	540.7371	135.1843	3.0	60.08191	382.3599
5	530.002	132.5005	3.0	58.88911	441.249
4	503.1081	125.777	3.0	55.9009	497.1499
3	456.6535	114.1634	3.0	50.73928	547.8892
2	387.0899	96.77247	3.0	43.00999	590.8991
1	290.7642	72.69105	4.5	48.4607	639.3598

习题

一、填空题

1. 对多层和高层现浇钢筋混凝土房屋中的（　　　　　），其适用的房屋最大高度宜比《建筑抗震设计规范》所列的数值适当降低。

2. 钢筋混凝土房屋应根据烈度、结构类型和房屋高度采用不同的（　　　　　），并应符合相应的（　　　　　）和构造措施要求。

3. 某框架房屋高度为 23m，设防烈度为 7 度，根据具体情况必须设置防震缝，则防震缝的最小宽度应为（　　　　　）。

4. 框架结构中，砌体填充墙在平面和竖向的布置宜（　　　　），宜避免形成薄弱层或（　　　　）。

5. 梁柱箍筋末端应做（　　　　）弯钩，弯钩的平直部分不应小于箍筋直径的（　　　　　）。

6. 钢筋混凝土框架的震害多发生在柱端、（　　　　）和梁柱节点核心区，一般柱的震害重于梁的，柱顶的震害重于（　　　　）的，内柱的震害（　　　　）角柱的。

7. 一般情况下，框架梁的控制截面为两端及（　　　　）截面。梁端截面的最不利内力组合为（　　　　）和（　　　　）。

8. 强剪弱弯要求构件的抗剪承载力大于其（　　　　）实际达到的剪力。

9. 在式 $\sum M_c = \eta_c \sum M_b$ 中，通过系数 η_c 体现（　　　　）的设计原则。

10. 构件截面平均剪应力与混凝土轴心抗压强度设计值之比称为（　　　　　）。

11. 轴压比指柱（墙）（　　　　）设计值与柱（墙）的全截面面积和混凝土抗压强度设计值乘积之比。柱的延性随轴压比的增大而（　　　　）。

12. 钢筋混凝土房屋应根据烈度（　　　　）和（　　　　）采用不同的抗震等级，并应符合相应的计算和构造措施要求。

13. 用于计算框架结构水平地震作用的手算方法一般有（　　　　）和（　　　　）。

14. 框架按破坏机制可分为（　　　　）、（　　　　）。

15. 丙类钢筋混凝土房屋应根据（　　　　）、（　　　　）和（　　　　）查表采用不同的抗震等级。

16. 框架结构防震缝的宽度不小于（　　　　）mm。

17. 建筑结构扭转不规则时，应考虑扭转影响，楼层竖向构件最大的层间位移不宜大于楼层层间位移平均值的（　　　　）倍。

18. 剪压比是构件截面上（　　　　）的比值，用以反映（　　　　）的大小。

19. 地震区的框架结构，应设计成延性框架，遵守（　　　　）、（　　　　）、（　　　　）、（　　　　）等设计原则。

20. 竖向荷载下框架内力近似计算可采用（　　　　）和（　　　　）。

21. 影响梁截面延性的主要因素有（　　　　）、（　　　　）、（　　　　）和（　　　　）等。

22. 轴压比是影响柱子（　　　　）和（　　　　）的主要因素之一。

23. 框架节点破坏的主要形式是（　　　　）和（　　　　）。

24. 框架结构最佳的抗震机制是（　　　　）。

25. 梁筋的锚固方式一般有（　　　　）和（　　　　）两种。

26. 影响框架节点受剪承载力的主要因素有（　　　　）、（　　　　）、（　　　　）和（　　　　）等。

27. 楼盖的水平刚度，一般取决于（　　　　）和（　　　　）。

28. 结构延性和耗能的大小，取决于构件的（　　　　）及其（　　　　）。

29. （　　　　）是保证结构各部件在地震作用下协调工作的必要条件。

30. 选择结构体系时，要注意选择合理的（　　　　）及（　　　　）。

31. 影响框架柱受剪承载力的主要因素有（　　　　）、（　　　　）、（　　　　）、（　　　　）等。

32. 多层和高层钢筋混凝土结构包括（　　　　）、（　　　　）、（　　　　）及（　　　　）等结构体系。

33. 框架节点的抗震设计包括（　　　　）和（　　　　）两方面的内容。

34. 楼层地震剪力在同一层各墙体间的分配主要取决于（　　　　）和（　　　　）。

35. 结构的变形缝有（　　　　）、（　　　　）和（　　　　）。

36. 框架梁与柱的连接宜采用（　　　　）型。

37. 采用钢筋混凝土框架－抗震墙体系的高层建筑，自振周期的长短主要是由抗震墙的数量来决定的，数量多、厚度大，自振周期就越（　　　　）。

38. 现浇钢筋混凝土房屋适用的最大高度与（　　　　）、（　　　　）和（　　　　）有关。

39. 《建筑抗震设计规范》根据（　　　　）、（　　　　）、（　　　　），将钢筋混凝土房屋划分为不同的抗震等级。

40. 框架结构的布置形式有三种，分别为（　　　　）、（　　　　）、（　　　　）。其中，地震区的框架宜双向设置。

41. 框架梁的控制截面为（　　　　）截面和（　　　　）截面；框架柱的控制截面为（　　　　）截面。

42. 框架体系的节点常采用（　　　　）节点。

二、选择题

1. 多高层钢筋混凝土房屋适用的最大高度取决于（　　　　）。

Ⅰ. 建筑的重要性　　Ⅱ. 设防烈度　　Ⅲ. 结构类型　　Ⅳ. 建筑装修要求

Ⅴ. 是否为规则结构　　Ⅵ. 使用活荷载的大小

A. Ⅰ、Ⅱ、Ⅲ、Ⅳ　　B. Ⅱ、Ⅲ、Ⅳ、Ⅴ　C. Ⅲ、Ⅳ、Ⅴ、Ⅵ　D. Ⅰ、Ⅱ、Ⅲ、Ⅴ

2. 划分钢筋混凝土结构抗震等级应考虑的因素包括（　　　　）。

Ⅰ. 设防烈度　　Ⅱ. 房屋高度　　Ⅲ. 结构类型　　Ⅳ. 楼层高度　　Ⅴ. 房屋的高宽比

A. Ⅰ、Ⅱ、Ⅲ　　　　　　　B. Ⅱ、Ⅲ、Ⅳ　　　　　C. Ⅲ、Ⅳ、Ⅴ　　　　　D. Ⅰ、Ⅲ、Ⅴ

3. 决定多高层钢筋混凝土房屋防震缝宽度的因素有（　　）。

Ⅰ. 建筑的重要性　　　　Ⅱ. 建筑物的高度　　　　Ⅲ. 场地类别　　　　Ⅳ. 结构类型

Ⅴ. 设防烈度　　　　　　Ⅵ. 楼面活荷载的大小

A. Ⅰ、Ⅲ、Ⅴ　　　　　　B. Ⅱ、Ⅳ、Ⅵ　　　　　C. Ⅱ、Ⅳ、Ⅴ　　　　　D. Ⅰ、Ⅲ、Ⅵ

4. 关于结构的抗震等级，下列说法错误的是（　　）。

A. 确定抗震等级时考虑的设防烈度与抗震设防烈度可能不一致

B. 只有多高层钢筋混凝土房屋才需划分结构的抗震等级

C. 房屋高度是划分结构抗震等级的条件之一

D. 抗震等级越小，要求采取的抗震措施越严格

5. 下列符合规则结构的相应要求的是（　　）。

A. 房屋平面局部突出部分的宽度不大于其长度，且大于该方向总长的30%

B. 房屋立面局部收进的尺寸不大于该方向总尺寸的25%

C. 楼层刚度不小于其相邻下层刚度的70%

D. 在房屋抗侧力构件的布置基本均匀对称的情况下，房屋平面内质量的分布可不均匀对称

6. 对于高层钢筋混凝土房屋防震缝的设置，下列说法错误的是（　　）。

A. 宜尽量争取不设防震缝　　　　　　　　B. 体型复杂的建筑，必须设置防震缝

C. 设置防震缝与否根据实际需要而定　　　D. 设置防震缝时应将建筑分成规则的结构单元

7. 框架结构中砌体填充墙的布置及所用材料应符合（　　）。

Ⅰ. 平面和竖向宜均匀对称

Ⅱ. 平面宜对称，竖向可不均匀

Ⅲ. 平面宜均匀，竖向可不均匀

Ⅳ. 每层的填充墙高度宜与该层柱净高相同

Ⅴ. 每层的填充墙宜砌至该层柱半高处

Ⅵ. 宜采用轻质墙或与柱柔性连接的墙板

Ⅶ. 有的情况下可用轻质墙板或与柱柔性连接的墙板

A. Ⅰ、Ⅳ、Ⅵ　　　　　　B. Ⅱ、Ⅲ、Ⅳ、Ⅶ　　　C. Ⅰ、Ⅳ、Ⅶ　　　　D. Ⅱ、Ⅳ、Ⅴ

8. 框架梁截面尺寸应符合的条件之一为（　　）。

A. 截面宽度不宜小于 200mm

B. 截面高宽比不宜小于 4

C. 梁净跨与截面高度之比不宜大于 4

D. 梁截面尺寸一般与梁剪力设计值的大小无关

9. N 为柱组合的轴压力设计值，f_c 为混凝土轴心抗压强度设计值，f_t 为混凝土轴心抗拉强度设计值，b 为柱截面宽度，h 为柱截面高度，h_0 为柱截面有效高度，则柱轴压比的表达式为（　　）。

A. $\dfrac{N}{f_c bh_0}$　　　　　　B. $\dfrac{N}{f_c bh}$　　　　　C. $\dfrac{N}{f_t bh_0}$　　　　　D. $\dfrac{N}{f_t bh}$

10. 抗震结构中有可能成为短梁或短柱的是（　　）。

A. 梁的计算跨度与截面高度之比小于 8 为短梁

B. 梁的净跨度与截面高度之比小于 6 为短梁

C. 柱的计算高度与截面高度之比不大于 8 为短柱

D. 柱的净高度与截面高度之比不大于 4 为短柱

11. 当无法避免而出现短柱时，应采用的措施为（　　）。

A. 加大柱的截面面积　　　　　　　　　　B. 提高混凝土的强度等级

C. 沿柱全高将箍筋按规定加密

D. 取纵向钢筋的配筋率为 3% ~ 5%

12. 对于不考虑抗侧力作用的框架砌体填充墙（　　）。

A. 宜先砌墙后浇框架

B. 应通过拉筋与框架柱连接

C. 当墙长度大于 5m 时，宜在墙高中部设置钢筋混凝土系梁

D. 当墙高超过 4m 时，墙顶部与梁宜有拉结措施

13. 框架填充墙与框架柱拉结的作用是（　　）。

A. 避免地震时填充墙闪出倒塌

B. 避免地震时填充墙开裂

C. 提高填充墙砌体的强度

D. 提高框架柱的承载力

14. 在框架结构抗震设计时，框架梁中线与柱中线两者间（　　）。

A. 不宜重合　　　　　B. 必须重合　　　　C. 偏心距不宜过大　　　D. 偏心距不宜过小

15. 当设防烈度为 8 度时采用现浇楼、屋盖的框架 – 抗震墙房屋（无框支层），抗震墙之间楼、屋盖的长宽比一般不宜超过（　　）。

A. 1.5　　　　　　　B. 2.0　　　　　　C. 2.5　　　　　　D. 3.0

16. 框架 – 抗震墙结构中的抗震墙设置应符合的条件之一为（　　）。

A. 抗震墙开洞面积不宜过小，洞口宜上下对齐

B. 纵向抗震墙宜设置在端开间

C. 纵横向抗震墙宜单独布置

D. 抗震墙宜贯通房屋全高，且纵横向抗震墙宜相连

17. 确定钢筋混凝土丙类建筑房屋的抗震等级的因素是（　　）。

A. 抗震设防烈度、结构类型和房屋层数

B. 抗震设防烈度、结构类型和房屋高度

C. 抗震设防烈度、场地类型和房屋层数

D. 抗震设防烈度、场地类型和房屋高度

18. 强剪弱弯指（　　）。

A. 抗剪承载力 V_u 大于抗弯承载力 M_u

B. 剪切破坏发生在弯曲破坏之后

C. 设计剪力大于设计弯矩

D. 柱剪切破坏发生在梁剪切破坏之后

19. 强柱弱梁指（　　）。

A. 柱线刚度大于梁线刚度

B. 柱抗弯承载力大于梁抗弯承载力

C. 柱抗剪承载力大于梁抗剪承载力

C. 柱配筋大于梁配筋

20. 《建筑抗震设计规范》规定，框架 – 抗震墙房屋的防震缝宽度是框架结构房屋的（　　）。

A. 80%，且不宜小于 70mm

B. 70%，且不宜小于 70mm

C. 60%，且不宜小于 70mm

D. 90%，且不宜小于 70mm

21. 框架结构侧移曲线为（　　）。

A. 弯曲型　　　B. 复合型　　　C. 弯剪型　　　D. 剪切型

22. 抗震设防结构的布置原则为（　　）。

A. 合理设置沉降缝　　B. 增加基础埋深　　C. 足够的变形能力　　D. 增大自重

23. 6 度设防的 35m 高的框架结构，其防震缝的宽度应为（　　）。

A. 100mm　　　　B. 150mm　　　　C. 200mm　　　　D. 250mm

24. 混凝土框架结构中，不属于框架柱常见震害的是（　　）。

A. 剪切破坏　　　B. 受压破坏　　　C. 压弯破坏　　　D. 弯曲破坏

25. 抗震设防区框架结构布置时，梁中线与柱中线之间的偏心距不宜大于（　　）。

A. 柱宽的 1/4　　　B. 柱宽的 1/8　　　C. 梁宽的 1/4　　　D. 梁宽的 1/8

26. 受压构件的位移延性将随轴压比的增加而（　　）。

A. 增大　　　　　B. 减小　　　　　C. 不变　　　　　D. 说不清

27. 在框架结构的抗震设计中，控制柱轴压比的目的是（　　　）。

A. 控制柱在轴压范围内破坏 B. 控制柱在小偏压范围内破坏

C. 控制柱在大偏压范围内破坏 D. 控制柱在双向偏压范围内破坏

28. 9度区的高层住宅竖向地震作用计算时，恒荷载标准值为 G_k，活荷载标准值为 Q_k，则结构等效总重力荷载 G_{eq} 为（　　　）。

A. $0.85(1.2G_k + 1.4Q_k)$ B. $0.85(G_k + Q_k)$ C. $0.75(G_k + 0.5Q_k)$ D. $0.85(G_k + 0.5Q_k)$

29. 考虑内力塑性重分布，对框架结构的梁端负弯矩进行调幅时应注意的是（　　　）。

A. 梁端塑性调幅应对水平地震作用产生的负弯矩进行

B. 梁端塑性调幅应对竖向荷载作用产生的负弯矩进行

C. 梁端塑性调幅应对内力组合后的负弯矩进行

D. 梁端塑性调幅应只对竖向恒荷载作用产生的负弯矩进行

30. 框架柱轴压比过高会使柱产生（　　　）。

A. 大偏心受压构件 B. 小偏心受压构件 C. 剪切破坏 D. 扭转破坏

31. 在框架结构的抗震设计中，控制柱轴压比的目的是（　　　）。

A. 控制柱在轴压范围内破坏 B. 控制柱在小偏压范围内破坏

C. 控制柱在大偏压范围内破坏 D. 控制柱在双向偏压范围内破坏

32. 框架－剪力墙结构侧移曲线为（　　　）。

A. 弯曲型 B. 剪切型 C. 弯剪型 D. 复合型

33. 框架结构中布置填充墙后，结构的基本自振周期将（　　　）。

A. 增大 B. 减小 C. 不变 D. 说不清

34. 考虑内力塑性重分布，对框架结构的梁端负弯矩调幅后，梁端负弯矩将（　　　）。

A. 增大 B. 减小 C. 不变 D. 说不清

35. 框架结构与剪力墙结构相比，下述叙述正确的是（　　　）。

A. 框架结构变形大、延性好、抗侧力小，因此考虑经济合理，其建造高度比剪力墙结构低

B. 框架结构延性好，抗震性能好，只要加大柱承载能力，建造更高的框架结构是可能的，也是合理的

C. 剪力墙结构延性小，因此建造高度也受到限制

D. 框架结构必定是延性结构，剪力墙结构是脆性或低延性结构

36. 为避免梁在弯曲破坏前发生剪切破坏，应按（　　　）的原则调整框架梁端部截面组合的剪力设计值。

A. 强柱弱梁 B. 强节点 C. 强剪弱弯 D. 强锚固

37. 位于软弱场地上，震害较重的建筑物是（　　　）。

A. 木楼盖等柔性建筑 B. 单层框架结构 C. 单层厂房结构 D. 多层剪力墙结构

三、判别题

1. 用防震缝把建筑划分成规则结构后，防震缝宽度按较高建筑的高度确定。（　　　）

2. 梁端弯矩调幅不仅要对竖向荷载作用下的弯矩进行调幅，也应对水平荷载作用下的弯矩进行调幅。（　　　）

3. 强剪弱弯指防止构件在弯曲屈服前出现脆性剪切破坏。（　　　）

4. 受压构件的位移延性将随轴压比的增加而减小。（　　　）

5. 柱的轴力越大，柱的延性越差。（　　　）

6. 地震时内框架房屋的震害要比全框架结构房屋严重，比多层砖房要轻。（　　　）

7. 限制梁柱的剪压比，主要是为了防止梁柱混凝土过早发生斜压破坏。（　　　）

8. 在截面抗震验算时，其采用的承载力调整系数一般均小于1。（　　　）

9. 在进行梁端弯矩调幅时，可先进行竖向荷载和水平荷载的梁端弯矩组合后再进行调幅。（　　　）

10. 一般而言，房屋越高，所受到的地震力和倾覆力矩越大，破坏的可能性也越大。（　　　）

11. 建筑物的高宽比越大，地震作用下的侧移越大，地震引起的倾覆作用越严重。（　　　）

12. 一般而言，在结构抗震设计中，对结构中重要构件的延性要求，低于对结构总体的延性要求；对构件中关键杆件或部位的延性要求，又低于对整个结构的延性要求。（　　　）

13. 弯曲构件的延性远远小于剪切构件的延性。（　　　）

14. 钢筋混凝土构造柱可以先浇柱，后砌墙。（　　　）

15. 钢筋混凝土框架柱的轴压比越大，抗震性能越好。（　　　）

16. 构造柱必须单独设置基础。（　　　）

17. 在同等场地、烈度条件下，钢结构房屋的震害较钢筋混凝土结构房屋的震害要严重。（　　　）

18. 质量和刚度明显不对称、不均匀的结构，应考虑水平地震作用的扭转影响。（　　　）

四、简答题

1. 框架梁、柱及节点可能发生哪些震害？试分析其原因。

2. 为什么要划分现浇钢筋混凝土结构的抗震等级？划分抗震等级时应考虑哪些因素？

3. 规则结构应符合哪些要求？

4. 如何确定多高层钢筋混凝土房屋的防震缝宽度？

5. 框架结构和框架－抗震墙结构的结构布置应符合哪些要求？

6. 反弯点法、D 值法和弯矩二次分配法各适用于什么情况？反弯点法和 D 值法的基本假定是什么？

7. 试述框架结构侧移计算的步骤（按采用底部剪力法求水平地震作用）。

8. 为什么要进行竖向荷载作用下框架梁端负弯矩调幅？

9. 一般选择框架梁的哪些截面作为控制截面？如何计算梁端柱边的剪力和弯矩？

10. 对于框架梁各控制截面，应考虑哪些最不利内力？这些最不利内力需分别通过何种内力组合来得到？

11. 何谓延性系数？《建筑抗震设计规范》是如何保证结构延性的？试说明强柱弱梁、强剪弱弯和强节点的含义。试通过梁柱端部和节点核心区剪力设计值计算公式及柱端弯矩设计值计算公式来说明如何从计算上体现强柱弱梁、强剪弱弯和强节点的原则。

12. 何谓柱的轴压比？为什么要限制柱的轴压比？

13. 框架梁的截面尺寸应符合哪些要求？

14. 框架柱的截面尺寸应符合哪些要求？

15. 对框架梁纵向钢筋的配置有何要求？

16. 框架梁柱的箍筋加密范围是如何规定的？对梁柱加密区的箍筋肢距有何要求？

17. 如何计算柱加密区箍筋的体积配筋率？

18. 对框架梁柱纵向钢筋的锚固有何要求？

19. 对箍筋弯钩的角度和弯钩平直部分的长度是如何规定的？

20. 框架的砌体填充墙与框架柱间如何拉结？当填充墙长度大于 5m 及高度超过 4m 时，各应采取什么措施？

21. 在框架－抗震墙结构中，抗震墙厚度在构造上应符合什么要求？

22. 试述多高层钢筋混凝土结构设计的一般步骤。

23. 对框架节点核心区的配箍构造有何要求？什么样的框架需进行节点核心区的抗剪承载力验算？如何确定节点核心区的剪力设计值？

24. 框架结构延性设计的原则是什么？

25. 何谓剪压比？控制剪压比的原因是什么？

26. 什么是"强柱弱梁""强剪弱弯"原则？在设计中应如何体现？

27. 简述框架节点抗震设计的基本原则。

28. 简述钢筋混凝土结构房屋的震害情况。

29. 影响框架梁柱延性的因素有哪些？

30. 为何要规定（限制）房屋的高宽比？

31. 为什么要限制抗震横墙间距的最大值？

32. 通过内力组合得出的设计内力还需按照什么原则进行调整？

33. 什么是构造柱和圈梁？各起什么作用？构造柱与墙体如何连接？

34. 什么是刚性楼盖、柔性楼盖和中等刚度楼盖？

35. 底部框架 – 抗震墙砌体房屋有何特点？

36. 多高层钢筋混凝土结构布置不合理会产生哪些震害？

37. 框架结构在什么部位应加密箍筋？

38. 什么是梁铰机制（强柱弱梁）、柱铰机制（强梁弱柱）？

39. 框架柱的破坏一般发生在什么部位？

40. 抗震墙结构的震害有哪些类型？

41. 框架结构、抗震墙结构、框架 – 抗震墙结构各有何特点？

42. 水平地震力通过什么结构分配和传递的？楼盖形式的选择顺序是什么？

43. 地震引起的惯性力和楼层平面的抗力各作用在什么位置？

五、计算题

1. 某抗震等级为三级的框架结构的一边跨梁，在水平地震作用下和重力荷载代表值作用下的弯矩如图 6.42 所示（图中弯矩为梁端柱边弯矩值），求调幅系数为 0.85 时梁端的最大正、负弯矩的组合设计值。

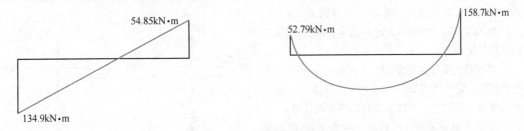

图 6.42　某梁弯矩图

2. 某抗震等级为二级的框架结构，梁端截面尺寸 $b \times h = 250\text{mm} \times 700\text{mm}$，采用 C30 混凝土，在重力荷载和地震作用下的弯矩如图 6.43 所示（重力荷载下弯矩已调幅），且在重力荷载下的均布线荷载为 54kN/m。试确定此梁的箍筋（箍筋用 HPB300 级钢筋）。

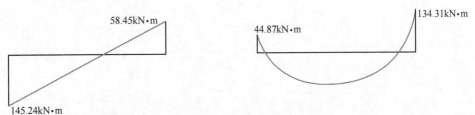

图 6.43　某抗震等级为二级的框架结构梁所受重力荷载和地震作用下的弯矩图

3. 某抗震等级为二级的框架结构，柱截面尺寸为 400mm × 400mm，采用 C30 混凝土，柱净高为 4.6m，上下端截面组合的弯矩设计值分别为 154.48kN · m 和 220.65kN · m，承受轴向压力组合设计值 $N = 1012.16$kN，箍筋采用 HPB300 级钢筋。试确定此柱的箍筋。

4. 某三层钢筋混凝土框架结构百货商店，层高 3.9m，室内外高差 0.30m，设防烈度为 8 度，设计基本地震加速度为 0.2g，设计地震分组为第一组，Ⅱ类建筑场地，集中在各楼层标高处的各质点重力荷载代表值为 $G_3 = 4680$kN，$G_2 = 5690$kN，$G_1 = 6720$kN，建筑物的自振周期按 $T = 0.1n$（n 为层数，T 单位为 s）计算，求：

（1）建筑物总的水平地震作用。

（2）建筑物各层的水平地震作用。

（3）建筑物各层地震剪力的标准值。

5. 四层钢筋混凝土框架结构，建造于设防烈度为 8 度的地区，设计基本地震加速度为 $0.2g$，设计地震分组为第一组，建筑场地为 Ⅱ 类，结构层高和各层重力荷载代表值如图 6.44 所示，结构的基本周期为 $T_1 = 0.56s$，求各层地震剪力标准值。

6. 某框架梁截面尺寸 $b \times h = 250\text{mm} \times 550\text{mm}$，$h_0 = 515\text{mm}$，抗震等级为二级。梁左右两端截面考虑地震作用组合的最不利弯矩设计值：

1）顺时针方向，$M_b^l = 420\text{kN} \cdot \text{m}$，$M_b^r = 175\text{kN} \cdot \text{m}$。

2）逆时针方向，$M_b^l = -210\text{kN} \cdot \text{m}$，$M_b^r = -360\text{kN} \cdot \text{m}$。

梁净跨 $l_n = 7.0\text{m}$，重力荷载代表值产生的剪力设计值 $V_{Gb} = 135.2\text{kN}$，采用 C30 混凝土，纵向受力钢筋采用 HRB400 级，箍筋采用 HPB300 级。试确定梁端截面组合的剪力设计值。

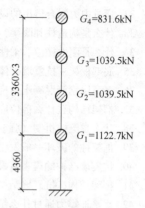

图 6.44　某 4 层钢筋混凝土框架结构计算简图

7. 某高层框架结构，抗震等级为一级，框架梁截面尺寸 $b \times h = 250\text{mm} \times 600\text{mm}$，采用 C30 级混凝土，纵筋采用 HRB400 级，箍筋采用 HPB300 级，已知梁的两端截面配筋均为：梁顶 4 Φ 22，梁底 3 Φ 22，梁净跨 $l_n = 5.6\text{m}$，$V_{Gb} = 100.8\text{kN}$，$h_0 = 565\text{mm}$，$a_s = a_s' = 35\text{mm}$。试确定该框架梁的梁端剪力。

8. 某钢筋混凝土框架结构，中间层中间节点考虑地震作用组合时的内力如图 6.45 所示。试求当抗震等级为二级时，节点上、下柱端截面的弯矩设计值。

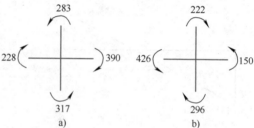

图 6.45　地震作用下梁、柱弯矩值

9. 某简支梁桥采用柱式桥墩（柔性墩）、辊轴支座，抗震设防烈度为 8 度，Ⅰ 类场地。墩的水平抗推刚度为 29400kN/m，墩顶一孔梁上部构造重力为 2254kN，墩身重力为 980kN，墩身重力换算系数为 0.25，重要性系数 $C_i = 1.0$，综合影响系数 $C_z = 0.35$。求墩的水平地震作用。

学习要点：在学习中，应结合砌体材料的性质和砌体房屋的连接构造方式，理解砌体房屋的震害特点。抗震设计一般规定给出了砌体房屋的最大适用高度、房屋的平立面布置原则以及房屋的局部尺寸等，应对其意义有深入的理解。对于砌体房屋的抗震验算，应掌握下述内容：一般情况下，可按房屋的纵横向分别进行抗震验算；地震作用和楼层地震剪力计算；墙体等效侧向刚度的计算与楼层地震剪力的分配；砌体抗震抗剪强度设计值的确定与墙体截面抗震受剪承载力验算。注意理解砌体房屋抗震构造措施的意义并掌握主要的抗震构造要求。

本章适用于普通砖（包括烧结、蒸压、混凝土普通砖）、多孔砖（包括烧结、蒸压、混凝土多孔砖）和混凝土小型空心砌块等由砌体承重的多层房屋的抗震设计。

砌体结构具有容易就地取材、造价低、保温、隔热性能好、施工简单等优点，在一定范围内具有优于其他结构的经济效益和使用性能，因而目前仍是我国建筑工程中广泛使用的一种结构形式。但是，由于砌体结构材料的脆性性质和结构构件之间的连接方式等原因，决定了其抗拉、抗剪和抗弯能力很低并缺乏抗震所要求的延性。因此，砌体房屋的抗震能力较差，特别是未经抗震设计的多层砌体房屋在地震中破坏更为严重，表7.1为我国20世纪60年代至90年代中期多层砖房的震害程度统计表。

表7.1　多层砖房震害程度统计（%）

震害程度	地震烈度				
	6度	7度	8度	9度	10度
基本完好	45.9	40.8	37.2	5.8	0.8
轻微破坏	42.3	37.7	19.5	9.1	2.5
中等破坏	11.2	12.2	24.8	24.7	5.6
严重破坏	0.6	8.8	18.2	53.9	13.0
倒塌		0.5	0.3	6.5	78.1
总计	100	100	100	100	100

从表7.1可以看出，多层砖房在地震中的破坏率是比较高的，但在7度、8度，甚至在9度区，受到轻微破坏或者基本完好的也不乏其例。2008年5月的汶川地震也表明，严格按照《建筑抗震设计规范》进行设计、施工和使用的砌体房屋，在相当于当地罕遇烈度的地震作用下，没有出现倒塌破坏。所以，经过合理的抗震设计并保证施工质量，砌体房屋是具有一定抗震能力的。同时，各种配筋砌体的出现，也有效地提高了砌体房屋的抗震性能，扩

大了砌体结构在地震区的使用范围。

7.1 震害及其分析

1. 房屋倒塌

在高烈度区，由地震引起的房屋倒塌中砌体结构占有相当大的比例。房屋倒塌包括全部倒塌、上部倒塌和局部倒塌。

全部倒塌可分为三种情况：一是当结构底部墙体不足以抵抗强烈地震所产生的剪力时，底部先倒塌，进而上部也随之塌落；二是上部墙体过于薄弱先发生倒塌，进而将底部砸塌；三是上下墙体同时散碎。

唐山地震中砌体结构房屋的震害极为严重，在 10、11 度区多层砖房 90% 以上倒塌或严重破坏，一些建筑群成片倒塌，未倒塌的房屋破坏也相当严重不能继续使用。唐山市某机关家属大院共有 10 栋三层的单元式住宅楼，刚交付使用不久，地震后全部倒塌，现场基本成为平地（图 7.1）。某五层砌体结构房屋塌毁后，各层楼板叠压在一起，如图 7.2 所示。

图 7.1　唐山市某机关家属大院 10 栋住宅楼全部倒塌　　　图 7.2　某五层砌体结构房屋层层叠压

汶川地震造成了大量砌体结构房屋的倒塌（图 7.3），图 7.4 为聚源中学校舍灾后勘查现场时，发现一根剪切破坏的柱子为砖柱。

a)　　　　　　　　　　　　　　　　　　　　b)

图 7.3　大量砌体结构房屋全部倒塌
a）映秀镇大量砌体结构房屋倒塌　b）青川县城大量砌体结构房屋倒塌

造成砌体结构房屋上部倒塌的原因有上部砌体强度不足，屋顶与墙体间连接不好，上部结构自重大、刚度差，上部结构整体性差等。

图7.4 聚源中学校舍倒塌

图7.5为唐山陡河电站办公楼，五层砖混结构，事故发生原因为建筑物圈梁兼做窗过梁，未设在楼板平面处，造成圈梁破坏而甩落在地，致使顶层部分倒塌（正立面）。

图7.5 唐山陡河电站办公楼顶层部分倒塌

造成房屋局部倒塌的原因有房屋地基不均匀，个别部位连接不好，上部结构整体性差，平立面处理不当等。

图7.6为都江堰某新建小学教学楼，建筑主体为砖混结构，预制板仅一端简支，且未设置拉筋，震后发生局部倒塌。图7.7为什邡市蓥华镇某砌体结构房屋部分垮塌。

图7.8为某底框砖混结构房屋，由于首层墙体较少，抗水平力能力低下，在汶川地震后底框被完全损毁，二层变为一层。

2. 楼板和屋盖塌落

在地震中，楼、屋盖很少因其本身而发生破坏。现浇楼、屋盖常因墙体倒塌而破坏；装配式楼、屋盖则可因支撑长度不足或无可靠拉结而导致楼板坠落；楼、屋

图7.6 都江堰某新建小学教学楼

盖梁也可因梁端伸进墙内长度不足而自墙内拔出，造成梁的塌落。

图7.7　什邡市莹华镇某砌体结构房屋部分垮塌

唐山市开滦煤矿研究所三层宿舍楼。坡顶轻型瓦屋面多数未设置圈梁，与12cm隔墙采用捣口连接。震后，顶层倒塌，屋盖塌落（图7.9）。

图7.8　首层被损毁的某底框砖混结构房屋

图7.9　坡顶轻型瓦屋面塌落

3. 墙体的破坏

墙体破坏的部位和形式往往与结构布置、砌体强度和房屋构造等因素有密切关系。墙体的破坏形式主要有斜裂缝、交叉裂缝、水平裂缝和竖向裂缝（图7.10）。

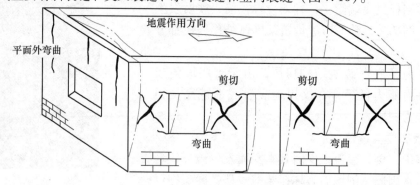

图7.10　墙体变形与典型破坏

图 7.11 为典型的纵向窗间墙的 X 形剪切裂缝，图 7.12 为典型的剪切斜裂缝，图 7.13 为平面外震动造成的竖向裂缝。

图 7.11　典型 X 形剪切裂缝

图 7.12　典型的剪切斜裂缝　　　　　　　图 7.13　平面外震动造成的竖向裂缝

房屋中与水平地震作用方向平行的墙体主要承担该方向地震作用，当砖墙的抗主拉应力强度不足时，则产生斜裂缝；在水平地震反复作用下，又可形成交叉裂缝。水平裂缝大多发生在外纵墙窗口上下截面处，如图 7.14 所示，主要原因是当楼（屋）盖刚度较差、横墙间距大时，横向水平地震作用不能全部通过楼（屋）盖传给横墙，从而引起纵墙平面外受弯、受剪。若楼（屋）盖与墙体的锚固不好，地震时楼板碰撞墙体，墙体在楼板处也可能产生水平裂缝。地震时引起墙体竖向裂缝的原因有纵横墙体交接处的连接不好，地基不均匀沉降和竖向地震作用下梁支座处局部压力过大等。

图 7.15 为某三层砖混结构，底层为大开间，首层采用砖柱，其上设置混凝土梁，二层以上均为砖混结构，砌体结构承载力不足导致山墙破坏极为严重。图 7.16 为某三层砖混结构，由于山墙开洞过多，削弱了墙体承载力，地震时遭到了严重破坏。

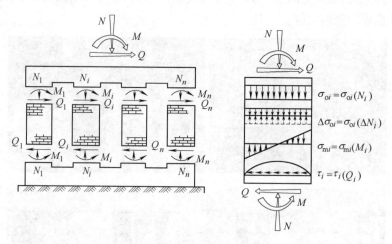

图 7.14　窗间墙力的分配

图 7.15　底层为大开间造成墙体破坏

图 7.16　山墙开洞过多造成墙体严重破坏

4. 墙角的破坏

在震害中，墙角的破坏比较常见，主要原因是：墙角位于房屋的尽端，纵横两个方向的约束差，致使该处较薄弱；墙角处地震作用的扭转效应较为明显，应力状态较为复杂，易产生应力集中。

唐山地震中9度区多层砖房的破坏也是比较严重的。主要表现为房屋转角部位局部崩落或严重开裂，坡顶瓦屋面的房屋塌顶或连同主体结构一起倒塌，房屋的内外墙拉结不好致使外墙倒塌。图 7.17 为唐山市冶金机械厂家属宿舍楼，震后三层转角部位的墙体崩塌。

图 7.17　唐山市冶金机械厂家属楼三层
转角墙体崩塌

如图 7.18 所示，在横纵墙交接处或变化较大的两种体系的交接处，地震时常产生裂缝，

图 7.18c 为纵横外墙转角处的裂缝细部照片，可以看到砖砌块已被拉断。

a)   b)   c)

图 7.18 横纵墙交接处产生裂缝

5. 楼梯间的破坏

楼梯间的破坏主要发生在楼梯间墙体部位，楼梯本身很少破坏。楼梯间开间小，在水平方向分担的地震剪力相对较大，但墙体在高度方向缺乏有力的支撑，导致楼梯间墙体处空间刚度差，特别是顶层墙体的计算高度往往比其他层大，稳定性差，当楼梯间位于房屋尽端或转角处时，其墙体的破坏尤为严重。图 7.19 为楼梯间与弱连接处破坏。

图 7.19 楼梯间与弱连接处破坏

6. 纵横墙连接的破坏

外纵墙全部脱开横墙后发生坍塌是较常见的震害（图 7.20）。若施工时纵横墙没有很好的咬槎砌筑或缺乏足够的拉结，加之此部位受力较复杂，易产生应力集中，因此，地震时易产生竖向裂缝，严重者外纵墙和山墙外闪，甚至倒塌。

7. 附属构件的破坏

如图 7.21 所示，突出屋面的附属构件，如女儿墙、小烟囱、屋顶间（电梯机房、水箱间）、门脸等，由于受地震时"鞭端效应"的影响，其破坏较下部主体结构明显加重。此外，雨篷、阳台及无筋砖过梁等的震害也比主体结构严重。一些附属构件发生严重破坏并掉落地面，易造成人员伤亡，尤其是当建筑物间距过小时，避险人群很难找到安全场地。

图 7.20　外纵墙全部脱开而坍塌

a)

b)

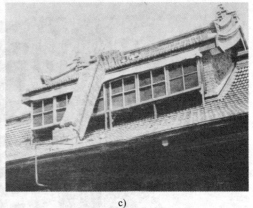

c)

图 7.21　附属构件的破坏

　　砌体结构由于自身材料的脆性性质，其抗震、抗拉和抗弯强度很低，所以未经合理设计的砌体结构房屋的抗震能力较差。大量案例分析表明：

　　1）6 度区内，主体结构一般处于基本完好的状态。

　　2）7 度区内，主体结构将出现轻微破坏，小部分达到中等破坏。

　　3）8 度区内，多数房屋达到中等破坏的程度。

　　4）9 度区内，多数结构出现严重破坏。

　　5）10 度及以上地震区内，大多数房屋倒塌破坏。

　　因此，要想砌体房屋具有一定抗震能力，必须经过合理的抗震设计并保证施工质量。

7.2　一般要求

1. 房屋的层数和总高度的限制

国内外大量的震害表明，砌体房屋的抗震能力与其层数和总高度有直接关系。在同烈度区，二、三层房屋的震害比四、五层房屋轻得多，六层及六层以上房屋的震害则明显加重。因此，我国和其他一些国家都对砌体房屋的总高度和层数加以限制，这是一项既考虑了经济性又可有效地保证砌体房屋具有所需抗震能力的主要抗震措施。

多层砌体房屋的层数和总高度不应超过表 7.2 的规定；对于同一楼层内开间大于 4.2m 的房间占该层总面积的 40% ~80% 的横墙较少的多层砌体房屋，总高度应比表 7.2 的规定降低 3m，层数相应减少一层；对于同一楼层内开间大于 4.2m 的房间占该层总面积的 80% 以上的各层横墙很少的多层砌体房屋，层数应再减少一层。6、7 度且丙类设防的横墙较少的多层砌体房屋，当按规定采取加强措施并满足抗震承载力要求时，其高度和层数应允许仍按表 7.2 的规定采用。采用蒸压灰砂砖和蒸压粉煤灰砖砌体的房屋，当砌体的抗剪强度仅达到普通黏土砖砌体的 70% 时，房屋的层数应比普通砖房减少一层，高度应减少 3m；当砌体的抗剪强度达到普通砖砌体的取值时，房屋的层数和高度同普通砖房屋。

表 7.2　**房屋的层数和总高度限制**　　　　　　　　　　　　（单位：m）

房屋类别		最小墙厚/mm	烈度										
			6 度		7 度				8 度				9 度	
			0.05g		0.10g		0.15g		0.20g		0.30g		0.40g	
			高度	层数	高度	层数	高度	层数	高度	层数	高度	层数	高度	层数
多层砌体房屋	普通砖	240	21	7	21	7	21	7	18	6	15	5	12	4
	多孔砖	240	21	7	21	7	18	6	18	6	15	5	9	3
	多孔砖	190	21	7	18	6	15	5	15	5	12	4	—	—
	小砌块	190	21	7	21	7	18	6	18	6	15	5	9	3
底部框架 - 抗震墙砌体房屋	普通砖	240	22	7	22	7	19	6	16	5	—	—	—	—
	多孔砖													
	多孔砖	190	22	7	19	6	16	5	13	4	—	—	—	—
	小砌块	190	22	7	22	7	19	6	16	5	—	—	—	—

注：1. 房屋的总高度指室外地面到主要屋面板板顶或檐口的高度，半地下室从地下室室内地面算起，全地下室和嵌固条件好的半地下室应允许从室外地面算起；对带阁楼的坡屋面应算到山尖墙的 1/2 高度处。

2. 室内外高差大于 0.6m 时，房屋总高度应允许比表中的数据适当增加，但不应多于 1.0m。

3. 乙类设防的多层砌体房屋仍按本地区设防烈度查表，其层数应减少一层且总高度应降低 3m；不应采用底部框架 - 抗震墙砌体房屋。

4. 表中小砌块砌体房屋不包括配筋混凝土小型空心砌块砌体房屋。

《建筑抗震设计规范》同时要求多层砌体承重房屋的层高，不应超过 3.6m；底部框架 - 抗震墙砌体房屋的底部，层高不应超过 4.5m。当使用功能确有需要时，采用约束砌体等加强措施的普通砖房屋，层高不应超过 3.9m。

丙类设防的横墙较少的多层砌体房屋，当总高度和层数接近或达到表 7.2 规定限值时，应采取下列加强措施：

1）房屋的最大开间尺寸不宜大于 6.6m。

2）同一结构单元内横墙错位数量不宜超过横墙总数的 1/3，且连续错位不宜多于两道；错位的墙体交接处均应增设构造柱，且楼、屋面板应采用现浇钢筋混凝土板。

3）横墙和内纵墙上洞口的宽度不宜大于 1.5m；外纵墙上洞口的宽度不宜大于 2.1m 或开间尺寸的一半；内外墙上洞口位置不应影响内外纵墙与横墙的整体连接。

4）所有纵横墙均应在楼、屋盖标高处设置加强的现浇钢筋混凝土圈梁：圈梁的截面高度不宜小于 150mm，上下纵筋各不应少于 $3\phi10$，箍筋不小于 $\phi6$，间距不大于 300mm。

5）所有纵横墙交接处及横墙的中部，均应增设满足下列要求的构造柱：在纵、横墙内的柱距不宜大于 3.0m，最小截面尺寸不宜小于 $40mm \times 240mm$（墙厚 190mm 时为 $240mm \times 190mm$），配筋宜符合表 7.3 的要求。

6）同一结构单元的楼、屋面板应设置在同一标高处。

7）房屋底层和顶层的窗台标高处，宜设置沿纵横墙通长的水平现浇钢筋混凝土带，其截面高度不小于 60mm，宽度不小于墙厚，纵向钢筋不少于 $2\phi10$，横向分布筋不小于 $\phi6$ 且间距不大于 200mm。

表 7.3　增设构造柱的纵筋和箍筋设置要求

位置	纵向配筋			箍筋		
	最大配筋率（%）	最小配筋率（%）	最小直径/mm	加密区范围/mm	加密区间距/mm	最小直径/mm
角柱	1.8	0.8	14	全高	100	6
边柱				上端 700		
中柱	1.4	0.6	12	下端 500		

当 6 度设防的底层框架 - 抗震墙砖房的底层采用约束砖砌体墙时，其构造应符合下列要求：

1）砖墙厚不应小于 240mm，砌筑砂浆强度等级不应低于 M10，应先砌墙后浇框架。

2）沿框架柱每隔 360mm 配置由 $2\phi6$ 水平钢筋和 $\phi4$ 分布短筋平面内点焊组成的拉结网片或 $\phi4$ 点焊网片，并沿砖墙水平通长设置；在墙体半高处尚应设置与框架柱相连的钢筋混凝土水平系梁，墙体的水平钢筋不应少于 $2\phi8$，间距不应大于 300mm。

3）墙长大于 4m 时和洞口两侧，应在墙内增设钢筋混凝土构造柱。

当 6 度设防的底层框架 - 抗震墙砌块房屋的底层采用约束小砌块砌体墙时，其构造应符合下列要求：

1）墙厚不应小于 190mm，砌筑砂浆强度等级不应低于 Mb10，应先砌墙后浇框架。

2）沿框架柱每隔 400mm 配置 $\phi4$ 点焊拉结钢筋网片，并沿砌块墙水平通长设置；在墙体半高处尚应设置与框架柱相连的钢筋混凝土水平连系梁，连系梁截面不小于 $190mm \times 190mm$，纵筋不应小于 $4\phi12$，箍筋直径不应小于 $\phi6$，间距不应大于 200mm。墙体的水平钢筋不应少于 $2\phi8$，间距不应大于 400mm。

3）墙体在门、窗洞口两侧应设置芯柱，墙长大于 4m 时，应在墙内增设芯柱；其余位置宜采用钢筋混凝土构造柱替代芯柱。

2. 房屋最大高宽比的限制

为有效防止整体弯曲破坏，多层砌体房屋的高宽比（房屋总高度与总宽度之比）宜符合表7.4的要求，以保证房屋的稳定性。

表7.4 房屋最大高宽比

烈度	6度	7度	8度	9度
最大高宽比	2.5	2.5	2.0	1.5

注：1. 单面走廊房屋的总宽度不包括走廊宽度。
　　2. 建筑平面接近正方形时，其高宽比宜适当减小。

3. 房屋抗震横墙最大间距的限制

多层砌体房屋的横向地震作用主要由横墙承受。因此，不仅要求横墙具有足够的承载力，而且要求横墙间距不宜过大，以使楼（层）盖具有足够的水平刚度，保证楼（层）盖能将水平地震作用传递给横墙。所以，多层砌体房屋的抗震横墙间距不应超过表7.5的要求，且在混凝土小型空心砌块房屋中，不宜采用木楼屋盖。

表7.5 房屋抗震横墙最大间距　　　　　　　　（单位：m）

楼（屋）盖类别		烈度			
		6度	7度	8度	9度
多层砌体房屋	现浇或装配整体式钢筋混凝土楼（屋）盖	15	15	11	7
	装配式钢筋混凝土楼（屋）盖	11	11	9	4
	木屋盖	9	9	4	—
底部框架-抗震墙砌体房屋	上部各层	同多层砌体房屋			—
	底层或底部两层	18	15	11	

注：1. 多层砌体房屋的顶层，除木屋盖外的最大横墙间距应允许适当放宽，但应采取相应的加强措施。
　　2. 多孔砖抗震横墙厚度为190mm时，最大横墙间距应比表中数值减少3m。

4. 房屋的局部尺寸的限制

地震时，房屋首先破坏的部位主要是窗间墙、尽端墙段及女儿墙等。在强烈地震作用下，可能因上述部位的失效而造成整栋房屋结构的破坏甚至倒塌。因此，房屋的窗间墙、尽端墙段及无锚固的女儿墙等尺寸宜符合表7.6的要求。

表7.6 房屋的局部尺寸限制　　　　　　　　（单位：m）

部位	烈度			
	6度	7度	8度	9度
承重窗间墙最小宽度	1.0	1.0	1.2	1.5
承重外墙尽端至门窗洞边的最小宽度	1.0	1.0	1.2	1.5
非承重外墙尽端至门窗洞边的最小宽度	1.0	1.0	1.0	1.0
内墙阳角至门窗洞边的最小距离	1.0	1.0	1.5	2.0
无锚固女儿墙（非出入口处）的最大宽度	0.5	0.5	0.5	0.0

注：1. 局部尺寸不足时，应采取局部加强措施弥补，且最小宽度不宜小于1/4层高和表列数据的80%。
　　2. 出入口处的女儿墙应有锚固。

5. 房屋的结构体系及平面布置

多层砌体房屋的建筑布置和结构体系，应符合下列要求：

1）应优先采用横墙承重或纵横墙共同承重的结构体系，不应采用砌体墙和混凝土墙混合承重的结构体系。

2）纵横向砌体抗震墙的布置：

① 宜均匀对称，沿平面内宜对齐，沿竖向应上下连续；且纵横向墙体的数量不宜相差过大。

② 当平面轮廓凹凸尺寸超过典型尺寸的25%时，转角处应采取加强措施。

③ 楼板局部大洞口的尺寸不宜超过楼板宽度的30%，且不应在墙体两侧同时开洞。

④ 房屋错层的楼板高差超过500mm时，应按两层计算；错层部位的墙体应采取加强措施。

⑤ 同一轴线上的窗间墙宽度宜均匀；墙面洞口的面积，6、7度时不宜大于墙面总面积的55%，8、9度时不宜大于50%。

⑥ 横向中部应设置内纵墙，其累计长度不宜少于房屋总长度的60%（高宽比大于4的墙段不计入）。

3）房屋有下列情况之一时宜设置防震缝，缝两侧均应设置墙体，缝宽应根据烈度和房屋高度确定，可采用70～100mm：

① 房屋立面高差在6m以上。

② 房屋有错层，且楼板高差大于层高的1/4。

③ 各部分结构刚度、质量截然不同。

4）楼梯间不宜设置在房屋的尽端或转角处。

5）不应在房屋转角处设置转角窗。

6）横墙较少、跨度较大的房屋，宜采用现浇钢筋混凝土楼（屋）盖。

底部框架－抗震墙砌体房屋的结构布置，应符合下列要求：

1）上部的砌体墙体与底部的框架梁或抗震墙，除楼梯间等处的个别墙段外应对齐。

2）房屋的底部应沿纵横两方向设置一定数量的抗震墙，并应均匀对称布置。6度且总层数不超过五层的底层框架－抗震墙砌体房屋，应允许采用嵌砌于框架之间的约束普通砖砌体或小砌块砌体的砌体抗震墙，但应计入砌体墙对框架的附加轴力和附加剪力进行底层的抗震验算，且不应同时采用钢筋混凝土抗震墙和约束砌体抗震墙；其余情况，8度时应采用钢筋混凝土抗震墙，6、7度时应采用钢筋混凝土抗震墙或配筋小砌块砌体抗震墙。

3）底层框架－抗震墙砌体房屋的纵横两个方向，第二层计入构造柱影响的侧向刚度与底层侧向刚度的比值，6、7度时不应大于2.5，8度时不应大于2.0，且均不应小于1.0。

4）底部两层框架－抗震墙砌体房屋纵横两个方向，底层与底部第二层侧向刚度应接近，第三层计入构造柱影响的侧向刚度与底部第二层侧向刚度的比值，6、7度时不应大于2.0，8度时不应大于1.5，且均不应小于1.0。

5）底部框架－抗震墙砌体房屋的抗震墙应设置条形基础、筏形基础或桩基。

7.3　砌体结构房屋的抗震设计

对于多层砌体房屋，一般可只考虑水平方向的地震作用，沿房屋的两个主轴方向分别进行抗震验算。

7.3.1　水平地震作用计算

砌体房屋的层数不多并以剪切变形为主，当其平立面布置规则，质量和刚度沿高度分布较均匀时，可采用底部剪力法计算水平地震作用。由于砌体房屋刚度相对较大，基本自振周期较短（$T_1 = 0.2 \sim 0.3\mathrm{s}$），故取相应于结构基本自振周期的水平地震影响系数 $\alpha_1 = \alpha_{\max}$ 及顶部附加地震作用系数 $\delta_n = 0$，因此得

$$F_{\mathrm{Ek}} = \alpha_{\max} G_{\mathrm{eq}} \tag{7.1}$$

$$F_i = \frac{G_i H_i}{\sum\limits_{j=1}^{n} G_j H_j} F_{\mathrm{Ek}} \tag{7.2}$$

式中，F_{Ek} 为结构总水平地震作用标准值；$\alpha_{\max}$ 为水平地震影响系数最大值；G_{eq} 为结构等效总重力荷载；F_i 为第 i 层的水平地震作用标准值；G_i、G_j 分别为集中于第 i 层、第 j 层楼盖处的重力荷载代表值；H_i、H_j 分别为第 i 层、第 j 层的计算高度。

在求各层的计算高度时，结构底部截面位置的确定方法为：当基础埋置较浅时，取基础顶面；当基础埋置较深时，可取室外地坪以下 $0.5\mathrm{m}$ 处；当房屋设有刚度很大的地下室时，取地下室顶部截面；当地下室刚度较小或为半地下室时，可取地下室地面。

作用在第 i 层的地震剪力标准值 V_i 为第 i 层以上各层的水平地震作用之和，即

$$V_i = \sum_{j=i}^{n} F_j \tag{7.3}$$

采用底部剪力法时，对突出屋面的屋顶间、女儿墙、烟囱等的地震作用效应，宜乘以增大系数 3，以考虑"鞭端效应"，但此增大部分不应往下传递。

7.3.2　楼层地震剪力在各墙体间的分配

由于墙体在其自身平面内的刚度很大，在平面外的刚度很小，故当抗震横墙间距不超过表 7.5 的要求时，可以认为横向楼层地震剪力全部由该层横墙来承担，而不考虑纵墙的作用；同样，认为纵向楼层地震剪力也全部由该层纵墙来承担，而不考虑横墙的作用。

1. 墙体的等效侧向刚度

墙体的等效侧向刚度可以概括为：使该墙体上下端产生单位相对水平位移而在墙内产生的剪力。

（1）无洞墙体的层间等效侧向刚度　如图 7.22 所示，视墙体为下端固定、上端嵌固的竖向构件，其层间侧向柔度包括剪切变形 δ_s 和弯曲变形 δ_b，其中

$$\delta_\mathrm{s} = \frac{\xi h}{AG} \tag{7.4}$$

$$\delta_\mathrm{b} = \frac{h^3}{12EI} \tag{7.5}$$

总变形

$$\delta = \delta_s + \delta_b = \frac{\xi h}{AG} + \frac{h^3}{12EI} = \frac{h/b\left[(h/b)^2+3\right]}{Et} \tag{7.6}$$

式中，h 为墙体高度，取层高；A 为墙体的水平截面面积；E 为砌体的弹性模量；G 为砌体的剪变模量，可取 $G=0.4E$；ξ 为剪应变不均匀系数，矩形截面取 $\xi=1.2$；I 为墙体的水平截面惯性矩；b 为墙体的宽度；t 为墙体的厚度。

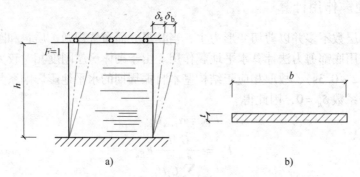

图 7.22 层间墙体的变形

图 7.23 反映了不同高宽比墙体中剪切变形 δ_s、弯曲变形 δ_b 和总变形 δ 的数量关系。可以看出：当 $h/b<1$ 时，弯曲变形不足总变形的 10%，墙体以剪切变形为主；当 $1 \leqslant h/b \leqslant 4$ 时，随着 h/b 的增加，弯曲变形所占的比例也在增大。因此，《建筑抗震设计规范》规定：

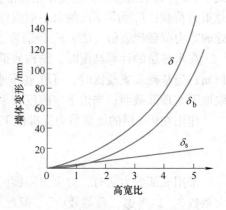

图 7.23 高宽比对墙体变形的影响

在确定墙体层间等效侧向刚度中，当 $h/b<1$ 时，可只考虑剪切变形，弯曲变形的影响可予以忽略，则

$$K = \frac{1}{\delta} = \frac{Ebt}{3h} \tag{7.7}$$

当 $1 \leqslant h/b \leqslant 4$ 时，应同时考虑剪切变形和弯曲变形的影响。由式（7.6）得

$$K = \frac{1}{\delta} = \frac{Et}{h/b\left[(h/b)^2+3\right]} \tag{7.8}$$

当 $h/b>4$ 时，由于墙体的侧向刚度很小，故不考虑此墙体的侧向刚度，即取 $K=0$。

以上确定等效侧向刚度的原则和计算公式，也适用于门窗洞边的墙段，此时，h 取洞口净高，b 取洞侧墙宽。

（2）开洞墙体的层间等效侧向刚度 如图 7.24 所示，在墙顶施加水平方向单位力，可认为墙顶的侧移 $\delta = \delta_1 + \delta_2$，而 $\delta_1 = 1/K_1$，$\delta_2 = 1/K_2$，则

$$K = 1/\delta = \frac{1}{1/K_1 + 1/K_2} \tag{7.9}$$

其中

$$K_2 = \sum_{l=1}^{r} K_{2l} \tag{7.10}$$

于是

$$K = \cfrac{1}{1/K + 1/\sum\limits_{l=1}^{r} K_{2l}} \tag{7.11}$$

图 7.24 带门洞墙体

K_{2l} 可按式（7.7）或式（7.8）计算。以图 7.24 所示情况为基础可求得高宽比在常用范围内开洞较为复杂的墙体的层间等效侧向刚度。如图 7.25 所示墙体，可将其在 A—A 处划分为两个部分，则 $K = \cfrac{1}{1/K_1 + 1/K_2}$。由式（7.11），$K_1 = \cfrac{1}{1/K_{10} + 1/\sum\limits_{l=1}^{r} K_{1l}}$，于是

$$K = \cfrac{1}{1/K_{10} + 1/\sum\limits_{l=1}^{r} K_{1l} + 1/K_2} \tag{7.12}$$

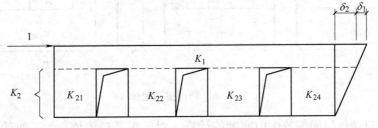

图 7.25 带窗洞墙体

对于图 7.26 所示墙体，也可将其在 A—A 处划分为两个部分，则 $K = \cfrac{1}{1/K_1 + 1/K_2}$，而 $K_2 = K_{21} + K_{22} + K_{23} + K_{24}$，于是

$$K = \cfrac{1}{\cfrac{1}{K_1} + \cfrac{1}{K_{21} + K_{22} + K_{23} + K_{24}}} \tag{7.13}$$

其中

$$\left. \begin{aligned} k_{21} &= \cfrac{1}{\cfrac{1}{K_{210}} + \cfrac{1}{K_{211} + K_{212} + K_{213}}} \\ k_{22} &= \cfrac{1}{\cfrac{1}{K_{220}} + \cfrac{1}{K_{221} + K_{222} + K_{223}}} \\ k_{24} &= \cfrac{1}{\cfrac{1}{K_{240}} + \cfrac{1}{K_{241} + K_{242} + K_{243}}} \end{aligned} \right\} \tag{7.14}$$

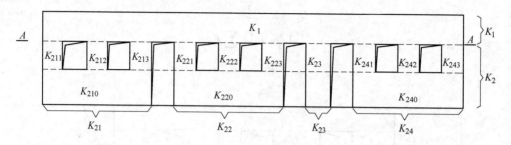

图 7.26 带门窗洞墙体

（3）小开口墙体层间等效侧向刚度的计算　对于小开口墙体，为了使计算简单，可按不开洞的墙体毛面积计算其等效侧向刚度，然后根据开洞率乘以表 7.7 中的洞口影响系数。

表 7.7 墙体刚度的洞口影响系数

开洞率	0.10	0.20	0.30
影响系数	0.98	0.94	0.88

注：1. 开洞率为洞口水平截面积与墙段水平毛截面积之比，相邻洞口之间净宽小于 500mm 的墙段视为洞口。

2. 洞口中线偏离墙段中线大于墙段长度的 1/4，表中影响系数值折减 0.9；门洞的洞顶高度大于层高 80% 时，表中数据不适用；窗洞高度大于 50% 层高时，按门洞对待。

2. 横向楼层地震剪力的分配

横向楼层地震剪力在各横墙间的分配原则，应视楼（屋）盖的刚度而定。

（1）刚性楼（屋）盖房屋　刚性楼（屋）盖指现浇或装配整体式钢筋混凝土楼（屋）盖。当为刚性楼（屋）盖且抗震横墙间距不超过表 7.5 的要求时，在横向地震剪力作用下，可将刚性楼（屋）盖看作支承在各横墙上的刚性连续梁，楼屋盖与各横墙之间无相对滑移，并认为房屋的刚度中心与质量中心重合而不发生扭转，则第 i 层各道横墙的水平位移 U_i 相同（图 7.27）。于是有

$$V_{im} = K_{im}U = K_{im} \frac{V_i}{\sum_{k=1}^{s} K_{ik}} = \frac{K_{im}}{\sum_{k=1}^{s} K_{ik}} V_i \quad (7.15)$$

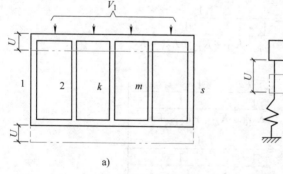
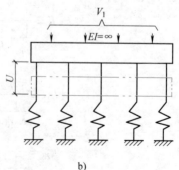

图 7.27 刚性楼（屋）盖计算简图

式中，V_i 为第 i 层的横向水平地震剪力标准值；V_{im} 为第 i 层第 m 道横墙分配的地震剪力标

准值；K_{ik}、K_{im}分别为第i层第k、m道横墙的等效侧向刚度。

所以，在刚性楼（屋）盖房屋中，横向楼层地震剪力按各横墙的等效侧向刚度分配。

（2）柔性楼（屋）盖房屋　柔性楼（屋）盖包括木结构楼（屋）盖。由于柔性楼（屋）盖的刚度小，可将其看作支承在相应横墙上的多跨简支梁（图7.28），则第i层第m道横墙承担的横向地震剪力，与其两侧横墙之间各一半面积上的重力荷载代表值成正比。因此，柔性楼（屋）盖房屋楼层横向地震剪力按下式分配

$$V_{im} = \frac{G_{im}}{G_i} V_i \tag{7.16a}$$

式中，G_{im}为第i层第m道横墙从属面积上的重力荷载代表值；G_i为第i层的重力荷载代表值。

当认为楼盖上的重力荷载均匀分布时，可写成

$$V_{im} = \frac{F_{im}}{F_i} V_i \tag{7.16b}$$

式中，F_{im}为第i层第m道横墙从属面积（分担地震作用的建筑面积）；F_i为第i层的建筑面积。

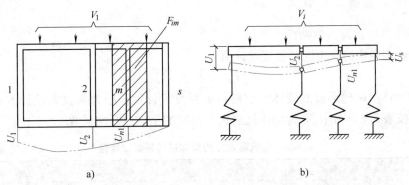

图 7.28　柔性楼（屋）盖计算简图

（3）中等刚度楼（屋）盖房屋　装配式钢筋混凝土楼（屋）盖属于中等刚度楼（屋）盖，也称半刚性楼（屋）盖。对于中等刚度楼（屋）盖，其楼层横向地震剪力的分配，可取按刚性楼（屋）盖房屋和柔性楼（屋）盖房屋分配结果的平均值，即

$$V_{im} = \frac{1}{2} \left(\frac{K_{im}}{\sum\limits_{k=1}^{s} K_{ik}} + \frac{G_{im}}{G_i} \right) V_i \tag{7.17a}$$

或

$$V_{im} = \frac{1}{2} \left(\frac{K_{im}}{\sum\limits_{k=1}^{s} K_{ik}} + \frac{F_{im}}{F_i} \right) V_i \tag{7.17b}$$

3. 纵向楼层地震剪力的分配

由于房屋纵向尺寸明显大于横向尺寸，纵墙间距比较小，所以，不论采用哪种类型的楼（屋）盖，其纵向刚度都比较大，均可按刚性楼（屋）盖考虑。这样，多层砌体房屋各纵墙分配的地震剪力可参照式（7.15）。

4. 同一道墙各墙段地震剪力的分配

求得某一道墙的地震剪力后，对于开洞墙体，还应把地震剪力分配给该墙端部和洞口间的各个墙段，以便验算墙段截面抗震承载力。由于可以认为地震作用下各墙段顶部侧移相同，则地震剪力可按各墙段的等效侧向刚度的比例分配，即

$$V_{iml} = \frac{K_{iml}}{\sum\limits_{f=1}^{r} K_{imf}} V_{im} \tag{7.18a}$$

式中，V_{iml} 为第 i 层第 m 道墙第 l 墙段分配的地震剪力标准值；K_{imf}、K_{iml} 分别为第 i 层第 m 道墙第 f、l 墙段的等效侧向刚度。

当各墙段的高宽比均小于1或各墙段的宽度相差不大时，式（7.18a）可简化为

$$V_{iml} = \frac{A_{iml}}{A_{im}} V_{im} \tag{7.18b}$$

式中，A_{iml} 为第 i 层第 m 道墙第 l 墙段的水平截面面积；A_{im} 为第 i 层第 m 道墙在洞口高度处的水平截面面积。

7.3.3 墙体截面抗震承载力验算

1. 各类砌体的抗震抗剪强度设计值

按下式确定砌体的抗震抗剪强度设计值

$$f_{vE} = \zeta_N f_v \tag{7.19}$$

式中，f_{vE} 为砌体沿阶梯形截面破坏的抗震抗剪强度设计值；f_v 为非抗震设计的砌体抗剪强度设计值，按表7.8采用；ζ_N 为砌体抗震抗剪强度的正应力影响系数。

表7.8　非抗震设计的砌体抗剪强度设计值　　　　（单位：MPa）

砌体类别	砂浆强度			
	≥M10	M7.5	M5	M2.5
普通黏土砖	0.17	0.14	0.11	0.08
小砌块	0.09	0.08	0.06	—

下面对砌体抗剪强度的正应力影响系数予以说明：

关于地震作用下砌体结构受剪承载力计算，可归纳为两种半理论半经验的方法，一种是按主拉应力强度理论，另一种是按剪切-摩擦（简称剪-摩）强度理论。

主拉应力理论认为，当砌体的主拉应力超过砌体的抗主拉应力强度时，砌体产生斜裂缝或交叉裂缝；剪-摩理论认为，砌体的抗剪强度将随作用在砌体截面上的压力所产生的摩擦力而提高，可取砌体的抗剪强度与正应力呈线性关系。在《建筑抗震设计规范》中，对于砖砌体，采用主拉应力理论；对于砌块砌体，采用剪-摩理论。为使各类砌体房屋墙体的截面抗震承载力验算公式的表达公式相同，《建筑抗震设计规范》中采用砌体抗震抗剪强度的正应力影响系数 ζ_N，即根据砌体的不同类别采用相应的 ζ_N。

对于砖砌体，考虑到保持规范的延续性，采用在震害经验基础上的主拉应力公式

$$\zeta_N = \frac{1}{1.2} \sqrt{1 + 0.45\sigma_0/f_v} \tag{7.20}$$

式中，σ_0 为对应于重力荷载代表值在墙体 1/2 高度处的横截面上产生的平均压应力。

对于混凝土小砌块砌体，震害经验较少，根据试验资料，正应力影响系数由剪 - 摩公式得出

$$\left.\begin{array}{l} \zeta_N = 1 + 0.25\sigma_0/f_v, \sigma_0/f_v \leqslant 5 \\ \zeta_N = 2.25 + 0.17(\sigma_0/f_v - 5), \sigma_0/f_v > 5 \end{array}\right\} \tag{7.21}$$

为了方便计算，《建筑抗震设计规范》中将 ξ_N 列成表格，见表 7.9。

表 7.9　砌体抗震抗剪强度的正应力影响系数

砌体类别	σ_0/f_v							
	0.0	1.0	3.0	5.0	7.0	10.0	12.0	≥16.0
普通砖、多孔砖	0.80	0.99	1.25	1.47	1.65	1.90	2.05	—
小砌块	—	1.23	1.69	2.15	2.57	3.02	3.32	3.92

根据式（7.20）和式（7.21），在 σ_0 较小时砌体的抗震抗剪强度较低，则非承重墙往往比承重墙有较高的要求，这显然是不合理的。由于非承重墙的局部破坏不致引起结构发生严重事故，所以，《建筑抗震设计规范》通过减少承载力抗震调整系数 γ_{RE}，适当地降低非承重墙的可靠度，以体现经济性和合理设计。

2. 墙体截面抗震受剪承载力验算

1）一般情况下，应按下式验算

$$V \leqslant \frac{1}{\gamma_{RE}} f_{vE} A \tag{7.22}$$

式中，V 为墙体的剪力设计值；A 为墙体的横截面面积，多孔砖墙体取毛截面面积；γ_{RE} 为承载力抗震调整系数，自承重墙取 0.75，两端均有构造柱、芯柱约束的承重墙取 0.9，其他承重墙取 1.0。

2）采用水平配筋的墙体，应按下式验算

$$V \leqslant \frac{1}{\gamma_{RE}}(f_{vE} A + \zeta_s f_{yh} A_{sh}) \tag{7.23}$$

式中，f_{yh} 为水平钢筋抗拉强度设计值；A_{sh} 为层间墙体竖向截面的总水平钢筋面积，其配筋率应不小于 0.07% 且不大于 0.17%；ζ_s 为钢筋参与工作系数，可按表 7.10 采用。

表 7.10　钢筋参与工作系数

墙体高宽比	0.4	0.6	0.8	1.0	1.2
ζ_s	0.10	0.12	0.14	0.15	0.12

当按式（7.22）、式（7.23）验算不满足要求时，可计入基本均匀设置于墙段中部、截面不小于 240mm × 240mm（墙厚 190mm 时为 240mm × 190mm）且间距不大于 4m 的构造柱对受剪承载力的提高作用，按下列简化方法验算

$$V \leqslant \frac{1}{\gamma_{RE}}[\eta_c f_{vE}(A - A_c) + \zeta_c f_t A_c + 0.08 f_{yc} A_{sc} + \zeta_s F_{yh} A_{sh}] \tag{7.24}$$

式中，A_c 为中部构造柱的横截面总面积（对横墙和内纵墙，当 $A_c > 0.15A$ 时，$A_c = 0.15A$；对外纵墙，当 $A_c > 0.25A$ 时，$A_c = 0.25A$）；f_t 为中部构造柱的混凝土轴心抗拉强度设计值；

A_{sc} 为中部构造柱的纵向钢筋截面总面积（配筋率不小于 0.6%，大于 1.4% 时取 1.4%）；f_{yc} 为构造柱钢筋抗拉强度设计值；ζ_c 为中部构造柱参与工作系数（居中设一根时取 0.5，多于一根时取 0.4）；η_c 为墙体约束修正系数（构造柱间距大于 3.0m 时取 1.0，构造柱间距不大于 3.0m 时取 1.1）；A_{sh} 为层间墙体竖向截面的总水平钢筋面积，无水平钢筋时取 0.0。

3）混凝土小砌块墙体，应按下式验算

$$V \leqslant \frac{1}{\gamma_{RE}}[f_{vE}A + (0.3f_tA_c + 0.05f_yA_s)\zeta_c] \tag{7.25}$$

式中，f_t 为芯柱的混凝土轴心抗拉强度设计值；A_c 为芯柱的截面总面积；A_s 为芯柱的钢筋截面总面积；ζ_c 为芯柱参与工作系数，按表 7.11 采用。

表 7.11　芯柱参与工作系数

填孔率 ρ	$\rho < 0.15$	$0.15 \leqslant \rho < 0.25$	$0.25 \leqslant \rho < 0.5$	$\rho \geqslant 0.5$
ζ_c	0	1.00	1.10	1.15

注：填孔率指芯柱根数（含构造柱和填实孔洞数量）与孔洞总数之比。

4）不利墙段的选择。在进行墙体的截面抗震受剪承载力验算时，只需选择纵横向的不利墙段进行验算，不利墙段为：承受地震作用较大的墙段；竖向压应力较小的墙段；局部截面较小的墙段。

7.4　砌体结构房屋抗震构造措施

前面讨论了多层砌体房屋的总体方案、结构布置和抗震验算。为了保证房屋的抗震性能，实现抗震计算的目的并解决抗震计算中未能顾及的一些细节问题，还必须采取可靠的抗震构造措施。对于多层砌体房屋，由于仅对砌体进行抗震受剪承载力验算，其抗震构造措施显得尤为重要。

7.4.1　多层砖房的抗震构造措施

1. 构造柱的设置

（1）构造柱的作用　根据震害经验和试验研究，在多层砌体房屋中，合理地设置现浇钢筋混凝土构造柱（简称构造柱），可以起到提高墙体的变形能力，避免墙体倒塌的作用。通过构造柱与每层圈梁配合，形成对墙体起约束作用的钢筋混凝土封闭框，把墙体分片包围，当墙体开裂后，构造柱能够限制裂缝的进一步发展，使墙体仍能维持一定的竖向承载力。如前所述，设置构造柱能提高砌体的抗剪强度 10% ~ 30%，提高幅度与墙体高宽比、竖向压力和开洞情况有关。

（2）构造柱的设置要求　构造柱应设置在房屋震害较重、连接构造比较薄弱和容易产生应力集中的部位，多层砖房设置构造柱的具体要求如下：

1）构造柱的设置部位，一般情况下应符合表 7.12 的要求。

2）外廊式和单面走廊式的多层房屋，应根据房屋增加一层的层数按表 7.12 的要求设置构造柱，且单面走廊两侧的纵墙均应按外墙处理。

3）横墙较少的房屋，应根据房屋增加一层的层数按表 7.12 的要求设置构造柱。当横墙较少的房屋为外廊式或单面走廊式时，应按第2）条的要求设置构造柱；但6度不超过四层、7度不超过三层和8度不超过二层时应按增加二层的层数对待。

表7.12　砖房构造柱设置要求

房屋层数				设置部位	
6度	7度	8度	9度		
四、五	三、四	二、三		楼、电梯间四角，楼梯段上下端对应的墙体处；外墙四角和对应转角；错层部位横墙与外纵墙交接处；大房间内外墙交接处；较大洞口两侧	隔12m或单元横墙与外纵墙交接处；楼梯间对应的另一侧内横墙与外纵墙交接处
六	五	四	二		隔开间横墙（轴线）与外墙交接处；山墙与内纵墙交接处
七	≥六	≥五	≥三		内墙（轴线）与外墙交接处；内墙的局部较小墙垛处；内纵墙与横墙（轴线）交接处

注：较大洞口，内墙指不小于2.1m的洞口；外墙在内外墙交接处已设置构造柱时应允许适当放宽，但洞侧墙体应加固。

4）各层横墙很少的房屋，应按增加二层的层数设置构造柱。

5）采用蒸压灰砂砖和蒸压粉煤灰砖的砌体房屋，当砌体的抗剪强度仅达到普通黏土砖砌体的70%时，应根据增加一层的层数按第1）~4）条的要求设置构造柱；但6度不超过四层、7度不超过三层和8度不超过二层时应按增加二层的层数对待。

（3）构造柱的截面尺寸、配筋和连接

1）构造柱最小截面可采用180mm×240mm（墙厚190mm时为180mm×190mm），纵向钢筋宜采用4ϕ12，箍筋间距不宜大于250mm，且在柱上下端应适当加密（图7.29）；6、7度超过六层、8度超过五层和9度时，构造柱纵向钢筋宜采用4ϕ14，箍筋间距不应大于200mm；房屋四角的构造柱应适当加大截面及配筋。

2）构造柱与墙连接处应砌成马牙槎，沿墙高每隔500mm设由2ϕ6水平钢筋和ϕ4分布短筋平面内点焊组成的拉结网片或ϕ4点焊钢筋网片，每边伸入墙内不宜小于1m。6、7度时底部1/3楼层，8度时底部1/2楼层，9度时全部楼层，上述拉结钢筋网片应沿墙体水平通长设置。

3）构造柱与圈梁连接处，构造柱的纵筋应在圈梁纵筋内侧穿过，保证构造柱纵筋上下贯通。

4）构造柱可不单独设置基础，但应伸入室外地面下500mm，或与埋深小于500mm的基础圈梁相连。

5）房屋高度和层数接近表7.2的限值时，纵、横墙内构造柱间距尚应符合下列要求：横墙内的构造柱间距不宜大于层高的二倍；下部1/3楼层的构造柱间距适当减小；当外纵墙开间大于3.9m时，应另设加强措施。内纵墙的构造柱间距不宜大于4.2m。

2. 现浇钢筋混凝土圈梁的设置

（1）圈梁的作用　对于砌体房屋，现浇钢筋混凝土圈梁可加强墙体的连接，提高楼、屋盖的刚度，增强房屋的整体性；可以和构造柱共同限制墙体裂缝的开展，抵抗或减小由于地震或其他原因引起的地基不均匀沉降，从而减轻墙体开裂和地基不均匀沉降对房屋造成的

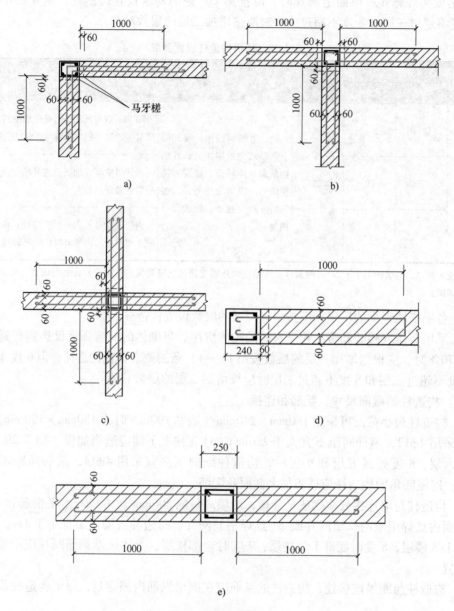

图 7.29　构造柱示意

a）墙角构造柱　b）内墙与外墙交接构造柱　c）内墙交接构造柱
d）洞边构造柱　e）墙中构造柱

不利影响。

（2）现浇钢筋混凝土圈梁的设置要求

1）装配式钢筋混凝土楼、屋盖或木屋盖的砖房，应按表 7.13 的要求设置圈梁；纵墙承重时，抗震横墙上的圈梁间距应在表 7.13 内要求的基础上适当加密。

2）现浇或装配整体式钢筋混凝土楼、屋盖与墙体有可靠连接的房屋，应允许不另设圈梁，但楼板沿抗震墙体周边均应加强配筋，并应与相应的构造柱钢筋可靠连接。

表7.13 多层砖砌体房屋现浇钢筋混凝土圈梁设置要求

墙类	烈度		
	6、7度	8度	9度
外墙和内纵墙	屋盖处及每层楼盖处	屋盖处及每层楼盖处	屋盖处及每层楼盖处
内横墙	同上；屋盖处间距不应大于4.5m；楼盖处间距不应大于7.2m；构造柱对应部位	同上；各层所有横墙，且间距不应大于4.5m；构造柱对应部位	同上；各层所有横墙

（3）现浇钢筋混凝土圈梁的构造要求

1）圈梁应闭合，遇有洞口圈梁应上下搭接。圈梁宜与预制板设在同一标高处或紧靠板底（图7.30）。

2）圈梁在表7.13要求的间距内无横墙时，应利用梁或板缝中配筋替代圈梁。

3）圈梁的截面高度不应小于120mm，配筋应符合表7.14的要求；当为按软弱地基设置的基础圈梁时，其截面高度不应小于180mm，纵向配筋不应小于$4\phi12$。

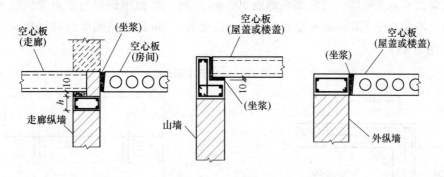

图7.30 圈梁示意

表7.14 砖房圈梁配筋要求

配筋	烈度		
	6、7度	8度	9度
最小纵筋	$4\phi10$	$4\phi12$	$4\phi14$
最大箍筋间距/mm	250	200	150

3. 楼、屋盖的抗震构造要求

现浇钢筋混凝土楼板或屋面板伸进纵、横墙内的长度，均不应小于120mm。装配式钢筋混凝土楼板或屋面板，当圈梁未设在板的同一标高时，板端伸进外墙的长度不应小于120mm，伸进内墙的长度不应小于100mm或采用硬架支模连接，在梁上不应小于80mm或采用硬架支模连接。

当板的跨度大于4.8m并与外墙平行时，靠外墙的预制板侧边应与墙或圈梁拉结（图7.31）。房屋端部大房间的楼盖，6度时房屋的屋盖和7~9度时房屋的楼（屋）盖，当圈梁设在板底时，钢筋混凝土预制板应相互拉结，并应与梁、墙或圈梁拉结。

楼（屋）盖的钢筋混凝土梁或屋架应与墙、柱（包括构造柱）或圈梁可靠连接；6度时，梁与配筋砖柱（墙垛）的连接不应削弱柱截面，独立砖柱（墙垛）顶部应在两个方向均有可靠连接；7~9度时不得采用独立砖柱。跨度不小于6m大梁的支承构件应采用组合砌体等加强措施，并满足承载力要求。

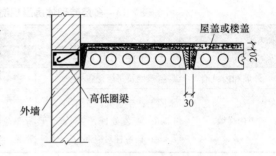

图 7.31　预制板与圈梁的拉结

6、7度时长度大于7.2m的大房间，以及8、9度时外墙转角及内外墙交接处，应沿墙高每隔500mm配置由2ϕ6的通长钢筋和ϕ4分布短筋平面内点焊组成的拉结网片或ϕ4点焊网片。

4. 墙体间的连接

7度时长度大于7.2m的大房间及8度和9度时，在外墙转角及内外墙交接处，如未设构造柱，应沿墙高每隔500mm配置2ϕ6拉结钢筋，并每边伸入墙内不宜小于1m（图7.32）。

对后砌的非承重隔墙，应沿墙高每隔500mm配置2ϕ6拉结钢筋与承重墙或柱拉结，每边伸入墙内不应小于500mm；8度和9度时，长度大于5m的后砌隔墙的墙顶尚应与楼板或梁拉结（图7.33）。

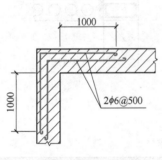

图 7.32　墙体间的连接

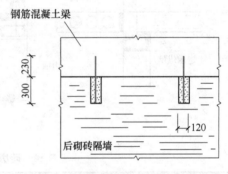

图 7.33　后砌墙与梁的拉结

5. 楼梯间的抗震构造

1）顶层楼梯间横墙和外墙应沿墙高每隔500mm设由2ϕ6通长钢筋和ϕ4分布短钢筋平面内点焊组成的拉结网片或ϕ4点焊网片；7~9度时其他各层楼梯间墙体应在休息平台或楼层半高处设置60mm厚、纵向钢筋不应少于2ϕ10的钢筋混凝土带或配筋砖带，配筋砖带不少于3皮，每皮的配筋不少于2ϕ6，砂浆强度等级不应低于M7.5且不低于同层墙体的砂浆强度等级。

2）楼梯间及门厅内墙阳角处的大梁支承长度不应小于500mm，并应与圈梁连接。

3）装配式楼梯段应与平台板的梁可靠连接，8、9度时不应采用装配式楼梯段；不应采用墙中悬挑式踏步或踏步竖肋插入墙体的楼梯，不应采用无筋砖砌栏板。

4）突出屋顶的楼、电梯间，构造柱应伸到顶部，并与顶部圈梁连接，所有墙体应沿墙高每隔500mm设由2ϕ6通长钢筋和ϕ4分布短筋平面内点焊组成的拉结网片或ϕ4点焊网片。

6. 其他构造要求

1）坡屋顶房屋的屋架应与顶层圈梁可靠连接，檩条或屋面板应与墙、屋架可靠连接，房屋出入口处的檐口瓦应与屋面构件锚固。采用硬山搁檩时，顶层内纵墙顶宜增砌支承山墙的踏步式墙垛，并设置构造柱。

2）门窗洞处不应采用砖过梁；过梁支承长度，6~8度时不应小于240mm，9度时不应小于360mm。

3）预制阳台，6、7度时应与圈梁和楼板的现浇板带可靠连接，8、9度时不应采用。

4）同一结构单元的基础（或桩承台），宜采用同一类型的基础，底面宜埋置在同一标高上，否则应增设基础圈梁并应按1∶2的台阶逐步放坡。

7.4.2 多层砌块房屋的抗震构造措施

1. 设置钢筋混凝土芯柱

（1）芯柱的设置要求 混凝土小型空心砌块（简称小砌块）房屋一般应按表7.15的要求设置钢筋混凝土芯柱；对医院、教学楼等横墙较少的房屋，应根据房屋增加一层后的层数，按表7.15要求设置芯柱。

表7.15 小砌块房屋芯柱的设置要求

房屋层数				设置部位	设置数量
6度	7度	8度	9度		
四、五	三、四	二、三		外墙转角，楼、电梯间四角，楼梯段上下端对应的墙体处；大房间内外墙交接处；错层部位横墙与外纵墙交接处；隔12m或单元横墙与外纵墙交接处	外墙转角，灌实3个孔；内外墙交接处，灌实4个孔；楼梯段上下端对应的墙体处，灌实2个孔
六	五	四		同上；隔开间横墙（轴线）与外纵墙交接处	
七	六	五	二	同上；各内墙（轴线）与外纵墙交接处；内纵墙与横墙（轴线）交接处和洞口两侧	外墙转角，灌实5个孔；内外墙交接处，灌实4个孔；内墙交接处，灌实4~5个孔；洞口两侧各灌实1个孔
	七	≥六	≥三	同上；横墙内芯柱间距不大于2m	外墙转角，灌实7个孔；内外墙交接处，灌实5个孔；内墙交接处，灌实4~5个孔；洞口两侧各灌实1个孔

注：外墙转角、内外墙交接处、楼电梯间四角等部位，应允许采用钢筋混凝土构造柱替代部分芯柱。

（2）芯柱的构造要求

1）小砌块房屋芯柱截面不宜小于120mm×120mm。

2）芯柱混凝土强度等级，不应低于Cb20。

3）芯柱的竖向插筋应贯通墙身且与圈梁连接；插筋不应小于1ϕ12，6、7度时超过五层、8度时超过四层和9度时，插筋不应小于1ϕ14。

4）芯柱应伸入室外地面下500mm或与埋深小于500mm的基础圈梁相连。

5）为提高墙体抗震受剪承载力而设置的芯柱，宜在墙体内均匀布置，净距不宜大于2.0m。

6）多层小砌块房屋墙体交接处或芯柱与墙体连接处应设置拉结钢筋网片，网片可采用直径4mm的钢筋点焊而成，沿墙高间距不大于600mm，并应沿墙体水平通长设置。6、7度时底部1/3楼层，8度时底部1/2楼层，9度时全部楼层，上述拉结钢筋网片沿墙高间距不大于400mm。

对于小砌块房屋中替代芯柱的现浇钢筋混凝土构造柱，应符合下列构造要求：

1）构造柱截面不宜小于190mm×190mm，纵向钢筋宜采用4ϕ12，箍筋间距不宜大于250mm，且在柱上下端宜适当加密；6、7度时超过五层、8度时超过四层和9度时，构造柱纵向钢筋宜采用4ϕ14，箍筋间距不应大于200mm；外墙转角的构造柱可适当加大截面及配筋。

2）构造柱与砌块墙连接处应砌成马牙槎，与构造柱相邻的砌块孔洞，6度时宜填实，7度时应填实，8、9度时应填实并插筋。构造柱与砌块墙之间沿墙高每隔600mm设置ϕ4点焊拉结钢筋网片，并应沿墙体水平通长设置。6、7度时底部1/3楼层，8度时底部1/2楼层，9度全部楼层，上述拉结钢筋网片沿墙高间距不大于400mm。

3）构造柱与圈梁连接处，构造柱的纵筋应穿过圈梁，保证构造柱纵筋上下贯通。

4）构造柱可不单独设置基础，但应伸入室外地面下500mm，或与埋深小于500mm的基础圈梁相连。

2. 设置现浇钢筋混凝土圈梁

多层小砌块房屋的现浇钢筋混凝土圈梁的设置位置应按照表7.13的多层砖砌体房屋圈梁的要求执行，圈梁宽度不应小于190mm，配筋不应少于4ϕ12，箍筋间距不应大于200mm。

3. 设置水平现浇钢筋混凝土带

多层小砌块房屋的层数，6度时超过五层、7度时超过四层、8度时超过三层和9度时，在底层和顶层的窗台标高处，沿纵横墙应设置通长的水平现浇钢筋混凝土带；其截面高度不小于60mm，纵筋不少于2ϕ10，并应有分布拉结钢筋；其混凝土强度等级不应低于C20。水平现浇混凝土带也可采用槽形砌块替代，纵筋和拉结钢筋不变。

7.5 砌体结构房屋抗震计算实例

某四层砖混结构办公楼（图7.34）的楼（屋）面均采用预制钢筋混凝土空心板，板沿房屋纵向布置，外墙厚度为370mm，内墙厚为240mm，烧结普通砖的强度等级为MU10，砂浆强度等级为M5，内门洞高2.5m，外门洞高3.0m，各层层高均为3.6m，室内外高差0.6m，雪载标准值0.3kN/m²，抗震设防烈度为7度，设计基本地震加速度为0.1g，场地类别为Ⅱ类，设计地震分组为第一组，根据地基情况，在-0.80m处设有圈梁。试计算各楼层地震剪力并验算底层墙体的截面抗震承载力。

1. 重力荷载代表值的计算

集中在各楼层标高处的质点重力荷载代表值包括楼面或屋面自重标准值、50%的楼面活荷载标准值、50%的屋面雪荷载标准值和上下各半层的墙重标准值，即顶层屋盖处G_4 = 4321kN，3层楼盖处G_3 = 4932kN，2层楼盖处G_2 = 4932kN，底层楼盖处G_1 = 6078kN。

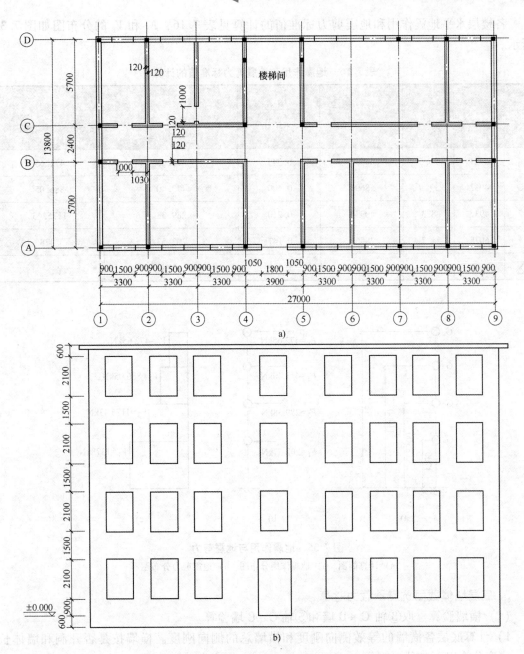

图 7.34　某四层砖混结构办公楼

a) 平面图　b) 立面图

结构总重力荷载代表值 $\sum\limits_{i=1}^{4} G_i = 20263\text{kN}$

结构等效总重力荷载 $G_{eq} = 0.85 \sum\limits_{i=1}^{4} G_i = 17224\text{kN}$

2. 计算各楼层水平地震作用及地震剪力标准值

$$F_{Ek} = \alpha_{\max} G_{eq} = 0.08 \times 17224\text{kN} = 1378\text{kN}$$

各楼层水平地震作用和地震剪力标准值的计算见表 7.16，F_i 和 V_i 的分布图如图 7.35 所示。

表 7.16　地震作用和地震剪力标准值的计算

层位	G_i/kN	H_i/m	G_iH_i $/(kN \cdot m)$	$\dfrac{G_iH_i}{\sum\limits_{j=1}^{n} G_jH_j}$	$F_i = \dfrac{G_iH_i}{\sum\limits_{i=1}^{n} G_iH_i} F_{Fk}/kN$	$V_i = \sum\limits_{j=1}^{n} F_j/kN$
4	4321	15.5	66976	0.343	472.65	472.65
3	4932	11.9	58691	0.300	413.40	886.05
2	4932	8.3	40936	0.210	289.38	1175.43
1	6078	4.7	28567	0.147	202.57	1378
Σ			195170	1.000	1378	

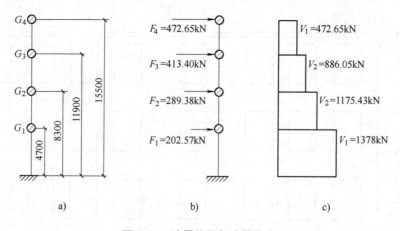

图 7.35　地震作用与地震剪力

a）计算简图　b）地震作用分布图　c）地震剪力分布图

3. 底层墙体截面抗震承载力验算

（1）横墙验算　取③轴 C~D 墙和⑤轴 C~C 墙验算。

1）计算底层各横墙的等效侧向刚度和横墙总的侧向刚度。横墙按是否开洞和墙体长度、厚度分为以下三种：

① 无洞内横墙（共 9 片），如图 7.36a 所示。

$$h/b = 4400/6070 = 0.725 < 1$$

$$K = \frac{EA}{3h} = \frac{6070t_1E}{3 \times 4400} = 0.460Et_1$$

② 开洞内横墙（共 1 片），如图 7.36b 所示。

开洞率 $= \dfrac{1000 \times 2500}{6070 \times 4400} = 0.094$，洞口影响系数为 0.98，则

$$K = 0.98 \times 0.460Et_1 = 0.451Et_1$$

③ 无洞山墙（共2片），如图7.36c所示。

$$K = \frac{EA}{3h} = \frac{14300t_2E}{3 \times 4400} = 1.083Et_2$$

④ 横墙总的侧向刚度

$$\sum K = 9 \times 0.460Et_1 + 0.451Et_1 + 2 \times 1.083Et_2 = 4.591Et_1 + 2.166Et_2$$

2）计算底层建筑面积 F_1 和所验算墙段分担地震作用的建筑面积 F_{13} 和 F_{15}

$$F_1 = 27.5 \times 14.3\text{m}^2 = 393.25\text{m}^2, F_{13} = 3.3 \times 7.15\text{m}^2 = 23.60\text{m}^2, F_{15} = 6.9 \times 7.15\text{m}^2 = 49.34\text{m}^2$$

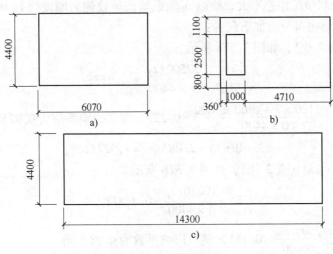

图7.36 横墙尺寸

3）计算所验算墙段分配的地震剪力

$$V_{13} = \frac{1}{2}\left(\frac{K_{13}}{\sum K} + \frac{F_{13}}{F_1}\right)V_1 = \frac{1}{2}\left(\frac{0.451Et_1}{4.591Et_1 + 2.116Et_2} + \frac{23.60}{393.25}\right) \times 1378\text{kN} = 80.53\text{kN}$$

$$V_{15} = \frac{1}{2}\left(\frac{K_{15}}{\sum K} + \frac{F_{15}}{F_1}\right)V_1 = \frac{1}{2}\left(\frac{0.460Et_1}{4.591Et_1 + 2.166Et_2} + \frac{49.34}{393.25}\right) \times 1378\text{kN} = 126.41\text{kN}$$

4）计算砌体截面平均压应力。取1m墙段计算，各种荷载标准值取值如下：楼面恒荷载3kN/m²，活荷载2kN/m²，屋面恒荷载5.2kN/m²，雪荷载0.3kN/m²，240mm厚墙体自重5.33kN/m²（双面抹灰），则

$$\sigma_{03} = \left\{\left[\left(5.20 + \frac{1}{2} \times 0.30\right) + \left(3.00 + \frac{1}{2} \times 2.00\right) \times 3\right] \times 3.3 + \right.$$

$$\left. \left[(3.60 - 0.14) \times 3 + \frac{1}{2} \times (4.40 - 0.14)\right] \times 5.33\right\}/240\text{N/mm}^2 = 0.52\text{N/mm}^2$$

$$\sigma_{05} = \left\{\left[\left(5.20 + \frac{1}{2} \times 0.30\right) + \left(3.00 + \frac{1}{2} \times 2.00\right) \times 3\right] \times (3.9 + 3.3)/2 + \right.$$

$$\left. \left[(3.60 - 0.14) \times 3 + \frac{1}{2}(4.40 - 0.14)\right] \times 5.33\right\}/240\text{N/mm}^2 = 0.54\text{N/mm}^2$$

5）验算墙体截面抗震承载力，见表7.17，可以看出，横墙抗震承载力满足要求。

表 7.17 墙体截面抗震承载力验算

墙段	A /mm²	σ_0 /(N/mm²)	σ_0/f_v	ζ_N	f_{vE} /(N/mm²)	V /N	$\gamma_{Eh}V$ /N	$f_{vE}A/\gamma_{RE}$ /N
③轴	1130400	0.52	4.73	1.47	0.162	80530	104689	183125
⑤轴	1456800	0.54	4.91	1.49	0.164	126410	164333	238915

（2）纵墙验算

1）取 A 轴验算，计算底层各纵墙的等效侧向刚度和底层纵墙总的侧向刚度。由于 D 轴纵墙和 A 轴纵墙开洞情况相差不大，故以 A 轴纵墙的等效侧向刚度代替 D 轴纵墙的等效侧向刚度，这样，纵墙也可分为如下三种：

① 外纵墙（共 2 片），如图 7.37a 所示。

$$K' = \frac{EA}{3h} = \frac{27500Et_2}{3 \times 4400} = 2.083Et_2$$

开洞率 $= \dfrac{1500 \times 2100 \times 7 + 1800 \times 3000}{27500 \times 4400} = 0.227$，洞口影响系数为 0.925，则

$$K = 0.925 \times 2.083Et_2 = 1.927Et_2$$

② 内纵墙①~④轴（共 2 片），如图 7.37b 所示

$$K' = \frac{10270Et_1}{3 \times 4400} = 0.778Et_1$$

开洞率 $= \dfrac{1000 \times 2500 \times 2}{10270 \times 4400} = 0.111$，洞口影响系数为 0.98，则

$$K = 0.98 \times 0.778Et_1 = 0.762Et_1$$

③ 内纵墙⑤~⑨轴（共 2 片），如图 7.37 所示。

$$K' = \frac{13570Et_1}{3 \times 4400} = 1.028Et_1$$

开洞率 $= \dfrac{1000 \times 2500 \times 3}{13570 \times 4400} = 0.126$，洞口影响系数为 0.97，则

$$K = 0.97 \times 1.028Et_1 = 0.997Et_1$$

④ 底层纵墙总的侧向刚度为

$$\sum K = 2 \times (1.927Et_2 + 0.762Et_1 + 0.997Et_1) = 3.518Et_1 + 3.854Et_2$$

2）计算外纵墙分配的地震剪力。

$$V_{1A} = \frac{K_{1A}}{\sum K}V_1 = \frac{1.927Et_2}{3.518Et_1 + 3.854Et_2} \times 1378\text{kN} = 432.76\text{kN}$$

3）计算外纵墙②轴窗间墙分配的地震剪力。近似地认为外纵墙的地震剪力按其各墙段的横截面面积分配，则有

$$V_{1A,(2)} = \frac{1800}{2 \times 1150 + 5 \times 1800 + 2 \times 1950} \times 432.76\text{kN} = 51.25\text{kN}$$

4）验算窗间墙截面抗震承载力。窗间墙在底层半高处的截面平均压应力 $\sigma_0 = 0.40\text{N/mm}^2$（按自承重窗间墙，计算过程从略）。

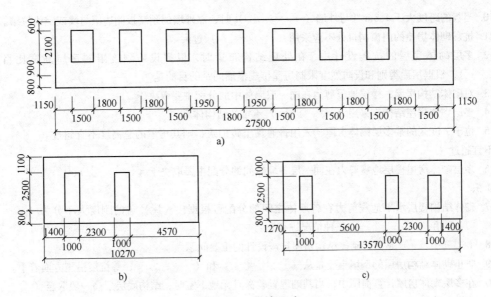

图 7.37　纵墙尺寸

$$\zeta_N = \frac{1}{1.2}\sqrt{1 + 0.45\sigma_0/f_v} = \frac{1}{1.2}\sqrt{1 + 0.45 \times 0.40/0.11} = 1.353$$

$$f_{vE} = \zeta_N f_v = 1.353 \times 0.11\,\mathrm{N/mm^2} = 0.149\,\mathrm{N/mm^2}$$

$$\gamma_{Eh}V_{1A,(2)} = 1.3 \times 51.25\,\mathrm{kN} = 66.63\,\mathrm{kN} < \frac{f_{vE}A}{\gamma_{RE}} = \frac{0.149 \times 1800 \times 370}{1.0}\,\mathrm{kN} = 99.23\,\mathrm{kN}$$

抗震承载力满足要求。

这里虽然验算的是自承重窗间墙，但由于有大梁搁置在纵墙上，整个纵墙仍可看作承重墙，故取 $\gamma_{RE} = 1.0$。

习题

一、填空题

1. 砖房的层高一般不应超过（　　　　　　　）。

2. 砌体房屋的纵横墙布置宜均匀对称，沿平面内宜（　　　　　　），沿竖向应（　　　　　　），同一轴线上的（　　　　　）宜均匀。

3. 砌体房屋中，楼梯不宜设置在房屋的（　　　　　　）处。

4. 对于高宽比（　　　　　　）的墙段，在确定其侧移刚度时，只考虑剪切变形。

5. 砌体房屋纵向楼层地震剪力按纵墙的（　　　　　　）分配给各道纵墙。

6. 在式 $f_{vE} = \zeta_N f_v$ 中，ζ_N 为（　　　　　　）。对于砖砌体，ζ_N 是以（　　　　　　）强度理论为基础确定的。

7. 式 $V \leqslant \dfrac{1}{\gamma_{RE}}\left[f_{vE}A + (0.3f_t A_c + 0.05f_y A_s)\zeta_c\right]$ 为（　　　　　　）截面抗震承载力验算表达式，其中 A_c 为（　　　　　　），ζ_c 为（　　　　　　）。

8. 房屋四角的构造柱可适当（　　　　　　）截面及配筋。

9. 砌体房屋的后砌非承重砌体隔墙应沿墙高每隔（　　　　　　）配置 2ϕ6 钢筋与承重墙或柱拉结，并每边伸入墙内不应小于（　　　　　　）。

10. 当板的跨度大于 4.8m 并与外墙（　　　　　　）时，靠外墙的预制板侧边应与墙或圈梁拉结。

11. 抗震砌体房屋的门窗洞口处不应采用（　　　　　　）过梁。

12. 多层砌体房屋的抗震设计中，在处理结构布置时，根据设防烈度限制房屋高宽比目的是（　　　　　），根据房屋类别和设防烈度限制房屋抗震横墙间距的目的是（　　　　　　）。

13. 对砌体结构房屋，楼层地震剪力在同一层墙体中的分配主要取决于（　　　　　　）。

14. 多层砌体房屋结构宜采用（　　　　　）承重的结构体系。

15. 位于 7 度区的某多层砌体房屋，采用普通黏土砖砌筑，则其房屋的总高度不宜超过（　　　　　）m，层数不宜超过（　　　　　）层。

16. 多层砌体房屋楼层地震剪力在同一层各墙体间的分配主要取决于（　　　　　）、（　　　　　）及负荷面积。

17. 砌体结构楼层水平地震剪力在各墙体之间的分配可根据楼（屋）盖的刚度大小分为（　　　　　）、（　　　　　）和（　　　　　）三种情况进行。

18. （　　　　　）是多层砌体结构房屋抗震设计的重要问题。

19. 防止砌体结构房屋的倒塌主要是从（　　　　　）和（　　　　　）等抗震措施方面着手。

20. 在多层砌体房屋计算简图中，当基础埋置较深且无地下室时，结构底层层高一般取至（　　　　　）。

21. 多层砌体房屋的结构体系应优先采用（　　　　　）或（　　　　　）的结构体系。

22. 多层砌体房屋抗震构造措施中最有效的是（　　　　　）与（　　　　　）的设置。

二、选择题

1. 关于砌体结构房屋，下列表述正确的是（　　　　）。

A. 当无地下室时，砌体房屋的总高度指室外地面到檐口的高度

B. 按现行规范的要求设置构造柱时，砌体房屋的总高度和层数可较规定限值有所提高

C. 各层横墙很少的砌体房屋应比规定的总高度降低 3m，层数相应减少一层

D. 砌体房屋的层高不宜超过 4.20m

2. 关于多层砌体房屋的结构体系，下列说法正确的是（　　　　）。

A. 应优先采用纵墙承重体系　　　　　　B. 是否设置防震缝，取决于房屋的抗震等级

C. 当房屋规则且无错层时，可不设置防震缝　　D. 宜尽量将楼梯间设置在房屋的转角处

3. 当设防烈度为 8 度时，多层砌体房屋的最大高宽比为（　　　　）。

A. 3.0　　　　　　　B. 2.5　　　　　　　C. 2.0　　　　　　　D. 1.5

4. 构造柱的主要作用是（　　　　）。

A. 减少多层砌体房屋的不均匀沉降　　　　B. 提高墙体的强度

C. 提高房屋的承载力　　　　　　　　　　D. 改善砌体的变形能力

5. 多层黏土砖房构造柱的最小截面尺寸为（　　　　）。

A. 180mm×180mm　　B. 240mm×180mm　　C. 240mm×240mm　　D. 370mm×240mm

6. 砌体房屋中现浇钢筋混凝土楼板伸进墙内的长度（　　　　）。

A. 不应小于 80mm　　B. 不宜小于 100mm　　C. 不应小于 120mm　　D. 不宜小于 120mm

7. 关于多层砌体房屋设置构造柱的作用，下述说法错误的是（　　　　）。

A. 可增强房屋整体性，避免开裂墙体倒塌　　B. 可提高砌体抗变形能力

C. 可提高砌体的抗剪强度　　　　　　　　D. 可抵抗由于地基不均匀沉降造成的破坏

8. 多层砌体结构的抗侧力构件的楼层水平地震剪力的分配（　　　　）。

A. 与楼盖刚度无关　　B. 与楼盖刚度有关　　C. 仅与墙体刚度有关　　D. 仅与墙体质量有关

9. 多层砌体结构中当墙体的高宽比大于 4 时，墙体的变形情况是（　　　　）。

A. 以剪切变形为主　　　　　　　　　　　B. 以弯曲变形为主

C. 弯曲变形和剪切变形在总变形中均占相当比例　D. 视具体外力值而定

10. 下列建筑可不考虑天然地基及基础的抗震承载力的是（　　　）。

A. 砌体房屋

B. 地基主要受力层范围内存在软弱黏性土的单层厂房

C. 9 度时高度不超过 100m 的烟囱

D. 7 度时高度为 150m 的烟囱

三、判别题

1. 《建筑抗震设计规范》对多层砌体房屋不要求作整体弯曲验算，而是限制房屋的总高度。（　　　）

2. 纵墙承重体系的横向支撑少，纵墙易受弯曲破坏。（　　　）

3. 砌体房屋中，满足一定高宽比要求的构造柱可不单独设置基础。（　　　）

4. 砌体房屋震害，刚性屋盖是上层破坏轻，下层破坏重。（　　　）

5. 多层砌体房屋抗震构造措施中最有效的是圈梁与构造柱的设置。（　　　）

6. 对多层砌体房屋，楼层的纵向地震剪力都可按各纵墙抗侧移刚度大小的比例进行分配。（　　　）

7. 多层砌体房屋采用底部剪力法计算时，可直接取 $\alpha_1 = 0.65\alpha_{\max}$。（　　　）

8. 钢筋混凝土构造柱可以先浇柱，后砌墙。（　　　）

9. 构造柱必须单独设置基础。（　　　）

四、简答题

1. 试述地震作用下，砖墙产生斜裂缝、交叉裂缝的原因。为什么墙角和楼梯间墙体的震害较重？

2. 为什么要限制多层砌体房屋的总高度和层数？多层砌体房屋的总高度和层数取决于哪些因素？对于横墙较少和横墙很少的多层砌体房屋的总高度和层数是如何规定的？对层高有何要求？如何计算房屋的总高度？

3. 为什么要限制多层砌体房屋的最大高宽比？

4. 砌体结构体系的选择和平面布置应注意哪些问题？

5. 何谓墙体的等效侧向刚度？其确定原则是什么？

6. 对于多层砌体房屋，楼层水平地震剪力在墙体间和同道墙各墙段间如何分配？纵向地震剪力如何分配？

7. 砖砌体和砌块砌体截面抗震承载力计算公式各以何种强度理论为基础？《建筑抗震设计规范》是如何体现的？

8. 对于多层砌体房屋，应选择哪些墙段进行墙体的截面抗震承载力验算？

9. 试写出各种砌体截面抗震承载力验算表达式，并说明表达式中各符号的意义。

10. 多层砌体房屋中的构造柱有何作用？构造柱的设置与哪些因素有关？横墙较少的房屋应如何设置构造柱？对多层砖房构造柱的截面尺寸、钢筋和连接有哪些要求？

11. 多层砌体房屋中的现浇钢筋混凝土圈梁有何作用？圈梁设置和构造的要点是什么？

12. 对于多层砌体房屋，墙体间的连接应满足哪些要求？

13. 多层砌体房屋对楼（屋）盖的抗震构造要求有哪些？

14. 砌体结构房屋的概念设计包括哪几个方面？

15. 为什么要限制多层砌体房屋抗震横墙间距？

16. 多层砌体房屋中的楼梯间为什么不宜设置在房屋的尽端和转角处？

17. 砌体结构房屋的震害规律表现在哪些方面？

18. 多层砌体结构房屋应优先采用何种结构布置？

19. 对于多层砌体房屋，当烈度为 8 或 9 度时，在哪些情况下应设防震缝？

20. 装配式楼盖的连接有哪些构造要求？

21. 砌体结构抗震计算中，各楼层的重力荷载包括哪些？

22. 底部框架－抗震墙砌体房屋有何特点？

23. 在砌体结构的计算简图中如何确定结构底部固定端标高？

24. 多层砌体结构应采取哪些抗震构造措施？

五、计算题

1. 某三层砖混结构办公楼，楼盖和屋盖采用钢筋混凝土预制板，横墙承重，层高均为 3.6m，室内外高度差为 0.6m，Ⅱ类建筑场地，设防烈度为 8 度，设计基本地震加速度为 0.2g，设计地震分组为第一组，经计算集中各层楼板标高处的各质点重力荷载代表值为：$G_3 = 3680\text{kN}$，$G_2 = 4960\text{kN}$，$G_1 = 5880\text{kN}$，求：

（1）建筑物总水平地震作用。

（2）建筑物各层的水平地震作用。

（3）建筑物各层地震剪力标准值。

2. 某六层砖混住宅，结构计算简图及各层重力荷载代表值如图 7.38 所示，设防烈度为 8 度，设计基本地震加速度为 0.2g，设计地震分组为第一组，场地为Ⅱ类，用底部剪力法计算各层地震剪力标准值。

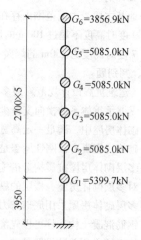

图 7.38 **某六层砖混住宅结构计算简图**

3. 已知某多层砌体底层横向两个不利墙段的有关参数见表 7.18，试验算各墙段在横向地震作用下的抗震承载力。

表 7.18 **某多层砌体房屋横向两个不利墙段的有关参数**

墙段	A/mm^2	σ_0/MPa	f_v/MPa	γ_RE	V_k/N
墙段（1）	1130400	0.52	0.12	0.9	176600
墙段（2）	1456800	0.56	0.12	1	187000

4. 已知图 7.39 所示砌体墙厚均为 t，弹性模量为 E，试计算此开洞墙片的侧移刚度。

5. 已知某多层黏土砖砌体房屋不利墙段（自承重）的截面积为 0.61m^2，所承担的地震剪力为 60kN，且知 $f_\text{vE} = 0.79\text{N/mm}^2$，试验算该墙段是否满足抗震要求。

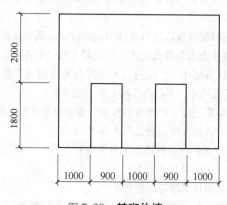

图 7.39 **某砌体墙**

钢结构房屋抗震设计 | 第8章

学习要点： 了解钢结构建筑常见的节点和构件震害特征；掌握钢结构抗震等级的确定，理解结构布置与支撑设计要求，掌握钢框架构件及节点的抗震承载力验算，掌握钢框架的抗震设计要点及相应的抗震构造措施，了解钢框架 – 中心支撑结构的设计要点和构造措施。

钢结构具有优越的强度、延性、韧性、施工周期短等特点，总体上钢结构抗震性能好，能力强。在地震作用下，钢结构建筑由于钢材的材质均匀，强度易于保证，结构的可靠性大；钢材具有轻质高强的特点，虽然钢材的密度比混凝土等建筑材料大，但钢结构的自重却远轻于钢筋混凝土结构，从而使得结构所受的地震作用减小；钢材具有良好的延性，使钢结构具有很大的变形能力，即使在很大的变形下仍不致倒塌，从而保证结构的抗震安全性。在 1985 年 9 月的墨西哥大地震中，钢结构建筑的破坏程度比混凝土结构建筑的轻得多。1995 年日本阪神地震，绝大部分钢结构建筑没有破坏，图 8.1 是在极震区（日本烈度Ⅶ度，相当于我国Ⅹ度）中，按日本现行规范设计的高层或超高层建筑安然无恙，玻璃一块都没破坏。2008 年汶川地震某车间（Ⅶ度），门式刚架完好（图 8.2），某体育馆空间结构也保持完好（图 8.3）。

图 8.1 日本阪神地震中极震区钢结构建筑安然无恙

图 8.2 汶川地震中门式刚架完好

图8.3 汶川地震中体育馆空间结构保持完好

8.1 震害及其分析

由于焊接、连接、冷加工等工艺技术及腐蚀环境的影响，钢材材性的优点受到影响。如果钢结构在设计、施工、维护等方面出现问题，就会造成结构的损害或者破坏。在地震作用下，主要破坏模式为构件的失稳和材料的脆性破坏及连接破坏，而使其优良的材料性能得不到充分的发挥，结构未必具有较高的承载力和延性。这主要是因为钢结构可能发生构件的失稳和材料的脆性破坏。在1994年美国北岭地震和1995年日本阪神地震中，大量钢结构出现局部破坏，而日本阪神地震中甚至出现了整个中间楼层被震塌的现象。日本建筑学会对神户988幢钢结构建筑进行了调查（表8.1），倒塌的大多为2~5层，7层以上的钢结构建筑没有1例。此次调查将破坏的钢结构分成3类，两个方向都没有支撑的框架R–R类，仅在一个方向有支撑的框架R–B类和两个方向上都有支撑的框架B–B类，破坏的类型比例见表8.2。同时，对柱截面也做了进一步调查，H为宽翼缘工字形截面，□为方管截面，破坏程度与破坏类型的关系如图8.4所示。研究表明：柱为H形截面的结构遭受的破坏要大些，且破坏程度与结构有无支撑无明显关系；柱为方管截面时，有支撑的结构没有发生倒塌现象，且B–B类结构遭受的破坏比R–B类结构小。造成H形柱结构与方管形柱结构破坏情况不同可能与钢结构的建造年代有关（1980年以后，日本普遍使用方管截面）。图8.5为破坏部位与结构类型的关系，可以看出：①有支撑框架中的柱子比无支撑框架中的柱子受到的破坏要小，而且有支撑框架中支撑破坏的频率最高；②无支撑框架中梁柱连接和柱基础底板的破坏也很大；③方管柱无支撑框架中梁柱连接受到破坏最大，H形柱无支撑框架中的柱破坏最严重。

表8.1　988幢钢结构建筑破坏情况

破坏程度	倒塌	严重破坏	中等破坏	小破坏
幢数	90	332	266	300
所占比例（%）	9.1	33.6	26.9	30.4

表8.2　988幢钢结构建筑破坏类型比例

结构类型	R–R	R–B	B–B	不清楚
幢数	432	134	34	388
所占比例（%）	43.7	13.6	3.4	39.4

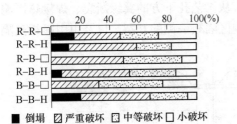

图 8.4 破坏程度与破坏类型的关系

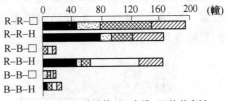

图 8.5 破坏部位与结构类型关系

对其他强震区的 1787 幢钢结构的调查结果见表 8.3。钢结构的倒塌和严重破坏的比例也十分高。

表 8.3 若干强震区钢结构建筑的破坏情况

破坏程度	倒塌、严重破坏	中等破坏	小破坏	轻微破坏
幢数	476	339	498	474
所占比例（%）	26.6	19.0	27.9	26.5

根据钢结构在历次地震中的破坏形态，钢结构建筑的主要震害是由节点与构件破坏造成的。

8.1.1 节点破坏

钢结构节点破坏是地震中发生最多的一种破坏形式。结构构件的刚性连接一般采用铆接或焊接形式连接。如果在节点的设计和施工中，构造及焊缝存在缺陷，节点区就可能出现应力集中、受力不均的现象，在地震中很容易出现连接破坏。

美国北岭地震节点破坏形式如图 8.6 所示。

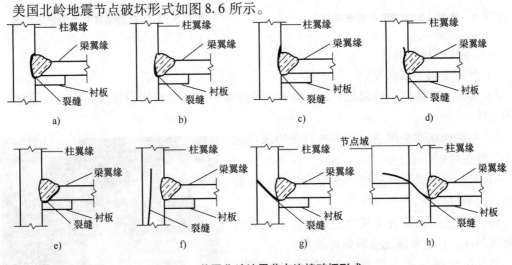

图 8.6 美国北岭地震节点连接破坏形式

a）焊缝与柱交界处完全断开 b）焊缝与柱交界处部分断开 c）沿柱翼缘向上扩展，完全断开
d）沿柱翼缘向上扩展，部分断开 e）焊趾处梁翼缘裂缝 f）柱翼缘层状撕裂
g）柱翼缘沿水平方向或斜向开裂 h）裂缝穿过柱翼缘和部分腹板

日本阪神地震节点破坏形式如图8.7所示，有从工艺孔下方的翼缘断裂、焊接热影响区母材断裂、焊缝金属断裂、由焊接引弧板至热影响区隔板一侧的开裂，以及由引弧板到隔板内部的裂缝等形式。

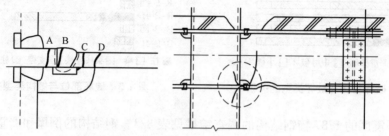

图8.7 阪神地震节点连接破坏形式

美国北岭地震节点的破坏特点是下翼缘焊缝根部裂缝多向柱段范围扩展（图8.8）。日本阪神地震节点破坏特点是裂缝从扇形角部向梁段内发展（图8.9）。

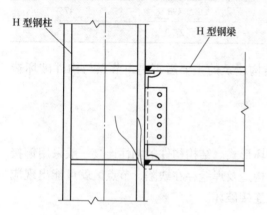

图8.8 美国北岭地震节点的破坏特点

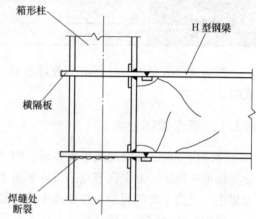

图8.9 日本阪神地震节点的破坏特点

节点连接破坏原因有：

1）焊缝金属冲击韧度低。

2）焊缝存在缺陷，特别是下翼缘梁端现场焊缝中部因腹板妨碍施焊和检查，焊缝出现了不连续。

3）梁翼缘端部全熔透坡口焊的衬板边缘形成的人工缝在弯矩作用下扩大。

4）梁端焊缝通过孔边缘出现应力集中，引发裂缝，向平材扩展。

5）裂缝主要出现在下翼缘，是因为梁上翼缘有楼板加强，且上翼缘无腹板妨碍施焊。

节点连接破坏的典型破坏形式为焊缝断裂、螺栓破坏、铆接断裂、加劲板断裂、屈曲和腹板断裂等。图8.10~图8.12分别为框架梁柱节点破坏实例。

图8.10 柱焊缝断裂

图 8.11　梁焊缝断裂

图 8.12　螺栓破坏

　　美国调查了 1000 多幢钢结构，破坏的有 100 多幢，其中钢框架梁柱节点破坏广泛且严重。破坏的原因有：梁下翼缘裂缝（图 8.13 和图 8.14），占 80% ~ 95%，上翼缘裂缝，15% ~ 20%；裂缝起源于焊缝的占 90% ~ 99%，起源于母材的只占 1% ~ 10%；不少裂缝向柱子扩展，严重的贯穿了柱（图 8.15），有的向梁扩展（图 8.16），有的沿连接螺栓线扩展。节点的检查修复比较困难且费用十分昂贵。

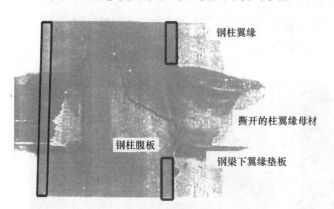

图 8.13　下翼缘的裂缝扩展到柱翼缘中

图 8.14　下翼缘焊缝与柱翼缘完全脱离

图 8.15　裂纹扩展至柱腹板内

图 8.16　裂纹扩展至梁腹板内

8.1.2 构件破坏

1. 柱震害

柱的破坏多发生在梁柱连接处附近，柱身破坏主要有翼缘屈曲、拼接处裂缝、翼缘层状撕裂和脆性断裂等（图8.17）。日本阪神地震某住宅小区，53根立柱全部脆断（锈蚀发生在断裂后）（图8.18），一些柱的断裂通向斜撑（图8.19）。

2. 梁破坏

框架梁主要破坏形式有翼缘屈曲、腹板屈曲、腹板裂缝和截面扭转屈曲（图8.20）。图8.21为汶川地震某轻钢门式刚架梁腹板屈曲。

3. 支撑破坏

斜撑破坏形式主要有受拉断裂、受压屈曲、节点板拉断和节点板压屈等。图8.22和图8.23分别为日本阪神地震出现的斜撑在节点处受拉断裂和斜撑受压屈曲。图8.24和图8.25分别为汶川地震某厂房柱间支撑屈曲和柱间支撑受压屈曲细部图。

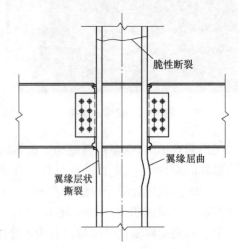

图8.17 架柱主要破坏形式

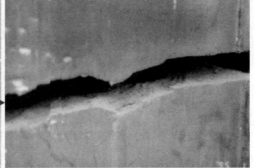

图8.18 柱脆性断裂

图8.19 柱的断裂通向斜撑

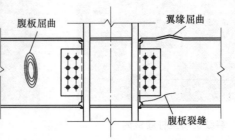

图8.20 梁主要破坏形式

图 8.21　汶川地震某轻钢门式刚架梁腹板屈曲

图 8.22　斜撑在节点处受拉断裂

图 8.23　斜撑受压屈曲

图 8.24　汶川地震某厂房柱间支撑屈曲

图 8.26 为汶川地震某厂房柱间支撑节点板破坏。

图 8.25　柱间支撑受压屈曲细部图

图 8.26　柱间支撑节点板破坏

4. 基础锚固破坏

钢构件与基础的锚固破坏主要表现为柱脚处的地脚螺栓脱开、混凝土破碎导致锚固失效、连接板断裂等，这种破坏形式曾发生多起。某 11 层钢筋混凝土结构柱脚的 4 根地脚螺栓全部断开，柱脚水平移动 25cm，但该建筑未倒塌。柱脚破坏的主要原因可能是设计中未预料到地震时柱将产生相当大的拉力，以及地震开始时会出现竖向振动。图 8.27 为日本阪神地震中钢柱脚出现的锚固破坏。

尽管钢结构抗震性能较好，但在历次地震中也都出现了不同程度的震害。究其原因，无非是和结构设计、结构构造、施工质量、材料质量、日常维护等有关。为了预防以上震害的出现，减轻震害带来的损失，多高层钢结构建筑的抗震设计必须严格遵循有关规范。

图 8.27　钢柱脚的锚固破坏

8.2　钢结构抗震一般要求

8.2.1　结构尺度与抗震等级

结构类型的选择关系到结构的安全性、实用性和经济性，可根据结构总体高度和抗震设防烈度确定结构类型和最大适用高度。表 8.4 为《建筑抗震设计规范》规定的多层钢结构民用房屋适用的最大高度。

表 8.4　钢结构民用房屋适用的最大高度　　　　　　（单位：m）

结构类型	6、7 度 (0.10g)	7 度 (0.15g)	8 度 (0.20g)	8 度 (0.30g)	9 度 (0.40g)
框架	110	90	90	70	50
框架 - 中心支撑	220	200	180	150	120
框架 - 偏心支撑（延性墙板）	240	220	200	180	160
筒体（框筒，筒中筒，桁架筒，束筒）和巨型框架	300	280	260	240	180

注：1. 房屋高度指室外地面到主要屋面板板顶的高度（不包括局部突出屋顶部分）。

　　2. 超过表内高度的房屋，应进行专门研究和论证，采取有效的加强措施。

　　3. 表内的筒体不包括混凝土筒。

影响结构宏观性能的另一个尺度是结构高宽比，即房屋总高度与结构平面最小宽度的比值。结构的高宽比是影响结构整体稳定性和抗震性能的重要参数，它对结构刚度、侧移和振动形式有直接影响。高宽比较大时，一方面使结构产生较大的水平位移及 $P-\Delta$ 效应，另一方面由于倾覆力矩使柱产生很大的轴向力。因此，需要对钢结构房屋适用的最大高宽比制定限值，见表 8.5，超过时应进行专门研究，采取必要的抗震措施。

表 8.5　钢结构民用房屋适用的最大高宽比

烈度	6、7 度	8 度	9 度
最大高宽比	6.5	6.0	5.5

注：塔形建筑的底部有大底盘时，高宽比可按大底盘以上计算。

钢结构房屋应根据设防分类、烈度和房屋高度采用不同的抗震等级，并应符合相应的计算和构造措施要求。丙类建筑的抗震等级应按表 8.6 确定。

表 8.6 **钢结构房屋的抗震等级**

房屋高度	烈度			
	6 度	7 度	8 度	9 度
≤50m	一	四	三	二
>50m	四	三	二	一

注：1. 高度接近或等于高度分界时，应允许结合房屋不规则程度和场地、地基条件确定抗震等级。

2. 一般情况，构件的抗震等级应与结构相同；当某个部位各构件的承载力均满足 2 倍地震作用组合下的内力要求时，7~9 度的构件抗震等级应允许按降低一度确定。

8.2.2 结构布置与支撑设计要求

采用框架结构时，高层的框架结构及甲、乙类建筑的多层框架结构，不应采用单跨框架结构，其余多层框架结构不宜采用单跨框架结构。

多层钢结构的结构平面布置、竖向布置应遵循抗震概念设计中结构布置的规则性原则。设计中如出现平面不规则或者竖向不规则的情况，应按规范要求进行水平地震作用计算和内力调整，并对薄弱部位采取有效的抗震构造措施，不应采用严重不规则的设计方案。由于钢结构可承受的结构变形比混凝土结构大，一般不宜设防震缝。需要设置防震缝时，缝的宽度应不小于相应钢筋混凝土结构房屋的 1.5 倍。

在选择结构类型时，除考虑结构总高度和高宽比之外，还要根据各结构类型抗震性能的差异及设计需求加以选择。一般情况下，不超过 50m 的钢结构房屋可采用框架结构、框架 - 支撑结构或其他结构类型；超过 50m 的钢结构房屋，一、二级抗震结构宜采用偏心支撑、带竖缝钢筋混凝土抗震墙板、内藏钢支撑钢筋混凝土墙板或屈曲约束支撑等消能支撑及筒体结构。

多层钢结构一般采用框架结构、框架 - 支撑结构。采用框架 - 支撑结构时，应满足：

1）支撑框架在两个方向的布置均宜基本对称，支撑框架之间楼盖的长宽比不宜大于 3。

2）三、四级抗震且高度不超过 50m 的钢结构宜采用中心支撑，必要时也可采用偏心支撑、屈曲约束支撑等消能支撑。

3）中心支撑框架宜采用交叉支撑，也可采用人字支撑或单斜杆支撑，不宜采用 K 形支撑；支撑的轴线宜交汇于梁柱构件轴线的交点，若偏离交点，其偏心距不应超过支撑杆件宽度，并应计入由此产生的附加弯矩。当中心支撑采用只能受拉的单斜杆体系时，应同时设置不同倾斜方向的两组斜杆，且每组中不同方向单斜杆的截面面积与在水平方向的投影面积之差不得大于 10%。

4）偏心支撑框架的每根支撑应至少有一端与框架梁连接，并在支撑与梁交点和柱之间或同一跨内另一支撑与梁交点之间形成消能梁段。

5）采用屈曲约束支撑时，宜采用人字支撑、成对布置的单斜杆支撑等形式，不应采用 K 形或 X 形，支撑与柱的夹角宜为 35°~55°。屈曲约束支撑受压时，其设计参数、性能检验和作为一种消能部件的计算方法可按相关要求设计。

三、四级抗震且高度不超过50m的钢结构房屋宜优先采用交叉支撑，它可按拉杆设计，较经济。若采用受压支撑，其长细比及板件宽厚比应符合有关规定。大量研究表明，偏心支撑具有弹性阶段刚度接近中心支撑框架，弹塑性阶段的延性和消能能力接近延性框架的特点，是一种良好的抗震结构。常用的偏心支撑形式如图8.28所示。

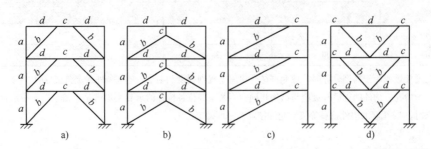

图 8.28　偏心支撑示意

a—柱　*b*—支撑　*c*—消能梁段　*d*—其他梁段

偏心支撑框架的设计原则是强柱、强支撑和弱消能梁段，即在大震时消能梁段屈服形成塑性铰，且具有稳定的滞回性能，即使消能梁段进入应变硬化阶段，支撑斜杆、柱和其余梁段仍保持弹性。因此，每根斜杆只能在一端与消能梁段连接，若两端均与消能梁段相连，则可能一端的消能梁段屈服，另一端消能梁段不屈服，使偏心支撑的承载力和消能能力降低。

超过50m的钢框架–筒体结构，在必要时可设置由筒体外伸臂或外伸臂和周边桁架组成的加强层。

钢结构的楼盖宜采用压型钢板现浇钢筋混凝土组合楼板或钢筋混凝土楼板。对6、7度时不超过50m的钢结构，也可采用装配整体式钢筋混凝土楼板，还可采用装配式楼板或其他轻型楼盖；对转换层楼盖或楼板有大洞口等情况，必要时可设置水平支撑。采用压型钢板现浇钢筋混凝土组合楼板或钢筋混凝土楼板时，应与钢梁有可靠连接。采用装配式、装配整体式或轻型楼板时，应将楼板预埋件与钢梁焊接，或采取其他保证楼盖整体性的措施。

钢结构房屋根据工程情况可设计或不设计地下室，设置地下室时，框架–支撑结构中竖向布置的支撑应延伸至基础；钢框架柱应至少延伸至地下一层。支撑在地下室是否改为混凝土抗震墙形式，与是否设计钢骨混凝土结构层有关，设置钢骨混凝土结构层时采用混凝土墙段协调。该抗震墙是采用钢支撑外包混凝土构成还是采用混凝土墙，由设计确定。设置地下室的钢结构房屋的基础埋置深度，采用天然地基时，不宜小于房屋总高度的1/15；采用桩基时，桩承台埋深不宜小于房屋总高度的1/20。

8.2.3　钢结构抗震性能化设计

1. 性能化设计的基本原理

为贯彻国家提出的"鼓励用钢、合理用钢"的经济政策，根据《建筑抗震设计规范》及《构筑物抗震设计规范》规定的抗震设计原则，针对钢结构特点，GB 50017—2017《钢结构设计标准》增加了钢结构构件和节点的抗震性能化设计内容。其基本原理是：在满足一定强度要求的前提下，让结构在设防地震强度最强的时段到来之前，结构部分构件先行屈服，削减刚度，增大结构的周期，使结构的周期与地震波强度最大时段的特征周期避开，从而使结构对地震具有一定程度的免疫功能。

根据性能化设计的钢结构，其抗震设计准则如下：验算本地区抗震设防烈度的多遇地震作用下的构件承载力和结构弹性变形（小震不坏），根据其延性验算设防地震作用下的承载力（中震可修），验算在罕遇地震作用下的弹塑性变形（大震不倒）。

本章内容是针对结构体系中承受地震作用的结构部分。虽然结构真正的设防目标为设防地震，但由于结构具有一定的延性，因此无须采用中震弹性的设计。众所周知，抗震设计的本质是控制地震施加给建筑物的能量，弹性变形与塑性变形（延性）均可消耗能量。在能量输入相同的条件下，结构延性越好，弹性承载力要求越低，反之，结构延性差，则弹性承载力要求高，简称为"高延性－低承载力"和"低延性－高承载力"两种抗震设计思路，均可达成大致相同的设防目标。结构根据预先设定的延性等级确定对应的地震作用的设计方法，称为"性能化设计方法"。因此，对于多高层民用钢结构，首先必须保证必要的延性，一般应采用高延性－低承载力的设计思路；对于工业建筑，为降低造价，宜采用低延性－高承载力的设计思路。

采用低延性－高承载力思路设计的钢结构，特指在规定的设防类别下延性要求最低的钢结构。这种设计思路适用于抗震设防烈度不高于 8 度（0.20g），结构高度不高于 100m 的框架结构、支撑结构和框架－支撑结构的构件和节点的抗震性能化设计。

钢结构构件的抗震性能化设计应根据建筑的抗震设防类别、设防烈度、场地条件、结构类型和不规则性等条件综合考虑。结构构件在整个结构中的作用、使用功能和附属设施功能的要求，投资大小，震后损失和修复难易程度等，经综合分析比较选定其抗震性能目标。构件塑性耗能区的抗震承载性能等级及其在不同地震动水准下的性能目标可按表 8.7 划分。

表 8.7　构件塑性耗能区的抗震承载性能等级和目标

承载性能等级	地震动水准		
	多遇地震	设防地震	罕遇地震
性能 1	完好	完好	基本完好
性能 2	完好	基本完好	基本完好－轻微变形
性能 3	完好	实际承载力满足高性能系数的要求	轻微变形
性能 4	完好	实际承载力满足高性能系数的要求	轻微变形－中等变形
性能 5	完好	实际承载力满足中性能系数的要求	中等变形
性能 6	完好	实际承载力满足低性能系数的要求	中等变形－显著变形
性能 7	完好	实际承载力满足最低性能系数的要求	显著变形

2. 钢结构构件的抗震性能化设计步骤和方法

1）按《建筑抗震设计规范》的规定进行多遇地震作用验算，结构承载力及侧移应满足其规定，位于塑性耗能区的构件进行承载力计算时，可考虑将该构件刚度折减形成等效弹性模型。

2）抗震设防类别为标准设防类（丙类）的建筑，可按表 8.8 初步选择塑性耗能区的承载性能等级。

表8.8 塑性耗能区承载性能等级参考选用表

设防烈度	单层	$H < 50m$	$50m < H < 100m$
6 度（0.05g）	性能 3 ~ 7	性能 4 ~ 7	性能 5 ~ 7
7 度（0.10g）	性能 3 ~ 7	性能 5 ~ 7	性能 6 ~ 7
7 度（0.15g）	性能 4 ~ 7	性能 5 ~ 7	性能 6 ~ 7
8 度（0.20g）	性能 4 ~ 7	性能 6 ~ 7	性能 7

注：H 为钢结构房屋的高度，即室外地面到主要屋面板板顶的高度（不包括局部突出屋面的部分）。

3）设防地震下的承载力抗震验算内容，应包括以下几点：

① 建立合适的结构计算模型进行结构分析。

② 设定塑性耗能区的性能系数，选择塑性耗能区截面，使其实际承载性能等级与设定的性能系数尽量接近。

③ 其他构件承载力标准值应进行计入性能系数的内力组合效应验算，当结构构件承载力满足延性等级为 V 级的内力组合效应验算时，可忽略机构控制验算。

④ 必要时可调整截面或重新设定塑性耗能区的性能系数。

4）构件和节点的延性等级应根据设防类别及塑性耗能区最低承载性能等级按表8.9确定，并对不同延性等级的相应要求采取抗震措施。

表8.9 结构构件最低延性等级

设防类别	塑性耗能区最低承载性能等级						
	性能 1	性能 2	性能 3	性能 4	性能 5	性能 6	性能 7
特殊设防类（甲类）	V 级	IV 级	III 级	II 级	I 级	—	—
重点设防类（乙类）	—	V 级	IV 级	III 级	II 级	I 级	—
标准设防类（丙类）	—	—	V 级	IV 级	III 级	II 级	I 级
适度设防类（丁类）	—	—	—	V 级	IV 级	III 级	II 级

注：I ~ V 级，结构构件延性等级依次降低。

5）当塑性耗能区的最低承载性能等级为性能5、性能6或性能7时，通过罕遇地震下结构的弹塑性分析或按构件工作状态形成新的结构等效弹性分析模型，应满足《建筑抗震设计规范》的弹塑性层间位移角限值；进行竖向构件的弹塑性层间位移角验算；当所有构造要求均满足结构构件延性等级为 I 级的要求时，弹塑性层间位移角限值可增加25%。

3. 设计中材料强度要求

按照钢结构房屋连接焊缝的重要性，《钢结构设计标准》提出了关键性焊缝的概念，四条关键性焊缝分别为：框架结构的梁翼缘与柱的连接焊缝；框架结构的抗剪连接板与柱的连接焊缝；框架结构的梁腹板与柱的连接焊缝；节点域及其上下各600mm 范围内的柱翼缘与柱腹板间或箱形柱壁板间的连接焊缝。

根据材料调研结果显示，我国钢材平均屈服强度是名义屈服强度的 1.2 倍，离散性很大，尤其是 Q235 钢，由于实际工程中经常发生高钢号钢材由于各种原因降级使用的情况，因此，为了避免塑性铰发生在非预期部位，规定了塑性耗能区钢材应满足屈服强度实测值不高于上一级钢材屈服强度的条件。特别值得注意的是，《钢结构设计标准》规定的材料要求,是对加工后的构件的要求,我国目前很多型材的材质报告给出的是型材加工前的钢材特性。为了保证焊缝和构件具有足够的塑性变形能力,真正做到"强连接弱构件"和实现设计确定的屈服机制,需对有抗震设防要求的钢结构的材料要求:良好的焊接性能和合格的冲击韧度是抗震结构的基本要求,弹性区钢材在不同的工作温度下相应的质量等级要求,基本与需验算疲劳的非焊接结构的性能相当;弹性区在强烈地震作用下仍处于弹性设计阶段,因此可适当降低对材料屈强比要求,一般来说,屈强比不应高于0.9,但此时应采取可靠措施保证其处于弹性状态。设计人员应避免选择在加工过程中已损失部分塑性的钢材作为塑性耗能区的钢材。当超强系数按 $\eta_y = f_{y,act}/f_y$($f_{y,act}$为塑性耗能区钢材屈服强度实测值;f_y为塑性耗能区钢材设计用屈服强度)计算确定时,塑性耗能区钢材可不满足屈服强度实测值不高于上一级钢材屈服强度的条件。基于以上要求,采用抗震性能化设计的钢结构构件,其材料应符合下列规定:

1)钢材的质量等级:当工作温度高于0 ℃时,其质量等级不应低于B级;当工作温度不高于0 ℃但高于−20 ℃时,Q235、Q345钢不应低于B级,Q390、Q420及Q460钢不应低于C级;当工作温度不高于−20 ℃时,Q235、Q345钢不应低于C级,Q390、Q420及Q460钢不应低于D级。

2)构件塑性耗能区采用的钢材尚应符合下列规定:钢材的屈服强度实测值与抗拉强度实测值的比值不应大于0.85;钢材应有明显的屈服台阶,且伸长率不应小于20%;钢材应满足屈服强度实测值不高于上一级钢材屈服强度规定值的条件;钢材工作温度时夏比冲击韧度不宜低于27J。

3)钢结构构件关键性焊缝的填充金属应检验V形切口的冲击韧度,其工作温度时夏比冲击韧度不应低于27J。

8.3 计算要点

8.3.1 结构的分析模型及其参数

模型应正确反映构件及其连接在不同地震动水准下的工作状态。整个结构的弹性分析可采用线性方法,弹塑性分析可根据预期构件的工作状态,分别采用增加阻尼的等效线性化方法及静力或动力非线性设计方法;在罕遇地震下应计入重力二阶效应;弹性分析的阻尼比可按《建筑抗震设计规范》的规定采用,弹塑性分析的阻尼比可适当增加,采用等效线性化方法时不宜大于5%;构成支撑系统的梁柱,计算重力荷载代表值产生的效应时,不宜考虑支撑作用。

8.3.2 钢结构构件的性能系数

在《钢结构设计标准》中,我国首次将钢结构抗震按照性能设计方法来进行要求。钢结构构件的性能系数应按下式计算

$$\Omega_i \geqslant \beta_e \Omega_{i,\min}^a \qquad (8.1)$$

式中,Ω_i为i层构件性能系数;η_y为钢材超强系数,可按《钢结构设计标准》采用,其中塑性耗能区、弹性区分别采用梁、柱替代;β_e为水平地震作用非塑性耗能区内力调整系数,

塑性耗能区构件应取 1.0，其余构件不宜小于 $1.1\eta_y$；$\Omega_{i,\min}^a$ 为层构件塑性耗能区实际性能系数最小值。

《钢结构设计标准》对钢结构的构件塑性耗能区的性能系数也做了详细要求：

1）对框架结构、中心支撑结构、框架－支撑结构中的规则结构，其塑性耗能区不同承载性能等级对应的性能系数的最小值，宜符合表 8.10 取值。

表 8.10　结构塑性耗能区不同承载性能等级对应的性能系数最小值

承载性能等级	性能1	性能2	性能3	性能4	性能5	性能6	性能7
性能系数最小值	1.10	0.9	0.70	0.55	0.45	0.35	0.28

2）对钢结构中的不规则结构，其塑性耗能区的构件性能系数最小值，宜比规则结构增加 15% ~ 50%。

3）设计时，钢结构构件塑性耗能区实际性能系数，可按下列公式进行计算

① 框架结构

$$\Omega_0^a = (W_E f_y - M_{GE} - 0.4M_{Ehk2})/M_{Evk2} \tag{8.2}$$

② 支撑结构

$$\Omega_0^a = \frac{(N_{br}' - N_{GE}' - 0.4N_{Evk2}')}{(1 + 0.7\beta_l)N_{Ehk2}'} \tag{8.3}$$

③ 框架－偏心支撑结构。设防地震性能组合的消能梁段轴力 $N_{p,l}$，可按下式计算

$$N_{p,l} = N_{GE} + 0.28N_{Ehk2} + 0.4N_{Evk2} \tag{8.4}$$

当 $N_{p,t} \leq 0.15Af_y$ 时，实际性能系数应取式（8.5）和式（8.6）的较小值

$$\Omega_0^a = (W_{p,l} f_y - M_{GE} - 0.4M_{Evk2})/M_{Ehk2} \tag{8.5}$$

$$\Omega_0^a = (V_l - V_{GE} - 0.4V_{Evk2})/V_{Ehk2} \tag{8.6}$$

当 $N_{p,t} > 0.15Af_y$ 时，实际性能系数应取式（8.7）和式（8.8）的较小值

$$\Omega_0^a = (1.2W_{p,l} f_y [1 - N_{p,l}/(Af_y)] - 0.4M_{Evk2}) \tag{8.7}$$

$$\Omega_0^a = (V_{lc} - V_{GE} - 0.4M_{Evk2})/V_{Evk2} \tag{8.8}$$

4）支撑系统水平地震作用非塑性耗能区中第 i 层支撑的内力调整系数 $\beta_{br,ei}$ 应按下式计算

$$\beta_{br,ei} = 1.1\eta_y(1 + 0.7\beta_i) \tag{8.9}$$

5）支撑结构及框架－中心支撑结构的同层支撑性能系数最大值与最小值之差不宜超过最小值的 20%。

当支撑结构的延性等级为 V 级时，支撑的实际性能系数 Q_{br}^a 应按下式计算

$$\Omega_{br}^a = \frac{(N_{br} - N_{GE} - 0.4N_{Evk2})}{N_{Ehk2}} \tag{8.10}$$

式（8.2）~式（8.10）中，Ω_0^a 为构件塑性耗能区实际性能系数；W_E 为构件塑性耗能区截面模量，按表 8.11 取值；f_y 为钢材屈服强度；M_{GE}、N_{GE}、V_{GE} 分别为重力荷载代表值产生的弯矩效应、轴力效应和剪力效应，可按《建筑抗震设计规范》的规定采用；M_{Ehk2}、M_{Evk2} 分别为按弹性或等效弹性计算的构件水平设防地震作用标准值的弯矩效应，8 度且高度大于 50m 时按弹性或等效弹性计算的构件竖向设防地震作用标准值的弯矩效应；V_{Ehk2}、

V_{Evk2}分别为按弹性或等效弹性计算的构件水平设防地震作用标准值的剪力效应，8度且高度大于50m时按弹性或等效弹性计算的构件竖向设防地震作用标准值的剪力效应；N'_{br}、N'_{GE}分别为支撑对承载力标准值、重力荷载代表值产生的轴力效应，计算承载力标准值时，压杆的承载力应乘以按式（8.6）计算的受压支撑剩余承载力系数加η；N'_{Ehk2}、N'_{Evk2}分别为按弹性或等效弹性计算的支撑对水平设防地震作用标准值的轴力效应，8度且高度大于50m时按弹性或等效弹性计算的支撑对竖向设防地震作用标准值的轴力效应；N_{Ehk2}、N_{Evk2}分别为按弹性或等效弹性计算的支撑水平设防地震作用标准值的轴力效应，8度且高度大于50m时按弹性或等效弹性计算的支撑竖向设防地震作用标准值的轴力效应；η_y为钢材超强系数，可按表8.12采用，其中塑性耗能区，弹性区分别采用梁、柱替代；$W_{p,l}$为消能梁段塑性截面模量；V_l、V_{lc}分别为消能梁段受剪承载力和计入轴力影响的受剪承载力；β_i为i层支撑水平地震剪力分担率，当大于0.714时，取0.714。

当钢结构构件延性等级为Ⅴ级时，非塑性耗能区内力调整系数可采用1.0。

表8.11　构件截面模量 W_E 取值

截面板件宽厚比等级	S1	S2	S3	S4	S5
构件截面模量	$W_E = W_p$		$W_E = \gamma_x W$	$W_E = W$	有效截面模量

注：W_p为塑性截面模量；γ_x为截面塑性发展系数；W为弹性截面模量；有效截面模量，均匀受压翼缘有效外伸宽度不大于$15\varepsilon_k$，腹板可按《钢结构设计标准》第8.4.2条的规定采用。

表8.12　钢材超强系数 η_y

弹性区	塑性耗能区	
	Q235	Q345、Q345GJ
1.05	1.15	
1.1	1.2	

注：当塑性耗能区的钢材为管材时，η_y可取表中数值乘以1.1。

8.3.3　钢结构构件的承载力

钢结构构件的承载力应按下列公式计算

$$S_{E2} = S_{GE} + \Omega_i S_{Ehk2} + 0.4 S_{Evk2} \tag{8.11}$$
$$S_{E2} \leqslant R_k \tag{8.12}$$

式中，S_{E2}为构件设防地震内力性能组合值；S_{GE}为构件重力荷载代表值产生的效应，按《建筑抗震设计规范》或《构筑物抗震设计规范》的规定采用；S_{Ehk2}、S_{Evk2}分别为按弹性或等效弹性计算的构件水平设防地震作用标准值效应，8度且高度大于50m时按弹性或等效弹性计算的构件竖向设防地震作用标准值效应；R_k为按屈服强度计算的构件实际截面承载力标准值。

偏心支撑结构中支撑的非塑性耗能区内力调整系数应取$1.1\eta_y$。

8.3.4　框架梁的抗震承载力验算

1）框架结构中框架梁进行受剪计算时，剪力应按下式计算

$$V_{pb} = V_{Gb} + \frac{W_{Eb,A} f_y + W_{Eb,B} f_y}{l_n} \tag{8.13}$$

2）框架 – 偏心支撑结构中非消能梁段的框架梁，应按压弯构件计算；计算弯矩及轴力效应时，其非塑性耗能区内力调整系数宜按 $1.1\eta_y$ 采用。

3）交叉支撑系统中的框架梁，应按压弯构件计算；轴力可按式（8.14）计算，计算弯矩效应时，其非塑性耗能区内力调整系数宜按式（8.9）确定

$$N = A_{\mathrm{br1}} f_y \cos\alpha_1 - \eta\varphi A_{\mathrm{br2}} f_y \cos\alpha_2 \tag{8.14}$$

$$\eta = 0.65 + 0.35 \tanh(4 - 10.5\lambda_{\mathrm{n,br}}) \tag{8.15}$$

$$\lambda_{\mathrm{n,br}} = \frac{\lambda_{\mathrm{br}}}{\pi}\sqrt{\frac{f_y}{E}} \tag{8.16}$$

4）人字形、V 形支撑系统中的框架梁在支撑连接处应保持连续，并按压弯构件计算；轴力可按式（8.14）计算；弯矩效应宜按不计入支撑支点作用的梁承受重力荷载和支撑屈曲时不平衡力作用计算，竖向不平衡力计算宜符合下列规定：

① 除顶层和出屋面房间的框架梁，竖向不平衡力可按下列公式计算

$$V = \eta_{\mathrm{red}}(1 - \eta\varphi)A_{\mathrm{br}} f_y \sin\alpha \tag{8.17}$$

$$\eta_{\mathrm{red}} = 1.25 - 0.75\frac{V_{\mathrm{p,f}}}{V_{\mathrm{br,k}}} \tag{8.18}$$

② 顶层和出屋面房间的框架梁，竖向不平衡力宜按式（8.17）的 50% 取值。

③ 当为屈曲约束支撑，计算轴力效应时，非塑性耗能区内力调整系数宜取 1.0；弯矩效应宜按不计入支撑支点作用的梁承受重力荷载和支撑拉压力标准组合下的不平衡力作用计算，在恒载和支撑最大拉压力标准组合下的变形不宜超过不考虑支撑支点的梁跨度的 1/240。

式（8.13）~式（8.18）中，V_{Gb} 为梁在重力荷载代表值作用下截面的剪力值；$W_{\mathrm{Eb},A}$、$W_{\mathrm{Eb},B}$ 分别为梁端截面 A 和 B 处的构件截面模量；l_n 为梁的净跨；A_{br1}、A_{br2} 分别为上、下层支撑截面面积；α_1、α_2 分别为上、下层支撑斜杆与横梁的交角；$\lambda_{\mathrm{n,br}}$ 为支撑最小长细比；η 为受压支撑剩余承载力系数，应按式（8.15）计算；$\lambda_{\mathrm{n,br}}$ 为支撑正则化长细比；E 为钢材弹性模量；α 为支撑斜杆与横梁的交角；η_{red} 为竖向不平衡力折减系数；当按式（8.18）计算的结果小于 0.3 时，应取 0.3，大于 1.0 时，应取 1.0；A_{br} 为支撑杆截面面积；φ 为支撑的稳定系数；$V_{\mathrm{p,f}}$ 为框架独立形成侧移机构时的抗侧承载力标准值；$V_{\mathrm{br,k}}$ 为支撑发生屈曲时，由人字形支撑提供的抗侧承载力标准值。

8.3.5 框架柱的抗震承载力验算

1）柱端截面的强度。

① 等截面梁：柱截面板件宽厚比等级为 S_1、S_2 时

$$\sum W_{\mathrm{Ec}}(f_{\mathrm{yc}} - N_p/A_c) \geq \eta_y \sum W_{\mathrm{Eb}} f_{\mathrm{yb}} \tag{8.19}$$

柱截面板件宽厚比等级为 S_3、S_4 时

$$\sum W_{\mathrm{Ec}}(f_{\mathrm{yc}} - N_p/A_c) \geq 1.1\eta_y \sum W_{\mathrm{Eb}} f_{\mathrm{yb}} \tag{8.20}$$

② 端部翼缘为变截面的梁：柱截面板件宽厚比等级为 S1、S2 时

$$\sum W_{\mathrm{Ec}}(f_{\mathrm{yc}} - N_p/A_c) \geq \eta_y \left(\sum W_{\mathrm{Eb1}} f_{\mathrm{yb}} + V_{\mathrm{pb}}s\right) \tag{8.21}$$

柱截面板件宽厚比等级为 S3、S4 时

$$\sum W_{\mathrm{Ec}}(f_{\mathrm{yc}} - N_{\mathrm{p}}/A_{\mathrm{c}}) \geqslant 1.1\eta_{\mathrm{y}}\left(\sum W_{\mathrm{Eb1}}f_{\mathrm{yb}} + V_{\mathrm{pb}}s\right) \tag{8.22}$$

2）符合下列情况之一的框架柱可不按本条第 1 款的要求验算：

① 单层框架和框架顶层柱。

② 规则框架，本层的受剪承载力比相邻上一层的受剪承载力高出 25%。

③ 不满足强柱弱梁要求的柱子提供的受剪承载力之和，不超过总受剪承载力的 20%。

④ 与支撑斜杆相连的框架柱。

⑤ 框架柱轴压比（$N_{\mathrm{p}}/N_{\mathrm{y}}$）不超过 0.4 且柱的截面板件宽厚比等级满足 S3 级要求。

⑥ 柱满足构件延性等级为 V 级时的承载力要求。

3）框架柱应按压弯构件计算，计算弯矩效应和轴力效应时，其非塑性耗能区内力调整系数不宜小于 $1.1\eta_{\mathrm{y}}$。对于框架结构，进行受剪计算时，剪力应按式（8.23）计算；计算弯矩效应时，多高层钢结构底层柱的非塑性耗能区内力调整系数不应小于 1.35。对于框架 – 中心支撑结构，框架柱计算长度系数不宜小于 1。计算支撑系统框架柱的弯矩效应和轴力效应时，其非塑性耗能区内力调整系数宜按式（8.9）采用，支撑处重力荷载代表值产生的效应宜由框架柱承担

$$V_{\mathrm{pc}} = V_{\mathrm{Gc}} + \frac{W_{\mathrm{Ec},A}f_{\mathrm{y}} + W_{\mathrm{Ec},B}f_{\mathrm{y}}}{h_{\mathrm{n}}} \tag{8.23}$$

式（8.19）~式（8.23）中，W_{Ec}、W_{Eb} 分别为交汇于节点的柱和梁的截面模量；W_{Eb1} 为梁塑性铰截面的截面模量，应按表 8.11 的规定采用；f_{yc}、f_{yb} 分别为柱和梁的钢材屈服强度；N_{p} 为设防地震内力性能组合的柱轴力，应按式（8.11）计算，非塑性耗能区内力调整系数可取 1.0，性能系数可根据承载性能等级按表（8.11）采用；A_{c} 为框架柱的截面面积；V_{pb}、V_{pc} 分别为产生塑性铰时塑性铰截面的剪力，应分别按（8.13）、式（8.23）计算；s 为塑性铰截面至柱侧面的距离；V_{Gc} 为在重力荷载代表值作用下柱的剪力效应；$W_{\mathrm{Ec},A}$、$W_{\mathrm{Ec},B}$ 分别为柱端截面 A 和 B 处的构件截面模量，应按表 8.11 的规定采用；h_{n} 为柱的净高。

8.3.6　受拉构件或构件受拉区域的截面验算

受拉构件或构件受拉区域的截面应按下式验算

$$A f_{\mathrm{y}} \leqslant A_{\mathrm{n}} f_{\mathrm{u}} \tag{8.24}$$

式中，A 为受拉构件或构件受拉区域的毛截面面积；A_{n} 为受拉构件或构件受拉区域的净截面面积，当构件多个截面有孔时，应取最不利截面；f_{y} 为受拉构件或构件受拉区域钢材屈服强度；f_{u} 为受拉构件或构件受拉区域钢材抗拉强度最小值。

8.3.7　消能梁段的受剪承载力计算

当 $N_{\mathrm{p},l} \leqslant 0.15 A f_{\mathrm{y}}$ 时，受剪承载力应取式（8.25）和式（8.26）的较小值。

$$V_l = A_{\mathrm{w}} f_{\mathrm{yv}} \tag{8.25}$$

$$V_l = 2 W_{\mathrm{p},l} f_{\mathrm{y}}/a \tag{8.26}$$

当 $N_{\mathrm{p},l} > 0.15 A f_{\mathrm{y}}$ 时，受剪承载力应取式（8.27）和式（8.28）的较小值。

$$V_{lc} = 2.4 W_{\mathrm{p},l} f_{\mathrm{y}} [1 - N_{\mathrm{p},l}/(A f_{\mathrm{y}})]/a \tag{8.27}$$

$$V_{lc} = A_{\mathrm{w}} f_{\mathrm{yv}} \sqrt{1 - [N_{\mathrm{p},l}/(A f_{\mathrm{y}})]^2} \tag{8.28}$$

式中，A_w 为消能梁段腹板截面面积；f_{yv} 为钢材的屈服抗剪强度，可取钢材屈服强度的 0.58 倍；a 为消能梁段的净长。

8.3.8 塑性耗能区的连接计算

1）与塑性耗能区连接的极限承载力应大于与其连接构件的屈服承载力。

2）梁与柱刚性连接的极限承载力应按下列公式验算

$$M_u^j \geqslant \eta_j W_E f_y \tag{8.29}$$

$$V_u^j \geqslant 1.2 \left[2 (W_E f_y) / l_n \right] + V_{Gb} \tag{8.30}$$

3）与塑性耗能区的连接及支撑拼接的极限承载力应按下列公式验算

支撑连接和拼接 $\qquad N_{ubr}^j \geqslant \eta_j A_{br} f_y \tag{8.31}$

梁的连接 $\qquad M_{ub,sp}^j \geqslant \eta_j W_{Ec} f_y \tag{8.32}$

4）柱脚与基础的连接极限承载力应按下式验算

$$M_{u,base}^j \geqslant \eta_j M_{pc} \tag{8.33}$$

式（8.29）~式（8.33）中，V_{Gb} 为梁在重力荷载代表值作用下，按简支梁分析的梁端截面剪力效应；M_{pc} 为考虑轴心影响时柱的塑性受弯承载力；M_u^j、V_u^j 分别为连接的极限受弯、受剪承载力；N_{ubr}^j、$M_{ub,sp}^j$ 分别为支撑连接和拼接的极限受拉（压）承载力，梁拼接的极限受弯承载力；$M_{u,base}^j$ 为柱脚的极限受弯承载力；η_j 为连接系数，可按表 8.13 取值，当梁腹板采用改进型过焊孔时，梁柱刚性连接的连接系数可乘以不小于 0.9 的折减系数。

表 8.13 连接系数

母材牌号	梁柱连接		支撑连接，构件拼接		柱脚	
	焊接	螺栓连接	焊接	螺栓连接		
Q235	1.40	1.45	1.25	1.30	埋入式	1.2
Q345	1.30	1.35	1.20	1.25	外包式	1.2
Q345GJ	1.25	1.30	1.15	1.20	外露式	1.2

注：1. 屈服强度高于 Q345 的钢材，按 Q345 的规定采用。
　　2. 屈服强度高于 Q345GJ 的 GJ 钢材，按 Q345GJ 的规定采用。
　　3. 翼缘焊接腹板栓接时，连接系数分别按表中连接形式取用。

8.3.9 框架结构的梁柱采用刚性连接时，H 形和箱形截面柱节点域抗震承载力验算

1）当与梁翼缘平齐的柱横向加劲肋的厚度不小于梁翼缘厚度时：

当结构构件延性等级为 I 级或 II 级时，节点域的承载力验算应符合下式要求

$$\alpha_p \frac{M_{pb1} + M_{pb2}}{V_p} \leqslant \frac{4}{3} f_{yv} \tag{8.34}$$

当结构构件延性等级为 III 级、IV 级或 V 级时，节点域的承载力应符合下式要求

$$\frac{M_{pb1} + M_{pb2}}{V_p} \leqslant f_{ps} \tag{8.35}$$

式中，M_{pb1}、M_{pb2} 分别为节点域两侧梁端的设防地震性能组合的弯矩，应按《钢结构设计标准》式（8.11）计算，非塑性耗能区内力调整系数可取 1.0；M_{pb1}、M_{pb2} 分别为与框架柱节

点域连接的左、右梁端截面的全塑性受弯承载力；V_p 为节点域的体积；f_{ps} 为节点域的抗剪强度；α_p 为节点域弯矩系数，边柱取 0.95，中柱取 0.85。

2）当节点域的计算不满足时，应根据《钢结构设计标准》采取加厚柱腹板或贴焊补强板的构造措施。补强板的厚度及其焊接应按传递补强板所分担剪力的要求设计。

8.3.10 支撑系统的节点计算

1）交叉支撑结构、成对布置的单斜支撑结构的支撑系统，上、下层支撑斜杆交汇处节点的极限承载力不宜小于按式（8.36）及式（8.37）确定的竖向不平衡剪力 V 的 η_j 倍，η_j 为连接系数，应按表 8.13 采用。

$$V = \eta\varphi A_{br1}f_y\sin\alpha_1 + A_{br2}f_y\sin\alpha_2 + A_G \tag{8.36}$$
$$V = A_{br1}f_y\sin\alpha_1 + \eta\varphi A_{br2}f_y\sin\alpha_2 - A_G \tag{8.37}$$

式中，V 为支撑斜杆交汇处的竖向不平衡剪力；φ 为支撑稳定系数；V_G 为在重力荷载代表值作用下的横梁梁端剪力（对于人字形或 V 形支撑，不应计入支撑的作用）；η 为受压支撑剩余承载力系数；其余参数同前。

2）人字形或 V 形支撑，支撑斜杆、横梁与立柱的汇交点，节点的极限承载力不宜小于按下式计算的剪力 V 的 η_j 倍

$$V = A_{br}f_y\sin\alpha + V_G \tag{8.38}$$

3）当同层同一竖向平面内有两个支撑斜杆汇交于一个柱子时，该节点的极限承载力不宜小于左右支撑屈服和屈曲产生的不平衡力的 η_j 倍。

8.3.11 柱脚的承载力验算

1）支撑系统的立柱柱脚的极限承载力，不宜小于与其相连斜撑的 1.2 倍屈服拉力产生的剪力和组合拉力。

2）柱脚进行受剪承载力验算时，剪力性能系数不宜小于 1.0。

3）对于框架结构或框架承担总水平地震剪力 50% 以上的双重抗侧力结构中框架部分的框架柱柱脚，采用外露式柱脚时，锚栓宜符合下列规定：

① 实腹柱刚接柱脚，按锚栓毛截面屈服计算的受弯承载力不宜小于钢柱全截面塑性受弯承载力的 50%。

② 格构柱分离式柱脚，受拉肢的锚栓毛截面受拉承载力标准值不宜小于钢柱分肢受拉承载力标准值的 50%。

③ 实腹柱铰接柱脚，锚栓毛截面受拉承载力标准值不宜小于钢柱最薄弱截面受拉承载力标准值的 50%。

8.4 基本抗震措施

8.4.1 一般规定

抗震设防的钢结构的节点连接应符合 GB 50661—2011《钢结构焊接规范》的规定，结构高度大于 50m 或地震烈度高于 7 度的多高层钢结构截面板件宽厚比等级不宜采用 S5 级；

截面板件宽厚比等级采用 S5 级的构件，其板件经 $\sqrt{\sigma_{max}/f_y}$ 修正后宜满足 S4 级截面要求。

对于抗震设防钢结构的构件塑性耗能区，板件间的连接应采用完全焊透的对接焊缝；梁或支撑宜采用整根材料，当热轧型钢超过材料最大长度规格时，可进行等强拼接；支撑不宜进行现场拼接。

在支撑系统之间直接与支撑系统构件相连的刚接钢梁，当它在受压斜杆屈曲前屈服时，应按框架结构的框架梁设计，非塑性耗能区内力调整系数可取 1.0，截面板件宽厚比等级宜满足受弯构件 S1 级要求。

8.4.2　框架结构

钢框架结构抗震是通过控制梁内轴力和剪力来保证潜在耗能区的塑性耗能能力。

1. 框架梁

结构构件延性等级对应的塑性耗能区（梁端）截面板件宽厚比等级和设防地震性能组合下的最大轴力 N_{E2}、按式（8.14）计算的剪力 V_{pb} 应符合表 8.14 的要求。

表 8.14　结构构件延性等级对应的塑性耗能区（梁端）截面板件宽厚比等级和轴力、剪力限值

结构构件延性等级	V级	IV级	III级	II级	I级
截面板件宽厚比最低等级	S5	S4	S3	S2	S1
N_{E2}	—	$\leq 0.15Af$		$\leq 0.15Af_y$	
V_{pb}（未设置纵向加劲肋）	—	$\leq 0.5h_w t_w f_v$		$\leq 0.5h_w t_w f_{vy}$	

注：单层或顶层无须满足最大轴力与最大剪力的限值。

当梁端塑性耗能区为工字形截面时，应符合下列要求之一：工字形梁上翼缘有楼板且布置间距不大于 2 倍梁高的加劲肋；工字形梁受弯正则化长细比 $\lambda_{n,b}$，限值符合表 8.15 的要求；上、下翼缘均设置侧向支承。

表 8.15　工字形梁受弯正则化长细比 $\lambda_{n,b}$ 限值

结构构件延性等级	I级、II级	III级	IV级	V级
上翼缘有楼板	0.25	0.40	0.55	0.80

注：受弯正则化长细比 $\lambda_{n,b}$ 应按《钢结构设计标准》计算。

2. 框架柱

一般情况下，柱长细比越大，轴压比越大，则结构承载能力和塑性变形能力越小，侧向刚度降低，易引起整体失稳。遭遇强烈地震时，框架柱有可能进入塑性，因此有抗震设防要求的钢结构需要控制的框架柱长细比与轴压比相关。《钢结构设计标准》规定，框架柱长细比宜符合表 8.16 的要求。

表 8.16　框架柱长细比要求

结构构件延性等级	V级	IV级	I级、II级、III级
$N_p/(Af_y) \leq 0.15$	180	150	$120\varepsilon_k$
$N_p/(Af_y) > 0.15$	$125[1-N_p/(Af_y)]\varepsilon_k$		

3. 框架梁柱节点

（1）节点域 当框架结构的梁柱采用刚性连接时，H 形和箱形截面柱的节点域受剪正则化宽厚比 $\lambda_{n,s}$ 限值应符合表 8.17 的规定。

表 8.17 H 形和箱形截面柱节点域受剪正则化宽厚比 $\lambda_{n,s}$ 的限制

结构构件延性等级	I 级、II 级	III 级	IV 级	V 级
$\lambda_{n,s}$	0.4	0.6	0.8	1.2

注：节点受剪正则化宽厚比 $\lambda_{n,s}$，按《钢结构设计标准》式（12.3.3–1）或式（12.3.3–2）计算。

（2）梁柱焊接（刚性）节点

1）梁柱刚性节点应符合下列规定：梁翼缘与柱翼缘焊接时，应采用全熔透焊缝。在梁翼缘上下各 600mm 的节点范围内，柱翼缘与柱腹板间或箱形柱壁板间的连接焊缝应采用全熔透焊缝。在梁上、下翼缘标高处设置的柱水平加劲肋或隔板的厚度不应小于梁翼缘厚度。梁腹板的过焊孔应使其端部与梁翼缘和柱翼缘间的全熔透坡口焊缝完全隔开，并宜采用改进型过焊孔，也可采用常规型过焊孔。

2）梁翼缘和柱翼缘焊接孔下焊接衬板长度不应小于翼缘宽度加 50mm 和翼缘宽度加两倍翼缘厚度；与柱翼缘的焊接构造（图 8.29）应满足：上翼缘的焊接衬板可采用角焊缝，引弧部分应采用绕角焊；下翼缘衬板应采用从上部往下熔透的焊缝与柱翼缘焊接。

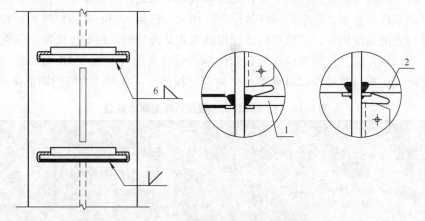

图 8.29 衬板与柱翼缘的焊接构造
1—下翼缘 2—上翼缘

（3）梁骨形节点（削弱型节点） 当梁柱刚性节点采用骨形节点时，应符合下列规定：内力分析模型按未削弱截面计算时，无支撑框架结构侧移限值应乘以 0.95；钢梁的挠度限值应乘以 0.90；进行削弱截面的受弯承载力验算时，削弱截面的弯矩可按梁端弯矩的 0.80 倍进行验算；梁的线刚度可按等截面计算的数值乘以 0.90 计算；强柱弱梁应满足式（8.22）、式（8.23）要求。骨形削弱段采用自动切割，可按图 8.30 设计，尺寸 a、b、c 可按下列公式计算

$$a = (0.5 \sim 0.75)b_f, b = (0.65 \sim 0.85)h_b, c = (0.15 \sim 0.25)b_f$$

式中，b_f 为框架梁翼缘宽度；h_b 为框架梁截面高度。

（4）梁端加强型节点 采用梁端加强的方法来保证塑性铰外移要求时，加强段塑性弯

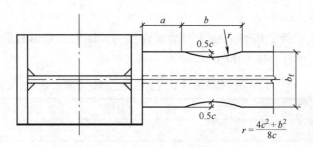

$$r = \frac{4c^2 + b^2}{8c}$$

图 8.30 骨形节点

矩的变化宜与梁端形成塑性铰时的弯矩图接近；采用盖板加强节点时，盖板的计算长度应以离开柱子表面 50mm 处为起点；采用翼缘加宽的方法时，翼缘边的斜角不应大于 1:2.5；加宽的起点和柱翼缘间的距离宜为 $(0.3 \sim 0.4)\,h_b$，h_b 为梁截面高度；翼缘加宽后的宽厚比不应超过 $13\varepsilon_k$；当柱子为箱形截面时，宜增加翼缘厚度。

8.4.3 支撑结构及框架 – 支撑结构

中心支撑在各类结构中应用非常广泛，在地震往复荷载作用下，支撑必然经历失稳 – 拉直的过程，滞回曲线随长细比的不同变化很大。当长细比小时，滞回曲线丰满而对称，当长细比大时，滞回曲线形状复杂、不对称，受压承载力不断退化，存在一个拉直的不受力的滑移阶段。因此支撑的长细比与结构构件延性等级相关。框架 – 中心支撑结构的框架部分，即不传递支撑内力的梁柱构件，其抗震构造应根据表 8.9 确定的延性等级按框架结构采用。支撑长细比、截面板件宽厚比等级应根据其结构构件延性等级符合表 8.18 的要求，其中支撑截面板件宽厚比应按《钢结构设计标准》中对应的构件板件宽厚比等级的限值采用。

表 8.18 支撑长细比、截面板件宽厚比等级

抗侧力构件	结构构件延性等级			支撑长细比	支撑截面板件宽厚比最低等级	备注
	支撑结构	框架 – 中心支撑结构	框架 – 偏心支撑结构			
交叉中心支撑或对称设置的单斜杆支撑	V级	V级	—	符合《钢结构设计标准》第7.4.6条的规定，当内力计算时不计入压杆作用按只受拉斜杆计算时，符合《钢结构设计标准》第7.4.7条的规定	符合《钢结构设计标准》第7.3.1条的规定	—
			—			
	IV级	III级	—	$65\varepsilon_k < \lambda \leqslant 130$	BS3	—
	III级	II级	—	$33\varepsilon_k < \lambda \leqslant 65\varepsilon_k$	BS2	—
			—	$130 < \lambda \leqslant 180$	BS2	—
	II级	I级	—	$\lambda \leqslant 33\varepsilon_k$	BS1	—

（续）

抗侧力构件	结构构件延性等级			支撑长细比	支撑截面板件宽厚比最低等级	备注
	支撑结构	框架－中心支撑结构	框架－偏心支撑结构			
人字形或V形中心支撑	V级	V级	—	符合《钢结构设计标准》第7.4.6条的规定	符合《钢结构设计标准》第7.3.1条的规定	—
	IV级	III级	—	$65\varepsilon_k < \lambda \le 130$	BS3	与支撑相连的梁截面板件宽厚比等级不低于S3级
	III级	II级	—	$33\varepsilon_k < \lambda \le 65\varepsilon_k$	BS3	与支撑相连的梁截面板件宽厚比等级不低于S2级
人字形或V形中心支撑	III级	II级	—	$130 < \lambda \le 180$	BS2	框架承担50%以上总水平地震剪力；与支撑相连的梁截面板件宽厚比等级不低于S1级
	II级	I级	—	$\lambda \le 33\varepsilon_k$	BS1	与支撑相连的梁截面板件宽厚比等级不低于S1级
				采用屈曲约束支撑	—	
偏心支撑	—	—	I级	$\lambda \le 120\varepsilon_k$	符合《钢结构设计标准》第7.3.1条的规定	消能梁段截面板件宽厚比要求应符合现行国家标准《建筑抗震设计规范》的有关规定

注：λ 为支撑的最小长细比。

（1）中心支撑结构　支撑宜成对设置，各层同一水平地震作用方向的不同倾斜方向杆件截面水平投影面积之差不宜大于10%；交叉支撑结构、成对布置的单斜杆支撑结构的支撑系统，当支撑斜杆的长细比大于130，内力计算时可不计入压杆作用，仅按受拉斜杆计算，当结构层数超过两层时，长细比不应大于180。

（2）支撑连接节点　支撑和框架采用节点板连接时，支撑端部至节点板最近嵌固点在沿支撑杆件轴线方向的距离，不宜小于节点板的2倍；人字形支撑与横梁的连接节点处应设置侧向支承，轴力设计值不得小于梁轴向承载力设计值的2%。

（3）消能梁段　当结构构件延性等级为I级时，消能梁段应注意以下几个方面：

1）当 $N_{p,l} > 0.16Af_y$ 时，消能梁段的长度，根据下式进行求解

当 $\rho(A_W/A) < 0.3$ 时

$$a < 1.6M_{p,l}f_y/V_l \tag{8.39}$$

当 $\rho(A_W/A) \geqslant 0.3$ 时

$$a < [1.15 - 0.5\rho(A_W/A)]1.6M_{p,l}f_y/V_l \tag{8.40}$$

$$\rho = N_{p,l}/V_{p,l} \tag{8.41}$$

式中，a 为消能梁段的长度；$V_{p,l}$ 设防地震性能组合的消能梁段剪力。

2) 消能梁段应按下列要求在其腹板上设置中间加劲肋：当 $a < 1.6M_{p,l}f_y/V_l$ 时，加劲肋间距不应大于 $(30t_w - h/5)$；当 $2.6W_{p,l}f_y/V_l < a \leqslant 5W_{p,l}f_y/V_l$ 时，应在距消能梁段端部 $1.5b_f$ 处配置中间加劲肋，且中间加劲肋间距不应大于 $(52t_w - h/5)$；当 $1.6W_{p,l}f_y/V_l < a \leqslant 2.6W_{p,l}f_y/V_l$ 时，中间加劲肋的间距宜在上述二者间线性插入；当 $a > 5M_{p,l}f_y/V_l$ 时，可不配置中间加劲肋；中间加劲肋应与消能梁段的腹板等高，当消能梁段截面高度不大于 640mm 时，可配置单向加劲肋；消能梁段截面高度大于 640mm 时，应在两侧配置加劲肋，一侧加劲肋的宽度不应小于 $(b_f/2 - t_w)$，厚度不应小于 t_w 和 10mm 中的较大值。

3) 消能梁段的腹板不得贴焊补强板，也不得开孔。

4) 消能梁段与支撑连接处应在其腹板两侧配置加劲肋，加劲肋的高度应为梁腹板高度，一侧的加劲肋宽度不应小于 $(b_f/2 - t_w)$，厚度不应小于 t_w 和 10mm 中的较大值。

5) 消能梁段与柱连接时，其长度不得大于 $1.6M_{p,l}/V_l$，且应满足相关标准的规定。

6) 消能梁段两端上下翼缘应设置侧向支撑，支撑的轴力设计值不得小于消能梁段翼缘轴向承载力设计值的 6%。

习 题

一、填空题

1. 同混凝土结构相比，钢结构具有（　　）、（　　）、（　　）等优良特性，总体上看（　　）、（　　）。

2. 地震区，在设防烈度为 6～7 度、8 度、9 度时，纯框架体系运用的最大高度为（　　　　　）、（　　　　　）、（　　　　　），房屋使用的最大高宽比为（　　　　　）、（　　　　　）、（　　　　　）。

3. 多层钢结构一般采用（　　　　　）结构、（　　　　　）结构。采用框架－支撑结构时，支撑框架的两个方向的布置均宜基本对称，支撑框架之间楼盖的长宽比不宜大于（　　　　　）。

4. 多高层钢结构房屋的阻尼比较小，按反应谱法计算多遇地震下的地震作用时，高层（超过 12 层）钢结构的阻尼比可取（　　　　　），多层（不超过 12 层）钢结构可取（　　　　　）。但计算罕遇地震下的地震作用时，应考虑结构进入弹塑性阶段，此时多高层钢结构的阻尼比均取（　　　　　）。

5. 超过 12 层框架的柱长细比限值在烈度分别为 6、7、8、9 度时为（　　　　　）、（　　　　　）、（　　　　　）、（　　　　　）。

6. 在多层框架的横向框架计算中，水平荷载作用下的内力效应可采用（　　　　　）、（　　　　　）等近似方法计算。

7. 框架－支撑体系的支撑类型有（　　　　　）和（　　　　　）。

8. 防止板件失稳的有效方法是限制它的（　　　　　）。

9. 高层钢结构的结构体系主要有（　　　　　）、（　　　　　）、（　　　　　）或（　　　　　）。

10. 高层钢结构的柱脚分（　　　　　）、（　　　　　）和（　　　　　）三种。

11. 地震区的框架结构，应设计成延性框架，遵守（　　　　　）、（　　　　　）、（　　　　　）等设计原则。

12. 用于计算框架结构水平地震作用的手算方法一般有（   ）和（   ）。

13. 框架梁与柱的连接宜采用（   ）型。

14. 柱间支撑是（   ）和（   ）的重要抗侧力构件。

15. 刚性连接的结构构件一般采用（   ）或（   ）形式连接。

16. 多层钢结构的结构平面布置、竖向布置应遵守抗震概念设计中（   ）的原则。

二、选择题

1. 抗震设防地区钢结构钢材应选用（   ）。

A. 伸长率不大于 20% 的软钢 　　　　　　　　B. 伸长率大于 20% 的软钢

C. 伸长率等于 20% 的软钢 　　　　　　　　　D. 硬钢

2. 框架柱轴压比过高会使柱产生（   ）。

A. 大偏心受压构件　　B. 小偏心受压构件　　C. 剪切破坏　　D. 扭转破坏

3. 抗震设防区框架结构布置时，梁中线与柱中线之间的偏心距不宜大于（   ）。

A. 柱宽的 1/4　　　　B. 柱宽的 1/8　　　　C. 梁宽的 1/4　　　　D. 梁宽的 1/8

4. 我国《建筑抗震设计规范》将超过（   ）层的建筑归为高层钢结构建筑。

A. 10　　　　　　　　B. 11　　　　　　　　C. 12　　　　　　　　D. 13

5. 考虑力塑性重分布，可对框架结构的梁端负弯矩进行调幅，下述说法正确的是（   ）。

A. 梁端塑性调幅应对水平地震作用产生的负弯矩进行

B. 梁端塑性调幅应对竖向荷载作用产生的负弯矩进行

C. 梁端塑性调幅应对力组合后的负弯矩进行

D. 梁端塑性调幅应只对竖向恒荷载作用产生的负弯矩进行

6. 框架结构考虑填充墙刚度时，下列关于 T_1 与水平弹性地震作用 F_e 变化规律说法正确的是（   ）。

A. T_1 减少，F_e 增加　　B. T_1 增加，F_e 增加　　C. T_1 增加，F_e 减少　　D. T_1 减少，F_e 减少

7. 以下几种钢结构体系中，（   ）的抗侧力刚度较差。

A. 纯框架结构　　　　B. 框架 – 中心支撑结构　　C. 框架 – 偏心支撑结构　　D. 框筒结构

8. 在钢框架 – 支撑结构中，（   ）承担着第二道结构抗震防线的责任。

A. 支撑　　　　　　　B. 钢框架　　　　　　C. 隔墙　　　　　　　D. 楼板

9. 多遇地震下的地震作用，高层（超过 12 层）钢结构的阻尼比可取（   ），多层（不超过 12 层）钢结构的阻尼比可取为 0.035。

A. 0.01　　　　　　　B. 0.02　　　　　　　C. 0.035　　　　　　　D. 0.05

三、判别题

1. 在梁柱的局部破坏形态中，框架梁主要有翼缘屈曲、腹板屈曲和开裂、扭转屈曲等破坏形态。（   ）

2. 在水平地震作用计算中，底部剪力法适用于高度小于等于 65m 且平面和竖向较规则的高层建筑。（   ）

3. 《建筑抗震设计规范》规定，当楼面任一层以上全部重力荷载与该楼层地震层间位移的乘积（该楼层的重力附加弯矩），大于该楼层地震剪力与楼层层高的乘积（该楼层的初始弯矩）的 5% 时，应计入重力二阶效应的影响。（   ）

4. 计算周期修正系数 ξ_T，可取 0.9。采用底部剪力法时，突出屋面小塔楼的地震作用效应宜乘以增大系数 3。（   ）

5. 与偏心支撑相比，中心支撑具有较大的延性。（   ）

6. 构造柱必须单独设置基础。（   ）

7. 地震时内框架房屋的震害要比全框架结构房屋严重，比多层砖房要轻。（   ）

8. 耗能梁段的屈服强度越高，屈服后的延性越好，耗能能力越大。（   ）

9. 在同等场地、烈度条件下，钢筋混凝土结构房屋的震害较钢结构房屋的小。（　　）
10. 柱的轴压比与长细比越大，柱的弯曲变形能力越小。（　　）
11. 梁、柱板件宽厚比钢板件宽厚比越小，板件越易发生局部屈曲，从而影响后继承载性能。（　　）
12. 一般地，房屋越高，受到的地震力和倾覆力矩越大，破坏的可能性也越大。（　　）
13. 耗能梁段的屈服强度越高，屈服后的延性越好，耗能能力越大。（　　）
14. 楼层屈服强度系数沿高度分布比较均匀的结构，薄弱层的位置为底层。（　　）

四、名词解释

消能梁段　轴心受压稳定系数　框架－支撑体系　框架－剪力墙板体系　筒体体系　巨型框架体系

五、简答题

1. 钢结构在地震中的破坏形态有哪几类？
2. 多高层钢结构房屋的抗震计算主要包括哪些内容？
3. 简述钢梁在反复荷载下的性能。
4. 简述柱轴压比和柱长细比对柱工作性能的影响。
5. 为什么支撑－框架结构的支撑斜杆需要按刚接设计，但可按端部铰接计算？
6. 多层钢结构厂房沿纵向设置的柱间支撑起什么作用？如何设置？
7. 多高层钢结构建筑如何定义和划分？
8. 简述多高层建筑钢结构的特点。
9. 多高层建筑钢结构构件破坏的主要形式有哪些？
10. 高层钢结构的结构体系主要有哪几种？
11. 如何判断平面不规则？平面不规则的类型有哪些？
12. 如何确定钢结构的阻尼比？
13. 多高层钢结构的平面布置有哪些要求？
14. 框架－支撑体系的支撑有哪两种形式？
15. 多高层钢结构梁柱刚性连接断裂破坏的主要原因是什么？
16. 钢框架柱发生水平断裂破坏的可能原因是什么？
17. 为什么楼板与钢梁一般应采用栓钉或其他元件连接？
18. 为什么进行罕遇地震结构反应分析时，不考虑楼板与钢梁的共同作用？
19. 与钢筋混凝土框架的地震反应分析相比，钢框架的地震反应分析有什么特殊因素要考虑？
20. 对于框架－支撑结构体系，为什么要求框架任一楼层所承担的地震剪力不得小于一定的数值？
21. 抗震设计时，支撑斜杆的承载力为什么要折减？
22. 防止框架梁柱连接脆性破坏可采取什么措施？
23. 中心支撑钢框架抗震设计应注意哪些问题？
24. 偏心支撑钢框架抗震设计应注意哪些问题？
25. 抗震设计为什么要限制各类结构体系的最大高度和高宽比？

学习要点：了解单层厂房震害现象及原因，熟练掌握单层厂房抗震设计的步骤和内容，以及单层厂房横向、纵向水平排架计算，理解单层厂房抗震构造措施的主要内容。

9.1 震害分析

一般来说，与其他结构相比，单层厂房结构的震害较轻，经正规设计的单层钢筋混凝土柱厂房，即使未经抗震设防，但由于设计时已考虑了类似水平地震作用的风荷载和起重机水平制动力，所以小震时厂房主体结构基本完好，在中震、大震时，由于地震作用较大，致使主体结构有不同程度的损坏，严重时甚至倒塌。不少震害资料还表明，震害的轻重与场地类别密切相关。当结构自振周期与场地卓越周期接近时，建筑物与地基土产生类似共振现象，震害加重。单层钢筋混凝土厂房纵向抗震能力较差。此外，单层厂房结构存在一些构件间连接构造单薄、支撑系统较弱、构件强度不足等薄弱环节，在地震时通常先破坏。

9.1.1 混凝土单层厂房震害分析

1. 屋盖体系

屋盖体系在7度区基本完好，仅在个别柱间支撑处由于地震剪力的累积效应而出现屋面板支座酥裂；8度区屋面板出现错动、移位、震落，屋盖局部倒塌；9度区屋盖出现倾斜、产生位移，屋盖有部分塌落，屋面板出现大量开裂、错位；9度以上地震区屋盖出现大面积倒塌。

（1）屋面板与屋架的连接破坏 由于屋面板端部预埋件小，且预应力屋面板的预埋件又未与板肋内主钢筋焊接，加之施工中有的屋面板搁置长度不足、屋顶板与屋架的焊点数不足、焊接质量差、板间没有灌缝或灌缝质量很差等连接不牢的原因，地震时易出现屋面板焊缝拉开，屋面板滑脱，以致部分或全部屋面板倒塌震害（图9.1）。

（2）天窗架 天窗架主要有门式天窗和井式（下沉式）天窗架两种。井式天窗由于降低了厂房的高度，在7度、8度区一般无震害。目前大量采用的门式天窗架，地震时震害普遍。7度区出现天窗架立柱与侧板连接处及立柱与天窗架垂直支撑连接处混凝土开裂的现象；8度区上述裂缝贯穿全截面，天窗架立柱底部折断倒塌；9度、10度区门式天窗架大面积倾倒。门式天窗架的震害如此严重的主要原因是：门式天窗架突出在屋面上，受到经过主体建筑放大后的地震加速度而强化、激励产生显著的鞭梢效应，突出得越高，地震作用也越大。特别是天窗架上的屋面板与屋架上的屋面板不在同一标高，在厂房纵向振动时产生高振型的影响，一旦支撑失效，地震作用全部由天窗架承受，而天窗架在本身平面外的刚度差，

a)   b)

图 9.1　厂房屋盖体系震害

a）屋面板局部脱落　b）屋盖全部塌落

强度低，连接弱，引起天窗架破坏（图9.2）。天窗架垂直支撑布置不合理或不足，也是门式天窗架破坏的主要原因。

（3）屋架　主要震害为屋架与柱的连接部位、屋架与屋面板的焊接处出现混凝土开裂（图9.3），预埋件拔出等；主要原因是屋盖纵向水平地震力经由屋架向柱头传递时，该处的地震剪力最为集中。而当屋架与柱的连接破坏时，有可能导致屋架从柱顶塌落。

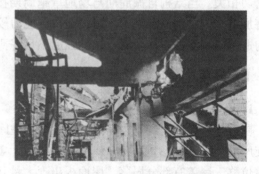

图 9.2　天窗架破坏　　　　　图 9.3　屋架与柱顶连接处严重破坏

（4）支撑失稳弯曲　支撑失稳弯曲易导致屋面的破坏或屋面倒塌（图9.4）。在支撑系统震害中，尤以天窗架垂直支撑最为严重，其次是屋盖垂直支撑和柱间支撑。地震时，杆件压曲、焊缝撕开、锚件拉脱、钢筋拉断、杆件拉断等导致支撑部分失效或完全失效，从而造成主体结构错位或倾倒。

2. 钢筋混凝土柱

一般情况下，钢筋混凝土柱作为主要受力构件，具有一定的抗震能力，但它的局部震害是普遍的，有时甚至是严重的。钢筋混凝土柱在7度区基本完好；在8度、9度区一般破坏较轻，个别出现

图 9.4　M 形天窗侧向支撑压屈或脱落，天窗架折断

上柱根部折断震害；在 10 度、11 度区有部分厂房倾倒。

钢筋混凝土柱的破坏主要发生在：

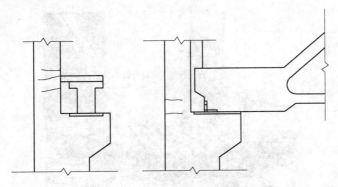

图 9.5　厂房上柱根部水平裂缝

1）上柱与下柱的变截面处，因截面刚度突变而产生应力集中，从而出现水平裂缝、酥裂或折断，如图 9.5 所示。图 9.6 为唐山水泥机械厂组装车间，地震后上阶柱全部折断，屋盖塌落。图 9.7 中大部分上阶柱破坏。

图 9.6　厂房阶柱全部折断

图 9.7　厂房大部分上阶柱破坏

2）高低跨厂房在支承高低跨屋架的中柱，由于高振型的影响受两侧屋盖相反的地震作用的冲击，发生弯曲或剪切裂缝。低跨承受屋架的牛腿有时被拉裂，出现劈裂裂缝，如图 9.8 所示。图 9.9 中的空腹式柱出现剪切破坏。

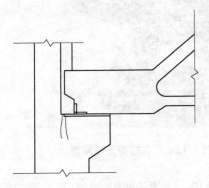

图 9.8　厂房柱肩竖向裂缝

图 9.9　空腹式柱剪切破坏

3）下柱底部横向裂缝或折断导致倒塌等严重后果。图 9.10 中的柱间支撑产生压屈。图 9.11 中因箍筋过少而造成柱身破坏。

图 9.10　厂房下柱底部震害图

图 9.11　箍筋过少造成的柱身破坏

4）柱间支撑的震害往往是支撑刚度不足导致压屈失稳。另外，可能在支撑与柱连接部位或焊缝被撕开，或拉脱锚件、拉断锚筋，致使支撑失效，造成主体结构错位或倾倒，如图 9.12 所示。

3. 山墙和围护墙

厂房的墙体有外围护墙、封墙、山墙及内隔墙等，震害主要表现为：轻则墙体开裂、外闪、外鼓，重则墙体局部或全部倒塌。

当山墙开门窗洞口较大，山墙削弱过多，特别是开洞面积超过全面积的一半时，

图 9.12　厂房柱间支撑震害

山墙上裂缝较多。地震中许多砖砌山墙整片或山尖部分倒塌，无端屋架时，连同第一跨的屋面板一起倒塌；有端屋架时，山墙倒塌，但屋盖完好（图 9.13）。

当排架柱与砖砌体围护墙有良好拉结时，如柱内有足量的钢筋伸入墙内，则围护墙的震害一般较轻，嵌砌在柱间的砖墙震害较贴砌在柱边的砖墙震害轻。在 7 度区其围护墙基本完好或者轻微破坏，少量开裂、外闪；8 度区破坏十分普遍；9 度区破坏严重，部分倒塌或大量倒塌。纵、横墙的破坏，一般从檐口、山尖处脱离主体结构开始，进一步使整个墙体或上下两层圈梁间的墙体外闪或产生水平裂缝。严重时，局部脱落，甚至大面积倒塌（图 9.14）。此外，伸缩缝两侧砖墙由于缝宽较小往往发生相互撞击，造成局部破坏。

图 9.13　山墙倒塌

图 9.14　与柱无拉结筋连接造成纵、横墙大面积倒塌

9.1.2　单层砖结构厂房

单层砖结构厂房，其抗震性能远远不如钢筋混凝土结构厂房。震害调查表明，7 度区未经抗震设防的单层砖结构厂房多数只有轻微的破坏或基本完好，少数为中等破坏；8 度区的厂房多数受到不同程度的破坏，部分受到中等破坏，个别倒塌；9 度区的厂房大多数有严重破坏和倒塌，只有个别能在震后保留下来。其震害主要表现如下：

1）纵墙水平裂缝、砖垛折断、山墙斜裂缝或交叉裂缝。单层砖结构厂房纵墙产生水平裂缝、砖垛折断是一种普遍的震害现象。纵墙在窗台和勒脚附近产生水平裂缝，随着地震烈度的增大，此裂缝宽度会增加，还会逐渐向两端山墙延伸而加长，甚至使纵墙折断，房屋倒塌。单层砖结构厂房的震害特点基本上反映了它在横向地震作用下的受力性质。由于这类房屋缺少横墙拉结，特别是山墙或横墙间距较大的有檩体系屋盖房屋，屋盖整体性较差，横向地震作用主要由组成排架的纵墙承受，所以纵墙震害较重。而在强震区，当采用钢筋混凝土屋盖，且山墙或横墙的间距不大时，屋盖的整体性较强，厂房的空间作用比较显著；这时，山墙将承受由屋盖传来的较强横向地震作用。当传至山墙或横墙上的横向地震作用超过山（横）墙的抗剪承载力时，墙体就会产生斜裂缝。由于地震的往复作用，墙体上产生的裂缝往往是交叉型的。

2）山墙水平裂缝、外闪和倒塌，纵墙斜裂缝或交叉裂缝。对于单层砖结构厂房，当地震作用垂直于山墙时，它的震害主要表现为：山墙出现水平裂缝和外闪，山墙尖部乃至整片山墙倒塌，以及纵墙产生斜裂缝或交叉裂缝。造成这种震害的主要原因是，山墙与屋盖缺少必要的锚固措施，山墙处于悬臂状态，在纵向地震作用下产生很大的出水平变位，致使山墙顶部砌体失去抗震能力而倒塌。在 9 度区，山墙承受强烈的地震作用，上述震害产生的原因除了顶部锚固的不足，还有山墙砌体包括壁柱强度的不足。纵墙的斜裂缝或交叉裂缝，多发生在强震区，这是由于在强烈地震的作用，纵墙在薄弱截面内的地震剪力超过了砌体的抗剪承载力。

3）屋架支座连接处的局部破坏。单层砖结构厂房中，由于屋架与砖柱（墙）没有可靠的锚固措施，地震时锚固螺栓被拔出，使屋架移动造成屋架与砖柱（墙）连接处的局部破坏。

9.1.3 单层钢结构厂房

我国多次地震灾害的资料表明，在地震灾害作用下单层钢结构厂房主要情况为：在7级地震中，厂房的主体结构基本保持完好，支撑系统也较完整，墙体出现外闪或局部开裂现象；在8级地震中，厂房的主体结构逐步产生开裂损坏现象，甚至开裂破坏，天窗架立柱开裂、屋顶与支柱等支撑会有部分数量产生杆作压屈或者节点拉脱问题，砖围护墙也会出现开裂现象，部分墙体的局部趋向倒塌，山墙顶端多数产生外闪倒塌；在9级地震中，震害明显加大，主体结构严重破坏，出现开裂，屋盖破坏严重且局部塌降，支撑系统产生压屈、节点拉脱破坏，砖用护体大面积倒塌，甚至有些厂房出现整体破坏。

1. 屋盖系统破坏

（1）屋面板震害

1）震落、错位。主要原因是屋面板与屋架或屋面梁的焊点数量不足或焊接不牢。

2）靠近柱间支撑的屋架端部，屋面板主筋发生斜裂缝。主要原因是该处屋面板传递的水平地震力最大。

（2）天窗架的震害

1）天窗架立柱根部水平开裂或折断。

2）天窗架纵向竖向支撑不足使支撑杆件压屈失稳，使天窗架发生倾斜甚至倒塌。主要原因是由于天窗架刚度远小于下部主体结构且突出于主屋面以上，由于"鞭梢效应"，地震作用较大。

（3）屋架的震害

1）柱头破坏及节间上弦杆被剪裂等。主要原因是屋盖纵向水平地震力经由屋架向柱头传递时该处的地震剪力最为集中。

2）屋架倒塌。主要原因是屋面板与屋架焊接不良；屋盖系统支撑不完善，屋架与柱顶连接不牢造成屋架侧向整体失稳倒塌。

2. 构件破坏

（1）柱震害　柱在地震作用下反复受弯，在弯矩最大截面处附近由于过度弯曲可能发生翼缘局部失稳现象，进而引发低周疲劳和断裂破坏。上柱头由于与屋架连接不牢，连接件被拔出或松动，设柱间支撑的厂房，在柱间支撑与柱连接部位，由于传递的剪力较大，在连接处破坏。

（2）柱间支撑震害　往往是支撑刚度不足导致压屈失稳。

3. 墙体破坏

厂房的墙体有外围护墙、封墙、山墙及内隔墙等，震害主要表现为：轻则墙体开裂、外闪、外鼓，重则墙体局部或全部倒塌。高低跨处的高跨封墙极易失稳倒塌，因为受高振型影响，产生的地震反应较大。

9.2 一般要求

9.2.1 单层钢筋混凝土柱厂房

1. 厂房的结构布置

1）多跨厂房宜等高和等长，高低跨厂房不宜采用一端开口的结构布置。

2）厂房的贴建房屋和构筑物，不宜布置在厂房角部和紧邻防震缝处。

3）厂房体型复杂或有贴建的房屋和构筑物时，宜设防震缝；在厂房纵横跨交接处、大柱网厂房或不设柱间支撑的厂房，防震缝宽度可采用 100～150mm，其他情况可采用 50～90mm。

4）两个主厂房之间的过渡跨至少应有一侧采用防震缝与主厂房脱开。

5）厂房内上起重机的铁梯不应靠近防震缝布置；多跨厂房各跨上起重机的铁梯不宜布置在同一横向轴线附近。

6）厂房内的工作平台宜与厂房主体结构脱开。

7）厂房的同一结构单元内，不应采用不同的结构形式；厂房端部应设屋架，不应采用山墙承重；厂房单元内不应采用横墙和排架混合承重。

8）厂房柱距宜相等，各柱列的侧移刚度宜均匀，当有抽柱时，应采取抗震加强措施。

2. 厂房天窗架的设置

1）天窗宜采用突出屋面较小的避风型天窗，有条件或 9 度时宜采用下沉式天窗。

2）突出屋面的天窗宜采用钢天窗架；6～8 度时，可采用矩形截面杆件的钢筋混凝土天窗架。

3）天窗架不宜从厂房结构单元第一开间开始设置；8 度和 9 度时，天窗架宜从厂房单元端部第三柱间开始设置。

4）天窗屋盖、端壁板和侧板宜采用轻型板材，不应采用端壁板代替端天窗架。

3. 厂房屋架的设置

1）厂房宜采用钢屋架或重心较低的预应力混凝土、钢筋混凝土屋架。

2）跨度不大于 15m 时，可采用钢筋混凝土屋面梁。

3）跨度大于 24m 时，或 8 度Ⅲ、Ⅳ类场地和 9 度时，应优先采用钢屋架。

4）柱距为 12m 时，可采用预应力混凝土托架（梁）；当采用钢屋架时，也可采用钢托架（梁）。

5）有突出屋面天窗架的屋盖不宜采用预应力混凝土或钢筋混凝土空腹屋架。

6）8 度（0.30g）和 9 度时，跨度大于 24m 的厂房不宜采用大型屋面板。

4. 厂房柱的设置

1）8 度和 9 度时，宜采用矩形、工字形截面柱或斜腹杆双肢柱，不宜采用薄壁工字形柱、腹板开孔工字形柱、预制腹板的工字形柱和管柱。

2）柱底至地坪以上 500mm 范围内和阶形柱的上柱宜采用矩形柱截面。

5. 厂房围护墙和女儿墙的设置

建筑结构中，设置连接幕墙、围护墙、隔墙、女儿墙、雨篷、商标、广告牌、顶篷支架、大型储物架等建筑非结构构件的预埋件、锚固件的部位，应采取加强措施，以承受建筑非结构构件传给主体结构的地震作用。非承重墙体的材料、选型和布置，应根据烈度、房屋高度、建筑体型、结构层间变形、墙体自身抗侧力性能的利用等因素，经综合分析后确定。

1）墙体材料的选用应符合下列要求：

① 混凝土结构和钢结构的非承重墙体应优先采用轻质墙体材料。

② 单层钢筋混凝土柱厂房的围护墙宜采用轻质墙板或钢筋混凝土大型墙板，砌体围护墙应采用外贴式并与柱可靠拉结；当钢筋混凝土大型墙板外侧柱距为 12m 时，应采用轻质墙板或钢筋混凝土大型墙板；不等高厂房的高跨封墙和纵横向厂房交接处的悬墙宜采用轻质墙板，6、7 度采用砌体时不应直接砌在低跨屋面上，8 度、9 度时应采用轻质墙板。

2）刚性非承重墙体的布置，应避免使结构形成刚度和强度分布上的突变。单层钢筋混凝土柱厂房的刚性围护墙沿纵向宜均匀对称布置，不宜一侧为外贴式，另一侧为嵌砌式或开敞式；不宜一侧采用砌体墙，一侧采用轻质墙板。

3）墙体与主体结构应有可靠的拉结，能适应主体结构不同方向的层间位移；8 度、9 度时应具有满足层间变位的变形能力；与悬挑构件相连时，尚应具有满足节点转动引起的竖向变形的能力。

4）外墙板的连接件应具有足够的延性和适当的转动能力，宜满足在设防烈度下主体结构层间变形的要求。

5）砌体墙应采取措施减少对主体结构的不利影响，并设置拉结筋将水平系梁、圈梁、构造柱等与主体结构可靠拉结。

① 后砌的非承重隔墙应沿墙高每隔 500mm 配置 $2\phi6$ 拉结钢筋与承重墙或柱拉结，每边伸入墙内不应少于 500mm；8 度和 9 度时，长度大于 5m 的后砌隔墙，墙顶尚应与楼板或梁拉结。

② 钢筋混凝土结构中的砌体填充墙，宜与柱脱开或采用柔性连接，并应符合下列要求：填充墙在平面和竖向的布置，宜均匀对称，宜避免形成薄弱层或短柱；砌体的砂浆强度等级不应低于 M5，墙顶应与梁密切结合；填充墙应沿框架柱全高每隔 500mm 设 $2\phi6$ 拉筋，拉筋伸入墙内的长度，6 度、7 度时不应小于墙长的 1/5 且不小于 700mm，8 度、9 度时宜沿墙全长贯通；墙长大于 5m 时，墙顶与梁宜有拉结；墙长超过 8m 或层高 2 倍时宜设置钢筋混凝土构造柱；墙高超过 4m 时，墙体半高宜设置与柱连接且沿墙全长贯通的钢筋混凝土水平系梁。

6）单层钢筋混凝土柱厂房的砌体隔墙和围护墙应符合下列要求：

① 砌体隔墙与柱宜脱开或柔性连接，并应采取措施使墙体稳定，隔墙顶部应设现浇钢筋混凝土压顶梁。

② 厂房的砌体围护墙宜采用外贴式并与柱可靠拉结；不等高厂房的高跨封墙和纵横向厂房交接处的悬墙宜采用轻质墙板，采用砌体时不应直接砌在低跨屋盖上。

7）砌体围护墙在下列部位应设置现浇钢筋混凝土圈梁：

① 梯形屋架端部上弦和柱顶的标高处应各设一道，但屋架端部高度不大于 900mm 时可合并设置。

② 应按上密下稀的原则每隔 4m 左右在窗顶增设一道圈梁，不等高厂房的高低跨封墙和纵墙跨交接处的悬墙，圈梁的竖向间距不应大于 3m。

③ 山墙沿屋面应设钢筋混凝土卧梁，并应与屋架端部上弦标高处的圈梁连接。

8) 圈梁的构造应符合下列规定:

① 圈梁宜闭合,圈梁截面宽度宜与墙厚相同,截面高度不应小于 180mm;圈梁的纵筋,6~8 度时不应少于 4ϕ12,9 度时不应少于 4ϕ14。

② 厂房转角处柱顶圈梁在端开间范围内的纵筋,6~8 度时不宜少于 4ϕ14,9 度时不宜少于 4ϕ16,转角两侧各 1m 范围内的箍筋直径不宜小于 ϕ8,间距不宜大于 100mm;圈梁转角处应增设不少于 3 根且直径与纵筋相同的水平斜筋。

③ 圈梁应与柱或屋架牢固连接,山墙卧梁应与屋面板拉结;顶部圈梁与柱或屋架连接的锚拉钢筋不宜少于 4ϕ12,且锚固长度不宜少于 35 倍钢筋直径,防震缝处圈梁与柱或屋架的拉结宜加强。

④ 8 度 Ⅲ、Ⅳ 类场地和 9 度时,砖围护墙下的预制基础梁应采用现浇接头;当另设条形基础时,在柱基础顶面标高处应设置连续的现浇钢筋混凝土圈梁,其配筋不应少于 4ϕ12。

⑤ 墙梁宜采用现浇,当采用预制墙梁时,梁底应与砖墙顶面牢固拉结并与柱锚拉;厂房转角处相邻的墙梁,应相互可靠连接。

9) 砌体女儿墙在人流出入口应与主体结构锚固;防震缝处应留有足够的宽度,缝两侧的自由端应予以加强。

10) 各类顶棚的构件与楼板的连接件,应能承受顶棚、悬挂重物和有关机电设施的自重和地震附加作用;其锚固的承载力应大于连接件的承载力。

11) 悬挑雨篷或一端由柱支承的雨篷,应与主体结构可靠连接。

12) 玻璃幕墙、预制墙板、附属于楼屋面的悬臂构件和大型储物架的抗震构造,应符合相关标准的规定。

9.2.2　单层砖结构厂房

1. 厂房的结构布置要求

1) 厂房两端均应设置砖承重山墙。

2) 与柱等高并相连的纵横内隔墙宜采用砖抗震墙。

3) 防震缝设置应符合下列规定:轻型屋盖厂房可不设防震缝;钢筋混凝土屋盖厂房与贴建的建(构)筑物间宜设防震缝,防震缝的宽度可采用 50~70mm,防震缝处应设置双柱或双墙。

4) 天窗不应通至厂房单元的端开间,也不应采用端砖壁承重。

2. 厂房的结构体系布置

1) 6~8 度时宜采用轻型屋盖;9 度时应采用轻型屋盖。

2) 6、7 度时可采用十字形截面的无筋砖柱;8、9 度时应采用组合砖柱,不应采用无筋砖柱,且中柱在 8 度 Ⅲ、Ⅳ 类场地和 9 度时宜采用钢筋混凝土柱。

3) 厂房纵向的独立砖柱柱列,可在柱间设置与柱等高的抗震墙承受纵向地震作用,砖抗震墙应与柱同时咬槎砌筑,并应设置基础;无砖抗震墙的柱顶,应设通长水平压杆。

4) 纵、横向内隔墙宜做成抗震墙,非承重墙隔墙和非整体砌筑且不到顶的纵向隔墙,宜采用轻质墙。当采用非轻质墙时,应计及隔墙对柱及其屋架(梁)连接节点的附加地震剪力。独立的纵、横向内隔墙应采取措施保证其平面外的稳定性,且顶部应设置现浇钢筋混凝土压顶梁。

9.2.3 单层钢结构厂房

1. 厂房的结构布置要求

1）厂房的横向抗侧力体系可采用刚接框架、铰接框架、门式刚架或其他结构体系。厂房的纵向抗侧力体系，8、9度应采用柱间支撑；6、7度宜采用柱间支撑，也可采用刚接框架。

2）厂房内设有桥式起重机时，吊车梁系统的构件与厂房框架柱的连接应能可靠地传递纵向水平地震作用。

3）屋盖应设置完整的屋盖支撑系统。屋盖横梁与柱顶铰接时，宜采用螺栓连接。

2. 厂房的平面布置、钢筋混凝土屋面板和天窗架的设置要求等，可参照《钢结构设计标准》中单层钢筋混凝土柱厂房的有关规定。当设置防震缝时，其缝宽不宜小于单层混凝土柱厂房防震缝宽度的 1.5 倍。

3. 钢结构厂房的围护墙设置要求：

1）厂房的围护墙应优先采用轻型板材，预制钢筋混凝土墙板宜与柱柔性连接；9度时宜采用轻型板材。

2）单层厂房的砌体围护墙应贴砌并与柱拉结，尚应采取措施使墙体不妨碍厂房柱列沿纵向的水平位移；8、9度时不应采用嵌砌式。

9.3 单层厂房抗震计算

大量震害调查表明，在7度 Ⅰ、Ⅱ 类场地，柱高不超过10m 且结构单元两端均有山墙的单跨及等高多跨厂房（锯齿形厂房除外），当按《建筑抗震设计规范》规定采取抗震构造措施时，主体结构无明显震害，故可不进行横向及纵向的截面抗震验算。8、9度区跨度大于24m 的屋架，尚需考虑竖向地震作用。8度Ⅲ、Ⅳ类场地和9度区的高大单层钢筋混凝土柱厂房，还需对阶形柱的上柱进行罕遇地震的水平地震作用下的弹塑性变形验算。

一般厂房需要进行水平地震作用下横向和纵向抗侧力构件的抗震强度验算。《建筑抗震设计规范》规定，一般情况下，对于混凝土无檩和有檩屋盖厂房，宜计及屋盖的横向弹性变形，按多质点空间结构分析；当符合一定的条件时，可按平面排架计算。本节仅介绍横、纵向抗震计算简化方法，但为了减少这种简化计算带来的误差，按规定应对排架柱的地震剪力和弯矩进行调整。对于轻型屋盖厂房，由于空间作用不显著，柱距相等时，可按平面排架计算。

9.3.1 横向抗震计算

1. 计算简图

进行单层厂房横向计算时，取一榀排架作为计算单元，它的动力分析计算简图，可根据厂房类型的不同，取为质量集中在不同标高屋盖处的下端固定于基础顶面的弹性竖直杆。这样，对于单跨和多跨等高厂房，可简化为单质点体系，如图 9.15a 所示；两跨不等高厂房，可简化为二质点体系，如图 9.15b 所示；三跨不对称升高中跨厂房，可简化为三质点体系，如图 9.15c 所示。

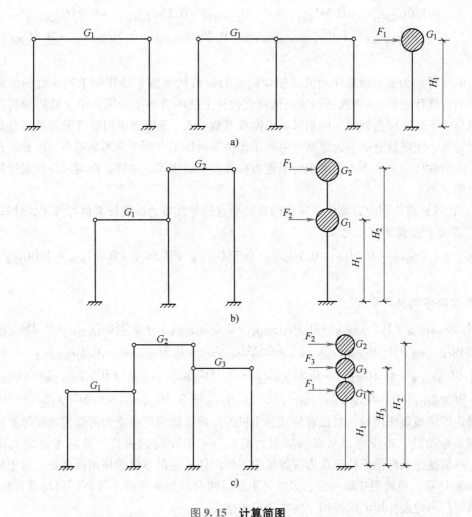

图 9.15　计算简图

a）单跨和多跨等高厂房排架计算简图　b）两跨不等高厂房排架计算简图

c）三跨不对称升高中跨厂房排架计算简图

由于在计算周期和计算地震作用时采取的简化假定各不相同，故其重力荷载集中方法要分别考虑。计算厂房的基本自振周期时，集中屋盖标高处质点的等效重力荷载代表值，是根据动能等效原理求得的。动能等效原理就是原结构体系的最大动能与质点集中到柱顶质点的折算体系的最大动能相等。

1）计算厂房的基本自振周期时，集中于屋盖标高处质点的等效重力荷载标准值可按下式计算：

① 单跨和多跨等高厂房

$$G_1 = 1.0G_{屋盖} + 0.5G_{雪} + 0.5G_{积灰} + 0.5G_{吊车梁} + 0.25G_{柱} + 0.25G_{纵墙} + 1.0G_{横墙}$$

$$(9.1)$$

② 多跨不等高厂房

$$G_1 = 1.0G_{低跨屋盖} + 0.5G_{低跨雪} + 0.5G_{低跨积灰} + 0.5G_{低跨吊车梁} + 0.25G_{低跨边柱} + 0.25G_{低跨纵墙} +$$

$$1.0G_{低跨横墙} + 1.0G_{高跨吊车梁(中柱)} + 0.25G_{中柱下柱} + 0.5G_{中柱上柱} + 0.5G_{高跨封墙}$$

$$(9.2a)$$

$$G_1 = 1.0G_{低跨屋盖} + 0.5G_{低跨雪} + 0.5G_{低跨积灰} + 0.25G_{低跨边柱} + 0.25G_{低跨纵墙} +$$
$$1.0G_{低跨横墙} + 1.0G_{高跨吊车梁(中柱)} + 0.25G_{中柱下柱} + 0.5G_{中柱下柱} + 0.5G_{高跨封墙}$$

$$(9.2b)$$

式中，$G_{屋盖}$等均为重力荷载代表值（屋盖的重力荷载代表值包括作用于屋盖处的恒载和檐墙的重力荷载代表值）。上面还假定高低跨交接柱上柱的各一半分别集中于低跨和高跨屋盖处。当集中于高跨屋盖处时，应乘以动力换算系数0.5。至于集中到低跨屋盖处还是集中到高跨屋盖处，应以就近集中为原则。由于吊车桥架对排架自振周期影响很小，因此，在屋盖质点重力荷载代表值中不考虑吊车桥架重力荷载。一般来说，这样处理对厂房抗震计算是偏于安全的。

2）计算地震作用时，集中于屋盖标高处质点的等效重力荷载标准值可按下式计算。

① 单跨和多跨等高厂房

$$G_1 = 1.0G_{屋盖} + 0.5G_{雪} + 0.5G_{积灰} + 0.75G_{吊车梁} + 0.5G_{柱} + 0.5G_{纵墙} + 1.0G_{檐墙}$$

$$(9.3)$$

② 多跨不等高厂房

$$G_1 = 1.0G_{低跨屋盖} + 0.5G_{低跨雪} + 0.5G_{低跨积灰} + 0.5G_{低跨吊车梁} + 0.25G_{低跨边柱} + 0.25G_{低跨纵墙} +$$
$$1.0G_{低跨横墙} + 1.0G_{高跨吊车梁(中柱)} + 0.25G_{中柱下柱} + 0.5G_{中柱下柱} + 0.5G_{高跨封墙} \quad (9.4a)$$
$$G_2 = 1.0G_{高跨屋盖} + 0.5G_{高跨雪} + 0.5G_{高跨积灰} + 0.75G_{高跨吊车梁(中柱)} + 0.5G_{高跨边柱} 0.5G_{中柱上柱} +$$
$$1.0G_{低跨横墙} + 1.0G_{高跨吊车梁(中柱)} + 0.25G_{中柱下柱} + 0.5G_{中柱下柱} + 0.5G_{高跨封墙} \quad (9.4b)$$

确定厂房地震作用时，对设有桥式起重机的厂房，除将厂房重力荷载按弯矩等效原则集中于屋盖标高处，还应考虑吊车桥架重力荷载。对于硬勾起重机，尚应考虑最大吊重的30%，一般是把某跨吊车桥架重力荷载集中于该跨任一柱吊车梁的顶面标高处。对于柱距小于12m的厂房，单跨时应取一台，多跨时不超过两台。如果两跨不等高厂房均设有起重机，则在确定厂房地震作用时应按四个集中质点考虑。

应当指出，房屋的质量是连续分布的。当采用上述有限自由度的模型时，将不同处的质量折算入总质量时需乘以该处的质量折算系数。质量折算系数应根据一定的原则制定。如计算上述结构动力特性时，依据是"周期等效"原则；计算上述结构地震作用时，依据是排架柱底"弯矩相等"原则。计算结果表明，这样处理的计算误差不大，并不影响抗震计算要求的精确度。

2. 横向基本自振周期的计算

（1）单跨和等高多跨厂房　如上所述，这类厂房可简化为单质点体系，它的横向基本自振周期可按下式计算

$$T = 2\pi \sqrt{\frac{G\delta}{g}} \quad (9.5)$$

式中，G为集中于屋盖处的重力荷载代表值；δ为柔度，作用于排架顶部的单位水平力在该处引起的位移。

（2）多自由度体系　计算这类厂房的横向基本自振周期时，可采用能量法计算，公式如下

$$T_1 = 2\pi \sqrt{\frac{\sum_{i=1}^{n} m_i u_i^2}{\sum_{i=1}^{n} G_i u_i}} \tag{9.6}$$

式中，m_i、G_i 分别为第 i 质点的质量和重力；u_i 为在全部 G_i（$i=1$，$\cdots$，n）沿水平方向的作用下第 i 质点的侧移；n 为自由度数。

3. 横向基本自振周期的修正

按平面排架计算厂房的横向地震作用时，排架的基本自振周期应考虑纵墙及屋架与柱连接的固结作用，可按下列规定进行调整：由钢筋混凝土屋架或钢屋架与钢筋混凝土柱组成的排架，有纵墙时取周期计算值的 80%，无纵墙时取 90%；由钢筋混凝土屋架或钢屋架与砖柱组成的排架，取周期计算值的 90%；由木屋架、钢木屋架或轻钢屋架与砖柱组成排架，取周期计算值。

4. 排架地震作用的计算

1）用底部剪力法计算地震作用时，总地震作用的标准值为

$$F_{Ek} = \alpha_1 G_{eq} \tag{9.7}$$

式中，F_{Ek} 为结构总水平地震作用标准值；α_1 为相应于结构基本自振周期的水平地震影响系数值；G_{eq} 为结构等效总重力荷载，单质点应取总重力荷载代表值，多质点可取总重力荷载代表值的 85%。

质点 i 的水平地震作用的标准值为

$$F_i = \frac{G_i H_i}{\sum_{j=1}^{n} G_j H_j} \tag{9.8}$$

式中，F_i 为质点 i 的水平地震作用标准值；G_i、G_j 分别为集中于质点 i、j 的重力荷载代表值；H_i、H_j 分别为质点的 i、j 计算高度；n 为自由度数。

2）振型分解反应谱法。高低跨厂房，当低跨与高跨高差较大时，按底部剪力法的计算结果误差较大。另外，当需要求出高低跨交接处柱在支承低跨屋盖处所受的最大水平拉力时，底部剪力法就无能为力了，此时只能用振型分解反应谱法进行计算。

采用振型分解法计算简图与底部剪力法相同，每个质点有一个自由度，用前面介绍的振型分解法计算的各个过程就能求出各振型各质点处的水平地震作用，从而求出各振型的地震内力。总的地震内力为各振型的地震内力的平方和开方的组合，本节就不详细介绍了。

5. 空间作用和扭转的影响

单层工业厂房的纵向系统一般包括屋盖、纵向支撑、吊车梁等。纵墙一方面增大了横向排架的刚度，另一方面起着纵向联系作用。因此，各横向排架是互相联系和制约的，它们与纵向系统一起组成一个复杂的空间体系。这种互相制约的影响叫作厂房的空间作用。在地震作用下，厂房将产生整体振动。若将钢筋混凝土屋盖视为具有很大水平刚度、支承在若干弹性支承上的连续梁，在横向水平地震作用下，只要各弹性支承（排架）的刚度相同，屋盖沿纵向质量分布也较均匀，各排架也有同样的柱顶位移，则可认为无空间作用影响。

当厂房两端无山墙（中间也无横墙）时，厂房的整体振动（第一振型）才接近单片排架的平面振动。当厂房两端有山墙，且山墙在其平面内刚度很大时，作用于屋盖平面内的地

震作用将部分地通过屋盖传给山墙，因而排架所受的地震作用将有所减少。山墙的侧移可近似为零，厂房各排架的侧移将不相等，中间排架处柱顶的侧移最大，即厂房存在空间作用。此时各排架实际承受的地震作用将比按平面排架计算的小。因此，按平面排架简化求得的排架地震作用必须进行调整。

如果厂房仅一端有山墙，或虽然两端有山墙，但两山墙的抗侧移刚度相差很大时，厂房的整体振动将复杂化，除了有空间作用影响，还会出现较大的平面扭转效应，使得排架各柱的柱顶侧移均不相同。在弹性阶段排架承受的地震作用正比于柱顶侧移，既然在空间作用时排架的柱顶侧移小于无空间作用时排架柱顶侧移，在有扭转作用时，有的排架柱顶侧移又大于无空间作用时排架柱顶侧移。因此，按平面排架简图求得的排架地震作用必须调整。《建筑抗震设计规范》考虑厂房空间作用和扭转影响，是通过对平面排架地震效应（弯矩、剪力）的折减来体现的。为了方便应用，将质量折算系数汇总于表9.1、表9.2。

表9.1 钢筋混凝土柱（高低跨交接处上柱除外）考虑空间作用和扭转影响的效应调整系数

屋盖	山墙		屋盖长度/m											
			≤30	36	42	48	54	60	66	72	78	84	90	96
钢筋混凝土无檩楼盖	两端山墙	等高厂房			0.75	0.75	0.75	0.8	0.8	0.8	0.85	0.85	0.85	0.9
		不等高厂房			0.85	0.85	0.85	0.9	0.9	0.9	0.95	0.95	0.95	1.0
	一端山墙		1.05	1.15	1.2	1.25	1.3	1.3	1.3	1.3	1.35	1.35	1.35	1.35
钢筋混凝土有檩楼盖	两端山墙	等高厂房			0.85	0.9	0.95	1.0	1.0	1.05	1.05	1.1	1.1	1.15
		不等高厂房												
	一端山墙		1	1.05	1.1	1.1	1.15	1.15	1.15	1.2	1.2	1.2	1.25	1.25

表9.2 砖柱考虑空间作用的效应调整系数

屋盖类型	山墙或承重（抗震）横墙间距/m										
	≤12	18	24	30	36	42	48	54	60	66	72
钢筋混凝土无檩楼盖	0.60	0.65	0.70	0.75	0.80	0.85	0.85	0.90	0.95	0.95	1.0
钢筋混凝土有檩楼盖或密铺望板瓦木屋盖	0.65	0.70	0.75	0.80	0.90	0.95	0.95	1.00	1.05	1.05	1.10

《建筑抗震设计规范》规定，当符合下列条件时，才考虑厂房空间作用和扭转影响来调整柱的地震作用效应：

1）钢筋混凝土屋盖的单层钢筋混凝土柱厂房。

① 7度和8度抗震烈度。

② 厂房单元屋盖长度与总跨度之比小于8或厂房总跨度大于12m。

③ 山墙的厚度不小于240mm，开洞所占的水平截面积不超过总面积50%，并与屋盖系统有良好的连接。

④ 柱顶高度不大于15m。屋盖长度指山墙到山墙的间距，仅一端有山墙时，应取所考虑排架至山墙的距离；高低跨相差较大的不等高厂房，总跨度可不包括低跨。

2）钢筋混凝土屋盖和密铺望板瓦木屋盖的单层砖柱厂房。

① 7度和8度抗震烈度。

② 两端均有承重山墙。

③ 山墙或承重（抗震）横墙的厚度不小于240mm，开洞所占的水平截面积不超过总面积50%，并与屋盖系统有良好的连接。

④ 山墙或承重（抗震）横墙的长度不宜小于其高度。

⑤ 单元屋盖长度与总跨度之比小于8或厂房总跨度大于12m。屋盖长度指山墙到山墙或承重（抗震）横墙的间距。

6. 内力调整

（1）高低跨交接处钢筋混凝土柱的地震作用效应调整 在排架高低跨交接处的钢筋混凝土柱支承低跨屋盖牛腿以上各截面，按底部剪力法求出的地震剪力和弯矩，应乘以增大系数，其值按下式计算

$$\eta = \xi_2\left(1 + 1.7\frac{\eta_h G_{Es}}{n_0 G_{Eh}}\right) \tag{9.9}$$

式中，η 为地震剪力和弯矩的增大系数；ξ_2 为不等高厂房低跨交接处的空间工作影响系数，可按表9.3采用；η_h 为高跨的跨数；n_0 为计算跨数，仅一侧有低跨时应取总跨数，两侧均有低跨时，应取总跨数与高跨跨数之和；G_{Es} 为集中于交接处一侧各低跨屋盖标高处的总重力荷载代表值；G_{Eh} 为集中于高跨柱顶标高处的总重力荷载代表值。

表9.3 高低跨交接处钢筋混凝土上柱空间工作影响系数 ξ

屋盖	山墙	≤36	42	48	54	60	66	72	78	84	90	96
钢筋混凝土无檩楼盖	两端山墙		0.7	0.76	0.82	0.88	0.94	1.0	1.06	1.06	1.06	1.06
	一端山墙						1.25					
钢筋混凝土有檩楼盖	两端山墙	0.9	1.0	1.05	1.1	1.1	1.15	1.15	1.15	1.15	1.2	1.2
	一端山墙						1.05					

（2）吊车桥架引起的地震作用效应的增大系数 吊车桥架是一个较大的移动质量，在地震中往往引起厂房的强烈局部振动，对起重机所在排架产生局部影响，加重震害。钢筋混凝土柱单层厂房的吊车梁顶标高处的上柱截面，由吊车桥架引起的地震剪力和弯矩应乘以增大系数。当按底部剪力法等简化计算方法计算时，其值可按表9.4采用。

表9.4 桥架引起的地震剪力和弯矩增大系数

屋盖	山墙	边柱	高低跨柱	其他中柱
钢筋混凝土无檩楼盖	两端山墙	2.0	2.5	3.0
	一端山墙	1.5	2.0	2.5
钢筋混凝土有檩楼盖	两端山墙	1.5	2.0	2.5
	一端山墙	1.5	2.0	2.0

7. 内力组合

内力组合指地震作用引起的内力（考虑到地震作用是往复作用，故内力符号可正可负）和与其相应的竖向荷载（结构自重、雪荷载和积灰荷载，有起重机时还应考虑起重机竖向荷载）引起的内力，根据可能出现的最不利荷载组合情况进行组合。进行单层厂房排架的地震作用效应和相应的其他荷载效应组合时，一般可不考虑风荷载效应，不考虑起重机横向水平制动力引起的内力，也不考虑竖向地震作用和屋面活载中的施工荷载。

8. 天窗架的计算

1）有斜撑杆的三铰拱式钢筋混凝土和钢天窗架的横向抗震计算可采用底部剪力法；跨度大于9m或9度时，天窗架的地震作用效应应乘以增大系数，增大系数可采用1.5。

2）其他情况下天窗架的横向水平地震作用可采用振型分解反应谱法。

9.3.2　纵向抗震计算

前面已经提到从单层厂房的震害情况看，纵向震害是比较严重的，有时甚至要比横向震害严重，设计者应引起重视。地震时厂房的纵向振动比较复杂，对于质量和刚度分布比较均匀的等高厂房，在地震作用下，其上部结构仅产生纵向平移振动，其扭转作用可略去不计；而对质量中心与刚度中心不重合的不等高厂房，在纵向地震作用下，厂房将同时产生平移振动与扭转振动。大量震害表明：厂房产生平移、扭转振动的同时，屋盖还产生了水平面内纵、横向的弯剪变形。由于纵向围护墙参与工作，致使纵向各柱列的破坏程度不等，空间作用显著。因此，必须建立合理的力学模型进行厂房纵向的空间分析。

纵向抗震计算的简化方法有空间分析法、修正刚度法、柱列法、拟能量法等。本节只介绍修正刚度法和柱列法。

1. 钢筋混凝土柱厂房纵向抗震计算的修正刚度法

此法是把厂房纵向视为一个单自由度体系，求出总的地震作用后，再按各柱列的修正刚度，把总的地震作用分配到各柱列。计算单跨或等高多跨的钢筋混凝土柱厂房纵向地震作用，在柱顶标高不大于15m且平均跨度不大于30m时，可按修正刚度法计算。

（1）纵向基本自振周期的计算　按《建筑抗震设计规范》的方法确定，当厂房为砖围护墙时

$$T_1 = 0.23 + 0.00025\psi_1 l \sqrt{H^3} \tag{9.10}$$

式中，ψ_1为屋盖类型系数，大型屋面板钢筋混凝土屋架可采用1.0，钢屋架采用0.85；l为厂房跨度（m），多跨厂房可取各跨的平均值；H为基础顶面至柱顶的高度（m）。

对于敞开、半敞开或墙板与柱子柔性连接的厂房，可按上式进行计算并乘以下列围护墙影响系数

$$\psi_2 = 2.6 - 0.002l \sqrt{H^3} \tag{9.11}$$

式中，ψ_2为围护墙影响系数，小于1.0时应采用1.0。

（2）柱列地震作用的计算　可按底部剪力法公式确定总的地震作用

$$F_{Ek} = \alpha_1 G_{eq} \tag{9.12}$$

等高多跨钢筋混凝土屋盖的厂房，各纵向柱列的柱顶标高处的地震作用标准值，可按下式确定

$$F_i = \frac{G_i H_i}{\displaystyle\sum_{j=1}^{n} G_j H_j} \tag{9.13}$$

$$K_{ai} = \psi_3 \psi_4 K_i \tag{9.14}$$

式中，F_i为柱列柱顶标高处的纵向地震作用标准值；α_1为相应于厂房纵向基本自振周期的水平地震影响系数；G_{eq}为厂房单元柱列总等效重力荷载代表值，应包括屋盖重力荷载代表值、

70%纵墙自重、50%横墙与山墙自重及折算的柱自重（有起重机时采用10%柱自重，无起重机时采用50%柱自重）；K_i 为 i 柱列柱顶的总侧移刚度，应包括 i 柱列内柱和上、下柱间支撑的侧移刚度及纵墙的折减侧移刚度的总和，贴砌的砖围护墙侧移刚度的折减系数，可根据柱列侧移值的大小，采用 $0.2 \sim 0.6$；K_{ai} 为 i 柱列柱顶的调整侧移刚度；ψ_3 为柱列侧移刚度的围护墙影响系数，可按表9.5采用（有纵向砖围护墙的四跨或五跨厂房，由边柱列数起的第三柱列，可按表内相应数值的1.15倍采用）；ψ_4 为柱列侧移刚度的柱间支撑影响系数，纵向为砖围护墙时，边柱列可采用1.0，中柱列可按表9.6采用。

有起重机的等高多跨钢筋混凝土屋盖的厂房，各纵向柱列的吊车梁标高处的地震作用标准值，可按下式确定

$$F_{ci} = \alpha_1 G_{ci} \frac{H_{ci}}{H_i} \tag{9.15}$$

式中，F_{ci} 为 i 柱列在吊车梁顶标高处的纵向地震作用标准值；G_{ci} 为集中于 i 柱列吊车梁顶标高处的等效重力荷载代表值，包括吊车梁与悬吊物的重力荷载代表值和40%柱子自重；H_{ci} 为 i 柱列吊车梁顶高度；H_i 为 i 柱列柱顶高度。

表9.5 围护墙影响系数

围护墙类别和烈度		柱列和屋盖类别					
		边柱列	中柱列				
			无檩屋盖		有檩屋盖		
240 砖墙	370 砖墙		边跨无天窗	边跨有天窗	边跨无天窗	边跨有天窗
	7 度	0.85	1.7	1.8	1.8	1.9
7 度	8 度	0.85	1.5	1.6	1.6	1.7
8 度	9 度	0.85	1.3	1.4	1.4	1.5
9 度		0.85	1.2	1.3	1.3	1.4
无墙、石棉瓦或挂板		0.90	1.1	1.1	1.2	1.2

表9.6 纵向采用砖围护墙的中柱列柱间支撑影响系数

厂房单元内设置下柱支撑的柱间数	中柱列下柱支撑斜杆的长细比					中柱列无支撑
	< 40	41 ~ 80	81 ~ 120	121 ~ 150	> 150	
一柱间	0.9	0.95	1.0	1.1	1.25	1.4
二柱间			0.9	0.95	1.0	1.4

（3）构件地震作用的计算 算出柱列承受的纵向地震作用后，即可将其按刚度比例分配给柱列中的各构件。有起重机的厂房分别计算作用与柱顶和吊车梁标高处构件的水平地震作用。

单根柱分配的地震作用值为

$$F_{ci} = \frac{K_e}{K_i} F_i \tag{9.16a}$$

单片支撑分配的地震作用值为

$$F_{ci} = \frac{K_b}{K_i}F_i \qquad (9.16b)$$

单片墙体分配的地震作用值为

$$F_{ci} = \frac{K_w}{K_i}F_i \qquad (9.16c)$$

2. 钢筋混凝土柱厂房纵向抗震计算的柱列法

对纵墙对称布置的单跨厂房和采用轻型屋盖的多跨厂房,可采用柱列法计算。此法以跨度中线划界,取各柱列独立进行分析,使计算简化。

（1）柱列基本自振周期的计算 第 i 柱列沿厂房纵向的基本自振周期,按下式计算

$$T_i = 2\psi_T \sqrt{G_i\delta_i} \qquad (9.17)$$

式中,ψ_T 为考虑厂房空间作用的周期修正系数,单跨厂房取 1.0,多跨厂房按表 9.7 取值。

表 9.7　柱列法基本自振周期修正系数

围护墙	天窗支撑		边柱列	中柱列
石棉瓦、挂板或无墙	有支撑	边跨无天窗	1.3	0.9
		边跨有天窗	1.4	0.9
	无柱间支撑		1.15	0.85
砖墙	有支撑	边跨无天窗	1.60	0.9
		边跨有天窗	1.65	0.9
	无柱间支撑		2	0.85

（2）柱列水平地震作用计算 作用于第 i 柱列顶标高处的纵向水平地震作用值为

$$F_i = \alpha_1 G_i \qquad (9.18)$$

式中,α_1 为相应于柱列基本自振周期 T_1 的水平地震的影响系数;G_i 为按内力等效原则集中于第 i 柱列柱顶的重力荷载代表值

$$G_i = 1.0G_{屋盖} + 0.5(G_柱 + G_{山墙} + G_雪 + G_{积灰}) + 0.7G_{纵墙} + 0.75(G_{吊车梁} + G_{吊车桥})$$

$$(9.19)$$

（3）构件地震作用的计算 算出柱列承受的纵向地震作用 F_i 后,就可将其按刚度比例分配给柱列中的各构件。有吊车厂房分别计算作用于柱顶和吊车梁标高处构件的水平地震作用。

单根柱分配的地震作用值　　　　$$F_{ci} = \frac{K_e}{K_i}F_i \qquad (9.20a)$$

单片支撑分配的地震作用值　　　　$$F_{ci} = \frac{K_b}{K_i}F_i \qquad (9.20b)$$

单片墙体分配的地震作用值　　　　$$F_{ci} = \frac{K_w}{K_i}F_i \qquad (9.20c)$$

3. 柱间支撑的抗震验算与设计

柱间支撑的截面验算是单层厂房纵向抗震计算的主要目的之一,斜杆长细比不大于 200 的柱间支撑在单位侧力作用下的水平位移可按下式确定

$$u = \sum \frac{1}{1 + \varphi_i} u_{ti} \tag{9.21}$$

式中，u 为单位侧力作用点的位移；φ_i 为节间斜杆轴心受压稳定系数，应按《钢结构设计标准》采用；u_{ti} 为单位侧力作用下 i 节间仅考虑拉杆受力的相对位移。

斜杆长细比不大于 200 的斜杆截面可仅按抗拉验算，但应考虑压杆的卸载影响，其拉力可按下式确定

$$N_t = \frac{l_i}{(1 + \psi_c \varphi_i) s_c} V_{bi} \tag{9.22}$$

式中，N_t 为节间支撑斜杆抗拉验算时的轴向拉力设计值；l_i 为 i 节间斜杆的全长；ψ_c 为压杆卸载系数，压杆长细比为 60、100 和 200 时可分别采用 0.7、0.6 和 0.5；V_{bi} 为 i 节间支撑承受的地震剪力设计值；s_c 为支撑所在柱间的净距。

柱间支撑与柱连接节点预埋件的锚件采用锚筋时，其截面抗震承载力宜按下式验算

$$N \leqslant \frac{0.8 f_y A_s}{\gamma_{RE} \left(\frac{\cos\theta}{0.8 \zeta_m \psi} + \frac{\sin\theta}{\zeta_r \zeta_v} \right)} \tag{9.23}$$

$$\psi = \frac{1}{1 + \frac{0.6 e_0}{\zeta_r s}} \tag{9.24}$$

$$\zeta_m = 0.6 + 0.25 t/d \tag{9.25}$$

$$\zeta_v = (4 - 0.08d) \sqrt{f_c/f_y} \tag{9.26}$$

式中，A_s 为锚筋总截面面积；γ_{RE} 为承载力抗震调整系数，可采用 1.0；N 为预埋板的斜向拉力，可采用全截面屈服点强度计算的支撑斜杆轴向力的 1.05 倍；e_0 为斜向拉力对锚筋合力作用线的偏心距，应小于外排锚筋之间距离的 20%；θ 为斜向拉力与其水平投影的夹角；ψ 为偏心影响系数；s 为外排锚筋之间的距离；ζ_m 为预埋板弯曲变形影响系数；t 为预埋板厚度（mm）；d 为锚筋直径；ζ_r 为验算方向锚筋排数的影响系数，二、三和四排可分别采用 1.0、0.9 和 0.85；ζ_v 为锚筋的受剪影响系数，大于 0.7 时应采用 0.7。

柱间支撑与柱连接节点预埋件的锚件采用角钢加端板时，其截面抗震承载力宜按下式验算

$$N \leqslant \frac{0.7}{\gamma_{RE} \left(\frac{\sin\theta}{V_{uo}} + \frac{\cos\theta}{\psi N_{uo}} \right)} \tag{9.27}$$

$$V_{uo} = 3 n \zeta_r \sqrt{W_{min} b f_a f_c} \tag{9.28}$$

$$N_{uo} = 0.8 n f_a A_s \tag{9.29}$$

式中，n 为角钢根数；b 为角钢肢宽；W_{min} 为与剪力方向垂直的角钢最小截面模量；A_s 为一根角钢的截面面积；f_a 为角钢抗拉强度设计值。

4. 突出屋面天窗架的纵向抗震计算

突出屋面的天窗架的纵向抗震计算，可采用空间结构分析法，并考虑屋盖平面弹性变形和纵墙的有效刚度。

对于柱高不超过 15m 的单跨和等高多跨混凝土无檩屋盖厂房的突出屋面的天窗架纵向地震作用计算，可采用底部剪力法，但天窗架的地震作用效应应乘以效应增大系数，可按下

列规定取值：

对单跨、边跨屋盖或有纵向内隔墙的中跨屋盖

$$\eta = 1 + 0.5n \tag{9.30}$$

对其他中跨屋盖

$$\eta = 0.5n \tag{9.31}$$

式中，η 为效应增大系数；n 为厂房跨数，超过 4 跨时取 4 跨。

5. 砖柱厂房纵向抗震计算的修正刚度法

修正刚度法适用于钢筋混凝土屋盖等高多跨单层砖柱厂房的纵向抗震计算，其纵向基本自振周期可按下式计算

$$T_1 = 2\psi_{\mathrm{T}} \sqrt{\frac{\sum G_s}{\sum K_s}} \tag{9.32}$$

式中，ψ_{T} 为周期修正系数，按表 9.8 采用；G_s 为第 s 柱列的集中重力荷载，包括柱列左右各半跨的屋盖和山墙重力荷载，及按动能等效原则换算集中到柱顶或墙顶处的墙柱重力荷载；K_s 为第 s 柱列的侧移刚度。

表 9.8　厂房的纵向基本自振周期修正系数

屋盖系统	钢筋混凝土无檩楼盖		钢筋混凝土有檩楼盖	
	边跨无天窗	边跨有天窗	边跨无天窗	边跨有天窗
周期修正系数	1.3	1.35	1.4	1.45

单层砖柱厂房纵向总水平地震作用标准值可按下式计算

$$F_{\mathrm{Ek}} = \alpha_1 \sum G_s \tag{9.33}$$

式中，α_1 为相应于单层砖柱厂房纵向基本自振周期 T_1 的地震影响系数；G_s 为按照柱列底部剪力相等原则，第 s 柱列换算集中到墙顶处的重力荷载代表值，按下式计算

$$G_s = 1.0G_{屋盖} + 0.5(G_柱 + G_{山墙} + G_雪 + G_{积灰}) + 0.7G \tag{9.34}$$

沿厂房纵向第 s 柱列上端的水平地震作用可按下式计算

$$F_s = \frac{\psi_s K_s}{\sum \psi_s K_s} F_{\mathrm{Ek}} \tag{9.35}$$

式中，ψ_s 为反映屋盖水平变形影响的柱列刚度调整系数，根据屋盖类型和各柱列的纵墙设置情况，按表 9.9 采用。

表 9.9　柱列刚度调整系数

纵横设置情况		屋盖类型			
		钢筋混凝土无檩楼盖		钢筋混凝土有檩楼盖	
		边柱列	中柱列	边柱列	中柱列
砖柱敞棚		0.95	1.1	0.9	1.6
各柱列均为带壁柱砖墙		0.95	1.1	0.9	1.2
边柱列均为带壁柱砖墙	中柱列的纵墙不少于 4 开间	0.7	1.4	0.75	1.5
	中柱列的纵墙少于 4 开间	0.6	1.8	0.65	1.9

6. 砖柱厂房纵向抗震计算的柱列法

当砖柱厂房纵墙对称布置的单跨厂房和采用轻型屋盖的多跨厂房，可采用柱列法计算。以跨度中线划界，取各柱列独立进行分析，使计算简化。

第 i 柱列的基本自振周期为

$$T_1 = 2\pi\sqrt{\frac{G\delta}{g}} \tag{9.36}$$

作用于第 i 柱列顶标高处的纵向水平地震作用值为

$$F_i = \alpha_1 G_i \tag{9.37}$$

式中，α_1 为相应于柱列基本自振周期 T_1 的水平地震的影响系数；G_i 为按内力等效原则而集中于第 i 柱列柱顶的重力荷载代表值，仍按式（9.34）计算。

9.4　构造要求

9.4.1　钢筋混凝土柱厂房的构造要求

1. 有檩屋盖构件的连接要求

1）檩条应与混凝土屋架（屋面梁）焊牢，并有足够的支承长度。

2）双脊檩应在跨度 1/3 处相互拉结。

3）压型钢板应与檩条可靠连接，瓦楞铁、石棉瓦等应与檩条拉结。

4）支撑布置宜符合表 9.10 的要求。

表 9.10　有檩屋盖的支撑布置

支撑名称		烈度		
		6 度、7 度	8 度	9 度
屋架支撑	上弦横向支撑	厂房单元端开间各设一道	厂房单元端开间及厂房单元长度大于 66m 的柱间支撑开间各设一道；天窗开洞范围的两端各增设局部的支撑一道	厂房单元端开间及厂房单元长度大于 42m 的柱间支撑开间各设一道；天窗开洞范围的两端各增设局部的上弦横向支撑一道
	下弦横向支撑	同非抗震设计		
	跨中竖向支撑			
	端部竖向支撑	屋架端部高度大于 900mm 时，厂房单元端开间及柱间支撑开间各设一道		
天窗架支撑	上弦横向支撑	厂房单元天窗端开间各设一道	厂房单元天窗端开间及每隔 30m 各设一道	厂房单元天窗端开间及每隔 18m 各设一道
	两侧竖向支撑	厂房单元天窗端开间及每隔 36m 各设一道		

2. 无檩屋盖构件的连接及支撑布置要求

1）大型屋面板应与屋架（屋面梁）焊牢，靠柱列的屋面板与屋架（屋面梁）的连接焊缝长度不宜小于 80mm，焊缝厚度不宜小于 6mm。

2）6度和7度时，有天窗厂房单元的端开间，8度和9度时各开间，宜将垂直屋架方向两侧相邻的大型屋面板的顶面彼此焊牢。

3）8度和9度时，大型屋面板端头底面的预埋件宜采用带槽口的角钢并与主筋焊牢。

4）非标准屋面板宜采用装配整体式接头，或将板四角切掉后与屋架（屋面梁）焊牢。

5）屋架（屋面梁）端部顶面预埋件的锚筋，8度时不宜少于4ϕ10，9度时不宜少于4ϕ12。

6）支撑的布置宜符合表9.11的要求，有中间井式天窗时宜符合表9.12的要求，8度和9度跨度不大于15m的屋面梁屋盖，可仅在厂房单元两端各设竖向支撑一道；单坡屋面梁的屋盖支撑布置，宜按屋架端部高度大于900mm的屋盖支撑布置执行。

表9.11　无檩屋盖的支撑布置

<table>
<tr><td rowspan="2" colspan="2">支撑名称</td><td colspan="3">烈度</td></tr>
<tr><td>6度、7度</td><td>8度</td><td>9度</td></tr>
<tr><td colspan="2">上弦横向支撑</td><td>屋架跨度小于18m时同非抗震设计，跨度不小于18m时在厂房单元端开间各设一道</td><td colspan="2">厂房单元端开间及柱间支撑开间各设一道，天窗开洞范围的两端各增设局部的支撑一道</td></tr>
<tr><td colspan="2">上弦通长水平系杆</td><td rowspan="4">同非抗震设计</td><td>沿屋架跨度不大于15m设一道，但装配整体式屋面可不设；围护墙在屋架上弦高度有现浇圈梁时，其端部处可不另设</td><td>沿屋架跨度不大于12m设一道，但装配整体式屋面可不设；围护墙在屋架上弦高度有现浇圈梁时，其端部处可不另设</td></tr>
<tr><td colspan="2">下弦横向支撑</td><td rowspan="2">同非抗震设计</td><td rowspan="2">同上弦横向支撑</td></tr>
<tr><td colspan="2">跨中竖向支撑</td></tr>
<tr><td rowspan="2">两端竖向支撑</td><td>屋架端部高度≤900mm</td><td>厂房单元端开间各设一道</td><td>厂房单元端开间及每隔48m各设一道</td></tr>
<tr><td>屋架端部高度>900mm</td><td>厂房单元端开间各设一道</td><td>厂房单元端开间及柱间支撑开间各设一道</td><td>厂房单元端开间、柱间支撑开间及每隔30m各设一道</td></tr>
<tr><td colspan="2">天窗两侧竖向支撑</td><td>厂房单元天窗端开间及每隔30m各设一道</td><td>厂房单元天窗端开间及每隔24m各设一道</td><td>厂房单元天窗端开间及每隔18m各设一道</td></tr>
<tr><td colspan="2">上弦横向支撑</td><td>同非抗震设计</td><td>天窗跨度≥9m时，厂房单元天窗端开间及柱间支撑开间各设一道</td><td>厂房单元端开间及柱间支撑开间各设一道</td></tr>
</table>

表9.12　中间井式天窗无檩屋盖的支撑布置

<table>
<tr><td rowspan="2">支撑名称</td><td colspan="3">烈度</td></tr>
<tr><td>6度、7度</td><td>8度</td><td>9度</td></tr>
<tr><td>上弦横向支撑</td><td rowspan="2">厂房单元端开间各设一道</td><td colspan="2">厂房单元端开间及柱间支撑开间各设一道</td></tr>
<tr><td>下弦横向支撑</td><td colspan="2"></td></tr>
<tr><td>上弦通长水平系杆</td><td colspan="3">天窗范围内屋架跨中上弦节点处设置</td></tr>
</table>

（续）

支撑名称		烈度		
		6度、7度	8度	9度
下弦通长水平系杆		天窗两侧及天窗范围内屋架下弦节点处设置		
跨中竖向支撑		有上弦横向支撑开间设置，位置与下弦通长系杆相对应		
两端竖向支撑	屋架端部高度≤900mm	同非抗震设计		有上弦横向支撑开间，且间距不大于48m
	屋架端部高度>900mm	厂房单元端开间各设一道	有上弦横向支撑开间，且间距不大于48m	有上弦横向支撑开间，且间距不大于30m

3. 屋盖支撑

1）天窗开洞范围内在屋架脊点处应设上弦通长水平压杆；8度Ⅲ、Ⅳ类场地和9度时，梯形屋架端部上节点应沿厂房纵向设置通长水平压杆。

2）屋架跨中竖向支撑在跨度方向的间距，6~8度时不大于15m，9度时不大于12m；当仅在跨中设一道时，应设在跨中屋架屋脊处；当设两道时，应在跨度方向均匀布置。

3）屋架上、下弦通长水平系杆与竖向支撑宜配合设置。

4）柱距不小于12m且屋架间距6m的厂房，托架（梁）区段及其相邻开间应设下弦纵向水平支撑。

5）屋盖支撑杆件宜用型钢。

4. 突出屋面的混凝土天窗架

对于突出屋面的混凝土天窗架，其两侧墙板与天窗立柱宜采用螺栓连接。

5. 混凝土屋架的截面和配筋

1）屋架上弦第一节间和梯形屋架端竖杆的配筋，6度和7度时不宜少于$4\phi12$，8度和9度时不宜少于$4\phi14$。

2）梯形屋架的端竖杆截面宽度宜与上弦宽度相同。

3）拱形和折线形屋架上弦端部支撑屋面板的小立柱截面不宜小于200mm×200mm，高度不宜大于500mm，主筋宜采用Ⅱ级钢筋，6度和7度时不宜少于$4\phi12$，8度和9度时不宜少于$4\phi14$，箍筋可采用$\phi6$，间距不宜大于为100mm。

6. 厂房柱子的箍筋

1）下列范围内柱的箍筋应加密：

①柱头，取柱顶以下500mm并不小于柱截面长边尺寸。

②上柱，取阶形柱自牛腿面至吊车梁顶面以上300mm高度范围内。

③牛腿（柱肩），取全高。

④柱根，取下柱柱底至室内地坪以上500mm。

⑤柱间支撑与柱连接节点，以及柱变位受平台等约束的部位，取节点上、下各300mm。

2）加密区箍筋间距不应大于100mm，箍筋肢距和最小直径应符合表9.13的规定。

7. 山墙抗风柱的配筋

1）抗风柱柱顶以下300mm和牛腿（柱肩）面以上300mm范围内的箍筋，直径不宜小于6mm，间距不应大于100mm，肢距不宜大于250mm。

表 9.13　柱加密区箍筋最大肢距和最小箍筋直径

烈度和场地类别		6度和7度 Ⅰ、Ⅱ类场地	7度Ⅲ、Ⅳ类场地和8 度Ⅰ、Ⅱ类场地	8度Ⅲ、Ⅳ类 场地和9度
箍筋最大肢距/mm		300	250	200
最小 箍筋 直径	一般柱头和柱根	φ6	φ8	φ8（φ10）
	角柱柱头	φ8	φ10	φ10
	上柱牛腿和有支撑的柱根	φ8	φ8	φ10
	有支撑的柱头和柱变位 受约束的部位	φ8	φ10	φ12

注：括号内数值用于柱根。

2）抗风柱的变截面牛腿（柱肩）处，宜设置纵向受拉钢筋。

8. 大柱网厂房柱的截面和配筋构造

1）柱截面宜采用正方形或接近正方形的矩形，边长不宜小于柱全高的1/18～1/16。

2）重屋盖厂房地震组合的柱轴压比，6度、7度时不宜大于0.8，8度时不宜大于0.7，9度时不应大于0.6。

3）纵向钢筋宜沿柱截面周边对称配置，间距不宜大于200mm，角部宜配置直径较大的钢筋。

4）柱头和柱根的箍筋应加密，并符合下列要求：

① 加密范围柱根取基础顶面至室内地坪以上1m，且不小于柱全高的1/6；柱头取柱顶下500mm，且不小于柱截面长边尺寸。

② 箍筋直径间距和肢距，应符合表9.13的规定。

9. 厂房柱间支撑的设置和构造

1）厂房柱间支撑的布置，应符合下列规定：

① 一般情况下，应在厂房单元中部设置上、下柱间支撑，且下柱支撑应与上柱支撑配套设置。

② 有起重机或8度和9度时，宜在厂房单元两端增设上柱支撑。

③ 厂房单元较长或8度Ⅲ、Ⅳ类场地和9度时，可在厂房单元中部1/3区段内设置两道柱间支撑。

2）柱间支撑应采用型钢，支撑形式宜采用交叉式，其斜杆与水平面的交角不宜大于55°。

3）支撑杆件的长细比，不宜超过表9.14的规定。

4）下柱支撑的下节点位置和构造措施，应保证将地震作用直接传给基础；当6度和7度（0.10g）不能直接传给基础时，应考虑支撑对柱和基础的不利影响采取加强措施。

5）交叉支撑在交叉点应设置节点板，其厚度不应小于10mm，斜杆与交叉节点板应焊接，与端节点板宜焊接。

表 9.14   交叉支撑斜杆的最大长细比

位置	烈度和场地类别			
	6 度和 7 度Ⅰ、Ⅱ类场地	7 度Ⅲ、Ⅳ类场地和 8 度Ⅰ、Ⅱ类场地	8 度Ⅲ、Ⅳ类场地和 9 度Ⅰ、Ⅱ类场地	9 度Ⅲ、Ⅳ类场地
上柱支撑	250	250	200	150
下柱支撑	200	150	120	120

10. 8 度时跨度不小于 18m 的多跨厂房中柱和 9 度时多跨厂房各柱

柱顶宜设置通长水平压杆，此压杆可与梯形屋架支座处通长水平系杆合并设置，钢筋混凝土系杆端头与屋架间的空隙应采用混凝土填实。

11. 厂房结构构件的连接节点

1）屋架（屋面梁）与柱顶的连接，8 度时宜采用螺栓，9 度时宜采用钢板铰，也可采用螺栓；屋架（屋面梁）端部支承垫板的厚度不宜小于 16mm。

2）柱顶预埋件的锚筋，8 度时不宜少于 4φ14，9 度时不宜少于 4φ16；有柱间支撑的柱子柱顶预埋件尚应增设抗剪钢板。

3）山墙抗风柱的柱顶，应设置预埋板，使柱顶与端屋架的上弦（屋面梁上翼缘）可靠连接。连接部位应位于上弦横向支撑与屋架的连接点处，不符合时可在支撑中增设次腹杆或设置型钢横梁，将水平地震作用传至节点部位。

4）支承低跨屋盖的中柱牛腿（柱肩）的预埋件，应与牛腿（柱肩）中按计算承受水平拉力部分的纵向钢筋焊接，且焊接的钢筋 6 度和 7 度时不应少于 2φ12，8 度时不应少于 2φ14，9 度时不应少于 2φ16。

5）柱间支撑与柱连接节点预埋件的锚件，8 度Ⅲ、Ⅳ类场地和 9 度时，宜采用角钢加端板，其他情况可采用不低于 HRB335 级热轧钢筋，但锚固长度不应小于 30 倍锚筋直径或增设端板。

6）厂房中的起重机走道板、端屋架与山墙间的填充小屋面板、天沟板、天窗端壁板和天窗侧板下的填充砌体等构件应与支承结构有可靠的连接。

12. 厂房柱侧向受约束且剪跨比不大于 2 的排架柱，柱顶预埋钢板和柱顶箍筋加密区的构造要求

1）柱顶预埋钢板沿排架平面方向的长度，宜取柱顶的截面高度，且在任何情况下不得小于截面高度的 1/2 及 300mm。

2）屋架的安装位置，宜减小在柱顶的偏心，其柱顶轴向力的偏心距不应大于截面高度的 1/4。

3）柱顶轴向力排架平面内的偏心距，在截面高度的 1/6～1/4 范围内时，柱顶箍筋加密区的箍筋体积配筋率：9 度时不宜小于 1.2%；8 度时不宜小于 1.0%；6 度、7 度时不宜小于 0.8%。

4）加密区范围宜取柱顶以下 500mm，加密区宜配置四肢箍，箍筋肢距不大于 200mm，间距不大于 100mm，箍筋直径在 6 度和 7 度Ⅰ、Ⅱ类场地不小于 φ8，7 度Ⅲ、Ⅳ类场地和 8 度Ⅰ、Ⅱ类场地不小于 φ10，8 度Ⅲ、Ⅳ类场地和 9 度不小于 φ12。

9.4.2   砖柱厂房构造要求

1）木屋盖的支撑布置，宜符合表 9.15 的要求，钢屋架、瓦楞铁、石棉瓦等屋面的支撑，可按表中无望板屋盖的规定设置，不应在端开间设置下弦水平系杆与山墙连接；支撑与屋架或天窗架应采用螺栓连接；木天窗架的边柱，宜采用通长木夹板或铁板并通过螺栓加强边柱与屋架上弦的连接。

表 9.15　木屋盖的支撑布置

支撑名称		烈度		
		6度、7度	8度	
		各类屋盖	满铺望板	稀铺望板或无望板
屋架支撑	上弦横向支撑	同非抗震设计	屋架跨度大于6m时，房屋单元两端第二开间及每隔20m设一道	
	下弦横向支撑	同非抗震设计		
	跨竖向支撑	同非抗震设计		
天窗架支撑	天窗两侧竖向支撑	同非抗震设计	不宜设置天窗	
	上弦横向支撑			

2）檩条与山墙卧梁应可靠连接，搁置长度不应小于120mm，有条件时可采用檩条伸出山墙的屋面结构。厂房柱顶标高处应沿房屋外墙及承重内墙设置现浇闭合圈梁，8度和9度时还应沿墙高每隔3~4m增设一道圈梁，圈梁的截面高度不应小于180mm，配筋不应少于4ϕ12；当地基为软弱黏性土、液化土、新近填土或严重不均匀土层时，尚应设置基础圈梁。当圈梁兼作门窗过梁或抵抗不均匀沉降影响时，其截面和配筋除满足抗震要求外，尚应根据实际受力计算确定。

3）山墙应沿屋面设置现浇钢筋混凝土卧梁，并与屋盖构件锚拉；山墙壁柱的截面与配筋，不宜小于排架柱壁柱，壁柱应通到墙顶并与卧梁或屋盖构件连接。

4）屋架（屋面梁）与墙顶圈梁或柱顶垫块，应采用螺栓或焊接连接；柱顶垫块应现浇，其厚度不应小于240mm，并应配置两层直径不小于8mm、间距不大于100mm的钢筋网；墙顶圈梁应与柱顶垫块整浇。

5）砖柱的构造要求。

① 砖的强度等级不应低于MU10，砂浆的强度等级不应低于M5；组合砖柱中的混凝土强度等级不应低于C20。

② 砖柱的防潮层应采用防水砂浆。

6）钢筋混凝土屋盖的砖柱厂房，山墙开洞的水平截面面积不宜超过总截面面积的50%；8度时，应在山、横墙两端设置钢筋混凝土构造柱。钢筋混凝土构造柱的截面尺寸，可采用240mm×240mm；竖向钢筋不能少于4ϕ12，箍筋可采用ϕ6，间距宜为250~300mm。

7）砖砌体墙的构造要求。

① 8度时，钢筋混凝土无檩屋盖砖柱厂房，砖围护墙顶部宜沿墙长每隔1m埋入1ϕ8竖向钢筋，并插入顶部圈梁内。

② 7度且墙顶高度大于4.8m或8度时，外墙转角及承重内横墙与外纵墙交接处，当不设置构造柱时，应沿墙高每500mm配置2ϕ6钢筋，每边伸入墙内不小于1m。

③ 出屋面女儿墙的抗震构造措施，应符合有关规定。

9.4.3　结构厂房的构造要求

1）无檩屋盖的支撑布置，宜符合表 9.16 的要求。

2）有檩屋盖的支撑布置，宜符合表 9.17 的要求。

3）当轻型屋盖采用实腹屋面梁、柱刚性连接的刚架体系时，屋盖水平支撑可布置在屋面梁的上翼缘平面。屋面梁下翼缘应设置隅撑侧向支承，隅撑的另一端可与屋面檩条连接。屋盖横向支撑、纵向天窗架支撑的布置可参照表 9.16 和表 9.17 的要求。

4）屋盖纵向水平支撑的布置，尚应符合下列规定：

① 当采用托架支承屋盖横梁的屋盖结构时，应沿厂房单元全长设置纵向水平支撑。

② 对于高低跨厂房，在低跨屋盖横梁端部支承处，应沿屋盖全长设置纵向水平支撑。

③ 纵向柱列局部柱间采用托架支承屋盖横梁时，应沿托架的柱间及向其两侧至少各延伸一个柱间设置屋盖纵向水平支撑。

④ 当设置沿结构单元全长的纵向水平支撑时，应与横向水平支撑形成封闭的水平支撑体系。多跨厂房屋盖纵向水平支撑的间距不宜超过两跨，不得超过三跨；高跨和低跨宜按各自的标高组成相对独立的封闭支撑体系。

5）支撑杆宜采用型钢；设置交叉支撑时，支撑杆的长细比限值可取 350。

表 9.16　无檩屋盖的支撑系统布置

支撑名称			烈度		
			6 度、7 度	8 度	9 度
屋架支撑	上、下弦横向支撑		屋架跨度小于 18m 时同非抗震设计，跨度不小于 18m 时在厂房单元端开间各设一道	厂房单元端开间及柱间支撑开间各设一道；天窗开洞范围的两端各增设局部的支撑一道；当屋顶端部支撑在屋架上弦时，其下弦横向支撑同非抗震设计	
	上弦通长水平系杆		同非抗震设计	在屋脊处、天窗架竖向支撑处、横向支撑节点处和屋架两端处设置	
	下弦通长水平系杆			屋架竖向支撑节点处设置；当屋架与柱刚接时，在屋架端节间处按控制下弦平面外长细比不大于 150 设置	
	竖向支撑	屋架跨度小于 30m		厂房单元两端开间及上柱支撑各开间屋架端部各设一道	同 8 度，且每隔 42m 在屋架端部设置
		屋架跨度大于等于 30m		厂房单元的端开间，屋架 1/3 跨度处和上柱支撑开间内的屋架端部设置，并与上下弦横向支撑相对应	同 8 度，且每隔 36m 在屋架端部设置
纵向天窗架支撑	上弦横线支撑		天窗架单元两端开间各设一道	天窗架单元端开间及柱间支撑开间各设一道	
	竖向支撑	跨中	跨度不小于 12m 时设置，其道数与两侧相同	跨度不小于 9m 时设置，其道数与两侧相同	
		两侧	天窗架单元端开间及每隔 36m 设置	天窗架单元端开间及每隔 30m 设置	天窗架单元端开间及每隔 24m 设置

表 9.17 有檩屋盖的支撑系统布置

支撑名称		烈度		
		6度、7度	8度	9度
屋架支撑	上弦横向支撑	厂房单元端开间及每隔60m各设一道	厂房单元端开间及上柱柱间支承开间各设一道	同8度,且天窗开洞范围内的两端各增设局部上弦横向支撑一道
	下弦横向支撑	同非抗震设计;当屋架端部支撑在屋架下弦时,同上弦横向支撑		
	跨中竖向支撑	同非抗震设计		屋架跨度大于等于30m时,跨中增设一道
	两侧竖向支撑	屋架端部高度大于900mm时,厂房单元端开间及柱间支撑开间各设一道		
	下弦通长水平系杆	同非抗震设计	屋架两端和屋架竖向支撑处设置;与柱刚接时,屋架端节间处按控制下弦平面外长细比不大于150设置	
纵向天窗架支撑	上弦横向支撑	天窗架单元两端开间各设一道	天窗架单元两端开间及每隔54m设置一道	天窗架单元两端开间及每隔48m各设一道
	两侧竖向支撑	天窗架单元端开间及每隔42m各设一道	天窗架单元端开间及每隔36m各设一道	天窗架单元端开间及每隔24m各设一道

6)厂房框架柱的长细比,轴压比小于0.2时不宜大于150;轴压比不小于0.2时,不宜大于$120\sqrt{235/f_{\rm ay}}$。

7)厂房框架柱、梁的板件宽厚比,应符合下列要求:

①重屋盖厂房,板件宽厚比限值可按《建筑抗震设计规范》第8.3.2条的规定采用,7、8、9度的抗震等级可分别按四、三、二级采用。

②轻屋盖厂房,塑性耗能区板件宽厚比限值可根据其承载力的高低按性能目标确定。塑性耗能区外的板件宽厚比限值,可采用《钢结构设计标准》弹性设计阶段的板件宽厚比限值。

③腹板的宽厚比,可通过设置纵向加劲肋减小。

8)柱间支撑应符合下列要求:

①厂房单元的各纵向柱列,应在厂房单元中部布置一道下柱柱间支撑;当7度厂房单元长度大于120m(采用轻型围护材料时为150m)、8度和9度厂房单元大于90m(采用轻型围护材料时为120m)时,应在厂房单元1/3区段内各布置一道下柱支撑;当柱距数不超过5个且厂房长度小于60m时,也可在厂房单元的两端布置下柱支撑。上柱柱间支撑应布置在厂房单元两端和具有下柱支撑的柱间。

②柱间支撑宜采用X形支撑,条件限制时也可采用V形、Λ形及其他形式的支撑。X形支撑斜杆与水平面的夹角、支撑斜杆交叉点的节点板厚度,应符合《建筑抗震设计规范》第9.1节的规定。

③柱间支撑杆件的长细比限值,应符合《钢结构设计标准》的规定。

④柱间支撑宜采用整根型钢,当热轧型钢超过材料最大长度规格时,可采用拼接等强接长。

⑤ 有条件时，可采用消能支撑。

9) 柱脚应能可靠传递柱身承载力，宜采用埋入式、插入式或外包式柱脚，6 度、7 度时也可采用外露式柱脚。柱脚设计应符合下列要求：

10) 实腹式钢柱采用埋入式、插入式柱脚的埋入深度，应由计算确定，且不得小于钢柱截面高度的 2.5 倍。

11) 格构式柱采用插入式柱脚的埋入深度，应由计算确定，其最小插入深度不得小于单肢截面高度（或外径）的 2.5 倍，且不得小于柱总宽度的 0.5 倍。

12) 采用外包式柱脚时，实腹 H 形截面柱的钢筋混凝土外包高度不宜小于 2.5 倍的钢结构截面高度，箱型截面柱或圆管截面柱的钢筋混凝土外包高度不宜小于 3.0 倍的钢结构截面高度或圆管截面直径。

13) 当采用外露式柱脚时，柱脚极限承载力不宜小于柱截面塑性屈服承载力的 1.2 倍。柱脚锚栓不宜用以承受柱底水平剪力，柱底剪力应由钢底板与基础间的摩擦力或设置抗剪键及其他措施承担。柱脚锚栓应可靠锚固。

习 题

一、选择题

1. 位于软弱场地上，震害较重的建筑物是（　　　）。

A. 木楼盖等柔性建筑　　B. 单层框架结构　　　C. 单层厂房结构　　　D. 多层剪力墙结构

2. 单层厂房横向地震作用计算时，其自振周期是按铰接排架简图进行，但实际自振周期是（　　　）的，因此需要调整。

A. 偏大　　　　　　　　B. 不变　　　　　　　C. 偏小　　　　　　　D. 有时偏大，有时偏小

3. 排架的地震作用采用（　　　）法计算。

A. 振型分解反应谱　　　B. 底部剪力法　　　　C. 时程分析法　　　　D. 经验法

二、判别题

1. 非结构构件的存在，不会影响主体结构的动力特性。（　　　）

2. 位于软弱场地上，震害较重的建筑物是单层厂房结构。（　　　）

3. 半挖半填的地基土地段属于对建筑抗震不利的地段。（　　　）

4. 厂房的同一结构单元内，不应采用不同的结构形式，如不应采用横墙和排架混合承重。（　　　）

5. 在侧向刚度或高差变化很大的部位，以及沿厂房侧边有贴建房屋时，宜设抗震缝。（　　　）

6. 单层厂房宜尽可能选用正方形平面布置。（　　　）

7. 柱的抗侧刚度越大越好。（　　　）

8. 单跨和等高多跨厂房可简化为单质点体系，两跨不等高厂房可简化为二质点体系，三跨不对称带升高跨的厂房，可简化为三质点体系。（　　　）

9. 集中于吊车梁顶面处的起重机重量应按实际起重机的数量及额定起重量确定。（　　　）

10. 考虑厂房纵墙对横向周期的影响后周期会增大。（　　　）

11. 排架结构的抗震内力组合一般只考虑重力荷载、水平地震作用、风荷载的效应组合。（　　　）

三、简答题

1. 单层厂房在平面布置上有何要求？

2. 单层厂房主要有哪些震害现象？

3. 如何进行单层厂房的横向抗震计算？

4. 在什么情况下不考虑吊车桥架的质量？在什么情况下考虑吊车桥架的质量？为什么？

5. 单层厂房横向抗震计算应考虑哪些因素进行内力调整？

6. 如何进行单层厂房的纵向抗震计算？

7. 简述厂房柱间支撑的设置构造要求。

8. 简述厂房系杆的设置构造要求。

9. 单层砖柱厂房的薄弱环节是什么？

10. 什么是"鞭梢效应"？用底部剪力法计算地震作用时如何考虑"鞭梢效应"的影响？

11. 围护结构在单层厂房结构中的作用主要是什么？

12. 单层厂房抗震的薄弱部位是哪里？

13. 单层砖柱厂房震害主要表现在哪几方面？

14. 高低跨厂房为什么能用振型分解反应谱法进行计算？

15. 什么是厂房的空间作用？

16. 试说明单层厂房纵向计算的修正刚度法和拟能量法的基本原理及其应用范围。

17. 单层厂房质量集中的原则是什么？

18. "无起重机单层厂房有多少不同的屋盖标高，就有多少个集中质量"，这种说法对吗？

19. 什么情况下可不进行厂房横向和纵向的截面抗震验算？

20. 柱列法的适用条件是什么？

21. 如何计算柱列的刚度？其中用到哪些假定？

22. 为什么要控制柱间支撑交叉斜杆的最大长细比？

23. 屋架（屋面梁）与柱顶的连接有哪些形式？各有何特点？

24. 墙与柱如何连接？其中考虑了哪些因素？

隔震与消能减震设计 | 第10章

学习要点：了解振动控制的发展、基本概念和主要控制措施；理解隔振、消能减震的基本原理、装置的性能特点和设计方法；掌握隔震结构和耗能减震结构的设计与计算方法。

10.1 概述

传统抗震设计方法以"抗"为主要途径，一般通过加大结构断面，多加配筋来抵御地震，其结果是断面越大，刚度越大，地震作用也越大，所需断面与配筋也越大。随着建筑技术的发展，高强轻质材料越来越多地被采用，结构构件断面越来越小，房屋高度越来越高，结构跨度越来越大，若要满足结构抗震的要求，已无法采用加大构件断面或加强结构刚度的传统抗震方法。所以，寻找一种安全（在突发性的超过设防烈度地震中不破坏、不倒塌）、适用（适用于不同烈度、不同结构类型；既保护建筑结构本身，又保护建筑物内部的仪器设备）、经济（不过多增加建筑造价）的新结构体系和技术，已成为结构抗震设计的迫切要求。面对新的社会要求，各国地震工程学家一直在寻找新的结构抗震设计途径。以隔震和消震减震技术为特色的结构控制设计理论与实践，便是这种努力的结果。

隔震主要是通过延长建筑物自振周期的方式，以避开地震对建筑物的能量输入，目的是降低建筑物受震时的层间位移及剪力并减轻建筑物受震后的"放大效应"。近年来发明了种类繁多的隔震装置，一般按其原理可分为弹性支承类与滑动支承类两大类。弹性支承类隔震装置有铅芯橡胶支承垫、夹层橡胶支承垫和高阻尼橡胶支承垫等，一般采用橡胶为材料，在水平方向提供柔性的界面，增大上部结构的振动周期，避免激发结构的高频模态。滑动支承类隔震装置则以回弹摩擦支承最具代表性，当地震引起的惯性力大于最大静摩擦力时，上部结构即可在隔震装置的滑动界面上产生滑动，这样可以避免剧烈的地表运动传至上部结构。可变的水平刚度是隔震装置所具有的独特性质，在遇到强风或者比较微小的地震作用时，具有合适的水平刚度，上部结构的水平位移也非常小，不会影响建筑的正常使用。在遇到中强地震作用时，其水平刚度比上部结构的层间水平刚度小很多，这是因为隔震装置在中强地震的作用下首先会进入弹塑性变形的状态，因此，上部结构在地震作用下的水平变形就会从传统的抗震结构变成隔震结构。

消能减震是在结构中设置非结构构件的耗能元件（效能器或者阻尼器），结构振动使消能元件被动地往复相对变形或者在消能元件间产生往复运动的相对速度，从而耗散结构的振动能量，减轻结构的动力反应，以保护主体结构的安全。这与传统的依靠结构本身及其节点塑性变形来耗散能量相比显然进了一步。在遇到风或者小震作用时，这些阻尼器或者耗能构件会有足够的初始刚度，结构处于弹性状态，结构仍具有满足使用要求的足够的侧向刚度；

在遇到强烈地震作用时，阻尼器或者耗能构件首先进入非弹性状态，会大量耗散传入到结构中的地震能量，减小结构的振动反应，进而使主体结构及其构件在强烈地震作用下不受破坏。

建筑结构隔震与消能减震属于结构被动控制范畴，其基本思想是：将整个建筑物或其局部楼层坐落在隔震层上，通过隔震层的变形来吸收地震能量，控制上部结构地震作用效应和隔震部位的变形，从而减小结构的地震响应，提高建筑的抗震可靠性。

10.2　建筑结构隔震原理与设计

10.2.1　隔震基本原理

1. 隔震技术原理

传统建筑物的基础往往固结于地面，在地震时建筑物受到的地震作用由底部向上部逐渐放大，从而导致结构构件破坏，建筑物中的非结构构件和人员都会受到强烈震动，如图10.1所示。现行《建筑抗震设计规范》中将抗震设防的目标具体化为"小震不坏""中震可修""大震不倒"。这种设防思想主要体现在"抗"，即依靠建筑物自身结构构件的强度和塑性变形能力，吸收地震能量并抵抗地震作用。为了保证建筑物的安全，通过消耗更多材料来提升结构构件的强度，必然耗用更多材料，而地震力是一种惯性力，建筑物的构件断面大，所用材料多，质量大，受到的地震作用也相应增大，很难找到一个经济和安全的平衡点。

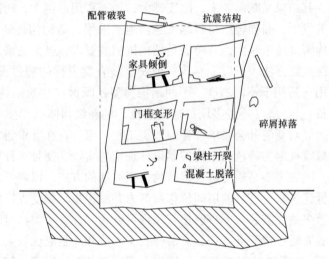

图10.1　抗震建筑的地震反应

基础隔震技术的设防策略立足于"隔"，在建筑物中设置专门的隔震元件，以应对集中发生在隔震层的较大相对位移，阻隔地震能量向上部结构传递，使建筑物有更高的可靠性和安全性，如图10.2所示。可以说，从"抗"到"隔"，是建筑抗震设防策略的一次重大改变和飞跃。

建筑结构隔震是在基础底部或下部结构与上部结构之间设置隔震层，利用隔震装置来隔离或耗散地震能量，以避免或减少地震能量向上部结构传递，从而减少建筑物的地震反应。大量试验研究表明，合理的结构隔震设计一般可使结构的水平地震加速度反应降低60%左右，从而可以有效地减轻结构的地震破坏，提高结构物的地震安全性。一般情况下，常采用基础隔震，即在建筑基础与上部结构之间设置隔震装置形成隔震层。随着国内外研究的深入，现有的隔震系统已经不局限于竖向隔震，近年来还开发出一些水平隔震系统，如将形状记忆合金引入传统隔震技术等。

《建筑抗震设计规范》中给出的隔震定义：隔震指在房屋基础、底部或下部结构与上部结构之间设置由橡胶隔震支座和阻尼装置等部件组成具有整体复位功能的隔震层，以延长整个结构体系的自振周期，减少输入上部结构的水平地震作用，达到预期防震要求。

需要注意的是，隔震建筑在地震时也会晃动，但由于隔震层的刚度较上部建筑的楼层刚度小得多，因此隔震层通过变形吸收了大量能量，使得上部结构的变形非常小，建筑物中的人感受振动的程度也大大降低。通常隔震结构的层间位移角只有非隔震建筑的 $1/8 \sim 1/5$，保证结构安全的同时也保护了非结构构件。

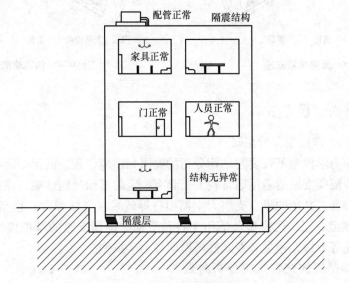

图 10.2　隔震建筑的地震反应

目前主流隔震产品也具有一定局限性。一般来说，不适用于高宽比大于 4 的建筑；适用于 I、II、III 类场地，在 IV 类场地中要采取有效措施；传统建筑的功能发挥需要和隔震层构造相协调（如人防的密闭性或者医院防疫需要的密闭空间）。

2. 隔震体系构成

基础隔震结构体系通过在建筑物的基础和上部结构之间设置隔震层，将建筑物分为上部结构、隔震层和下部结构。如今的基础隔震技术已经系统化、实用化，常用隔震技术包括摩擦滑移隔震系统、叠层橡胶支座隔震系统、摩擦摆隔震系统等，其中工程界最常用的是橡胶支座隔震系统，如图 10.3、图 10.4 所示。同一建筑物应用隔震技术后可减少建筑物主体结构地震作用 $50\% \sim 80\%$。

隔震层通常包括隔震支座、阻尼器（消能器）和隔震沟。隔震支座支承建筑物重量，保证建筑物在振动时的水平变形，并具备建筑物振动后的复位能力；阻尼器则负责吸收地震输入能量；建筑物与周围要设置一定宽度的隔震沟，以保证建筑物振动时不与周围物体发生碰撞。由于隔震层在水平方向具有很大的柔性，结构的自振周期增大，地震作用产生的变形主要集中在隔震层，结构只做和缓的、近似整体平动变形，避免了与长周期的地震发生共振。实际工程与科研项目工作中对隔震体系的研究表明，隔震层的位置越低，隔震效果越明显。

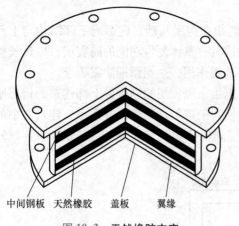

中间钢板　天然橡胶　盖板　翼缘

图 10.3　天然橡胶支座

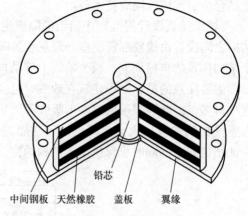

铅芯

中间钢板　天然橡胶　盖板　翼缘

图 10.4　铅芯橡胶支座

10.2.2　隔震结构分析方法

1. 隔震结构的力学模型和阻尼器

建筑隔震支座力学模型不仅要与结构分析的要求相适应，还应满足一定的精度要求。一般来说，由于建筑隔震支座的阻尼通常较大，具有一定的滞回耗能性能，在建立力学模型时要合理考虑这一特性。常用的隔震支座力学模型有等效线性（线弹性）模型、双线性模型、Bouc - Wen 滞回模型、三线性模型及适用于各种滑动摩擦型支座的摩擦模型。其中隔震建筑结构最常用的是等效线性模型和双线性模型两种力学模型。

等效线性模型是隔震建筑结构分析时最常用的模型，如图 10.5 所示，用一个线性刚度和一个阻尼来等效建筑隔震支座的力学性能。通常等效线性模型对天然橡胶隔震支座、各种黏滞型阻尼器、滞变型阻尼器和未达到刚度刚化位移的高阻尼橡胶支座均适用。

双线性模型主要分为理想弹塑性模型、线性强化弹塑性模型、具有负刚度特性的弹塑性模型三种模型，在支座力学分析中前两种模型应用较多。双线性模型通常适用于铅芯叠层橡胶支座、低阻尼的叠层橡胶支座、未达到刚度硬化的高阻尼橡胶支座以及钢阻尼器的分析模型。

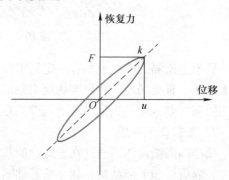

图 10.5　**等效线性（线弹性）模型的滞回曲线**

值得注意的是，所描述的力学模型可以单独使用，也可以组合使用以反映一些恢复力位移关系比较复杂的隔震装置以及一些采用串联或并联的方式设置的隔震装置的力学特性。

阻尼器主要有两大类：恢复力依赖于位移的阻尼器和恢复力依赖于速度的阻尼器。

恢复力依赖于位移的阻尼器包括弹塑性阻尼器、摩擦阻尼器等。弹塑性阻尼器依靠材料的塑性变形来耗能，如钢阻尼器、铅挤压阻尼器等，它可以用各种弹塑性恢复力模型或摩擦滑动模型来模拟，也可以采用滞变型阻尼模型来描述。

恢复力依赖于速度的阻尼器主要有黏弹性阻尼器和黏性阻尼器。黏弹性阻尼器一般可等效为一个线性刚度和黏性阻尼模型的并联或串联。黏性阻尼器一般通过对流体的特殊控制来实现，例如通过强制流体通过小孔流动可以产生类似于纯黏性的阻尼特性，恢复力与速度的关系一般可以采用通用黏滞阻尼模型来很好地描述。

2. 隔震结构动力分析模型和分析方法

对于隔震结构而言，常用的分析模型有单质点模型和多质点模型，常用的分析方法有等效侧力法、时程分析法、能量分析方法、振型分析方法等，其中等效侧力法简单且与传统结构抗震设计方法一致；时程分析法较复杂但现已十分成熟，也是现行规范中推荐的分析方法；能量分析方法更安全；而振型分析方法可以加快结构分析的进程，以下做简单介绍。

（1）单质点隔震结构动力分析 当建筑结构的上部结构的刚度相对于隔震层的水平刚度大得多时，上部结构可简化成刚体，如图 10.6 所示。这是一个具有三个自由度体系的模型，即一个水平方向位移 x_h、一个竖直方向位移 x_v 和一个绕刚体质心的转角 θ。

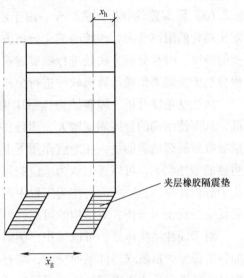

图 10.6　单质点分析模型

当仅考虑水平地震加速度 $\ddot{x}_g$ 输入时，体系的振动方程为

$$M\ddot{U} + C\dot{U} + KU = -MI\ddot{x}_g \qquad (10.1)$$

式中，M、C、K 为体系的质量矩阵、阻尼矩阵、刚度矩阵，形式如下

$$M = \mathrm{diag}[m, m, J], C = \begin{bmatrix} C_{11} & 0 & 0 \\ 0 & C_{22} & C_{23} \\ 0 & C_{32} & C_{33} \end{bmatrix}, K = \begin{bmatrix} K_{11} & 0 & 0 \\ 0 & K_{22} & K_{23} \\ 0 & K_{32} & K_{33} \end{bmatrix}$$

U 为体系的位移向量，$U = \{x_h, x_v, \theta\}$。

（2）多质点体系隔震结构动力分析 某些隔震结构的上部结构是较为高、柔的多层结构，其层间刚度相对较小（如多层钢框架结构或层数较多的钢筋混凝土框架结构），在地震时，隔震房屋可简化成多质点体系，如图 10.7 所示。在一般情况下，因为隔震装置（如夹层橡胶隔震垫）的竖向刚度远远大于其水平刚度，所以在进行动力分析时，可以近似认为隔震结构只做水平变形，即结构只做平动，而忽略其竖向变形引起的摆动。根据 D'Alembert 原理，可导出隔震体系的振动方程为

$$M\ddot{X} + C\dot{X} + KX = -MI\ddot{x}_g \qquad (10.2)$$

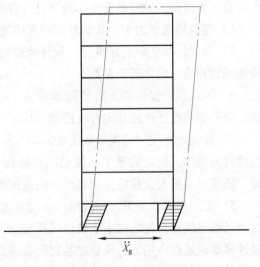

图 10.7　多质点体系平动分析模型

当上部结构层间刚度相对较小、垂直荷载较大，而采用的多层橡胶总厚度较大时，可能产生明显的竖向变形。在这种情况下，不仅要考虑结构的水平振动，还要考虑结构的摇摆振动，分析方法更加复杂，称为多质点体系平动-摇摆分析模型。在实际工程中，还会出现多质点体系的非对称结构，由于刚心偏离质心，结构发生平移振动的同时，质心与刚心的偏离形成水平力矩，还会发生扭转振动。上述这两种情况并不多见，在此不一一赘述。

（3）隔震建筑分析方法简介　由于隔震建筑中隔震支座的力学特性比较复杂，阻尼通常比结构的阻尼要大，传统的简化分析方法或振型分解反应谱分析方法往往无法保证计算分析的精度，时程分析方法是进行隔震建筑结构动力分析的最有效方法。由于计算量巨大，时程分析方法需要依赖计算机软件进行分析。

从能量角度分析，隔震结构体系中由于隔震层各种隔震装置的刚度与上部结构相比很低，从而使结构的自振周期增大，而且在强地震作用下，隔震装置率先进入非线性状态，大量吸收或隔离地震能量，在地震作用下上部结构做近似刚体的水平运动，保持弹性或不进入明显的塑性状态，可以近似认为地震能量全部由隔震层耗散（吸收）。这样处理，一方面简化了分析计算，另一方面可作为工程中的安全储备，可以通过能量平衡关系对隔震结构体系的反应进行预测分析，对结构的可靠性做出评价。

对于线性结构体系，可以采用比例阻尼假定进行结构分析，进而采用振型叠加法通过叠加各阶振型的贡献求得体系的反应，与直接结构动力法相比，这种分析方法可以大大加快结构分析的进程。由于隔震结构的阻尼特征一般来说不满足比例阻尼假定，处理方式可以有两种，一是将隔震层假定为线性模型，采用隔震层的等效线性刚度和等效黏滞阻尼，仍采用实振型分析法进行分析，一般来说，当隔震层的阻尼不太大时，其计算精度可以满足要求；二是采用复振型分析法，但要复杂得多。

10.2.3 隔震设计的一般原则

建筑结构隔震设计中，需要综合考虑场地类型、建筑类型、建筑总高度、建筑层数和最大高宽比等因素，做出最安全、经济且合理的设计。隔震设计的一般原则如下：

1）建筑场地宜为Ⅰ、Ⅱ、Ⅲ类，并应选用稳定性较好的基础类型。

2）当设计基底隔震建筑时，设计地震动参数（如反应谱、地震记录等）应选择与建筑所在场地相适应的地震动参数。

3）隔震层应提供必要的竖向承载力、侧向刚度和阻尼；穿过隔震层的设备配管、配线，应采用柔性连接或其他有效措施，以适应隔震层的罕遇地震水平位移。

4）在满足必要的竖向承载力的同时，隔震装置的水平刚度应尽可能小，以降低隔震结构的自振频率，使之远低于地震动的卓越频率范围，从而保证地震反应有较大的衰减。同时，隔震层的最大位移应控制在允许的范围内。

5）在风荷载作用下，隔震结构不能有太大的水平位移。因此，结构基底隔震系统常需安放风稳定装置，使之在小于设计风荷载的风力作用下，隔震层几乎不发生变形；而在超过设计风载的地震作用下，风稳定装置配合隔震装置一起用于隔震结构。风荷载和其他非地震作用的水平荷载标准值产生的总水平力不宜超过结构总重力的10%。

6）在采用橡胶支座隔震措施的各类房屋中，建筑总高度和层数宜符合表 10.1 的要求。

表 10.1　隔震建筑总高度和层数限制

结构类型	高度	层数
砌体结构	按传统的砌体抗震结构采用	
钢筋混凝土结构	30	10
钢筋混凝土框架 - 剪力墙、抗震墙结构	40	12

7）隔震结构中的叠层橡胶垫不宜出现受拉状态，因此房屋最大高宽比不应超过表 10.2 限值。

表 10.2　隔震房屋最大高宽比

烈度	6 度	7 度	8 度	9 度
最大高宽比	2.5	2.5	2.5	1.5

10.2.4　隔震设计的要点

隔震设计应根据预期的竖向承载力、水平向减震系数和位移控制要求，选择适当的隔震装置、抗风装置及必要的消能装置、限位装置组成结构的隔震层。

隔震装置应进行竖向承载力的验算，隔震支座应进行罕遇地震下水平位移的验算。

隔震建筑应具有足够的抗倾覆能力，高层建筑尚应进行罕遇地震下整体倾覆承载力验算。

《建筑抗震设计规范》对隔震设计提出了分部设计法和水平减震系数的概念。

（1）分部设计方法　把整个隔震结构体系分成上部结构（隔震层以上结构）、隔震层、隔震层以下结构和基础四部分，分别进行设计。

（2）上部结构设计　采用"水平向减震系数"设计上部结构。

1）水平向减震系数概念。采用基础隔震后，隔震层以上结构的水平地震作用可根据水平向减震系数确定。对于多层建筑，水平向减震系数为按弹性计算所得的隔震与非隔震各层间剪力的最大比值；对于高层建筑，尚应计算隔震与非隔震各层倾覆力矩的最大比值，并与层间剪力的最大比值相比较，取二者的较大值。

2）水平向减震系数计算和取值。隔震体系的计算简图，应增加由隔震支座及其顶部梁板组成的质点；对变形特征为剪切型的结构可采用剪切模型（图 10.8）；当隔震层以上结构的质心与隔震层刚度中心不重合时，应计入扭转效应的影响。隔震层顶部的梁板结构，应作为其上部结构的一部分进行计算和设计。

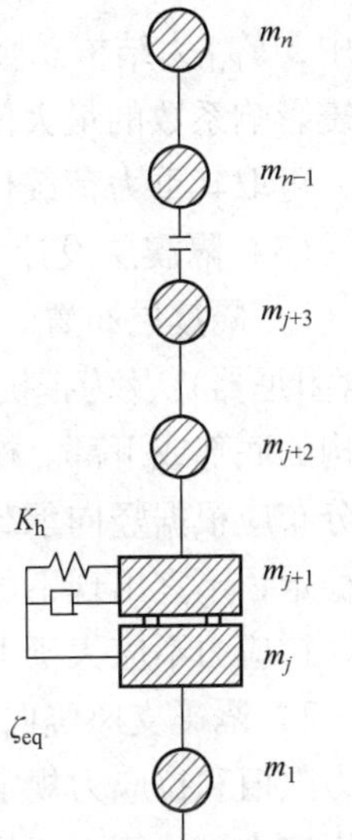

图 10.8　隔震结构计算简图

分析对比结构隔震与非隔震两种情况下各层最大层间剪力，宜采用多遇地震下的时程分析。弹性计算时，简化计算和反应谱分析时宜按隔震支座水平剪应变为100%时的性能参数进行计算，当采用时程分析法时按设计基本地震加速度输入进行计算。输入地震波的反应谱特性和数量应符合规范规定，计算结果宜取其包络值。当处于发震断层10km以内时，输入地震波应考虑近场影响系数，5km以内取1.5，5～10km取不小于1.25。

减震系数计算和取值涉及上部结构的安全，涉及《建筑抗震设计规范》规定的隔震结构抗震设防目标的实现。

3）上部结构水平地震作用计算——水平向减震系数应用。对多层结构，水平地震作用沿高度可按重力荷载代表值分布。水平地震影响系数最大值可按下式计算

$$\alpha_{\mathrm{max}1} = \beta\alpha_{\mathrm{max}}/\psi \tag{10.3}$$

式中，$\alpha_{\mathrm{max}1}$为隔震后的水平地震影响系数最大值；α_{max}为非隔震的水平地震影响系数最大值；β为水平向减振系数；ψ为调整系数［一般橡胶支座，取0.80；支座剪切性能偏差（按有关规定确定）为S－A类，取0.85；隔震装置带有阻尼器时，相应减少0.05］。

隔震层以上结构的总水平地震作用不得低于非隔震结构在6度设防时的总水平地震作用，并应进行抗震验算。各楼层的水平地震剪力尚应符合对本地区设防烈度的最小地震剪力系数的规定。

4）上部结构竖向地震作用计算。8度和9度且水平向减震系数不大于0.3时，隔震层以上的结构应进行竖向地震作用计算。

隔震层以上结构竖向地震作用标准值可按式（10.4）计算，此时可将各楼层视为质点，按式（10.5）计算竖向地震作用标准值沿高度的分布。

$$F_{\mathrm{Evk}} = \alpha_{v\mathrm{max}} G_{\mathrm{eq}} \tag{10.4}$$

$$F_{vi} = (G_i H_i / \sum G_j H_j) F_{\mathrm{Evk}} \tag{10.5}$$

式中，F_{Evk}为结构总竖向地震作用标准值；F_{vi}为质点i的竖向地震作用标准值；$\alpha_{v\mathrm{max}}$为竖向地震影响系数的最大值，可取水平地震影响系数的最大值的65%；G_{eq}为结构等效总重力荷载，可取其重力荷载代表值的75%。

（3）隔震层设计

1）隔震层布置。应根据预期的水平向减震系数和位移控制要求，选择适当的隔震支座（含阻尼器）及为抵抗地基微震动与风荷载提供初刚度的部件组成隔震层。隔震层宜设置在结构的底部或下部。橡胶隔震支座应设置在受力较大的位置，间距不宜过大，其规格、数量和分布应根据竖向承载力、侧向刚度和阻尼的要求通过计算确定。隔震层在罕遇地震下应保持稳定，不宜出现不可恢复的变形；隔震层橡胶支座在罕遇地震的水平和竖向地震同时作用下，拉应力不应大于1MPa。隔震层的平面布置应力求具有良好的对称性。

2）隔震支座竖向承载力验算。隔震支座应进行竖向承载力验算。橡胶隔震支座平均压应力限值和拉应力规定是隔震层承载力设计的关键。隔震支座在重力荷载代表值作用下的竖向压应力设计值不应超过表10.3列出的限值。

通过表10.3列用的平均压应力限值，可保证隔震层在罕遇地震时的承载力及稳定性，以此初步选取隔震支座的直径。

3）隔震支座水平剪力计算。隔震支座的水平剪力应根据隔震层在罕遇地震下的水平剪力按各隔震支座的水平刚度进行分配；当按扭转耦联计算时，尚应计及隔震层的扭转刚度。

表 10.3　橡胶隔震支座平均压应力限值

建筑类别	甲类建筑	乙类建筑	丙类建筑
平均压应力限制/MPa	10	12	15

注：1. 压应力设计值应按永久荷载和可变荷载的组合计算，其中，楼面活荷载应按《建筑结构荷载规范》GB 50009—2012 的规定乘以折减系数。
　　2. 结构倾覆验算时应包括水平地震作用效应组合；对需进行竖向地震作用计算的结构，尚应包括竖向地震效应组合。
　　3. 当橡胶支座的第二形状系数（有效直径与橡胶层总厚度之比）小于 5.0 时应降低平均压应力限值：小于 5 不小于 4 时降低 20%；小于 4 不小于 3 时，降低 40%。
　　4. 外径小于 300mm 的橡胶支座，丙类建筑的平均压应力限值为 10MPa。

4）罕遇地震下隔震支座水平位移验算。隔震支座在罕遇地震作用下的水平位移应符合下列要求

$$u_i \leqslant [u_i] \tag{10.6}$$

$$u_i = \beta_i u_c \tag{10.7}$$

式中，u_i 为罕遇地震作用下第 i 个隔震支座考虑扭转的水平位移；$[u_i]$ 为第 i 个隔震支座水平位移限值，不应超过该支座有效直径的 0.55 倍和支座橡胶总厚度的 3.0 倍二者的较小值；u_c 为罕遇地震下隔震层质心处或不考虑扭转时的水平位移；β_i 为第 i 个隔震支座的扭转影响系数，应取考虑扭转和不考虑扭转时 i 支座计算位移的比值，当上部结构质心与隔震层刚度中心在两个主轴方向均无偏心时，边支座的扭转影响系数不应小于 1.15。

5）隔震层力学性能计算。隔震层的水平动刚度和等效黏滞阻尼比可按下式计算

$$K_h = \sum K_j \tag{10.8}$$

$$\zeta_{eq} = \sum K_j \zeta_j / K_h \tag{10.9}$$

式中，ζ_{eq} 为隔震层等效黏滞阻尼比；K_h 为隔震层水平动刚度；ζ_j 为第 j 个隔震支座由试验确定的等效黏滞阻尼比，单独设置的阻尼器，应包括该阻尼器的相应阻尼比；K_j 为第 j 个隔震支座（含阻尼器）由试验确定的水平动刚度。

（4）隔震层以下结构设计

1）直接支撑隔震装置的支墩、支柱及相连构件，应采用隔震结构罕遇地震下作用的组合效应进行承载力验算。

2）隔震层以下、地面以上的结构在罕遇地震下的层间位移角限值应满足表 10.4 要求。

3）隔震支座与上、下部结构之间的连接，应能传递罕遇地震下隔震支座的最大反力。

4）隔震建筑地基基础的抗震验算和地基处理仍应按本地区抗震设防烈度进行，甲、乙类建筑的抗液化措施应按提高一个液化等级确定，直至全部消除液化沉陷。

表 10.4　隔震层以下地面以上结构罕遇地震作用下层间弹塑性位移角限值

下部结构类型	$[\theta_p]$
钢筋混凝土框架结构和钢结构	1/100
钢筋混凝土框架 - 抗震墙	1/200
钢筋混凝土抗震墙	1/250

10.2.5　隔震构造措施

1）建筑结构采用隔震设计时应符合下列各项要求：

① 结构高宽比宜小于4，且不应大于相关规范对非隔震结构的具体规定，其变形特征接近剪切变形，最大高度应满足《建筑抗震设计规范》对非隔震结构的要求；高宽比大于4或非隔震结构相关规定的结构采用隔震设计时，应进行专门研究。

② 建筑场地宜为Ⅰ、Ⅱ、Ⅲ类，并应选用稳定性较好的基础类型。

③ 风荷载和其他非地震作用的水平荷载标准值产生的总水平力不宜超过结构总重力的10%。

④ 隔震层应提供必要的竖向承载力、侧向刚度和阻尼；穿过隔震层的设备配管、配线，应采用柔性连接或其他有效措施，以适应隔震层的罕遇地震水平位移。

2）隔震结构应采取不阻碍隔震层在罕遇地震下发生大变形的下列措施：

① 上部结构的周边应设置竖向隔离缝，缝宽不宜小于各隔震支座在罕遇地震下的最大水平位移值的1.2倍且不小于200mm。对两相邻隔震结构，其缝宽取最大水平位移值之和，且不小于400mm。

② 上部结构与下部结构之间，应设置完全贯通的水平隔离缝，缝高可取20mm，并用柔性材料填充；当设置水平隔离缝确有困难时，应设置可靠的水平滑移垫层。

③ 穿越隔震层的门廊、楼梯、电梯、车道等部位，应防止可能的碰撞。

3）隔震层以上结构的抗震措施，当水平向减震系数大于0.40（设置阻尼器时为0.38）时，不应降低非隔震时的有关要求；水平向减震系数不大于0.40（设置阻尼器时为0.38）时，可适当降低《建筑抗震设计规范》中有关章节对非隔震建筑的要求，但烈度降低不得超过一度，与抵抗竖向地震作用有关的抗震构造措施不应降低。

注：与抵抗竖向地震作用有关的抗震措施，对钢筋混凝土结构，指墙、柱的轴压比规定；对砌体结构，指外墙尽端墙体的最小尺寸和圈梁的有关规定。

4）隔震层顶部应设置梁板式楼盖，且应符合下列要求：

① 隔震支座的相关部位应采用现浇混凝土梁板结构，现浇板厚度不应小于160mm。

② 隔震层顶部梁、板的刚度和承载力，宜大于一般楼盖梁板的刚度和承载力。

③ 隔震支座附近的梁、柱应计算冲切和局部承压，加密箍筋，并根据需要配置网状钢筋。

5）隔震支座和阻尼装置的连接构造，应符合下列要求：

① 隔震支座和阻尼装置应安装在便于维护人员接近的部位。

② 隔震支座与上部结构、下部结构之间的连接件，应能传递罕遇地震下支座的最大水平剪力和弯矩。

③ 外露的预埋件应有可靠的防锈措施。预埋件的锚固钢筋应与钢板牢固连接，锚固钢筋的锚固长度宜大于20倍锚固钢筋直径，且不应小于250mm。

6）隔震和消能减震设计时，隔震装置和消能部件应符合下列要求：

① 隔震装置和消能部件的性能参数应经试验确定。

② 隔震装置和消能部件的设置部位，应采取便于检查和替换的措施。

③ 设计文件上应注明对隔震装置和消能部件的性能要求，安装前应按规定进行检测，确保性能符合要求。

④ 建筑结构的隔震设计和消能减震设计，尚应符合相关标准的规定；也可按抗震性能目标的要求进行性能化设计。

7）隔震部件的性能要求。

① 隔震支座承载力、极限变形与耐久性能应符合 JG 118—2018《建筑隔震橡胶支座》的要求。

② 隔震支座的极限水平变位，应大于有效直径的 0.55 倍和支座橡胶总厚度 3 倍的最大值。

③ 在经历相应设计基准期的耐久试验后，刚度、阻尼特性变化不超过初期值的 20%，徐变量不超过支座橡胶总厚度的 0.05。

④ 隔震支座的设计参数由试验确定时，竖向荷载应保持表 10.3 所列的压应力限值；对水平向减震系数计算，应采用剪切变形 100% 的等效刚度和等效黏滞阻尼比；对罕遇地震验算，宜采用剪切变形 250% 时的等效刚度和等效黏滞阻尼比，当隔震支座直径较大时可采用剪切变形 100% 时的等效刚度和等效黏滞阻尼比。当采用时程分析时，应以试验所得滞回曲线作为计算依据。

8）砌体结构的隔震措施。

① 当水平向减震系数不大于 0.50 时，丙类建筑的多层砌体结构，房屋的层数、总高度和高度比限值，可按《建筑抗震设计规范》第 7.1 节中降低一度的有关规定采用。

② 砌体结构隔震层的构造应符合下列规定：

a）多层砌体房屋的隔震层位于地下室顶部时，隔震支座不宜直接放置在砌体墙上，并应验算砌体的局部承压。

b）隔震层顶部纵、横梁的构造均应符合关于底部框架砖房的钢筋混凝土托墙梁的要求。

③ 丙类建筑隔震后上部砌体结构的抗震构造措施应符合下列要求：

a）承重外墙尽端至门窗洞边的最小距离及圈梁的截面和配筋构造，仍应符合《建筑抗震设计规范》第 7 章的构造规定。

b）多层烧结普通黏土砖和烧结多孔黏土砖房屋的钢筋混凝土构造柱设置，水平向减震系数为 0.75 时，仍应符合《建筑抗震设计规范》表 7.3.1 的规定：7～9 度，水平向减震系数为 0.5 和 0.38 时，应符合表 10.5 的规定；水平向减震系数为 0.25 时，宜符合《建筑抗震设计规范》表 7.3.1 降低一度的有关规定。

表 10.5　隔震后砖房构造柱设置要求

房屋层数			设置部位
7 度	8 度	9 度	
三、四	二、三		每隔 15m 或单元横墙与外墙交接处
五	四	二	每隔三开间的横墙与外墙交接处
六、七	五	三、四	楼、电梯间四角，外墙四角，错层部位横墙与外纵墙交接处，较大洞口两侧，大房间内外墙交接处 · 每隔开间横墙（轴线）与外墙交接处，山墙与内纵墙（轴线）交接处；9 度四层，外纵墙与内墙（轴线）交接处
八	六、七	五	内墙（轴线）与外墙交接处，内墙局部较小墙垛处；8 度七层，内纵墙与隔开间横墙交接处；9 度时内纵墙与横墙（轴线）交接处

c）混凝土小型空心砌块房屋芯柱的设置，水平向减震系数为0.75时，仍应符合《建筑抗震设计规范》表7.4.1的规定；7～9度，当水平向减震系数为0.5和0.38时，应符合《建筑抗震设计规范》表10.6的规定；当水平向减震系数为0.25时，宜符合《建筑抗震设计规范》表7.4.1降低一度的有关规定。

表10.6　隔震后小型空心砌块房屋芯柱设置要求

房屋层数			设置部位	设置数据
7度	8度	9度		
三、四	二、三		外墙转角，楼梯间四角，大房间内外墙交接处；每隔16m或单元横墙与外墙交接处	外墙转角灌实3个孔，内外墙交接处，灌实4个孔
五	四	二	外墙转角，楼梯间四角，大房间内外墙交接处，山墙与内纵墙交接处，隔三开间横墙（轴线）与外纵墙交接处	
六	五	三	外墙转角，楼梯间四角，大房间内外墙交接处；隔开间横墙（轴线）与外纵墙交接处，山墙与内纵墙交接处；8、9度时，外纵墙与横墙（轴线）交接处，大洞口两侧	外墙转角灌实5个孔，外墙交接处灌实4个孔，洞口两侧各灌实1个孔
七	六	四	外墙转角，楼梯间四角，各内墙（轴线）与外纵墙交接处；内纵墙与横墙（轴线）交接处；8、9度时洞口两侧	外墙转角灌实7个孔，外墙交接处灌实4个孔，内墙交接处灌实4～5个孔，洞口两侧各灌实1个孔

④ 上部结构的其他抗震构造措施，水平向减震系数为0.75时仍按《建筑抗震设计规范》第7章的相应规定采用；7～9度，水平向减震系数为0.25和0.38时，可按《建筑抗震设计规范》第7章降低一度的相应规定采用；水平向减震系数为0.25时可按《建筑抗震设计规范》第7章降低二度且不低于6度的相应规定采用。

10.3　建筑结构消能减震原理与设计

10.3.1　消能减震基本原理

建筑结构消能设计是通过在结构内部设置消能部件吸收和消耗地震能量的设计，消能部件指可以通过自身的相对变形和相对速度为建筑结构提供附加阻尼的部件的总称。

地震发生时建筑结构通过附加阻尼消耗输入结构中的地震能量，从而消除或减轻结构的地震响应，结构构件和消能部件具有一定的初始刚度，当主体结构受力较小时，结构构件和消能部件作为一个整体处于弹性阶段，主体结构处于安全状态。当主体结构受力较大时，结构变形增大，消能部件通过摩擦、弯曲等弹塑性滞回变形产生较大附加阻尼，对输入主体结构的地震能量进行耗散，确保主体结构处于安全状态，达到预期防震减震的要求。

从能量角度建筑结构消能减震原理可以用下式表示

$$E_{in} = E_R + E_S + E_D + E_A \tag{10.10}$$

式中，E_{in}为输入建筑结构的地震能量；E_R为建筑结构的变形能，$E_R = \int_0^t \dot{\boldsymbol{x}}^T \boldsymbol{K} \boldsymbol{x} dt$；$E_S$为建筑结构因振动产生的相对动能，$E_S = \int_0^t \dot{\boldsymbol{x}}^T \boldsymbol{M} \ddot{\boldsymbol{x}} dt$；$E_D$为建筑结构阻尼消耗的能量（一般不超过5%），$E_D = \int_0^t \dot{\boldsymbol{x}}^T \boldsymbol{C} \dot{\boldsymbol{x}} dt$；$E_A$为消能部件耗散的能量，$E_A = \int_0^t \dot{\boldsymbol{x}}^T \boldsymbol{P}_d(\boldsymbol{x}) dt$。

由式（10.10）可知，地震发生时输入建筑结构的能量主要由E_R、E_S、E_D和E_A组成，对于传统建筑结构而言，由于缺少耗能部件，地震发生时大部分能量转换为建筑结构的变形势能和动能，通过建筑结构部件的弹塑性变形和损坏进行耗能，最终导致建筑结构的破坏。具有消能减震设计的结构与传统建筑结构相比，在地震发生时消能部件率先进入弹塑性阶段，消能部件耗散的能量E_A较大，从而衰减结构的地震反应，使建筑结构处于安全状态。消能减震技术具有减震效果明显、构造简单、适用性强、维护方便等特点，既适用于新建工程，也适用于既有建筑物的抗震加固和改造。

10.3.2　消能减震装置

消能减震是把结构物中某些构件（如支撑、剪力墙等）设计成消能部件或在结构物的某些部位（节点或连接处）装设阻尼器，在风载或小震作用下消能杆件或阻尼器处于弹性状态，结构体系具有足够的抗侧移刚度，以满足正常使用要求；在强烈地震作用时，消能杆件或阻尼器率先进入非弹性状态，大量耗散输入结构的地震能量，使主体结构避免进入明显的非弹性状态，从而保护主体结构使其在强震中免遭破坏。根据能量耗散体系的不同，消能减震构件可分为减震构件和减震阻尼器两大类。

1. 减震构件

消能减震构件是利用结构构件或非承重构件直接作为消能杆件的构件，按其构件形式和消能形式可划分为消能支撑、消能剪力墙、消能节点、消能连接和消能支撑或悬吊构件等。

（1）消能支撑　消能支撑指将具有消能性能的支撑（带有速度或位移相关型阻尼器、调谐吸能型阻尼器）设置于结构中，消耗与吸收地震时进入结构体系的能量，以减轻结构所受的地震作用。在建筑结构中，消能支撑可以代替一般的结构支撑，在抗震和抗风中发挥支撑的水平刚度和消能减震作用。常见的消能支撑有方框支撑、K形支撑、圆框支撑、交叉支撑、斜撑支撑等，如图10.9所示。

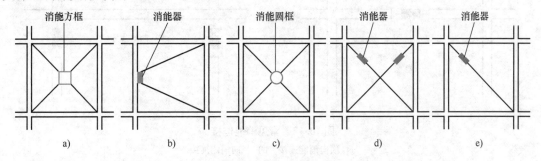

图10.9　常见消能支撑

a）方框支撑　b）K形支撑　c）圆框支撑　d）交叉支撑　e）斜撑支撑

（2）消能剪力墙　消能剪力墙指在结构消能减震设计时采用速度型消能器或位移消能

器，采用消能材料、墙体开缝等措施进行耗能的剪力墙。在建筑结构中，消能剪力墙可以代替一般结构的剪力墙，在抗震和抗风中发挥支撑的水平刚度和消能减震作用。消能剪力墙可以做成竖缝剪力墙、斜缝剪力墙、横缝剪力墙、周边缝剪力墙、整体剪力墙和分离式剪力墙等，如图10.10所示。

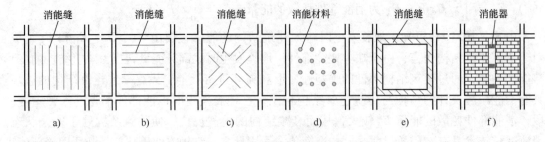

图 10.10　常见消能剪力墙

a）垂直缝消能　b）水平缝消能　c）斜缝消能　d）整体消能　e）周边缝消能　f）分离式消能

（3）消能节点　消能节点指在结构消能减震设计时在节点部位布置消能器，当节点部位产生扭转错动或转动错动时进行耗能的节点。按照其布置位置不同可分为梁柱消能节点和梁消能节点，如图10.11所示。

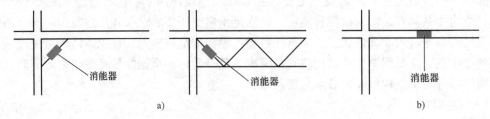

图 10.11　常见消能节点

a）梁柱消能节点　b）梁消能节点

（4）消能连接　消能连接指在结构消能减震设计时在结构的接缝处或结构构件的连接部位处布置消能器，当结构构件在接缝处产生相对变形时，通过消能器进行能量的耗散，如图10.12所示。

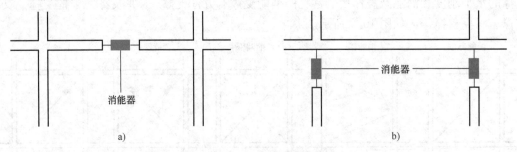

图 10.12　常见消能连接

a）横向消能连接　b）竖向消能连接

（5）消能支撑或悬吊构件　对于某些线结构（如管道、线路、桥梁的悬索、斜拉索的连接部位等），设置各种支撑或者悬吊消能器，当线结构发生振（震）动时，支撑或者悬吊构件即发生消能减震作用。

2. 减震阻尼器

消能减震装置的种类繁多，按照减震装置的工作原理可大致划分为位移相关型、速度相关型和复合相关型。根据形式的不同可划分为屈曲约束支撑（BRB）、摩擦消能阻尼器（FD）、金属阻尼器（MD）、黏滞阻尼器（VFD）、黏弹性阻尼器（VED）等。

（1）屈曲约束支撑　屈曲约束支撑又称防屈曲支撑，最早发展于1973年的日本，当时的一批日本学者成功研发了最早的墙板式防屈曲耗能支撑，并对其进行了加入不同无黏结材料的拉压试验，如图10.13所示。1994年北岭地震后，美国也开始对防屈曲支撑体系进行相应的设计研究和大比例试验，同时结合理论计算分析了该支撑体系较其他支撑体系的优点。

普通支撑受压屈曲后，构件的刚度和承载能力急剧下降，构件在循环荷载作用下的滞回性能较差。为改善普通支撑的受力性能和滞回特性，在支撑外部增设套筒用以约束支撑的受压屈曲，组成屈曲约束支撑。屈曲约束支撑只有芯板与外部构件连接，芯板承受全部外荷载，套筒和填充材料用来限制芯板的受压屈曲。与普通支撑构件相比，屈曲约束支撑构件的滞回性能良好，同时改善了普通支撑拉压承载力不对等的现象，屈曲约束支撑根据有无填充材料可分为灌浆型和纯钢型，如图10.13所示。

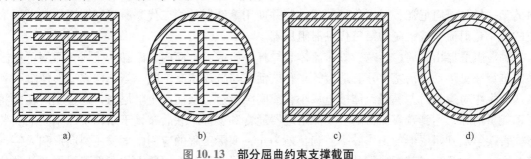

图10.13　部分屈曲约束支撑截面

a）灌浆方形截面　b）灌浆圆形截面　c）纯钢方形截面　d）纯钢圆形截面

（2）摩擦消能阻尼器　摩擦阻尼器的发展始于20世纪70年代末，随后为适应不同类型的建筑结构，国内外学者陆续研制开发了多种摩擦阻尼器，其摩擦力大小易于控制，可方便地通过调节预紧力大小来确定。目前，研究开发的摩擦阻尼器主要有普通摩擦阻尼器、Pall摩擦阻尼器、Sumitomo摩擦阻尼器、摩擦剪切铰阻尼器、滑移型长孔螺栓节点阻尼器、T形芯板摩擦阻尼器、拟黏滞摩擦阻尼器、多级摩擦阻尼器及一些摩擦复合耗能器。

图10.14为普通摩擦阻尼器的构造，它是通过开有狭长槽孔的中间连接板相对于上下两块摩擦板，连接板同摩擦板之间摩擦运动而耗能，调整螺栓的紧固力可改变滑动摩擦力的大小。摩擦消能阻尼器在正常使用荷载作用下一般不会发生滑动，地震发生时，在结构主要受

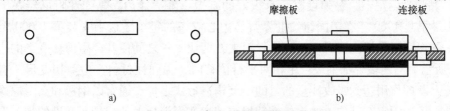

图10.14　摩擦消能阻尼器构造

a）连接板　b）阻尼器侧视图

力构件发生屈服前，阻尼器产生滑移通过摩擦做功抵消地震能量，并改变结构的动力特性，达到消能减震的目标。

（3）金属阻尼器　20世纪70年代初 Kelly 提出了金属阻尼器，它的工作原理是通过自身的塑性变形来耗散地震能量。当地震来临时，金属阻尼器会先于结构达到屈服点，随后进入塑性变形状态，消耗大部分地震输入能量。

金属阻尼器可以依据制造所用的不同材料，再细分为铅阻尼器、钢阻尼器、形状记忆合金阻尼器等。依据钢材的不同，钢阻尼器又可以分为软钢和低屈服点钢阻尼器。根据耗能板不同变形形式，可将金属阻尼器分为剪切型软钢阻尼器和弯曲型软钢阻尼器。剪切型阻尼器是利用高延性软钢的平面内受剪屈服产生塑性滞回变形来耗能，弯曲型阻尼器是利用高延性软钢的平面外受弯屈服产生塑性滞回变形来耗能。其工作原理是：在地震作用下，金属阻尼器先于梁柱的功能结构构件屈服而进入塑性，由于其具有良好的滞回特性，可耗散大部分输入的地震能量，达到消能减震的目的。这类消能器具有滞回圈稳定、耗能能力大、长期使用可靠并不受温度影响的特点。

（4）黏滞阻尼器　黏滞阻尼器最早应用于军事和航空领域，之后逐渐引入到结构工程，如图10.15所示。其在结构工程领域三十多年的发展主要可分为三个阶段：以胶泥为填充材料的第一代黏滞阻尼器；采用各种阀门控制并使用蓄能器的第二代黏滞阻尼器；最新发展形成的以小孔射流方式控制的第三代黏滞阻尼器。

黏滞阻尼器由缸筒、活塞、黏滞流体和导杆等组成，缸筒内充满黏滞流体，活塞可在缸筒内进行往复运动，活塞上开有适量的小孔或活塞与缸筒留有空隙。当结构因变形使缸筒和活塞产生相对运动时，黏滞流体被迫从小孔或间隙流过，从而产生阻尼力，通过黏滞耗能将振动能量消除，达到减震的目的。黏滞阻尼器通常和支撑串联后布置于结构中，不同的安装形式直接影响到阻尼器的工作效率。到目前为止，实际工程的应用中多采用斜向形和人字形安装方式，这是由于其构造简单、易于装配。剪刀形和肘节形安装方式能把阻尼器两端的位移放大，即起到放大阻尼器效果的作用，具有更好的消能能力，但受到安装机构造型和施工工艺复杂的限制，运用较少。

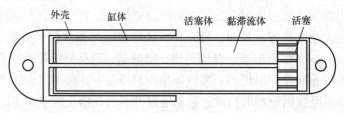

图10.15　黏滞阻尼器构造

（5）黏弹性阻尼器　黏弹性材料有很好的减振、降噪能力。黏弹性阻尼器在土木工程中的应用最早是1969年在美国纽约世界贸易中心双塔的每个塔楼中安装了10000个黏弹性阻尼器。黏弹性阻尼器主要采用黏弹性材料夹在两块平板之间使其产生剪切变形的构造，如图10.16所示。当两块外部钢板产生相对平行位移时，黏弹性材料产生剪切变形，有滞回特性的阻抗力发挥作用达到吸收能量的目的。其构造形式多样，通常以钢板和高阻尼橡胶实现可靠胶黏，通过固定在结构上的钢板带动橡胶剪切变形消耗振动能量。常见的构造形式有墙板式、轴向式、转动式。黏弹性材料的主要成分为高分子材料，可同时满足黏弹性材料必需的刚度和阻尼。黏弹性阻尼器在结构微小变形时也能发挥作用，因此多应用于抗风和提高建筑舒适度方面。

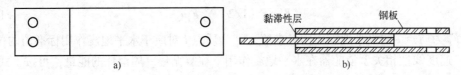

图 10.16　黏弹性阻尼器构造图

a）俯视图　b）侧视图

10.3.3　消能减震设计要点

（1）消能减震装置的选择和布置

1）消能减震设计时，应根据多遇地震下的预期减震要求及罕遇地震下的预期结构位移控制要求，设置适当的消能部件。消能部件可由消能器及斜撑、墙体、梁等支承构件组成。消能器可采用速度相关型、位移相关型或其他类型。

2）消能部件可根据需要沿结构的两个主轴方向分别设置。消能部件宜设置在变形较大的位置，其数量和分布应通过综合分析合理确定，并有利于提高整个结构的消能减震能力，形成均匀合理的受力体系。

（2）消能减震结构的计算分析

1）当主体结构基本处于弹性工作阶段时，可采用线性分析方法进行简化估算，并根据结构的变形特征和高度等，按《建筑抗震设计规范》第 5.1 节的规定分别采用底部剪力法、振型分解反应谱法和时程分析法。消能减震结构的地震影响系数可根据消能减震结构的总阻尼比按《建筑抗震设计规范》第 5.1.5 条的规定采用。消能减震结构的自振周期应根据消能减震结构的总刚度确定，总刚度应为结构刚度和消能部件有效刚度的总和。消能减震结构的总阻尼比应为结构阻尼比和消能部件附加给结构的有效阻尼比的总和，多遇地震和罕遇地震下的总阻尼比应分别计算。

2）对主体结构进入弹塑性阶段的情况，应根据主体结构体系特征，采用静力非线性分析方法或非线性时程分析方法。在非线性分析中，消能减震结构的恢复力模型应包括结构恢复力模型和消能部件的恢复力模型。

3）消能减震结构的层间弹塑性位移角限值，应符合预期的变形控制要求，宜比非消能减震结构适当减小。

（3）消能部件附加给结构的有效阻尼比和有效刚度计算

1）位移相关型消能部件和非线性速度相关型消能部件附加给结构的有效刚度应采用等效线性化方法确定。

2）消能部件附加给结构的有效阻尼比可按下式估算

$$\zeta_a = \sum_j W_{cj}/(4\pi W_s) \tag{10.11}$$

式中，ζ_a 为消能减震结构的附加有效阻尼比；W_{cj} 为第 j 个消能部件在结构预期层间位移 Δu_j 下往复循环一周消耗的能量；W_s 为设置消能部件的结构在预期位移下的总应变能。

注：当消能部件在结构上分布较均匀，且附加给结构的有效阻尼比小于 20% 时，消能

部件附加给结构的有效阻尼比也可采用强行解耦方法确定。

3）不计及扭转影响时，消能减震结构在水平地震作用下的总应变能，可按下式估算

$$W_s = (1/2) \sum F_i u_i \tag{10.12}$$

式中，F_i 为质点 i 的水平地震作用标准值；u_i 为质点 i 对应于水平地震作用标准值的位移。

4）速度线性相关型消能器在水平地震作用下往复循环一周消耗的能量，可按下式估算

$$W_{cj} = (2\pi^2/T_1) C_j \cos^2\theta_j \Delta u_j^2 \tag{10.13}$$

式中，T_1 为消能减震结构的基本自振周期；C_j 为第 j 个消能器的线性阻尼系数；θ_j 为第 j 个消能器的消能方向与水平面的夹角；Δu_j 为第 j 个消能器两端的相对水平位移。

当消能器的阻尼系数和有效刚度与结构振动周期有关时，可取相应于消能减震结构基本自振周期的值。

5）位移相关型和速度非线性相关型消能器在水平地震作用下往复循环一周消耗的能量，可按下式估算

$$W_{cj} = A_j \tag{10.14}$$

式中，A_j 为第 j 个消能器的恢复力滞回环在相对水平位移 Δu_j 时的面积。

消能器的有效刚度可取消能器的恢复力滞回环在相对水平位移 Δu_j 时的割线刚度。

6）消能部件附加给结构的有效阻尼比超过25%时，宜按25%计算。

（4）消能部件的设计参数

1）速度线性相关型消能器与斜撑、墙体或梁等支承构件组成消能部件时，支承构件沿消能器消能方向的刚度应满足下式要求

$$K_b \geq (6\pi/T_1) C_D \tag{10.15}$$

式中，K_b 为支承构件沿消能器方向的刚度；C_D 为消能器的线性阻尼系数；T_1 为消能减震结构的基本自振周期。

2）黏弹性消能器的黏弹性材料总厚度应满足下式要求

$$t \geq \Delta u/[\gamma] \tag{10.16}$$

式中，t 为黏弹性消能器的黏弹性材料的总厚度；Δu 为沿消能器方向的最大可能的位移；$[\gamma]$ 为黏弹性材料允许的最大剪应变。

3）位移相关型消能器与斜撑、墙体或梁等支承构件组成消能部件时，消能部件的恢复力模型参数宜符合下式要求

$$\Delta u_{py}/\Delta u_{sy} \leq 2/3 \tag{10.17}$$

式中，Δu_{py} 为消能部件在水平方向的屈服位移或起滑位移；Δu_{sy} 为设置消能部件的结构层间屈服位移。

4）消能器的极限位移应不小于罕遇地震下消能器最大位移的1.2倍；对速度相关型消能器，消能器的极限速度应不小于地震作用下消能器最大速度的1.2倍，且消能器应满足在此极限速度下的承载力要求。

（5）消能器的性能要求

1）对黏滞流体消能器，由第三方进行抽样检验，其数量为同一工程同一类型同一规格数量的20%，但不少于2个，检测合格率为100%，检测后的消能器可用于主体结构。对其他类型消能器，抽检数量为同一类型同一规格数量的3%，当同一类型同一规格的消能器数

量较少时，可以在同一类型消能器中抽检总数量的 3%，但不应少于 2 个，检测合格率为 100%，检测后的消能器不能用于主体结构。

2）对速度相关型消能器，在消能器设计位移和设计速度幅值下，以结构基本频率往复循环 30 圈后，消能器的主要设计指标误差和衰减量不应超过 15%；对位移相关型消能器，在消能器设计位移幅值下往复循环 30 圈后，消能器的主要设计指标误差和衰减量不应超过 15%，且不应有明显的低周疲劳现象。

（6）消能部件的要求

1）消能器与支承构件的连接，应符合相关规范和有关规程对相关构件连接的构造要求。

2）在消能器施加给主结构最大阻尼力作用下，消能器与主结构之间的连接部件应在弹性范围内工作。

3）与消能部件相连的结构构件设计时，应计入消能部件传递的附加内力。

4）消能减震部件在罕遇地震作用下，不应发生低周疲劳破坏及与之连接节点的破坏，且消能性能应稳定。

5）金属位移型消能部件不应在基本风压作用下屈服。

当消能减震结构的抗震性能明显提高时，主体结构的抗震构造要求可适当降低。降低程度可根据消能减震结构地震影响系数与不设置消能减震装置结构的地震影响系数之比确定，最大降低程度应控制在 1 度以内。

────── 习 题 ──────

一、填空题

1. 隔震装置按其原理的不同分为（　　　）和（　　　）两大类。

2. 隔震体系一般由（　　　）、（　　　）与（　　　）组成。

3. 隔震层通常包括（　　　）、（　　　）、（　　　）。

4. 隔震结构的抗震计算一般采用（　　　）法，对砌体结构及其基本周期相当的结构可采用（　　　）法。

5. 消能减震装置根据能量耗散体系的不同可分为（　　　）和（　　　）两大类。

二、判别题

1. 结构设置隔震层之后，结构的整体刚度会增大，周期减小。（　　　）

2. 消能装置的作用，相当于增大了结构的阻尼，从而使结构的地震反应减小。（　　　）

3. 构造柱、芯柱应先砌墙后浇筑混凝土柱。（　　　）

三、简答题

1. 试从结构抗震思想的演变探讨结构抗震的发展方向。

2. 隔震结构和传统抗震结构有何区别？隔震的主要原理是什么？

3. 为什么硬土地基采用隔震措施比软土地基效果好？

4. 常用的隔震装置有哪些？在选择隔震方案时，应注意哪些问题？

5. 隔震结构的隔震层如何设计和计算？

6. 隔震结构的计算模型如何选取？隔震结构的设计计算主要包括哪些内容？

7. 什么是水平向减震系数？如何取值？

8. 结构消能减震与结构隔震的减震机理和减震效果有何不同？

9. 常用的消能减震装置有哪些类型？在结构中如何布置？

附表 1　规则框架承受均布水平力荷载时标准反弯点高度比 y_0 值

N	i	$\overline{K}$													
		0.1	0.2	0.3	0.4	0.5	0.6	0.7	0.8	0.9	1.0	2.0	3.0	4.0	5.0
1	1	0.80	0.75	0.70	0.65	0.65	0.60	0.60	0.60	0.60	0.55	0.55	0.55	0.55	0.55
2	2	0.45	0.40	0.35	0.35	0.35	0.35	0.40	0.40	0.40	0.40	0.45	0.45	0.45	0.45
	1	0.95	0.80	0.75	0.70	0.65	0.65	0.65	0.60	0.60	0.60	0.55	0.55	0.55	0.55
3	3	0.15	0.20	0.20	0.25	0.30	0.30	0.30	0.35	0.35	0.35	0.40	0.45	0.45	0.45
	2	0.55	0.50	0.45	0.45	0.45	0.45	0.45	0.45	0.45	0.45	0.45	0.50	0.50	0.50
	1	1.00	0.85	0.80	0.75	0.70	0.70	0.65	0.65	0.65	0.60	0.55	0.55	0.55	0.55
4	4	-0.05	0.05	0.15	0.20	0.25	0.30	0.30	0.35	0.35	0.35	0.40	0.45	0.45	0.45
	3	0.25	0.30	0.30	0.35	0.35	0.40	0.40	0.40	0.40	0.45	0.45	0.50	0.50	0.50
	2	0.65	0.55	0.50	0.50	0.45	0.45	0.45	0.45	0.45	0.45	0.50	0.50	0.50	0.50
	1	1.10	0.90	0.80	0.75	0.70	0.70	0.65	0.65	0.65	0.60	0.55	0.55	0.55	0.55
5	5	-0.20	0.00	0.15	0.20	0.25	0.30	0.30	0.30	0.35	0.35	0.40	0.45	0.45	0.45
	4	0.10	0.20	0.25	0.30	0.35	0.35	0.40	0.40	0.40	0.40	0.45	0.45	0.50	0.50
	3	0.40	0.40	0.40	0.40	0.40	0.45	0.45	0.45	0.45	0.45	0.50	0.50	0.50	0.50
	2	0.65	0.55	0.50	0.50	0.50	0.50	0.50	0.50	0.50	0.50	0.50	0.50	0.50	0.50
	1	1.20	0.95	0.80	0.75	0.75	0.70	0.70	0.65	0.65	0.65	0.55	0.55	0.55	0.55
6	6	-0.30	0.00	0.10	0.20	0.25	0.25	0.30	0.30	0.35	0.35	0.40	0.45	0.45	0.45
	5	0.00	0.20	0.25	0.30	0.35	0.35	0.40	0.40	0.40	0.40	0.45	0.45	0.50	0.50
	4	0.20	0.30	0.35	0.35	0.40	0.40	0.40	0.45	0.45	0.45	0.50	0.50	0.50	0.50
	3	0.40	0.40	0.40	0.45	0.45	0.45	0.45	0.45	0.45	0.45	0.50	0.50	0.50	0.50
	2	0.70	0.60	0.55	0.50	0.50	0.50	0.50	0.50	0.50	0.50	0.50	0.50	0.50	0.50
	1	1.20	0.95	0.85	0.80	0.75	0.70	0.70	0.65	0.65	0.65	0.55	0.55	0.55	0.55
7	7	-0.35	-0.05	0.10	0.20	0.20	0.25	0.30	0.30	0.35	0.35	0.40	0.45	0.45	0.45
	6	-0.10	0.15	0.25	0.30	0.35	0.35	0.35	0.40	0.40	0.40	0.45	0.45	0.50	0.50
	5	0.10	0.25	0.30	0.35	0.40	0.40	0.40	0.45	0.45	0.45	0.50	0.50	0.50	0.50
	4	0.30	0.35	0.40	0.40	0.40	0.45	0.45	0.45	0.45	0.45	0.50	0.50	0.50	0.50
	3	0.50	0.45	0.45	0.45	0.45	0.45	0.45	0.45	0.45	0.45	0.50	0.50	0.50	0.50
	2	0.75	0.60	0.55	0.50	0.50	0.50	0.50	0.50	0.50	0.50	0.50	0.50	0.50	0.50
	1	1.20	0.95	0.85	0.80	0.75	0.70	0.70	0.65	0.65	0.65	0.55	0.55	0.55	0.55
8	8	-0.35	-0.15	0.10	0.15	0.25	0.25	0.30	0.30	0.35	0.35	0.40	0.45	0.45	0.45
	7	-0.10	0.15	0.25	0.30	0.35	0.35	0.40	0.40	0.40	0.40	0.45	0.50	0.50	0.50
	6	0.05	0.25	0.30	0.35	0.40	0.40	0.40	0.45	0.45	0.45	0.45	0.50	0.50	0.50
	5	0.20	0.30	0.35	0.35	0.40	0.40	0.45	0.45	0.45	0.45	0.50	0.50	0.50	0.50
	4	0.35	0.40	0.40	0.40	0.45	0.45	0.45	0.45	0.45	0.45	0.50	0.50	0.50	0.50
	3	0.50	0.45	0.45	0.45	0.45	0.45	0.45	0.45	0.50	0.50	0.50	0.50	0.50	0.50
	2	0.75	0.60	0.55	0.55	0.50	0.50	0.50	0.50	0.50	0.50	0.50	0.50	0.50	0.50
	1	1.20	1.00	0.85	0.80	0.75	0.70	0.70	0.65	0.65	0.65	0.55	0.55	0.55	0.55

（续）

N	i	$\overline{K}$													
		0.1	0.2	0.3	0.4	0.5	0.6	0.7	0.8	0.9	1.0	2.0	3.0	4.0	5.0
9	9	-0.40	-0.05	0.10	0.20	0.25	0.25	0.30	0.30	0.35	0.35	0.45	0.45	0.45	0.45
	8	-0.15	0.15	0.20	0.30	0.35	0.35	0.35	0.40	0.40	0.40	0.45	0.45	0.50	0.50
	7	0.05	0.25	0.30	0.35	0.40	0.40	0.40	0.45	0.45	0.45	0.45	0.50	0.50	0.50
	6	0.15	0.30	0.35	0.40	0.40	0.45	0.45	0.45	0.45	0.45	0.50	0.50	0.50	0.50
	5	0.25	0.35	0.40	0.40	0.45	0.45	0.45	0.45	0.45	0.45	0.50	0.50	0.50	0.50
	4	0.40	0.40	0.40	0.45	0.45	0.45	0.45	0.45	0.45	0.45	0.50	0.50	0.50	0.50
	3	0.55	0.45	0.45	0.45	0.45	0.45	0.45	0.45	0.50	0.50	0.50	0.50	0.50	0.50
	2	0.80	0.65	0.55	0.55	0.50	0.50	0.50	0.50	0.50	0.50	0.50	0.50	0.50	0.50
	1	1.20	1.00	0.85	0.80	0.75	0.70	0.70	0.65	0.65	0.65	0.55	0.55	0.55	0.55
10	10	-0.40	-0.05	0.10	0.20	0.25	0.30	0.30	0.30	0.35	0.35	0.40	0.45	0.45	0.45
	9	-0.15	0.15	0.25	0.30	0.35	0.35	0.40	0.40	0.40	0.40	0.45	0.45	0.50	0.50
	8	0.00	0.25	0.30	0.35	0.40	0.40	0.40	0.45	0.45	0.45	0.50	0.50	0.50	0.50
	7	0.10	0.30	0.35	0.40	0.40	0.45	0.45	0.45	0.45	0.45	0.50	0.50	0.50	0.50
	6	0.20	0.35	0.40	0.40	0.45	0.45	0.45	0.45	0.45	0.45	0.50	0.50	0.50	0.50
	5	0.30	0.40	0.40	0.45	0.45	0.45	0.45	0.45	0.45	0.50	0.50	0.50	0.50	0.50
	4	0.40	0.40	0.45	0.45	0.45	0.45	0.45	0.45	0.45	0.50	0.50	0.50	0.50	0.50
	3	0.55	0.50	0.45	0.45	0.45	0.50	0.50	0.50	0.50	0.50	0.50	0.50	0.50	0.50
	2	0.80	0.65	0.55	0.55	0.55	0.50	0.50	0.50	0.50	0.50	0.50	0.50	0.50	0.50
	1	1.30	1.00	0.85	0.80	0.75	0.70	0.70	0.65	0.65	0.65	0.60	0.55	0.55	0.55
11	11	-0.40	0.05	0.10	0.20	0.25	0.30	0.30	0.30	0.35	0.35	0.40	0.45	0.45	0.45
	10	-0.15	0.15	0.25	0.30	0.35	0.35	0.40	0.40	0.40	0.40	0.45	0.45	0.50	0.50
	9	0.00	0.25	0.30	0.35	0.40	0.40	0.40	0.45	0.45	0.45	0.45	0.50	0.50	0.50
	8	0.10	0.30	0.35	0.40	0.40	0.45	0.45	0.45	0.45	0.45	0.50	0.50	0.50	0.50
	7	0.20	0.35	0.40	0.45	0.45	0.45	0.45	0.45	0.45	0.45	0.50	0.50	0.50	0.50
	6	0.25	0.35	0.40	0.45	0.45	0.45	0.45	0.45	0.45	0.45	0.50	0.50	0.50	0.50
	5	0.35	0.40	0.40	0.45	0.45	0.45	0.45	0.45	0.45	0.50	0.50	0.50	0.50	0.50
	4	0.40	0.40	0.45	0.45	0.45	0.45	0.45	0.50	0.50	0.50	0.50	0.50	0.50	0.50
	3	0.55	0.50	0.50	0.50	0.50	0.50	0.50	0.50	0.50	0.50	0.50	0.50	0.50	0.50
	2	0.80	0.65	0.60	0.55	0.55	0.50	0.50	0.50	0.50	0.50	0.50	0.50	0.50	0.50
	1	1.30	1.00	0.85	0.80	0.75	0.70	0.70	0.65	0.65	0.65	0.60	0.55	0.55	0.55
12以上	自上1	-0.40	-0.05	0.10	0.20	0.25	0.30	0.30	0.30	0.35	0.35	0.45	0.45	0.45	0.45
	2	-0.15	0.15	0.25	0.30	0.35	0.35	0.40	0.40	0.40	0.40	0.45	0.45	0.50	0.50
	3	0.00	0.25	0.30	0.35	0.40	0.40	0.40	0.45	0.45	0.45	0.50	0.50	0.50	0.50
	4	0.10	0.30	0.35	0.40	0.40	0.45	0.45	0.45	0.45	0.45	0.50	0.50	0.50	0.50
	5	0.20	0.35	0.40	0.40	0.45	0.45	0.45	0.45	0.45	0.45	0.50	0.50	0.50	0.50
	6	0.25	0.35	0.40	0.45	0.45	0.45	0.45	0.45	0.45	0.45	0.50	0.50	0.50	0.50
	7	0.30	0.40	0.40	0.45	0.45	0.45	0.45	0.45	0.50	0.50	0.50	0.50	0.50	0.50
	8	0.35	0.40	0.45	0.45	0.45	0.45	0.45	0.50	0.50	0.50	0.50	0.50	0.50	0.50
	中间	0.40	0.40	0.45	0.45	0.45	0.45	0.50	0.50	0.50	0.50	0.50	0.50	0.50	0.50
	4	0.45	0.45	0.45	0.45	0.50	0.50	0.50	0.50	0.50	0.50	0.50	0.50	0.50	0.50
	3	0.60	0.50	0.50	0.50	0.50	0.50	0.50	0.50	0.50	0.50	0.50	0.50	0.50	0.50
	2	0.80	0.65	0.60	0.55	0.55	0.50	0.50	0.50	0.50	0.50	0.50	0.50	0.50	0.50
	自下1	1.30	1.00	0.85	0.80	0.75	0.70	0.70	0.65	0.65	0.65	0.55	0.55	0.55	0.55

附表2　规则框架承受倒三角形分布水平力作用时标准反弯点的高度比 y_0 值

N	i	$\overline{K}$													
		0.1	0.2	0.3	0.4	0.5	0.6	0.7	0.8	0.9	1.0	2.0	3.0	4.0	5.0
1	1	0.80	0.75	0.70	0.65	0.65	0.60	0.60	0.60	0.60	0.55	0.55	0.55	0.55	0.55
2	2	0.50	0.45	0.40	0.40	0.40	0.40	0.40	0.40	0.40	0.45	0.45	0.45	0.45	0.50
	1	1.00	0.85	0.75	0.70	0.70	0.65	0.65	0.65	0.60	0.60	0.55	0.55	0.55	0.55
3	3	0.25	0.25	0.25	0.30	0.30	0.35	0.35	0.35	0.40	0.40	0.45	0.45	0.45	0.50
	2	0.60	0.50	0.50	0.50	0.50	0.45	0.45	0.45	0.45	0.45	0.50	0.50	0.50	0.50
	1	1.15	0.90	0.80	0.75	0.75	0.70	0.70	0.65	0.65	0.65	0.60	0.55	0.55	0.55
4	4	0.10	0.15	0.20	0.25	0.30	0.30	0.35	0.35	0.35	0.40	0.45	0.45	0.45	0.45
	3	0.35	0.35	0.35	0.40	0.40	0.40	0.40	0.45	0.45	0.45	0.45	0.50	0.50	0.50
	2	0.70	0.60	0.55	0.50	0.50	0.50	0.50	0.50	0.50	0.50	0.50	0.50	0.50	0.50
	1	1.20	0.95	0.85	0.80	0.75	0.70	0.70	0.70	0.65	0.65	0.55	0.55	0.55	0.55
5	5	−0.05	0.10	0.20	0.25	0.30	0.30	0.35	0.35	0.35	0.35	0.40	0.45	0.45	0.45
	4	0.20	0.25	0.35	0.35	0.40	0.40	0.40	0.40	0.40	0.45	0.45	0.50	0.50	0.50
	3	0.45	0.40	0.45	0.45	0.45	0.45	0.45	0.45	0.45	0.45	0.50	0.50	0.50	0.50
	2	0.75	0.60	0.55	0.55	0.50	0.50	0.50	0.50	0.50	0.50	0.50	0.50	0.50	0.50
	1	1.30	1.00	0.85	0.80	0.75	0.70	0.70	0.65	0.65	0.65	0.65	0.55	0.55	0.55
6	6	−0.15	0.05	0.15	0.20	0.25	0.30	0.30	0.35	0.35	0.35	0.40	0.45	0.45	0.45
	5	0.10	0.25	0.30	0.35	0.35	0.40	0.40	0.40	0.45	0.45	0.45	0.50	0.50	0.50
	4	0.30	0.35	0.40	0.40	0.45	0.45	0.45	0.45	0.45	0.45	0.50	0.50	0.50	0.50
	3	0.50	0.45	0.45	0.45	0.45	0.45	0.45	0.45	0.45	0.50	0.50	0.50	0.50	0.50
	2	0.80	0.65	0.55	0.55	0.55	0.50	0.50	0.50	0.50	0.50	0.50	0.50	0.50	0.50
	1	1.30	1.00	0.85	0.80	0.75	0.70	0.70	0.65	0.65	0.65	0.60	0.55	0.55	0.55
7	7	−0.20	0.05	0.15	0.20	0.25	0.30	0.30	0.35	0.35	0.35	0.45	0.45	0.45	0.45
	6	0.05	0.20	0.30	0.35	0.35	0.40	0.40	0.40	0.40	0.45	0.45	0.50	0.50	0.50
	5	0.20	0.30	0.35	0.40	0.40	0.45	0.45	0.45	0.45	0.45	0.50	0.50	0.50	0.50
	4	0.35	0.40	0.40	0.45	0.45	0.45	0.45	0.45	0.45	0.45	0.50	0.50	0.50	0.50
	3	0.55	0.50	0.50	0.50	0.50	0.50	0.50	0.50	0.50	0.50	0.50	0.50	0.50	0.50
	2	0.80	0.65	0.60	0.55	0.55	0.55	0.50	0.50	0.50	0.50	0.50	0.50	0.50	0.50
	1	1.30	1.00	0.90	0.80	0.75	0.70	0.70	0.70	0.65	0.65	0.60	0.55	0.55	0.55
8	8	−0.20	0.05	0.15	0.20	0.25	0.30	0.30	0.35	0.35	0.35	0.45	0.45	0.45	0.45
	7	0.00	0.20	0.30	0.35	0.35	0.40	0.40	0.40	0.40	0.45	0.45	0.50	0.50	0.50
	6	0.15	0.30	0.35	0.40	0.40	0.45	0.45	0.45	0.45	0.45	0.50	0.50	0.50	0.50
	5	0.30	0.40	0.40	0.45	0.45	0.45	0.45	0.45	0.45	0.45	0.50	0.50	0.50	0.50
	4	0.40	0.45	0.45	0.45	0.45	0.45	0.45	0.50	0.50	0.50	0.50	0.50	0.50	0.50
	3	0.60	0.50	0.50	0.50	0.50	0.50	0.50	0.50	0.50	0.50	0.50	0.50	0.50	0.50
	2	0.85	0.65	0.60	0.55	0.55	0.55	0.50	0.50	0.50	0.50	0.50	0.50	0.50	0.50
	1	1.30	1.00	0.90	0.80	0.75	0.70	0.70	0.70	0.65	0.65	0.60	0.55	0.55	0.55

（续）

N	i	$\overline{K}$													
		0.1	0.2	0.3	0.4	0.5	0.6	0.7	0.8	0.9	1.0	2.0	3.0	4.0	5.0
9	9	-0.25	0.00	0.15	0.20	0.25	0.30	0.30	0.35	0.35	0.40	0.45	0.45	0.45	0.45
	8	0.00	0.20	0.30	0.35	0.35	0.40	0.40	0.40	0.40	0.45	0.45	0.50	0.50	0.50
	7	0.15	0.30	0.35	0.40	0.40	0.45	0.45	0.45	0.45	0.45	0.50	0.50	0.50	0.50
	6	0.25	0.35	0.40	0.40	0.45	0.45	0.45	0.45	0.45	0.50	0.50	0.50	0.50	0.50
	5	0.35	0.40	0.45	0.45	0.45	0.45	0.45	0.45	0.50	0.50	0.50	0.50	0.50	0.50
	4	0.45	0.45	0.45	0.45	0.45	0.50	0.50	0.50	0.50	0.50	0.50	0.50	0.50	0.50
	3	0.60	0.50	0.50	0.50	0.50	0.50	0.50	0.50	0.50	0.50	0.50	0.50	0.50	0.50
	2	0.85	0.65	0.60	0.55	0.55	0.55	0.55	0.50	0.50	0.50	0.50	0.50	0.50	0.50
	1	1.35	1.00	0.90	0.80	0.75	0.75	0.70	0.70	0.65	0.65	0.60	0.55	0.55	0.55
10	10	-0.25	0.00	0.15	0.20	0.25	0.30	0.30	0.35	0.35	0.40	0.45	0.45	0.45	0.45
	9	-0.10	0.20	0.30	0.35	0.35	0.40	0.40	0.40	0.40	0.45	0.45	0.50	0.50	0.50
	8	0.10	0.30	0.35	0.40	0.40	0.40	0.45	0.45	0.45	0.45	0.50	0.50	0.50	0.50
	7	0.20	0.35	0.40	0.40	0.45	0.45	0.45	0.45	0.45	0.50	0.50	0.50	0.50	0.50
	6	0.30	0.40	0.40	0.45	0.45	0.45	0.45	0.45	0.50	0.50	0.50	0.50	0.50	0.50
	5	0.40	0.45	0.45	0.45	0.45	0.45	0.45	0.50	0.50	0.50	0.50	0.50	0.50	0.50
	4	0.50	0.45	0.45	0.45	0.50	0.50	0.50	0.50	0.50	0.50	0.50	0.50	0.50	0.50
	3	0.60	0.55	0.50	0.50	0.50	0.50	0.50	0.50	0.50	0.50	0.50	0.50	0.50	0.50
	2	0.85	0.65	0.60	0.55	0.55	0.55	0.55	0.50	0.50	0.50	0.50	0.50	0.50	0.50
	1	1.35	1.00	0.90	0.80	0.75	0.75	0.70	0.70	0.65	0.65	0.60	0.55	0.55	0.55
11	11	-0.25	0.00	0.15	0.20	0.25	0.30	0.30	0.30	0.35	0.35	0.45	0.45	0.45	0.45
	10	-0.05	0.20	0.25	0.30	0.35	0.40	0.40	0.40	0.40	0.45	0.45	0.50	0.50	0.50
	9	0.10	0.30	0.35	0.40	0.40	0.40	0.45	0.45	0.45	0.45	0.50	0.50	0.50	0.50
	8	0.20	0.35	0.40	0.40	0.45	0.45	0.45	0.45	0.45	0.45	0.50	0.50	0.50	0.50
	7	0.25	0.40	0.40	0.45	0.45	0.45	0.45	0.45	0.45	0.50	0.50	0.50	0.50	0.50
	6	0.35	0.40	0.45	0.45	0.45	0.45	0.45	0.50	0.50	0.50	0.50	0.50	0.50	0.50
	5	0.40	0.45	0.45	0.45	0.45	0.50	0.50	0.50	0.50	0.50	0.50	0.50	0.50	0.50
	4	0.50	0.50	0.50	0.50	0.50	0.50	0.50	0.50	0.50	0.50	0.50	0.50	0.50	0.50
	3	0.65	0.55	0.50	0.50	0.50	0.50	0.50	0.50	0.50	0.50	0.50	0.50	0.50	0.50
	2	0.85	0.65	0.60	0.55	0.55	0.55	0.55	0.50	0.50	0.50	0.50	0.50	0.50	0.50
	1	1.35	1.05	0.90	0.80	0.75	0.75	0.70	0.70	0.65	0.65	0.60	0.55	0.55	0.55
12以上	自上1	-0.30	0.00	0.15	0.20	0.25	0.30	0.30	0.30	0.35	0.35	0.40	0.45	0.45	0.45
	2	-0.10	0.20	0.25	0.30	0.35	0.40	0.40	0.40	0.40	0.40	0.45	0.45	0.45	0.50
	3	0.05	0.25	0.35	0.40	0.40	0.40	0.45	0.45	0.45	0.45	0.45	0.50	0.50	0.50
	4	0.15	0.30	0.40	0.40	0.45	0.45	0.45	0.45	0.45	0.45	0.45	0.50	0.50	0.50
	5	0.25	0.35	0.50	0.45	0.45	0.45	0.45	0.45	0.45	0.45	0.50	0.50	0.50	0.50
	6	0.30	0.40	0.50	0.45	0.45	0.45	0.45	0.50	0.50	0.50	0.50	0.50	0.50	0.50
	7	0.35	0.40	0.55	0.45	0.45	0.45	0.50	0.50	0.50	0.50	0.50	0.50	0.50	0.50
	8	0.35	0.45	0.55	0.45	0.50	0.50	0.50	0.50	0.50	0.50	0.50	0.50	0.50	0.50
	中间	0.45	0.45	0.55	0.45	0.50	0.50	0.50	0.50	0.50	0.50	0.50	0.50	0.50	0.50
	4	0.55	0.50	0.50	0.50	0.50	0.50	0.50	0.50	0.50	0.50	0.50	0.50	0.50	0.50
	3	0.65	0.55	0.50	0.50	0.50	0.50	0.50	0.50	0.50	0.50	0.50	0.50	0.50	0.50
	2	0.70	0.70	0.60	0.55	0.55	0.55	0.55	0.50	0.50	0.50	0.50	0.50	0.50	0.50
	自下1	1.35	1.05	0.90	0.80	0.75	0.70	0.70	0.70	0.65	0.65	0.60	0.55	0.55	0.55

附表3　上下层横梁线刚度比对 y_0 的修正值 y_1

α_1	$\overline{K}$													
	0.1	0.2	0.3	0.4	0.5	0.6	0.7	0.8	0.9	1.0	2.0	3.0	4.0	5.0
0.4	0.55	0.40	0.30	0.25	0.20	0.20	0.20	0.15	0.15	0.15	0.05	0.05	0.05	0.05
0.5	0.45	0.30	0.20	0.20	0.15	0.15	0.15	0.10	0.10	0.10	0.05	0.05	0.05	0.05
0.6	0.30	0.20	0.15	0.15	0.10	0.10	0.10	0.10	0.05	0.05	0.05	0.05	0	0
0.7	0.20	0.15	0.10	0.10	0.10	0.10	0.05	0.05	0.05	0.05	0.05	0	0	0
0.8	0.15	0.10	0.05	0.05	0.05	0.05	0.05	0.05	0.05	0	0	0	0	0
0.9	0.05	0.05	0.05	0.05	0	0	0	0	0	0	0	0	0	0

附表4　上下层层高变化对 y_0 的修正值 y_2 和 y_3

α_2	α_3	$\overline{K}$													
		0.1	0.2	0.3	0.4	0.5	0.6	0.7	0.8	0.9	1.0	2.0	3.0	4.0	5.0
2.0		0.25	0.15	0.15	0.10	0.10	0.10	0.10	0.10	0.05	0.05	0.05	0.05	0.0	0.0
1.8		0.20	0.15	0.10	0.10	0.10	0.05	0.05	0.05	0.05	0.05	0.0	0.0	0.0	0.0
1.6	0.4	0.15	0.10	0.10	0.05	0.05	0.05	0.05	0.05	0.05	0.05	0.0	0.0	0.0	0.0
1.4	0.6	0.10	0.05	0.05	0.05	0.05	0.05	0.05	0.05	0.05	0.0	0.0	0.0	0.0	0.0
1.2	0.8	0.05	0.05	0.05	0.0	0.0	0.0	0.0	0.0	0.0	0.0	0.0	0.0	0.0	0.0
1.0	1.0	0.0	0.0	0.0	0.0	0.0	0.0	0.0	0.0	0.0	0.0	0.0	0.0	0.0	0.0
0.8	1.2	−0.05	−0.05	−0.05	0.0	0.0	0.0	0.0	0.0	0.0	0.0	0.0	0.0	0.0	0.0
0.6	1.4	−0.10	−0.05	−0.05	−0.05	−0.05	−0.05	−0.05	−0.05	−0.05	0.0	0.0	0.0	0.0	0.0
0.4	1.6	−0.15	−0.10	−0.10	−0.05	−0.05	−0.05	−0.05	−0.05	−0.05	−0.05	0.0	0.0	0.0	0.0
	1.8	−0.20	−0.15	−0.10	−0.10	−0.10	−0.05	−0.05	−0.05	−0.05	−0.05	0.0	0.0	0.0	0.0
	2.0	−0.25	−0.15	−0.15	−0.10	−0.10	−0.10	−0.10	−0.10	−0.10	−0.05	−0.05	−0.05	0.0	0.0

参考文献

[1] 中华人民共和国住房和城乡建设部. 建筑抗震设计规范：GB 50011—2010（2016 年版）[S]. 北京：中国建筑工业出版社，2022.

[2] 中华人民共和国住房和城乡建设部. 建筑抗震鉴定标准：GB 50423—2009 [S]. 北京：中国建筑工业出版社，2009.

[3] 中华人民共和国质量监督检验检疫总局. 中国地震动参数区划图：GB 18306—2015 [S]. 北京：中国标准出版社，2016.

[4] 中华人民共和国住房和城乡建设部. 建筑工程抗震设防分类标准：GB 50223—2008 [S]. 北京：中国建筑工业出版社，2008.

[5] 中华人民共和国住房和城乡建设部. 混凝土结构设计规范：GB 50010—2010（2015 年版）[S]. 北京：中国建筑工业出版社，2015.

[6] 中华人民共和国住房和城乡建设部. 高层建筑混凝土结构技术规程：JGJ 3—2010 [S]. 北京：中国建筑工业出版社，2010.

[7] 中华人民共和国住房和城乡建设部. 砌体结构设计规范：GB 50003—2011 [S]. 北京：中国建筑工业出版社，2012.

[8] 中华人民共和国住房和城乡建设部. 城市抗震防灾规划标准：GB 50413—2007 [S]. 北京：中国建筑工业出版社，2007.

[9] 中华人民共和国住房和城乡建设部. 高耸结构设计规范：GB 50135—2019 [S]. 北京：中国计划出版社，2019.

[10] 中华人民共和国住房和城乡建设部. 工程结构可靠度设计统一标准：GB 50153—2008 [S]. 北京：中国建筑工业出版社，2009.

[11] 中华人民共和国住房和城乡建设部. 建筑消能阻尼器：JG/T 209—2012 [S]. 北京：中国质检出版社，2012.

[12] 中国建筑标准设计研究院. 建筑结构隔震构造详图：03SG610 - 1 [S]. 北京：中国计划出版社，2011.

[13] 中华人民共和国住房和城乡建设部. 建筑抗震加固技术规程：JGJ 116—2009 [S]. 北京：中国建筑工业出版社，2009.

[14] 中国工程建设标准化协会. 叠层橡胶支座隔震技术规程：CECS 126：2001 [S]. 北京：中国计划出版社，2001.

[15] 中华人民共和国工业和信息化部. 建筑隔震橡胶支座：JG/T 118—2018 [S]. 北京：中国质检出版社，2018.

[16] 中华人民共和国住房和城乡建设部. 建筑地基基础设计规范：GB 50007—2011 [S]. 北京：中国建筑工业出版社，2011.

[17] 中华人民共和国住房和城乡建设部. 建筑结构荷载规范：GB 50009—2012 [S]. 北京：中国建筑工业出版社，2012.

[18] 中华人民共和国住房和城乡建设部. 钢结构设计标准：GB 50017—2017 [S]. 北京：中国建筑工业出版社，2017.

[19] 中华人民共和国住房和城乡建设部. 构筑物抗震设计规范：GB 50191—2012 [S]. 北京：中国计划出版社，2012.

[20] 中华人民共和国住房和城乡建设部. 混凝土结构工程施工质量验收规范：GB 50204—2015 [S]. 北

京：中国建筑工业出版社，2015.

[21] 中华人民共和国住房和城乡建设部. 建筑边坡工程技术规范：GB 50330—2013 ［S］. 北京：中国建筑工业出版社，2013.

[22] 中华人民共和国住房和城乡建设部. 工程结构通用规范：GB 55001—2021 ［S］. 北京：中国建筑工业出版社，2021.

[23] 中华人民共和国住房和城乡建设部. 建筑与市政工程抗震通用规范：GB 55002—2021 ［S］. 北京：中国建筑工业出版社，2021.

[24] 中华人民共和国住房和城乡建设部. 钢结构通用规范：GB 55006—2021 ［S］. 北京：中国建筑工业出版社，2021.

[25] 中华人民共和国住房和城乡建设部. 砌体结构通用规范：GB 55007—2021 ［S］. 北京：中国建筑工业出版社，2021.

[26] 国家市场监督管理总局. 中国地震烈度表：GB/T 17742—2020 ［S］. 北京：中国质检出版社，2020.

[27] 中华人民共和国住房和城乡建设部. 建筑隔震设计标准：GB/T 51408—2021 ［S］. 北京：中国计划出版社，2021.

[28] 中华人民共和国住房和城乡建设部. 城市轨道交通岩土工程勘察规范：GB 50307—2012 ［S］. 北京：中国计划出版社，2012.

[29] 中华人民共和国住房和城乡建设部. 城市轨道交通结构抗震设计规范：GB 50909—2014 ［S］. 北京：中国计划出版社，2014.

[30] 中华人民共和国住房和城乡建设部. 地下结构抗震设计标准：GB/T 51336—2018 ［S］. 北京：中国建筑工业出版社，2018.

[31] 中华人民共和国住房和城乡建设部. 地铁设计规范：GB 50517—2013 ［S］. 北京：中国建筑工业出版社，2013.

[32] 中华人民共和国住房和城乡建设部. 建筑桩基技术规范：JBJ 94—2008 ［S］. 北京：中国建筑工业出版社，2008.

[33] Architectural Institute of Japan. Recommendation for the design of base isolated building ［M］. Tokyo：Marozen Corporation，1993.

[34] NAEIM F，KELLY J M. Design of seismic isolated structures：from theory to practice ［M］. New York：John Wiley & Sons Inc.，1999.

[35] Architectural Institute of Japan. Design recommendations for seismically isolated buildings ［M］. Tokyo：Architectural Institute of Japan，2016.

[36] 白建方. 地震预防与抗震 ［M］. 北京：中国铁道出版社，2010.

[37] 陈文元. 结构抗震与措施 ［M］. 重庆：重庆大学出版社，2015.

[38] 何益斌. 高层混合结构抗震性能研究与应用 ［M］. 长沙：湖南大学出版社，2017.

[39] 龚思礼. 建筑抗震设计手册 ［M］. 北京：中国建筑工业出版社，2021.

[40] 桂国庆，李英民. 建筑结构抗震设计 ［M］. 重庆：重庆大学出版社，2015.

[41] 郭继武. 建筑抗震设计 ［M］. 北京：中国建筑工业出版社，2017.

[42] 李英民，杨溥. 建筑结构抗震设计 ［M］. 重庆：重庆大学出版社，2011.

[43] 李玉胜，韩少男，袁胜佳. 建筑结构抗震设计 ［M］. 北京：北京理工大学出版社，2019.

[44] 李嘉，张景伟，王博. 高聚物防渗墙土石坝抗震性能模型试验与计算分析 ［M］. 北京：化学工业出版社，2021.

[45] 李波. 城市建设用地抗震防灾适宜性评价方法 ［M］. 北京：化学工业出版社，2021.

[46] 李英民. 建筑结构抗震设计 ［M］. 重庆：重庆大学出版社，2017.

[47] 李斌. 房屋结构抗震 ［M］. 武汉：武汉大学出版社，2017.

［48］李杰. 城市地震灾场控制理论研究［M］. 上海：同济大学出版社，2018.

［49］李志军，王海容. 建筑结构抗震设计［M］. 北京：北京理工大学出版社，2018.

［50］卢海林，黄民水. 桥梁结构抗震［M］. 武汉：华中科技大学出版社，2020.

［51］刘伯权. 建筑结构抗震设计［M］. 北京：中国建材工业出版社，2011.

［52］柳炳康. 建筑结构抗震设计［M］. 北京：中国科学技术出版社，2013.

［53］吕西林. 可恢复功能防震结构：基本概念与设计方法［M］. 北京：中国建筑工业出版社，2020.

［54］吕西林，周德源. 李思明. 建筑结构抗震设计理论与实例［M］. 上海：同济大学出版社，2015.

［55］苏启旺. 砌体结构抗震鉴定评估方法及应用［M］. 成都：西南交通大学出版社，2016.

［56］隋伟宁，王占飞. 装配式钢－混凝土组合桥墩连接关键技术及抗震结构设计［M］. 北京：化学工业出版社，2020.

［57］王克海. 桥梁抗震研究［M］. 2 版. 北京：中国铁道出版社，2014.

［58］王社良. 抗震结构设计［M］. 武汉：武汉理工大学出版社，2011.

［59］王社良. 工程结构抗震［M］. 北京：北京冶金工业出版社，2016.

［60］王玉镯，高英，曹加林. 工程结构抗震与防灾技术研究［M］. 北京：中国水利水电出版社，2018.

［61］王晓飞. 多龄期钢结构抗震性能、优化设计与检测加固［M］. 北京：化学工业出版社，2020.

［62］汪凯. 超限高层建筑工程抗震设计可行性论证指南及实例［M］. 南京：东南大学出版社，2019.

［63］徐至钧. 建筑结构隔震技术与应用［M］. 上海：同济大学出版社，2014.

［64］薛素铎，赵军，高向宇. 建筑抗震设计［M］. 北京：科学出版社，2012.

［65］袁勇，陈之毅. 城市地下空间抗震与安全［M］. 上海：同济大学出版社，2014.

［66］张培信. 建筑结构各种体系抗震设计［M］. 上海：同济大学出版社，2017.

［67］朱炳寅. 建筑抗震设计规范应用与分析［M］. 北京：中国建材工业出版社，2017.

［68］郑建波. 钢筋混凝土框架结构抗震性能指标研究［M］. 青岛：中国海洋大学出版社，2017.